최신

토목설계

Civil Engineering Design

박승범 저

東明社

머 리 말

Preface

최근 과학기술의 눈부신 발달과 함께 토목구조물의 설계기술면에서도 비약적인 발전을 이룩하고 있고, 그 사용목적이나 기능에 따라 구조물의 종류와 성능도 다양화, 고도화되고 있다. 토목구조물의 설계, 제작, 가설공법 기술의 발전과 사용재료의 고기능화에 수반한 안전하고 경제적이면서 효율적이고 아름다운 토목구조물을 설계하기 위해서는 구조공학, 토질 및 기초공학, 수공학 등 토목공학은 물론 관련분야에 대한 종합적인 이해와 응용능력이 필요하다.

본 책자는 대학 및 전문대학 학생들의 교재와 토목구조물 설계의 기초지식이 필요한 일선 초급설계기술자와 토목분야에 종사하는 건설기술자들에게 토목구조물에 대한 이해의 폭을 넓히는 참고책자로서 활용될 수 있도록 기초적인 설계이론부터 응용분야에 이르기까지 간결하지만 최대한 내용을 풍부하게 수록하고자 노력하였다. 특히 토목구조물의 설계를 직접 수계산으로 계산해 봄으로써 구조물 설계의 기본개념을 이해할 수 있도록 하기 위해 노력하였다.

본 책자는 제1장 총론을 시작으로 제2장 설계하중 및 구조재료, 제3장 교량의 설계, 제4장 단순트러스교의 설계, 제5장 플레이트 거더교의 설계, 제6장 교대·교각의 설계, 제7장 도로교의 내진설계, 제8장 옹벽의 설계, 제9장 암거의 설계, 제10장 말뚝기초의 설계, 제11장 프로그램에 의한 교량설계, 제12장 토목구조물의 유지관리까지 총 12장으로 이루어져 있다. 특히 각 장에는 구조물의 설계 예를 수록하여 구조물 설계에 대한 이해의 폭을 넓힐 수 있도록 노력하였다.

그동안 저자가 이 분야에 관한 강의와 경험을 기초로 좀 더 체계적인 교육 및 실무용 책자를 만들어 토목구조물 설계를 위한 교과과정에 보탬이 되고자 붓을 들었으나, 저자의 천학비재한 탓으로 미비한 점이 많음을 너그럽게 이해해 주시기를 바라며, 앞으로 기회가 있을 때마다 내용을 개정, 증보할 것임을 다짐하고, 독자 여러분의 질책과 선배제현의 각별하신 지도편달을 간절히 바라는 바이다.

본 개정판은 2003년 건설교통부 제정 「콘크리트 표준시방서」와 2007년 건설교통부 제정 「콘크리트 구조설계기준」 및 2005년 건설교통부 제정 「도로교 표준시방서」와 「도로교 설계기준」을 적용하였고, 국내외의 많은 역저와 연구성과를 참고 · 인용하였음을 밝히며, 국내외의 동학 및 선배제현에게 진심으로 경의를 표하는 바이다.

아울러, 이 책자가 출판되기까지 본인 연구실의 석 · 박사과정 대학원생들의 자료 및 원고 정리를 위한 오랜 기간에 걸친 헌신적인 노력과 출판을 위해 진력해 주신 동명사 여러분들의 노고에 심심한 감사를 드리는 바이다.

2008년 12월

저자 박 승 범

목 차

Contents

Chapter 1 총 론 _ 1

1.1 개 설 1

1.2 토목구조물의 종류 1

1.3 구조물의 설계 3

1.3.1 설계시 고려사항 3

1.3.2 설계 순서 3

1.4 설계시방서 및 기타 규정 5

1.5 설계방법 5

1.5.1 허용응력설계법 5

1.5.2 강도설계법 5

Chapter 2 설계하중 및 구조재료 _ 7

2.1 도로교의 설계하중 7

2.1.1 개설 7

2.1.2 주 하 중 8

2.1.3 부 하 중 19

2.1.4 주하중에 상당하는 특수하중 24

2.1.5 부하중에 상당하는 특수하중 25

2.2 철도교의 설계하중 26

2.2.1 개 설 26

2.2.2 주하중 27

2.2.3 부하중 34

2.2.4 주하중에 상당하는 특수하중 35

2.2.5 부하중에 상당하는 특수하중 36

2.3 구조재료(도로교 설계기준 2.3.2) 38

2.3.1 콘크리트의 설계기준강도 38

2.3.2 설계계산에 사용하는 물리상수 38

Chapter 3 교량의 설계 _ 43

3.1 교량의 정의 및 종류 43
- 3.1.1 교량의 정의 ······ 43
- 3.1.2 용어의 정의 ······ 44
- 3.1.3 교량의 등급 ······ 44
- 3.1.4 교량의 주요 제원 ······ 45
- 3.1.5 교량의 구성요소 ······ 46
- 3.1.6 교량의 종류 ······ 49
- 3.1.7 교량받침 ······ 57
- 3.1.8 신축이음장치 ······ 59

3.2 교량계획의 일반사항 63
- 3.2.1 교량계획시 기본적인 고려사항 ······ 63
- 3.2.2 교량계획의 기본요건 ······ 64
- 3.2.3 교량의 설계 과정 ······ 65
- 3.2.4 교량계획시 협의사항 ······ 68
- 3.2.5 교량계획 · 설계시 필요한 각종 기준 ······ 68

3.3 도로교 설계기준의 안전규정 70
- 3.3.1 강도설계법 ······ 70
- 3.3.2 허용응력설계법 ······ 75

3.4 철근콘크리트 교량 82
- 3.4.1 콘크리트 교량의 설계일반 ······ 83
- 3.4.2 바닥판 설계기준 ······ 84
- 3.4.3 슬래브교 ······ 94
- 3.4.4 돌출부를 갖는 슬래브교 ······ 100
- 3.4.5 경사 슬래브교 ······ 104
- 3.4.6 연속 슬래브교 ······ 106
- 3.4.7 철근콘크리트 T형교 ······ 109

3.5 단순슬래브교의 설계 예 117
- 3.5.1 설계단면 ······ 117
- 3.5.2 설계조건 ······ 117
- 3.5.3 단면가정 및 하중계산 ······ 119
- 3.5.4 단면력 산정 ······ 120
- 3.5.5 해석결과 ······ 122
- 3.5.6 단면검토 ······ 123
- 3.5.7 철근량 산정 ······ 123
- 3.5.8 사용성 검토 ······ 127
- 3.5.9 철근배근도 ······ 128

3.6 철근콘크리트 T형 거더교 설계 예 129
- 3.6.1 설계단면 ······ 129
- 3.6.2 설계조건 ······ 130
- 3.6.3 바닥판의 설계 ······ 130
- 3.6.4 거더의 설계 ······ 137
- 3.6.5 기타 세목 ······ 147

Chapter 4 단순트러스교의 설계 _ 149

4.1 설계조건 149

4.2 바닥판(slab) 151
- 4.2.1 바닥판 두께 ······ 152
- 4.2.2 지간중앙의 휨모멘트(단부지간) ···152
- 4.2.3 중간지점의 휨모멘트 ······ 152
- 4.2.4 캔틸레버부의 휨모멘트 ······ 153
- 4.2.5 단면결정 ······ 154

4.3 세 로 보 156
- 4.3.1 하중의 계산 ······ 156
- 4.3.2 휨모멘트의 계산 ······ 158
- 4.3.3 전단력의 계산 ······ 160
- 4.3.4 단면결정 ······ 161
- 4.3.5 연결의 계산 ······ 163
- 4.3.6 보강재 ······ 164

4.4 가 로 보 165
- 4.4.1 하중강도 ······ 165

4.4.2 단(端)가로보의 단면력 …… 168
4.4.3 중간가로보 …… 169
4.4.4 단면결정(SM490 사용) …… 171
4.4.5 보강재 …… 171
4.5 주 트러스(main truss) **172**
4.5.1 하중강도 …… 172
4.5.2 영향선 …… 173
4.5.3 부재력의 집계 …… 175
4.5.4 단면결정 …… 177
4.6 연결의 계산 182
4.6.1 상현재 …… 182
4.6.2 하현재 …… 184
4.6.3 사재(斜材) …… 186
4.6.4 거세트판의 두께 검토 …… 187
4.7 단주(端柱) 및 교문브레이싱 188
4.7.1 단주 …… 188
4.7.2 교문 브레이싱 …… 190
4.8 수평브레이싱 194
4.8.1 상부 수평브레이싱 …… 194
4.8.2 지재(支材) …… 196
4.8.3 하부 수평브레이싱 …… 197
4.8.4 풍하중에 의한 현재(弦材)응력의 검토 …… 200
4.9 처짐의 검토 201
4.9.1 고정하중에 의한 처짐 …… 202
4.9.2 활하중에 의한 처짐 …… 202
4.9.3 제작캠버 …… 202
4.10 받 침 203
4.10.1 반력 …… 203
4.10.2 가동 받침 …… 203
4.10.3 고정 받침 …… 206
4.11 등경간연속보의 처짐영향선 208

Chapter 5 플레이트 거더교의 설계 _ 209

5.1 설계조건 [step 1] 209
5.2 표준 단면 가정 [step 2] 210
5.3 바닥판설계 [step 3] 211
5.4 거더 설계 [step 4] 223
5.5 가로보 설계 [step 5] 260
5.6 이음 설계 [step 6] 262
5.7 보강재 설계 [step 7] 270
5.8 브레이싱 설계 [step 8] 273
5.9 전단연결재 설계 [step 9] 277
5.10 처짐검토 및 솟음 [step 10] 280
5.11 피로검토 [step 11] 284
5.12 신축량 산정 289

Chapter 6 교대 · 교각의 설계 _ 291

6.1 관계지식 291
6.2 교대의 개설 및 종류 291
6.2.1 교대의 개설 …… 291
6.2.2 교대의 종류 …… 293
6.3 교각의 개요 및 종류 296
6.3.1 교각의 개요 …… 296
6.3.2 교각의 종류 …… 297
6.4 교대 및 교각의 설계 299
6.4.1 교대의 설계 …… 299
6.4.2 교각의 설계 …… 305
6.5 교대의 설계 예 308
6.5.1 설계조건 …… 308

6.5.2 설계단면 309
6.5.3 교대설계 요약 309
6.5.4 하중 및 모멘트 계산 310
6.5.5 안정 계산 312
6.5.6 토압계수 산정(단면 설계시) 315
6.5.7 SECTION A-A 흉벽설계 316
6.5.8 SECTION B-B 벽체설계 319
6.5.9 SECTION C-C 반력계산 및 뒷굽 단면 설계 321
6.5.10 SECTION D-D 반력계산 및 앞굽 단면 설계 326
6.5.11 철근 배근도 329

6.6 교각의 설계 예 329
6.6.1 설계 조건 329
6.6.2 단면가정(직접기초) 331
6.6.3 하중 계산 331
6.6.4 안정 검토 344
6.6.5 코핑 설계 348
6.6.6 기둥설계 355
6.6.7 기초의 설계(직접기초) 368
6.6.8 주철근 조립도 379
6.6.9 교량받침부 검토 380

Chapter 7 도로교의 설계 _ 383

7.1 내진설계의 기본방침 383
7.1.1 내진설계의 정의 및 목적 383
7.1.2 용어의 정의 384
7.1.3 내진설계의 기본개념 385

7.2 내진등급 및 설계기준 386
7.2.1 설계지반운동 386
7.2.2 내진등급의 분류 387
7.2.3 지반의 분류 387

7.3 해석 및 설계에 대한 규정 388
7.3.1 내진해석 방법기준 388
7.3.2 탄성지진력과 변위 389

7.4 응답수정계수와 설계지진력 90
7.4.1 응답수정계수 390
7.4.2 응답수정계수의 적용 390
7.4.3 설계지진력 392

7.5 설계변위의 검토 394
7.5.1 받침연단거리 검토 394
7.5.2 최소받침지지길이(N) 확보 395
7.5.3 교량의 여유간격 396
7.5.4 교량의 설계지진 변위 396

7.6 기초 및 교대 내진설계 397
7.6.1 기초 397
7.6.2 교대 398

7.7 강교 설계 399
7.7.1 적용대상 399
7.7.2 설계법 399
7.7.3 효과의 고려 400

7.8 콘크리트교 설계 400
7.8.1 적용대상 400
7.8.2 설계법 400
7.8.3 소성힌지에서의 심부구속을 위한 횡방향철근 배치 400
7.8.4 심부구속 철근의 내진 상세 401
7.8.5 횡방향 철근의 배근 범위 402
7.8.6 철근콘크리트 기둥의 축방향 철근에 관한 최소규정 403

7.9 단경간 PSC beam 교량의 설계지진력과 설계변위 검토 403
7.9.1 설계단면 403
7.9.2 설계조건 404
7.9.3 고정하중 계산 405
7.9.4 설계지진력 계산 405
7.9.5 연결부 설계 405
7.9.6 설계변위 결정 406

7.10 2경간 연속교량의 설계지진력 산출 예 407
7.10.1 교량의 내진설계조건 407

7.10.2 교량받침의 배치 …………………… 407
7.10.3 받침의 설계지진력 산출 ……… 408

Chapter 8 옹벽의 설계 _ 409

8.1 개 설 409
8.1.1 정 의 ……………………………… 409
8.1.2 옹벽의 종류 ………………………… 410
8.2 옹벽 설계시 고려사항 및 작용하는 외력 412
8.2.1 고정하중 …………………………… 412
8.2.2 토압 ……………………………… 413
8.3 안정검토 419
8.3.1 활동에 대한 안정 ………………… 420
8.3.2 전도에 대한 안정 ………………… 423
8.3.3 지지력에 대한 안정 ……………… 424
8.3.4 설계하중계수 및 조합 …………… 425
8.4 옹벽단면의 설계 425
8.4.1 전면벽 설계 ……………………… 425
8.4.2 뒷굽설계 …………………………… 428
8.4.3 앞굽설계 …………………………… 431
8.4.4 활동방지벽 설계 ………………… 432
8.4.5 설계강도 …………………………… 434
8.4.6 전단검토 위치 …………………… 435
8.5 사용성 검토 435
8.5.1 균열(필요시 검토) ………………… 435
8.6 구조세목 436
8.6.1 부재 최소치수 …………………… 436
8.6.2 철근의 덮개 ……………………… 436
8.6.3 최소철근비 ………………………… 437
8.6.4 철근 간격 ………………………… 437
8.6.5 철근의 정착 및 이음 …………… 438
8.7 부 대 공 440
8.7.1 배수공 설계 ……………………… 440
8.7.2 옹벽의 신축, 수축, 시공이음 … 442
8.8 역T형 옹벽의 설계 예($H=6\text{m}$) 444
8.8.1 일반단면 …………………………… 444
8.8.2 설계조건 …………………………… 445
8.8.3 안정계산 …………………………… 447
8.8.4 단면검토 …………………………… 453
8.8.5 단면검토용 하중집계 …………… 459
8.8.6 단면검토 …………………………… 459
8.8.7 철근 배근도 ……………………… 470

Chapter 9 암거의 설계 _ 471

9.1 개 설 471
9.1.1 암거의 계획 ……………………… 472
9.1.2 암거의 종류와 선정 ……………… 473
9.1.3 작용하중 …………………………… 474
9.1.4 단면력의 계산 …………………… 483
9.1.5 기 초 ……………………………… 484
9.2 구형암거의 설계 예(1) 485
9.2.1 설계조건 …………………………… 485
9.2.2 단면 형상 ………………………… 486
9.2.3 하 중 ……………………………… 486
9.2.4 강비의 계산 ……………………… 489
9.2.5 단면력의 계산 …………………… 489
9.2.6 계수모멘트 및 전단력의 결정 … 504
9.2.7 철근량의 산출 …………………… 505
9.2.8 우각부의 검토 …………………… 515
9.2.9 철근 배근도 ……………………… 516

9.3 구형암거의 설계 예(2) 517
9.3.1 설계조건 ······ 517
9.3.2 단면형상 ······ 518
9.3.3 하 중 ······ 518
9.3.4 강비의 계산 ······ 520
9.3.5 단면력의 계산 ······ 520
9.3.6 계수모멘트 및 전단력의 결정 ··· 534
9.3.7 철근량의 산출 ······ 535
9.3.8 우각부의 검토 ······ 551
9.4 구형암거의 설계 예(3)(구조해석 프로그램을 사용한 예) 552
9.4.1 설계조건 ······ 552
9.4.2 단면형상 ······ 553
9.4.3 하중 ······ 554
9.4.4 해석모델링 ······ 556
9.4.5 INPUT DATA ······ 557
9.4.6 하중재하 ······ 559
9.4.7 해석결과 ······ 562
9.4.8 철근량의 산출 ······ 562
9.4.9 우각부의 검토 ······ 577
9.4.10 철근 배근도 ······ 579
9.5 구형암거의 설계 예(4)(구조해석 프로그램을 사용한 예) 579
9.5.1 설계조건 ······ 579
9.5.2 단면 형상 ······ 580
9.5.3 하 중 ······ 581
9.5.4 해석모델링 ······ 583
9.5.5 INPUT DATA ······ 584
9.5.6 하중재하 ······ 587
9.5.7 해석결과 ······ 588
9.5.8 철근량의 산출 ······ 589
9.5.9 우각부의 검토 ······ 603
9.5.10 철근 배근도 ······ 605

Chapter 10 말뚝기초의 설계 _ 607

10.1 개 요 607
10.2 말뚝의 분류 607
10.2.1 말뚝의 재질에 따른 분류 ······ 608
10.2.2 말뚝의 시공법에 의한 분류 ····· 608
10.2.3 말뚝의 하중전달 메커니즘에 의한 분류 ······ 609
10.3 말뚝의 지지력 추정공식 611
10.3.1 정역학적 지지력 공식 ······ 611
10.3.2 말뚝시공법에 따른 허용지지력 추정공식 ······ 614
10.3.3 동역학적 지지력 공식(항타시험 결과로부터 구하는 공식) ······ 616
10.4 말뚝 재하시험 619
10.4.1 말뚝 재하시험의 종류와 분류 ··· 619
10.4.2 동적 재하시험 ······ 619
10.5 말뚝에 대한 기타 사항 622
10.5.1 무리말뚝의 판정 및 효율 ······ 622
10.5.2 부의 마찰력이 작용할 경우 ····· 624
10.6 말뚝기초의 설계 개요(일본 건축학회의 건축기초 구조설계지침서 참조) 625
10.7 말뚝기초의 설계도 635
10.7.1 설계조건 ······ 635
10.7.2 기초의 선정 ······ 638
10.7.3 기초검토 계산 예 ······ 638

Chapter 11 프로그램에 의한 교량설계 _ 643

11.1 구조해석 643
11.1.1 구조해석의 개요 ······ 643
11.1.2 구조해석법의 종류 ······ 645
11.1.3 구조의 모델화 ······ 646
11.1.4 해석프로그램 ······ 657
11.2 교량설계 예 659
11.2.1 설계조건 ······ 659
11.2.2 설계단면가정 ······ 660
11.2.3 하중계산 ······ 660
11.2.4 모델링 ······ 662
11.2.5 하중조합 ······ 663
11.2.6 해석결과 ······ 664
11.2.7 단면검토 및 평가 ······ 666
11.2.8 사용성 검토 ······ 673
11.2.9 신축이음 검토(교대부) ······ 676

Chapter 12 토목구조물의 유지관리 _ 689

12.1 유지관리의 목적과 관리 689
12.1.1 유지관리의 필요성 ······ 689
12.1.2 유지관리 시스템의 종류 ······ 690
12.1.3 유지관리와 관련된 용어의 정의 ··691
12.1.4 유지관리 대책의 종류 ······ 692
12.1.5 효율적인 시스템의 성립조건 ···· 694
12.1.6 진단업무의 내용 ······ 694
12.2 안전점검 및 정밀안전진단 697
12.2.1 일반 ······ 697
12.2.2 안전점검 및 정밀안전진단의 종류 ·697
12.2.3 안전점검 및 정밀안전진단 요령 ··700
12.2.4 시설물의 상태 평가기준 및 방법 702
12.2.5 시설물의 안전성 평가방법 ······ 710
12.3 보수 및 보강 711
12.3.1 보수의 목적과 정의 ······ 711
12.3.2 보강의 목적과 정의 ······ 712
12.3.3 보수 · 보강공법의 선택 ······ 713
12.3.4 보수 · 보강 후의 유지관리 ······ 715

Appendix 부록

[부록 A] 구조물 설계도면 723
[부록 B] 설계보조자료 743
[부록 C] 단위의 환산 748

- 참고문헌 753
- 찾아보기 755

제1장

총 론

1.1 개 설

토목구조물은 공공성이 높은 구조물로서 사회 및 경제 전반에 미치는 파급효과가 매우 크며 설계대상도 다양하다. 토목구조물은 우선 계획을 세우고 이것에 기초하여 가장 적절한 설계를 하고, 이것을 현장에서 순서에 따라 시공한다. 따라서 구조물을 건설하기 위해서는 충분한 조사와 계획을 세우고, 이것을 기초로 시공방법과 유지관리 등을 고려한 안전하고, 경제적인 설계가 되도록 해야 한다.

구조물의 설계란 필요로 하는 구조물의 각 부분, 각 요소에 사용되는 재료와 구조물을 이루는 각 부분의 치수를 구조상 완전하도록 결정하고, 완성 후에는 용도에 적합한 집합체로 배치하여, 계획을 실시할 수 있도록 모양을 만드는 것이다.

1.2 토목구조물의 종류

토목구조물은 사용재료, 설치위치, 용도 및 이용목적 등에 따라 구분되어진다. 사용재료에 의한 토목구조물을 구분해 보면, 1) 목구조물(wooden structure) : 목교, 가설물 등, 2) 석구조물(stone structure) : 석교, 터널, 옹벽, 안벽 등, 3) 강구조물(steel structure) : 교량상부구조, 철탑, 탱크, 철관 등, 4) 철근콘크리트 구조물(reinforced concrete structure) : 교량상부 및 하부구조, 암거, 옹벽, 타워, 탱크, 터널, 댐 등, 5) 프리스트레스트 콘크리트구조물(prestressed concrete structure) : 교량상부 및 하부구조, 타워, 탱크, 관로 등으로 분류할 수 있다. 토목구조물을 위치에 따른 이용용도별로 구분을 하면 표 1·1과 같이 분류할 수 있으며, 토목분야에서 관용적으로 사용되는 명칭으로 분류하면 표 1·2와 같다. 또한, 토목구조물을 기둥, 보, 슬래브, 기초, 트러스, 라멘 등의 부재에 따른 역학적 분류로 구분이 가능하다.

표 1·1 토목구조물(시설)의 위치 및 용도별 분류

용도별 / 위치별	환경위생	방재	관광	수자원, 지열, 화력, 원자력, 에너지	생산시설 (공장)	교통, 운송	
						공항, 도로, 철도	해상
지상(공간)	굴뚝, 탱크, 타워, 관로	식림, 방공호	타워	타워, 냉각탑	굴뚝, 탱크, 타워, 사이로	교량, 고가, 공항	타워
지표	정수지, 관로, 처리장	보호공, 호안, 배수	유락시설, 공원	댐, 마감, 배수관	용수지, 처리장	성토, 절토, 공항, 활주로, 유도로	–
지하	관로	지중벽	배수	관로, 터널	–	터널	–
수중	댐, 제방, 취수구	제방 수문	마감	제방	인공섬, 탱크, 매립, 호안	침매, 공항	항만

표 1·2 토목구조물(시설요소)의 분류(예)

위치 / 시설	지상(수상)	지 표	지하수중
도로·철도·공항	교량, 고가교, 보도교, 공항 및 부대시설	성토, 절토, 철로, 도로, 활주로, 유도로	터널, 침매관 암거, 횡단제
하천·관로	관로교	하천, 도구, 관로, 호안	터널, 제방, 지중관로, 암거, 관로
해안·항만	잔교	안벽, 호안, 매립	방파제-소파제
상·하수도	각종 탱크	각종 지(池), 배관 ←→	취수시설 배수시설
수력발전 화력·원자력발전	탱크, 타워구조	수로	정수지, 댐

1.3 구조물의 설계

1.3.1 설계시 고려사항

구조물의 설계시에는 외적 제 여건을 고려한 가설위치를 결정함은 물론 역학적 원리에 일치하도록 구조물의 기능을 해석하고, 이것에 필요한 수학적 해법, 구조재료의 물리 및 역학적 성질, 비용, 구축방법, 경관 등에 대한 충분한 지식이 필요하다. 구조물 설계를 함에 있어 고려해야 할 사항은 다음과 같다.

(1) 구조물의 건설계획 및 사용목적에 가장 적합할 것

(2) 구조물이 자중 및 외부하중 등에 충분한 안전성을 가질 것

(3) 경제성을 가질 것

(4) 시공성과 유지관리

(5) 경관 및 쾌적성

1.3.2 설계 순서

구조물의 설계 순서는 구조물의 종류, 설계조건 및 자료의 정비상황 등에 따라 다르나 대체로 다음 순서에 의한다.

(1) 재료의 선정

구조물의 종류, 재료입수의 용이성, 성능, 경비, 완성 후의 유지관리, 내구년한 등을 고려하여 어떤 부재에 어떤 재료를 쓸 것인가를 결정한다.

(2) 재료의 설계강도(허용응력)의 결정

강도설계법에서는 재료의 설계강도를 결정한다. 허용응력설계법에서의 허용응력은 재료의 종류나 사용 장소에 따라서 정한다. 이때 설계시방서나 기타의 규정에 표시되어 있는 경우에는 이에 따르고, 그렇지 않은 경우에는 재료시험을 하여 정한다.

(3) 하중의 결정

하중은 설계시방서 등에 규정되어 있으면 그에 따르고, 그렇지 않을 경우에는 실상을 조사해서 정당하게 판정하여 정한다. 강도설계법에서는 실하중에 하중계수를 곱한 극한하중을 정

한다.

(4) 부재단면의 가정

부재단면은 과거의 경험이나 비슷한 기설구조물을 참고로 하여 형상이나 치수를 가정한다.

(5) 부재단면에 생기는 설계강도(응력)의 계산

강도설계법에서는 가정한 단면이 부담할 수 있는 설계강도(ϕM_n, ϕS_n 및 ϕP_n 등)를 계산한다. 허용응력설계법에서 부재단면에 생기는 응력은 (4)에서 가정한 단면에 대하여 (3)에서 채용한 하중을 실어서 계산한다.

(6) 단면의 결정

강도설계법에서는 (5)의 결과를 극한단면력 또는 설계단면력(M_u, S_u 및 P_u 등)과 비교한다. 즉 $M_u \leq \phi \cdot M_n$, $S_u < \phi \cdot S_n$ 및 $P_u \leq \phi \cdot P_n$ 등을 만족하는가를 검산하고, 경제적인 관점에서 단면이 너무 과대하지 않도록 한다.

허용응력설계법에서는 (5)의 결과를 허용응력과 비교해서 가정한 단면이 적당한가를 조사한다. 적당하면 다시 구조상의 모든 조건을 고려해서 세부적인 형상, 치수를 결정한다. 만약 (5)의 결과가 허용응력을 초과한다거나 허용응력과 비교해서 너무 작아 부적당하면 (4)의 가정을 고쳐서 다시 계산한다.

(7) 구조기능 등에 대한 검토

결정한 부재단면이 사용목적에 적당한가, 또한 구조물 전체가 환경과 잘 조화하고 있는가에 대하여 조사한다.

(8) 안정에 대한 검토

구조물이 전체로서 안정되어 있는가를 조사한다. 이 검토는 필요한 경우와 필요치 않은 경우가 있으므로 상황에 따라 판정하면 된다. 계산결과가 안정되어 있지 않은 경우에는 단면을 변화시키거나 또는 단면은 그대로 두고 다른 적당한 대책을 강구한다.

(9) 설계도의 작성

설계도는 전체를 나타내는 일반도와 세부의 상황을 나타내는 상세도 및 재료의 수량을 나타내는 재료표로 이루어진다. 설계도는 설계자가 어떠한 구조물을 만들려고 하는 것인지를 나타내는 것으로서 시공자가 설계자의 의도대로 시공할 수 있도록 해야 한다.

1.4 설계시방서 및 기타 규정

구조물의 설계시에 안전 확보를 위한 최소한의 일정한 기준을 만들어 둔 것을 시방서(specification), 지침, 규정, 기준 또는 표준이라 한다. 이러한 것들은 관련학회나 권위있는 단체에 의해 만들어지며, 학문의 진보, 재료나 시공법의 발달 또는 하중의 변화 등에 따라 새롭게 제정되거나 개정된다.

1.5 설계방법

강교와 강재교각은 종래와 같이 허용응력설계법을 따른다. 그러나 콘크리트교와 콘크리트 교대, 교각 등은 원칙적으로 강도설계법을 따르되 허용응력설계법도 사용할 수 있다.

1.5.1 허용응력설계법

허용응력설계법은 구조물에 작용하는 하중에 의해 부재단면에서 발생하는 응력이 구조재료의 허용응력 이하가 되도록 단면을 결정하는 방법이다. 이때, 허용응력은 철근의 항복강도와 콘크리트의 설계기준강도에 대한 적절한 안전을 확보할 수 있도록 정한다.

1.5.2 강도설계법

강도설계법은 사용하중 작용시 발생되는 응력을 예측하는 것보다 사용하중에 하중계수를 곱한 극한하중을 철근콘크리트 구조물에 재하시켰을 때 구조물이 안전하게 거동할 수 있도록 단면치수 및 철근량을 산정하는 방법이다. 이 설계법에서는 시공시 작업인부의 미숙련, 단면치수의 부족, 철근배근시 오차, 콘크리트의 공극, 재료의 강도저하 등 부재강도에 피할 수 없는 손실과 부재의 연성, 부재강도를 예측할 수 있는 정확도, 전체 구조강도에 대한 그 부재의 중요도 등을 고려하여 정해지는 1보다 작은 값인 강도감소계수를 사용하여 하중계수 외에 추가로 안전에 대한 여유를 확보한다. 또한 재료의 고강도화와 설계기술의 발전으로 단면의 최소화가 추구되어 처짐 및 균열에 대한 사용성 문제가 강도설계법에서는 주요과제로 부각되어 이 설계법에 따라 설계된 구조물은 반드시 사용성 문제에 대한 검토를 수행해야 한다.

제2장 02

설계하중 및 구조재료

2.1 도로교의 설계하중

2.1.1 개설

교량이나 옹벽, 기타의 구조물을 설계함에 있어서 우선 이에 작용하는 외력으로서 하중이나 토압, 수압 등의 크기, 방향, 작용점 등을 정해야 한다.

하중에는 구조물을 구성하는 재료의 자중과 같이 정적으로 작용하는 고정하중과 자동차나 열차와 같이 동적으로 작용하는 활하중이 있다. 또 하중의 작용범위에 따라서 넓은 범위에 걸쳐 작용하는 분포하중과 점이나 선상의 좁은 곳에 작용하는 집중하중이 있다.

집중하중이라 하더라도 설계장소에 따라 상세하게 고려할 필요가 있는 곳에서는 분포하중으로 볼 수 있다. 예를 들면 바닥판 위에 실리는 윤하중은 차륜의 접지장을 생각할 경우 분포하중으로 볼 수 있다. 또 군중하중은 개개의 하중이 집중해서 작용하고 있지만 편의상 분포하중으로 본다.

도로교의 하중은 표 2·1에 표시하는 바와 같이 하중이 상시 작용하는가 혹은 단기적 또는 특수한 경우에만 작용하는가에 따라 주하중, 부하중, 특수하중으로 구분하고 있다. 이들의 하중은 계산상 수평과 연직의 2방향으로 분해하여 수평하중 또는 연직하중으로 취급한다. 도로교에 작용하는 하중의 종류를 들면 다음과 같다.

〔도로교의 설계하중〕

- 주하중 : 교량의 주요 구조부를 설계하는 경우에 항상 또는 자주 작용하여 내하력에 결정적인 영향을 미치는 하중의 총칭
- 부하중 : 교량의 주요 구조부를 설계하는 경우에 항상 또는 자주 작용하지는 않지만 내하력에 영향을 미칠 수 있고, 통상 다른 하중과 동시에 작용하는 하중으로서 하중의 조합에서 반드시 고려해야 하는 하중의 총칭
- 특수하중 : 교량의 주요구조부를 설계하는 경우에 교량의 종류, 구조형식, 가설지점의 상황 등의 조건에 따라 특별히 고려하여야 하는 하중의 총칭

2.1.2 주 하 중

(1) 고정하중

교량자체와 부속물의 중량에 의해 발생하며, 고정하중의 계산시 적용되는 각종 재료의 단위질량은 표 2·2와 같다. 그러나 실질량이 명백한 경우에는 그 값을 사용한다.

(2) 활하중

자동차 하중 즉 표준트럭하중(DB 하중) 또는 차로하중(DL 하중), 보도 등의 등분포하중 및 궤도의 차량하중이다.

DB 하중은 그림 2·1과 같이 3축으로 구성된 가상의 트럭 1대의 하중을 말하며, DL 하중은 등분포하중과 집중하중으로 구성된 자동차군을 의미한다. 군용차량의 통행을 고려하는 경우에는 탱크하중에 대한 검토도 필요하다.

DB 및 DL 하중은 미국의 도로교 설계기준(AASHTO)에서 제시하고 있는 HS 및 HL 하중과 동일한 형식을 가지고 있다. 바닥판 및 바닥틀에 큰 응력을 발생시키는 하중과 주형에 큰 응력을 발생시키는 하중은 하중의 분포범위에 따라 다르므로 바닥판 및 바닥틀의 설계에는 일반적으로 DB 하중을 사용하고, 주형의 설계에는 DB 또는 DL 하중을 사용한다.

1) 바닥판과 바닥틀을 설계하는 경우의 활하중

① 차도부분에는 DB 하중을 재하한다. 자동차는 1개의 교량에 대하여 종방향으로는 차선당 1대를 원칙으로 하고, 횡방향으로는 재하가 가능한 대수를 재하하되 설계부재에 최대응력이 일어나도록 재하한다. DB 하중의 최외측 차륜중심의 재하위치는 교축

직각방향으로 볼 때 차도부분의 단부로부터 300 mm로 한다. 지간이 특히 긴 세로보나 슬래브교는 DL 하중으로도 검토하여 불리한 응력을 주는 하중을 사용하여 설계한다.

표 2·1 도로교의 하중

<table>
<tr><td rowspan="9">주하중(P)</td><td>1. 고정하중(D)</td><td rowspan="2">부하중(S)</td><td>11. 온도변화의 영향(T)</td></tr>
<tr><td>2. 활하중(L)</td><td>12. 지진의 영향(E)</td></tr>
<tr><td>3. 충격(I)</td><td rowspan="5">주하중에 상당하는 특수하중 (PP)</td><td>13. 설하중(SW)</td></tr>
<tr><td>4. 프리스트레스(PS)</td><td>14. 지반변동의 영향(GD)</td></tr>
<tr><td>5. 콘크리트 크리프의 영향(CR)</td><td>15. 지점이동의 영향(SD)</td></tr>
<tr><td>6. 콘크리트 건조수축의 영향(SH)</td><td>16. 파압(WP)</td></tr>
<tr><td>7. 토압(H)</td><td>17. 원심하중(CF)</td></tr>
<tr><td>8. 수압(F)</td><td rowspan="4">부하중에 상당하는 특수하중 (PA)</td><td>18. 제동하중(BK)</td></tr>
<tr><td>9. 부력 또는 양압력(B)</td><td>19. 가설시하중(ER)</td></tr>
<tr><td rowspan="2">부하중(S)</td><td rowspan="2">10. 풍하중(W)</td><td>20. 충돌하중(CO)</td></tr>
<tr><td>21. 기타</td></tr>
</table>

※ ( ) 속의 것은 각 하중의 기호

표 2·2 재료의 단위질량

재료	단위질량(kg/m^3)	재료	단위질량(kg/m^3)
강재, 주강, 단강	7,850	콘크리트	2,350
주철	7,250	시멘트 모르타르	2,150
알루미늄	2,800	목재	800
철근콘크리트	2,500	역청재(방수용)	1,100
프리스트레스트 콘크리트	2,500	아스팔트 포장	2,300

표 2·3 DB 하중

교량 등급	하중 등급	중량 W(kN)	총하중 1.8 W(kN)	전륜하중 0.1 W(kN)	후륜하중 1.4 W(kN)	전륜 폭 b_1(cm)	후륜 폭 b_2(cm)	차륜 접지폭 a(cm)
1등교	DB-24	240	432	24	96	12.5	50	20
2등교	DB-18	180	324	18	72	12.5	50	20
3등교	DB-13.5	135	243	135	54	12.5	50	20

(예) DB-24의 총중량 432 kN = 24×2 + 96×4 = 48 + 384 = 432kN

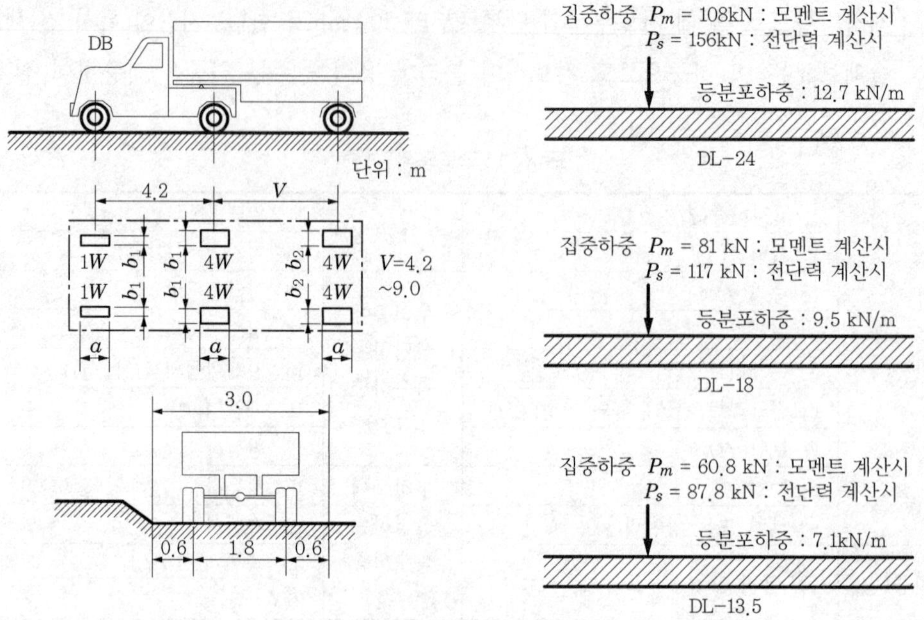

그림 2·1 DB 및 DL 하중

② 보도 등에는 5×10^{-3} MPa의 등분포하중을 재하한다.

③ 궤도에는 궤도의 차량하중과 DB 하중 가운데 설계부재에 불리한 응력을 주는 것을 재하한다. 궤도의 차량은 차량 수에 제한이 없는 것으로 보고 설계부재에 가장 불리한 응력을 주도록 재하한다. 차량의 점유 폭과 하중은 해당 궤도의 규정을 따른다.

④ 차륜의 접지면은 DB하중의 각 차륜에 대해 면적이 $\frac{12500}{9}P(\text{mm}^2)$인 하나의 직사각형으로 간주하며 이 직사각형의 폭과 길이의 비는 2.5 : 1로 한다. 여기서 P는 차륜의 중량(kN)이다. 접지압은 접지면은 균일하게 분포하는 것으로 가정한다.

2) 주거더를 설계하는 경우의 활하중

차도부분에는 교축방향으로 차선당 1대의 DB 하중 또는 1차로분의 DL 하중 가운데 설계부재에 불리한 응력을 주는 것을 재하한다.

① 일반적으로 단순보의 최대휨모멘트는 단순교에서 지간이 44 m 이하인 경우에는 DB 하중을 재하하고, 44 m 이상인 경우에는 DL 하중에 의해 결정된다.

② DB 하중이나 DL 하중의 점유 폭은 3 m로 본다. 설계시에 이 하중은 원칙적으로 표준 차선폭 3.6 m 안에 두도록 한다. 한 교량의 단일차선 내에는 DB 하중을 1대만 재하하

거나 또는 DL 하중 가운데 설계부재에 불리한 응력을 주는 것을 재하한다.

③ 연석간의 교폭 W_c에 따른 설계차선의 수 N은 다음 표에 따라 결정한다. 이에 따른 설계차선 폭 W는 다음과 같이 정한다.

$$W = \frac{W_c}{N} \leq 3.6\,\text{m} \qquad (2 \cdot 1)$$

여기에서, W_c : 연석간의 교폭
W : 설계차선 폭
N : 표 2·4에 표시된 차선의 수

표 2·4 차로 수

W_c의 범위(m)	N	W_c의 범위(m)	N
$6.0 \leq W_c < 9.1$	2	$23.8 \leq W_c < 27.4$	7
$9.1 \leq W_c < 12.8$	3	$27.4 \leq W_c < 31.1$	8
$12.8 \leq W_c < 16.4$	4	$31.1 \leq W_c < 34.7$	9
$16.4 \leq W_c < 20.1$	5	$34.7 \leq W_c < 38.4$	10
$20.1 \leq W_c < 23.8$	6		

④ 그러나, 어느 설계부재의 최대응력이 3차로 이상의 활하중 동시 재하로 인해 발생하는 경우에는 그 활하중 응력을 다음 백분율로 감소시킨다.

3차로 : 90%, 4차로 이상 : 75%

가로보에 대한 하중의 감소율은 주트러스나 주거더의 경우와 마찬가지로 취하는데, 그 가로보에 최대응력을 일으키게 하는 하중이 놓이는 차로 폭을 써서 그 감소율을 정하여야 한다.

⑤ 연속보의 지점모멘트를 구하려할 때는 차선하중에다 또 하나의 같은 크기의 집중하중을 추가하여 인접지간에 두어야 한다.

⑥ 연속보에 있어서 차선하중은 최대응력이 생기도록 필요에 따라 연속 또는 불연속으로 재하하고 1개 또는 2개의 집중하중을 가장 불리한 위치에 놓는다.

⑦ 보도 등에는 표 2·5의 등분포하중을 재하한다.

표 2·5 보도 등에 재하하는 등분포하중

지간장 L(m)	$L \leq 80$	$80 < L \leq 130$	$L > 130$
하중(MPa)	3.5×10^{-3}	$(4.3-0.01L) \times 10^{-3}$	3.0×10^{-3}

⑧ 궤도에는 궤도의 차량하중과 DB 또는 DL 하중 가운데 설계부재에 불리한 응력을 일으키게 하는 것을 재하한다. 궤도의 차량은 차량 수에 제한이 없는 것으로 보고 점유폭과 하중은 해당 궤도의 규정에 따른다.

3) 하부구조를 설계하는 경우의 활하중

하부구조를 설계하는 경우에 상부구조에 재하하는 활하중은 원칙적으로 2)항[주거더를 설계하는 경우의 활하중]에 규정한 DB 또는 DL 하중 가운데 하부구조에 가장 불리한 응력을 일으키는 하중을 재하하는 것을 원칙으로 한다.

(3) 충격하중 : 활하중×충격계수

활하중은 이동할 때의 진동 등에 의하여 구조물에 큰 영향을 준다. 이를 충격이라 하며 하중으로 취급한다. 그 크기는 활하중의 속도, 교량의 구조 및 형식 등에 따라 다르나 계산을 쉽게 하기 위해 충격계수 i를 정하여 활하중에 곱해서 충격하중으로 간주한다. 상부구조의 충격계수는 다음 식과 같으며, 0.3을 초과할 수 없다.

$$i = \frac{15}{40+L} \leq 0.3 \tag{2 · 2}$$

여기에서, L은 표 2·6의 값으로 원칙적으로 활하중이 등분포하중인 경우에 설계부재의 최대응력이 일어나도록 활하중이 재하된 지간부분의 길이(m)이다.

(4) 프리스트레스 힘

구조물에 프리스트레스 힘을 도입하는 경우에는 설계에 이를 고려하여야 한다. 프리스트레스 콘크리트에 도입하는 프리스트레스 힘에 관해서는 다음과 같이 정한다.

1) 설계시에 고려하여야 할 프리스트레스 힘은 프리스트레싱 직후의 프리스트레스 힘과 유효프리스트레스 힘이다. 또 프리스트레스 힘에 의하여 부정정력이 일어나는 경우에는 이들도 고려하여야 한다.

표 2·6 충격계수를 구할 때의 지간

형식	부재	L (m)
단 순 보	거더 및 받침	지간장
트 러 스	• 현재, 단주 및 받침 • 하로트러스의 행어 • 상로트러스의 지주 • 분격간의 사재 등 • 기타의 복부재	지간장 가로보의 지간장 가로보의 지간장 가로보의 지간장 지간장의 75%
연 속 보	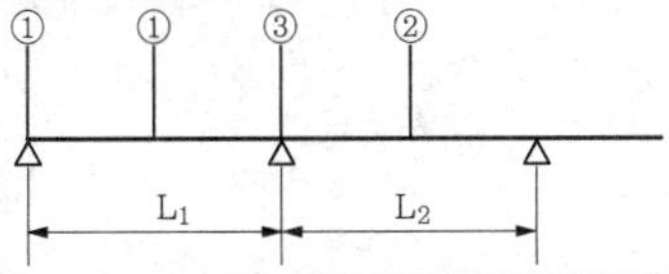	하중 ①에 대해 L_1 하중 ②에 대해 L_2 하중 ③에 대해 $\frac{L_1+L_2}{2}$
게르버보	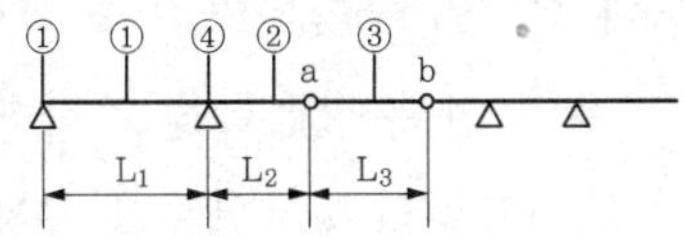 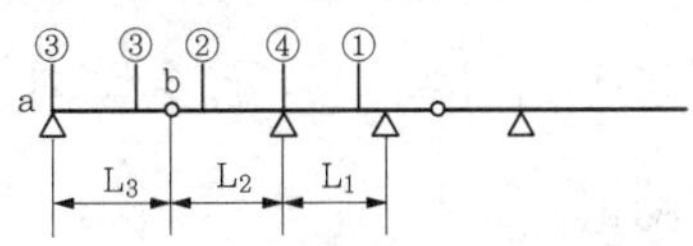	하중 ①에 대해 L_1 하중 ②에 대해 L_2+L_3 하중 ③에 대해 • 걸린 거더 ab에 대해 L_3 • 캔틸레버부 및 정착부에 대해 L_2+L_3 하중 ④에 대해 $(L_1+L_2+L_3)/2$
라멘	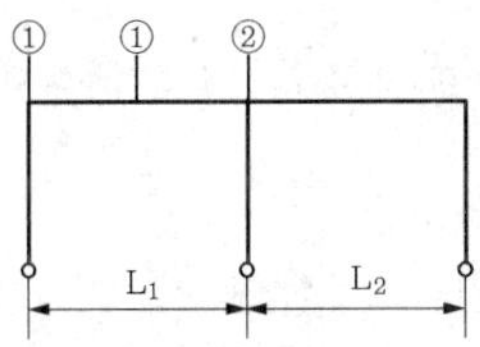 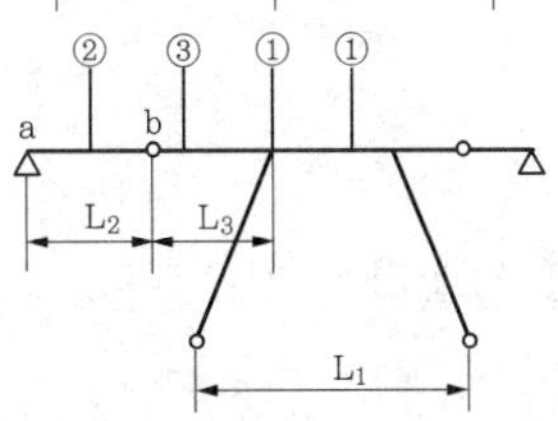	하중 ①에 대해 L_1 하중 ②에 대해 $\frac{L_1+L_2}{2}$ 하중 ①에 대해 L_1 하중 ②에 대해 • 걸린 거더 ab에 대해 L_2 • 캔틸레버부 및 라멘에 대해 L_2+L_3 하중 ③에 대해 • 라멘에 대해 L_1 • 캔틸레버부에 대해 L_2+L_3
아치 및 보강거더를 갖는 아치	• 아치리브, 아치의 현재, 보강거더, 보강트러스의 현재, 받침 및 타이드 아치의 타이 • 아치 및 보강트러스의 복부재 • 상로아치의 지주 • 하로아치의 행어	지간장 지간장 75% 가로보의 지간장 가로보의 지간장
현 수 교	행어	가로보의 지간장
사 장 교	• 주거더 • 케이블	연속보에 준한다. 연속보의 지점에 준한다.

2) 프리스트레싱 직후의 프리스트레스 힘의 감소는 프리텐션 방식에서는 콘크리트의 탄성변형만을 고려하여야 하고, 포스트텐션 방식에서는 콘크리트의 탄성변형, PS강재와 시스의 마찰, 정착장치 및 정착부 내부의 마찰, 정착장치에서의 활동량을 고려하여야 한다.

3) 유효프리스트레스 힘은 2)항의 규정으로 산출한 프리스트레싱 직후의 프리스트레스 힘에 다음의 영향을 고려하여 산출한다.

① 콘크리트의 크리프 : 이 경우에 고려하는 지속하중은 프리스트레스 힘과 고정하중이다.

② 콘크리트의 건조수축

③ PS강재의 릴랙세이션

4) 일반적으로 프리스트레스 힘에 의해 보의 변형이 구속되어 이로 인하여 부정정력이 발생하게 되는데 단면의 응력을 검사할 경우에 이 부정정력을 고려하여야 한다. 유효프리스트레스 힘에 의한 부정정력은 PS강재 인장력의 유효계수를 부재 전체에 걸쳐 평균한 값을 프리스트레싱 직후의 부정정력에 곱하여 산출할 수 있다.

(5) 콘크리트의 크리프와 건조수축의 영향

콘크리트 부재의 설계에 고려하는 콘크리트의 크리프와 건조수축으로 인한 영향은 다음과 같다.

1) 콘크리트의 크리프 변형률은 다음 식에 의해 계산한다.

$$\varepsilon_{cc} = \frac{f_c}{E_c}\phi \qquad (2 \cdot 3)$$

2) 프리스트레스 힘의 감소량 및 부정정력을 산출하는 경우, 콘크리트의 크리프계수는 표 2·7의 값을 표준으로 한다.

3) 프리스트레스 힘의 감소량을 산출하는 경우 콘크리트의 건조수축률은 표 2·8의 값을 표준으로 한다.

표 2·7 콘크리트의 크리프계수

콘크리트의 재령일		4~7	14	28	90	365
크리프계수	조강시멘트	3.8	3.2	2.8	2.0	1.1
	보통시멘트	4.0	3.4	3.0	2.2	1.3

표 2·8 콘크리트의 건조수축률

콘크리트 재령일	4~7	28	90	365
건조수축률	27×10^{-5}	20×10^{-5}	14×10^{-5}	7×10^{-5}

4) 프리스트레스트 콘크리트말뚝, 프리텐션 부재와 같이 특히 콘크리트의 재령초기에 프리스트레싱을 하는 경우나 합성보와 같이 콘크리트의 크리프차와 건조수축차의 영향을 고려하는 경우와 같이 위에서 기술한 근사적인 방법에 따르기 힘든 경우에는 부재 주변의 습도, 부재단면의 형상 및 치수, 하중이 작용할 때의 콘크리트 재령 등을 고려하여 별도로 콘크리트의 크리프계수와 건조수축률을 정한다.

5) 콘크리트의 크리프와 건조수축에 의한 변형이 구속되는 부정정구조물에서는 이 구속에 의해 부정정력이 발생하는데 이에 대해서는 다음과 같이 두 가지로 구분하여 규정한다.

① 구조계의 변화가 없는 경우 : 구조물 전체를 한꺼번에 동바리상에서 시공하고 시공중의 구조계와 시공 후의 구조계에 변화가 없는 경우, 콘크리트 크리프의 영향은 일반적으로 고려하지 않아도 좋다. 건조수축의 영향에 의한 부정정력을 산출하는 경우에는 콘크리트의 건조수축률을 15×10^{-5}으로 한다. 다만 축방향 철근량이 부재의 콘크리트 단면적의 0.5% 미만인 경우에는 건조수축률을 20×10^{-5}으로 한다.

② 구조계의 변화가 있는 경우 : 구조물 전체를 한꺼번에 시공하지 않고 시공중의 구조계와 시공 후의 구조계에 변화가 있는 경우, 콘크리트 크리프의 영향에 의한 부정정력은 위의 2) 혹은 4)에 규정하는 값을 이용하여 계산하는데, 이 경우에 고려하는 지속하중은 고정하중, 프리스트레스힘, 건조수축의 영향 등으로 한다. 또한 건조수축의 영향에 의한 부정정력은 위에서 기술한 방법에 따라 구한다.

(6) 토압

토압은 벽면에 작용하는 분포하중으로 하고, 그 하중강도는 다음과 같다.

1) 평상시 토압

가동벽에 작용하는 토압은 다음 식에 의하여 산출한다.

사질토 : $p_a = K_A \cdot \gamma \cdot z + K_A \cdot q$ (2 · 4)

$$p_p = K_P \cdot \gamma \cdot z + K_P \cdot q \qquad (2 \cdot 5)$$

점성토 : $p_a = K_A \cdot \gamma \cdot z - 2c\sqrt{K_A} + K_A \cdot q$ $\qquad (2 \cdot 6)$

단, 상재토압이 작을 때, p_a가 음으로 되는 경우가 있으나, 이 부분의 토압은 0으로 한다.

$$p_p = K_P \cdot \gamma \cdot z + 2c\sqrt{K_P} + K_P \cdot q \qquad (2 \cdot 7)$$

여기에서,

$$K_A = \frac{\cos^2(\phi - \theta)}{\cos^2\theta\cos(\theta+\delta)\left[1+\sqrt{\dfrac{\sin(\phi+\delta)\sin(\phi-\alpha)}{\cos(\theta+\delta)\cos(\theta-\alpha)}}\right]^2} \qquad (2 \cdot 8)$$

$$K_P = \frac{\cos^2(\phi + \theta)}{\cos^2\theta\cos(\theta+\delta)\left[1+\sqrt{\dfrac{\sin(\phi-\delta)\sin(\phi+\alpha)}{\cos(\theta+\delta)\cos(\theta-\alpha)}}\right]^2} \qquad (2 \cdot 9)$$

또, $\phi \pm \alpha < 0$의 경우에는 $\sin(\phi \pm \alpha) = 0$으로 한다.

고정벽에 작용하는 토압은 다음 식에 의해 산출한다.

$$p_0 = K_0 \cdot \gamma \cdot z + K_0 \cdot q \qquad (2 \cdot 10)$$

위에서 정지토압계수는 $K_0 = 1 - \sin\phi$로 구하는 것을 기본으로 한다. 그러나 토질조건에 따라 보다 합리적으로 공인된 경험공식 또는 경험치를 사용할 수 있다.

여기에서 사용하는 각도는 반시계방향을 +로 한다.

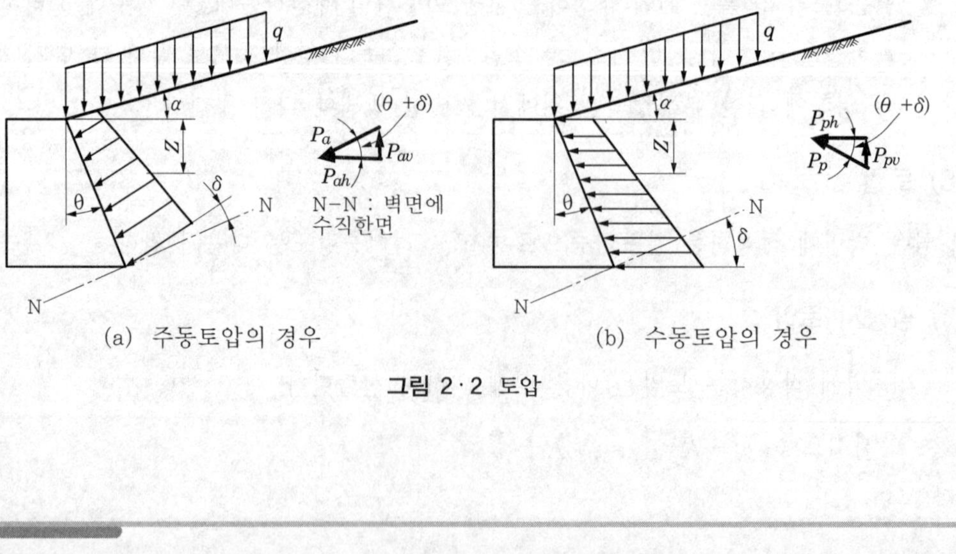

그림 2·2 토압

2) 지진시 토압

① 교대

㉠ Mononobe-Okabe 토압공식

교대에 작용하는 지진에 의한 토압계산은 Mononobe-Okabe에 의해 개발된 의사-정적 해석방법을 적용한다.

a. 주동토압계수

$$K_{AE}=\frac{\cos^2(\phi-\theta+\beta)}{\cos\theta\cdot\cos^2\beta\cdot\cos(\delta+\beta+\theta)\cdot\left[1+\sqrt{\dfrac{\sin(\phi+\delta)\cdot\sin(\phi-\theta-i)}{\cos(\delta+\beta+\theta)\cdot\cos(i-\beta)}}\right]^2} \tag{2·11}$$

b. 수동토압계수

$$K_{PE}=\frac{\cos^2(\phi-\theta+\beta)}{\cos\theta\cdot\cos^2\beta\cdot\cos(\delta-\beta+\theta)\cdot\left[1-\sqrt{\dfrac{\sin(\phi-\delta)\cdot\sin(\phi-\theta+i)}{\cos(\delta-\beta+\theta)\cdot\cos(i-\beta)}}\right]^2} \tag{2·12}$$

여기에서, $\theta=\tan^{-1}\{K_h/(1\mp K_v)\}$

δ=흙과 교대 사이의 마찰각

i=뒷채움 흙 경사각

β=교대 배면의 수직에 대한 각

c. 작용점

지진시 토압은 교대 배면에 균등하게 분포하고, 그 합력은 교대 높이의 1/2에 작용하는 것으로 가정한다.

② 독립식 교대

독립식 교대의 설계에서는 지진에 의한 수평토압, 교대의 관성력과 더불어서, 상부구조물이 자유롭게 미끄러질 수 없는 받침으로 지지되는 경우에는 상부구조물로부터 전달되는 지진력을 함께 고려하여야 한다.

㉠ 교축방향 변위 허용시

수평지진계수 : $K_h=0.5A$ (2·13)

수평예상변위 : $\delta=250A$(mm) (2·14)

㉡ 교축방향 변위 구속시

수평지진계수 : $K_h=1.5A$ (2·15)

③ 일체식 교대

㉠ 일체식 교대는 지진시 큰 상부 관성력이 뒷채움 흙에 전달되므로 과다한 상대변위가 발생하지 않도록 적절한 수동저항력을 갖도록 설계한다.

㉡ 교대-뒷채움 흙의 강성과 근입된 기초 강성을 조합하여 내진설계 과정에 따라 설계한다.

(7) 수압

1) 정수압은 다음 식에 의해 산출한다. 구조물의 지반 속에 있는 부분에 작용하는 수압이 이 이론수압의 값까지 작용하지 않는 것이 확실한 경우에는 그 확실한 값까지 감소시킬 수 있다.

$$P_h = 1\times10^{-3}\omega_0 \cdot h \qquad (2\cdot16)$$

여기에서, P_h : 수면에서 h만큼 깊은 곳의 정수압(MPa)
h : 수면에서의 깊이(m)
ω_0 : 물의 단위중량(kN/m^3)

2) 유수압은 유수방향에 대한 교각의 연직투영면적에 작용한 수평하중으로 하고 위의 식에 의해 산출한다. 작용위치는 하저면에서 $0.6H$로 한다.

$$P = 10K \cdot v^2 \cdot A \qquad (2\cdot17)$$

여기에서, P : 유수압(kN)
K : 아래 표에 나타낸 교각의 형상에 따라 정해지는 계수
v : 최대유속(m/s)
A : 교각의 연직투영면적(m^2)
H : 수심(m)

세굴의 영향이 있는 경우의 유수압을 산출할 때 사용하는 수심은 평상시에는 하부구조에 의한 세굴의 영향이 없을 때의 수심에 평상시 하부구조의 영향에 의해 발생하는 세굴의 깊이와 교량의 내용기간 중에 예상되는 전반적인 하상저하량을 더한 깊이로 한다. 홍수시에는 평상시의 설계수심에 홍수시 수위의 증가와 홍수시 세굴깊이를 더한 깊이로 한다.

3) 물에 접하는 구조물에 대해서는 지진시의 동수압을 고려하여야 한다.

표 2·9 교량의 저항계수, K

교각의 유수방향	단부의 형상	계수
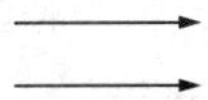	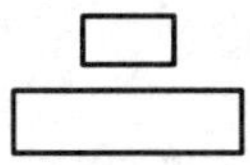	0.07
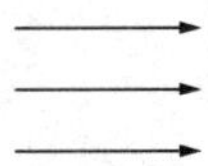	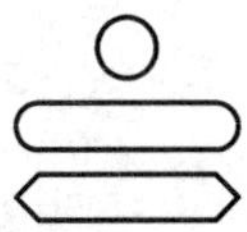	0.04
	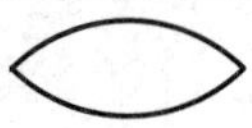	0.02
	유송잡물이 집적되는 교각	0.07

(8) 부력 또는 양압력

1) 부력 또는 양압력은 연직방향으로 작용하는 것으로 하고 구조물에 가장 불리하도록 재하시킨다.
2) 부력 또는 양압력의 작용을 받는 구조물의 안정에 대한 안전율은 1.2 이상이 되어야 한다.

2.1.3 부 하 중

(1) 풍하중 $2,400D \geq 6.0$

바람의 압력을 풍하중이라 한다. 바람의 방향은 일정하지 않으나 교축에 직각으로, 수평으로 작용하는 하중으로 하고, 부재에 가장 불리한 응력이 생기도록 작용시킨다.

표 2·10 플레이트 거더교의 풍하중(kN/m)

단면형상	풍하중
$1 \leq B/D < 8$	$\left(4.0-0.2\frac{B}{D}\right)\cdot D \geq 6.0$
$8 \leq B/D$	$2.4D \geq 6.0$

여기에서, B : 교량 총폭(m)
D : 교량 총높이(m)

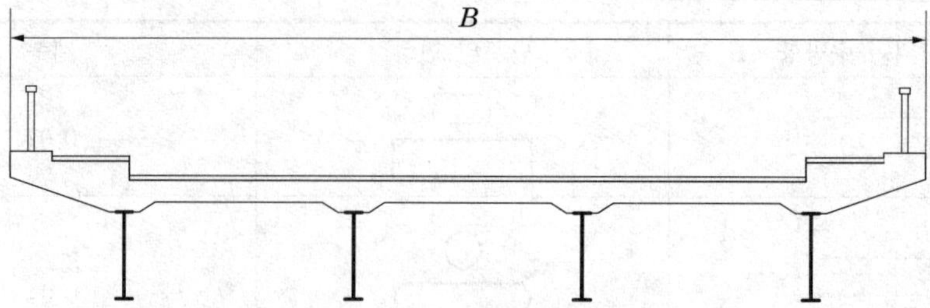

그림 2·3 교량 총폭 B

표 2·11 플레이트 거더교의 총높이 D

교량용 방호책	벽형 강성 방호책	벽형 강성 방호책 이외
총높이 D	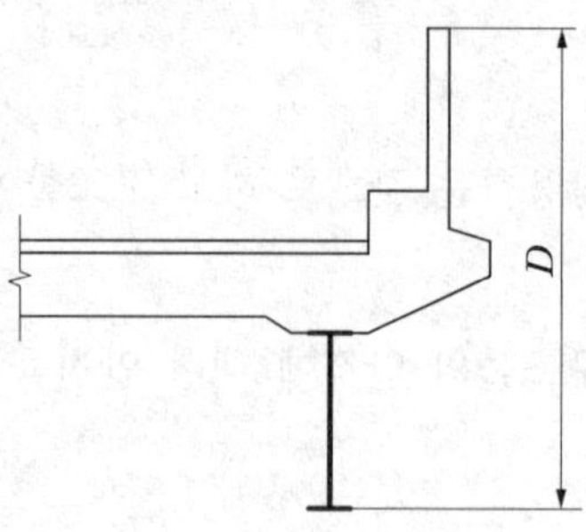	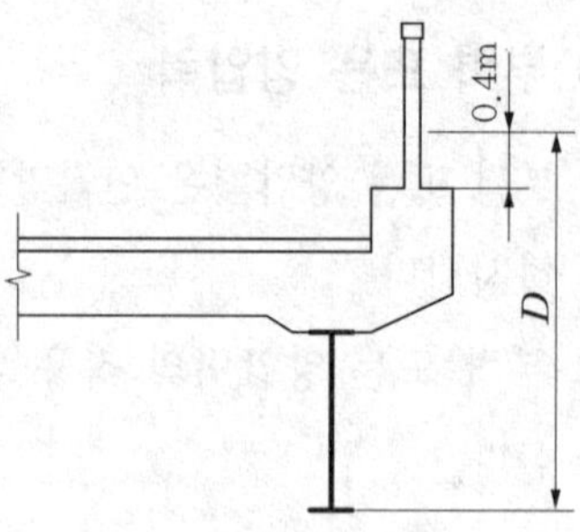

표 2·12 주구 트러스에 작용하는 풍하중(MPa)

트러스	활하중 재하시	$1.25\times10^{-3}/\sqrt{\phi}$
	활하중 비재하시	$2.5\times10^{-3}/\sqrt{\phi}$
교량의 바닥판	활하중 재하시	1.5×10^{-3}
	활하중 비재하시	3.0×10^{-3}

단, $0.1 \le \phi \le 0.6$

ϕ : 트러스의 충실률(트러스 외곽면적에 대한 트러스 투영면적의 비)

표 2·13 표준적인 2주구 트러스의 풍하중(kN/m)

현재		풍하중
재하현	활하중 재하시	$1.5+1.5D+1.25\sqrt{\lambda h} \geq 6.0$
	활하중 비재하시	$3.0D+2.5\sqrt{\lambda h} \geq 6.0$
비재하현	활하중 재하시	$1.25\sqrt{\lambda h} \geq 3.0$
	활하중 비재하시	$2.5\sqrt{\lambda h} \geq 3.0$

단, $7 \leq \lambda/h \leq 40$

D : 교량 바닥판의 총높이(m), 다만 교축직각 수평방향에서 보아 현재와 중복되는 부분의 높이는 포함하지 않음

h : 현재의 높이(m)

λ : 하현재 중심에서 상현재 중심까지의 주구높이(m)

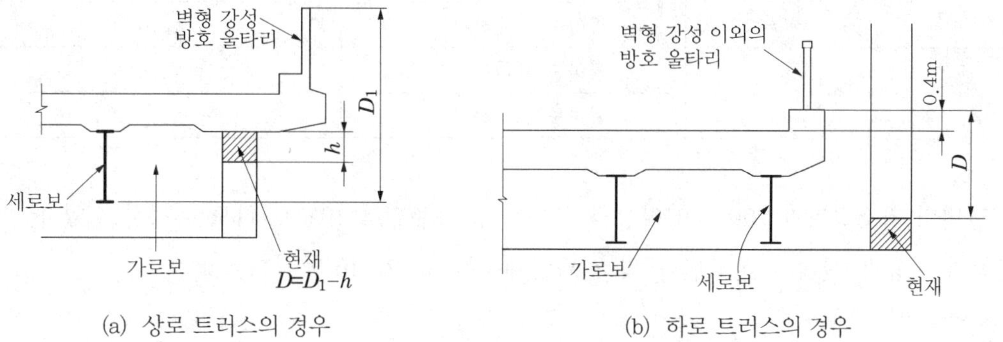

그림 2·4 주구 트러스의 바닥판 총높이 D

(2) 온도변화의 영향

강교에서는 가설시의 온도변화의 범위를 −10℃(특히 추운지방에서는 −30℃)~50℃로 한다. 콘크리트교의 온도변화 범위는 지역별 평균기온을 고려하여 정하며 보통 온도의 승강은 각각 15℃로 한다.

표 2·14 플레이트 거더교 또는 2주구 트러스 이외의 교량부재에 작용하는 풍하중(MPa)

부재의 단면형상		풍하중	
		풍상측 부재	풍하측 부재
원형	활하중 재하시	0.75×10^{-3}	0.75×10^{-3}
	활하중 비재하시	1.5×10^{-3}	1.5×10^{-3}
각형	활하중 재하시	1.5×10^{-3}	0.75×10^{-3}
	활하중 비재하시	3.0×10^{-3}	1.5×10^{-3}

※ 풍상측 부재 : 바람과 먼저 만나는 부재

표 2·15 하부구조에 작용하는 풍하중(MPa)

구체의 단면형상		풍하중
원형 및 트랙형	활하중 재하시	0.75×10^{-3}
	활하중 비재하시	1.5×10^{-3}
각형	활하중 재하시	1.5×10^{-3}
	활하중 비재하시	3.0×10^{-3}

단면의 최소크기가 700 mm 이상의 경우는 위 표준값을 10℃로 하도록 정하고 있다. 가동받침의 이동량 산정시 온도변화 및 선팽창계수는 표 **2·16**과 같다.

표 2·16 가동받침의 이동량 산정시 온도변화 및 선팽창계수

교량종류	온도변화		선팽창계수
	보통지방	한랭한 지방	
PSC교, RC교	−5℃~+35℃	−15℃~+35℃	1.0×10^{-5}
강교(상로교)	−10℃~+40℃	−20℃~+40℃	1.2×10^{-5}
강교(하로교 및 강바닥판교)	−10℃~+50℃	−20℃~+40℃	1.2×10^{-5}

(3) 지진의 영향

1) 가속도계수

지진재해도 해석결과에 근거하여 우리나라의 지진구역을 표 **2·17**과 같이 2개로 나누고, 구역 I 에서는 0.11, 구역 II 에서는 0.07이다.

교량이 위치할 부지에 대한 지진지반운동의 가속도계수 A는 내진등급별 설계지진의 재현주기에 해당하는 위험도계수를 지진구역에 따른 지진구역계수를 곱하여 계산한다.

표 2·17 지진구역 구분

지진구역	행정구역	
I	시	서울특별시, 인천광역시, 대전광역시, 부산광역시, 대구광역시, 울산광역시, 광주광역시
	도	경기도, 강원도 남부(1), 충청북도, 충청남도, 경상북도, 경상남도, 전라북도, 전라남도 북동부(2)
II	도	강원도 북부(3), 전라남도 남서부(4), 제주도

[주] (1) 강원도 남부(군, 시) : 영월, 정선, 삼척시, 강릉시, 동해시, 원주시, 태백시
(2) 전라남도 북동부(군, 시) : 장성, 담양, 곡성, 구례, 장흥, 보성, 화순, 광양시, 나주시, 여천시, 여수시, 순천시
(3) 강원도 북부(군, 시) : 홍천, 철원, 화천, 횡성, 평창, 양구, 인제, 고성, 양양, 춘천시, 속초시
(4) 전라남도 남서부(군, 시) : 무안, 신안, 완도, 영광, 진도, 해남, 영암, 강진, 고흥, 함평, 목포시
(5) 행정구역의 경계를 통과하는 교량의 경우에는 구역계수가 큰 값을 적용한다.

2) 위험도계수

평균 재현주기별 최대유효 지반가속도의 비를 의미하는 위험도계수는 표 2·19와 같다. 이 표에서 기준은 평균 재현주기 500년 지진이다.

표 2·18 지진구역계수(재현주기 500년에 해당)

지진구역	I	II
구역계수	0.11	0.07

표 2·19 위험도계수

재현주기(년)	500	1,000
위험도계수, I	1	1.4

3) 내진등급

교량의 내진등급은 교량의 중요도에 따라서 내진 I 등급과 내진 II 등급으로 분류한다. 교량은 내진등급별로 규정된 평균 재현주기를 갖는 설계지진에 대하여 설계한다.

표 2·20 도로교의 내진등급과 설계지진

내진등급	교량	설계지진의 평균 재현주기
내진 I 등급교	고속도로, 자동차전용도로, 특별시도, 광역시도 또는 일반국도상의 교량 • 지방도, 시도 및 군도 중 지역의 방재 계획상 필요한 도로에 건설된 교량, 해당도로의 일일계획교통량을 기준으로 판단했을 때 중요한 교량 • 내진 I 등급교가 건설되는 도로 위를 넘어가는 고가교량	1,000년
내진 II 등급교	• 내진 I 등급교에 속하지 않는 교량	500년

2.1.4 주하중에 상당하는 특수하중

(1) 설하중

설하중을 고려할 필요가 있는 지방에서는 가설지점의 실제 상황에 따라서 적당한 값을 정한다. 설하중은 지방에 따라 혹은 시기나 적설형태에 따라서 다르므로 일률적으로 정하기는 곤란하나 대체적인 표준은 다음과 같다.

- 내린지 얼마 안 된 눈 : 1,500 N/m^3
- 내린지 오래된 눈 : 3,000 N/m^3
- 압축된 눈 또는 다량의 물을 포함한 눈 : 5,000~7,000 N/m^3

(2) 지반변동 및 지점이동의 영향

부정정구조물에서는 지반침하 등에 의해 생기는 지점의 이동이나 회전에 따라서 내부응력을 발생시키므로 지점이동 및 회전의 영향을 고려한다.

부정정구조물에서 지반의 압밀침하 등으로 인하여 장기간에 걸친 지점의 이동 및 회전의 영향을 고려하여야 할 경우에는 최종 이동량을 추정하여 단면력을 산정하는데, 이 경우 콘크리트교에 대해서는 콘크리트의 크리프 영향으로 응력이 좀 감소되므로 탄성계산에서 구한 단면력의 50%를 설계계산에 사용하고, 강교에 대해서는 탄성계산에서 구한 단면력을 그대로 설계계산에 사용한다.

(3) 파압

연직벽에 작용하는 쇄파의 파력은 다음 식에 의해 산출한다. 파력은 정수면상 1.25 H_0의 높이에서 해저까지 균일하게 분포한다.

$$p = 1.5 \times 10^{-3} \omega H_0 \qquad (2 \cdot 18)$$

여기에서, p : 쇄파의 압력(MPa)
ω : 해수의 단위질량(kN/m^3)
H_0 : 외해파의 파고(m)

하천이나 호수 등의 교각에 작용하는 파압은 일반적으로 무시할 수 있다.

(4) 원심하중

교량의 곡선부는 모든 설계차선에 재하된 DB 하중의 백분율로써 표현되는 다음과 같은 원심하중에 의해 설계하여야 한다.

$$CF = 0.79 \frac{V^2}{R} (\%) \qquad (2 \cdot 19)$$

여기에서, CF : 원심하중으로서 충격을 포함하지 않은 활하중의 백분율
V : 설계속도(km/h)
R : 곡선반경(m)

곡선궤도의 경우 원심하중은 궤도차량하중의 8%로 본다. 원심하중은 교면상 또는 레일면상 1,800 mm의 높이에서 횡방향으로 작용하는 것으로 한다.

2.1.5 부하중에 상당하는 특수하중

(1) 제동하중

자동차의 제동하중 및 궤도차량의 제동하중은 극단적으로 가벼운 교량 및 궤도가 있는 교량 등 특별한 경우에 고려하는 것으로 한다. 자동차의 제동하중은 DB 하중의 10%로 하고 교면상 1,800 mm 되는 위치에서 자동차의 진행방향으로 작용하는 것으로 한다. 궤도차량의 제동하중은 총윤하중의 10%로 하고 레일면상 1,800 mm 위치에서 차량의 진행방향으로 작용하는 것으로 한다.

(2) 가설하중

교량을 가설할 때 작용하는 하중으로서, 가설시 하중으로 인한 응력은 가설방법이나 가설도중의 구조 등에 따라 다르나 완성 후의 응력과 전혀 이질적이던가 가설 후의 응력보다 큰 값을 나타낼 경우가 있어 때로는 교량의 좌굴이나 낙교 등의 사고가 생긴다. 따라서 자중,

가설기계, 바람, 온도변화 등에 대하여 조사해 둘 필요가 있다.

(3) 충돌하중

1) 자동차의 충돌

자동차가 충돌할 염려가 있는 각주에는 콘크리트벽 등으로 충분히 안전한 방호시설을 설치하여야 한다. 이들 방호시설을 설치하지 않는 경우에는 다음 충돌하중이 노면 위 1,800 mm에서 수평으로 작용하는 것으로 보고 각주를 설계하여야 한다.

- 차도방향에 대하여 : 1,000 kN
- 차도 직각방향에 대하여 : 500 kN

2) 유목(流木) 등의 충돌

유목 및 기타의 유송물(流送物)이 충돌할 우려가 있는 경우에는 다음 식에 의해 충돌력을 산출한다. 그 작용높이는 수면으로 한다.

$$P = 0.1\,W \cdot v \qquad (2 \cdot 20)$$

여기에서, P : 충돌력(kN)
W : 유송물의 질량(kN)
v : 표면유속(m/s)

2.2 철도교의 설계하중

2.2.1 개 설

(1) 철도교와 관련된 용어정의

- 차량 : 선로를 운행할 목적으로 제작된 동력차·객차·화차 및 특수차
- 선로 : 차량을 운행하기 위한 궤도와 이를 지지하는 노반으로 구성된 시설
- 본선 : 열차운전에 상용할 목적으로 설치한 선로를 말하며, '측선'은 본선이 아닌 선로
- 궤도 : 레일과 그 부속품, 침목 및 도상(道床)으로 구성된 시설
- 도상 : 레일 및 침목으로부터 전달되는 차량하중을 노반에 넓게 분산시키고 침목을 일정한 위치에 고정시키는 기능을 하는 자갈 또는 콘크리트 등의 재료

- 궤간 : 레일의 윗면으로부터 16 mm 아래지점에서 양쪽레일 안쪽간의 가장 짧은 거리
- 캔트(Cant) : 차량이 곡선부를 원활하게 통과하도록 안쪽레일을 기준으로 바깥쪽 레일을 높게 부설하는 것

(2) 철도교의 설계하중

철도교의 설계시에는 다음 표 2·21과 같이 하중을 고려한다. 교량 설계시 가교지점의 여러 조건과 구조에 따라 적절한 하중 및 하중의 조합을 선정하여야 하며 모든 하중을 모두 고려할 필요는 없다.

2.2절의 철도교의 설계하중에서 사용하는 단위는 관련기준을 그대로 인용하였다.

표 2·21 철도교의 하중

구분	하중	구분	하중
주하중(P)	1. 고정하중(D)	부하중(S)	13. 시동하중 또는 제동하중(SB)
	2. 활하중(L)		14. 풍하중(W)
	3. 충격(I)	주하중에 상당하는 특수하중 (PP)	15. 설하중(SW)
	4. 원심하중(CF)		16. 지반변동의 영향(GD)
	5. 장대레일 종하중(LR)		17. 지점이동의 영향(SD)
	6. 프리스트레스(PS)		18. 파압(WP)
	7. 콘크리트 크리프의 영향(CR)	부하중에 상당하는 특수하중 (PA)	19. 온도변화의 영향(T)
	8. 콘크리트 건조수축의 영향(SH)		20. 지진의 영향(E)
	9. 토압(H)		21. 가설시하중(ER)
	10. 수압(F)		22. 충돌하중(CO)
	11. 부력 또는 양압력(B)		23. 탈선하중(DR)
부하중(S)	12. 차량 횡하중(LF)		24. 기타하중

※( )속의 것은 각 하중의 기호

2.2.2 주하중

(1) 고정하중

교량자체와 부속물의 중량에 의해 발생하며, 고정하중 계산시 적용되는 각종 재료의 단위질량은 표 2·22와 같다. 1궤도의 질량은 실하중을 고려하여 정하되, 최소질량은 유도상인 경우 도상자갈을 포함하지 않고 3 kN/m, 무도상인 경우 7 kN/m로 한다. 도상의 질량은 보선

작업과정을 고려하여 30% 할증된 값을 사용한다. 또 곡선부에서는 캔트부설에 따른 증가량을 추가하여 사용한다.

표 2·22 재료의 단위 중량

재료	단위질량(kN/m^3)	재료	단위질량(kN/m^3)
강, 주강, 단강	77	프리스트레스트 콘크리트	24.5
연 철	76.5	인공경량골재콘크리트	15~17
주 철	71	모르터	21
목 재	8	방수용아스팔트	11
도상(자갈 또는 쇄석)	19	석 재	26
무근콘크리트	23	모래, 자갈, 부순돌, 흙	16~20
철근콘크리트	24.5	석탄, 탄가루	10

[주] (1) 표에 제시된 값은 각종 측정치의 평균치보다 조금 큰 값을 취한 것이다.
(2) 목재의 질량은 수령과 함수비에 따라 다르고, 8 kN/m^{3}는 흔히 사용되는 목재에 비해 좀 과대한 편이지만 못, 꺾쇠, 볼트 등의 쇠붙이를 포함하는 것으로 보고 위의 값으로 정했다.

(2) 활하중

활하중의 크기는 선로등급에 따라 국유철도 건설규칙에서 정한 표준 활하중으로 하고, 선로의 등급은 열차의 속도, 곡선 및 기울기 등에 따라 1급선, 2급선, 3급선 및 4급선으로 구분한다.

표 2·23 선로등급별 활하중

선로등급	활하중	설계속도	곡선반경	선로의 기울기
1급선	LS-22	200 km/h	2,000 m 이상	1% 이하
2급선	LS-22	150 km/h	1,200 m 이상	1.25% 이하
3급선	LS-18	120 km/h	800 m 이상	1.5% 이하
4급선	LS-18	70 km/h	400 m 이상	2.5% 이하

LS 하중은 원래 미국의 Theodore cooper가 1894년에 처음으로 제창한 철도교의 표준이동하중인 Cooper E-40(현재 LS-18에 해당) 하중을 기준으로 하여 제정된 것으로서 국제적인

표준열차하중이다. 대표적인 기관차 2대를 연결하고 그 뒤에 열차를 연결시킨 형식으로서, 소지간에 대해서는 별도로 특별하중을 정해 놓고 있다. 전자를 L 하중, 후자를 S 하중이라고 하며, 양자를 통틀어 LS 하중이라고 하고, L 하중, S 하중 중에서 부재에 큰 하중효과를 발생시키는 것을 사용한다.

LS 하중은 교량의 용량을 평가하는 좋은 기준이 되며, 이때에 사용되는 수치가 LS 상당값이다. 예를 들면 어떤 기관차 2대가 이끄는 열차에 의한 교량상의 최대단면력(휨모멘트 또는 전단력)이 LS-18에 의한 값과 같다고 할 때 그 기관차의 LS 상당값은 18이라고 정의된다. 이 값은 교량의 길이에 따라 다르고, 휨모멘트 및 전단력에 대해서도 다르나 그 변동의 범위는 비교적 적으며, 우리나라에서 사용되는 각 기관차의 LS 상당값은 표 **2·24**와 같다.

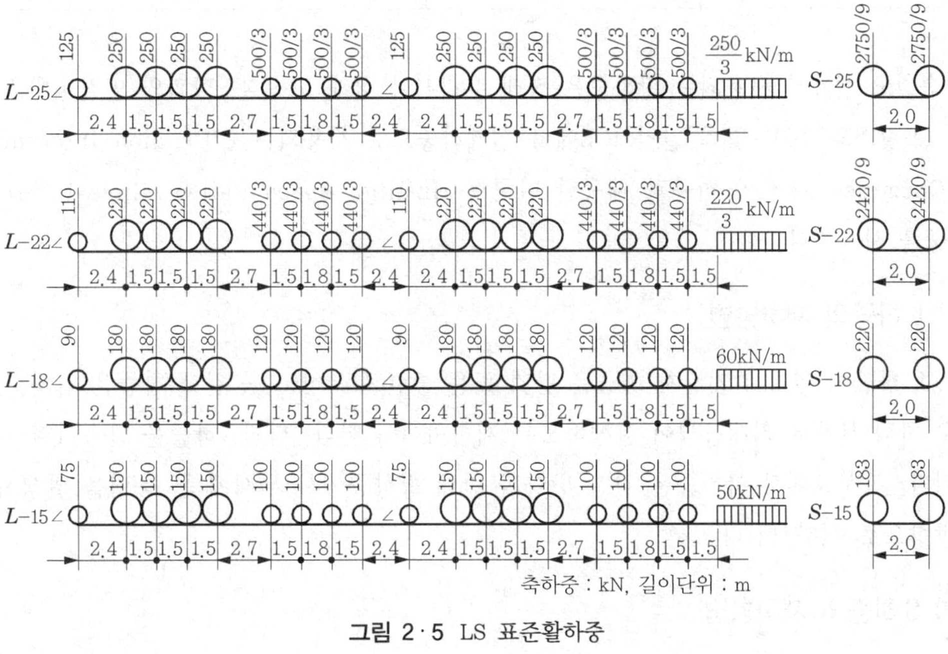

그림 2·5 LS 표준활하중

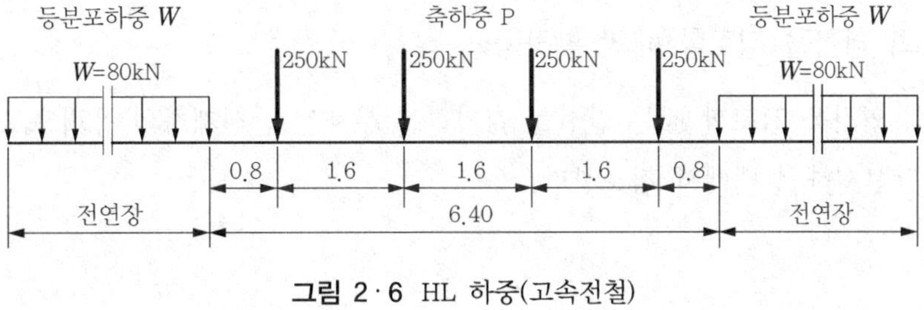

그림 2·6 HL 하중(고속전철)

표 2·24 기관차의 LS 상당값(적용지간 6m~62m)

기관차 종류	기호	LS상당값	축중(kN)
디젤전기기관차	SW 8(#2000대)	18.0	235.0
	G 8(#3000대)	14.1	182.0
	G 12(#4000대)	14.7	196.3
	SD 9(#5000대)	18.6	227.0
	SD 18(#6000대)	20.1	245.0
	G 26 CW(#7000대)	15.1	170.0
	GT 26 CW(#7500대)	18.2	220.0
전기기관차	#8000대	19.0	220.0

고속철도 설계시 사용되는 활하중은 장래 유라시아 국제 고속철도망과의 연결운행을 고려하여, 프랑스의 TGV 및 독일의 ICE에서 설계하중으로 사용되는 UIC(Union International des Chemines de fer) 하중과 대등한 한국형 HL(High Speed Railway Live Load) 표준 활하중을 사용한다.

1) L 하중의 재하방법

L 하중에 있어서 기관차 하중은 단기 또는 중련으로 하고, 등분포 하중은 임의의 길이로 하되 부재에 최대응력이 발생하도록 재하하여야 한다. 다만, 하중을 단속시켜서는 안된다. 복선교에서 활하중은 같은 방향과 반대 방향중에서 부재에 큰 응력을 발생시키는 방향으로 재하시킨다.

2) S 하중의 재하방법

지간이 3m 미만과 교량의 상판구조(floor system)에서는 S 하중으로 응력을 계산한다.

3) 피로의 영향을 검토할 때의 활하중

피로의 영향을 검토할 때는 단선을 지지하는 부재는 단선재하의 응력으로, 복선의 경우에도 단선재하 상태에서 검토한다.

4) 바람의 영향을 검토할 때의 활하중

바람에 의한 교량의 전도에 대한 검토에서 공차하중을 사용할 때는 1궤도당 16 kN/m의 등분포 하중으로 하고 충격은 가산하지 않는다.

(3) 충격하중

충격은 활하중에 의하여 일어나는 것으로서 충격에 의한 응력은 활하중 응력에 다음 충격계수 i(%)를 곱한 값으로 한다.

1) 강교 및 강합성교

① 증기기관차

㉠ 플레이트거더, 상로 트러스의 중간지주 및 하로 트러스의 현수재(hanger)에 대하여

$$l \le 30\ \mathrm{m}\ ; \quad i = 70 - \frac{l^2}{45} \tag{2·21}$$

$$l \le 30\ \mathrm{m}\ ; \quad i = \frac{540}{l-12} + 20 \tag{2·22}$$

㉡ 트러스에 대하여

$$i = \frac{1,200}{l+7.5} + 25 \tag{2·23}$$

② 디젤전기기관차 및 전기기관차

$$l \le 24\ \mathrm{m}\ ; \quad i = 50 - \frac{l^2}{48} \tag{2·24}$$

$$l > 24\ \mathrm{m}\ ; \quad i = \frac{180}{l-9} + 26 \tag{2·25}$$

l : 세로보, 세로보가 없는 가로보, 주거더 및 트러스에 대하여는 각 지지점 중심간 거리(m). 다만, 가로보, 세로보 현수재, 트러스와 부사재(副斜材), 가로보와 세로보의 지지부 및 육교각주(陸橋脚柱)의 충격에 대해서는 인접된 주거더, 긴세로보, 트러스 등의 길이 중 긴 길이를 l로 취한다. 연속교, 연속라멘교 등에서 각 지간이 동등하지 않을 경우 최소지간이 최대지간의 70% 이상의 경우에는, 지간 l로 각 지간의 평균값을 취한다. 최대지간의 70%를 넘지 않는 지간에 대해서는 당해 지간을 취한다.

③ 복선을 지지하는 부재의 충격은 다음과 같이 취한다.

$l < 50\text{ m}$ 두 궤도의 전충격

$50\text{ m} \le l \le 70\text{ m}$ 한 궤도의 전충격과 다른 궤도 전충격의 $(350 - 5l)$ %

$l > 70\text{ m}$ 한 궤도만의 전충격

2) 철근콘크리트교 및 프리스트레스트 콘크리트교

충격계수 i (%)는 식 (2 · 26)으로 계산한다.

$$l \le 18\text{ m} \quad i = 45 - \frac{l^2}{45}$$

$$l > 18\text{ m} \quad i = 24 + \frac{240}{l - 0.6} \qquad (2 \cdot 26)$$

여기서 l은 부재의 지간길이(m)이다.

하부구조의 설계에 사용하는 상부구조 반력에는 활하중에 의한 충격을 고려하지 않아도 된다. 그러나 받침부나 콘크리트 및 강재로 된 기둥형의 교각 또는 이와 유사한 경량의 구체로 된 하부구조의 구체부분에는 충격을 고려하여야 한다.

(4) 원심하중

교량상의 궤도가 일부 또는 전구간에 걸쳐 곡선부를 갖는 경우에는 원심하중을 고려해야 하며, 원심하중의 작용방향은 레일면상 2.0m 높이에 수평방향에 외측으로 작용하는 것으로 한다. 원심하중은 활하중에 다음 식 (2 · 27)의 계수를 곱하여 구한다.

$$\frac{V^2}{127}\frac{f}{R} \qquad (2 \cdot 27)$$

여기에서, V : 설계최고속도 (km/h)

R : 곡선 반지름 (m)

반경이 일정하지 않은 곡선부에 대해서는 평균값 R를 취한다.

L : 교량의 설계시 중요하게 고려되는 곡선궤도의 하중 재하길이(m)

하중재하구간에서 영향선의 부호가 바뀌는 경우 L은 가장 큰 영향을 미치는 영향선의 재하길이가 된다.

f : 속도와 지간에 관련된 감소계수 (식 (2 · 28) 참조)

$$f = 1 - \left(\frac{V - 120}{1,000}\right) \times \left(\frac{814}{V} + 1.75\right) \times \left(1 - \sqrt{\frac{2.88}{L}}\right) \qquad (2 \cdot 28)$$

다만, 지간 $L \le 2.88\,\mathrm{m}$이거나, 속도 $V \le 120\,\mathrm{km/h}$일 때 f는 1.0이다. 전체 곡선 구조물의 경우에 원심력으로 인한 수평방향력은 LS 하중에 계수 $V^2 f/127R$를 곱하여 구한다.

원심하중에는 충격계수를 곱하지 않으며, 원심하중과 횡하중이 동시에 작용하는 경우에는 큰 쪽의 하중이 작용하는 것으로 가정한다.

(5) 장대레일 종하중

교량상에 장대레일이 있는 경우에는 교형과 장대레일의 온도변화에 의한 신축량이 다르기 때문에 레일과 레일체결 장치간에 마찰력이 존재하여 이로 인한 반력이 교형에 작용한다. 이 힘을 장대레일 종하중이라 하고, 1궤도당 10 kN/m로 하고 작용위치는 레일면상으로 한다. 궤도 및 교량의 구조형식, 거더길이, 장대레일 신축이음, 지점의 배치 등을 고려해서 1궤도당 2,000 kN을 초과하지 않도록 한다.

(6) 프리스트레스

철도교에서의 프리스트레스 힘은 도로교의 경우와 같다.

(7) 콘크리트의 크리프와 건조수축의 영향

콘크리트 부재 외에 강합성거더교와 같이 강재주거더와 콘크리트 바닥판이 합성된 경우에 대해서는 콘크리트의 크리프와 건조수축의 영향을 고려하여야 하며, 도로교의 경우와 같다.

(8) 토압

철도교의 토압은 도로교의 경우와 같다.

(9) 수압

철도교의 수압은 도로교의 경우와 같다.

(10) 부력 또는 양압력

철도교의 부력 또는 양압력은 도로교의 경우와 같다.

2.2.3 부하중

(1) 차량횡하중

열차하중은 교량에 수직진동뿐만 아니라 횡진동을 일으켜 횡력을 준다. 이러한 횡하중은 그림 2·7과 같이 연행집중 이동하중으로 하고, 레일면의 높이에서 교축에 직각이고 수평으로 작용하는 것으로 한다. 일반철도의 경우 횡하중은 그림 2·7과 같으며, 그 크기 Q는 L 하중의 1동륜축중의 15%의 값으로 한다.

복선 이상의 선로를 지지하는 구조물인 경우, 차량횡하중은 1궤도에 대한 것만을 고려하는 것으로 한다.

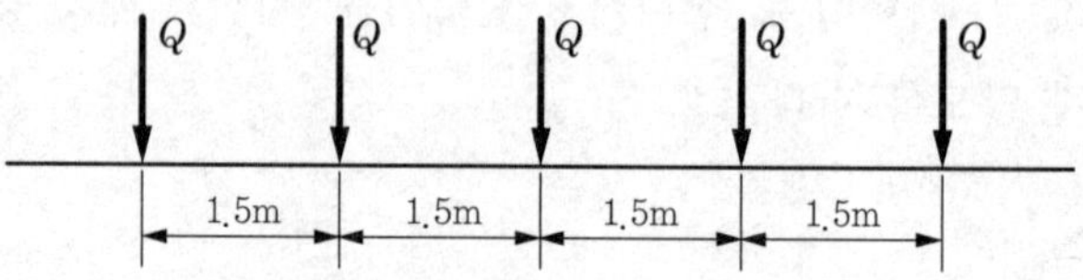

그림 2·7 일반철도의 차량 횡하중

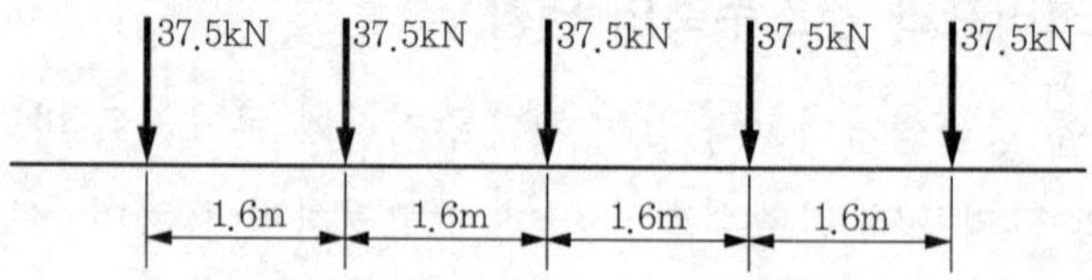

그림 2·8 고속철도의 차량 횡하중

고속철도의 경우 횡하중은 그림 2·8과 같으며 하중은 HL 하중의 15%의 값을 취한 연행운행 집중하중으로 한다.

(2) 시동하중 및 제동하중

열차가 교량상에서 제동 또는 시동을 하면, 가속도에 대한 반작용으로 교량에 가해지는 하중으로서 열차하중의 중심 레일면상 2.0 m 높이에서 교축방향으로 수평으로 작용하는 것으로 한다. 일반철도의 경우 제동하중은 활하중의 15%, 시동하중은 동륜하중의 25%로 하며 충격은 모두 고려하지 않는다. 고속철도의 경우 제동하중은 HL 하중의 등분포하중만의 25%를 고려한다. 그리고 시동하중은 궤도의 종류 및 상부구조의 길이에 따라 고속철도 표준시방서에 자세하게 규정되어 있다.

(3) 풍하중

철도교에서의 풍하중은 도로교와 동일한 요령으로 산정하지만, 열차하중을 재하하는 경우와 재하하지 않는 경우에 대해 검토한다. 이는 강풍이 불 때는 열차운행을 정지하기 때문이다.

풍하중은 교량에 대하여 1방향으로 수평 및 직각으로 작용하는 것을 원칙으로 하고, 그 크기는 다음 각 항에 의한다.

1) 교량상에 열차가 없을 때

① 교량의 연직투사면 ; 3.0 kN

② 트러스의 바닥틀과 겹쳐지지 않는 바람맞이 반대편 주구의 연직투사면 ; 2.0 kN

2) 교량상에 열차가 있을 때

① 교량의 연직투사면 ; 1.5 kN

② 트러스의 바닥틀과 겹쳐지지 않는 바람맞이 반대편 주구의 연직투사면 ; 1.0 kN

③ 통과열차에 대하여 연직투사면 ; 1.5 kN

다만, 열차의 연직투사면은 레일면상 4.0 m의 폭으로 하고, 열차와 겹쳐지는 보의 바람맞이 쪽과 바람맞이 반대쪽의 부재에 대하여는 풍하중을 고려하지 않는다.

원형 또는 이에 준하는 단면을 갖는 부재에 고려하는 풍하중은 위의 값의 0.6배로 취한다.

2.2.4 주하중에 상당하는 특수하중

(1) 설하중(雪荷重)

적설이 많은 지역에 설치하는 구조물에는 필요에 따라 설하중을 고려해야 한다.

(2) 지반변동 및 지점이동의 영향

철도교의 지반변동 및 지점이동의 영향은 도로교의 경우와 같다.

(3) 파압

철도교의 파압은 도로교의 경우와 같다.

2.2.5 부하중에 상당하는 특수하중

(1) 온도변화

철도교의 온도변화는 도로교의 경우와 같다.

(2) 지진의 영향

철도교의 지진의 영향은 도로교의 경우와 같다.

(3) 가설시 하중

철도교의 가설시 하중은 도로교의 경우와 같다.

(4) 충돌하중

철도교의 충돌하중은 도로교의 경우와 같다.

(5) 탈선하중

1) LS 하중의 집중하중을 선로중심에서 1.5m씩 편기하여 작용시켜 단면을 검토한다.
2) 상대편 선로에는 L 하중의 등분포하중을 불리한 경우로 재하한다.

(6) 기타 하중

1) 마찰저항하중

마찰저항하중은 마찰면에 수직한 하중에 다음 표 2·25의 가동받침 마찰계수를 곱하여 산정한다.

표 2·25 가동받침의 마찰계수

마찰기구	접촉하는 재료	마찰계수
활동마찰 받침판 받침	강재의 선받침	0.25
	주철의 선받침	0.20
	고력황동주물 받침판 받침	0.15
	불소수지 받침판 받침	0.10
회전마찰	롤러 및 로커받침	0.05

2) 군집하중

군집하중은 표 2·26의 값을 표준으로 한다.

표 2·26 군집하중

구조계산의 대상	구조종별	상시(kN/m²)
콘크리트 슬래브	승환과선교, 홈	5.0
	역부고가교의 중간층 슬래브 등, 캔틸레버슬래브, 교측보도(도상궤도의 교량거더)	
	캔틸레버슬래브, 교측보도 (슬래브궤도 또는 무도상의 교형)	3.0
보, 기둥	승환과선교, 홈	3.5
	역부고가교의 중간층 보 등	
교량점검 통로		4.0

3) 난간에 작용하는 힘

난간에 작용하는 힘은 교량의 길이 1m당 일반적으로 0.7 kN, 특별한 경우에는 2.5 kN으로 하고, 보도면에서는 1.5 m의 높이에 또 난간의 상단에 직각과 수평으로 작용한다.

4) 화물하중

화물하중은 표 2·27의 값을 표준으로 한다.

표 2·27 화물 하중

화물의 종류	질량(kN/m²)
수 소화물	10
일반 화물	15
큰 화물	30

5) 전차선주하중(電車線柱荷重)

전차선주하중은, 전차선주의 중량, 전차선에 작용하는 풍압, 전차선이 절단된 경우의 영향 등을 고려해서 정한다.

2.3 구조재료(도로교 설계기준 2.3.2)

2.3.1 콘크리트의 설계기준강도

도로교에 사용하는 콘크리트의 설계기준강도는 표 2·28 이상이어야 한다.

표 2·28 콘크리트의 최저설계기준강도(MPa)

부재의 종류		최저설계기준강도
무근콘크리트부재		18
철근콘크리트부재		21
프리스트레스트 콘크리트부재	프리텐션방식	35
	포스트텐션방식	30

2.3.2 설계계산에 사용하는 물리상수

(1) 강재

1) 설계계산에 사용되는 강재의 설계강도 및 물리상수

① 강재의 항복강도 f_y는 400 MPa 보다 더 큰 값으로 설계할 수 없다.

② 설계계산에 사용하는 강재의 탄성계수는 표 2·30의 값으로 한다.

표 2·29 설계계산에 사용되는 강재의 물리상수

종류	물리상수의 값
강과 주강의 탄성계수	210,000 MPa
철근의 탄성계수	200,000 MPa
PS강선, PS강연선, PS강봉의 탄성계수	200,000 MPa
주철의 탄성계수	100,000 MPa
강의 전단탄성계수	81,000 MPa
강과 주강의 푸아송비	0.30
주철의 푸아송비	0.25

표 2·30 강재의 탄성계수(도로교 설계기준 표 4.2.1)

강재의 종류	탄성계수(MPa)
철근	2.0×10^5
PS강선, PS강연선, PS강봉	2.0×10^5

2) 프리스트레스의 감소량을 산출하는 경우에 PS강재의 겉보기 릴랙세이션율은 표 **2·31**의 값을 표준으로 한다. 다만, PS강재가 고온의 영향을 받는 경우에는 PS강재의 겉보기 릴랙세이션율은 표 **2·31**의 값에 2%를 가산하는 것을 원칙으로 한다.

표 2·31 1PS강재의 겉보기 릴랙세이션율(%)

PS강재의 종류	겉보기 릴랙세이션율(%)
PS강선, PS강연선	5
PS강봉	3

3) 2)항에 따르기 힘든 경우에는 PS강재의 인장응력에 따라 측정된 릴랙세이션율에서 콘크리트의 크리프, 건조수축 등의 영향을 고려하여 별도로 PS강재의 겉보기 릴랙세이션율을 정하여야 한다.

(2) 콘크리트

1) 콘크리트의 탄성계수

① 콘크리트의 압축강도가 30 MPa 이하일 경우

단위질량 ω_c의 값이 1,450~2,500 kg/m³인 콘크리트

$$E_c = 0.043\,\omega_c^{\,1.5}\sqrt{f_{ck}}\ \text{(MPa)} \tag{2·29}$$

보통골재를 사용한 콘크리트 $\omega_c = 2,300$ kg/m³에서는

$$E_c = 4,700\sqrt{f_{ck}}\ \text{(MPa)} \tag{2·30}$$

을 사용해도 좋다.

② 콘크리트의 압축강도가 30 MPa를 초과하는 경우

단위질량 ω_c의 값이 1,450~2,500 kg/m³인 콘크리트

$$E_c = 0.030\,\omega_c^{1.5}\sqrt{f_{ck}} + 7,700 \text{ (MPa)} \qquad (2 \cdot 31)$$

보통골재를 사용한 콘크리트($\omega_c = 2,300\ \text{kg/m}^3$)에서는

$$E_c = 3,300\sqrt{f_{ck}} + 7,700 \text{ (MPa)} \qquad (2 \cdot 32)$$

를 사용해도 좋다.

2) 콘크리트의 푸아송비(도로교 설계기준 4.2.3.1)

실험에 의해서 결정되지 않는 경우에는 일반적으로 1/6로 가정한다.

3) 콘크리트의 전단탄성계수

다음 식 (2 · 33)에 의해 계산한다.

$$G_c = \frac{E_c}{2(1+\nu)} \qquad (2 \cdot 33)$$

4) 콘크리트의 크리프(도로교 설계기준 4.2.3.3)

콘크리트의 크리프 변형률은 다음 식으로 표시된다.

$$\varepsilon_{c\sigma} = \frac{f_c(t')}{E_{ci}} \cdot \phi(t, t') \qquad (2 \cdot 34)$$

프리스트레스의 감소량 및 부정정력을 계산할 경우의 콘크리트의 크리프계수는 표 2 · 32의 값을 표준으로 한다.

표 2 · 32 콘크리트의 크리프계수

지속하중을 재하할 때의 콘크리트의 재령(일)		4~7	14	28	90	365
크리프계수	조강시멘트사용	3.8	3.2	2.8	2.0	1.1
	보통시멘트사용	4.0	3.4	3.0	2.2	1.3

5) 콘크리트의 건조수축(도로교 설계기준 4.2.3.4)

프리스트레스의 감소량을 계산할 경우의 콘크리트의 건조수축률은 표 2 · 33의 값을

표준으로 한다.

표 2·33 콘크리트의 건조수축률

프리스트레스를 도입할 때의 콘크리트의 재령(일)	4~7	28	90	365
건조수축률	27×10^{-5}	20×10^{-5}	14×10^{-5}	7×10^{-5}

제3장

교량의 설계

3.1 교량의 정의 및 종류

3.1.1 교량의 정의

교량(橋梁, bridge)이란 도로, 철도, 계곡, 호수, 해안 등의 위를 건너거나 다른 도로, 철도, 수로, 가옥, 시가지 등의 위를 건너는 경우에 이들 위에 가설하는 구조물의 총칭을 말한다.

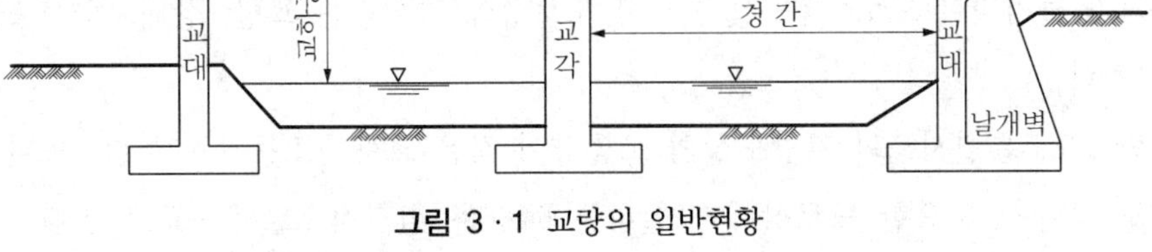

그림 3·1 교량의 일반현황

3.1.2 용어의 정의

(1) **상부구조** : 교대나 교각 위에 설치되는 교량의 주거더를 비롯한 일체의 구조

(2) **하부구조** : 상부구조로부터 전달되는 하중을 기초지반으로 전달하는 구조부분으로서 교대나 교각 및 그들의 기초

(3) **강교** : 상부구조를 구성하는 주요 부재가 강재로 이루어진 교량

(4) **콘크리트교** : 상부구조를 구성하는 주요 부재가 콘크리트로 이루어진 교량

(5) **차도부분** : 차도부(차도, 중앙분리대, 갓길 등) 중에서 자동차가 통행할 수 있는 부분

(6) **보도 등** : "도로의 구조·시설기준에 관한 규칙"에서 정의하는 보도, 자전거도 및 자전거보행자도의 총칭

(7) **주하중** : 교량의 주요구조부를 설계하는 경우에 항상 또는 자주 작용하여 내하력에 결정적인 영향을 미치는 하중의 총칭

(8) **부하중** : 교량의 주요구조부를 설계하는 경우에 항상 또는 자주 작용하지는 않지만 내하력에 영향을 미칠 수 있고, 통상 다른 하중과 동시에 작용하는 하중으로서 하중의 조합에서 반드시 고려하여야 하는 하중의 총칭

(9) **특수하중** : 교량의 주요구조부를 설계하는 경우에 교량의 종류, 구조형식, 가설지점의 상황 등의 조건에 따라 특별히 고려하여야 하는 하중의 총칭

3.1.3 교량의 등급

(1) DB-24로 설계하는 교량을 1등교, DB-18로 설계하는 교량을 2등교, DB-13.5로 설계하는 교량을 3등교로 한다.

(2) 고속국도 및 자동차 전용도로상의 교량은 1등교로 한다. 다만, 교통량이 많고 중차량의 통과가 불가피한 도로, 국방상 중요한 도로상에 가설하는 교량, 장대교량은 1등교로 할 수 있다.

(3) 일반국도, 특별시도와 지방도상의 교통량이 적은 교량은 2등교로 한다. 또한, 시도 및 군도 중에서 중요한 도로상에 가설하는 교량은 원칙적으로 2등교로 한다.

(4) 산간벽지에 있는 지방도와 시도 및 군도 중에서 교통량이 적은 곳에 가설하는 교량은 3등교로 한다.

3.1.4 교량의 주요 제원

(1) 경간(clear span)

교대 또는 교각의 상면측간의 수평거리

- 직교인 경우 : 교축에 연한 길이
- 사교인 경우 : 하천의 흐름에 직각방향 길이

(2) 교장

교량 양측 교대의 흉벽 사이를 교량 중심축에 따라 측정한 거리를 말하며, 곡선교의 경우 교량의 교축방향 중심선에 따른 호의 길이를 교장으로 한다.

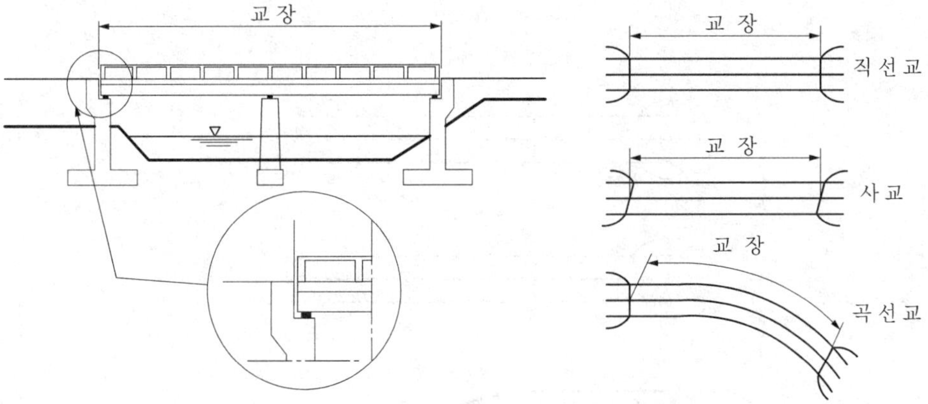

그림 3·2 교량의 평면형상에 따른 교장의 정의

(3) 지간(span)

상부구조의 받침중심간의 거리

(4) 총폭

교량 상부구조에서 교축에 직각방향으로 최연단까지의 폭(차도+연석+인도부)

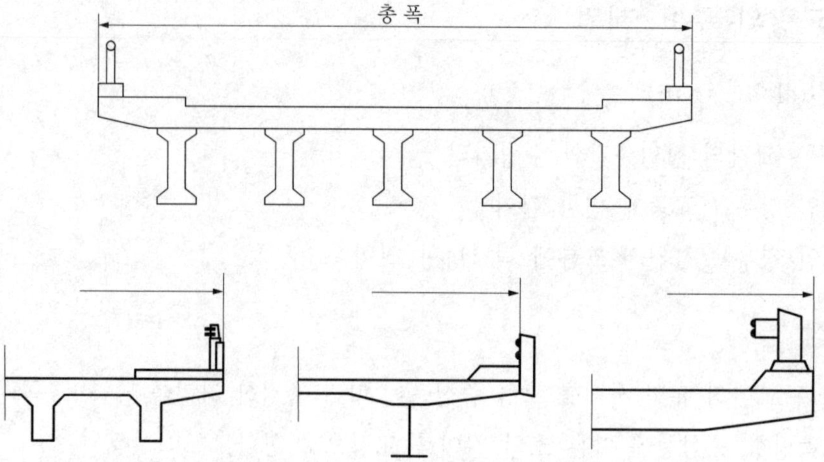

그림 3 · 3 난간형식에 따른 교량의 총폭

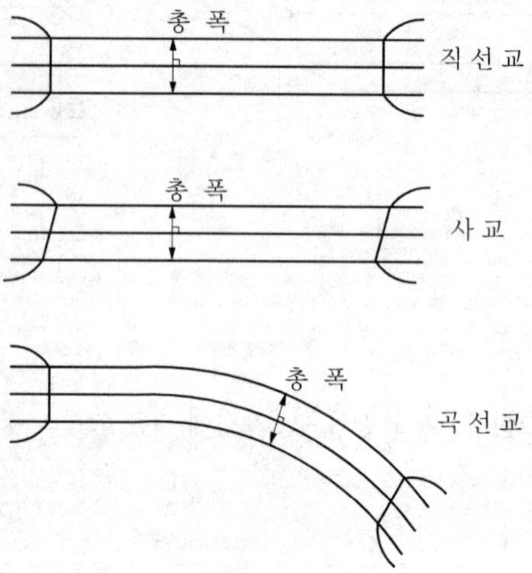

그림 3 · 4 평면형상에 따른 교량의 총폭

3.1.5 교량의 구성요소

(1) 상부구조(superstructure)

교량의 상부구조는 크게 보, 트러스, 라멘으로 나눌 수 있다.

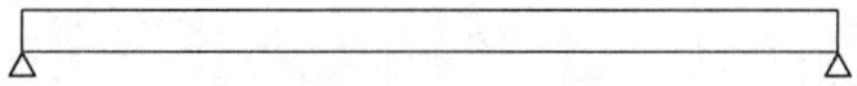

(a) 보(beam)

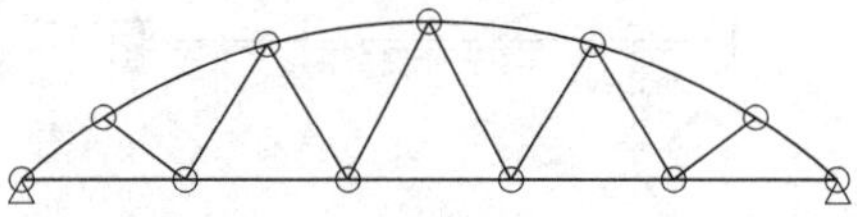

(b) 트러스(truss)

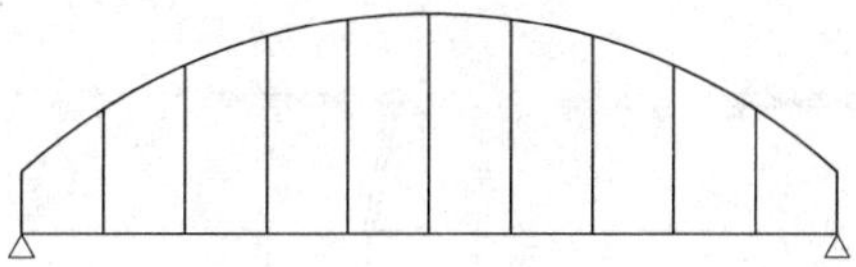

(c) 라 멘(rahmen)

그림 3 · 5 교량의 상부구조

(2) 하부구조(substructure)

교대, 교각 및 이들의 기초를 총칭하는 것이며, 지상에 직립한 부분을 구체(軀體), 지반에 접하는 부분을 기초라 한다.

중력식과 반중력식의 차이점은 단면의 대칭성이다. 중력식은 대칭인 종단면을 갖고, 반중력식은 비대칭인 종단면을 갖는다.

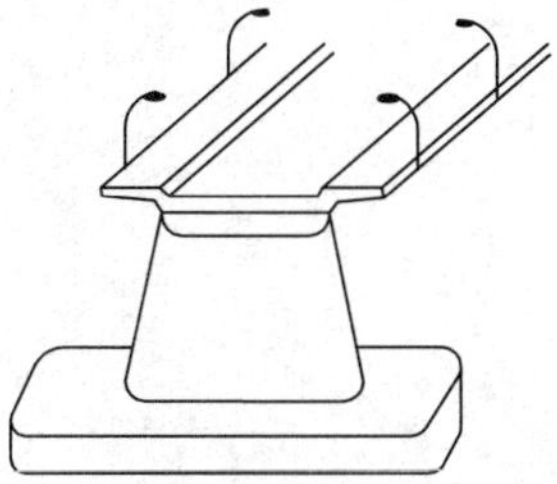

(a) 중력식

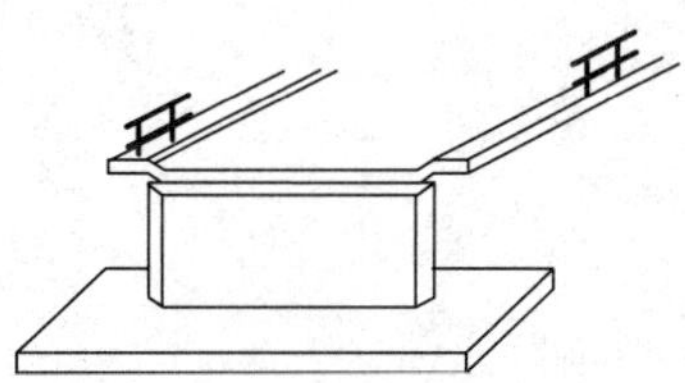

(b) 벽 식

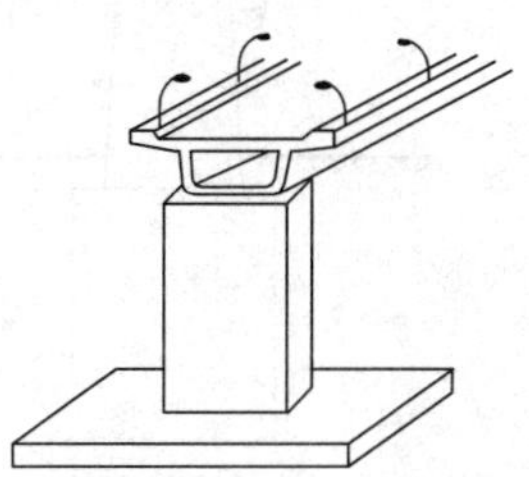

(c) 구주식

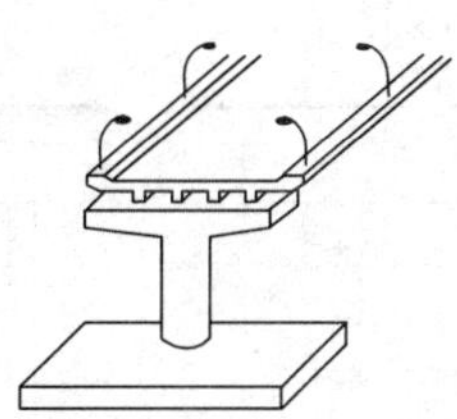

(d) T형 교각식

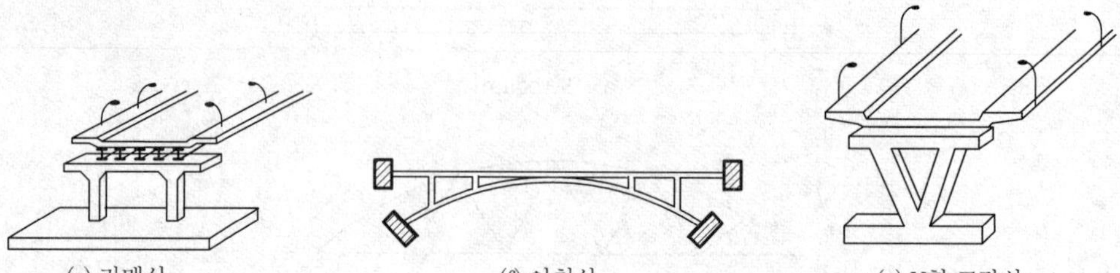

(e) 라멘식 (f) 아치식 (g) V형 교각식

그림 3·6 교각형식

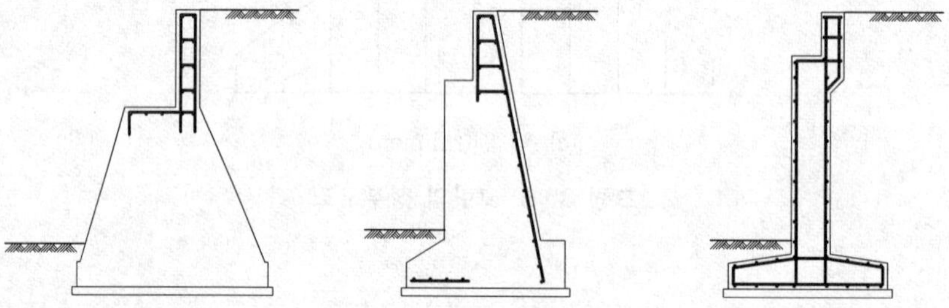

(a) 중력식 (b) 반중력식 (c) 역 T형

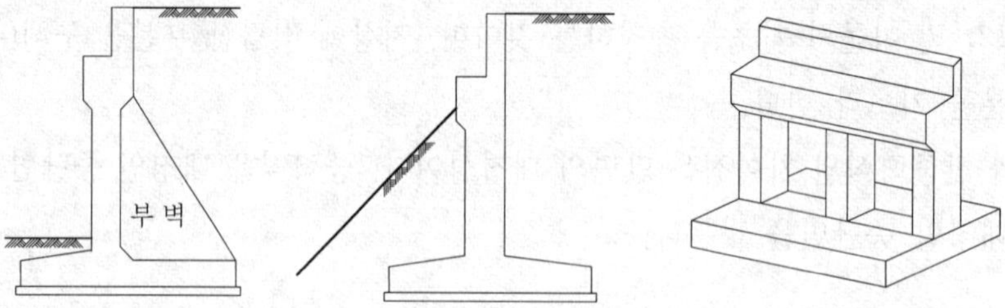

(d) 부벽식 (e) 구주식 (f) 라멘식

그림 3·7 교대형식

(3) 기초

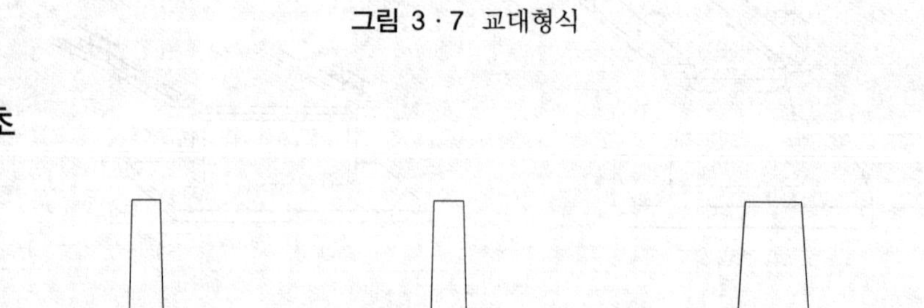

(a) 직접기초 (b) 말뚝기초 (c) 케이슨기초

그림 3·8 기초의 종류

3.1.6 교량의 종류

표 3·1 교량의 종류

구 분	교 량 종 류
사용용도	도로교, 철도교, 수로교, 관로교, 보도육교
사용재료	콘크리트교, 강교, 목교, 복합재료교
노면위치	상로교, 중로교, 하로교
평면형상	직교, 사교, 곡선교
가설지점	고가교, 연도교, 연육교, 횡단육교, 도하교, 도해교
구조형식	거더교, 아치교, 라멘교, 트러스교, 사장교, 현수교

(1) 노면위치에 따른 교량의 분류

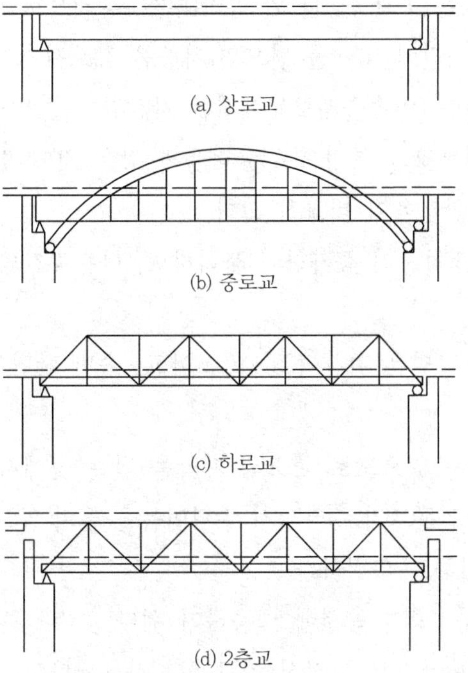

그림 3·9 노면위치에 따른 교량분류

(2) 구조형식에 따른 교량의 종류

교량의 상부구조 형식에는 많은 종류가 있고 각자의 특징을 가지고 있다. 따라서 상부구조의 형식을 선정할 때에는 각자의 형식의 특징을 정확하게 파악하고, 그 교량에 관련된 제 조건을 고려하여 종합적으로 판단하지 않으면 안 된다.

선정할 때에 고려해야 할 조건으로서는 안전성, 경제성, 시공성 등이 있으며 신축장치, 지승 등의 교량 부속물이 적은 교량형식은 보수작업이 경감되기 때문에 유지관리에도 배려할 필요가 있다.

또 경관에의 배려는 구조물의 놓여지는 자연환경과 도시환경의 조화를 중요하게 다루어야 한다.

1) 슬래브교

슬래브교는 마주보는 2변이 자유단이고, 다른 2변이 지지된 판교(板橋)이다. 3~5 m 정도의 짧은 지간에 대해서는 1방향 슬래브교가 경제적이며, 10 m 정도까지도 사용되고 있다. 슬래브교는 다른 교량형식에 비해 고정하중이 크므로 30 m 이하의 중소 지간에 주로 사용되며, 단면형식은 속찬 슬래브와 속빈(中空) 슬래브로 구분된다. 지간이 10m 이하이면 속찬 슬래브교, 지간이 10 m를 넘으면 자중을 감소시키기 위해 속빈 슬래브교를 사용하는 것이 일반적이다. 연속슬래브교에서는 지간길이를 20~30 m 정도까지 가설할 수 있다. 이와 같은 슬래브교의 특징으로는 다음과 같은 것이 있다.

① 단면특성상 균열안전율이 비교적 크다.
② 장경간에서는 고정하중이 증가하여 불리하며, 단순경간의 경우 15 m 이하에서 널리 사용된다.
③ 일반적으로 속찬 단면은 지간이 3~10 m이고, 속빈 단면은 지간이 10~18 m 정도로 적용을 한다.
④ 보 높이를 줄일 수 있으므로 형고의 제약을 받는 곳에서 유리하다.
⑤ 거푸집이 간단하고 콘크리트 타설시 수평이음을 두지 않고 마무리할 수 있으므로 시공이 비교적 용이하고 확실하다.
⑥ 도로 폭원의 변화, 평면 곡선에 대응하기 쉽다.
⑦ 시공법으로는 일반적으로 고정식 지보공이 사용된다.

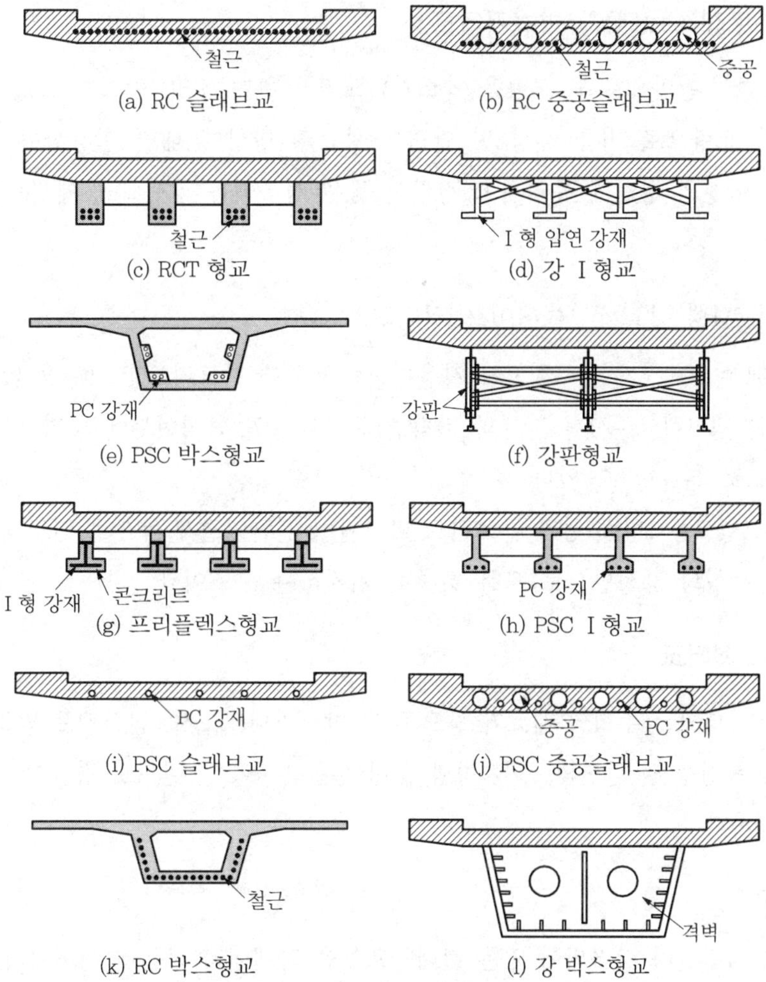

그림 3 · 10 교량의 상부구조 형식별 단면 형상

2) 철근콘크리트(RC) T형교

RC T형교는 바닥판과 철근 콘크리트보를 일체로 타설하여 합성으로 작용시키는 형식의 교량이다. 철근콘크리트 T형교는 단순교의 경우에는 지간 10~25 m 사이에서 주로 적용되며, 게르버교 또는 연속교인 경우에는 20~30 m 사이에서 주로 적용된다.

3) 프리스트레스트(PSC) I형교

PSC I형교는 PSC I형 거더를 사용하여 만든 형식의 교량으로 교고가 비교적 높고 경간이 20~40 m 정도에서 널리 쓰이고 있다.

4) 프리스트레스트(PSC) 박스거더교

주형이 박스단면으로 된 교량을 박스거더교라고 하며, PSC 박스거더교는 PSC 박스거더 형식의 교량으로 비틈 강성 및 단면의 종·횡 방향에 대한 휨강성이 크다. 따라서 60~70 m 이상의 경간에 유리하고 경간이 짧은 경우에는 곡선교 등에 유리하게 사용될 수 있다.

5) 강 I형교(I형 강교 및 플레이트 거더교)

강 I형교는 I형 강재를 주형으로 사용하고, 그 위에 콘크리트 바닥판을 얹은 교량 형식을 말한다. 강 I형교는 I형 강재와 바닥판 콘크리트의 합성여부에 따라 비합성 I형교와 합성 I형교로 분류할 수 있다.

비합성 I형교는 I형 주형과 콘크리트 바닥판이 전단연결재 등으로 연결되어 있지 않은 교량으로 강형의 강성만으로 모든 하중을 지지하는 구조이다.

6) 강 박스거더교

강 박스거더교는 주형의 재료가 강으로 된 박스거더교로서, 콘크리트 박스거더교와 유사하게 비틈 강성 및 단면의 종·횡 방향에 대한 휨강성이 큰 관계로 경간이 길거나 곡선교 등에 유리하다.

7) 라멘교

부재의 절점들이 강결되어 있는 뼈대구조물을 라멘이라 하는데 평면교차를 피하여 도로나 철도를 넘어가는 입체교차교, 이를 가로지르는 암거 등에 채용하는 형식이다. 실제의 라멘 구조물은 입체라멘이지만 평면라멘으로 모델링하여 해석하는 것이 보통이다. 철근콘크리트 라멘구조는 상·하부구조가 연속되어 있어 구조물을 일체화시킬 수 있는 장점이 있다.

라멘교는 구조형식상 구분이고, 단면적에는 상판교, T형교, 상자형교 등이 포함된다. 따라서, 이러한 단면에 특유한 사항에 관해서는 각각의 규정에 의해야 한다.

① 장점

㉠ 상하부 구조가 일체로 되기 때문에 받침이 불필요하다.

㉡ 장경간에서는 고정하중의 증가로 불리하며, 단순경간의 경우 15 m 이하가 주로 사용된다.

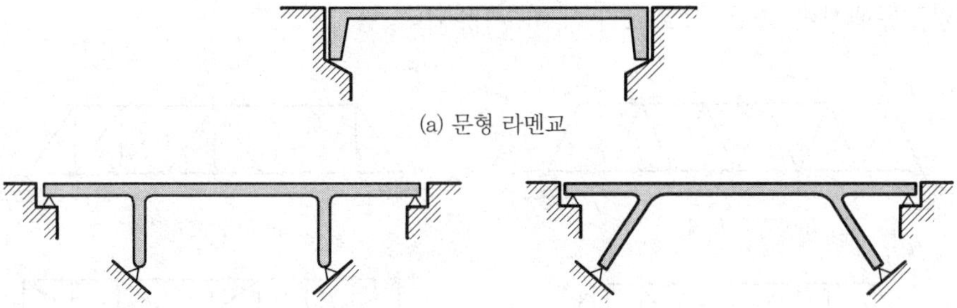

(a) 문형 라멘교

(b) 문형 balance 라멘교

(c) π 형 라멘교

그림 3 · 11 라멘교의 형식

㉢ 수평부재의 모멘트를 일부 연직부재에도 부담시키는 것이 가능하기 때문에 형고를 낮게 하는 것이 가능한 경우가 있다. 보 높이가 낮으므로 형고 제약시나 마을진입로 횡단시 널리 사용된다.

㉣ 부정정구조로 되어 있기 때문에 부재의 일부가 항복해도 응력이 재분배되고, 인성이 있는 구조이다.

㉤ 신축이음이 없고 강결구조이므로 내진저항성이 크다.

② 단점

㉠ 부정정구조로 되어 있기 때문에 온도, 건조수축, 크리프, 기초의 부등침하 등에 의해 영향이 커지는 경우가 있다.

㉡ 영구하중 작용시에 다른 형식에 비하여 하부구조에 수평력이 작용하는 경우가 많다. 이러한 장 · 단점은 교량가설 지점의 지형조건과 시공조건에 의하고 좌우된 것이기 때문에 라멘교를 사용함에 있어서는 이러한 장 · 단점과 가설조건을 충분히 검토하여야 한다.

③ 유의점

라멘교의 용이한 가설을 위해서는 설계 전 다음과 같은 사항에 유의하여야 한다.

㉠ 지반고와 계획고 차가 10 m 이상인 곳에는 피토고를 두어 계획하는 것이 바람직하다.

㉡ 처짐 및 균열의 영향이 크므로 15 m 이내의 경간에 사용하여야 한다.

8) 트러스교

트러스교는 고대로부터 널리 사용되어 온 교량형식으로 거더 대신에 트러스를 사용한 교량으로 지점의 수, 지지상태에 따라 단순트러스, 연속트러스, 게르버트러스 등으로 분류되며, 통행성이 좋은 상로교가 많이 사용되고 있다.

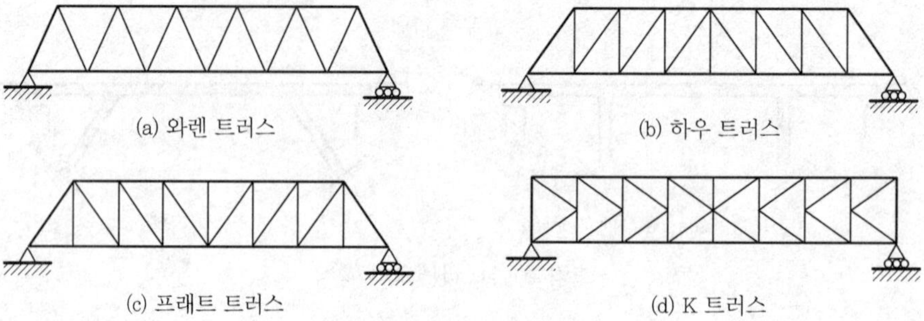

그림 3 · 12 트러스교의 형식

① 단순트러스교

받침구조가 단순지지된 것을 말하며 지간은 보통 50 m에서 100 m까지 가설된다. 물론 100 m 이상에서도 쓸 수 있다.

② 연속트러스교

받침구조는 연속형교와 같고 단순트러스교와 지간이 동일한 경우에는 부재응력도 적게 일어나서 단면을 감소할 수 있으며 재료를 절약할 수 있으나 부정정구조물이기 때문에 응력계산이 약간 복잡하고 지반이 나쁜 곳에서는 쓸 수 없다.

③ 게르버 트러스교

연속트러스교는 부정정구조이기 때문에 n경간 연속트러스에서는 $(n-1)$개의 힌지를 넣어서 정정구조로 한 것이다. 연속트러스교의 장점을 살리고 단점을 보충한 것으로 장경간으로 설계 및 시공이 가능하며 기초지반이 좋지 못한 곳에서도 가설할 수 있는 특징이 있다. 그러나 구조적 여용성이 없어 구조 안전측면에서는 불리한 교량형식이다.

9) 아치교

이 형식은 로마시대의 수도교를 만들 때 석조아치교 등 오래 전부터 사용되어 왔으며, 현재 많은 수가 존재한다. 이것은 압축력이 강한 석재를 압축재로 사용하는 것으로 구조적으로 합리성이 있으며, 위로 볼록한 형태인 아치를 주구조로 하는 것으로 수직하중에 의해 발생하는 수평반력을 하부구조가 받도록 하며, 지점이 이동하지 못하도록 한 것이다. 장경간에서는 경제적이며, 형태가 아름다워 소경간에서도 일부 사용되기도 한다.

① 특징

㉠ 적용지간은 폭원에 따라서 20~100 m 정도의 시공 예가 많다.

㉡ 콘크리트의 크랙, 건조수축, 온도변화의 영향, 아치리브의 상하의 변형을 흡수하기 때문에 장지간화 및 다경간화가 가능하다.

㉢ 강성이 일반적으로 크게 작용하기 때문에 변형이나 진동이 작다.

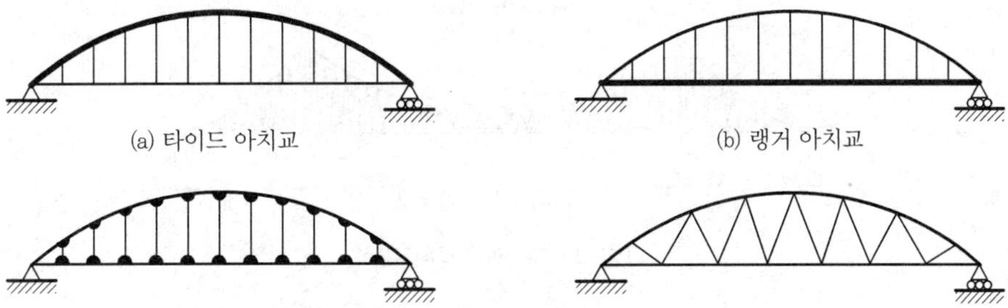

(a) 타이드 아치교 (b) 랭거 아치교

(c) 로제 아치교 (d) 닐슨 아치교

그림 3 · 13 아치교의 형식

② 유의점

아치리브의 세장비가 클 경우, 좌굴 및 축선이동의 영향 등의 검토가 필요하고, 설계가 복잡하다.

10) 현수교

현수교는 양안에 주탑(tower)을 세워 케이블을 걸고 케이블에 보강형 또는 보강트러스를 행어(hanger, suspension rod)로 매단 형식의 교량으로 초대형 장경간에 적합한 교량이다. 이때 케이블을 양단 지중에 정착시키는 블록정착식 현수교(block anchored suspension bridge)와 전장을 통하여 연속한 보강형을 사용하고 케이블의 양단을 이 보강형 양단에 결합한 형식의 자정식 현수교(self anchored suspension bridge)가 있다.

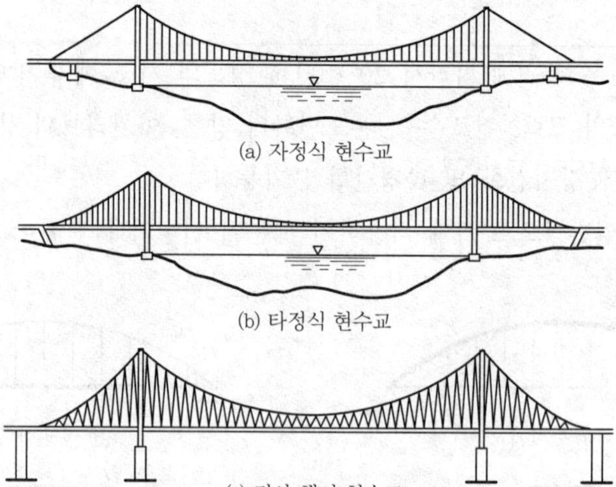

(a) 자정식 현수교

(b) 타정식 현수교

(c) 경사 행어 현수교

그림 3 · 14 현수교의 형식

11) 사장교

사장교는 외관상으로는 현수교와 유사하지만 사장교는 케이블이 주형에 연결되어 직접 주형을 지탱하는 형식으로 되어 있다. 현수교는 케이블이 주탑과 주탑 사이에 포물선으로 걸쳐 있지만 사장교는 주탑, 주형 및 케이블이 삼각형 모양으로 이루어져 있는 것이 특징이다.

이 형식은 고차의 부정정구조물이기 때문에 해석기술의 진보가 반영된 1980년대 이후 시공실적이 증대되었다.

① 특징

㉠ 50 m를 초과한 지간에 사용하는 시공 예가 많다.

㉡ 사재배치, 주탑의 형태 등의 조합에 의한 자유도가 있는 설계가 가능하다.

㉢ 사재를 이용한 장출 가설에 의한 합리적인 시공이 수행된다.

② 유의점

㉠ 고차의 부정정구조물로서 설계가 복잡하다.

㉡ 주탑, 사재의 시공이 복잡하다.

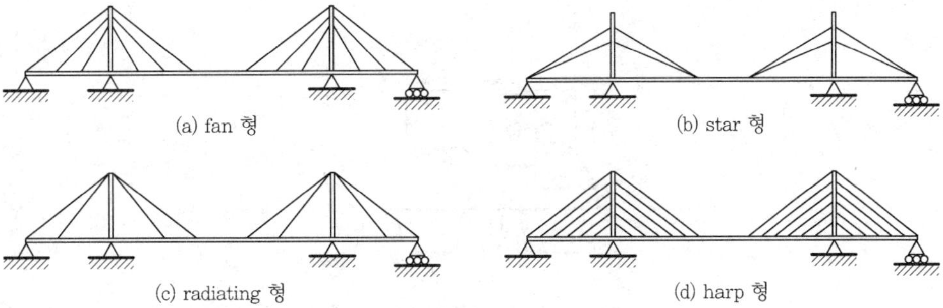

그림 3 · 15 사장교의 형식

3.1.7 교량받침

교량의 상부구조가 하부구조에 의해 안전하고 확실히 지지되도록 상 · 하부구조의 접점에 설치되는 것이 교량받침이다. 교량 받침의 기능은 다음과 같다.

(1) 상부구조에 작용하는 모든 힘들을 하부구조에 전달하는 기능

(2) 상 · 하부구조의 이동량(신축, 회전)을 자유롭게 허용하는 기능

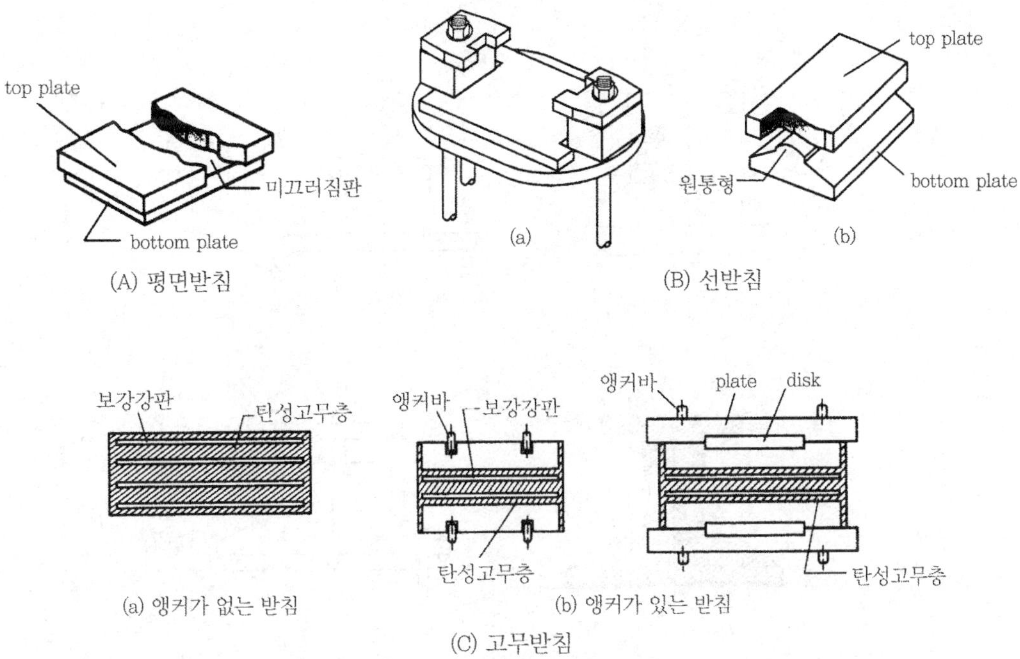

그림 3 · 16 교량받침의 종류

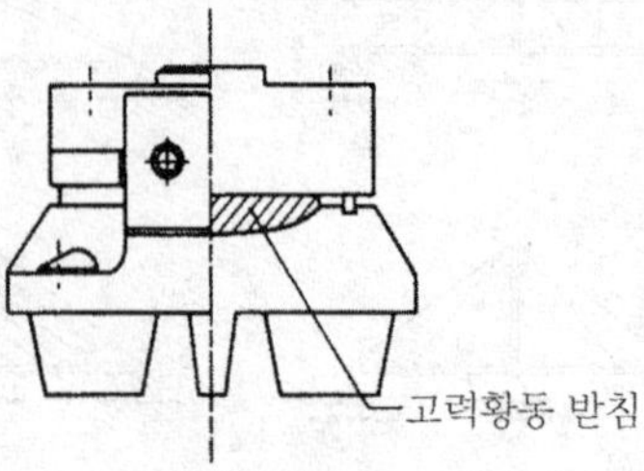

(D) 고력황동 받침판

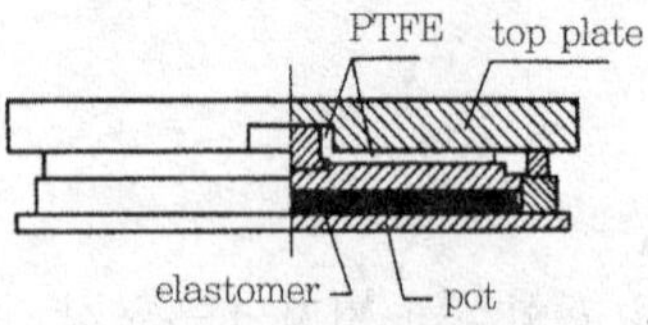

(a) 유럽식(일방향가동)

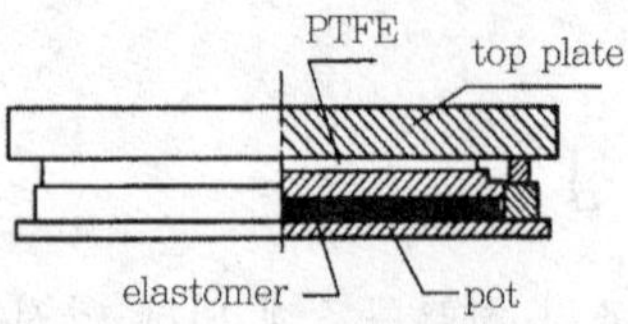

(b) 유럽식(양방향가동)

(E) 포트받침

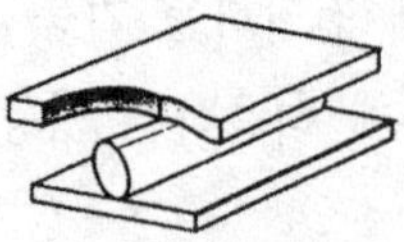

(a) 1개 롤러받침

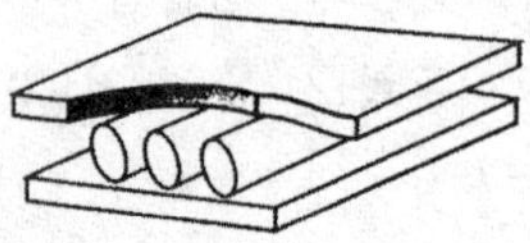

(b) 복수 롤러받침

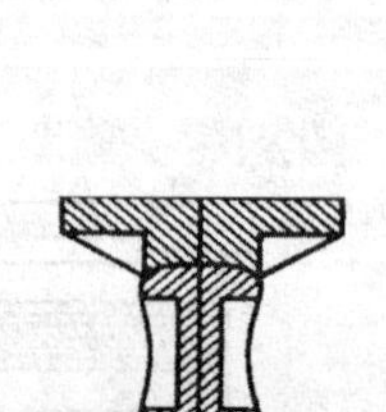

(c) 1개 롤러받침

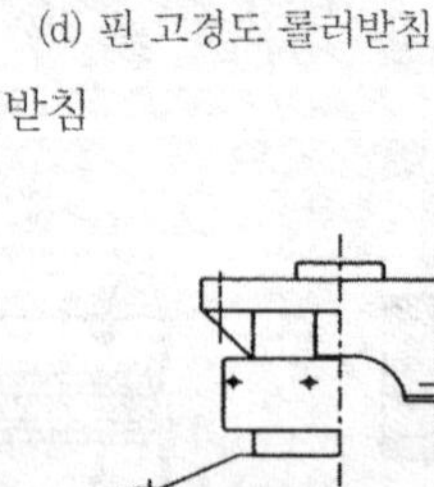

(d) 핀 고경도 롤러받침

(F) 롤러받침

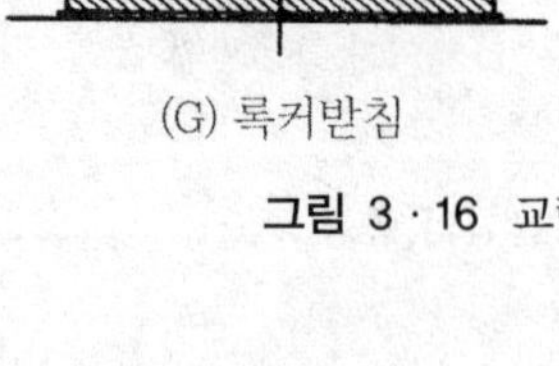

(G) 록커받침

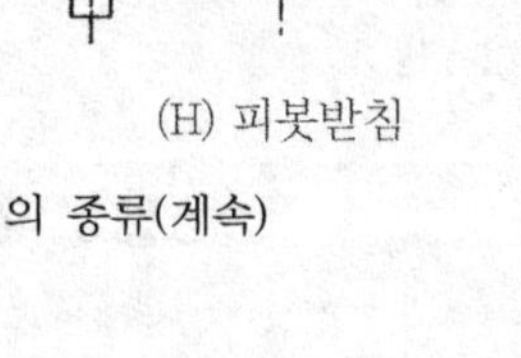

(H) 피봇받침

그림 3 · 16 교량받침의 종류(계속)

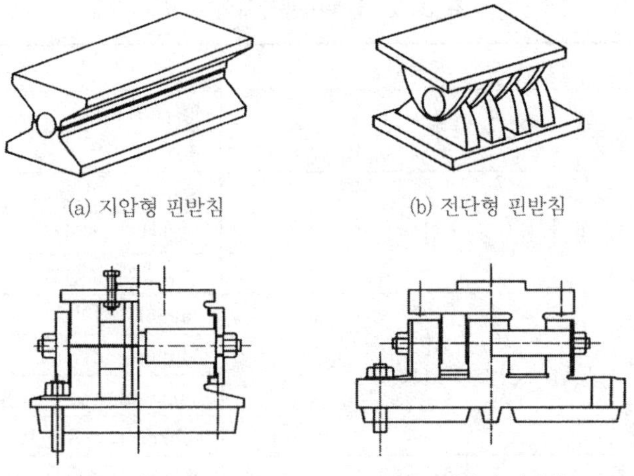

(a) 지압형 핀받침　(b) 전단형 핀받침

(c) 지압형 핀받침　(d) 전단형 핀받침

(I) 핀받침

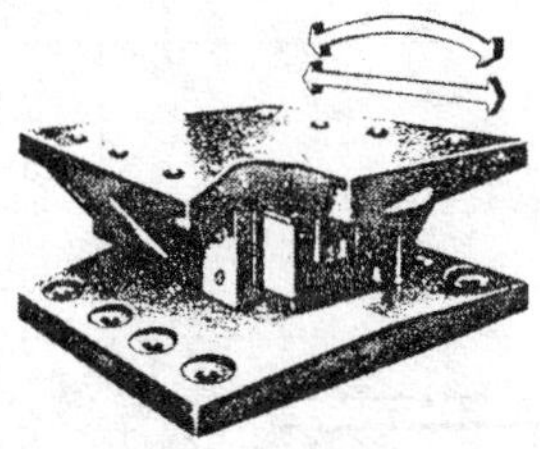

(J) 1방향 수평저항

그림 3 · 16 교량받침의 종류(계속)

3.1.8 신축이음장치

교량의 신축이음장치는 온도변화, 건조수축, 활하중에 의한 상부구조의 신축을 원활하게 수용하기 위한 부속시설이다. 신축이음장치는 차량하중 및 일기의 영향을 직접 받기 때문에 파손되기 쉬운 부분이며, 신축이음장치의 파손은 교면수와 오물이 교량하부로 흘러들게 해 받침 등에 악영향을 미치고, 차량의 주행성을 저하시키므로 문제시되고 있다. 따라서 신축이음장치는 교량형식 지역조건, 신축량, 평탄성, 배수성, 수밀성, 내구성, 유지관리성 등을 종합적으로 고려하여 설치되어야 한다.

(1) 신축이음장치의 종류

윤하중의 지지여부에 따라 맞댐식과 받침식으로 분류할 수 있다.

표 3 · 2 신축이음장치의 분류

대 분 류	중분류	소분류
맞 댐 식	맹 조인트	맹 조인트
		절삭 조인트
	맞댐 선시공 조인트	줄눈판 조인트
		앵글보강 조인트
		보강강재 조인트
	맞댐 후시공 조인트	cut-off 조인트
		coupling 조인트
		hama highway 조인트
		rubber top 조인트
받 침 식	고무 조인트	샌드위치 조인트
		transflex 조인트
	강 조인트	강핑거 조인트
		강겹침 조인트
	특수 조인트	mageba 조인트
		gai top 조인트

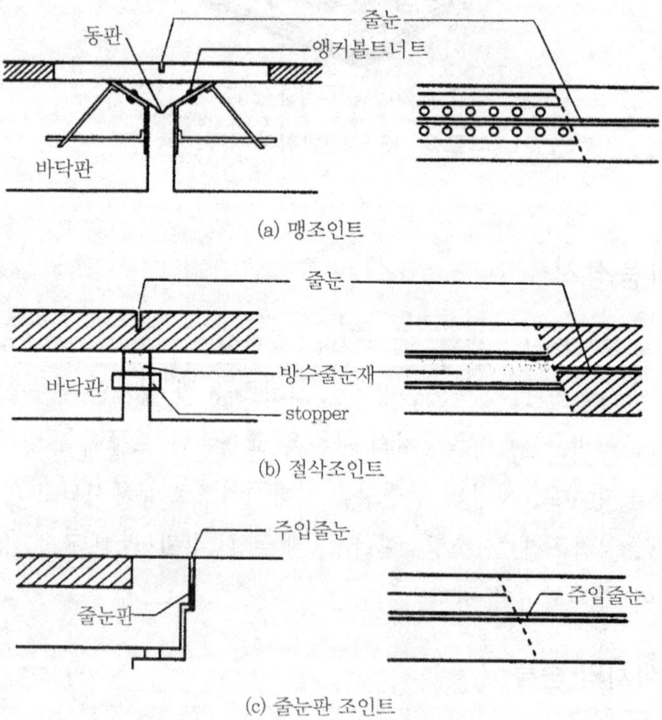

그림 3 · 17 신축이음장치의 종류

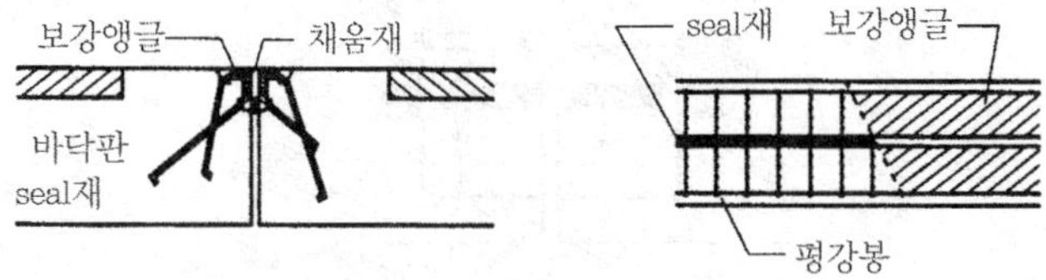

(d) 앵글보강 조인트

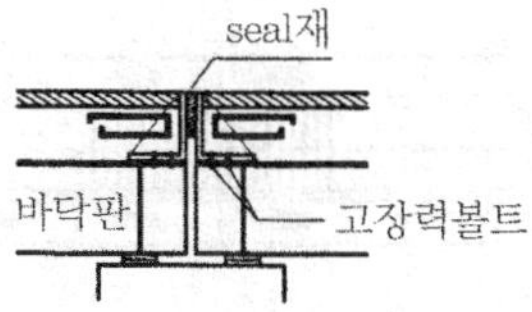

(e) 보강강재 조인트

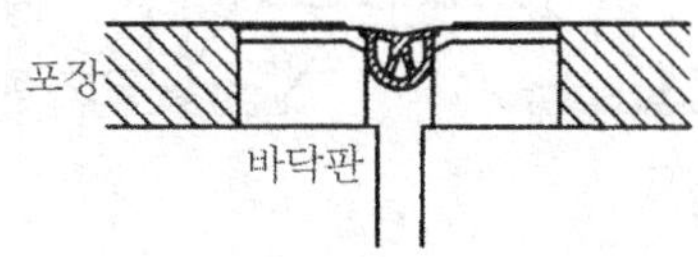

(f) cut off 조인트

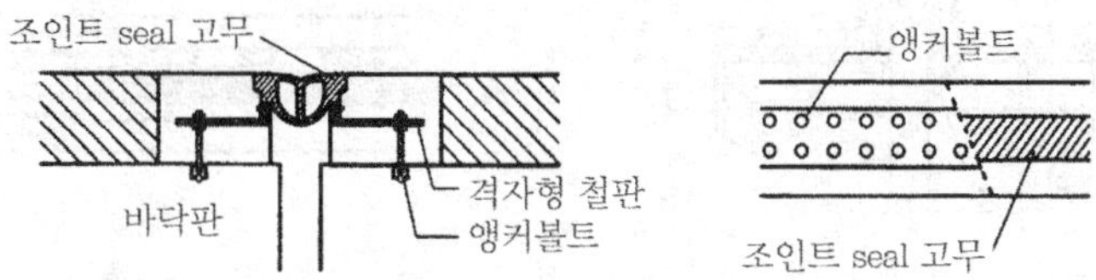

(g) coupling 조인트

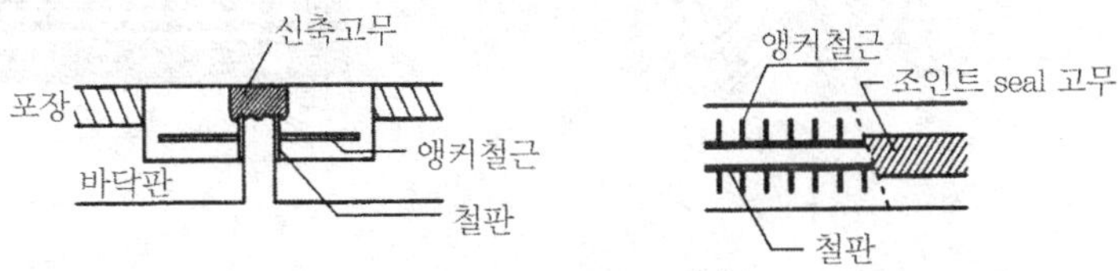

(h) hama highway 조인트(mono cell형)

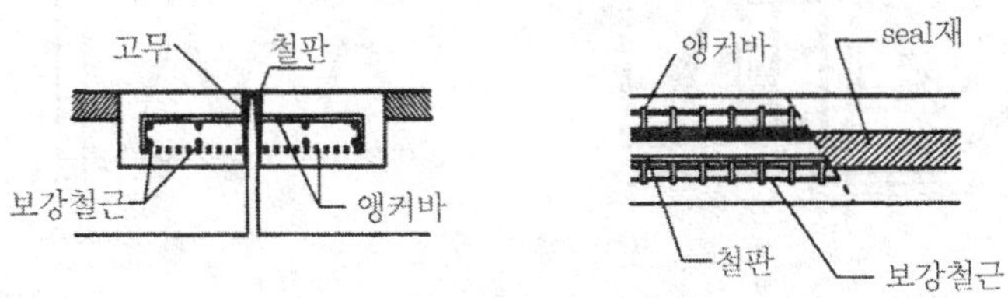

(i) rubber top 조인트

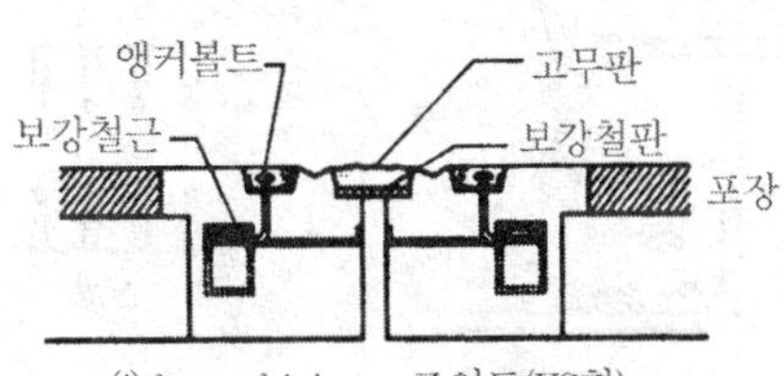

(j) hama highway 조인트(YS형)

그림 3 · 17 신축이음장치의 종류(계속)

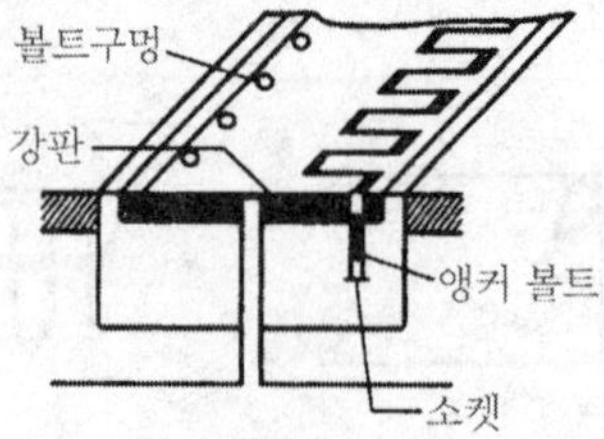

(k) 샌드위치 조인트

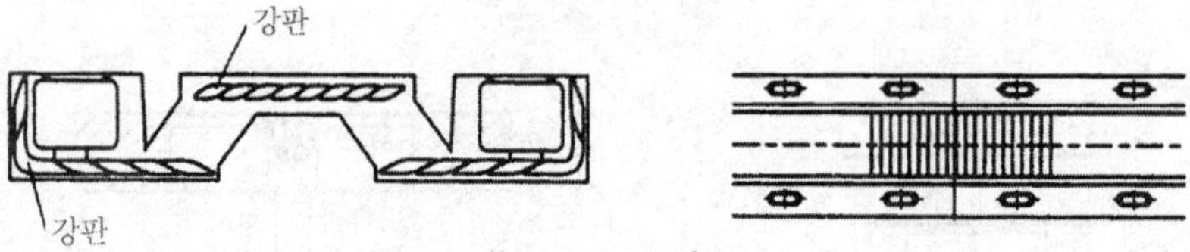

(l) transflex 조인트

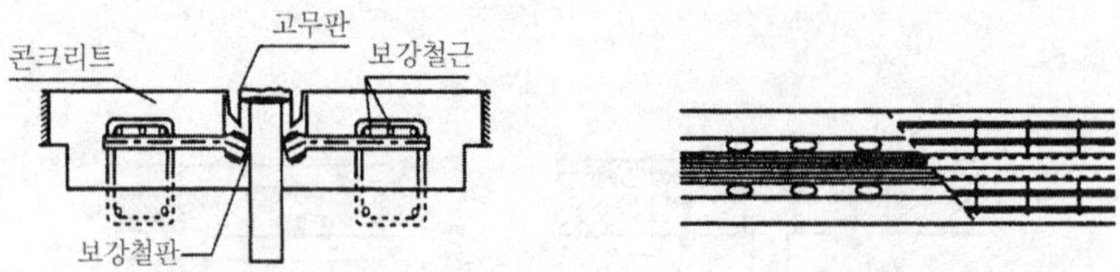

(m) ACE 조인트

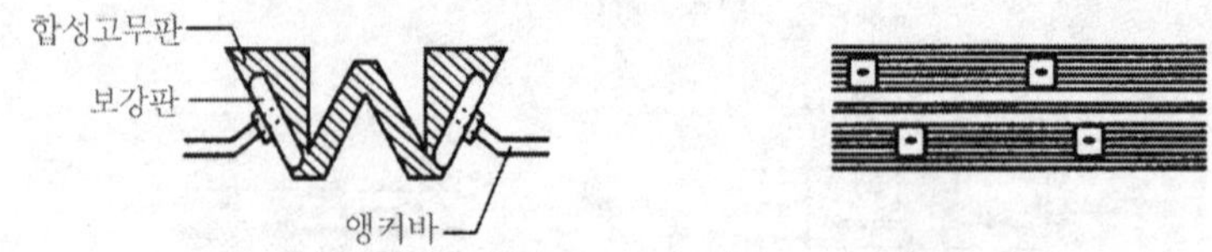

(n) fressynet 조인트

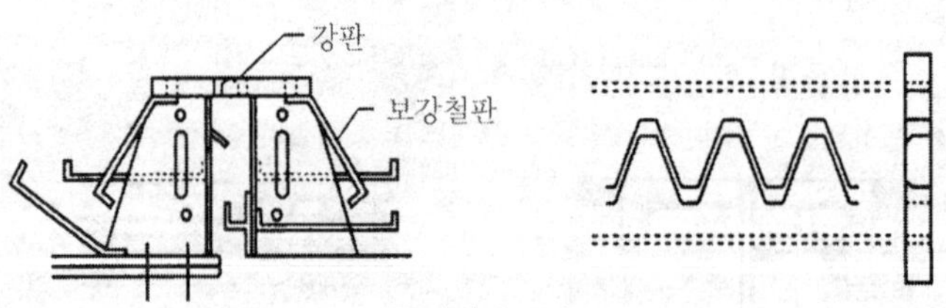

(o) 강핑거 조인트

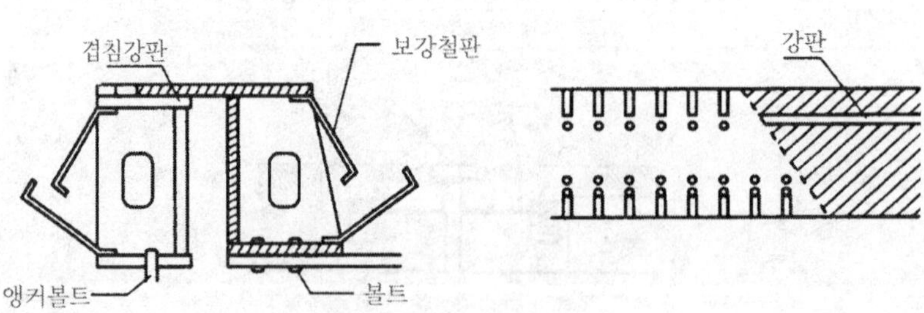

(p) 강겹침 조인트

그림 3 · 17 신축이음장치의 종류(계속)

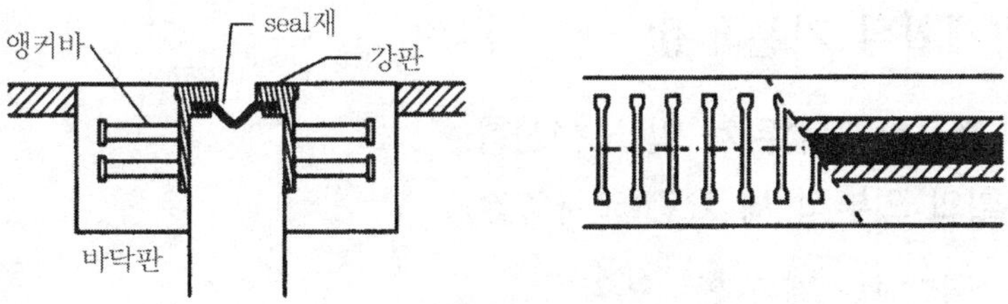

(q) 마게바(mageba) 조인트

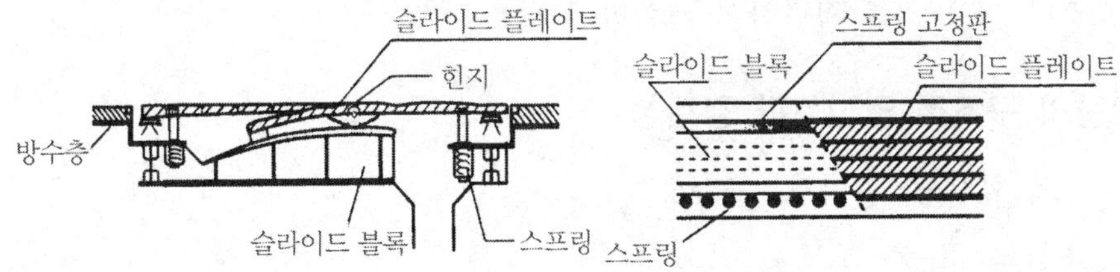

(r) damage식 조인트

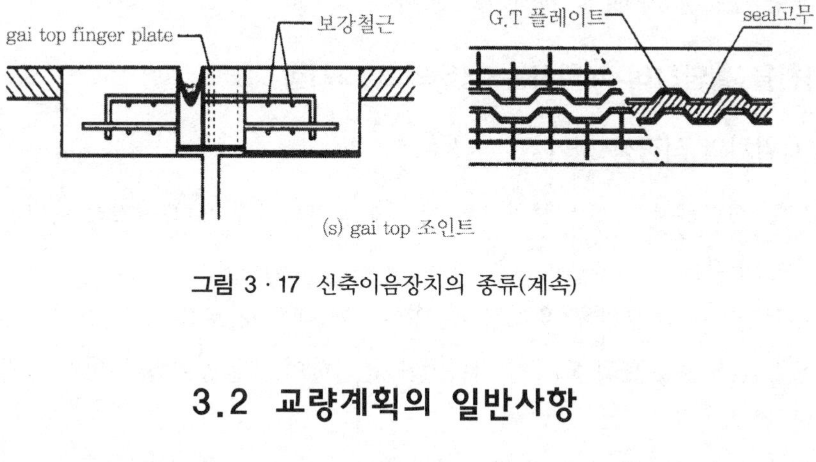

(s) gai top 조인트

그림 3 · 17 신축이음장치의 종류(계속)

3.2 교량계획의 일반사항

3.2.1 교량계획시 기본적인 고려사항

교량의 계획단계에서는 도로의 선형(교량선형), 가설상의 제반 제약조건, 구조설계기준을 만족하고, 내구성 및 안전성이 확보되고, 경제적이며 미관을 고려한 교량형식을 선정하여야 하며 교량길이 및 경간분할, 주거더(상부 주구조) 및 상부구조 배치계획, 하부구조의 형식 및 형상, 기초형식 및 교량건설 공법 결정 등이 이루어지게 된다.

3.2.2 교량계획의 기본요건

(1) 교량의 적정한 가설위치 및 노선선형

(2) 교량계획의 외부적 제 요건(교차조건)

1) 하천을 횡단하여 계획하는 경우
2) 해협이나 운하를 횡단하여 계획하는 경우
3) 도로나 철도 위를 횡단하여 계획하는 경우

(3) 교량의 구조적 안전성과 경제성

1) 시공의 확실성, 용이성, 급속성
2) 구조물의 표준화 도모
3) 이용자의 주행상의 안전성과 쾌적성
4) 교량 구조물 자체 및 경관과의 조화

(4) 하천을 횡단하여 계획하는 경우의 고려사항

1) 설치위치의 적정성 평가

하천을 횡단하여 교량을 설치하는 경우에 설치위치에 대한 적정성 평가는 아래와 같은 과정을 거친다.

① 수로면적이 충분하게 유지될 수 있는지에 대한 검토
② 교각간 또는 교대와 교각이 지나치게 근접하여 세굴공이 중복되어 있지 않은지에 대한 검토
③ 교대나 교각이 흐름에 적절히 정렬되고 수로 및 홍수터에 대하여 적절히 위치하고 있는지에 대한 검토

2) 계획고 결정

교량의 계획고란 교각이나 교대에서 교량상부구조를 받치고 있는 교좌장치 하단부의 높이를 뜻하며 교좌장치가 콘크리트에 묻혀 있을 경우에는 콘크리트 상단높이를 말한다.

하천을 횡단하는 교량의 높이는 교량 설치를 감안하여 산정한 홍수위로부터 충분한 여유고를 확보하여 제방의 안전에 영향을 미치지 않도록 결정해야 한다. 또한 교량의 계획고는 제방고 보다 낮아서는 안 되며, 교대와 교각이 여러 개일 경우 이들 중 가장 낮은

지점의 높이를 취하여야 한다.

3) 교량의 경간장 결정

경간장은 산간협곡이라든지 그 밖의 하천의 상황, 지형의 상황 등에 의해 치수상 지장이 없다고 인정되는 경우를 제외하고는 다음 식 (3·1)에서 구한 값 이상으로 한다. 단, 그 값이 70m를 넘는 경우에는 70 m까지 줄일 수 있다.

$$L = 20 + 0.005Q \tag{3·1}$$

여기에서, L : 경간장(m)
Q : 계획홍수량(m^3/sec)

다음의 각 항목에 해당하는 교량의 경간장은 하천관리상 특별한 지장이 없는 한 위의 식 (3·1)에 관계없이 다음의 값으로 한다.

- 계획홍수량이 500m^3/sec 미만이고 하천 폭이 30m 미만인 하천의 경우 : 12.5 m 이상
- 계획홍수량이 500m^3/sec 미만이고 하천 폭이 30m 이상인 하천의 경우 : 15 m 이상
- 계획홍수량이 500m^3/sec~2,000m^3/sec인 하천일 경우 : 20 m 이상

단, 하천의 상황 및 지형학적 특성상 위에서 제시된 경간장 확보가 어려운 경우 치수에 지장이 없다면, 교각 설치에 따른 하천 폭 감소율(설치된 교각 폭의 합계/하천의 폭)이 5%를 초과하지 않는 범위내에서 경간장을 조절할 수 있다.

3.2.3 교량의 설계 과정

교량의 설계 과정은 타당성 조사(기본계획)단계, 기본설계 단계, 실시설계(상세설계) 단계의 3단계로 구분하여 진행한다. 타당성 조사는 발주자가 직접 시행하기보다는 용역으로 수행하는 것이 일반적이며, 경우에 따라서는 기본설계와 함께 수행할 수 있다. 분리 발주되는 경우 기본설계 용역의 범위는 타당성 조사에서 기본계획, 조사 및 계획, 기본설계 등으로 유동적이나 실시설계 단계에서는 이전단계가 어디까지 되어 있는지 확인하여야 한다.

교량기술자는 어느 경우든 교량설계시 기본계획, 기본설계, 실시설계 3단계의 순서대로 설계를 하는 경우 가장 합리적이다. 그림 **3·8**은 일반적인 교량계획업무의 흐름을 나타낸 것이다.

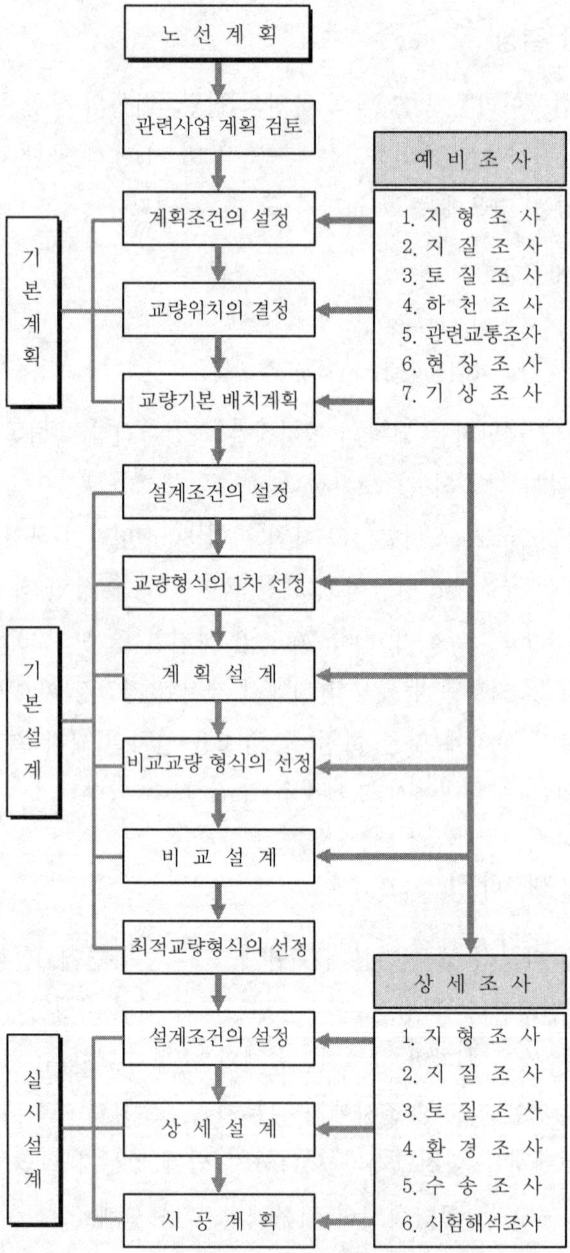

그림 3 · 18 교량계획업무의 흐름

(1) 기본계획(타당성 조사)

기본계획(타당성 조사)은 장래 교통수요를 예측하여 대상 도로의 기능을 설정하고, 기술적, 경제적 및 사회 · 환경적 타당성을 입증하여 타사업과 비교하여 투자의 우선순위를 결정하기 위하여 시행하는 단계이다.

교량의 규모, 중요성, 교량가설 위치의 조건 및 상태를 정확히 판단함으로써 교량가설기간 중에 큰 설계 변경없이 합리적이고 경제적인 계획, 설계, 시공을 위한 목적으로 본 조사를 실시한다. 실측도 작성, 교량가설위치 선정, 교량길이와 경간길이 및 교량형식을 결정하기 위하여 기본조사를 실시하고, 이를 바탕으로 실측도를 작성하여 가설지점의 지형, 지질, 교차로, 지하매설물, 하천, 바다, 토질 및 지질, 기상, 인근구조물의 부식상태, 재료, 이근구조물 기초형식 및 기초지지층, 시공성 등을 조사하며, 하천의 경우 고수위 및 저수위 유량 및 하상변화상태를 조사한다.

(2) 기본설계

기본설계는 타당성 조사시 기본계획에서 제시된 교량가설위치, 교량길이, 다리밑 공간, 경간길이에 대하여 재검증하고, 교량위치 및 형식에 대해 일반적인 조사와 대안의 비교분석을 통하여 최적의 교량형식을 선정하는 단계이다.

교량의 평면형상, 형고(상부구조 높이), 주형배치, 상부구조 단면치수, 하부구조 치수, 기초형상 및 기초형식 등을 결정하고 물량을 개략 산출하여 교량형식 비교에 필요한 자료를 작성하는 교량형식 설계단계와 교량치수 결정, 난간, 배수구, 신축이음, 교량받침 등 교량부속물의 형식결정, 사용재료 종류 및 수량결정, 기타 교량 주요 단면의 크기 산정, 구조계산, 교량가설 공법을 명확히 하는 비교설계 단계로 나눌 수 있으며, 이를 교량의 기본설계라고 한다.

(3) 실시설계

실시설계는 기본설계에서 결정된 교량의 위치, 형식, 교량길이, 경간, 규격, 재료 등에 대한 상세한 설계를 시행하는 단계이다. 기본설계를 구체화하여 교량구조물을 정확하게 시공하는 데 필요한 모든 설계로서, 시공을 위한 설계이다. 따라서 교량가설에 필요한 주의사항을 설계보고서 및 공사시방서에 기술하여 시공자에게 설계자의 설계 의도가 정확하고 충분히 전달될 수 있어야 한다.

실시설계 단계는 타당성 조사보고서, 설계도면 작성, 공사 시방서 작성, 건설사업비 산출 등의 업무로 구분된다.

따라서 실시설계에서는 타당성 조사보고서, 기본설계 도서 결과, 유사 규모의 교량 설계자료, 과거의 설계자료 등 관련 설계자료를 이용하여 구조계산서, 실시설계 도면, 공사물량산출, 공사시방서, 설계내역서 등을 작성하며, 이들의 설계도서에 대하여 설계자문, 감리, 설계심의 단계에서 지적 또는 보완사항이 있을 경우에는 이를 반드시 보완 또는 수정하여야한다. 실시설계 업무는 계획단계와 상세설계 단계로 구분할 수 있다.

3.2.4 교량계획시 협의사항

협의는 설계업무를 적정하고 원활히 수행하는 데 목적이 있으며, 협의사항은 발주청과 협의 및 교차시설의 관할기관(유관기관) 협의로 구분되며, 교량계획시 관할기관과의 협의내용은 발주청에 보고하여 문제점이 있으면 대책방안을 강구해야 한다. 협의는 업무착수 전에서부터 설계성과물을 제출시까지의 단계별로 행한다.

3.2.5 교량계획 · 설계시 필요한 각종 기준

국내에서는 건설교통부, 행정자치부를 비롯한 정부기관의 주관으로 학회 등에 관련 관리주체가 설정되어 구조물 설계 및 시공시 적용할 각종 설계기준 및 지침 등과 건설공사기준을 제정하고 있다.

교량구조물의 설계자는 대상 구조물에 따라 반드시 적용해야 할 법규와 시방서 및 관련기준 등의 규정에 적합하게 설계하게 된다. 그러나 이러한 기준이나 시방서 등은 일반적인 지침만을 제공할 뿐이며 올바른 설계를 위해서는 설계자의 올바른 판단과 경험이 필요하다.

이는 아무리 많은 기준이 제정된다 하여도 모든 사항을 전부 포함할 수 없기 때문이다. 교량설계 기술자는 교량의 계획, 설계에 착수하기 전에 필요한 설계기준, 지침, 편람, 요령, 표준도 등을 엄밀히 검토하여 적용여부를 판단하여야 한다.

표 3 · 3 지침

명칭	발 행 기 관
강도로교 상세부 설계지침	건설교통부
콘크리트 교량가설, 특수공법설계 · 시공 · 유지관리 지침	건설교통부
도로교 하부구조 설계요령(지침)	
토목 섬유 설계 및 시공지침	
도로포장 설계 · 시공지침	한국도로공사

표 3·4 설계기준

명칭	발 행 기 관
도로구조·시설 기준에 관한 규칙	(사)대한토목학회
농어촌 도로구조, 시설기준에 관한 규칙	내무부
콘크리트 구조 설계기준	(사)한국콘크리트학회
구조물 기초 설계기준	(사)한국지반공학회
도로교 설계기준해설(하부구조편)	(사)한국도로교통협회
철도 설계기준(철도교편)	(사)대한토목학회
하천 설계기준	(사)대한토목학회
소하천 설계기준	(사)한국수자원학회
항만시설물 설계기준	행정자치부
시설물 내진 설계기준	해운항만청
도시철도 설계기준	
고속철도 강교량 및 합성형 교량설계 표준시방(안)	한국고속철도 기획단
도시계획 도로의 계획 및 설계기준	건설교통부
건설공사의 설계도서 작성기준	건설교통부

표 3·5 편람

명칭	발 행 기 관
도로건설 편람(Ⅰ, Ⅱ, Ⅲ)	건설교통부
도로설계 실무편람	한국도로공사
강구조 설계편람	한국강구조학회
시설물 설계 및 시공편람	서울특별시
고속도로 교량의 내진설계 편람	한국도로공사

표 3·6 설계요령

명칭	발 행 기 관
도로설계 요령	한국도로공사
강도로교 시공·검사 실무요령	건설교통부
교좌장치의 종류 및 관리요령	건설교통부

표 3·7 지도서

명칭	발 행 기 관
프리플렉스 합성형의 설계 제작 및 시공지도서	대한토목학회

표 3·8 표준도

명칭	발 행 기 관
도로교 상부구조 표준도	건설부
도로교 하부구조 표준도	건설부
도로 부대시설 표준도	건설교통부
고속도로 공사 표준도	한국도로공사
IBRD typical drawing(TD)	건설부

3.3 도로교 설계기준의 안전규정

3.3.1 강도설계법

콘크리트 구조물의 부재나 단면은 다음에서 서술하는 설계하중조합과 강도감소계수에 의해 계산되는 설계단면력 이상의 설계강도를 갖도록 설계하여야 한다. 부재는 사용하중하에서도 적절한 성능과 기능을 확보할 수 있도록 이 설계기준의 모든 규정을 충족시켜야 한다.

(1) 설계하중조합

1) 설계단면력

부재나 단면의 소요강도는 표 3·9에서 규정한 하중계수를 사용한 하중조합에 따라 계산된 휨, 축방향력, 전단 및 비틀림 등으로 나타낸 극한외력에 대한 설계단면력 U에 기초를 두어야 한다. 구조물이나 구조부재는 가장 불리한 재하조건을 고려하여 계산된 극한외력에 대하여 설계하여야 한다. 가장 불리한 외력이란 때로는 재하효과의 상쇄작용으로 인하여 각종 활하중 가운데 하나 또는 그 이상이 작용하지 않는 경우에 발생할 수 있음을 유의하여야 한다.

표 3·9에 규정된 하중조합 중에 가장 불리한 외력을 일으키는 조합을 사용하여 설계단면력을 계산하여야 한다. 이때 구조물의 특성, 재하환경으로 인하여 강설, 강우 또는 특수 상재하중 등이 재하되는 경우에는 이와 같은 특수하중의 재하효과도 하중조합에 포함시켜야 한다. 장대교량의 설계에 있어서 작용하중, 사용조건, 구조재료 등이 도로교 설계기준의 조항과 다를 경우에는 이들을 합리적으로 고려하여 설계하여야 하며, 설계자의

경험과 판단에 따라 표 3·9에 규정된 하중계수를 증감시켜서 설계할 수 있다.

2) 주요 하중조합의 하중계수

① 콘크리트 구조설계기준

표 3·9 주요 하중조합의 하중계수

콘크리트 구조설계기준 3.3.2	
$U=1.4(D+F+H_V)$	(3.3.1)
$U=1.2(D+F+T)+1.6(L+\alpha_H H_V+H_h)+0.5(L_r$ 또는 S 또는 $R)$	(3.3.2)
$U=1.2D+1.6(L_r$ 또는 S 또는 $R)+(1.0L$ 또는 $0.65W)$	(3.3.3)
$U=1.2D+1.3W+1.0L+0.5(L_r$ 또는 S 또는 $R)$	(3.3.4)
$U=1.2D+1.0E+1.0L+0.2S$	(3.3.5)
$U=1.2(D+F+T)+1.6(L+\alpha_H H_V)+0.8H_h+0.5(L_r$ 또는 S 또는 $R)$	(3.3.6)
$U=0.9D+1.3W+1.6(\alpha_H H_V+H_h)$	(3.3.7)
$U=0.9D+1.0E+1.6(\alpha_H H_V+H_h)$	(3.3.8)

여기에서, D=고정하중 또는 이에 의해서 생기는 단면력
E=지진하중 또는 이에 의해서 생기는 단면력
F=유체의 밀도를 알 수 있고, 저장 유체의 높이를 조절할 수 있는 유체의 중량 및 압력에 의한 하중 또는 이에 의해서 생기는 단면력
H_V=흙, 지하수 또는 기타 재료의 자중에 의한 연직방향 하중, 또는 이에 의해서 생기는 단면력
H_h=흙, 지하수 또는 기타 재료의 횡압력에 의한 수평방향 하중, 또는 이에 의해서 생기는 단면력
L=활하중 또는 이에 의해서 생기는 단면력
L_r=지붕활하중 또는 이에 의해서 생기는 단면력
R=강우하중 또는 이에 의해서 생기는 단면력
S=적설하중 또는 이에 의해서 생기는 단면력
T=온도, 크리프, 건조수축 및 부등침하의 영향 등에 의해서 생기는 단면력
W=풍하중 또는 이에 의해서 생기는 단면력
α_H=토피의 두께에 따른 연직방향 하중 H_V에 대한 보정계수
(※ $h\le 2\text{m}$에 대해서 : $\alpha_H=1.0$, $h>2\text{m}$에 대해서 : $\alpha_H=1.05-0.025h\ge 0.875$)

㉠ 차고, 공공 집회장소 및 L이 5.0 kN/m^2 이상인 모든 장소 이외에는 식 (3.3.3), (3.3.4), (3.3.5)에서 활화중 L에 대한 하중계수를 0.5로 감소시킬 수 있다.

㉡ 식 (3.3.5)와 (3.3.8)에서 지진하중 E에 대하여 사용수준 지진력을 사용하는 경우에는 1.0 E 대신 1.4 E를 사용한다.

㉢ 식 (3.3.7) 및 (3.3.8)에서 흙, 지하수 또는 기타 재료의 횡압력에 의한 하중 H_h와 H_V로 인한 하중 효과가 W 또는 E로 인한 하중효과를 상쇄시키는 경우에는 H_V 및 H_h에 대한 하중계수를 0으로 한다. 만일 측면 토압이 다른 하중에 의한 구조물의 거동을 감소시키는 저항효과를 준다면 이를 H_h에 포함시키지 않아야 하지만 설계강도를 계산할 때에는 H_h의 효과를 고려하여야 한다.

㉣ 구조물에 충격의 영향이 있는 경우 활하중(L)을 충격효과(I)가 포함된 ($L+I$)로 대체하여 상기 식들을 적용하여야 한다.

ⓜ 부등침하, 크리프, 건조수축, 팽창콘크리트의 팽창량 및 온도변화는 사용구조물의 실제적 상황을 고려하여 계산하여야 한다.

ⓑ 포스트텐션 정착부 설계에 있어서 최대 프리스트레싱 강재 긴장력에 대하여 하중계수 1.2를 적용하여야 한다.

② 도로교 설계기준

도로교 설계기준(2.2.3.2)	
$U=1.3D+2.15(L+I)+1.3CF+1.7H+1.3Q$	(2.2.1)
$U=1.3D+1.7H+1.3Q+1.3W$	(2.2.2)
$U=1.3D+1.3(L+I)+1.3CF+1.7H+1.3Q+1.3(0.5W+WL+BK)$	(2.2.3)
$U=1.3D+1.3(L+I)+1.3CF+1.7H+1.3Q+1.3G$	(2.2.4)
$U=1.25D+1.65H+1.25Q+1.25W+1.25G$	(2.2.5)
$U=1.25D+1.25(L+I)+1.25CF+1.65H+1.25Q+1.25(0.5W+WL+BK)+1.25G$	(2.2.6)
$U=1.0(D+H+Q+E)$	(2.2.7)
$U=1.3D+1.3(L+I)+1.3CF+1.7H+1.3Q+1.3CO$	(2.2.8)
$U=1.2D+1.55H+1.2Q+1.2W+1.2CO$	(2.2.9)

여기에서, D : 고정하중 또는 이에 따른 단면력
L : 활하중 또는 이에 따른 단면력
I : 충격 또는 이에 따른 단면력
H : 토압 또는 이에 따른 단면력
W : 풍하중 또는 이에 따른 단면력
WL : 차량활하중에 작용하는 풍하중 또는 이에 따른 단면력
BK : 제동하중 또는 이에 따른 단면력
E : 지진의 영향 또는 이에 따른 단면력
CF : 원심하중 또는 이에 따른 단면력
CO : 충돌하중 또는 이에 따른 단면력
G : 부등침하, 크리프, 건조수축, 제작 또는 시공시 치수의 착오, 습도변화 또는 온도변화 등으로 인한 팽창 또는 수축변형으로 유발된 변형력 또는 이에 따른 단면력
Q : 부력 또는 양압력, 수압, 파악 등의 하중 또는 이에 따른 단면력

3) 특수 하중조합의 하중계수

표 3 · 10 특수 하중조합의 하중계수

도로교 설계기준(2.2.3.2)		
2, 3등교의 설계에서 초과하중에 대하여 검토하는 경우	$U=1.3D+2.85(L+I)$	(2.2.10)
특별과하중(탱크, 특수 중차량 등)에 대하여 검토하는 경우	$U=1.3D+1.3(L+I)+1.3CF+1.7H+1.3Q$	(2.2.11)

4) 기타

① 식 (2.2.1)에서 충격을 고려한 차량활하중과 보도 등의 군중하중의 하중조합에 의해서 외측주거더를 설계할 때는 활하중계수를 2.15 대신 1.65로 하여 설계한다. 다만 이때의 설계강도는 활하중계수를 2.15로 한 차량활하중만에 의한 값보다 작아서는 안 된다. 이 경우에 있어서 바닥판 슬래브를 설계할 때는 활하중계수를 2.15 대신 1.3으로 한다.

② 2)항과 3)항의 모든 하중조합에서 표 3·11의 각 경우에 대한 고정하중계수와 토압하중계수는 각각 표에 제시한 값을 사용하여야 한다.

③ 기초를 설계할 경우 토압이나 파일하중 등에는 하중계수에 의한 하중증가를 시키지 않는다. 또한 전도, 활동 등에 대한 안전율을 사용하여 구조물 기초의 안정성을 검토하는 경우에도 하중계수를 사용하지 않는다.

(2) 설계강도

1) 공칭 및 설계강도

휨, 축방향력, 전단 또는 비틀림으로 표시되는 부재나 단면의 강도는 도로교 설계시방서의 규정과 자정에 따라 계산된 공칭강도를 가져야 한다. 콘크리트 구조물에 대한 강도설계법에서는 단면의 공칭강도에 2)에서 규정하는 강도감소계수를 곱하면 단면의 설계강도가 된다. 강구조물에 대한 하중설계법에서는 계산된 최대공칭강도를 그대로 설계강도로 한다.

표 3·11 하중조합에서 고정하중계수와 토압하중계수를 바꾸어 설계하는 경우
(도로교 설계기준 표 2.2.6)

식	고정하중계수	토압하중계수	
	기둥설계시 최소축하중 및 최대모멘트 또는 최대편심에 대하여 설계할 경우	라멘구조에서 횡토압에 의해 정모멘트를 검토하는 경우	연직토압의 경우
(2.2.1)~(2.2.4), (2.2.7), (2.2.8), (2.2.10), (2.2.11)	1.0	0.65	1.5
(2.2.5), (2.2.6)	0.95	0.65	1.45
(2.2.9)	0.9	0.8	1.4

2) 강도감소계수

표 3 · 12 강도감소계수 ϕ(도로교 설계기준 2.2.3.3)

<table>
<tr><td rowspan="4">휨부재, 휨과 축방향인장력을 겸하여 받는 부재</td><td colspan="2">보통철근콘크리트 부재</td><td>$\phi=0.85$</td></tr>
<tr><td rowspan="2">프리스트레스트 콘크리트 부재</td><td>공장에서 생산된 프리캐스트 프리스트레스트 콘크리트 부재</td><td>$\phi=0.90$</td></tr>
<tr><td>현장치기된 포스트텐션 콘크리트 부재</td><td>$\phi=0.85$</td></tr>
<tr><td colspan="2">적절한 품질관리로 공장생산된 프리캐스트 부재</td><td>$\phi=0.90$</td></tr>
<tr><td colspan="3">축방향인장부재</td><td>$\phi=0.85$</td></tr>
<tr><td rowspan="3">축압력 또는 휨모멘트와 축압력이 동시에 작용</td><td colspan="2">나선철근으로 보강된 철근콘크리트 부재</td><td>$\phi=0.75$</td></tr>
<tr><td colspan="2">그 이외의 철근콘크리트 부재</td><td>$\phi=0.70$</td></tr>
<tr><td colspan="2">압축부재의 축강도 ϕP_n이 $0.10 f_{ck} A_g$ 또는 ϕP_n 중 작은 값보다 작은 경우, ϕ 값은 ϕ_c값과 $P_n=0$에 대한 ϕ_c값, 즉 ϕ_f의 값 사이에 직선보간법을 적용하여 구한다</td><td></td></tr>
<tr><td colspan="3">전단력과 비틀림모멘트</td><td>$\phi=0.80$</td></tr>
<tr><td colspan="3">콘크리트의 지압력</td><td>$\phi=0.70$</td></tr>
<tr><td colspan="3">무근콘크리트의 휨모멘트, 압축력, 전단력, 지압력</td><td>$\phi=0.65$</td></tr>
</table>

표 3 · 12-1 강도감소계수 ϕ(콘크리트 구조설계기준 3.3.3)

<table>
<tr><td rowspan="4">휨모멘트와 축력을 받는 부재</td><td colspan="2">인장지배 단면</td><td>$\phi=0.85$</td></tr>
<tr><td rowspan="3">압축지배 단면</td><td>(가) 나선철근 규정에 따라 나선철근으로 보강된 철근 콘크리트의 부재</td><td>$\phi=0.70$</td></tr>
<tr><td>(나) 그 외의 철근콘크리트 부재</td><td>$\phi=0.65$</td></tr>
<tr><td>(다) 공칭강도에서 최외단 인장철근의 순인장변형률 ε_t가 압축지배와 인장지배 단면사이일 경우에는 ε_t가 압축지배 변형률 한계에서 0.005로 증가함에 따라 ϕ값을 압축지배 단면에 대한 값에서 0.85까지 증가시킨다.</td><td></td></tr>
<tr><td colspan="3">전단력과 비틀림 모멘트</td><td>$\phi=0.75$</td></tr>
<tr><td colspan="3">큰코리트 지압력(포스텐션 정착부나 스트럿-타이 모델은 제외)</td><td>$\phi=0.65$</td></tr>
<tr><td colspan="3">포스트텐션 정착구역</td><td>$\phi=0.85$</td></tr>
<tr><td colspan="3">스트럿-타이 모델과 그 모델에서 스트럿, 타이, 절점부 및 지압부</td><td>$\phi=0.75$</td></tr>
</table>

표 3 · 12-1 강도감소계수 ϕ(콘크리트 구조설계기준 3.3.3)(계속)

긴장재 묻힘길이가 정착길이보다 작은 프리텐션부재의 휨단면	(가) 부재의 단부에서 전달길이 단부까지	$\phi=0.75$
	(나) 전달길이 단부에서 정착길이 단부사이의 ϕ값은 0.75에서 0.85까지 선형적으로 증가시킨다. 다만, 긴장재가 부재 단부까지 부착되지 않은 경우에는 부착력 저하 길이의 끝에서부터 긴장재가 매입된다고 가정하여야 한다.	
무근콘크리트의 휨모멘트, 압축력, 전단력, 지압력		$\phi=0.55$

3) 연결부의 설계강도

프리캐스트 부재 사이 또는 프리캐스트 부재와 현장타설 콘크리트 부재 사이 연결부의 설계강도는 고려되는 작용외력에 대한 공칭강도에 수정된 강도감소계수를 곱하여 구한 값으로 취해야 한다. 또한 수정된 강도감소계수는 해당 ϕ값에 연결부에 대한 추가 강도감소계수인 0.85를 곱하여 구한 값으로 취해야 한다.

3.3.2 허용응력설계법

도로교 설계기준의 주하중 및 주하중에 해당하는 특수하중에 대한 허용응력을 서술하기로 한다. 부하중 및 부하중에 해당하는 특수하중을 고려하는 경우의 허용응력은 주어진 증가계수를 곱한 값으로 한다.

(1) 하중조합 및 증가계수(도로교 설계기준 2.2.2.2)

여기에서는 강교, 콘크리트교 및 하부구조의 허용응력설계법을 위한 하중조합 및 증가계수를 서술하도록 한다.

1) 강교

가설시 하중의 경우 특히 가설기간이 길거나 신공법으로 가설되는 교량에 대해서는 허용응력을 증가시키지 않는다.

표 3 · 13 강교에서의 하중조합 및 증가계수

	하중조합	증가계수
1	주하중+주하중에 해당하는 특수하중+온도변화의 영향	1.15
2	주하중+주하중에 해당하는 특수하중+풍하중	1.25
3	주하중+주하중에 해당하는 특수하중+온도변화의 영향+풍하중	1.35
4	주하중+주하중에 해당하는 특수하중+풍하중+제동하중	1.25
5	주하중+주하중에 해당하는 특수하중+충돌하중	1.70
6	풍하중만 고려할 때	1.20
7	제동하중만 고려할 때	1.20
8	활하중 및 충격 이외의 주하중+지진의 영향	1.50
9	가설시 하중	1.25

2) 콘크리트교

가설시 하중에 대해서는 강교와 같이 특히 가설기간이 길거나 신공법으로 가설되는 교량에 대해서는 허용응력을 증가시키지 않는다. 그리고 콘크리트교에서 부하중 및 부하중에 해당하는 특수하중을 고려하는 경우에 PS강재의 허용인장응력은 PS강재 항복점의 90% 이하의 값으로 하며, 프리스트레싱 직후의 콘크리트 및 PS강재의 허용응력은 증가시키지 않는다.

표 3 · 14 콘크리트교에서의 하중조합 및 증가계수

	하중 조합	증가계수
1	주하중+주하중에 해당하는 특수하중+온도변화의 영향	1.15
2	주하중+주하중에 해당하는 특수하중+풍하중	1.25
3	주하중+주하중에 해당하는 특수하중+온도변화의 영향+풍하중	1.35
4	주하중+주하중에 해당하는 특수하중+풍하중+제동하중	1.25
5	주하중+주하중에 해당하는 특수하중+충돌하중	1.50
6	풍하중만 고려할 때	1.20
7	활하중 및 충격 이외의 주하중+지진의 영향	1.33
8	가설시 하중	1.25

3) 하부구조

철근 및 무근콘크리트, 강구조로 이루어진 하부구조에서의 하중조합 및 증가계수는 표 3·15에 따르고, 프리스트레스트 콘크리트 말뚝으로 이루어진 하부구조에서 지진의 영향을 고려할 때에는 표 3·16의 허용휨인장응력에 따른다.

표 3·15 하부구조에서의 하중조합 및 증가계수

	하중조합	증가계수
1	주하중+주하중에 해당하는 특수하중+온도변화의 영향	1.15
2	주하중+주하중에 해당하는 특수하중+풍하중	1.25
3	주하중+주하중에 해당하는 특수하중+온도변화의 영향+풍하중	1.35
4	주하중+주하중에 해당하는 특수하중+풍하중+제동하중	1.25
5	주하중+주하중에 해당하는 특수하중+충돌하중 • 강구조에 대하여 • 철근 및 무근 콘크리트에 대하여	 1.70 1.50
6	활하중 및 충격 이외의 주하중+지진의 영향 • 강구조에 대하여 • 철근 및 무근 콘크리트에 대하여	 1.50 1.33
7	가설시 하중의 조합 • 완성 후의 응력이 현저히 저하되는 경우 • 완성 후의 응력이 허용응력과 같은 정도로 되는 경우	 1.50 1.25

표 3·16 지진의 영향을 고려할 때 프리스트레스트 콘크리트 말뚝의 허용휨인장응력(MPa)

유효프리스트레스 f_{ce}(MPa)	$4.0 \le f_{ce} < 7.0$	$7.0 \le f_{ce}$
허용휨인장응력	3.0	5.0

(2) 강교에서의 허용응력(도로교 설계기준 3.3.2)

구조용 강재의 허용축방향 인장응력 및 휨인장응력·허용휨압축응력·허용전단응력 및 허용지압응력은 각각 표 3·17, 3·18 및 3·19에 나타낸 값을 적용한다.

표 3·17 허용축방향 인장응력 및 허용휨인장응력(MPa)

강재의 판두께(mm) \ 강종	SS 400 SM 400 SMA 400	SM 490	SM 490Y SM 520 SMA 490	SM 570 SMA 570
40 이하	140	190	210	260
40 초과 75 이하	130	175 (190)주)	200(210)주)	250(260)주)
75 초과 100 이하			195(210)주)	245(260)주)

[주] TMC 강재일 경우에는 ( )안의 값을 적용한다.

표 3 · 18 (a) 허용휨압축응력(MPa)

강재의 판두께(mm) \ 강종	SS 400 SM 400 SMA 400	SM 490	SM 490Y SM 520 SMA 490	SM 570 SMA 570
40 이하	140	190	210	260
40 초과 75 이하	130	175 (190)[주]	200(210)[주]	250(260)[주]
75 초과 100 이하			195(210)[주]	245(260)[주]

* 압축플랜지가 콘크리트상판 등에 직접 고정되어 있는 경우 및 상자형 단면, π형 단면과 같이 횡좌굴이 일어나기 어려운 경우

[주] TMC 강재일 경우에는 ( )안의 값을 적용한다.

표 3 · 18 (b) 허용휨압축응력(MPa) [표 3 · 18 (a)에 규정한 이외의 경우]

판두께(mm) \ 강종		SS 400 SM 400 SMA 400	SM 490	SM 490Y SM 520 SMA 490	SM 570 SMA 570
$\frac{A_w}{A_c} \leq 2$	40 이하	$140 : \frac{l}{b} \leq 4.5$ $140-2.4\left(\frac{l}{b}-4.5\right)$ $: 4.5 < \frac{l}{b} \leq 30$	$190 : \frac{l}{b} \leq 4.0$ $190-3.8\left(\frac{l}{b}-4.0\right)$ $: 4.0 < \frac{l}{b} \leq 30$	$210 : \frac{l}{b} \leq 3.50$ $210-4.4\left(\frac{l}{b}-3.5\right)$ $: 3.5 < \frac{l}{b} \leq 27$	$260 : \frac{l}{b} \leq 5.0$ $260-6.6\left(\frac{l}{b}-5.0\right)$ $: 5.0 < \frac{l}{b} \leq 25$
	40 초과 75 이하	$130 : \frac{l}{b} \leq 5.0$ $130-2.2\left(\frac{l}{b}-5.0\right)$ $: 5.0 < \frac{l}{b} \leq 30$	$175 : \frac{l}{b} \leq 4.0$ $175-3.5\left(\frac{l}{b}-4.0\right)$ $: 4.0 < \frac{l}{b} \leq 30$	$200 : \frac{l}{b} \leq 4.0$ $200-4.2\left(\frac{l}{b}-4.0\right)$ $: 4.0 < \frac{l}{b} \leq 27$	$245 : \frac{l}{b} \leq 5.0$ $245-6.0\left(\frac{l}{b}-5.0\right)$ $: 5.0 < \frac{l}{b} \leq 25$
	75 초과 100 이하			$195 : \frac{l}{b} \leq 4.0$ $195-4.0\left(\frac{l}{b}-4.0\right)$ $: 4.0 < \frac{l}{b} \leq 27$	$245 : \frac{l}{b} \leq 5.0$ $245-6.0\left(\frac{l}{b}-5.0\right)$ $: 5.0 < \frac{l}{b} \leq 25$
$\frac{A_w}{A_c} > 2$	40 이하	$140 : \frac{l}{b} \leq \frac{9}{K}$ $140-1.2\left(K\frac{l}{b}-9\right)$ $: \frac{9}{K} < \frac{l}{b} \leq 30$	$190 : \frac{l}{b} \leq \frac{8}{K}$ $190-1.9\left(K\frac{l}{b}-8\right)$ $: \frac{8}{K} < \frac{l}{b} \leq 30$	$210 : \frac{l}{b} \leq \frac{7}{K}$ $210-2.2\left(K\frac{l}{b}-7\right)$ $: \frac{7}{K} < \frac{l}{b} \leq 27$	$260 : \frac{l}{b} \leq \frac{10}{K}$ $260-3.3\left(K\frac{l}{b}-10\right)$ $: \frac{10}{K} < \frac{l}{b} \leq 25$
	40 초과 75 이하	$130 : \frac{l}{b} \leq \frac{10}{K}$ $130-1.1\left(K\frac{l}{b}-10\right)$ $: \frac{10}{K} < \frac{l}{b} \leq 30$	$175 : \frac{l}{b} \leq \frac{8}{K}$ $175-1.75\left(K\frac{l}{b}-8\right)$ $: \frac{8}{K} < \frac{l}{b} \leq 30$	$200 : \frac{l}{b} \leq \frac{8}{K}$ $200-2.1\left(K\frac{l}{b}-8\right)$ $: \frac{8}{K} < \frac{l}{b} \leq 27$	$250 : \frac{l}{b} \leq \frac{10}{K}$ $250-3.1\left(K\frac{l}{b}-10\right)$ $: \frac{10}{K} < \frac{l}{b} \leq 25$
	75 초과 100 이하			$195 : \frac{l}{b} \leq \frac{8}{K}$ $195-2.0\left(K\frac{l}{b}-8\right)$ $: \frac{8}{K} < \frac{l}{b} \leq 27$	$245 : \frac{l}{b} \leq \frac{10}{K}$ $245-3.0\left(K\frac{l}{b}-10\right)$ $: \frac{10}{K} < \frac{l}{b} \leq 25$
비고		A_w: 복부판의 총단면적(mm^2) l : 압축플랜지의 고정점간 거리(mm) A_c: 압축플랜지 총단면적(mm^2) b : 압축플랜지 폭(mm) $K=\sqrt{3+\frac{A_w}{2A_c}}$			

표 3 · 19 허용전단응력 및 허용지압응력(MPa)

<table>
<tr><th colspan="2">응 력 종 류</th><th>강종
판두께(mm)</th><th>SS 400
SM 400
SMA 400</th><th>SM 490</th><th>SM 490Y
SM 520
SMA 490</th><th>SM 570
SMA 570</th></tr>
<tr><td colspan="2" rowspan="3">전 단 응 력</td><td>40 이하</td><td>80</td><td>110</td><td>120</td><td>150</td></tr>
<tr><td>40 초과 75 이하</td><td rowspan="2">75</td><td rowspan="2">100
(110)[주)]</td><td>115
(120)[주)]</td><td>145
(150)[주)]</td></tr>
<tr><td>75 초과 100 이하</td><td>110
(120)[주)]</td><td>140
(150)[주)]</td></tr>
<tr><td rowspan="2">지압
응력</td><td rowspan="2">강판과 강판 사이의 지압응력</td><td>40 이하</td><td>210</td><td>280</td><td>310</td><td>390</td></tr>
<tr><td>40 초과 75 이하</td><td>195</td><td>260(280)[주)]</td><td>300
(310)[주)]</td><td>375
(390)[주)]</td></tr>
<tr><td rowspan="4">지압
응력</td><td>강판과 강판 사이의 지압응력</td><td>75 초과 100 이하</td><td>195</td><td>260(280)[주)]</td><td>290
(310)[주)]</td><td>365
(390)[주)]</td></tr>
<tr><td rowspan="3">헬츠공식으로 산출하는 경우</td><td>40 이하</td><td rowspan="3">600</td><td rowspan="3">700</td><td rowspan="3">–</td><td rowspan="3">–</td></tr>
<tr><td>40 초과 75 이하</td></tr>
<tr><td>75 초과 100 이하</td></tr>
</table>

[주] TMC 강재일 경우에는 ( )안의 값을 적용한다.

(3) 콘크리트교에서의 허용응력

철근 콘크리트와 프리스트레스트 콘크리트 부재설계시 사용하는 콘크리트 및 강재의 허용응력은 다음과 같다.

1) 철근콘크리트 부재에서 콘크리트의 허용응력

표 3 · 20 콘크리트의 허용응력(도로교설계기준 2.2.2.4 참조)

<table>
<tr><th colspan="2">허용응력의 구분</th><th>계산식</th></tr>
<tr><td colspan="3">(1) 허용휨응력</td></tr>
<tr><td colspan="2">① 허용휨압축응력</td><td>$f_{ca}=0.4\,f_{ck}$</td></tr>
<tr><td colspan="2">② 허용휨인장응력(무근확대기초와 벽체에서)</td><td>$f_{ta}=0.13\sqrt{f_{ck}}$</td></tr>
<tr><td rowspan="3">③ 허용휨강도(파괴계수)</td><td>보통콘크리트</td><td>$f_{ru}=0.63\sqrt{f_{ck}}$</td></tr>
<tr><td>부분 경량콘크리트</td><td>$f_{ru}=0.53\sqrt{f_{ck}}$</td></tr>
<tr><td>전 경량콘크리트</td><td>$f_{ru}=0.47\sqrt{f_{ck}}$</td></tr>
<tr><td colspan="2">(2) 허용압축응력(무근확대기초와 벽체에서)</td><td>$f_{ca}=0.25\,f_{ck}$</td></tr>
</table>

표 3 · 20 콘크리트의 허용응력(도로교설계기준 2.2.24 참조)(계속)

<table>
<tr><th colspan="2">허용응력의 구분</th><th>계산식</th></tr>
<tr><td colspan="3">(3) 허용전단응력</td></tr>
<tr><td rowspan="2">① 보 및 1방향 전단 (1방향 슬래브 및 확대기초)</td><td>전단보강철근이 없을 때의 콘크리트 단면에서 콘크리트의 허용전단응력</td><td>$v_{ca}=0.08\sqrt{f_{ck}}$</td></tr>
<tr><td>전단보강철근과 콘크리트에 의해 허용되는 전단보강이 있는 부재의 최대허용전단응력</td><td>$v_{ca}=0.32\sqrt{f_{ck}}$</td></tr>
<tr><td rowspan="2">② 2방향 전단(2방향 슬래브 및 확대기초)</td><td>콘크리트의 허용전단응력</td><td>$v_{ca}=0.08\left(1+\dfrac{2}{\beta_c}\right)\sqrt{f_{ck}}\le 0.16\sqrt{f_{ck}}$</td></tr>
<tr><td>전단보강이 있는 부재의 최대허용전단응력</td><td>도로교 설계기준 4.5.5 참조</td></tr>
<tr><td colspan="2">③ 경량골재콘크리트의 허용전단응력</td><td>①, ②에 규정된 값의 70%를 취한다.</td></tr>
<tr><td colspan="3">(4) 허용지압응력</td></tr>
<tr><td colspan="2">① 허용지압응력은 다음의 값으로 한다.</td><td>$f_{ba}=0.25\sqrt{\dfrac{A_c}{A_b}}f_{ck}\le 0.5f_{ck}$
여기서, A_c : 지지하는 콘크리트의 전면적
A_b : 지압을 받는 재하면적</td></tr>
<tr><td colspan="3">② 지지하는 콘크리트가 경사진 면이거나 계단식일 경우에는 지압면의 각 변으로부터 1 : 2(수직 1, 수평 2)의 기울기로 경사면을 부재단부까지 그려 지압면의 도심과 일치하는 가장 큰 닮은꼴을 그렸을 때의 피라미드형 각추대나 원추대의 면적을 전면적(A_c)으로 취한다.</td></tr>
<tr><td colspan="3">③ 처짐의 편심하중으로 인하여 지압면 단부에 큰 응력을 받는 경우에는 재하단면의 허용지압응력은 가항의 ①항의 값에 0.75를 곱한 값을 취한다.</td></tr>
</table>

2) 프리스트레스트 콘크리트 부재에서 콘크리트의 허용응력(도로교 설계기준 2.2.2.4 참조)

표 3 · 21 프리스트레스트 콘크리트 부재에서 콘크리트의 허용응력

<table>
<tr><th colspan="3">허용응력의 구 분</th><th>계산식</th></tr>
<tr><td colspan="4">(1) 크리프와 건조수축에 의한 손실이 일어나기 전의 일시적인 응력</td></tr>
<tr><td rowspan="2">(가) 압축응력</td><td colspan="2">프리텐션 부재</td><td>$0.60f_{ci}'$</td></tr>
<tr><td colspan="2">포스트텐션 부재</td><td>$0.55f_{ci}'$</td></tr>
<tr><td>(나) 인장응력</td><td colspan="2">미리 압축력을 가한 인장구역</td><td>(2)항에 있는 손실 후의 허용응력 참조</td></tr>
<tr><td rowspan="2">(나) 인장응력</td><td rowspan="2">그 밖의 지역</td><td>부착된 철근이 없는 인장구역</td><td>1.4 MPa 또는 $0.25\sqrt{f_{ci}'}$</td></tr>
<tr><td>부착된 철근이 있는 인장구역</td><td>$0.50\sqrt{f_{ci}'}$</td></tr>
</table>

표 3·21 프리스트레스트 콘크리트 부재에서 콘크리트의 허용응력(계속)

허용응력의 구 분		계산식
(2) 모든 손실이 일어난 후 사용하중 상태에서의 응력		
(가) 압축응력		$0.4 f_{ck}$
(나) 미리 압축력을 가한 인장구역에서의 인장응력	부착된 철근을 갖는 부재	$0.50\sqrt{f_{ck}}$
	해변지역과 같이 심각한 부식에 노출된 상태	$0.25\sqrt{f_{ck}}$
	부착된 철근이 없는 부재	0
(다) 다른 구역에서의 인장력은 (1)항에서 규정한 일시적 허용응력에 의해 제한된다.		
(3) 균열응력(실험으로부터 얻은 파괴계수를 사용하되 실험자료가 없는 경우)		
(가) 보통콘크리트		$0.63\sqrt{f_{ck}}$
(나) 부분 경량콘크리트		$0.53\sqrt{f_{ck}}$
(다) 전 경량콘크리트		$0.47\sqrt{f_{ck}}$
(4) 정착부의 지압응력 부재 단부에 적절한 철근을 배치한 포스트텐션 부재의 정착장치에 의해 발생되는 콘크리트의 지압응력은 다음 값 이하로 하여야 한다.		
(가) 긴장재 정착 이후		$0.70 f_{ci}\sqrt{\frac{A_b'}{A_b}-0.2} \le 1.10 f_{ci}'$
(나) 프리스트레스 손실 발생 후		$0.50 f_{ck}\sqrt{\frac{A_b'}{A_b}} \le 0.90 f_{ck}$

3) 철근의 허용응력(도로교 설계기준 2.2.2.4)

① 철근콘크리트교의 경우 지름 $D32$ 이하의 철근에 대하여 철근의 허용응력은 표 3·22와 같다.

표 3·22 철근의 허용응력(MPa) (도로교 설계기준 2.2.2.4 참조)

응력, 부재의 종류 \ 철근의 종류			SD 30	SD 35	SD 40
인장응력	하중의 조합에 충돌하중 혹은 지진의 영향을 포함하지 않을 경우	일반적인 부재	150	175	180
		바닥판, 지판 10 m 이하의 슬래브교	150	160	160
		수중 혹은 지하수위 이하에 설치하는 부재	150	160	160
	하중의 조합에 충돌하중 혹은 지진의 영향을 포함하는 경우의 허용응력의 기본값		150	175	180
압축응력			150	175	180

4) PS강재의 허용응력(도로교 설계기준 2.2.2.4)

① 프리텐션 부재 — 도입 직전 응력

㉠ 저릴랙세이션 스트랜드 : $0.75f_{pu}$

㉡ 응력제거 강연선 : $0.70f_{pu}$

② 포스트텐션 부재 — 정착 직후 응력

㉠ 정착부 : $0.70f_{pu}$

㉡ 활동에 의한 손실구역 끝 부분 : $0.83f_{py}$

정착부에서의 응력이 위의 값을 초과하지 않으면 정착장치의 활동에 의한 손실과 마찰에 의한 손실을 상쇄하기 위해 정착 전 짧은 시간 동안 $0.90f_{py}$까지 인장응력이 증가되어도 좋다.

③ 손실이 일어난 후 사용하중 상태에서의 응력 : $0.90f_{py}$

3.4 철근콘크리트 교량

철근콘크리트 교량은 1890년대 말 프랑스의 Hennebique에 의해 비롯되었고, 이후 스위스의 Robert Maillart가 1901년 철근콘크리트 교량을 설계했으며, 스위스의 라인강을 횡단하는 3힌지 박스단면 교량을 건설하였다. 현재까지 단순 철근콘크리트 교량은 일반적으로 30 m 이하 지간에 주로 사용되고 있다.

철근콘크리트 재료는 내구성 · 강성 · 경제성 등이 좋으며 원하는 교량 형식을 비교적 쉽게 만들 수 있는 장점이 있다. 적절한 교량형식을 선정하는 데 있어서는 일반적으로 건설비용이 결정기준이 되며, 이러한 교량형식의 선정은 고정하중의 활하중에 대한 비율·외관·형고 제약 · 형하고 · 제한된 공기 · 인건비 및 현장 교통소통 상황 등과 같은 요소에 달라지므로 이를 충분히 고려하여야 한다.

철근콘크리트 교량을 상부구조 형식에 따라 나누어보면 일반적으로 슬래브교, T형교, 박스교 및 다양한 형식의 라멘교가 있다. 이러한 교량들은 단경간 단순교 또는 다경간 연속교로 이용될 수 있다.

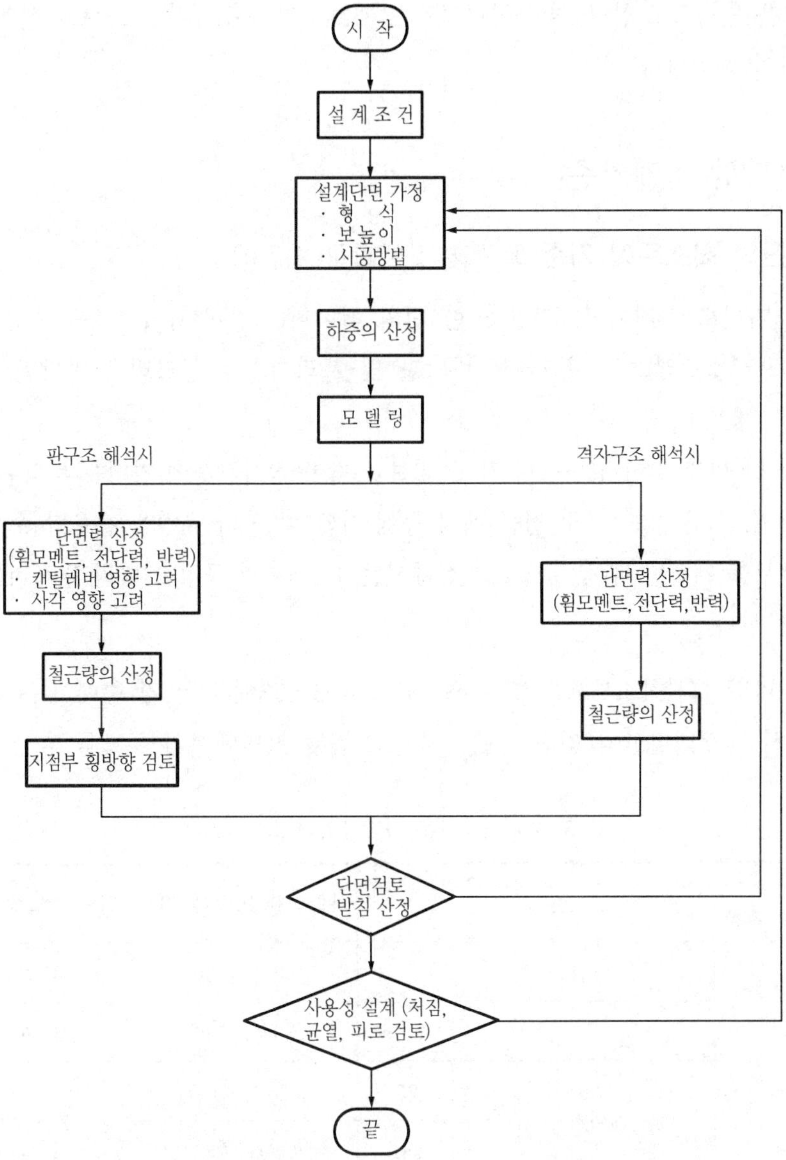

그림 3 · 19 철근콘크리트 교량의 설계흐름도

3.4.1 콘크리트 교량의 설계일반

(1) 구조해석방법

철근콘크리트교에 대한 설계단면력의 산정은 바닥판교는 판이론, 빔교는 격자이론에 의해 실시하는 것을 원칙으로 한다. 철근콘크리트 슬래브교의 구조해석은 도로교 설계기준 콘크리트편에 의하여 해석한다.

3.4.2 바닥판 설계기준

(1) 바닥판의 최소두께 기준(도로교 설계기준 4.7.4)

콘크리트 거더로 지지되고, 지간과 한 변의 길이비(변장비)가 1 : 2를 넘는 철근콘크리트 바닥판, 프리스트레스트 콘크리트 바닥판 및 프리캐스트 콘크리트 바닥판의 설계에 적용한다.

※ 지간과 한 변의 길이비(변장비)가 1 : 2보다 작아 정사각형에 가까운 바닥판은 바닥판의 최소두께, 철근의 종류 및 철근 배치 등에 따라 이 장의 규정을 준용할 수 있지만 설계휨모멘트를 계산할 때에는 도로교 설계기준 4.7.5.3의 규정을 따라 변장비의 영향을 고려해야 한다.

차도부분 바닥판의 최소두께는 220 mm 또는 표 3·23에 있는 값 중에서 큰 값으로 한다. 표 3·23에서 캔틸레버판의 최소두께는 지지보 복부 전면에서의 두께를 말한다.

표 3·23 차도부분 바닥판의 최소두께(mm)

바닥판의 구분 \ 바닥판 지간의 방향			차량진행 방향에 직각	차량진행 방향에 평행
1등교 2등교 3등교	단순판		$40L+130$	$65L+150$
	연속판		$30L+130$	$50L+150$
	캔틸레버판	$L \leq 0.25$	$280L+180$	$240L+150$
		$L > 0.25$	$80L+230$	

여기에서, L : 트럭하중에 대한 바닥판의 지간(m)

(2) 바닥판의 지간 산정 기준(도로교 설계기준 4.7.3)

1) 내부지간

① 단순지지의 경우 바닥판의 지간은 지지보의 중심간격으로 선정한다. 이때, 지간은 바

닥판의 순지간에 바닥판의 두께를 더한 길이를 초과할 필요는 없다.

② 3개 이상의 지지보 위에 연속인 바닥판의 경우 하중분배와 휨모멘트의 계산에 사용되는 유효지간장의 길이는 아래와 같이 산정한다.

㉠ 헌치가 없이 보 또는 벽체와 일체이면 두께가 일정한 바닥판의 경우, 바닥판의 지간은 순지간으로 산정한다.

㉡ ㉠의 경우에서 헌치가 있는 경우, 헌치를 고려한 두께가 바닥판의 두께의 1.5배가 되는 위치로부터 유효지간을 산정한다.

유효지간(S) = 바닥판 지간

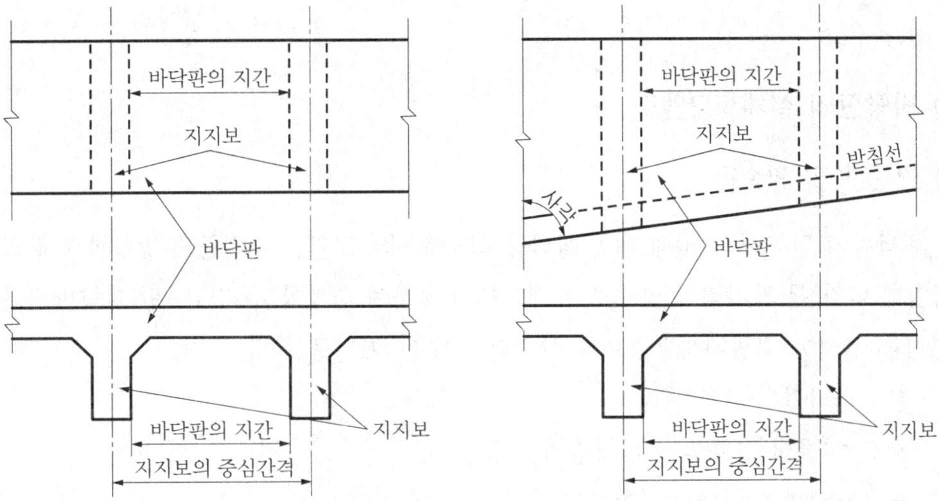

그림 3 · 20 단순판 및 연속판의 지간

2) 캔틸레버판의 지간

① 보 또는 벽체와 일체이며 바닥판의 두께가 일정한 바닥판의 경우, 바닥판의 지간은 보 또는 벽체의 외측단에서 캔틸레버 끝단까지의 거리로 산정한다.

② ①의 경우에서 헌치가 있는 경우, 바닥판과 헌치를 함께 고려한 두께가 바닥판의 두께의 1.5배가 되는 위치로부터 캔틸레버 끝단까지의 거리를 유효지간으로 산정한다.

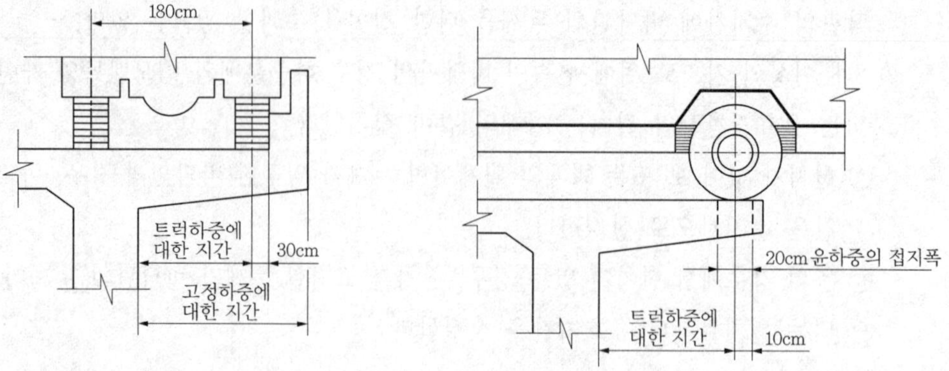

(a) 차량진행방향에 직각으로 캔틸레버판이 있는 경우 (b) 차량진행방향에 캔틸레버판이 있는 경우

그림 3 · 21 캔틸레버판의 지간

(3) 바닥판의 설계휨모멘트

1) 단순판 및 연속판

바닥판의 단위 폭(1 m)에 대한 활하중 휨모멘트의 크기는 주철근의 방향과 차량의 진행방향에 따라 두 가지의 방법으로 간략식을 이용하여 산정할 수 있다. 단 차량바퀴의 접지면적을 고려한 정밀해석방법으로 산정한 경우는 예외로 한다.

L : 바닥판의 지간(m)

E : 1차륜이 분포되는 바닥판의 폭(m)

P : 트럭의 1후륜하중(kN)

P_{24} : DB-24 하중에 대하여 96 kN (1등교 후륜하중)

P_{18} : DB-18 하중에 대하여 72 kN (2등교 후륜하중)

$P_{13.5}$: DB-13.5 하중에 대하여 54 kN (3등교 후륜하중)

가) 주철근이 차량진행방향에 직각인 경우(지간 : 0.6 m~7.3 m)

단순판의 폭 1 m에 대한 활하중 모멘트는 다음 식으로 계산한다(충격은 별도로 생각한다).

$$\text{DB-24} = \frac{(L+0.6)P_{24}}{9.6} \ (\text{kN} \cdot \text{m/m}) \tag{3 · 2}$$

$$\text{DB-18} = \frac{(L+0.6)P_{18}}{9.6} \ (\text{kN} \cdot \text{m/m}) \tag{3 · 3}$$

$$\text{DB-13.5} = \frac{(L+0.6)P_{13.5}}{9.6} \ (\text{kN} \cdot \text{m/m}) \tag{3·4}$$

바닥판이 3개 이상의 지점을 가진 연속슬래브의 정·부의 휨모멘트의 크기는 위의 값의 0.8배를 취한다.

나) 주철근이 차량진행방향에 평행한 경우

윤하중이 분포되는 바닥판 폭 E는 다음 식으로 산출한다. 그러나 그 값이 2.1 m 이하이어야 한다.

$$E = 1.2 + 0.006L \leq 2.1 \text{ m} \tag{3·5}$$

이 폭을 갖는 바닥판에 소정의 트럭 윤하중이 작용하는 것에 대하여 설계해야 한다.

단순판에서 폭 1 m에 대한 휨모멘트의 값(충격은 별도로 고려)은 15 m 이하의 지간에 대하여 다음과 같다.

- DB-24에 대하여 : 18 L(kN · m/m)
- DB-18에 대하여 : 13.4 L(kN · m/m)
- DB-13.5에 대하여 : 10 L(kN · m/m)

지간의 길이가 15m가 넘거나 연속바닥판인 경우의 휨모멘트는 트럭하중 또는 차선하중을 이용하여 적합한 해석을 통해 산정한다.

2) 캔틸레버 바닥판

캔틸레버 바닥판에 작용하는 윤하중의 분포를 고려해서 바닥판에 작용하는 휨모멘트의 크기는 주철근의 방향과 차량의 진행방향에 따라 두 가지의 방법으로 간략식을 이용하여 산정할 수 있다. 트럭 윤하중의 접지면적을 고려한 정밀해석방법을 사용하는 경우에는 간략식을 사용하지 않아도 된다.

가) 주철근이 차량진행방향에 직각인 경우

캔틸레버 바닥판에 작용하는 윤하중은 다음과 같은 폭에 분포한다고 가정한다.

$$E = 0.8X + 1.14 \tag{3·6}$$

이때 폭 1 m당의 휨모멘트는 다음 식을 이용하여 구한다.

$$M=\frac{P}{E}X\ (\mathrm{kN}\cdot\mathrm{m}) \qquad (3\cdot 7)$$

여기에서, X는 하중점에서 지지점까지의 거리(m)

나) 주철근방향이 차량진행방향에 평행인 경우

캔틸레버 바닥판에 작용하는 트럭 윤하중은 다음과 같은 폭에 분포한다고 가정한다.

$$E=0.35X+0.98<2.1\ \mathrm{m} \qquad (3\cdot 8)$$

이때 폭 1 m당의 휨모멘트는 다음 식을 이용하여 구한다.

$$M=\frac{P}{E}X\ (\mathrm{kN}\cdot\mathrm{m}) \qquad (3\cdot 9)$$

여기에서, X는 하중점에서 지지점까지의 거리(m)

3) 등분포 고정하중에 의한 휨모멘트

등분포 고정하중에 의한 바닥판의 단위폭(1 m)당의 설계휨모멘트는 표 **3·24**에 의해 계산한다.

표 3·24 등분포 고정하중에 의한 바닥판의 단위폭(m)당 설계휨모멘트(kN·m/m)

판의 구분	휨모멘트의 종류	바닥판 지간방향의 휨모멘트
단순판	지간 휨모멘트	$+w\,l_d^2/8$
캔틸레버판	지점 휨모멘트	$-w\,l_d^2/8$
연속판	지간 휨모멘트	$+w\,l_d^2/10$
	지점 휨모멘트	$-w\,l_d^2/10$

여기에서, w : 등분포 고정하중(kN/m^2)

l_d : 고정하중에 대한 바닥판의 지간(m)

4) 종방향 단부보

주철근의 방향이 차량진행방향에 평행할 때에는 종방향으로 단부보가 있어야 한다. 단부보의 설계에 사용되는 활하중 휨모멘트의 크기는 다음과 같다.

단순판 : $0.10PL$(kN·m/m)

연속판 : $0.08PL$(kN·m/m)

여기에서, P : 윤하중

L : 종방향 단부보의 지간

5) 배력철근

가) 집중하중으로 작용하는 활하중을 수평방향으로 분산시키기 위해 바닥판에는 주철근의 직각방향으로 배력철근을 배치해야 한다.

나) 배력철근의 주철근에 대한 백분율은 다음과 같다.

- 주철근이 차량진행방향에 직각인 경우

  백분율 $= \dfrac{120}{\sqrt{L}}$ 과 67% 중 작은 값 이상

- 주철근이 차량진행방향에 평행할 때

  백분율 $= \dfrac{55}{\sqrt{L}}$ 와 50% 중 작은 값 이상

  여기에서, L : 바닥판의 지간(m)

다) 주철근이 차량진행방향에 직각인 경우, 캔틸레버부를 제외한 구간에서는 위에서 산정된 배력철근을 바닥판 지간 중앙부의 1/2 구간에 배근하며 나머지 구간에는 산정된 배력철근량의 50% 이상 배근하여도 좋다.

라) 배근되는 배력철근량은 온도 및 건조수축에 대한 철근량 이상이어야 한다. 이때 바닥판 단면에 대한 온도 및 건조수축 철근량의 비는 0.2%이다.

(4) 세로보 및 가로보에 대한 차륜하중의 분포

콘크리트 슬래브를 지지하는 세로 및 가로방향의 콘크리트보에 대한 차륜하중의 분포는 다음과 같다.

1) 전단력 계산을 위한 활하중의 위치

세로보의 단부 전단력을 계산할 때, 단부 가까이에 있는 차륜하중은 가로방향 분포는 없다고 생각한다. 가로보의 단부 전단력을 구할 때도 그 단부 근처에 놓인 하중은 세로방향 분포는 없다고 생각한다. 그 밖의 위치에 놓인 차륜하중에 대해서는 다음에 설명하는 휨모멘트의 경우와 같이 분포한다고 생각한다.

2) 세로보의 휨모멘트

세로보(stringer, longitudinal beam)의 휨모멘트를 계산함에 있어서는 차륜하중의 세로방향 분포는 생각하지 않지만, 가로방향의 분포는 고려한다. 따라서 세로보의 휨모멘트는 다음과 같은 하중을 사용하여 계산한다.

가) 내측 세로보

- 1차선의 경우

$$L \le 3.0\text{일 때} : \left(\frac{L}{2.10}\right)P$$

- 2차선의 경우

$$L \le 4.2\text{일 때} : \left(\frac{L}{1.65}\right)P$$

여기에서, L : 세로보의 간격(m)
P : 표준트럭의 차륜하중

세로보의 간격이 위의 한계값을 넘을 경우에는 바닥판을 단순보로 가정하고 계산한 세로보 위의 반력을 취한다.

나) 외측 세로보

바닥판을 단순보로 가정하고 계산한 세로보의 반력을 취한다. 세로보가 4개 이상인 경우에는 외측 세로보의 차륜하중의 반력은 다음 값 이상이어야 한다.

$$L \le 1.8\text{일 때} : \left(\frac{L}{1.65}\right)P$$

$$1.8 < L \le 4.2\text{일 때} : \left(\frac{L}{1.20 + 0.25L}\right)P$$

여기에서, L : 외측 세로보와 인접한 내측 세로보 사이의 거리(m)

L이 4.2 m를 넘을 경우에는 세로보 사이의 바닥판을 단순보로 가정하고 계산한 세로보 위의 반력을 취한다.

다) 가로보의 휨모멘트

가로보(floor beam, transverse beam)의 휨모멘트를 계산함에 있어서는 차륜하중의 가로방향 분포는 없다고 생각한다. 바닥판 슬래브가 세로보 없이 가로보에 의해 지지되어 있을 때 가로보의 휨모멘트의 계산에는 다음 하중을 사용한다.

$L \leq 1.8$일 때 : $\left(\frac{L}{1.8}\right)P$

여기에서, L : 가로보의 중심간격(m)
P : 트럭의 후륜하중

가로보의 간격이 1.8 m를 넘을 경우에는 바닥판을 단순보로 가정하고 계산한 가로보 위의 반력을 취한다.

(5) 사용성 설계(도로교 설계기준 4.4.9)

강도설계법에 의한 하중계수와 강도에 대하여 설계된 휨부재는 피로에 대한 규정 및 균열제어에 대한 규정을 충족시킬 수 있도록 제한되어야 한다. 또 처짐조절에 대한 규정도 충족되어야 한다.

1) 처짐의 검토(도로교 설계기준 4.4.9.5)

가) 일반사항

교량구조물의 휨부재는 사용하중과 충격으로 인해 발생한 처짐 또는 변형이 구조물의 강도나 실제사용에 해로운 영향을 주지 않도록 충분한 강성을 갖게 설계되어야 한다. 처짐과 변형은 단기 및 장기의 처짐과 변형으로 구분된다. 단기처짐과 변형은 하중작용시에 순간적으로 발생하는 것이고, 장기처짐과 변형은 장기간에 걸쳐서 지속적으로 발생하는 것으로서 총처짐 및 변형에서 단기처짐 및 변형을 뺀 값이다. 부재의 길이가 단면깊이에 비하여 매우 짧은 경우에는 처짐과 변형의 검토를 생략해도 좋다. 그러나 콘크리트의 크리프 및 건조수축 등에 의한 장기처짐 및 변형을 무시할 수 없는 경우에는 장기에 대한 검토를 할 필요가 있다. 구조물이나 부재의 단기 및 장기처짐량은 허용처짐량 이하이어야 한다.

나) 상부구조물의 두께 제한

처짐계산에 의해 좀더 작은 두께를 사용할 수 있는 경우를 제외하고는 상부구조물의 최소두께는 표 3·25에 따라도 좋다. 표 3·25는 권장된 값이므로 필요하다면 처짐계산에 의해 확인하는 것이 바람직하다.

다) 상부구조물의 처짐제한

① 단순 또는 연속지간을 갖는 부재는 사용활하중과 충격으로 인한 처짐이 지간의 1/800을 초과하지 않아야 한다. 다만 부분적으로 보행자에 의해 사용되는 도시지역의 교량에 대해서는 이 처짐의 비가 1/1,000을 초과해서는 안 된다.

② 사용활하중과 충격으로 인한 캔틸레버의 처짐은 캔틸레버 길이의 1/800을 초과해서는 안 된다. 다만 보행자 용도가 고려된 경우에는 이 처짐의 비는 1/1,000를 초과해서는 안 된다.

표 3 · 25 깊이가 일정한 부재의 최소깊이

상부구조의 형식	최소깊이(m)	
	단순경간	연속경간
주철근이 차량진행방향에 나란하거나 직각인 교량 슬래브	$1.2(S+3)/30$	$(S+3)/30$
T형 거더	$0.070S$	$0.065S$
박스형 거더	$0.060S$	$0.055S$
보행구조 거더	$0.033S$	$0.033S$

* 변단면 부재가 사용되는 경우, 위의 값은 정모멘트 단면과 부모멘트 단면에서의 상대강성의 변화를 고려하기 위해 수정될 수 있다.
* S는 경간길이를 나타낸다(m).

2) 균열의 검토(도로교 설계기준 4.4.9.3, 4.4.9.4)

콘크리트의 휨균열을 조절하기 위해서는 인장철근이 최대인장구역 내에 적절히 분포되어야 한다. 휨모멘트 및 축방향력에 의한 콘크리트의 인장응력이 콘크리트의 설계인장강도의 60%보다 작을 경우에는 휨균열을 검토하지 않아도 좋다. 또한 인장철근의 설계기준 항복강도가 300 MPa 이상인 경우에는 사용하중에 의한 휨균열 폭은 식 (3 · 10)에 의해서 구하고, 균열폭이 표 **3 · 26**의 허용균열 폭 w_a 이하가 되도록 하여야 한다.

$$w = 1.08 R f_s \sqrt[3]{d_c A} \times 10^{-5} \ (\mathrm{mm}) \qquad (3 \cdot 10)$$

여기에서, R : 단면의 주철근의 도심으로부터의 중립축까지의 거리에 대한 단면의 인장부 연단에서부터 중립축까지의 거리의 비, 보에 대한 값은 1.2, 슬래브에 대한 값은 1.35를 취하여야 한다.

f_s : 사용하중에서 계산된 철근의 응력(MPa), 개략적인 균열상태를 알고자 하는 경우에는 $0.6f_y$를 취하여 검토할 수 있다.

d_c : 최대인장연단에서 이 연단에 가장 가까이 놓여있는 철근중심까지의 콘크리트의 피복두께(mm)

A : 주인장철근 주위의 인장부 콘크리트 단면적을 철근의 개수로 나눈 유효인장단면적(mm^2)

강재의 부식에 대한 콘크리트의 허용균열 폭은 일반적으로 피복두께 및 강재의 종류에 따라서 표 **3·26**과 같이 하여야 한다. 다만 표 **3·26**은 피복두께는 100 mm 이하인 구조물에 적용하여야 한다.

표 3·26 허용균열 폭 w_a(mm)

강재의 종류	강재의 부식에 대한 환경조건			
	건조환경	일반환경	부식성 환경	극심한 부식성 환경
철근	$0.006\ t_c$	$0.005\ t_c$	$0.004\ t_c$	$0.0035\ t_c$
PS 강재	$0.005\ t_c$	$0.004\ t_c$	–	–

여기에서, t_c : 최외단 인장주철근의 표면과 인장을 받는 콘크리트 표면까지의 최단거리(mm)

3) 피로에 대한 안전성 검토(도로교 설계기준 4.4.9.6)

가) 이 규정은 하중 중에서 변동하중이 차지하는 비율이 많거나 작용빈도가 크기 때문에 피로에 대한 안전성 검토를 필요로 하는 경우에 적용하여야 한다.

나) 보 및 슬래브의 피로에 대하여는 휨 및 전단에 대하여 검토하는 것이 일반적이다.

다) 기둥의 피로에 대하여는 검토하지 않아도 좋다. 다만 휨모멘트나 축방향 인장력의 영향이 큰 경우에는 보에 준하여 검토하여야 한다.

라) 피로에 대한 안전성을 검토할 필요가 있는 경우, 철근의 응력이 표 **3·27**의 값을 만족하면 피로에 대하여 검토할 필요가 없으나 초과하는 경우에는 적절한 방법으로 피로에 대하여 검토하여야 한다.

마) 피로의 검토가 필요한 구조부재에서는 높은 응력을 받는 부분에서 철근을 구부려서는 안 된다. 강교편의 근사방법에 따라 설계되는 주철근의 방향이 차량진행방향에 직각인 콘크리트 바닥판에 대해서는 피로응력의 한계를 고려할 필요가 없다.

표 3 · 27 피로를 고려하지 않아도 되는 철근의 응력범위

강재의 종류와 위치		철근의 인장 및 압축응력범위(N/mm^2)
이형철근	SD 300	130
	SD 350	140
	SD 400	150

3.4.3 슬래브교

(1) 개설

슬래브교는 상대되는 2변이 자유스런 직사각형 판을 주구조(主構造)로 한 교량이며, 종방향의 구조형식에 따라 단순슬래브교, 연속슬래브교로 분리된다.

슬래브교는 횡단면의 형상에 따라 속이 찬(중실) 철근콘크리트 슬래브(1)과 속이 빈(중공) 철근콘크리트 슬래브(2), (3)으로 구분되지만 중공슬래브는 철근콘크리트 슬래브보다 자중이 25% 정도 가벼우므로 지간을 늘릴 수 있는 장점이 있다. 그러나 최근 (2), (3) 형태의 중공슬래브교는 시공성이 나쁘고 균열발생 가능성이 높아 요즘 와서는 문제가 되기도 한다.

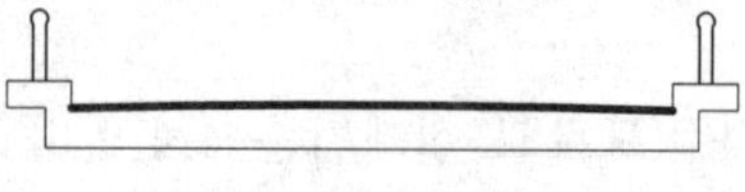
(1)

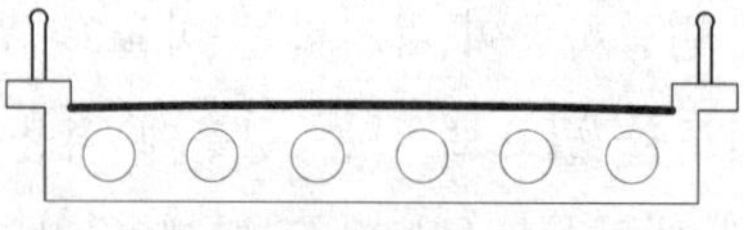
(2)

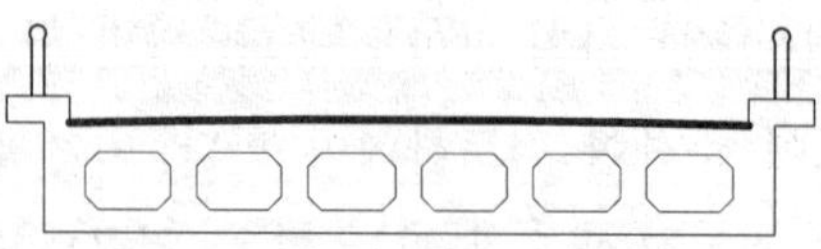
(3)

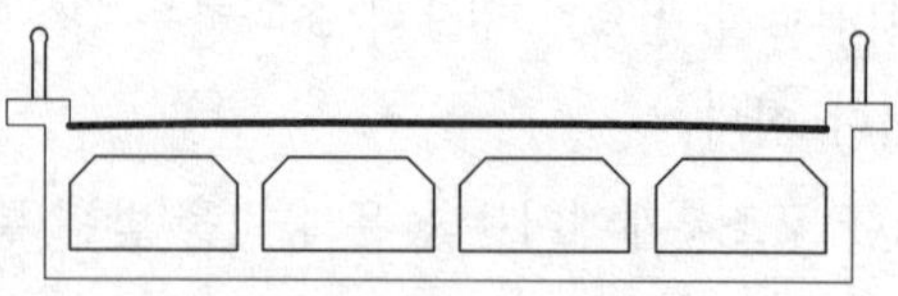
(3')

그림 3 · 22 도로교 슬래브의 횡단면 예

1) 슬래브교의 특징

① 단면특성상 균열 안전율이 비교적 크다.

② 장지간에는 사하중의 증가로 불리하며, 단순지간의 경우 15 m 이하에서 널리 쓰인다.

③ 보 높이를 줄일 수 있으므로 형고의 제약을 받는 곳에서 유리하다.

④ 거푸집이 간단하고 콘크리트 타설시 수평이음을 두지 않고 마무리할 수 있으므로 시공이 비교적 용이하고 확실하다.

2) 단면계획시 고려사항

① 캔틸레버 부분을 길게 하면 다소의 경제성을 높일 수 있으나, 캔틸레버 영향을 감안한 구조계산시 주판의 가장자리가 불리해지므로 이에 대한 구조해석이 필요하고 교좌장치 배치에 신중하여야 한다.

② 연속슬래브 구조에서는 지점부에 헌치를 두거나 이에 상응하는 철근보강이 필요하나 일반적으로 적절한 헌치를 두는 것이 구조적으로 유리하다.

③ 교량계획시 사각이 없도록 교량을 직교로 설계하는 것이 좋으나 불가피하게 사각이 요구될 때에는 가급적 영향이 적은 75° 이내로 계획함이 구조적으로 유리하다.

④ 적용지간의 범위는 단지간에서 5~12 m, 연속교에서 10~18 m 정도이다.

3) 슬래브 두께 결정

형고는 구조형식 · 지간 · 사각에 따라 다르며 도로교 설계기준에 규정된 처짐의 제한두께 이상이어야 하는데 구조물 계획시 고려되어야 할 지간길이에 대한 슬래브 두께의 비는 기존에 설계된 슬래브 교량에 대하여 조사한 결과 1/16~1/20 정도가 적당한 것으로 알려져 있다.

4) 헌치크기 결정

교각부는 일반구간보다 단면력이 커서 교량 전체에 걸쳐 슬래브 두께를 증가시킬 경우 경제적으로 손실이 크므로 보다 경제적인 설계를 위해서 일반적으로 교각부에는 헌치를 설계한다. 헌치의 크기는 단면적의 크기에 의해 결정되므로 일괄적으로 그 크기를 결정할 수 없고 헌치 구간도 설치구간을 길게 할 경우 교각부의 강성이 커져 정모멘트의 감소효과가 나타난다. 설계자가 어느 정도의 구간에 걸쳐 헌치를 둘 것인가를 각 구조물에 따라서 결정하여야 하나 그림 **3·23**과 같이 일반적으로 헌치의 크기는 일반구간보다

300~500 mm 더 크게 하고, 헌치길이는 크기의 3~6배 정도가 적당하다.

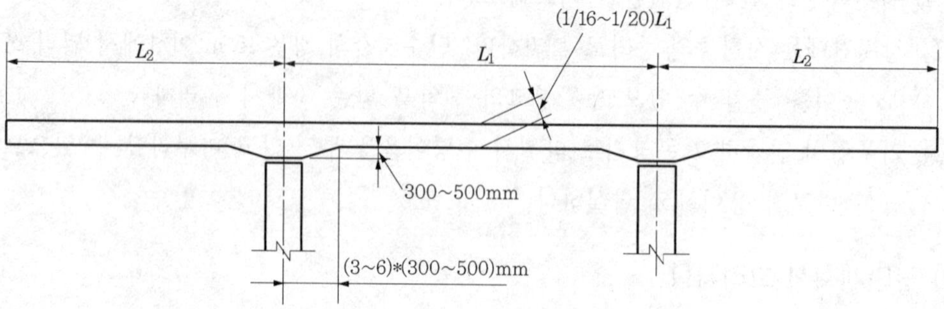

그림 3 · 23 헌치 크기의 결정

(2) 설계일반(도로교 설계기준 4.8 슬래브교 편)

1) 슬래브교의 단면력을 계산할 때에는 설계하중 편에서 제시된 차륜하중과 차선하중을 동시에 고려하여, 이 중 최대의 단면력으로 설계하여야 한다.
2) 슬래브교를 설계할 때에는 난간에 작용하는 축방향력 및 차량방호책에 작용하는 충돌하중의 영향을 고려해야 한다.
3) 연속슬래브교의 설계는 연속거더교의 기준을 참고하여 설계할 수 있다.
4) 선형 또는 선형과 근사한 모양으로 지지된 속 빈 슬래브교를 제외한 슬래브교는 반력이 받침선상에 분포되어 작용하므로 일반적으로 전단력에 대하여 안전하기 때문에 전단력에 대한 검토를 생략할 수 있다.
5) 속빈 슬래브교의 전단력을 검토할 때에는 설계계산을 쉽게 할 수 있도록 비지 않은 부분의 폭의 총합과 같은 복부 폭을 갖는 T형 보의 단면으로 보아도 무방한데 그림 **3 · 24** 에서 보이는 속빈 슬래브교의 가상 T형 단면은 전단응력검토에만 사용할 수 있고, 이 단면에 발생하는 전단력의 크기는 다음 절의 구조해석에서 제시하는 해석방법에 의해 결정된다.

여기에서, h_1 : 속빈 부분상의 최소두께(mm)
h_0 : 슬래브의 두께(mm)
d_1 : 속빈 부분과 슬래브측면의 최소 폭(mm)
d_2 : 속빈 부분간의 최소 폭(mm)
B : 슬래브의 전폭(mm)
b : 환산복부 폭(mm)

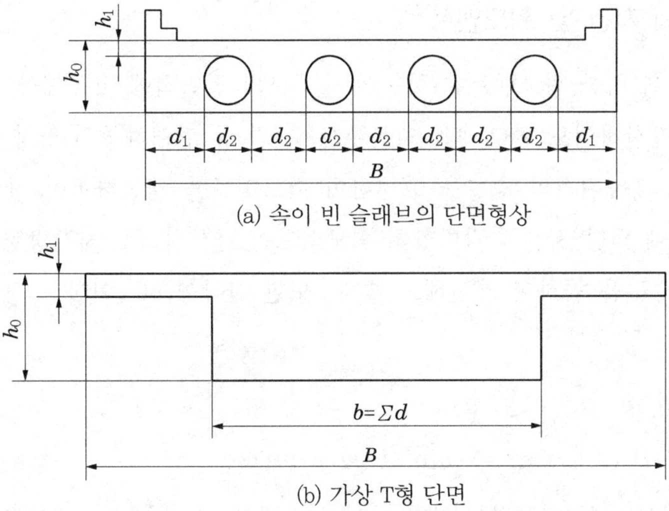

그림 3·24 속 빈 슬래브교의 가상 T형 단면

(3) 구조해석

1) 일반

① 슬래브교의 해석은 받침부의 조건 및 사각 등을 고려하여 판이론에 따라 수행하는 것을 원칙으로 한다.

② 마주보는 두 변이 선형 또는 선형과 근사한 형태로 단순지지되고, 등방성판으로 생각할 수 있으며 캔틸레버 부분이 없는 슬래브교는 도로교 설계기준 4.8.3.2의 규정에 따라 휨모멘트를 계산하여도 좋다. 또한 보도와 차도의 구별이 없고, 차도부분의 내민길이가 0.25 m 이하인 캔틸레버 부분을 갖고 있는 슬래브교도 도로교 설계기준 4.8.3.2의 규정에 따라 단면력을 계산하여도 좋다.

③ 켄틸레버판이 있는 슬래브교의 구조해석은 캔틸레버 슬레브에 작용하는 하중 및 강성의 영향을 고려하여 해석을 수행하여야 한다.

④ 받침점 반력과 받침선 방향의 단면력은 받침의 종류, 받침의 간격 및 사각 등에 의하여 그 분포가 변하기 때문에 받침의 종류, 받침의 배치 및 경사각의 영향을 고려하여 계산하여야 한다.

2) 슬래브판의 지간 및 휨모멘트

① 고정하중에 의한 휨모멘트는 하중이 슬래브의 전면적에 고르게 분포되어 있는 것으로 보고 계산하여도 된다. 단, 피복두께, 난간 등 편재하중의 영향을 무시할 수 없는 경우에는 재하위치의 영향을 고려하여 휨모멘트를 계산하여야 한다.

고정하중에 의한 지간 직각방향의 휨모멘트는 근사적으로 지간방향의 휨모멘트에 다음 식의 β값을 곱하여 계산해도 좋다. 또한 사각이 60° 이하인 경우에는 $\beta = 1/6$로 하는 것이 좋다.

$$l/B < 0.7 \qquad \beta = 1/6 \tag{3 · 11}$$

$$0.7 < l/B < 2.0 \qquad \beta = -0.074(l/B) + 0.22 \tag{3 · 12}$$

② 위의 ③항과 ④항의 규정에 따라 단면력을 계산하는 경우, 슬래브교의 지간은 직슬래브교에 있어서는 받침중심간격인 l_n으로, 사각 45° 이상의 경사 슬래브교에 있어서는 다음 식에 따라 각각 결정한다.

$$l = l_s \qquad (l_s/B \geq 1.5) \tag{3 · 13}$$

$$l = (l_s + l_n)/2 \qquad (l_s/B < 1.5) \tag{3 · 14}$$

여기에서, l : 슬래브교의 지간

l_s : 경사지간

l_n : 받침의 중심간격

B : 슬래브의 폭

③ 지간이 10 m 이하의 단순슬래브교의 활하중(충격포함)에 의한 지간 중앙에서의 경향 및 지간 직각방향 단위폭당 설계휨모멘트는 도로교 설계기준 4.7.5.1의 기준을 적용하여 계산해도 좋다.

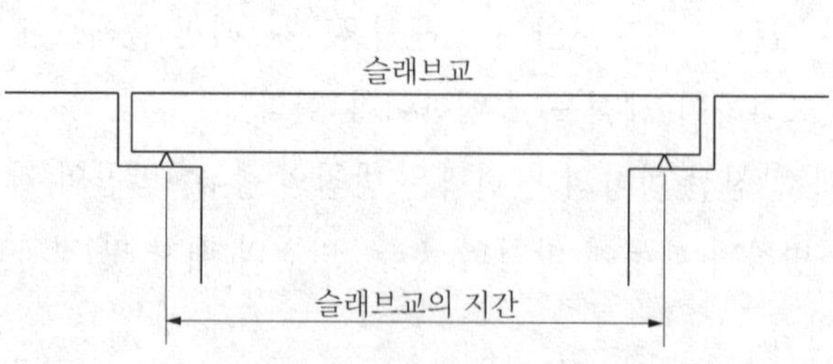

그림 3 · 25 직슬래브교의 지간

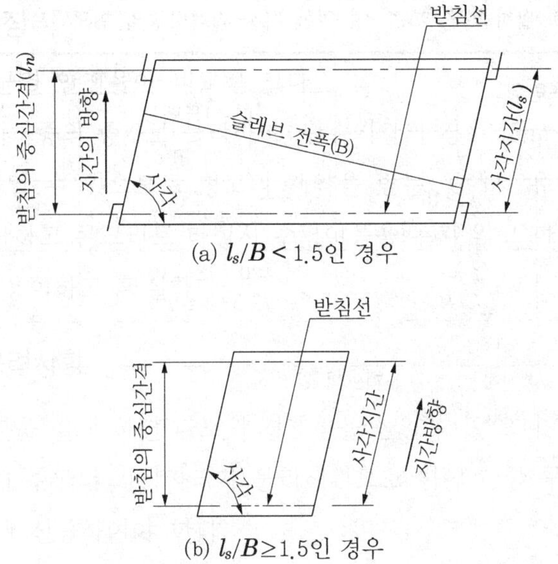

그림 3 · 26 경사 슬래브교의 지간방향

④ 지간이 10 m를 넘는 단순슬래브교의 활하중에 의한 지간 중앙에 발생하는 지간 방향의 단위 폭(1 m)당의 설계휨모멘트는 보도 등에 35 MPa의 등분포하중을 차도부분에 차선하중의 주재하하중을 만재하고 산출한 휨모멘트를 슬래브의 전폭으로 나눈 값으로 는 것이 가능하다. 또한 지간 중앙에 발생한 지간 직각방향 단위 폭(1 m)당의 설계휨모멘트는 도로교 설계기준 4.7.5.1의 기준을 적용하여 계산하는 것이 가능하다.

표 3 · 28 활하중(충격포함)에 의한 지간방향의 휨모멘트(kN · m/m)

적용범위			설계휨모멘트
1등교	보도등과 차도부분과의 구별이 있는 경우	$S<7.75$ m $0.75\text{ m}\leq H\leq 3.0$ m $B<13.0$ m	$16.0l+5.0$
		$7.75\text{ m}\leq S<16.0$ m $0.75\text{ m}\leq H\leq 3.0$ m $13.0\text{ m}\leq B\leq 18.7$ m	$18.5l+5.0$
	보도등과 차도부분과의 구별이 없고 $B\leq 13.0$ m의 경우		$18.0l+5.0$
2등교의 경우는 1등교의 70%			

여기에서, l : 단면력을 계산하는 경우 슬래브의 지간(m)
S : 차도부분의 폭(m)
H : 보도등의 폭(m)
B : 슬래브교의 전폭(m)

표 3 · 29 활하중(충격포함)에 의한 지간 직각방향의 휨모멘트(kN · m/m)

적용범위			설계휨모멘트	
			정(+)모멘트	부(−)모멘트
1등교	직각슬래브		$2.5\,l+10.0$	$-(2.5\,l+10.0)$
	경사 슬래브	$\phi \geq 45°$ $l_s \langle B \langle 0.5$	$2.5\,l+10.0$	$-(2.5\,l+10.0)$
		$\phi \geq 45°$ $l_s/B \geq 0.5$	$(20-\phi/9.0)$ $(2.5\,l+10.0)$	$-(20-\phi/9.0)$ $(2.5\,l+10.0)$
2등교의 경우는 1등교의 70%				

여기에서, l : 단면력을 계산하는 경우 슬래브의 지간(m)

l_n : 경사 슬래브의 지간(m)

B : 슬래브교의 폭(m)

ϕ : 사각

3.4.4 돌출부를 갖는 슬래브교

(1) 설계 개요

돌출부를 갖는 슬래브의 휨모멘트를 구하기 위해서는 캔틸레버 슬래브로부터 휨모멘트 및 하중이 슬래브의 주부에 주는 영향을 슬래브 이론에 의해 구하고, 이를 일반적인 슬래브로 하여 구한 휨모멘트에 추가하여야 한다.

그러나 이의 계산은 아주 복잡하므로 실제의 설계에 있어서는 설계자가 적당히 판단하고 가정하여 계산한다. 이와 같은 문제해결은 슬래브 이론에 의해 구해진 각종의 표를 이용해서 계산하면 돌출부를 갖는 슬래브의 휨모멘트를 간단하게 구할 수가 있으며, 이런 표나 그림을 이용할 경우에 주의할 것은 이론적 계산을 했을 경우의 하중상태와 설계를 할 경우의 하중상태가 같아야 한다는 것이다.

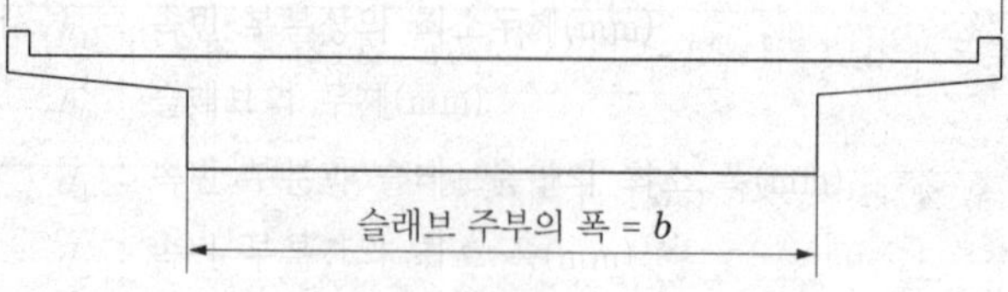

그림 3 · 27 돌출부를 갖는 슬래브교

(2) 휨모멘트의 계산

그림 3·28에 나타낸 바와 같이 캔틸레버 슬래브로부터 오는 하중의 영향을 슬래브 주부의 연부 재하하는 하중 P_r, 휨모멘트 m_r로 나누어 생각한다. 이들의 하중 P_r 및 m_r는 그림 3·29에서와 같이 슬래브연에 따라서 일정하게 분포한다고 한다. 여기에서, P_r란 슬래브 주부 연단에서 교축방향의 (단위폭당) 캔틸레버부의 중량, 즉 캔틸레버 슬래브의 자중에 의한 전단력과 교축방향의 (단위폭당) 활하중 등에 의한 전단력의 합계이다. 또 m_r란 슬래브 주부 연단에서 교축방향(단위폭당)의 캔틸레버부의 자중 및 활하중 등에 의한 휨모멘트이다. P_r 및 m_r에 의한 슬래브 주부에 생기는 교축방향, 교축지각방향의 슬래브 주부의 연단($i=1$ 또는 $i=9$) 및 중앙부($i=5$)에서의 단위폭당 휨모멘트는 다음 식으로 구한다.

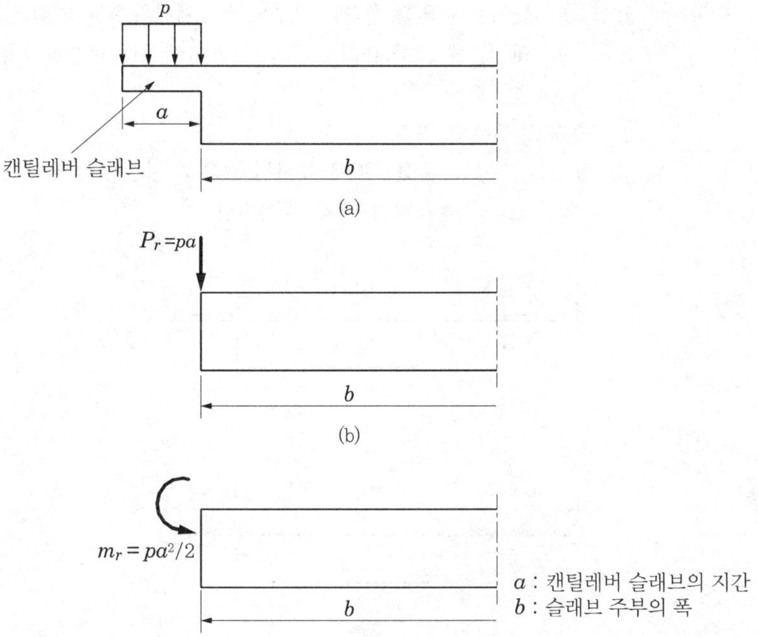

그림 3·28

$$M_{xi} = P_r l \beta i + m_r \gamma_i \tag{3·15}$$

$$M_{yi} = P_r l \beta i' + m_r \gamma_i' \tag{3·16}$$

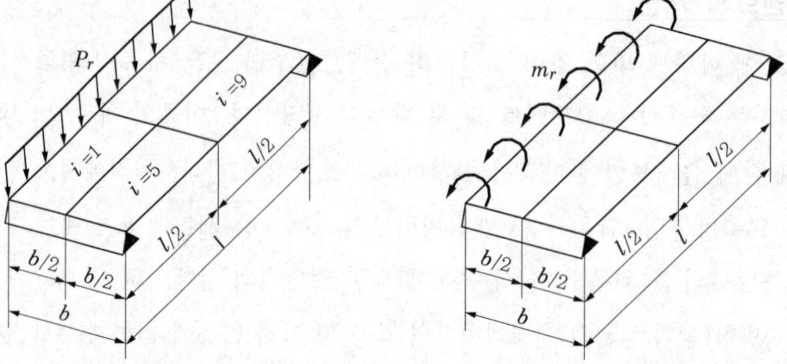

a : 캔틸레버 슬래브의 지간
β의 계수를 쓰는 하중계수

b : 슬래브 주부의 폭
γ의 계수를 쓰는 하중계수

그림 3 · 29

여기에서, M_{xi} : P_r 및 m_r에 의한 슬래브 주부의 점 i에서의 교축방향(단위폭당) 휨모멘트

M_{yi} : P_r 및 m_r에 의한 슬래브 주부의 점 i에서의 교축직각방향(단위폭당) 휨모멘트

l : 슬래브 주부의 지간

β_i, β_i', γ_i, γ_i' : 표 3 · 30에 표시된 값으로 지간 l과 슬래브 주부폭 b의 차에 따라 각각 주어진다.

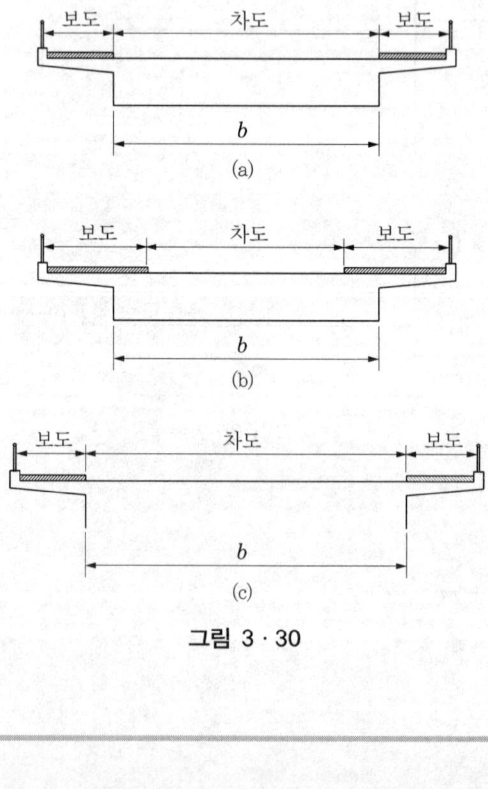

그림 3 · 30

이 식 (3 · 15)와 식 (3 · 16)에 의해 구한 M_{xi}, M_{yi}를 슬래브 주부의 설계에서 계산된 휨모멘트에 가산하면 된다. 이 방법은 계산의 가정과 실제 구조물의 재하상태가 일치하는 경우에만 적용된다.

표 3 · 30 (H. Olsen의 저서에서)

l/b			$0<\frac{l}{b}<0.25$	0.25	0.3	0.35	0.4	0.5	0.6	0.7
연하중	$\frac{M_x}{P_r l}$	β_1	+2.475	+0.248	+0.248	+0.248	+0.248	+0.248	+0.248	+0.248
		β_5	0	+0.002	+0.005	+0.010	+0.016	+0.030	+0.047	+0.063
		β_9	0	+0.001	+0.002	+0.002	+0.002	+0.003	+0.008	+0.017
	$\frac{M_x}{P_r l}$	β_1'	0	0	0	0	0	0	0	0
		β_5'	0	−0.002	−0.004	−0.007	−0.011	−0.019	−0.027	−0.033
		β_9'	0	0	0	0	0	0	0	0
연모멘트	$\frac{M_x}{m_r}$	γ_1	+0.333	+0.333	+0.333	+0.333	+0.333	+0.333	+0.332	+0.332
		γ_5	0	−0.004	−0.007	−0.0013	−0.020	−0.040	−0.050	−0.058
		γ_9	0	−0.001	−0.002	−0.002	+0.003	−0.007	−0.013	−0.027
	$\frac{M_x}{m_r}$	γ_1'	−1.0	−1.0	−1.0	−1.0	−1.0	−1.0	−1.0	−1.0
		γ_5'	0	+0.003	+0.003	+0.003	+0.003	−0.003	−0.005	−0.030
		γ_9'	0	0	0	0	0	0	0	0

l/b			0.8	0.9	1	1.25	1.5	1.75	2	2.5	3	3.5	4
연하중	$\frac{M_x}{P_r l}$	β_1	+0.249	+0.250	+0.253	+0.263	+0.277	+0.296	+0.316	+0.364	+0.419	+0.475	+0.532
		β_5	+0.079	+0.096	+0.110	+0.147	+0.181	+0.214	+0.247	+0.310	+0.374	+0.438	+0.500
		β_9	+0.025	+0.036	+0.048	+0.083	+0.119	+0.157	+0.193	+0.264	+0.333	+0.401	+0.469
	$\frac{M_x}{P_r l}$	β_1'	0	0	0	0	0	0	0	0	0	0	0
		β_5'	−0.038	−0.042	−0.046	−0.050	−0.051	−0.050	−0.049	−0.044	−0.038	−0.035	−0.031
		β_9'	0	0	0	0	0	0	0	0	0	0	0
연모멘트	$\frac{M_x}{m_r}$	γ_1	+0.331	+0.329	+0.326	+0.317	+0.305	+0.296	+0.287	+0.274	+0.264	+0.259	+0.255
		γ_5	−0.062	−0.062	−0.062	−0.054	−0.044	−0.035	−0.026	−0.015	−0.008	−0.004	−0.002
		γ_9	−0.045	−0.062	−0.078	−0.117	−0.149	−0.175	−0.197	−0.220	−0.233	−0.240	−0.245
	$\frac{M_x}{m_r}$	γ_1'	−1.0	−1.0	−1.0	−1.0	−1.0	−1.0	−1.0	−1.0	−1.0	−1.0	−1.0
		γ_5'	−0.061	−0.091	−0.122	−0.198	−0.267	−0.324	−0.365	−0.420	−0.454	−0.474	−0.486
		γ_9'	0	0	0	0	0	0	0	0	0	0	0

[주] 푸아송비 $\nu=0$으로 가정

M_x=슬래브의 교축방향 단위폭당 휨모멘트

M_y= 슬래브의 교축직각방향 단위폭당 휨모멘트

P_r= 단위길이당의 연단하중(kN/m)

m_r= 캔틸레버판에 의해 주어지는 단위길이당의 연모멘트(kN·m/m)

l= 슬래브의 지간

b= 슬래브 주부의 폭

3.4.5 경사 슬래브교

자유변에 따라 돌출부분이 없고, 보 · 차도의 구별이 없는 경사각 $\phi \geq 45°$인 슬래브교 계산에 경사각의 영향을 고려한 다음 간이법이 적용된다.

(1) 계산지간과 주철근 배치

경사 슬래브교의 철근은 경사지간(l_s)을 슬래브 전폭(B)으로 나눈 값이 1.5보다 큰지 작은지에 따라 그림 3 · 31과 같이 각각 배근한다. 또 경사각이나 l_s/B의 값에 따라서는 그림 3 · 32와 같이 배근할 경우도 있다. 이 경우에는 슬래브의 중앙부근에서 경사지간 방향으로 배치되어 있는 철근은 받침선에 직각방향으로 배치되어 있는 철근 단면적의 일부로서 받침선에 직각으로 철근단면을 환산하여 설계에서 고려해도 좋다.

(2) 배력철근

배력철근과 직각으로 배치하고, 다음 식으로 계산되는 양 이상의 배력철근을 배치한다.

$$A_d' \geq A_d\{2-(\phi/90)\} \qquad (3 \cdot 17)$$

여기에서, A_d : 직각 슬래브의 배력철근 소요량(mm^2)

ϕ : 경사각

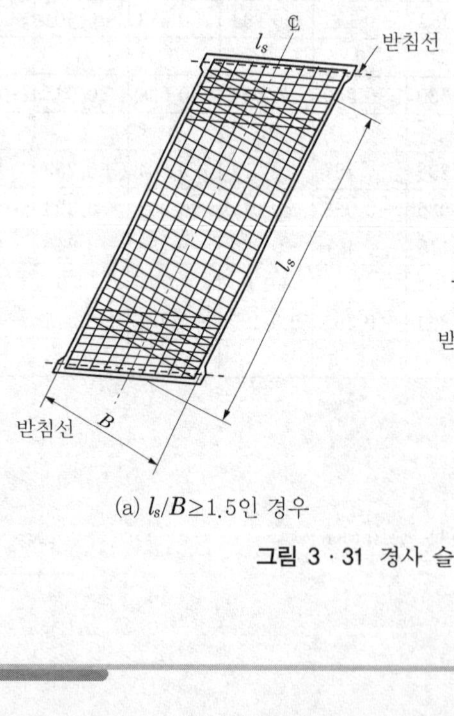

(a) $l_s/B \geq 1.5$인 경우

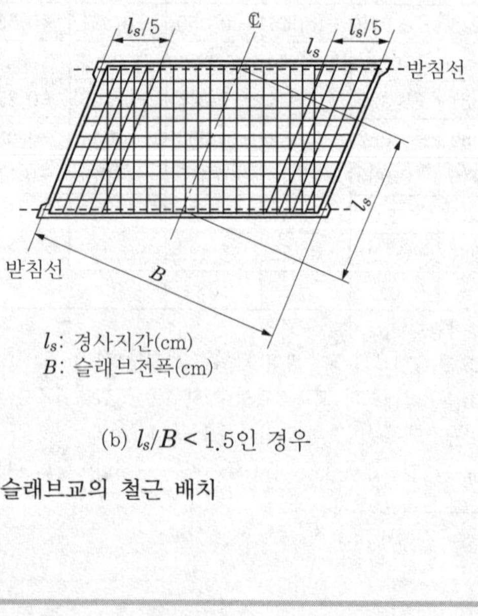

(b) $l_s/B < 1.5$인 경우

그림 3 · 31 경사 슬래브교의 철근 배치

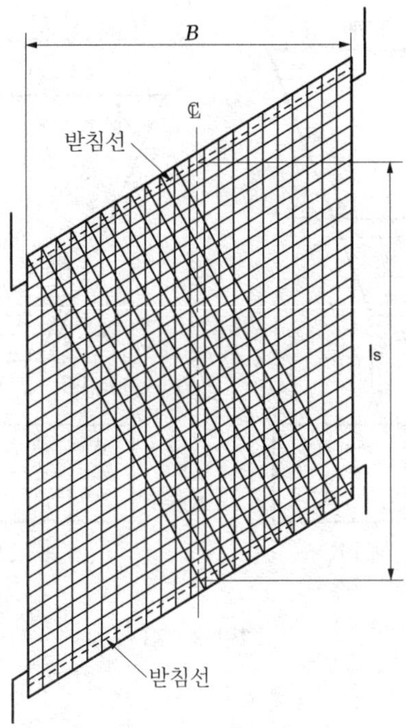

그림 3 · 32 경사지간 방향과 받침선 직각방향으로 이중으로 주철근에 배치된 경우

(3) 보강철근

경사 슬래브교의 둔각부 슬래브 위쪽에는 부모멘트에 대하여 그림 **3 · 33**(a)에 보인 것과 같이 경사지간 방향 및 받침선 방향으로 가외철근을 배치하여야 한다.

경사 슬래브교의 둔각부 슬래브 아래쪽에는 그림 **3 · 33**(b)에 보인 것과 같이 지름 13 mm 이상의 가외철근을 200 mm 이하의 중심간격으로 가외철근을 배치하여야 한다.

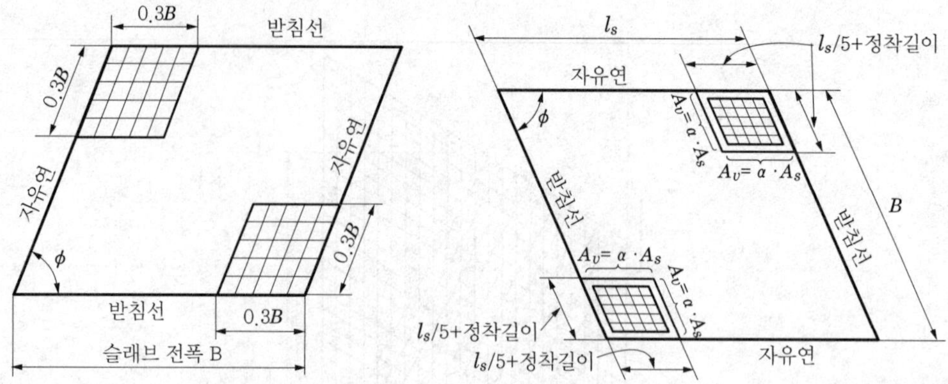

ϕ	90°~75°	75°~60°	60°~45°
α	0.6	0.8	1.0

(a) 받침부 둔각부의 부모멘트에 대한 가외철근 및 배치범위

ϕ	90°~75°	75°~60°	60°~45°
α	0.6	0.8	1.0

(b) 둔각부 슬래브 아래쪽의 가외철근

그림 3 · 33

3.4.6 연속 슬래브교

(1) 설계하중

활하중으로 해당 등급의 DB, DL 하중을 적용한다. DL 하중의 등분포하중은 생각하는 단면에 최대휨모멘트가 일어나도록 연속 또는 단속해서 재하하고, 집중하중은 단면의 정모멘트를 계산할 때는 해당지간에 1개, 부 및 휨모멘트를 계산할 때는 인접하는 지간에 1개씩을 재하한다(그림 3 · 34 및 그림 3 · 35 참조).

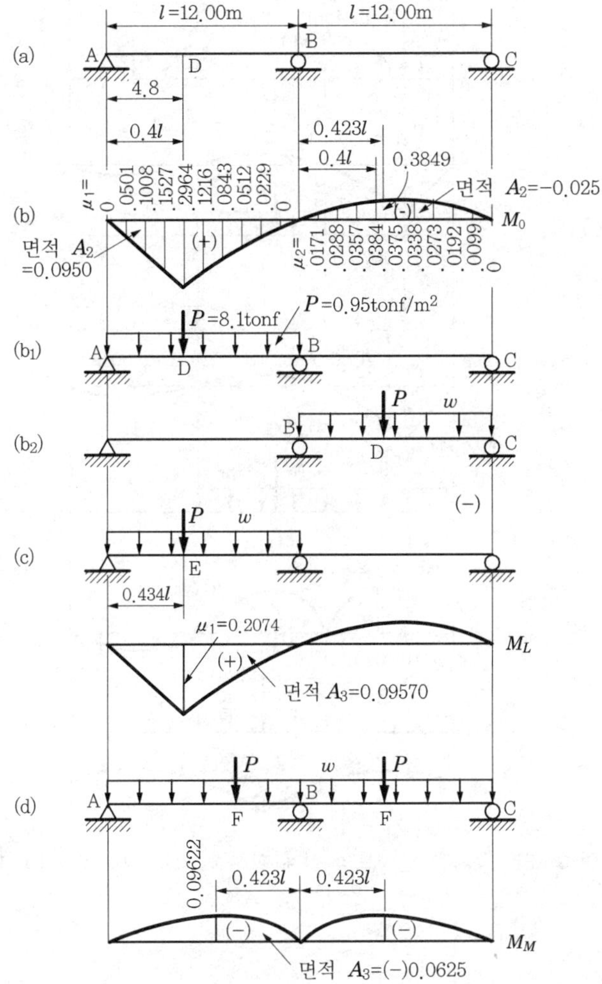

(a) 정점 D(좌표 λl, $\lambda=0.4$)의 휨모멘트의 영향선도 b_1, b_2는 각각 이 점의 최대, 최소휨모멘트를 계산할 재하상태

(b) 지간 내의 절대 최대휨모멘트를 계산할 단면 E(좌표 $\lambda=0.434$)와 재하상태

(c) 중간지점의 최소(−)휨모멘트를 계산할 재하상태. P의 작용위치 F, BF=0.4231

그림 3 · 34 2등지간 연속보의 설계 활하중 휨모멘트 계산 DL 18

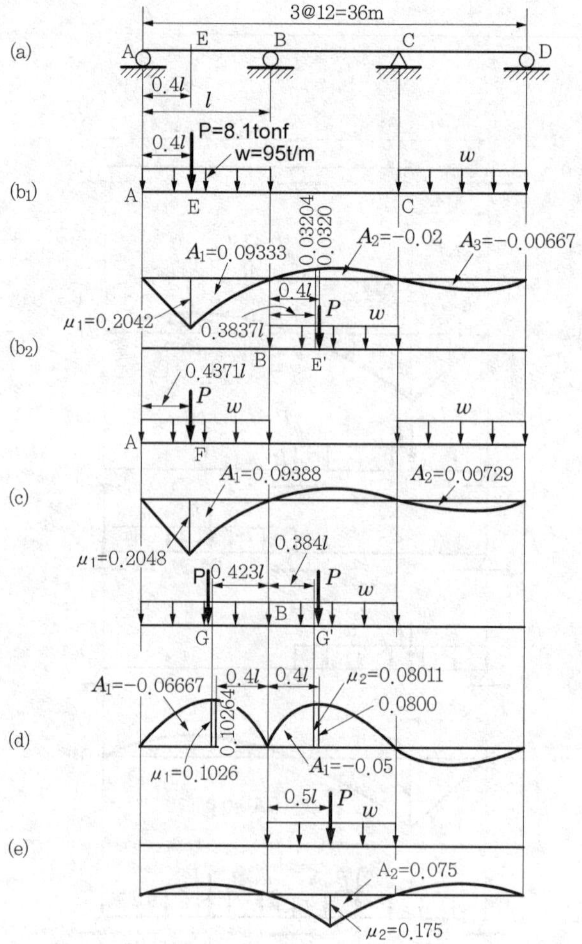

그림 3 · 35 등지간 연속보의 설계 활하중 휨모멘트 계산 DL 18

(2) 단면형상

종단방향의 슬래브 두께의 변화에 따라 다음과 같은 형상이 있다.

1) 변단면형(variable-depth)

그림 3 · 36 (a)와 같이 슬래브 두께의 변화는 중간지점 부근의 휨모멘트 분포와 유사한 모양을 갖게 된다.

2) 등단면형(prismatic)

그림 3 · 36 (b)와 같이 중간지점의 최대부모멘트로 정한 슬래브 두께를 전장에 그대로

적용한다.

3) 등단면형의 변형

그림 3 · 36 (c)와 같이 등단면형에서 중간지점의 슬래브 두께만을 크게 한 모양이다. 지간 중간의 정휨모멘트로 정한 슬래브 두께를 전장에 적용하고 중간지점의 큰 부휨모멘트에 대하여 그 부위의 두께를 조정 확대한 것이다.

(3) 단면계산

휨모멘트 및 전단력 계산은 영향선 또는 기타 해석방법을 써서 직접 또는 전산처리한다. 휨모멘트로 계산된 주철근량은 일정량 이상을 연장 배치한다〔그림 3 · 36 (b)〕.

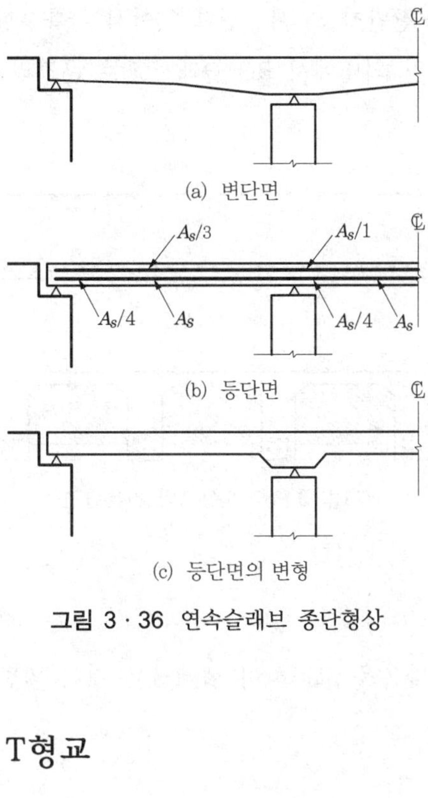

(a) 변단면

(b) 등단면

(c) 등단면의 변형

그림 3 · 36 연속슬래브 종단형상

3.4.7 철근콘크리트 T형교

(1) 개설

철근콘크리트 T형교는 RC 슬래브교의 결점을 개량한 형식이다. 콘크리트 단면은 압축력에 강하고 인장력에 약한 결점을 가지므로 인장력에 대하여 철근을 배치에서 보강하지만 일반적으로 인장축 콘크리트는 무시하므로 전단면이 유효하게 이용되지 않는다.

따라서 전하중에 대해 자중이 차지하는 비율이 높고 지간 길이의 증대로 인한 이런 경향은 현저하게 된다. 이 때문에 전단면을 유효하게 이용하고 자중을 경감하는 방법으로 T형 보가 연구되었다. 슬래브교의 주철근을 수용하고 전단응력에 필요한 폭은 줄이고 불필요한 부분의 콘크리트 단면을 없앤 것이 T형교이다. 이러한 형이 철근 콘크리트 단면으로 가장 합리적이다.

RC T형교는 10~25 m 정도의 중소 지간 교량에 적당한 구조형식이고, 겔바 T형 혹은 연속 T형으로는 30 m 이상으로도 적용된다. 또 상자형 단면과의 병용을 고려하면 더 장지간에도 적용되는 형식이다.

근래에는 prestressed concrete 혹은 현장작업을 줄이기 위해 precast재의 보급 발달로 RC형교의 시공 예는 매우 적어지고 있다.

그러나 응력해석, 구조가 간단하고, 시공면에 있어서도 특수한 기재나 시공기술을 필요로 하지 않는 장소가 있다. 이런 의미에서 RC 슬래브교는 콘크리트 구조의 기본형식이다.

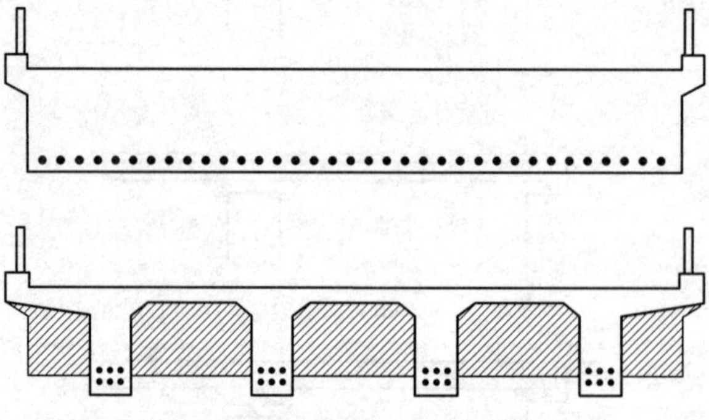

그림 3 · 37 T형교의 기본단면

1) 설계 진행방법

RC T형교의 설계는 다음을 고려하여 설계하는 것이 일반적이다.

① 설계조건의 검토

② 난간의 설계

③ 슬래브의 설계

④ 주형의 설계

⑤ 가로보의 설계

⑥ 받침 및 앵커볼트(anchor bolt)의 설계
⑦ 내진장치, 기타 부속물의 설계
⑧ 구조세목

2) 설계일반

T형교는 주형의 부등처짐이나 비틀림변형이 바닥판·받침의 구조에 나쁜 영향을 줄 수가 있으므로 주형 직각방향의 강성을 높이기 위하여 그림 **3·38**과 같이 가로보를 두는 것을 원칙으로 한다. 사각이 45° 미만인 경우 가로보를 주형의 직각방향으로 두지만 이때 비틀림변형에 대한 충분한 검토가 필요하며 사각이 45° 이상인 경우 가로보는 받침선에 평행하게 설치하는 것이 좋다.

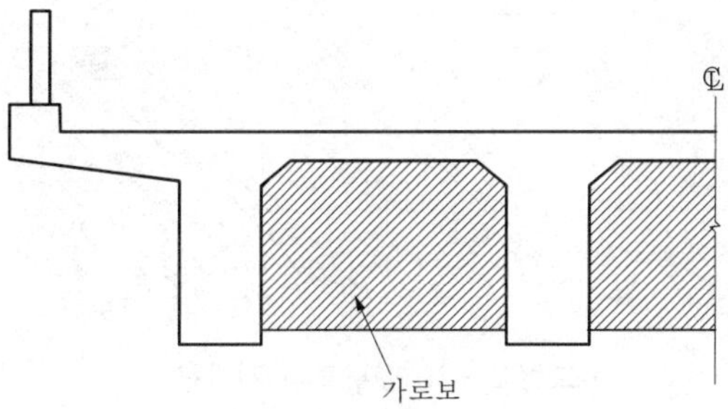

그림 3·38 T형교의 가로보

3) 구조해석

T형교는 주형과 가로보로 이루어진 격자구조로 볼 수 있기 때문에 격자이론에 의하여 단면력을 계산하는 것을 원칙으로 한다. 다만 직교 혹은 사각이 75°보다 큰 사교에서 바닥판의 지간이 짧고 판구조로 볼 수 있는 단면형상의 교량에 대하여는 직교이방성 판이론(orthotropic plate theory)에 따라 단면력을 계산하여도 무방하다.

또한 보도와 차도의 구별이 없는 경우, 보도와 차도의 구별이 있어도 보도가 양측에 설치된 경우, 캔틸레버 슬래브의 내민 길이가 주형 간격의 1/2 이하인 경우 그리고 설계일반에 규정된 것처럼 가로보가 설치된 경우에는 다음과 같은 방법에 따라 주형의 단면력을 계산할 수도 있다.

고정하중은 전체 고정하중에 의한 단면력을 주형의 단면력으로 하며 활하중은 차도부분의 폭에 주재하하중을 만재시키고 보도에 보도활하중을 만재시켜서 구한 단면력을 주형의 개수로 나눈 값으로 한다. 또한 외부거더에는 표 3·31의 계수 α, 그 밖의 형태의 거더에는 β를 곱하여 주형의 단면력으로 할 수 있다. 다만 보도와 차도의 구별이 있는 경우와 차도부분의 폭이 큰 경우에 표 3·31의 계수들을 사용하여 설계하면 단면력이 크게 되므로 이 값들을 적용할 경우 주의가 필요하다.

표 3·31 계수 α 및 β의 값

차도 부분의 폭(m)	α	β
5.5 m 이상	1.1	0.95
5.5 m 미만	1.0	1.0

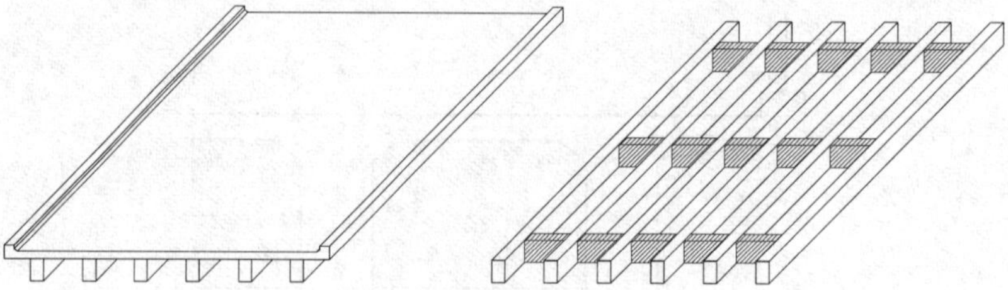

그림 3·39 T형교의 격자구조

(2) 설계조건의 검토

교량의 등급, 활하중, 선형, 교장, 지간, 지간수, 사각, 폭원구성, 종단구배, 횡단구배 등이 결정되어 교량의 구조형식이 검토된다. 이 밖에 교량설계상에 필요한 사용재료, 허용응력, 시공조건, 포장종류와 두께, 난간의 종류와 형상, 환경대책, 설하중, 첨가물 등의 특수한 하중, 지진대책 등이 결정되어야 한다.

(3) 난간의 설계

난간의 종류, 형상은 강도계산에 따라 결정하는 것이 좋고 장식적, 기호적, 혹은 가설장소의 환경조건에 대한 대책으로 결정하는 경우가 많다. 난간에 사용하는 재료로 RC의 현장치기, 프리캐스트재, PC재, 주강, 주철, 형강, 알루미늄재 가스관 등 여러 종류가 있다.

형상도 난간에 횡방향을 강조하는 것, 연직방향을 강조하는 것, 혹은 벽식, 방음성 등 많이 있다. 난간의 중량은 각 부재의 설계에 커다란 영향을 준다. 특히 캔틸레버판이 있는 경우에

는 중요하기 때문에 충분한 검토를 해야 한다. 기본적으로 그 종류와 형상에 따라 단위길이당의 중량을 계산해서 다른 부재의 설계에 쓰면 좋다.

난간은 보도 등의 노면에서 1,100 mm 이상의 높이로 설치하는 것을 원칙으로 하고 그 측면에 도심도로상에는 3.75 kN/m, 일반도로상에는 2.5 kN/m의 수평력이 직각으로 상단부에 작용하는 것으로, 난간 정상부 윗면에 수직력 1 kN/m가 작용하는 것으로 설계한다. 이 경우에는 수평력 및 보도 등의 등분포하중의 조합에 대한 바닥판의 내하력과 안전성을 검토하여야 한다. 이때, 허용응력은 증가시키지 않는다.

난간의 부재는 유아가 빠지지 않을 정도의 간격을 유지하여야 한다.

(4) 슬래브의 설계

슬래브의 설계는 중앙지간의 중앙점 및 지점에 대해서 캔틸레버부의 차도 슬래브 및 보도슬래브로 나누어 교축 직각방향, 교축방향의 단면을 설계한다. 근래 교통량의 증대, 대형화에 따라 슬래브의 파손이 많아지므로 개정된 설계기준을 참조하고, 시방서의 관련조항을 충분히 이해해야 한다. 또 보도상판에 대한 규정이 없으므로 차도상판에 준하여 사용한다.

(5) 거더의 설계

RC T형 단순교의 경우에는 일반적으로 형높이와 지간 길이의 비율은 1/8~1/15, 거더 간격은 1.5~2.5 m 정도가 적당하다. 복부 폭은 필요 철근량, 철근지름, 철근개수에 따라 결정된다. 거더 휨모멘트 계산에는 ① 격자구조이론에 따른 값, ② 직교이방성 판이론에 따른 값, ③ 간이계산(일본 도시-Ⅲ)을 비교하여 행한다. 그 결과는 그림 **3·40**과 같다.

격자구조이론에 따른 해법은 많이 발표되어 전자계산기의 이용에 따라 점점 고도화되고 있다. 일반적으로 수표 등을 이용하여 널리 쓰이는 것은 직교이방성 판이론에 따른 해법, 레온하르크홈벨크의 격자이론에 따른 해법이다.

그림 **3·40**에 따르면 중소지간의 T형교의 경우, 실용상의 차이는 적지 않으므로 직교이방성 판이론과 그 수표에 따라 행한다.

휨모멘트는 지간의 $l/6$/, $l/3$, $l/2$의 점에 대해 구한 휨모멘트도를 작성한다.

전단력은 지점 및 지간 중앙에 대해 구하고 그 사이는 직선변화로 한다.

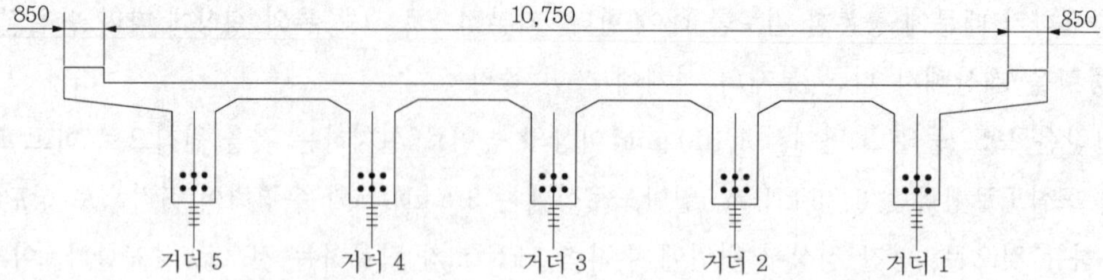

(a)

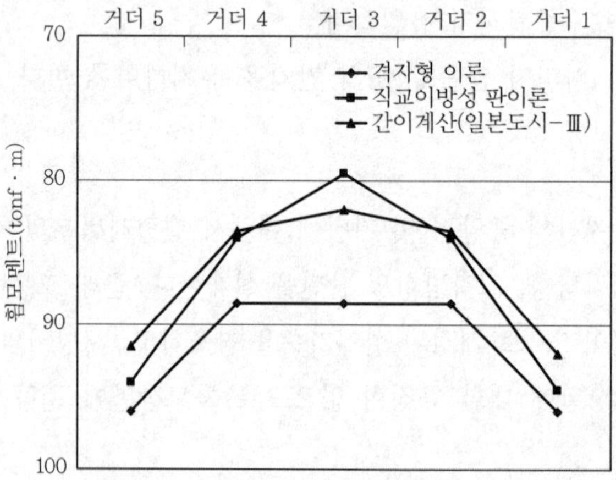

(b)

그림 3 · 40 휨모멘트의 비교

(6) 가로보의 설계

거더 간격이 2 m 정도 이하의 RC T형교는 복부의 최소 폭을 20 cm로 하고, 횡형에 배치할 철근량을 표 3 · 32와 같이 한다

또 거더 간격이 2 m 정도를 넘는 경우 혹은 사교, 곡선교 등 특수한 경우의 T형교 가로보는 격자이론에 의하여 단면력을 산출하고 설계한다.

표 3 · 32 가로보의 인장철근량

교량의 폭원	철근의 지름(mm)	철근개수
7 m 이하	25	2
7~9 m	25	3
9~12 m	25	4

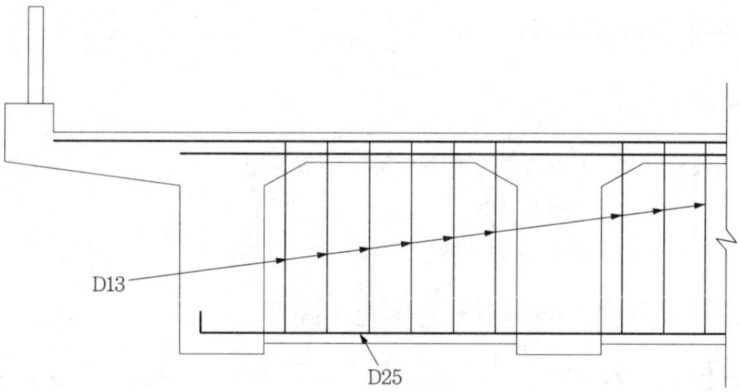

그림 3 · 41 가로보의 배근

(7) 받침 및 앵커볼트의 설계(도로교 설계기준 2.4.1)

1) 받침은 식 (3 · 18)과 식 (3 · 19)에 의해 구해진 부의 반력 중 불리한 값을 사용하여 설계하는 것을 원칙으로 한다.

$$R = 2R_{L+I} + R_D \qquad (3 \cdot 18)$$

$$R = R_D + R_W \qquad (3 \cdot 19)$$

여기에서, R : 받침반력(kN)
R_{L+I} : 충격을 포함한 활하중에 의한 최대부반력(kN)
R_D : 고정하중에 의한 받침반력(kN)
R_W : 풍하중에 의한 최대부반력(kN)

2) 소울플레이트(Sole Plate) 및 받침판(Base Plate)의 두께는 원칙적으로 22 mm 이상으로 한다. 소울플레이트는 주거더에 확실히 정착시켜야 한다. 주요부의 두께는 주강재 받침에 있어서는 25 mm 이상, 주철재 받침에서는 35 mm 이상으로 한다.

3) 가동받침의 이동량은 다음 식 (3 · 20)으로 계산한다.

$$\Delta l = \Delta l_t + \Delta l_r + \Delta l_s + \Delta l_c \qquad (3 \cdot 20)$$

여기에서, Δl : 계산 이동량
Δl_t : 온도변화에 의한 이동량
Δl_s : 콘크리트의 건조수축에 의한 이동량
Δl_c : 콘크리트의 크리프에 의한 이동량
Δl_r : 활하중에 의한 거더의 처짐으로 발생하는 이동량

① 온도변화에 의한 이동량

$$\Delta l_t = \Delta T \cdot \alpha \cdot l \qquad (3 \cdot 21)$$

여기에서, ΔT : 건조수축에 해당하는 온도변화

α : 선팽창계수

l : 신축 거더 길이

② 콘크리트의 건조수축과 크리프에 의한 이동량

$$\Delta l_s = \Delta T \cdot \alpha \cdot l \cdot \beta \qquad (3 \cdot 22)$$

$$\Delta l_c = \frac{P_i}{E_c A_c} \cdot \phi \cdot l \cdot \beta \qquad (3 \cdot 23)$$

여기에서, Δl_s : 콘크리트의 건조수축에 의한 이동량

Δl_c : 콘크리트의 크리프에 의한 이동량

α : 선팽창계수(2.1.12(2)항 참조)

l : 신축거더 길이

β : 건조수축, 크리프의 저감계수(표 3·34 참조)

P_i : 프리스트레싱 직후의 PS 강재에 작용하는 인장력

A_c : 콘크리트의 단면적

E_c : 콘크리트의 탄성계수

ϕ : 콘크리트의 크리프 계수(표 3·33 참조)

ΔT : 건조수축에 해당하는 온도변화(표 3·33 참조)

표 3·33 콘크리트의 크리프 계수와 건조수축량

콘크리트의 크리프 계수	$\phi = 2.0$
콘크리트의 건조수축	20℃ 하강상당

표 3·34 건조수축, 크리프의 저감계수, β

콘크리트의 재령(월)	0.25	0.5	1	3	6	12	24
건조수축, 크리프의 저감계수(β)	0.8	0.7	0.6	0.4	0.3	0.2	0.1

가동받침의 이동량 산정에는 상기의 계산이동량 외에 설치할 때의 오차와 하부구조의

예상 밖의 변위 등에 대처할 수 있도록 여유량을 고려하여야 한다. 이 여유량은 교량의 규모에 따라서 다른데, 일반 중소지간 교량의 경우에는 설치여유량으로서 ±10 mm, 부가 여유량으로서 ±20 mm, 합계 ±30 mm로 보는 것이 보통이다.

3.5 단순슬래브교의 설계 예

3.5.1 설계단면

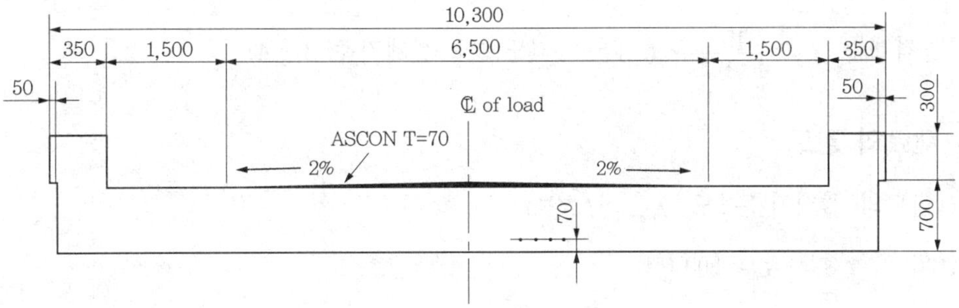

(a) 횡단면도

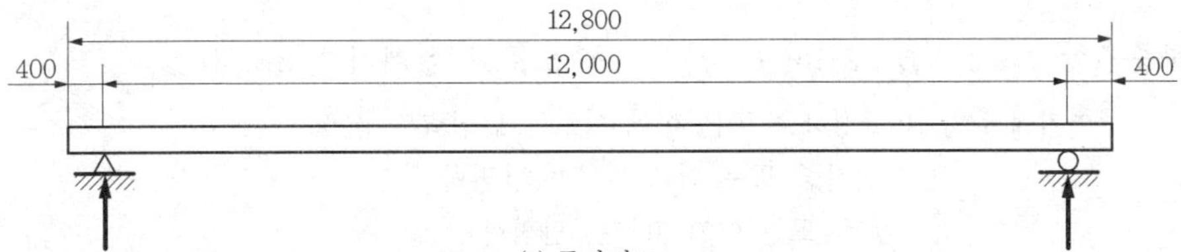

(b) 종단면도

그림 3 · 42 설계단면

3.5.2 설계조건

(1) 교량형식 : RC 슬래브교

(2) 교량연장 : 슬래브 계산지간 - 12 m, 슬래브 길이 - 12+0.4×2=12.8 m

(3) 교량폭원 : 유효 2차선 - 6.5 m, 보도 - 1.5×2=3 m, 방호벽 - 0.4×2=0.8 m

총폭원 - 6.5+3.0+0.8=10.3 m

(4) 경사각 : 없음

(5) 교량등급 : 2등교

(6) 하중조건 :

1) 고정하중

철근콘크리트 단위질량 $=25\ \mathrm{kN/m^3}$ …… (도로교 설계기준 표 2.1.1)

ASCON 단위질량 $=23\ \mathrm{kN/m^3}$

2) 활하중

표준트럭하중=DB-18

충격계수 $i=\dfrac{15}{40+L}\leq 0.3$ …… (도로교 설계기준 2.1.4)

(7) 재료의 강도

콘크리트의 설계기준강도 $f_{ck}=27\ \mathrm{MPa}$

철근의 항복강도 $f_y=300\ \mathrm{MPa}$

(8) 설계방법 : 강도설계법

설계하중조합 $U=1.3\,D+2.15(\,L+I\,)$ …… (도로교 설계기준 2.2.3)

여기에서, D : 고정하중 또는 이에 따르는 단면력
L : 활하중 또는 이에 따르는 단면력
I : 충격 또는 이에 따르는 단면력

(9) 참고문헌

도로교 설계기준, 건설교통부, 2005.

콘크리트 구조설계기준, 건설교통부, 2007.

도로설계요령, 한국도로공사, 1998.

3.5.3 단면가정 및 하중계산

(1) 고정하중

1) 슬래브 : 단면의 높이 700 mm 가정

$25\,kN/m^3 \times 0.7\,m \times 9.5\,m = 166.25\,kN/m$

2) 방호벽

$25\,kN/m^3 \times 2 \times (1.07\,m \times 0.35\,m + 0.3\,m \times 0.05\,m) = 19.48\,kN/m$

3) 포장 : 아스팔트 포장두께 70 mm

$23\,kN/m^3 \times 0.07\,m \times 9.5\,m = 15.3\,kN/m$

4) $W_d = (166.25 + 19.48 + 15.30)/9.5 = 21.16\,kN/m^2$

(2) 활하중(DB-하중)

1) 설계차로 폭

$W_c = 6.5\,m$ (차도부분)

2) 설계차로수 : 2차선

3) 충격계수

$i = \frac{15}{40+L} = \frac{15}{40+12} = 0.288 \le 0.30$ (만족)

∴ 사용 충격계수 $i = 0.288$

4) DB 하중(도로교 설계기준 표 2.1.3)

교량등급	하중등급	중량 W(kN)	총 하중 1.8 W(kN)	전륜하중 0.1 W(kN)	후륜하중 0.4 W(kN)
2등교	DB-18	180	324	18	72

5) 윤하중 분포 폭($L=12$ m) (도로교 설계기준 4.7.5)

분포폭 : $E=1.2+0.06\times L=1.2+0.06\times 12$

$=1.92$ m

∴ 사용 $E=1.92$ m

6) 하중재하의 경우

① 1차선 재하시

$$\frac{2P}{1.8+E}=\frac{2P}{1.8+1.92}=0.5376P\,(\text{kN}),\quad P：트럭의\ 1륜하중$$

② 2차선 재하시 : 2차선 재하시 차간 간격은 1.2 m로 한다.

$$\frac{4P}{1.8\times 2+1.2+E}=\frac{4P}{1.8\times 2+1.2+1.92}=0.5952P\,(\text{kN/m}),\quad P：트럭의\ 1륜하중$$

③ 윤하중의 계산 : 2차선 재하시가 하중이 더 크므로 2차선 재하시를 설계부재에 가장 불리한 응력으로 본다(도로교 설계기준 2.1.3).

앞바퀴에 걸리는 하중 : $0.5952P=0.5952\times 18$(전륜하중) $=10.71$ kN/m

뒷바퀴에 걸리는 하중 : $0.5952P=0.5952\times 72$(후륜하중) $=42.85$ kN/m

④ 계산된 윤하중 분포

3.5.4 단면력 산정

(1) 고정하중 재하

$W_d=21.16$ kN/m^2

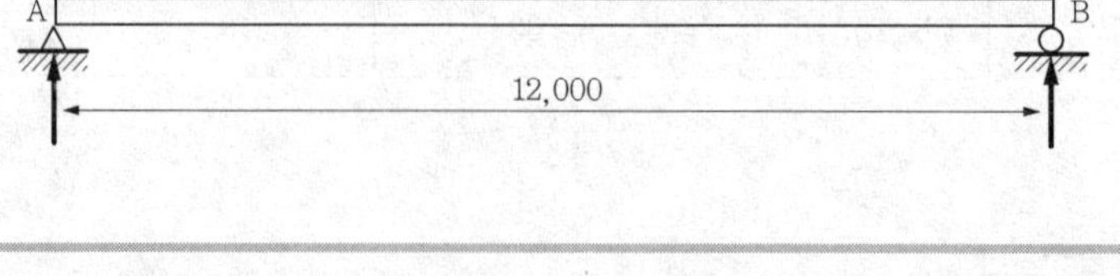

1) 지점부

① 전단력 : $V_d = \dfrac{W_d l}{2} = 126.96\ \mathrm{kN/m}$

② 휨모멘트 : 0

2) 중앙부

① 전단력 : 0

② 휨모멘트 : $M_d = \dfrac{W_d l^2}{8} = \dfrac{21.16 \times 12^2}{8} = 380.88\ \mathrm{kN \cdot m/m}$

(2) 활하중 재하 : DB-18

1) 지점부

$P_f = 10.71\ \mathrm{kN/m}, \qquad P_r = 42.85\ \mathrm{kN/m}$

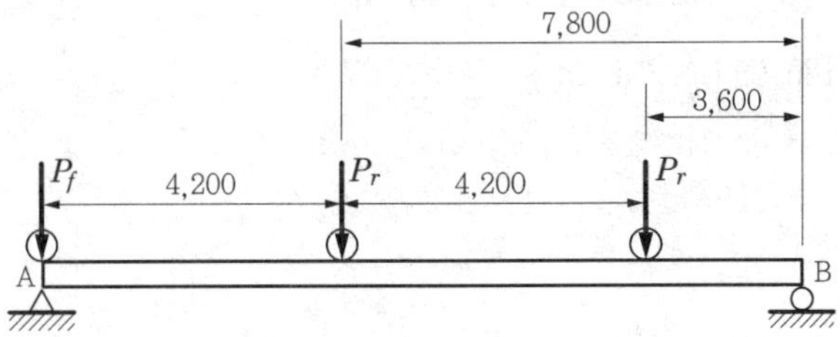

① 전단력 : $V_l = P_r + P_r \dfrac{7.8}{12} + P_f \dfrac{3.6}{12} = 73.92\ \mathrm{kN/m}$

② 휨모멘트 : 0

2) 중앙부(절대 최대휨모멘트에 의한 계산)

우선 전륜하중 10.71 kN으로부터 합력 R까지의 거리 X를 구하면

$$X = \frac{\Sigma M_{\text{전륜}}}{R} = \frac{10.71(0) + 42.85(4.2) + 42.85(8.4)}{96.41} = 5.6\ \mathrm{m}$$

합력에 가장 가까운 중앙바퀴의 하중 밑에서 최대휨모멘트가 일어난다고 하면,

$d = X - 4.2 = 5.6 - 4.2 = 1.4\ \mathrm{m}$

따라서 중앙바퀴의 하중이 중앙점에서 좌측으로 $d/2=0.72$ m, 즉 지점 A에서 6−0.7 =5.3 m인 점에 위치했을 때 중앙바퀴 밑에서 절대 최대휨모멘트가 일어난다.

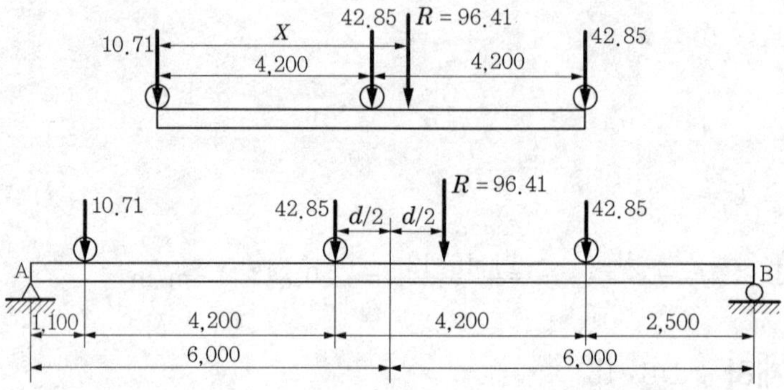

$R_A=$ 합력 $R\times5.3/12=42.58$ kN

$M_{\max}=M_{중앙}=R_A\times(6-0.7)-10.71\times4.2=180.69$ kN

① 전단력 : $R_A-P_f=42.58-10.71=31.87$ kN

② 휨모멘트 : 180.69 kN · m/m

3.5.5 해석결과

(1) 휨모멘트

[단위 : kN · m/m]

위치 \ 하중	고정하중	활하중(DB-18)
지 점 부	0.00	0.00
중 앙 부	380.88 $\left(\frac{w_d\cdot l^2}{8}\right)$	180.69(절대 최대휨모멘트)

(2) 전단력

[단위 : kN · m/m]

위치 \ 하중	고정하중	활하중(DB-18)
지점부	126.96 $\left(\frac{w_d\cdot l}{2}\right)$	73.92 $\left(P_r+P_r\frac{7.8}{12}+P_f\frac{3.6}{12}\right)$
중앙부	0.00	31.87 (R_A-P_f)

3.5.6 단면검토

(1) 설계하중

하중조합 $U=1.3D+2.15\{L(1+i)\}$

(2) 하중계산

1) 지점부

$M_u=1.3\times(0.00)+2.15\times\{0.00(1+0.3)\}=0.00\text{ kN}\cdot\text{m/m}$

$V_u=1.3\times(126.96)+2.15\times\{73.92(1+0.3)\}=371.65\text{ kN/m}$

2) 중앙부

$M_u=1.3\times(380.88)+2.15\times\{180.69(1+0.3)\}=1,000.17\text{ kN}\cdot\text{m/m}$

$V_u=1.3\times(00.0)+2.15\times\{31.87(1+0.3)\}=89.08\text{ kN/m}$

3.5.7 철근량 산정

(1) 슬래브의 중앙단면

1) 설계조건

① 콘크리트 설계기준강도(f_{ck})= 27 MPa

② 철근의 항복강도(f_y)= 300 MPa

③ 보의 폭(b)= 1,000 mm

④ 보의 높이(h)= 700 mm

⑤ 보의 유효높이(d)= 630 mm

⑥ 설계휨모멘트(M_u)= 1,000.17 kN·m

⑦ 설계전단력(V_u)= 89.08 kN

2) 휨에 대한 설계

① 요구철근량 및 최소 철근량

$A_s = M_u / 0.85 \times f_y \times (d - a/2)$ ·· ⓐ

$a = (A_s \times f_y) / (0.85 \times f_{ck} \times b)$ ·· ⓑ

윗 식 ⓐ에 식 ⓑ를 대입하여 정리하면

$-\{(0.5 \times f_y^2)/(f_{ck} \times b)\} \times A_s^2 + (0.85 \times f_y \times d) \times A_s - M_u = 0$

의 2차식을 푼다.

$-166.67 \times A_s^2 + 1,606,500 \times A_s - 1,000,170,000 = 0$

- 소요철근량(A_s)= 6,690 mm^2
- 최대소요철근량($A_{s\,\max}$) : $\left(\frac{4}{3}A_s\right) = 8,920$ mm^2
- 최소철근량($A_{s\,\min}$) : $(1.4/f_y) \times b \times d = 2,940$ mm^{2}와 $\left(0.25\frac{\sqrt{f_{ck}}}{f_y}\right) \times b \times d = 2,760$ mm^2

  중 큰 값=2,940 mm^2(도로교설계기준 4.3.6.1)

② 휨철근량

- 휨철근량 : D32 @ 100 mm(10개) =7,942 mm^2

③ 철근비 검토

- 최소철근비($\rho_{\min}$)=1.4/ f_y = 0.0046
- 철근비(ρ) = $A_s/(b \times d)$ = 0.0126
- 최대철근비($\rho_{\max}$)=0.75× ρ_b = 0.0325

$\rho_b = 0.85 \times k_1 \times (f_{ck}/f_y) \times \{600/(600+f_y)\} = 0.0434$

$\therefore \rho_{\min} \le \rho \le \rho_{\max}$, 0.0046≤0.0126≤0.0325 ∴ O.K.

④ 설계단면력 검토

- 공칭휨강도(ϕM_n) = $0.85 \times A_s \times f_y \times (d - a/2) = 1,170.7$ kN · m

$a = (A_s \times f_y)/(0.85 \times f_{ck} \times b) = 103.8$ mm

$\therefore \phi M_n = 1,170.7$ kN · m $\ge M_u = 1,000.17$ kN · m ∴ O.K.

3) 배력철근 설계(도로교 설계기준 4.7.5.7)

① 온도 및 건조수축에 대해 요구되는 철근비는 0.2% 이상이어야 한다.

② 배력 철근량

- 배력철근량 - 인장부 : $D13$ @ 150 mm

  압축부 : $D13$ @ 150 mm = 1,689 mm^2

- 배력철근비 = 배력철근량/($b \times d$) = 0.0026

- 배력철근량은 주철근에 대해 주철근이 차량진행방향에 평행할 때 주철근의 $\frac{55}{\sqrt{L}}$ %

  와 50% 중 작은 값 이상이어야 한다.

  $1,689 \text{ mm}^2 \geq 7,942 \times 0.15 = 1,286 \text{ mm}^2$ ∴ O.K.

- 배력철근량은 온도 및 건조수축에 대한 철근량 이상이어야 한다.

  배력철근비 = 0.0026≥0.0020 ∴ O.K.

4) 전단에 대한 설계

① 콘크리트가 부담하는 전단력(도로교 설계기준 4.4.6.2)

- 설계 전단강도 $V_u = 89.08$ kN

- $V_c = (1/6) \times \sqrt{f_{ck}} \times b \times d = 545.60$ kN

  $\therefore \ \phi V_c = 438.92 \text{ kN} \geq V_u = 89.08 \text{ kN}$ ∴ O.K.

  $\therefore \ \frac{1}{2} \phi V_c = 219.46 \text{ kN} > V_u$ 전단보강 불필요

(2) 슬래브의 지점부단면

1) 설계조건

① 콘크리트 설계기준강도(f_{ck}) = 27 MPa

② 철근의 항복강도(f_y) = 300 MPa

③ 보의 폭(b) = 1,000 mm

④ 보의 높이(h) = 700 mm

⑤ 보의 유효높이(d) = 630 mm

⑥ 설계휨모멘트(M_u) = 0.0 kN · m

⑦ 설계전단력(V_u) = 371.65 kN

2) 전단에 대한 설계

① 콘크리트 및 전단철근이 부담하는 전단력

- 설계 전단강도 $V_u = 371.65$ kN
- $\phi V_c = \phi \times (1/6) \times \sqrt{f_{ck}} \times b \times d = 436.48$ kN

$\therefore \ \phi V_c > V_u > \frac{1}{2}\phi V_c = 219.46$ kN 최소전단철근을 배치

② 스터럽간격 및 전단철근량

- 전단철근(A_v) : $U-D13$ @ 200 mm = 253.4 mm^2
- 최소 스트럽간격(s) = ($A_v \times f_y$)/(0.35 × b) = 217.2 mm
- 스터럽간격(s) = 200 mm

③ 설계단면력 검토

- $V_s = (A_v \times f_y \times d)/s = 380.1$ kN
- $\phi V_n = \phi V_c + \phi V_s = 750.6$ kN

$\therefore \ 2/3\sqrt{f_{ck}} \times b \times d \geq V_s$ ∴ O.K.

$\therefore \ \phi V_n = 750.6\ \text{kN} \geq V_u = 371.65$ kN ∴ O.K.

3) 배력철근 설계(도로교 설계기준 4.7.5.7)

① 온도 및 건조수축에 대해 요구되는 철근비는 0.2%이상이어야 한다.

② 배력철근량

- 배력철근량 - 인장부 : $D13$ @ 150 mm

  압축부 : $D13$ @ 150 mm =1,689.0 mm^2
- 배력철근비 = 배력 철근량/($b \times d$) =0.0034
- 배력철근량은 주철근에 대해 주철근이 차량진행방향에 평행할 때 주철근의 $\frac{55}{\sqrt{L}}$ %와 50% 중 작은 값 이상이어야 한다.

$1,689.0\ mm^2 \geq 7,942 \times 0.15 = 1,286\ mm^2$ ∴ O.K.

• 배력철근량은 온도 및 건조수축에 대한 철근량 이상이어야 한다.

배력철근비 $= 0.0026 \geq 0.0020$ ∴ O.K.

3.5.8 사용성 검토

(1) 처짐의 제한

주철근이 차량진행방향에 나란한 교량 슬래브의 경우 단순지간에 대해서 최소높이는(도로교 설계기준 표 4.4.4)

$$d = \frac{1.2(S+3)}{30} = 600\,\text{mm} \leq 700\,\text{mm}\text{이므로} \qquad \therefore \text{O.K.}$$

S = 지간길이(mm)

(2) 균열검토

1) 허용균열 폭(도로교 설계기준 표 4.4.3)

• 콘크리트의 최소피복두께(C) = 피복두께 − D32의 지름/2 $= 70 - 31.8/2 = 54$ mm

• 강재의 부식에 대한 환경조건 : 일반환경

• 허용균열 폭(ω_a) $= 0.0050\, t_c(\text{mm}) = 0.27$ mm

2) 균열 폭(도로교 설계기준 4.4.9.4)

• 균열 폭 $w = 1.08 R f_s \sqrt[3]{d_c A} \times 10^{-5} = 0.24$ mm

R = (단면의 인장측 연단에서 중립축까지의 거리)/(단면의 주철근 도심에서 중립축까지의 거리) $= 359/289 = 1.24$

f_s = 사용하중에서 계산된 철근의 응력, $0.6 f_y$를 사용해도 좋다(180 MPa).

d_c = 피복두께(70 mm)

A = 주인장철근 주위의 인장부 콘크리트 단면적을 철근의 개수로 나눈 유효 인장단면적 ($14 \times 10{,}000 = 14{,}000\,\text{mm}^2$)

$\therefore \omega_a = 0.27\,\text{mm} \geq \omega = 0.24\,\text{mm}$ ∴ O.K.

3.5.9 철근배근도

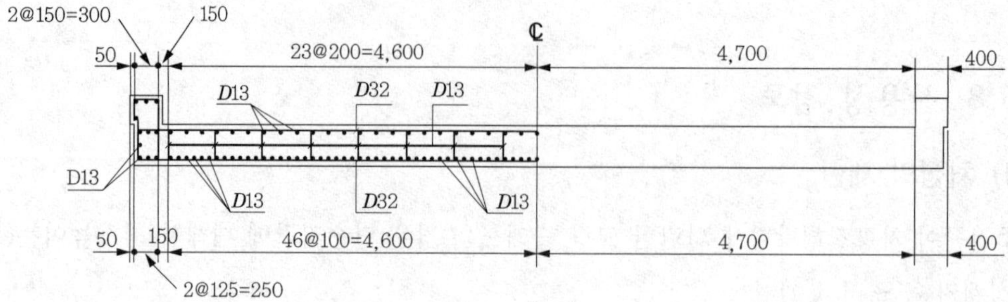

그림 3 · 43 횡방향 배근도

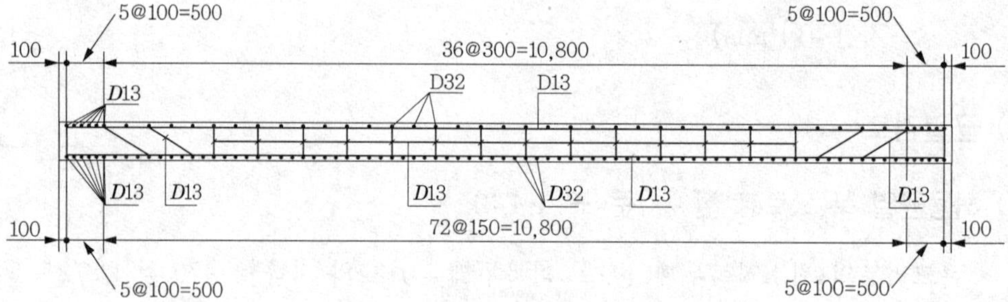

그림 3 · 44 종방향 배근도

3.6 철근콘크리트 T형 거더교 설계 예

3.6.1 설계단면

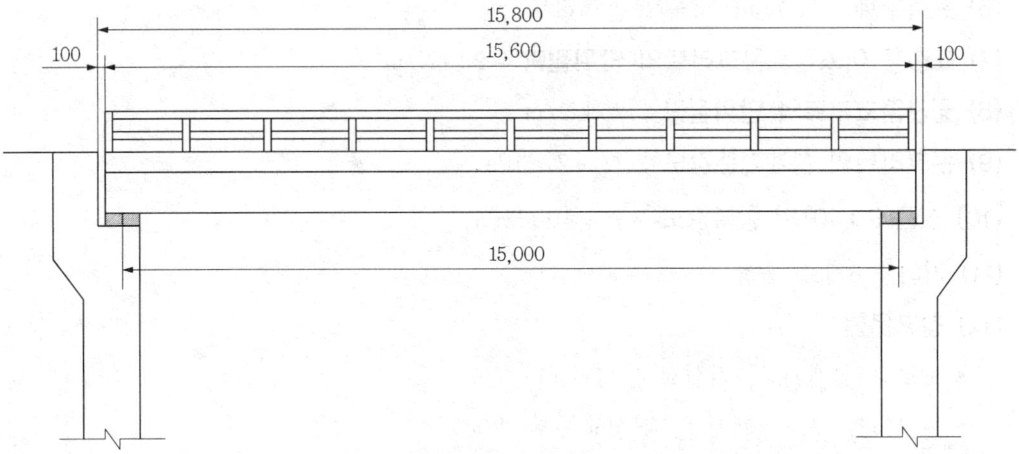

그림 3 · 45 콘크리트 T형 거더교의 일반도

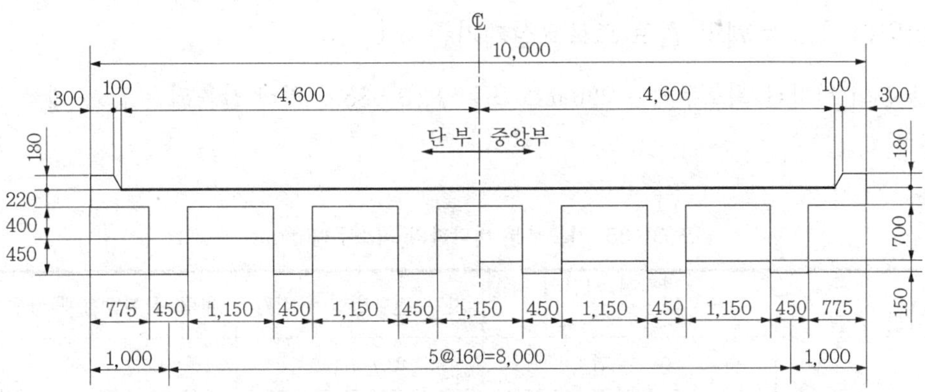

그림 3 · 46 콘크리트 T형 거더교의 단면도

3.6.2 설계조건

(1) 교장 : 15.8 m　　**(2) 형장** : 15.6 m

(3) 지간 : 15 m　　**(4) 총 폭** : 10.0 m

(5) 설계하중 : DB-24

(6) 표층두께 : 50 mm(아스팔트콘크리트)

(7) 표층용 아스팔트콘크리트의 단위질량 : 23 kN/m^3

(8) 철근콘크리트의 단위질량 : 25 kN/m^3

(9) 콘크리트의 설계기준강도 : $f_{ck}=27$ MPa

(10) 철근(SD 40)의 항복강도 : $f_y=400$ MPa

(11) 거더 : 6개로 구성

(12) 참고문헌

- 도로교 설계기준, 건설교통부, 2005.
- 콘크리트 구조설계기준, 건설교통부, 2007.
- 도로설계요령, 한국도로공사, 1998.

3.6.3 바닥판의 설계

(1) 바닥판 최소두께의 검토(도로교설계기준 3.6.1.5)

차도부분의 바닥판 최소두께는 220 mm 또는 표 **3 · 35**에 의해 산출되는 값 중에서 큰 값으로 한다.

표 3 · 35 차도부분 바닥판의 최소두께(mm)

바닥판 구분 \ 바닥판 지간의 방향			차량 진행방향에 직각	차량 진행방향에 평행
1등교, 2등교 및 3등교	단 순 판		$40L+130$	$65L+150$
	연 속 판		$30L+130$	$50L+150$
	캔틸레버판	$0<L\le0.25$	$280L+180$	$240L+150$
		$L>0.25$	$80L+230$	

* 여기에서, L : 바닥판의 지간(단위 : m)

1) 연속판

바닥판은 거더와 일체로 콘크리트를 치기 때문에 연속 슬래브로 되어 그 계산지간은 거더와 거더 사이의 순경간을 사용한다.

거더의 복부 폭을 450 mm로 가정하면 순경간은 1,600 − 450 = 1,150 mm로 된다. 이에 대한 최소두께를 검토하면 220 mm, $30L + 130$의 두 값 중 큰 값을 사용한다.

$$30L + 130 = 30 \times 1.15 + 130 = 164.5 < 220\,\text{mm}$$

∴ 바닥 연속판의 두께 $t = 220\,\text{mm}$ 로 적합하다.

2) 캔틸레버판

캔틸레버판의 차륜하중 팔길이는 그림 **3 · 47**에서 보는 바와 같이 연석으로부터 차륜하중이 최소 300 mm 거리에 재하된다.

$$L = 1{,}000 - 450/2 - 400 - 300 = 75\,\text{mm} = 0.075\,\text{m}$$

220 mm, $280L + 180$의 값 중 큰 값을 사용한다.

$$280L + 180 = 280 \times 0.075 + 180 = 201\,\text{mm} < 220\,\text{mm}$$

∴ 캔틸레버판의 두께 $t = 220\,\text{mm}$로 적합하다.

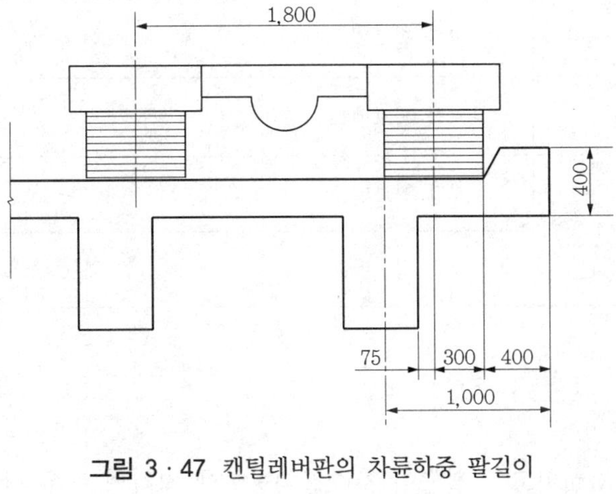

그림 3 · 47 캔틸레버판의 차륜하중 팔길이

(2) 바닥판의 하중 산정

1) 연속판

가) 고정하중

① 연속판의 자중[단위 폭(m)당]

$$w_1 = 25 \times 0.22 = 5.5 \text{ kN/m}$$

② 포장의 자중[단위 폭(m)당]

$$w_2 = 23 \times 0.05 = 1.15 \text{ kN/m}$$

③ 고정하중에 의한 휨모멘트

고정하중에 의한 휨모멘트는 도로교 설계기준 4.7.5.4에 나타나 있는 표 **3·36**에 의해 구한다.

$$\therefore M_d = \frac{1}{10} w l_d^2 = \frac{1}{10} \times (5.5 + 1.15) \times 1.15^2$$
$$= 0.88 \text{ kN} \cdot \text{m}$$

표 3·36 등분포 고정하중에 의한 바닥판의 설계 휨모멘트(kN · m/m)

판의 구분	휨모멘트 종류	바닥판 지간 방향의 휨모멘트
단 순 판	지간 휨모멘트	$+\frac{wl_d^2}{8}$
캔틸레버판	지점 휨모멘트	$-\frac{wl_d^2}{2}$
연 속 판	지간 휨모멘트	$+\frac{wl_d^2}{10}$
	지점 휨모멘트	$-\frac{wl_d^2}{10}$

나) 활하중

지간이 0.6~7.3 m이고 주철근이 차량진행방향에 직각인 경우 단순판 및 연속판(바닥판이 3개 이상 지점을 가진 연속슬래브)의 활하중은 다음 표 **3·37**과 같다.

$$\therefore\ M_l = 0.8\times\frac{L+0.6}{9.6}P_{24} = 0.8\times\frac{1.15+0.6}{9.6}\times 96 = 14\ \text{kN}\cdot\text{m}$$

표 3 · 37 교량등급별 바닥판의 활하중 휨모멘트

교량등급	P (kN) (트럭후륜하중)	단순판의 활하중 휨모멘트 (kN·m)	연속판의 활하중 휨모멘트 (kN·m)
1등급(DB 24)	96	$M_l=(L+0.6)P_{24}/9.6$	$M_l=0.8(L+0.6)P_{24}/9.6$
2등급(DB 18)	72	$M_l=(L+0.6)P_{18}/9.6$	$M_l=0.8(L+0.6)P_{18}/9.6$
3등급(DB 13.5)	54	$M_l=(L+0.6)P_{13.5}/9.6$	$M_l=0.8(L+0.6)P_{13.5}/9.6$

다) 충격하중

상부구조의 충격계수는 다음 식으로부터 산출하며 0.3을 초과할 수 없다.

$$\text{충격계수}\ i=\frac{15}{40+L}\leq 0.3$$

$i=\dfrac{15}{40+1.15}=0.365$이므로 $i=0.3$이다.

충격하중에 의한 모멘트는

$$M_i = i\times M_l = 0.3\times 14 = 4.2\ \text{kN}\cdot\text{m}$$

라) 계수모멘트

하중계수는 도로교 설계기준 2.2.3에 의하여 고정하중의 경우 1.3, 활하중의 경우 2.15를 사용하였다.

$$M_u = 1.3M_d + 2.15(M_l+M_i) = 1.3\times 0.88 + 2.15\times(14+42)$$
$$= 40.27\ \text{kN}\cdot\text{m}$$

2) 캔틸레버판

가) 고정하중

앞의 표 3 · 37에서 나타낸 것과 같이 캔틸레버판에서의 등분포 고정하중에 의한 단위

폭(m)당 휨모멘트는 $\frac{wl_d^2}{2}$ 이다.

① 캔틸레버판의 자중〔단위 폭(m)당〕 및 모멘트

$$w_1 = 25 \times 0.22 = 5.5\ \text{kN/m}$$

$$M_{d_1} = 5.5 \times 0.775^2/2 = 1.65\ \text{kN} \cdot \text{m}$$

② 포장의 자중〔단위 폭(m)당〕 및 모멘트

$$w_2 = 23 \times 0.05 = 1.15\ \text{kN/m}$$

$$M_{d_2} = 1.15 \times (0.775 - 0.4)^2/2 = 0.08\ \text{kN} \cdot \text{m}$$

③ 연석부 자중〔단위 폭(m)당〕 및 모멘트

$$w_3 = 25 \times (0.4 + 0.3)/2 \times 0.18 = 1.58\ \text{kN/m}$$

$$M_{d_3} = 1.58 \times (0.775 - 0.4)^2/2 = 0.11\ \text{kN} \cdot \text{m}$$

∴ 고정하중에 의한 모멘트 $M_d = M_{d_1} + M_{d_2} + M_{d_3} = 1.65 + 0.08 + 0.11$

$$= 1.84\ \text{kN} \cdot \text{m}$$

나) 활하중

캔틸레버에 있어서 윤하중의 작용위치는 앞의 그림 3·47과 같으며, 윤하중의 분포 폭 및 모멘트는 다음과 같다.(도로교설계기준 4.7.5.2)

① 윤하중의 분포 폭 $E = 0.8X + 1.14$ (주철근이 차량진행 방향에 직각인 경우)
〔여기에서, X는 하중점에서 지지점까지의 거리(m)〕

$$\therefore E = 0.8 \times 0.075 + 1.14 = 1.2\ \text{m}$$

이다.

② 활하중에 의한 모멘트

$$M_l = \frac{P}{E} X$$

여기에서, P는 교량등급별 표준트럭하중의 후륜하중(kN)

$$M_l = \frac{96}{1.2} \times 0.075 = 6.0\ \text{kN} \cdot \text{m}$$

③ 충격하중

충격계수 $i=\dfrac{15}{40+L}\leq 0.3$

$i=\dfrac{15}{40+0.075}=0.374$이므로 $i=0.3$이다.

충격하중에 의한 모멘트는

$M_i=i\times M_l=0.3\times 6.0=1.8\ \text{kN}\cdot\text{m}$

④ 계수모멘트

$$M_u=1.3M_d+2.15(M_l+M_i)$$
$$=1.3\times 1.84+2.15\times(6.0+1.8)=19.16\ \text{kN}\cdot\text{m}$$

(3) 바닥판 철근량 산정

1) 연속판

가) 유효높이(d)

피복 50 mm를 고려하면 유효높이

$d=220-50=170\ \text{mm}$

나) 소요철근량 A_s($a=12$ mm로 가정)

$$M_u=\phi M_n=\phi f_y\cdot A_s\cdot\left(d-\frac{a}{2}\right)$$

$$A_s=\frac{M_u}{\phi\cdot f_y\cdot\left(d-\frac{a}{2}\right)}=\frac{40.27\times 10^6}{0.85\times 400\left(170-\frac{12}{2}\right)}=722\ \text{mm}^2$$

그러므로 $D13$($A_s=126.7\ \text{mm}^2$)을 사용하면 필요한 철근간격

$s=\dfrac{126.7\times 1,000}{7.22}=175\ \text{mm}$

∴ 이에 대하여 단위 폭(m)당 $D13$철근을 160 mm 간격으로 6개 배치한다.

• 사용철근량 $A_s=6\text{-}D13=760.2\ \text{mm}^2$

다) a의 검사

$$C=T,\qquad 0.85f_{ck}\cdot a\cdot b=f_y\cdot A_s$$

$$a=\frac{f_y\cdot A_s}{0.85\cdot f_{ck}\cdot b}=\frac{400\times760.2}{0.85\times27\times1,000}=13\text{ mm}$$

∴ 가정한 a는 적합하다.

라) 철근비 검사

- 최대철근비

$$\rho_{max}=0.75\rho_b=0.75\times\frac{0.85\times\beta_1\times f_{ck}}{f_y}\times\frac{600}{600+f_y}$$

$$=0.75\times\frac{0.85\times0.85\times27}{400}\times\frac{600}{600+400}=0.0219$$

(β_1은 $f_{ck}\leq28$ MPa 경우 0.85를 적용)

- 최소철근비(도로교 설계기준 4.3.6.1)

$\rho_{min}=\dfrac{0.25\sqrt{f_{ck}}}{f_y}$와 $\rho_{min}=\dfrac{1.4}{f_y}$ 식 중에서 큰 값 이상으로 한다.

$$\rho_{min}=\frac{0.25\sqrt{f_{ck}}}{f_y}=\frac{0.25\times\sqrt{27}}{400}=0.0033$$

$$\rho_{min}=\frac{1.4}{f_y}=\frac{1.4}{400}=0.0035$$

따라서, $\rho_{min}=0.0035$가 최소철근비이다.

- 사용철근비

$$\rho=\frac{A_s}{b_w d}=\frac{760.2}{1,000\times170}=0.00447$$

∴ $\rho_{min}<\rho<\rho_{max}$, 0.0035〈0.00447〈0.0219이므로 사용된 철근량은 적합하다.

마) 배력철근의 설계(도로교설계기준 4.7.5.7)

배력철근의 주철근에 대한 백분율은 주철근이 차량진행방향에 직각인 경우 $\dfrac{120}{\sqrt{L}}$과 67% 중 작은 값을 사용한다〔여기에서, L은 바닥판의 지간(m)〕.

$$\frac{120}{\sqrt{L}} = \frac{120}{\sqrt{1.15}} = 111.901\% > 67\%$$

∴ 주철근량의 67%를 사용한다.

소요철근량 $A_s = 0.67 \times 760.2 = 509.3\,\text{mm}^2$

그러므로 주철근과 마찬가지로 $D13$($a_s = 126.7\ \text{mm}^2$)를 사용하면 필요한 철근간격

$$s = \frac{126.7 \times 1,000}{509.3} = 249\ \text{mm}$$

∴ 이에 대하여 단위 폭(m)당 $D13$ 철근을 200 mm 간격으로 5개 배치한다.

$5 - D13 = 633.5\ \text{mm}^2$

지간이 짧은 데다 여러 곳을 절곡해야 하는 번거로움이 있으므로 5-$D16$을 슬래브의 상부와 하부에 각각 직선으로 배치한다. 이렇게 하면 철근이 필요 이상 들어가지만 철근의 조립 및 가공비용이 절약되어 추가된 철근값이 상쇄될 수 있을 것이다. 배력철근으로 $D13$을 주철근의 직각방향에 200 mm 간격으로 상·하 주철근 위에 배치한다.

2) 캔틸레버판

캔틸레버판에 대해서도 연속판에서와 동일하게 설계한다.

3.6.4 거더의 설계

(1) 내측 거더

1) 플랜지의 유효 폭(도로교설계기준 4.2.2.6)

플랜지의 유효 폭 산출에 있어서 그림 3·48과 같이 대칭 T형 단면과 비대칭 T형 단면으로 나누어 계산한다.

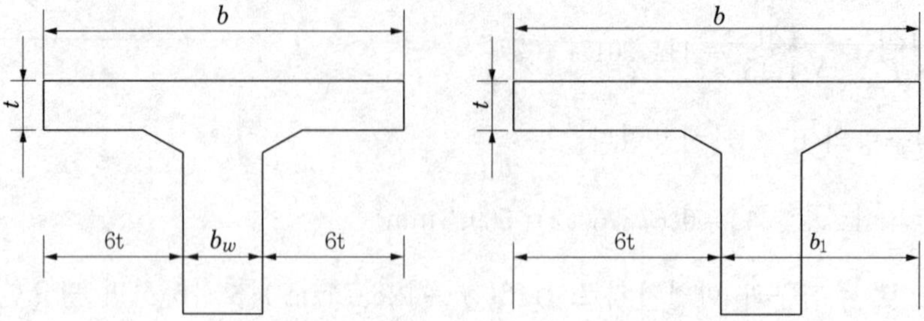

그림 3 · 48 대칭 및 비대칭 T형 거더

가) 대칭 T형 거더

유효 폭 b는 $12\,t+b_w$, 양쪽의 슬래브의 중심간 거리, 거더 경간의 1/4 가운데 가장 작은 값으로 한다.

나) 비대칭 T형 거더

유효 폭 b는 $6t+b_1$, $\left(\text{거더 경간의 } \frac{1}{12}\right)+b_1$, $\left(\text{인접 거더와의 순경간의 } \frac{1}{2}\right)+b_1$ 가운데 가장 작은 값으로 한다.

다) 본 예제의 내측거더는 대칭 T형 거더이므로

$16\,t+b_1 = 16\times220+450 = 3,970\text{ mm}$

양쪽의 슬래브의 중심간 거리 = 1,600 mm

거더 경간의 1/4 = 1,500/4 = 3,750 mm

∴ 유효플랜지의 폭은 1,600 mm이다.

2) 휨모멘트 계산

가) 고정하중 모멘트

① 바닥판의 중량(단위 폭 1 m)

$$w_1 = (25\times0.22+23\times0.05)\times1.6$$
$$= 10.64\text{ kN/m}$$

② 거더 복부중량(단위 폭 1 m)

$$w_2 = 25\times0.5\times0.85 = 10.63\ \text{kN/m}$$

∴ 거더의 고정하중

$$w = w_1 + w_2 = 10.64 + 10.63 = 21.27\ \text{kN/m}$$

③ 거더의 고정하중 모멘트

$$M_d = \frac{1}{8}wl^2 = \frac{1}{8}\times21.27\times15^2 = 598.22\ \text{kN}\cdot\text{m}$$

나) 활하중 모멘트

표 3·38 교량등급별 DB 하중(도로교 설계기준 2.1.3)

교량등급	하중 등급	중량 W(kN)	총 하중 1.8 W(kN)	전륜하중 0.1 W(kN)	후륜하중 0.4 W(kN)
1등교	DB-24	240	432	24	96
2등교	DB-18	180	324	18	72
3등교	DB-13.5	130	243	13	54

① 후륜하중 $= \frac{L}{1.65}P_{24} = \frac{1.6}{1.65}\times96.0 = 93.09\ \text{kN}$

② 전륜하중 $= \frac{L}{1.65}P_{24} = \frac{1.6}{1.65}\times24.0 = 23.27\ \text{kN}$

다) 절대 최대모멘트

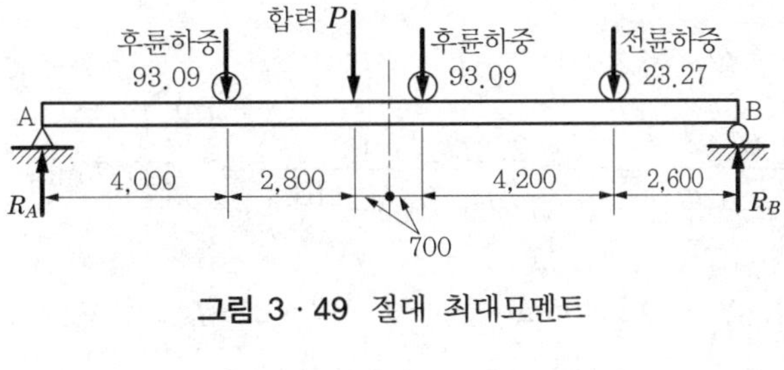

그림 3·49 절대 최대모멘트

$$R_A = \frac{1}{15} \times (93.09 \times 11 + 93.09 \times 6.8 + 23.27 \times 2.6)$$

$$= 114.50 \text{ kN} \cdot \text{m}$$

$$\therefore M_l = 114.5 \times 8.2 - 93.09 \times 4.2 = 547.92 \text{ kN} \cdot \text{m}$$

라) 충격모멘트

충격계수 $i = \frac{15}{40 + L} = \frac{15}{40 + 15} = 0.27 < 0.3$

$$M_i = 0.27 \times 547.92 = 147.94 \text{ kN} \cdot \text{m}$$

마) 계수모멘트

$$M_u = 1.3 M_d + 2.15 (M_l + M_i) = 1.3 \times 598.22 + 2.15 (547.92 + 147.94)$$

$$= 2,273.79 \text{ kN} \cdot \text{m}$$

3) 철근량 산정

가) 유효높이(d)

피복 80 mm와 2열 배근을 가정한 수직순간격 25 mm를 고려하면

$$d = 220 + 850 - 25/2 - 80 = 977.5 \text{ mm}$$

$$\therefore d = 977.5 \text{ mm}$$

를 사용한다.

나) 소요철근량 A_s ($a = 84$ mm 로 가정)

$$M_u = \phi M_n = \phi f_y \cdot A_s \cdot \left(d - \frac{a}{2}\right)$$

$$A_s = \frac{M_u}{\phi f_y\left(d - \frac{a}{2}\right)} = \frac{2,273.79 \times 10^6}{0.85 \times 400 \times \left(980 - \frac{84}{2}\right)} = 7,129.7 \text{ mm}^2$$

그러므로 $D29$($A_s = 642.4 \text{ mm}^2$)를 사용하고, 12- $D29$($A_s = 7,709 \text{ mm}^2$)을 2열 배근한다(철근배근 간격 등은 복부 내에서 유효하다).

다) a의 검사

$$C = T, \qquad 0.85 f_{ck} \cdot a \cdot b = A_s \cdot f_y$$

$$a = \frac{f_y \cdot A_s}{0.85 \cdot f_{ck} \cdot b} = \frac{400 \times 7,709}{0.85 \times 27 \times 1,600} = 84 \text{ mm}$$

∴ 가정한 a는 적합하다.

라) 철근비 검사

- 최대철근비

$$\rho_{\max} = 0.75\rho_b = 0.75 \times \frac{0.85 \times \beta_1 \times f_{ck}}{f_y} \times \frac{600}{600 + f_y}$$

$$= 0.75 \times \frac{0.85 \times 0.85 \times 27}{400} \times \frac{600}{600 + 400} = 0.0219$$

(β_1은 $f_{ck} \leq 28$ MPa일 경우 0.85를 적용)

- 최소철근비

$$\rho_{\min} = \frac{0.25\sqrt{f_{ck}}}{f_y} = \frac{0.25 \times \sqrt{27}}{400} = 0.0033$$

$$\rho_{\min} = \frac{1.4}{f_y} = \frac{1.4}{400} = 0.0035 \text{ 중 큰 값}$$

따라서 $\rho_{\min} = 0.0035$가 최소철근비이다.

- 사용철근비

$$\rho = \frac{A_s}{b_w d} = \frac{7,709}{450 \times 977.5} = 0.0175$$

∴ $\rho_{\min} < \rho < \rho_{\max}$ $(0.0035 < 0.0175 < 0.0219)$

이므로 사용된 철근량은 적합하다.

4) 전단력 계산

가) 고정하중 전단력

① 지점단면에서 유효높이 $d = 977.5$ mm 떨어진 점에서 최대전단력이 발생하므로 이

점에 대한 전단력을 구한다.

② 거더의 단위 폭(1 m)당 고정하중 $=21.27\ \mathrm{kN\cdot m}$

③ $V_d=21.27\times15\times\dfrac{1}{2}-21.27\times0.9775=138.73\ \mathrm{kN}$

나) 활하중 전단력

보의 절대 최대전단력 DB-24 하중이 그림 **3·50**과 같이 재하될 때 지점반력 R_A와 같다. 이때 지점에 놓인 하중은 가로방향 분포는 없다고 한다.

하중계수와 분포계수를 고려하면

$$V_l=R_A=\frac{1}{15}(93.09\times14.02+93.09\times9.82+23.27\times5.62)$$

$$=156.7\ \mathrm{kN}$$

다) 충격전단력

$$i=\frac{15}{40+L}=\frac{15}{15+40}=0.27<0.3$$

$$V_i=0.27\times156.7=42.31\ \mathrm{kN}$$

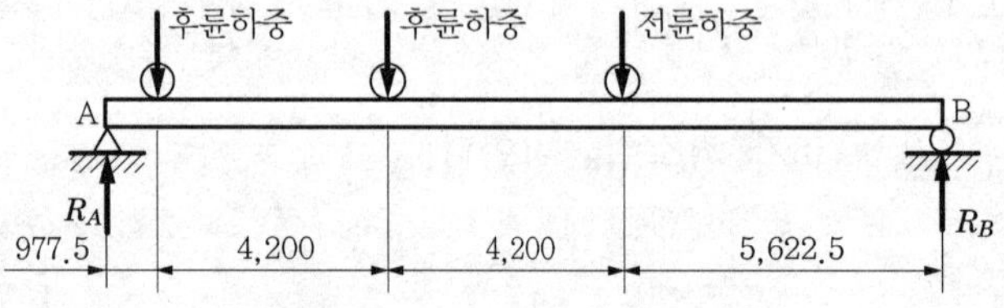

그림 3·50 절대 최대전단력

라) 계수전단력

$$V_u=1.3V_d+2.15(V_l+V_i)=1.3\times138.72+2.15\times(156.7+42.31)$$

$$=608.21\ \mathrm{kN}$$

5) 전단 철근량의 결정

가) 전단을 받는 단면의 설계는 다음 식에 의한다.

$$V_u \le \phi V_n$$

여기에서, V_u : 해당 단면에서의 계수전단력(하중계수를 곱한 전단력)

V_n : 공칭전단강도

ϕ : 전단과 비틀림의 강도감소계수 : 0.80

공칭전단강도 V_n은 다음 식에 의한다.

$$V_n = V_c + V_s$$

여기에서, V_c : 콘크리트가 부담하는 공칭전단강도

V_s : 전단철근이 부담하는 공칭전단강도

나) 콘크리트가 부담하는 전단강도

$$V_c = \left(0.16\sqrt{f_{ck}} + 17.6\rho_w \frac{V_u d}{M_u}\right) b_w d \quad \text{또는} \quad V_c = (1/6)\sqrt{f_{ck}}\, b_w d$$

여기에서, b_w : 복부의 폭

d : 압축측 연단에서 종방향 인장철근 중심까지의 거리

ρ_w : 철근비($A_s/b_w d$)

여기에서는 $V_c = (1/6)\sqrt{f_{ck}}\, b_w d$ 식을 사용하면, 보에서 콘크리트가 부담하는 전단력은

$$\phi V_c = \phi(1/6)\sqrt{f_{ck}}\, b_w d = 0.80 \times (1/6) \times \sqrt{27} \times 450 \times 977.5$$

$$= 304.754 \text{ N}$$

전단철근이 부담해야할 전단력 V_s는

$$V_s = \frac{V_u - \phi V_c}{\phi} = \frac{608.21 - 304.75}{0.8} = 379.33 \text{ kN}$$

다) 전단철근의 최대간격($s_{\max}$)

① 부재축에 직각으로 설치되는 스터럽의 간격은 0.5 d 이하 또는 600 mm 이하이어야 한다.

② V_s가 $(1/3)\sqrt{f_{ck}}\, b_w d$ 를 초과하는 경우에는 위에서의 간격을 절반으로 감소시킨다.

$$(1/3)\sqrt{f_{ck}}\,b_w d = (1/3)\times\sqrt{27}\times 450\times 977.5 = 761.89\text{ kN} > V_s = 379.33\text{ kN}$$

따라서 ①의 경우를 적용하여 $0.5d = 0.5\times 977.5 = 488.75$ mm이므로 $s_{\max} = 489$ mm를 사용한다.

라) 전단철근의 설계

① 전단철근의 단면적

복부에 배치되는 스터럽 및 굽힘철근은 $D13$이상으로 한다.

따라서 $D13(A_s = 126.7\text{ mm}^2)$의 U형 스터럽을 사용하면

$$A_v = 126.7\times 2 = 253.4\text{ mm}^2$$

여기에서, A_v는 전단철근의 간격(s) 내의 전단철근의 단면적이다.

② 전단철근의 간격

$V_s = \dfrac{A_v f_y d}{s}$의 식에서 전단철근의 간격을 구한다.

$$s = \frac{A_v f_y d}{V_s} = \frac{253.4\times 0.4\times 977.5}{339.2} = 292\text{ mm}$$

$$\therefore\ s = 290\text{ mm}$$

를 사용한다.

이것은 전단에 대한 위험단면에서의 최대간격이다. 따라서 지점으로부터 $s/2 = 130$ mm 떨어진 곳에서부터 $D13$ U형 스터럽을 290 mm 간격으로 배근한다. 또한 $\phi V_c/2 > V_u$ 이후부터는 $s_{\max}$ 인 489 mm를 사용한다.

(2) 외측거더

1) 플랜지의 유효 폭

외측거더는 비대칭 단면이므로 유효 폭 b는 $6t + b_1$, 거더 경간의 $\frac{1}{12} + b_1$, (인접 거더와의 순경간의 1/2) + b_1 가운데 가장 작은 값으로 한다.

$$b_1 = 450\text{ mm}$$

$$6t + b_1 = 6\times 220 + 450 = 1,770\text{ mm}$$

$\frac{l}{12} + b_1 = 15,000 / 12 + 450 = 1,700$ mm

(인접거더와의 순경간의 $1/2) + b_1 = 1,100/2 + 450 = 1,000$ mm

따라서 여기에서는 1,000 mm를 사용한다.

2) 모멘트 계산

가) 고정하중 모멘트

① 바닥판의 중량(단위 폭 1 m)

$w_1 = (25 \times 0.22 + 23 \times 0.05) \times 1.05 = 6.98$ kN

② 거더 복부중량(단위 폭 1 m)

$w_2 = 25 \times 0.5 \times 0.85 = 10.63$ kN

③ 연석부분의 중량(단위 폭 1 m)

$w_3 = 25 \times (0.4 + 0.3)/2 \times 0.18 = 1.58$ kN

∴ 거더의 고정하중 $= w_1 + w_2 + w_3 = 6.98 + 10.63 + 1.58$

$= 19.19$ kN

④ 거더의 고정하중 모멘트

$M_d = \frac{1}{8} \times 19.19 \times 15^2 = 539.72$ kN · m

나) 활하중 모멘트

① 활하중에 대한 모멘트는 내측거더 설계에서 보여준 활하중 모멘트와 분포계수에 의해 비례한다. 외측거더에 대한 분포계수는

$\frac{l}{1.65} = \frac{1.1}{1.65} = 0.67$

② 내측거더의 활하중 모멘트 $M_l = 547.92$ kN · m이고 분포계수는 $\frac{1.6}{1.65} = 0.97$이므로 외측거더에 작용하는 활하중 모멘트는

$M_l = 547.92 \times \frac{0.67}{0.97} = 378.46$ kN · m

다) 충격모멘트

① 충격계수 $i = \frac{15}{40+L} = \frac{15}{40+15} = 0.27 < 0.3$

② 내측거더의 충격모멘트 $M_i = 147.94\ \mathrm{kN}$

외측거더의 휨모멘트도 활하중 모멘트와 마찬가지로 분포계수를 고려하면

$$M_i = 147.94 \times \frac{0.67}{0.97} = 102.19\ \mathrm{kN \cdot m}$$

라) 설계모멘트

$$\begin{aligned} M_u &= 1.3M_d + 2.15(M_l + M_i) \\ &= 1.3 \times 539.72 + 2.15 \times (378.46 + 102.19) \\ &= 1,735.03\ \mathrm{kN \cdot m} \end{aligned}$$

3) 전단력 계산

가) 고정하중 전단력

① 지점단면에서 유효높이 $d = 977.5\ \mathrm{mm}$ 떨어진 점에서 최대전단력이 발생하므로 이 점에 대한 전단력을 구한다.

② 거더의 단위 폭(1 m)당 고정하중 $= 23.11\ \mathrm{kN/m}$

③ $V_d = 19.19 \times 15 \times \frac{1}{2} - 12.19 \times 0.9775 = 125.17\ \mathrm{kN}$

나) 활하중 전단력

내측거더의 활하중에 의한 전단력은

$$V_l = 152.38\ \mathrm{kN}$$

따라서 외측거더의 활하중에 의한 전단력은 분포계수를 고려하면

$$V_l = 152.38 \times \frac{0.67}{0.97} = 105.25\ \mathrm{kN}$$

다) 충격 전단력

내측거더의 충격하중에 의한 전단력은

$$V_i = 41.14\,\text{kN}$$

같은 방법으로 외측거더의 충격하중에 의한 전단력을 구하면

$$V_i = 41.14 \times \frac{0.67}{0.97} = 28.42\,\text{kN}$$

라) 계수전단력

$$V_u = 1.3\,V_d + 2.15(V_l + V_i) = 1.3 \times 125.17 + 2.15 \times (105.25 + 28.42)$$
$$= 450.11\,\text{kN}$$

4) 기타

외측거더의 단면과 철근량의 결정은 이상과 같이 휨모멘트와 전단력이 구해지면 그 설계는 내측거더와 같은 방법에 따르면 된다. 외측거더의 재하용량이 내측거더보다 작으므로 내측거더의 단면과 같게 한다.

3.6.5 기타 세목

(1) 가로보

교량의 양단에서 거더 사이에 단부 가로보(end diaphragm)를 설치한다. 또 지간중앙에도 중간 가로보를 설치한다. 지간이 12 m 이상 되는 교량에는 중간 가로보를 두어야 한다.

(2) 고정받침

교량의 1단은 고정받침으로 한다. 즉 교대의 흉벽 속에 수직철근(vertical dowel)을 묻고 이것을 구부려서 거더나 슬래브 콘크리트 속으로 묻어 넣는다. 그리고 수평철근(horizontal dowel)을 슬래브 콘크리트와 어프로치 슬래브(approach slab) 속에 묻는다. 단부 가로보는 교좌 위에 직접 얹어 놓는다.

(3) 이동받침

교량의 한쪽 단에는 엘라스토머 패드(elastomer pad)를 설치하여 이동받침으로 한다. 이 패드는 거더 밑에만 놓는다. 그렇게 하면 단부 가로보의 바닥은 거더의 바닥과 같은 높이지만 교좌에는 직접 닿지 않는다.

(4) 방수와 배수

이음부를 통하여 물이 스며드는 것을 방지하기 위하여 이음부는 매스틱 컴파운드(mastic compound)로 채운다. 노면배수를 위하여 노면의 중앙을 30 mm 정도 높게 횡단구배를 붙이고, 또 지간중앙을 60 mm 정도 솟음(camber)을 주어 표면수를 배수홈통으로 유도한다. 이러한 솟음은 노면배수에 필요할 뿐 아니라 거더의 높이가 같을 때 일어날 수 있는 처짐에 대해서도 유용하다.

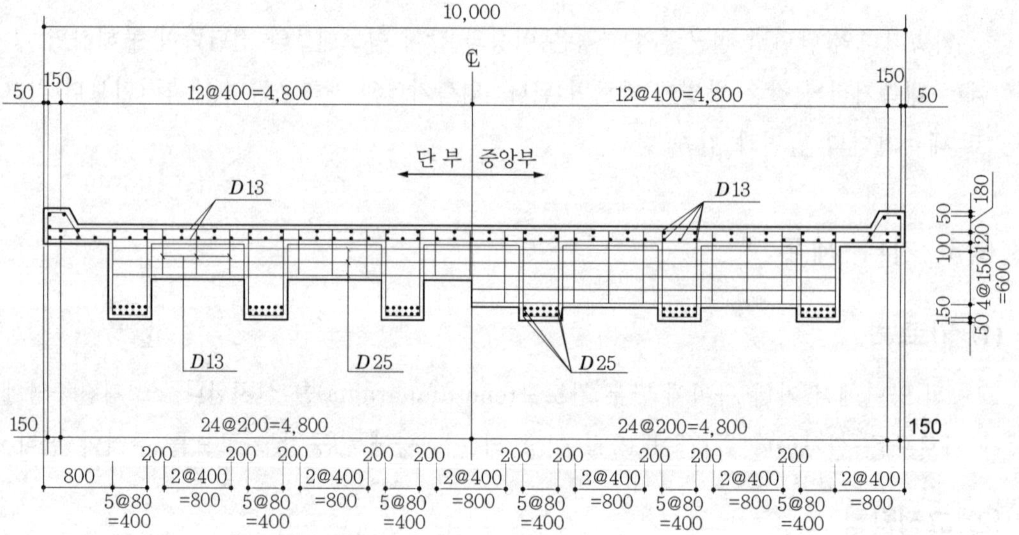

그림 3 · 51 철근콘크리트 T형교의 철근배근도

제4장

단순트러스교의 설계

4.1 설계조건

(1) 교량형식 : 단순평행형 warren truss

(2) 교량등급 : 1등급, DB-24

(3) 교량연장 : 85.0 m

(4) 교량지간장 : 84.0 m(10@8,400=84,000mm)

(5) 교량폭원 : 8.0 m(0.75 m + 6.5 m + 0.75 m)

(6) 설계하중

1) 고정하중

콘크리트 단위질량 : 25 kN/m^3

ASCON포장 단위질량 : 23 kN/m^3

2) 활하중

DB-24, DL-24 하중 사용

3) 충격계수

$$i = \frac{15}{40 + L}$$

4) 지진구역계수

0.11(지진구역1)

(7) 사용재료

1) 콘크리트

① 설계기준강도 : $f_{ck}=27$ MPa

② 허용휨압축응력 : $f_{ca}=0.4$, $f_{ck}=10.8$ MPa

③ 허용지압응력 : $f_{ba}=0.25$, $f_{ck}=6.75$ MPa(전면적에 재하)

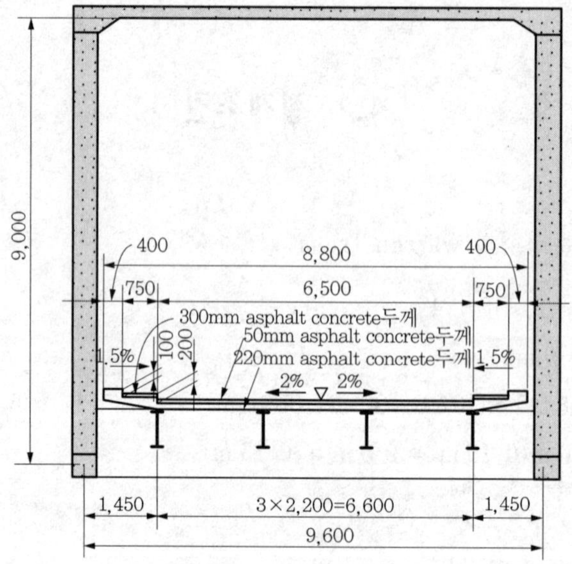

그림 4·1 단면도

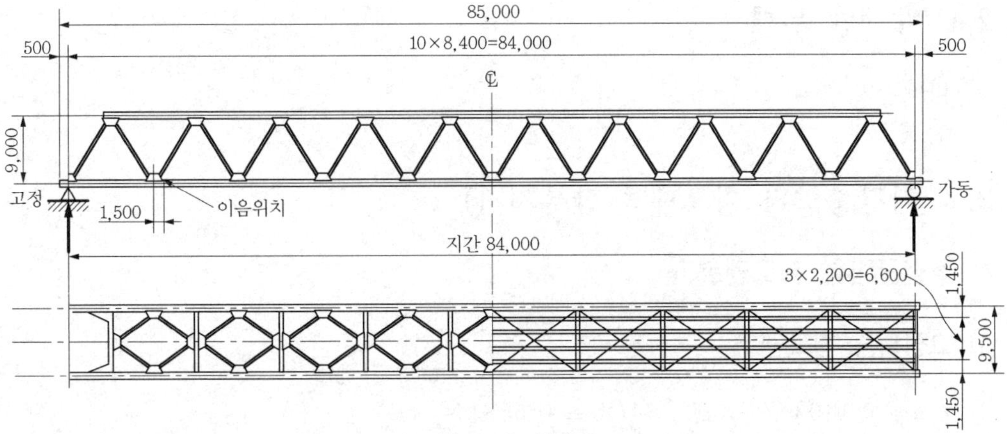

그림 4·2 일반도

2) 철근(SD 30)

① $f_y = 300$ MPa ② $f_{sa} = 150$ MPa

(8) 참고문헌

- 도로교설계기준 2005.
- 콘크리트 구조설계기준 2007.
- 도로설계요령, 한국도로공사, 1998.

4.2 바닥판(slab)

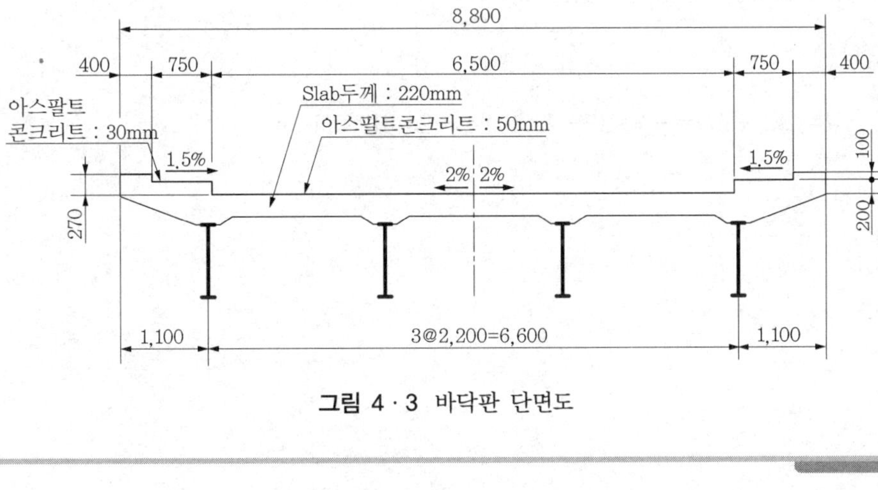

그림 4·3 바닥판 단면도

4.2.1 바닥판 두께

RC 바닥판 두께를 220 mm로 한다.

4.2.2 지간중앙의 휨모멘트(단부지간)

(1) 주철근방향 휨모멘트

1) 고정하중 휨모멘트

① 포장 : $0.05 \times 23 \times 2.2^2 \times 1/10 = 0.557$ kN · m

② 바닥판 : $0.220 \times 25 \times 2.2^2 \times 1/10 = 2.662$ kN · m

$$M_d = 3.219 \text{ kN} \cdot \text{m}$$

2) 활하중 휨모멘트

$$M_l = \frac{(L+0.6)P_{24}}{96} \times 0.8 = (2.2+0.6) \times \frac{96}{9.6} \times 0.8 = 22.4 \text{ kN} \cdot \text{m}$$

(도로교 설계기준 3.6.1.4)

3) 휨모멘트의 합계

$$M = M_d + M_l = 3.219 + 22.400 = 25.619 \text{ kN} \cdot \text{m}$$

4.2.3 중간지점의 휨모멘트

주철근방향

$$M = M_d + M_l = -3.219 - 22.400 = -25.619 \text{ kN} \cdot \text{m}$$

4.2.4 캔틸레버부의 휨모멘트

(1) 고정하중 휨모멘트

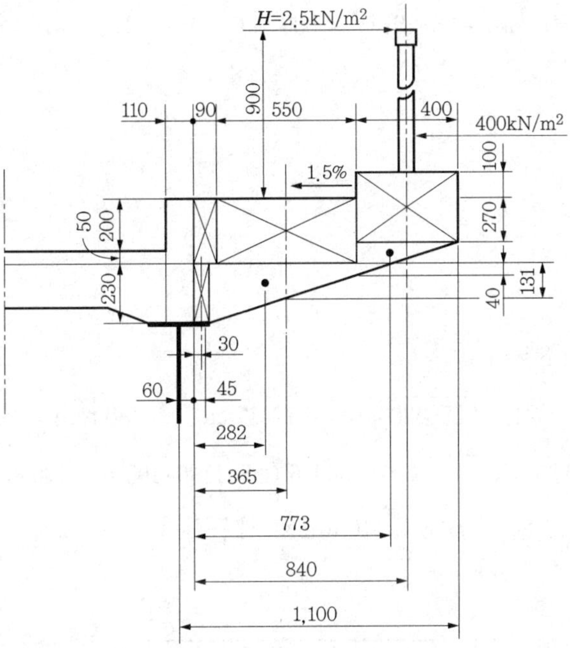

그림 4·4 캔틸레버부 상판

아스팔트포장	$-0.030\times23\times0.550\times0.365$	$=-0.139$ kN·m
보도	$-0.227\times25\times0.550\times0.365$	$=-1.139$ kN·m
지복	$-0.400\times25\times0.270\times0.840$	$=-2.268$ kN·m
난간	-0.400×0.840	$=-0.336$ kN·m
연석	$-0.250\times23.5\times0.090\times0.045$	$=-0.024$ kN·m
헌치 ①	$-0.131\times25\times0.400\times1/2\times0.773$	$=-0.506$ kN·m
헌치 ②	$-(0.230+0.040)\times25\times0.580\times1/2\times0.282$	$=-0.552$ kN·m
헌치 ③	$-0.060\times25\times0.230\times0.030=$	$=-0.010$ kN·m
		$M_d=-4.974$ kN·m

(2) 활하중 휨모멘트

군중하중 $M_l=-5.000\times0.642^2\times1/2=-1.030$ kN·m

난간추력 $M_h = -2.500 \times (0.900 + 0.030 + 0.227 + 0.115) = -3.180\ \text{kN} \cdot \text{m}$

(3) 휨모멘트의 합계

$$M = M_d + M_l + M_h = -4.974 - 1.030 - 3.180 = -9.184\ \text{kN} \cdot \text{m}$$

4.2.5 단면결정

(1) 지간중앙부

1) 주철근방향

$M_{\max} = 25.619\,\text{kN} \cdot \text{m}$

$d = C_1\sqrt{M/b} = 0.2405\sqrt{256,200/100} = 12.17\ \text{cm}$ → 180 mm 사용

- 소요철근량 $A_s = C_2\sqrt{M \cdot b} = 0.00316\sqrt{256,190 \times 100} = 16.00\ \text{cm}^2$

→ 1,805 mm^2 사용, $D16$ @ 110 mm로 배근한다.

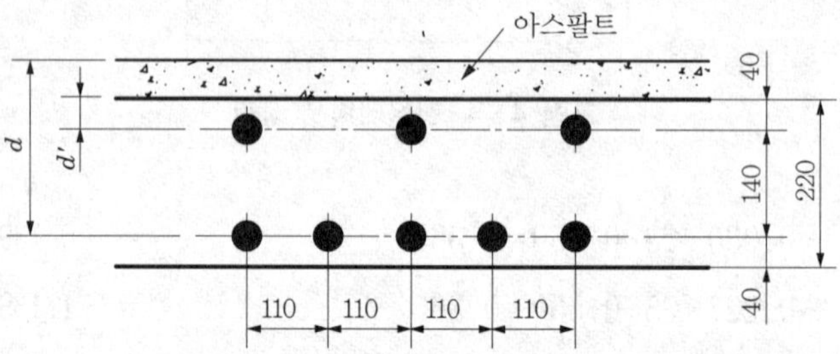

그림 4·5 주철근

$A_s = \dfrac{1.986 \times 100}{11} = 1,805\ \text{mm}^2, \qquad A_s' = \dfrac{A_s}{2} = 903\ \text{mm}^2$

$d = 180\ \text{mm}, \qquad d' = 40\,\text{mm}$

중립축의 위치 $x = -n\dfrac{(A_s + A_s')}{b} + \sqrt{\left[n\dfrac{(A_s + A_s')}{b}\right]^2 + \dfrac{2n}{b}(dA_s + d'A_s')}$

$= -8\dfrac{(1,805 + 903)}{1,000}$

$$+\sqrt{\left[8\times\frac{(1,805+903)}{1,000}\right]^2+\frac{2\times8}{1,000}(180\times1,805+40\times903)}$$

$$=61.8\text{ mm}$$

$$W_c=\frac{bx}{2}\left(d-\frac{x}{3}\right)+nA_s'\frac{x-d'}{x}(d-d')$$

$$=\frac{1,000\times61.8}{2}\times\left(180-\frac{61.8}{3}\right)+8\times903\times\frac{61.8-40}{6.18}\times(180-40)$$

$$=5,282,220\text{ mm}^3$$

$$W_s=\frac{x}{n(d-x)}W_c=\frac{618}{8\times(180-618)}\times5,282,220=345,220\text{ mm}^3$$

$$f_c=\frac{M}{W_c}=\frac{25.619\times10^6}{5,282,220}=4.85\text{ MPa}<f_{ca}=10.8\text{ MPa}$$

$$f_s=\frac{M}{W_s}=\frac{25.619\times10^6}{345,220}=74.21\text{ MPa}<f_{sa}=150\text{ MPa}$$

캔틸레버부는 지간 중앙부와 동일 철근을 넣으므로 계산은 생략한다.

2) 배력철근 방향

- 소요철근량 $A_s=\frac{120}{\sqrt{L}}=\frac{120}{\sqrt{220}}=810\text{ mm}^2$

  또는 1,805× 0.67=1,209 cm^{2}이므로 $D16$ @ 140 mm로 배근한다.

- 사용철근량 $A_s=\frac{198.6\times1,000}{140}=1,419\text{ mm}^2$, $A_s'=\frac{A_s}{2}=709\text{ mm}^2$

  $d=164$ mm, $d'=56$ mm

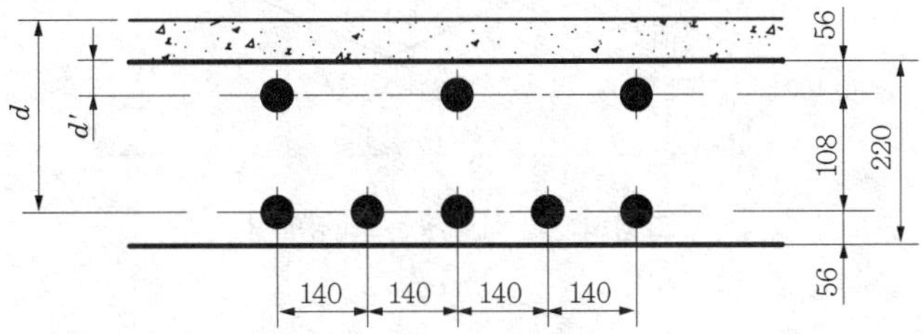

그림 4 · 6 배력철근

4.3 세로보

4.3.1 하중의 계산

(1) 고정하중

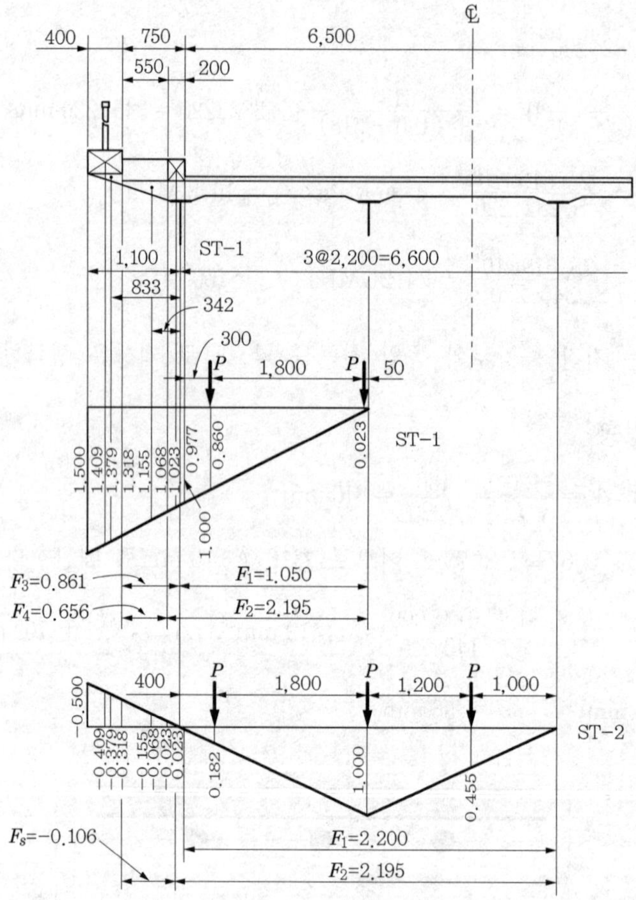

그림 4·7 하중횡분포 영향선

1) ST−1보

포　장(차도)$0.050\times23\times1.050$ $=1.208$ kN/m

바닥판(차도)$0.220\times25\times1.255$ $=6.903$ kN/m

포 장(보도) 0.030×23×0.656 =0.453 kN/m

바닥판(보도) 0.227×25×0.656 =3.723 kN/m

바닥판(보도) 0.400×25×0.131×1/2×1.379 =0.903 kN/m

바닥판(보도) 0.550×25×(0.040 +0.230)×1/2×1.155 =2.144 kN/m

헌 치 =0.640 kN/m

연 석 0.200×23.5×0.250×1.023 =1.202 kN/m

지 복 0.400×25×0.270×1.409 =3.804 kN/m

난 간 0.4×1.409 =0.564 kN/m

강 중 =1.300 kN/m

---

d_1=22.844 kN/m

2) ST-2보

포 장(차도) 0.050×23×2.200 =2.530 kN/m

바닥판(차도) 0.220×25×2.195 =12.073 kN/m

포 장(보도) 0.030×23×(−0.106) =−0.073 kN/m

바닥판(보도) 0.227×25×(−0.106) =−0.602 kN/m

바닥판(보도) 0.400×25×0.131×1/2×(−0.379) =−0.248 kN/m

바닥판(보도) 0.550×25×(0.040 +0.230)×1/2×(−0.155) =−0.288 kN/m

헌 치 =1.280 kN/m

연 석 0.200×23.5×0.250×(−0.023) =−0.027 kN/m

지 복 0.400×25×0.270×(−0.409) =−1.104 kN/m

난 간 0.4×(-0.409) =−0.164 kN/m

강 중 =1.400 kN/m

---

d_2=14.777 kN/m

(2) 활하중(DB−24, DL−24)

1) ST−1 보

$$P_r = 96\times(0.860+0.023) = 84.768\ \text{kN}$$

$$P_f = 24\times(0.860+0.023) = 21.192\ \text{kN}$$

$$\omega = 5.0 \times 0.861 = 4.305\ \mathrm{kN}$$

2) ST-2 보

$$P_r = 96 \times (0.182 + 1.000 + 0.455) = 157.152\ \mathrm{kN}$$

$$P_f = 24 \times (0.182 + 1.000 + 0.455) = 39.288\ \mathrm{kN}$$

(3) 충격계수 i

$$l = 8.4\ \mathrm{m}$$

$$i = \frac{15}{40 + L} = \frac{15}{40 + 8.4} = 0.310$$

그런데 i는 0.3을 초과할 수 없으므로 $i = 0.3$으로 한다.

4.3.2 휨모멘트의 계산

(1) 고정하중 + 활하중의 경우

1) 단순보의 지간

$l = 8.4\ \mathrm{m} > 7.2\ \mathrm{m}$이므로 전륜과 후륜의 중심선과 후륜과의 간격 중심이 지간중심과 일치할 때 후륜위치에서 최대 휨모멘트가 일어나므로 재하상태는 그림 4·8과 같다.

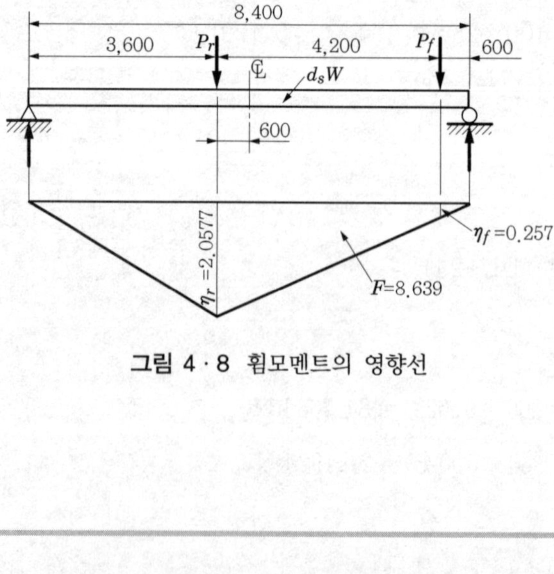

그림 4·8 휨모멘트의 영향선

2) ST-1보

$M_d = 22.844 \times 8.639 \qquad = 197.349\ \text{kN} \cdot \text{m}$

$M_l = 84.768 \times 2.057 + 21.192 \times 0.257 \qquad = 179.814\ \text{kN} \cdot \text{m}$

$M_i = 0.3 \times 179.814 \qquad = 53.944\ \text{kN} \cdot \text{m}$

$M_\omega = 4.305 \times 8.639 \qquad = 37.191\text{kN} \cdot \text{m}$

$M_0 = 468.298\ \text{kN} \cdot \text{m}$

3) ST-2보

$M_d = 14.777 \times 8.639 \qquad = 127.659\ \text{kN} \cdot \text{m}$

$M_l = 157.152 \times 2.057 + 39.288 \times 0.257 \qquad = 333.359\ \text{kN} \cdot \text{m}$

$M_i = 0.3 \times 333.359 \qquad = 100.008\ \text{kN} \cdot \text{m}$

$M_0 = 561.026\ \text{kN} \cdot \text{m}$

(2) 세로보 설계 휨모멘트(도로교 설계기준 3.7.3)

1) ST-1보

단 지 간 $0.9\,M_0 = 0.9 \times 468.298 = 421.466\ \text{kN} \cdot \text{m}$

중간지간 $0.8\,M_0 = 0.8 \times 468.298 = 374.636\ \text{kN} \cdot \text{m}$

중간지점 $-0.7\,M_0 = -0.7 \times 468.298 = -327.807\ \text{kN} \cdot \text{m}$

2) ST-2보

단 지 간 $0.9\,M_0 = 0.9 \times 561.026 = -504.923\ \text{kN} \cdot \text{m}$

중간지간 $0.8\,M_0 = 0.8 \times 561.026 = 448.821\ \text{kN} \cdot \text{m}$

중간지점 $-0.7\,M_0 = -0.7 \times 561.026 = -392.718\ \text{kN} \cdot \text{m}$

여기에서, M_0 : 단순보로 본 지간중앙의 휨모멘트

4.3.3 전단력의 계산

(1) 고정하중+활하중의 경우

1) ST-1보

$V_d = 22.844 \times 4.200 \qquad = 95.945\ \text{kN}$

$V_l = 84.768 \times 1.000 + 21.192 \times 0.500 = 95.364\ \text{kN}$

$V_i = 0.3 \times 95.364 \qquad = 28.609\ \text{kN}$

$V_\omega = 4.305 \times 4.200 \qquad = 18.081\ \text{kN}$

$V = 237.999\ \text{kN}$

2) ST-2보

$V_d = 14.777 \times 4.200 \qquad = 62.063\ \text{kN}$

$V_l = 157.152 \times 1.000 + 39.288 \times 0.500 = 176.796\ \text{kN}$

$V_i = 0.3 \times 176.796 \qquad = 53.039\ \text{kN}$

$V = 291.898\ \text{kN}$

(2) 세로보의 설계전단력

1) ST-1보

$V = 237.999\ \text{kN}$

2) ST-2보

$V = 291.898\ \text{kN}$

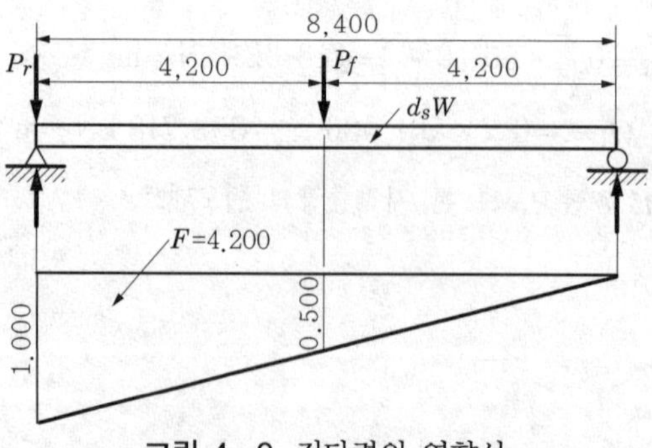

그림 4·9 전단력의 영향선

4.3.4 단면결정

세로보의 단면은 활하중 재하시의 처짐이 허용량 이내이고, 또 응력이 허용응력 이내가 되도록 결정한다.

(1) 처짐의 허용값

활하중(충격하중 포함)에 의한 강교의 주거더 및 가로보의 최대 처짐은 다음 식에 의한 값 이하라야 한다. 이 경우 처짐은 부재의 총단면적으로 계산한다.

허용처짐값 $\delta_a = \dfrac{L}{2,000} = \dfrac{8,400}{2,000} = 4.2\text{ mm}$ (도로교 설계기준 3.2.3)

여기에서, L : 지간장(m)

(2) 단면결정

강도를 확보하기 위해 SM 490을 사용한다.

1) ST-1보

단부지간 $M = 421.466\text{ kN}\cdot\text{m}$

구 분	$A(\text{mm}^2)$	$y(\text{mm})$	$Ay^2(\text{mm}^4)$
2-Flg. PL240×10	4,800	405	$78,700\times10^4$
1-Web. PL 120×9	7,200		$38,400\times10^4$

$A = 120\times10^2$, $\quad I = 117,100\times10^4$

$$f_t = \frac{M}{I}y$$

$$= \frac{421.466\times10^6}{117,100\times10^4}\times410 = 147.6\text{ MPa} < f_a = 190\text{ MPa}$$

여기에서, f_a : SM 490의 허용축방향 인장응력(MPa)

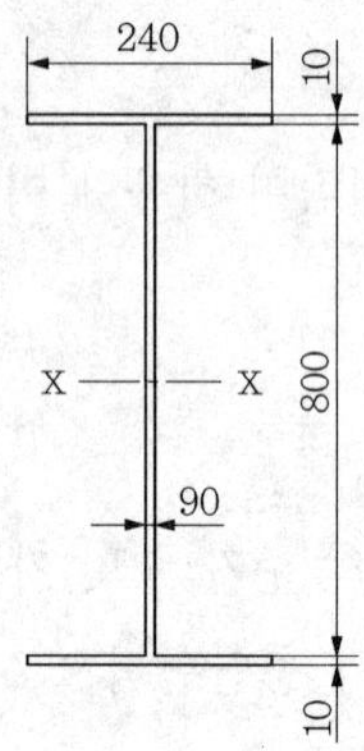

중간지간 $M = 374.636$ tonf · m

단면은 단부지간과 같다.

$$f_c = f_t = \frac{374.636 \times 10^6}{117,100 \times 10^4} \times 410 = 131.1\ \text{MPa} < f_a = 190\ \text{MPa}$$

중간지점 $M = -327.807$ kN · m

단면은 단부지간과 같다.

$$f_c = \frac{327.807 \times 10^6}{117,100 \times 10^4} \times 410 = 114.7\ \text{MPa} < f_{ca} = 170.0\ \text{MPa}$$

$$f_t = \frac{327.807 \times 10^6}{117,100 \times 10^4} \times 410 \times \frac{240}{240 - (2 \times 25)}$$

$$= 144.9\ \text{MPa} < f_{ta} = 190\ \text{MPa}$$

허용휨압축응력(도로교 설계기준 3.3)

$$\frac{A_\omega}{A_c} = \frac{7,200}{2,400} = 3 > 2, \qquad K = \sqrt{3 + \frac{A_\omega}{2A_c}} = 2.12$$

$$\frac{l}{b} = \frac{2,100}{240} = 8.75 \text{ 고정점간거리 : } 8,400/4 = 2,100\ \text{mm}$$

$$K \cdot \frac{l}{b} = 2.12 \times 8.75 = 18.55 > 8$$

$$f_{ca} = 190 - 1.9\left(K\frac{l}{b} - 8\right) = 170.0\ \text{MPa}$$

ST-2보에 대해서도 같은 방법으로 구한다.

4.3.5 연결의 계산

중간지점 단면의 연결은 휨모멘트를 플랜지 연결로 하고, 전단력을 복부판 연결로 하여 설계한다. 사용강재는 SM 490이다.

(1) 복부판 연결

최대전단력 $V=291.898\ \text{kN}$

소요 볼트개수 $n=\dfrac{291.898}{48.000}=6.1$ …… 9개 사용($t=9$ mm $\phi22$ 단전단의 경우)

고장력볼트 M22(F 10 T)를 사용하며, 볼트 1개 1마찰면당의 허용전단력은 48 kN임.

(2) 플랜지의 연결

구분		$A_g(\text{mm}^2)$	$A_n(\text{mm}^2)$
상부플랜지 1-Spl. PL	240×15	3,600	3,600−2×25×15=2,850 mm²
하부플랜지 2-Spl. PL	100×14	2,800	

1) 상부플랜지

$$f_t=128.1\ \text{MPa} < 0.75\times190=142.5\ \text{MPa}$$

볼트 1개의 허용값 $\rho_a=48\ \text{kN}$〔고장력볼트 M22(F 10 T)〕

볼트개수 $n=\dfrac{142.5\times2,850}{48,000}=8.5\text{EA}\rightarrow 10\text{EA}$ 사용

2) 하부플랜지

$$f_c=114.7\ \text{MPa} < 0.75\times170.0=127.5\ \text{MPa}$$

$$\rho_a=48\ \text{kN}$$

볼트개수 $n=\dfrac{127.5\times2,800}{48,000}=7.4\text{EA}\rightarrow 10\text{EA}$

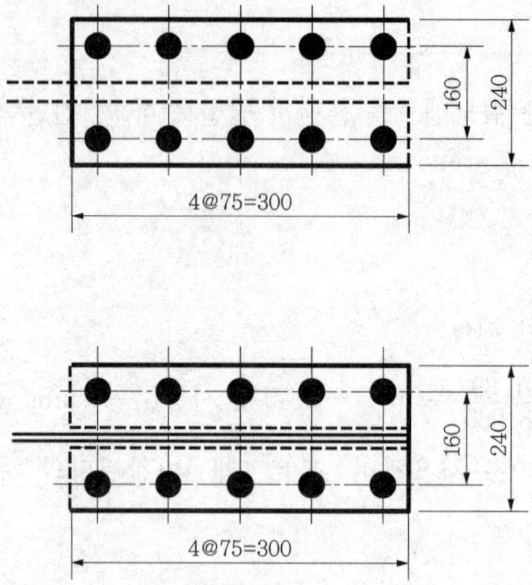

그림 4 · 10 플랜지 이음

4.3.6 보강재

(1) $t_w = 9\text{ mm} > \dfrac{800}{152} = 5.3\text{ mm}$ 수평보강재는 필요없음.

(2) $h_w = 800\text{ mm} > 70 \times 9 = 630\text{ mm}$ 수직보강재는 필요함.

(3) 보강재의 간격을 검산한다(도로교 설계기준 3.8.5). 보강재의 간격은 8×1,050=8,400에서 $a = 1{,}050\text{ mm}$, 또는 $b = 800\text{ mm}$에서

$a/b = 1{,}050/800 = 1.31 < 1.5$ (사용강재 SM 490)

$\tau = \dfrac{291.898}{7{,}200} = 40.57\text{ MPa}, \qquad f = 190\text{ MPa}$ (근사값)

$a/b > 1$

$$\left(\frac{b}{100t}\right)^4 \left[\left(\frac{f}{365}\right)^2 + \left\{\frac{v}{81 + 61(b/a)^2}\right\}^2\right] = 0.52 \le 1 \qquad \therefore \text{ O.K.}$$

여기에서, v : 복부판의 전단응력(MPa)

(4) 보강재 단면

• 수직보강재의 강도(도로교 설계기준 3.8.5.2)

$$I = \frac{bt^3}{10.92} r$$

$$= \frac{80\times 9.0^3}{10.92}\times 80\times\left(\frac{80}{105}\right)^2$$

$$= 248,019.7\ \text{mm}^4$$

여기에서, $r = 8.0\left[\frac{b}{a}\right]^2$: 수직보강재의 소요강비

b : 상하 양플랜지의 순간격(mm)

a : 수직보강재의 간격(mm)

t : 복부판의 두께(mm)

• 단면

$$b' = \frac{800}{30} + 50 = 77\ \text{mm} < 80\ \text{mm},\qquad t' > \frac{80}{12} = 6.2\ \text{mm} < 8\ \text{mm}$$

여기에서, b' =수직보강재의 돌출각 폭

t' =수직보강재의 돌출각 두께

(5) 1-PL 80×8을 사용한다.

(6) 보강재의 단면 2차 모멘트

$$I = \frac{1}{3}\times 8.0\times 80^3 = 1,365,333.3\ \text{cm}^4 > 248,019.7\ \text{mm}^4 \qquad \therefore \text{O.K.}$$

4.4 가 로 보

4.4.1 하중강도

(1) 세로보에서의 고정하중 반력

1) 단(端)가로보

ST-1보에서 $Rd_1 = 4.559\times 22.844 = 104.146\ \text{kN}$

ST-2보에서 $Rd_2 = 4.559\times 14.777 = 67.368\ \text{kN}$

가로보 자중 $= 2.00\ \text{kN/m}$

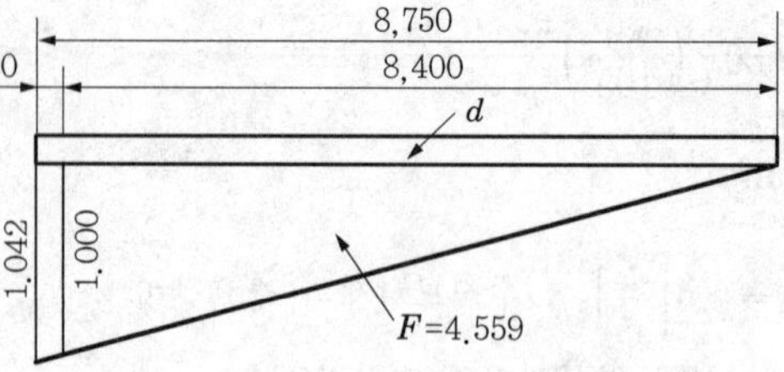

그림 4 · 11 고정하중 반력의 영향선

2) 중간가로보

ST-1보에서 $Rd_1 = 8.400 \times 22.844 = 191.890$ kN

ST-2보에서 $Rd_2 = 8.400 \times 14.777 = 124.127$ kN

가로보자중 = 2.00 kN/m

(2) 활하중 반력

1) 단(端)가로보

$$P = 96.0 \times 1.042 + 24.0 \times 0.542 = 113.04 \text{ kN}$$

$$\omega = 5.0 \times 4.559 = 22.795 \text{ kN/m}$$

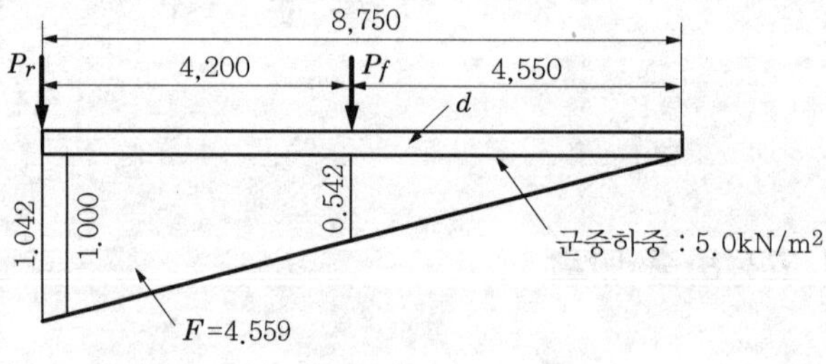

그림 4 · 12 활하중 반력의 영향선(단가로보)

2) 중간가로보

$$P = 96.0 \times 1.000 + 24.0 \times 0.500 = 108.0 \text{ kN}$$

$$\omega = 5.0 \times 8.400 = 42.0 \text{ kN/m}$$

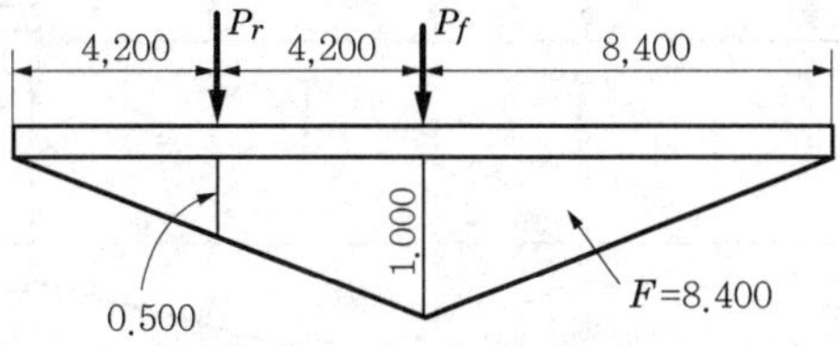

그림 4 · 13 활하중 반력의 영향선(중간가로보)

3) 충격계수 i

$$i=\frac{15}{40+L}=\frac{15}{40+8.98}=0.31$$

그러나 i는 0.3을 초과할 수 없으므로 0.3을 사용한다.

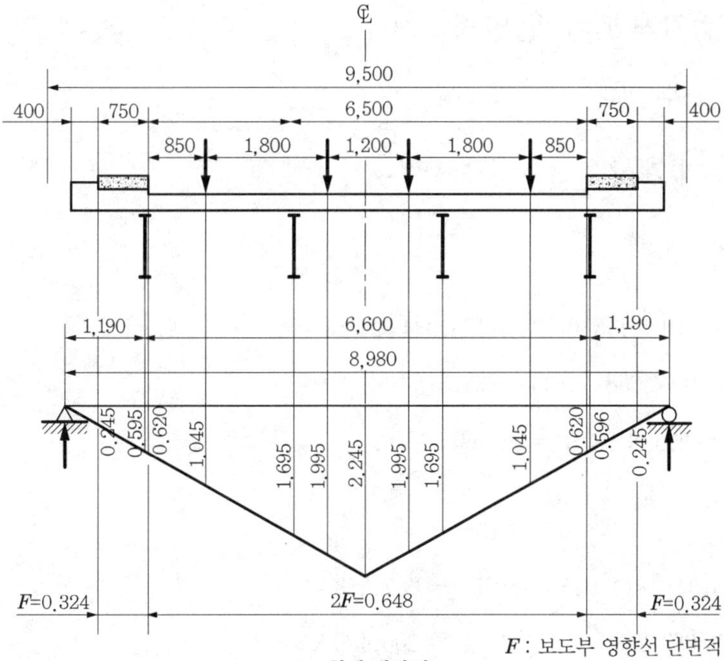

그림 4 · 14

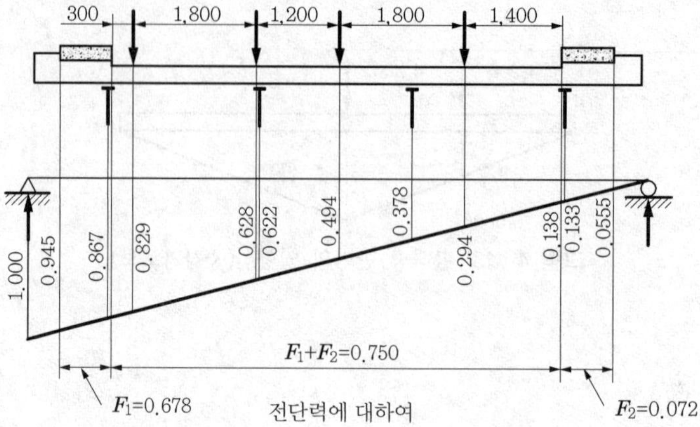

그림 4·15

4.4.2 단(端)가로보의 단면력

직접재하라 할 수 있다.

(1) 휨모멘트의 계산

1) 고정하중

$M_{ST-1} = 2 \times 104.146 \times 0.595 = 123.934$ kN/m

$M_{ST-2} = 2 \times 67.368 \times 1.695 = 228.378$ kN/m

$M_{OWN-3} = 2.0 \times 8.98^2/8 = 20.160$ kN/m

2) 활하중

$M_l = 113.04 \times 2 \times (1.045 + 1.995) = 687.283$ kN · m

$M_i = 0.3 \times 687.283 = 206.185$ kN · m

$M_\omega = 22.795 \times 0.648 = 14.771$ kN · m

$\Sigma M = 1,280.711$ kN · m

(2) 전단력의 계산

1) 고정하중

$$V_{ST-1} = 104.146 \times (0.867 + 0.133) = 104.146 \text{ kN}$$

$$V_{ST-2} = 67.368 \times (0.622 + 0.378) = 67.368 \text{ kN}$$

$$V_{own} = 2.0 \times 8.98 \times 1/2 = 8.98 \text{ kN}$$

2) 활하중

$$V_l = 113.04 \times (0.829 + 0.628 + 0.494 + 0.294) = 253.775 \text{ kN}$$

$$V_i = 0.3 \times 253.775 = 76.132 \text{ kN}$$

$$V_\omega = 22.795 \times 0.750 = 17.096 \text{ kN}$$

$$\Sigma V = 527.497 \text{ kN}$$

4.4.3 중간가로보

중간가로보는 상판을 직접 지지하지 않는 구조이므로 간접재하라고 할 수 있다. 계산에 따라 지간중앙에서 내측세로보 위치의 휨모멘트가 크기 때문에 이점을 고려한다. 전단력에 대해서는 단(端)가로보의 영향선과 같다.

(1) 휨모멘트의 계산

1) 고정하중

$$M_{ST-1} = 191.890 \times (0.443 + 0.747) = 228.349 \text{ kN} \cdot \text{m}$$

$$M_{ST-2} = 124.127 \times (1.279 + 2.098) = 419.177 \text{ kN} \cdot \text{m}$$

$$M_{own} = 2.0 \times 8.98^2/8 = 20.160 \text{ kN} \cdot \text{m}$$

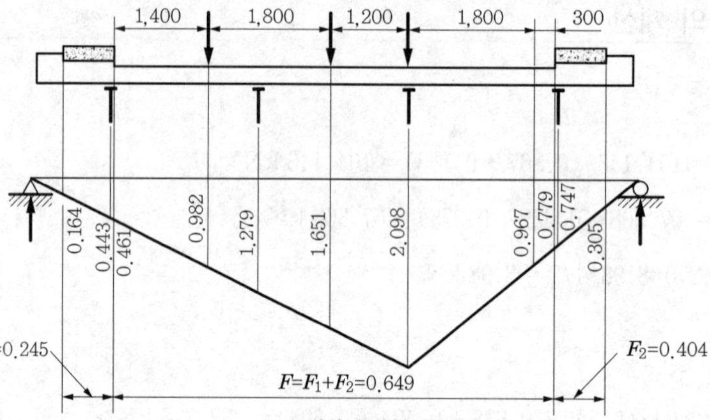

F : 영향선 단면적

그림 4 · 16 모멘트의 영향선(중간 가로보)

2) 활하중

$$M_l = 108.0 \times (0.982 + 1.651 + 2.098 + 0.967) = 615.384\ \text{kN} \cdot \text{m}$$

$$M_i = 0.3 \times 615.384 = 184.615\ \text{kN} \cdot \text{m}$$

$$M_\omega = 42.0 \times 0.649 = 27.258\ \text{kN} \cdot \text{m}$$

$$\sum M = 1,494.943\ \text{kN} \cdot \text{m}$$

(2) 전단력의 계산

1) 고정하중

$$V_{ST-1} = 191.890 \times (0.867 + 0.133) = 191.890\ \text{kN} \cdot \text{m}$$

$$V_{ST-2} = 124.127 \times (0.622 + 0.378) = 124.127\ \text{kN} \cdot \text{m}$$

$$V_{\text{own}} = 2.0 \times 8.98 \times \frac{1}{2} = 8.98\ \text{kN} \cdot \text{m}$$

2) 활하중

$$V_l = 108.0 \times (0.829 + 0.628 + 0.494 + 0.294) = 242.460\ \text{kN} \cdot \text{m}$$

$$V_i = 0.3 \times 242.460 = 72.738\ \text{kN} \cdot \text{m}$$

$$V_\omega = 42.0 \times 0.750 = 31.500\ \text{kN} \cdot \text{m}$$

$$\sum V = 671.695\ \text{kN} \cdot \text{m}$$

4.4.4 단면결정(SM 490 사용)

(1) 단(端)가로보

$M = 1,280.711\ \text{kN}\cdot\text{m}$, $\quad V = 527.497\ \text{kN}$

$e = \dfrac{21,300}{21,130} = 10.1\ \text{mm}$, $\quad Ae^{2} = 21,130\times 10.1^{2} \fallingdotseq 216\times 10^{4}\ \text{mm}^{4}$

$y_u = 664.4\ \text{mm}$, $\quad y_l = 684.6\ \text{mm}$

$$f_c = \frac{1,280.711\times 10^{6}}{583,300\times 10^{4}}\times 664.4 = 145.9\ \text{MPa} < f_{ca} = 190\ \text{MPa}$$

$$f_t = \frac{1,280.711\times 10^{6}}{583,300\times 10^{4}}\times 684.6 = 150.3\ \text{MPa} < f_{ta} = 190\ \text{MPa}$$

구분		$A(\text{mm}^2)$	$y(\text{mm})$	$Ay(\text{mm}^3)$	$I(\text{mm}^4)$
1-U.Flg PL	300×16	4,800	666.5	$3,199\times 10^{3}$	$213,200\times 10^{4}$
1-Web PL	1,317×9	11,850			$171,300\times 10^{4}$
1-L.Flg PL	280×16	4,480	−666.5	$-2,986\times 10^{3}$	$199,000\times 10^{4}$
		21,130			$583,500\times 10^{4}$
					-200×10^{4}
					$583,300\times 10^{4}$

압축플랜지는 철근콘크리트 바닥판에 고정되어 있다고 보고, 휨압축의 허용응력은 그 상한값을 잡는다. 따라서 $f_{ca} = 190\ \text{MPa}$

$$\tau = \frac{671,695}{11,850} = 56.683\ \text{MPa} < \tau_a = 110\ \text{MPa}$$

4.4.5 보강재

(1) $t_w = 9\ \text{mm} > b/152 = 1,317/152 = 8.7\ \text{mm}$수평보강재 필요없음.

(2) $b = 1,317\ \text{mm} > 70\,t_w = 70\times 9 = 630\ \text{mm}$수직보강재 필요함.

(3) 보강재의 간격을 검산한다(도로교 설계기준 3.8.5).

(4) 보강재의 간격은 $2\times 1,100 = 2,200$에서 $a = 1,100\ \text{mm}$

또는 $b=1,317$ mm에서 $a/b=1,100/1,317=0.84<1.5$

$a/b<1$

$$\left(\frac{b}{100t}\right)^4\left[\left(\frac{f}{365}\right)^2+\left(\frac{v}{61+81(b/a)^2}\right)^2\right]=0.814\leqq 1.0$$

(5) 보강재 단면(도로교 설계기준 3.8.5.2)

- 소요강도

$$I=\frac{bt^3}{10.92}\gamma=\frac{1,317\times 9^3}{10.92}\times 8\times\left(\frac{1,317}{1,100}\right)^2$$

$$=1,008,246.7\ \text{mm}^4$$

- 단면

$$b=\frac{1,317}{30}+50=94\ \cdots\cdots\ 100$$

$$t=\frac{100}{13}=9.7\ \cdots\cdots\cdots\cdots\ 8$$

- 1-PL 100×8을 사용하면

$$I=\frac{1}{3}\times 8.0\times 100^3=2,666,666.7\ \text{mm}^4>1,008,246.7\ \text{mm}^4 \qquad \therefore \text{O.K.}$$

4.5 주 트러스(main truss)

4.5.1 하중강도

- 고정하중

포 장	차 도	0.05×23.0×3.250	=3.738 kN/m
	보 도	0.03×23.0×0.550	=0.380 kN/m
바닥판	차 도	0.22×25.0×3.450	=18.975 kN/m
	보 도	0.227×25.0×0.550	=3.121 kN/m
	지 복	0.40×0.27×25.0	=2.700 kN/m
	난 간		=0.400 kN/m

헌 치	0.251+0.064+0.128	=4.430 kN/m
연 석	0.2×0.25×23.5	=1.175 kN/m
지 복		=14.500 kN/m
		W_d=49.419 kN/m

(1) 활하중

차선하중에 대한 영향이 트럭하중에 의한 것보다 크다. 1등교에서 차선하중은 등분포하중 12.7 kN/m와 집중하중은 휨 모멘트에서 108 kN, 전단력계산에서 156 kN이다(도로교 설계기준 2.1.3).

(2) 충격계수

1) 상·하현재, 단주

$$i=\frac{15}{40+L}=\frac{15}{40+84}=0.121$$

2) 복재(수직재, 사재)

$$i=\frac{15}{40+L}=\frac{15}{40+84\times0.75}=0.146$$

3) 현수재

$$i=\frac{15}{40+L}=\frac{15}{40+9.5}=0.303 \quad (L: \text{가로보지간})$$

0.3을 초과하므로 0.3으로 한다.

4.5.2 영향선

상현재, 하현재, 사재의 경우를 각각 그림 4·17, 4·18, 4·19와 같이 표시한다.

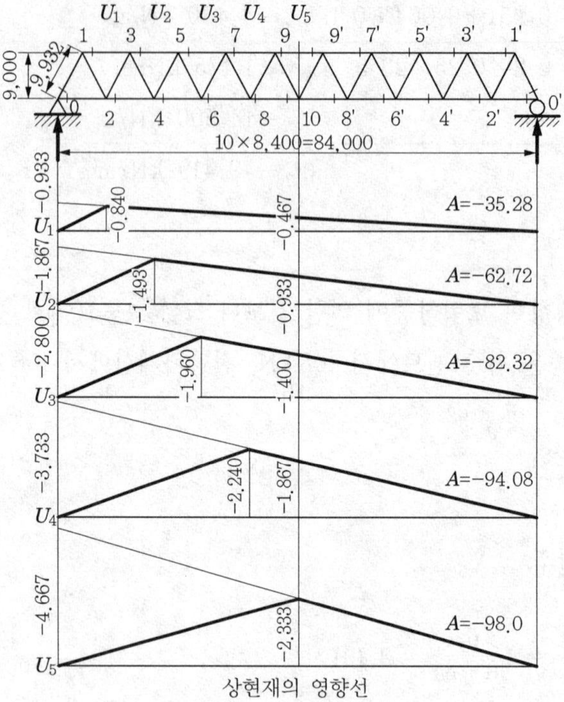

그림 4 · 17 상현재의 영향선

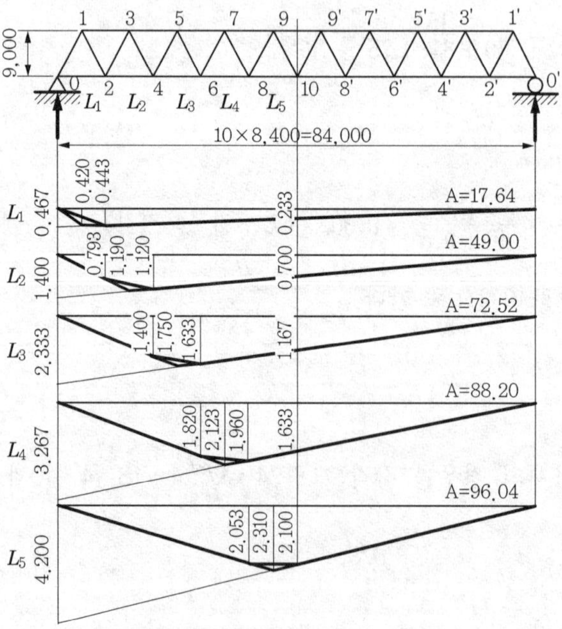

그림 4 · 18 하현재의 영향선

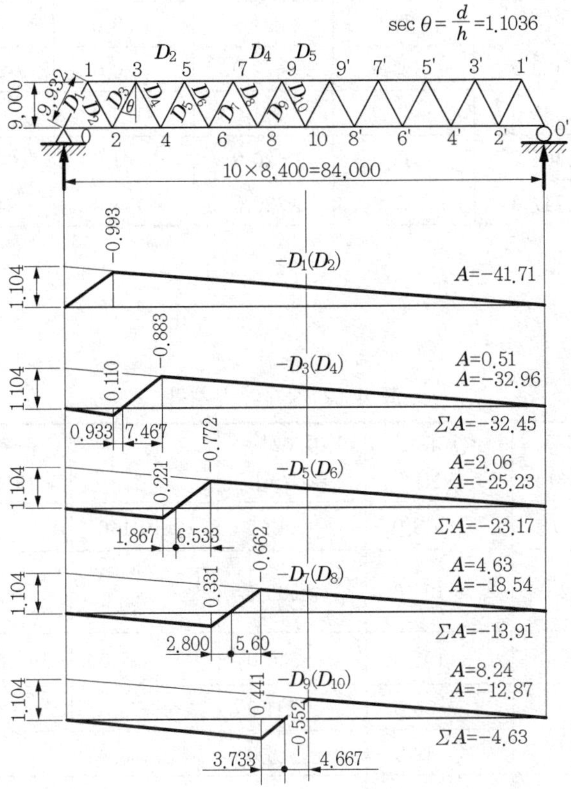

그림 4·19 사재의 영향선

4.5.3 부재력의 집계

(1) 상·하현재

표 4·1 상하현재의 부재력

[단위 : kN]

		고정하중 [kN/m]	활하중 [kN]	등분포하중 [kN/m]	충격계수	군중하중 [kN/m]	합계
		49.43	108.0	12.70	$i=0.121$	5.0	
상현재	U_1	−1,744.0	−91.0	−448.0	−65.0	−176.0	−2,524.0
	U_2	−3,100.0	−161.0	−797.0	−116.0	−314.0	−4,488.0
	U_3	−4,069.0	−212.0	−1,045.0	−152.0	−412.0	−5,890.0
	U_4	−4,650.0	−242.0	1,195.0	−174.0	−471.0	−6,731.0
	U_5	−4,840.0	−252.0	−1,245.0	−181.0	−490.0	−7,012.0

하현재	L_1	872.0	48.0	224.0	33.0	88.0	1,265.0
	L_2	2,422.0	121.0	622.0	90.0	245.0	3,500.0
	L_3	3,585.0	176.0	921.0	133.0	363.0	5,177.0
	L_4	4,360.0	212.0	1,120.0	161.0	441.0	6,294.0
	L_5	4,747.0	227.0	1,220.0	175.0	480.0	6,849.0

(2) 사재

표 4·2 사재의 부재력

[단위 : kN]

	고정하중 [kN/m]	활하중 [kN]	등분포하중 [kN/m]	충격계수	군중하중 [kN/m]	합계
	49.43	108.0	12.7	$i=0.146$	5.0	
D_1	−2,062.0	−107.0	−530.0	($i=0.121$) −77.0	−209.0	−2,984.0
D_2	2,062.0	107.0	530.0	77.0	209.0	2,984.0
D_3	−1,604.0	−95.0	−41.9	−75.0	−165.0	−2,358.0
		12.0	6.0	3.0	3.0	−1,573.0*
D_4	1,604.0	9.5	419.0	75.0	165.0	2,358.0
		−12.0	−6.0	−3.0	−3.0	1,573.0*
D_5	−1,145.0	−83.0	−320.0	−59.0	−126.0	−1,734.0
		24.0	26.0	7.0	10.0	−1,058.0*
D_6	1,145.0	83.0	320.0	59.0	126.0	1,734.0
		−24.0	−26.0	−7.0	−10.0	1,058.0*
D_7	−688.0	−71.0	−235.0	−45.0	−93.0	−1,132.0
		36.0	59.0	14.0	23.0	−517.0*
D_8	688.0	71.0	235.0	45.0	93.0	1,132.0
		−36.0	−59.0	−14.0	−23.0	517.0*
D_9	−229.0	−60.0	−163.0	−33.0	−64.0	−548.0
		48.0	105.0	22.0	41.0	52.0*
D_{10}	229.0	60.0	163.0	33.0	64.0	548.0
		−48.0	−105.0	−22.0	−41.0	−52.0*

[주] 상반응력에 대해서는 활하중응력을 1.3배 한다.

$D_3 = -1,604 + (12+6+3+3) \times 1.3 = 1,573$

4.5.4 단면결정

(1) 상현재

단면형상을 그림 **4·20**과 같이 표시한다. SM 490을 사용하는 것으로 하여 격점 U_5에 대해 계산한다.

$$N = -7,012.0 \text{ kN}$$

$$e = \frac{111,000}{47,240} = 23.5 \text{ mm}$$

$$Ae^2 = 47,240 \times 23.5^2 = 2,608.8 \times 10^4 \text{ mm}^4$$

$$r_x = \sqrt{\frac{166,295.8}{472.4}} = 187.6 \text{ mm} \quad l/r_x = \frac{8,400}{187.6} = 44.8 < 120$$

(도로교 설계기준 3.4.1.4)

$$r_y = \sqrt{\frac{204,560}{472.4}} = 208.1 \text{ mm} \quad l/r_y = \frac{8,400}{208.1} = 40.4 < 120$$

$$f_c = \frac{7,012,000}{47,240} = 148.4 \text{ MPa} < f_{ca} = 151.3 \text{ MPa}$$

$$A_w = 202.4 \times 10^2 \text{ mm}^2 > 0.4 \Sigma A = 0.4 \times 47,240 = 188.96 \times 10^2 \text{ mm}^2$$

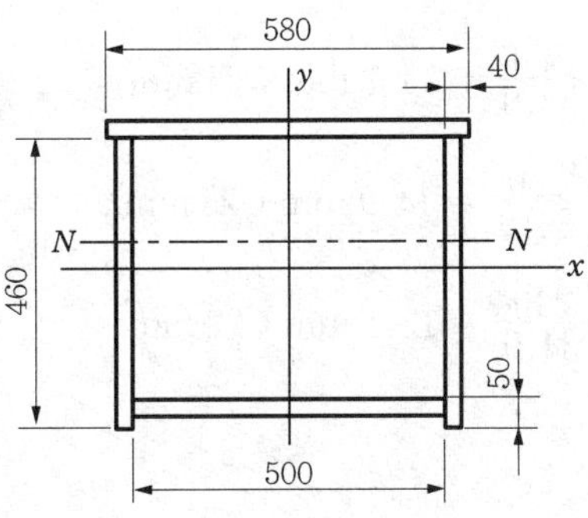

그림 4·20 상현재의 단면형상

- 강판 두께 검산

  순압축이므로 응력구배 $\phi = 0$이 되고, 응력구배에 따른 계수 $i = 1.0$이 된다(도로교 설계기준 3.4.2.1).

$$\text{상부 FL.} \; \frac{b}{48i} = \frac{500}{48} = 10.4 \text{ mm} < 25 \text{ mm}$$

하부 FL. $= \frac{500}{48} = 10.4\ \text{mm} < 25\ \text{mm}$

복부 PL. $= \frac{410}{48} = 8.5\ \text{mm} < 22\ \text{mm}$

	$A(\text{mm}^4)$	$y(\text{mm})$	$Ay(\text{mm}^3)$	$I_x = Ay^2(\text{mm}^4)$	$I_y = Ax^2(\text{mm}^4)$
1-Flg. PL 580×25	14,500	242.5	$3,516\times10^3$	$85,269\times10^4$	$40,640\times10^4$
2-Web. PL 460×22	20,240			$35,690\times10^4$	$137,880\times10^4$
1-Flg. PL 580×25	12,500	−192.5	$-2,046\times10^3$	$46,320\times10^4$	$26,040\times10^4$
	47,240		$1,110\times10^3$	$167,279\times10^4$ -983.2×10^4	$204,560\times10^4$
				$166,295.8\times10^4$	

부재의 허용압축응력(도로교 설계기준 3.3.2.1)

$$f_{cag} = 190 - 1.3\times(44.8 - 15) = 151.3\ \text{MPa}$$

$$f_{cao} = 190\ \text{MPa}$$

국부좌굴에 대한 허용응력(도로교 설계기준 3.4.2.1)

상부 FL. $\frac{b}{34.0i} = \frac{500}{34.0} = 14.7\ \text{mm} < 25\ \text{mm}$

하부 FL. $= \frac{500}{34.0} = 14.9\ \text{mm} < 25\ \text{mm}$

복부 PL. $= \frac{410}{34.0} = 12.1\ \text{mm} < 22\ \text{mm}$

$$f_{cal} = 190\ \text{MPa}$$

따라서

$$f_{ca} = \frac{f_{cag} \cdot f_{cal}}{f_{cao}}$$

$$= \frac{151.3\times190}{190} = 151.3\ \text{MPa}$$ (도로교 설계기준 3.3.2.1)

$$f_c = \frac{7,012,000}{47,240} = 148.43\ \text{MPa} < f_{ca}$$ ∴ O.K.

(2) 하현재

단면형상을 그림 **4·21**과 같이 표시한다. SM 490을 사용하는 것으로 하여 격점 L_5에 대해 계산한다.

$$N = 6,849.0\ \text{kN}$$

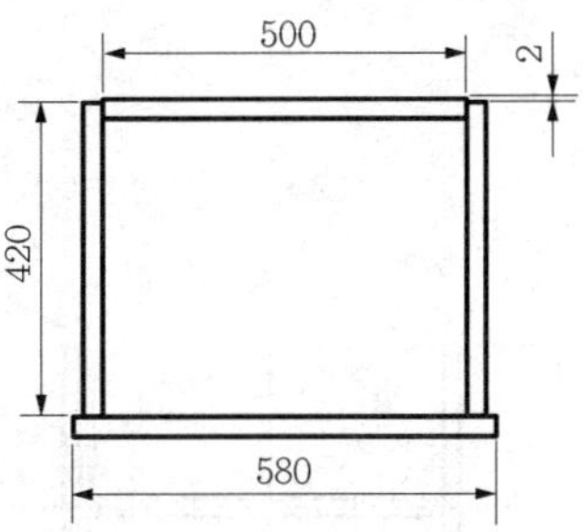

그림 4·21 하현재의 단면형상

	$A(\text{mm}^2)$	$y(\text{mm})$	$Ay(\text{mm}^3)$	$I_x = Ay^2(\text{mm}^4)$	$I_y = Ax^2(\text{mm}^4)$
1-Flg. PL 500×18	9,000	218	$1,962\times10^3$	$42,772\times10^4$	$18,750\times10^4$
2-Web. PL 420×22	18,480			$27,170\times10^4$	$125,890\times10^4$
1-Flg. PL 580×18	10,440	−218	$-2,286\times10^3$	$50,071\times10^4$	$29,260\times10^4$
	37,920		-324×10^3	$120,013\times10^4$ -293×10^4	$173,900\times10^4$
				$119,720\times10^4$	

$$e = \frac{324\times10^3}{37,920} = 8.5\ \text{mm}$$

$$Ae^2 = 274\times10^4\ \text{mm}^4$$

$$r_x = \sqrt{\frac{120,013\times10^4}{37,920}} = 177.9\ \text{mm} \qquad l/r_x = \frac{8,400}{177.9} = 47.2 < 120$$

(도로교 설계기준 3.4.1.4)

$$r_y = \sqrt{\frac{173,900\times10^4}{37,920}} = 217.8\ \text{mm} \qquad l/r_y = \frac{8,400}{217.8} = 38.6 < 120$$

$$f_t = \frac{6,849,000}{37,920} = 180.62\ \text{MPa} < f_{ta} = 190\ \text{MPa}$$

$$A_w = 184.8 \times 10^2\ \text{mm}^2 > 0.4\ \Sigma A = 0.4 \times 37,920 = 151.7 \times 10^2\ \text{mm}^2$$

(3) 사재

D_2 및 D_3에 대해서 계산한다.

1) D_2 부재(SM 490을 사용한다)

$N = 2,984.0$ kN

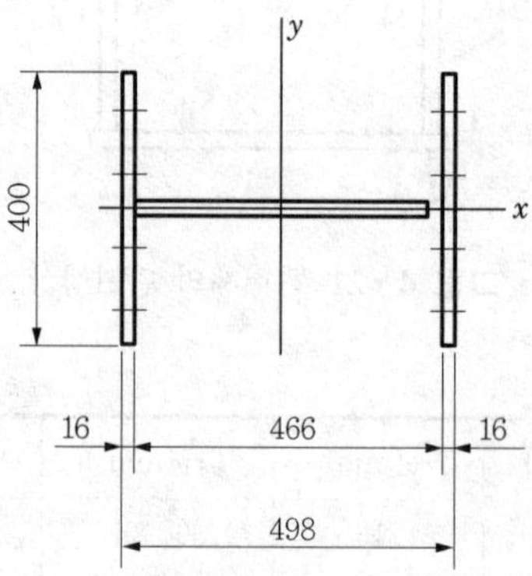

그림 4 · 22 사재 D_2

	$A_g(\text{mm}^2)$		$A_n(\text{mm}^2)$
2-PL 400×16 1-PL 466×14	12,800 6,524	4×2.5×1.6×2 -	9,600 6,524
	19,324		16,124

$$f_t = \frac{2,984,000}{16,124} = 185.1\ \text{MPa} < 190\ \text{MPa}$$

2) D_5 부재(SM 490을 사용한다)

$N = -2,358.0$ kN

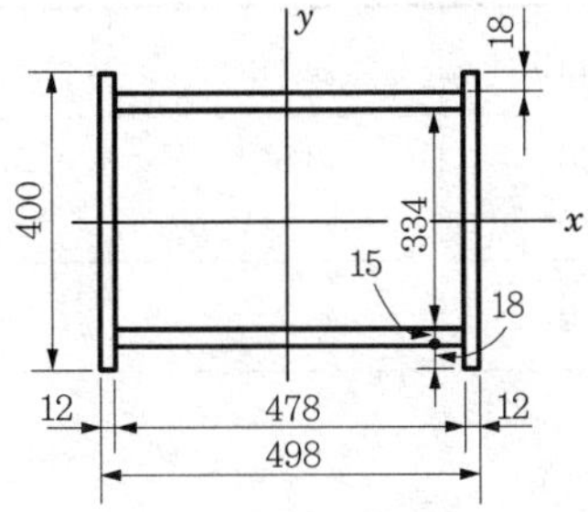

그림 4 · 23 사재 D_5

	$A(\text{mm}^2)$	$y(\text{mm})$	$Ay(\text{mm}^3)$	$I_x(\text{mm}^4)$	$I_y(\text{mm}^4)$
2-PL 400×10	8,000		$10,670\times10^3$	24.5×10^4	$48,020\times10^4$
2-PL 478×15	14,340	174.5	$43,670\times10^3$		$86,070\times10^4$
	22,340		$54,340\times10^3$		$134,090\times10^4$

$$r_x=\sqrt{\frac{54,340\times10^3}{22,340}}=156.0\text{ mm} \qquad l/r_x=\frac{0.9\times9,932}{156.0}=57.3$$

$$r_y=\sqrt{\frac{134,090\times10^3}{22,340}}=245.0\text{ mm} \qquad l/r_y=\frac{9,932}{245.0}=40.5$$

$$f_{cag}=190-1.3\times(57.3-15)=135.0\text{ MPa}$$

$$f_{cao}=190\text{ MPa}$$

$$\left.\begin{aligned}\frac{b}{34.0i}=\frac{478}{34.0}&=14.1\text{ mm}<15\text{ mm}\\ =\frac{334}{34.0}&=9.8\text{ mm}<12\text{ mm}\end{aligned}\right\}\; f_{cal}=190\text{ MPa}$$

따라서

$$f_{ca}=135\text{ MPa}$$

$$f_c=\frac{2,358,000}{22,340}=105.6\text{ MPa}<f_{ca} \qquad \therefore\ \text{O.K.}$$

(4) 인장부재의 세장비 검토

인장부재로서 최소단면인 D_8을 검토한다.

	$A(mm^2)$	$x(mm)$	$I_y(mm^4)$	$I_x(mm^4)$
2-PL 260×9 1-PL 480×9	4,680 4,320	244.5	$27,980\times10^4$ $8,290\times10^4$	$2,640\times10^4$
	9,000		$36,270\times10^4$	$2,640\times10^4$

$$r_y=\sqrt{\frac{36,270\times10^4}{9,000}}=200.7\text{ mm}\qquad l/r_y=\frac{9,932}{200.7}=49.5<200$$

$$r_x=\sqrt{\frac{2,640\times10^4}{9,000}}=54.2\text{ mm}\qquad l/r_x=\frac{9,932}{54.2}=183<200$$

4.6 연결의 계산

4.6.1 상현재

U_5에 대해 계산한다. SM 490을 사용한다.

(1) 상부 플랜지

1-Top PL　　580×25　　$A_g=14,500\text{ mm}^2$

$f_c=148.43$ MPa

- 리벳수

$$n=\frac{14,500\times148.43}{98,826}=21.8\cdots\cdots 24\text{개 사용}$$

($\rho=98,826$ N, $\phi22$, rivet, 복전단)　　〈허용전단력〉

$\rho=130\times380\times2=98,826$ N　　$\rho=\tau_a\times\frac{\pi d^2}{4}\times2$: 복전단

- 연결판

1-Spl. PL　　580×13　　7,540 mm^2
1-Spl. PL　　455×14　　6,370 mm^2
} 13,910 m^2

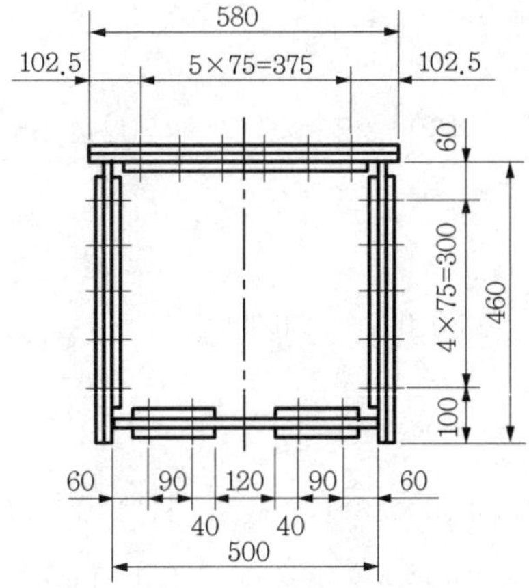

그림 4 · 24 상현재 단면

(2) 하부 플랜지

1-Bott.PL　　　　500×25　　　　$A_g = 12,500\ \text{mm}^2$

- 리벳수

$$n = \frac{12,500 \times 148.43}{98,826} = 18.8 \cdots\cdots 20\text{개 사용}$$

- 연결판

4-Spl.PL　　　　170×19　　　　$12,920\ \text{mm}^2$

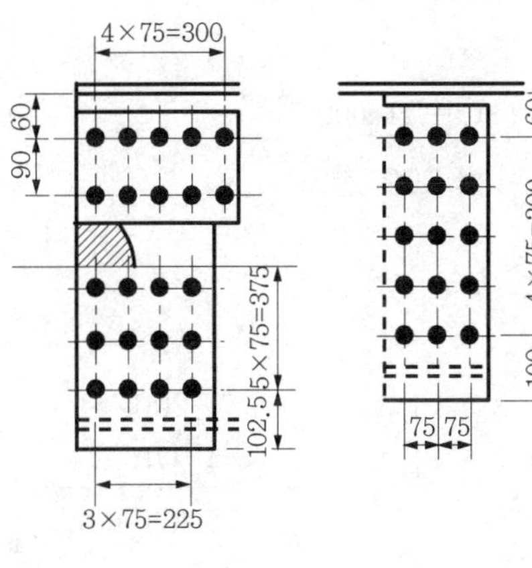

그림 4 · 25

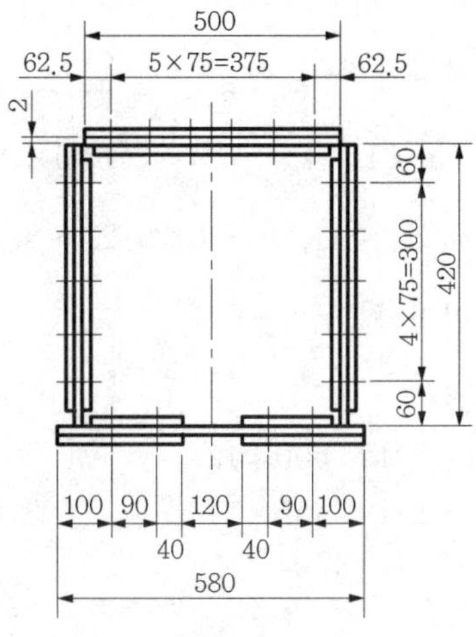

그림 4 · 26

(3) 복부판

2-Web. PL　　460×22　　202.4 cm^2

- 리벳수

$$n=\frac{20,240\times148.43}{98,826}=30.0 \cdots\cdots \text{30개 사용}$$

- 연결판

2-Spl. PL	440×13	11,440 mm^2	20,560 m^2
2-Spl. PL	380×12	9,120 mm^2	

4.6.2 하현재

L_5에 대해 계산한다. SM 490을 사용한다.

(1) 상부 플랜지

1-Top PL　　500×18　　$A_g=9,000$ mm^2

$f_c=1,806.2$ MPa

- 리벳수

$$n=\frac{9,000\times180.62}{98,826}=16.4 \cdots\cdots \text{17개 사용}$$

- 보강단면

1-PL　　500×22　　$A_g=11,000$ mm^2

$A_n=11,000-5\times25\times22=8,250$ mm^2(그림 4·32 참조)

- 연결판

	A_g		A_n
1-PL 500×12	6,000	6×2.5×1.2	4,200
1-PL 455×14	6,370	6×2.5×1.4	4,270
			8,470 mm^2

(2) 하부 플랜지

1-Bott. PL 580×18 $A_g = 10,440 \text{ mm}^2$

• 리벳수

$$n = \frac{10,440 \times 180.62}{98,826} = 19.1 \cdots\cdots 20\text{개 사용}$$

• 보강단면

1-PL 580×22 $A_g = 12,760 \text{ mm}^2$

$A_n = 12,760 - 4 \times 25 \times 22 = 10,560 \text{ mm}^2$

• 연결판

	A_g		A_n
2-PL 170×22	7,480	4×2.5×2.2	5,280
2-PL 230×16	7,360	4×2.5×1.6	5,760
			11,040 mm^2

(3) 복부판

2-Web. PL 420×22 $A_g = 18,480 \text{ mm}^2$

• 리벳수

$$n = \frac{18,480 \times 180.62}{98,826} = 33.8 \cdots\cdots 40\text{개 사용}$$

• 보강단면

2-PL 420×30 $A_g = 25,200 \text{ mm}^2$

$A_n = 25,200 - 2 \times 25 \times 5 \times 30 = 17,700 \text{ mm}^2$

• 연결판

	A_g		A_n
2-PL 400×17	13,600	2×2.5×5×1.7	9,350
2-PL 380×18	13,680	2×2.5×5×1.8	9,180
			18,530 mm^2

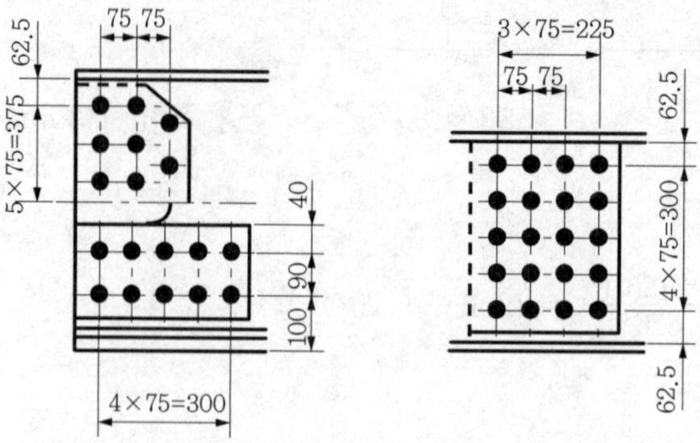

그림 4·27

4.6.3 사재(斜材)

(1) D_2 부재

$N = 2,984\ \text{kN}$

• 리벳수

$$n = \frac{2,984,000}{49,413} = 60.0 \cdots\cdots 61\text{개 사용}$$

($\rho = 49,413\ \text{N}$, $\phi 22$, $t = 16\ \text{mm}$, 단전단)

$\rho = 130 \times 380.1 = 49,413\ \text{N}$

(2) D_3 부재

$N = 2,358\ \text{kN}$

• 리벳수

$$n = \frac{2,358,000}{49,413} = 48 \cdots\cdots 49\text{개 사용}$$

($\rho = 49,413$, $\phi 22$, $t = 16\ \text{mm}$, 단전단)

4.6.4 거세트판의 두께 검토

거세트 두께(t_g)는 〈도로교 설계기준 3.10.3.2〉에 따라 구한다. 표 4·3은 거세트판 두께 일람표이다.

표 4 · 3 거세트판 두께 일람표

격점	P [kN]	b [mm]	t_w [mm]	$t=2\times P/b$	t_g
1	−2,984	460	14	13.0	14
	2,984	400		14.9	
2	2,984	400	12	14.9	16
	−2,358	400			
3	−2,358	400	14	11.8	16
	2,358	360			
4	2,358	360	12	13.1	16
	−1,734	360			
5	−1,734	360	16	9.6	16
	1,734	360			
6	1,734	360	16	9.6	22
	−1,132	260		8.7	
7	−1,132	260	19	8.7	19
	1,132	260			
8	1,132	260	19	8.7	25
	−548	260			
9	−548	260	19	4.2	19
	548	260			
10	548	260	19	4.2	25

여기에서, t_w : 거세트판과 일체가 되는 현재 또는 단주의 복부판의 두께(mm)

주 트러스 격점에서 현재의 복부판에 거세트판을 겹쳐 붙이는 구조로서 부재 양면에 거세트판을 사용하는 경우 거세트판의 두께는 다음 식으로 구하고 최소두께는 9 mm로 한다.

$$t_g = 2\times\frac{P}{b}$$

여기에서, t_g : 거세트판의 두께(mm)

P : 거세트판으로 연결되는 단주 또는 복부재에 작용하는 최대부재력(kN)

b : 거세트판으로 연결되는 다주 또는 복부재의 거세트 판면에 접하는 부분의 폭(mm)

지금, 압축력을 받는 현재의 경우 연결판(gusset plate)의 회전반경 $r_f = 100$ mm로 하면

$$r_f = 100 > \frac{h}{5} = \frac{460}{5} = 92 \text{ mm} \qquad \therefore \text{ O.K.}$$

여기에서, h : 거세트판과 일체가 되는 현재 또는 단주의 복부판의 높이(mm)

4.7 단주(端柱) 및 교문브레이싱

4.7.1 단주

(1) 풍하중(도로교 설계기준 2.1.11)

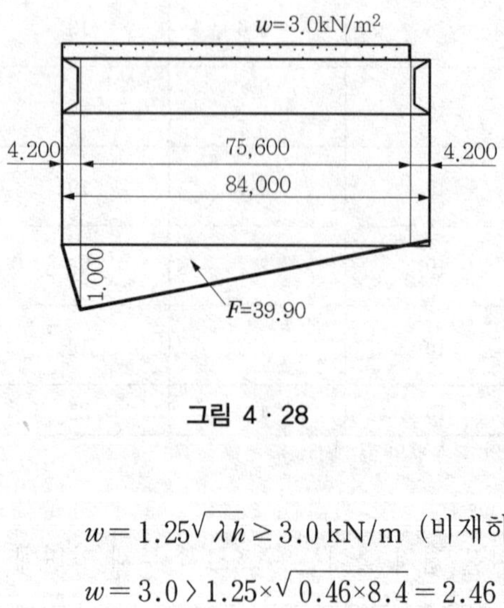

그림 4 · 28

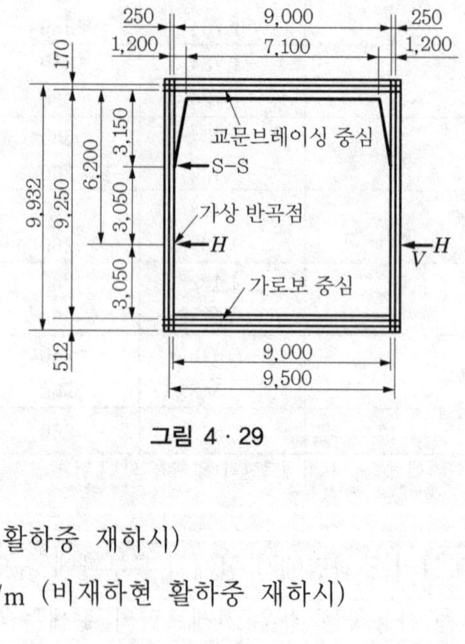

그림 4 · 29

$w = 1.25\sqrt{\lambda h} \geq 3.0$ kN/m (비재하현 활하중 재하시)

$w = 3.0 > 1.25 \times \sqrt{0.46 \times 8.4} = 2.46$ kN/m (비재하현 활하중 재하시)

여기에서, h : 현재의 높이(m)

λ : 하현재 중심에서 상현재 중심까지의 주구높이(m)

(2) 횡 력

$$P_w = 3.0 \times 39.90 = 120.0 \text{ kN}$$

• 수평반력

$$H=\frac{1}{2}P_w=\frac{1}{2}\times 120.0=60.0\text{ kN}$$

• 수직반력

$$V=\frac{1}{b}P_w\cdot h=\frac{1}{9.50}\times 120.0\times 6.37=80.0\text{ kN}$$

• S-S 단면의 휨모멘트

$$M=H\cdot h=60.0\times 3.05=183.0\text{ kN}\cdot\text{m}$$

(3) 단주의 합계응력

① 주하중에 의한 축방향력 $N=2,984\text{ kN}$

② 풍하중에 의한 축방향력 $N_w=80\text{ kN}$

$\Sigma N=3,064\text{ kN}$

③ 풍하중에 의한 휨모멘트 $M_w=183\text{ kN}\cdot\text{m}$

(4) 단면결정(SS 400을 사용한다)

	$A(\text{mm}^2)$	$y(\text{mm})$	$Ay(\text{mm}^3)$	$I_x(\text{mm}^4)$	$I_y(\text{mm}^4)$
1-PL 580×16 2-PL 460×16 1-PL 500×16	9,280 14,720 8,000	238 −188	$2,209\times10^3$ $-1,504\times10^3$	$52,570\times10^4$ $25,960\times10^4$ $28,280\times10^4$	$26,010\times10^4$ $97,980\times10^4$ $16,670\times10^4$
	32,000		705×10^3	$106,810\times10^4$ $-1,550\times10^4$	$140,660\times10^4$
				$105,260\times10^4$	

$$e=\frac{705\times10^3}{32,000}=22.0\text{ mm} \qquad Ae^2=1,550\times10^4\text{ mm}^4$$

$$r_x=\sqrt{\frac{105,260}{320.0}}=181.4\text{ mm} \qquad l/r_x=\frac{9,932}{181.4}=54.8$$

$$r_y=\sqrt{\frac{140,660}{320.0}}=209.7\text{ mm} \qquad l/r_y=\frac{9,932}{209.7}=47.4$$

$$A_w=14,720\text{ mm}^2>0.4\Sigma A=0.4\times 3,200=12,800\text{ mm}^2$$

- 강판 두께의 검산은 생략한다.

$$f_{cag} = 140 - 0.84(54.8 - 20) = 110.8\ \text{MPa}$$

$$f_{cao} = f_{cal} = 140\ \text{MPa}$$

따라서, $f_{ca} = 110.8\ \text{MPa}$

- 평상시

$$f_c = \frac{2,984,000}{32,000} = 93.3\ \text{MPa} < f_{ca} = 110.8\ \text{MPa}$$

- 풍하중작용시 휨과 축력을 받는 부재의 검사

$$f_{bcy} = \frac{183 \times 10^6}{140,660 \times 10^4} \times 290 = 37.7\ \text{MPa},\quad f_c = \frac{2,921,000}{320.0} = 91.3\ \text{MPa}$$

$$f_{cax} = 1.25 \times 1,108 = 138.5\ \text{MPa},\quad f_{bagy} = 1.25 \times 140.0 = 175.0\ \text{MPa}$$

$$f_{Ey} = 1,200,000/\left(\frac{l}{r_y}\right)^2 = 1,200,000/47.4^2 = 534.1\ \text{MPa}$$

$$\frac{f_c}{f_{cax}} + \frac{f_{bcy}}{f_{bagy}(1 - f_c/f_{Ey})} = \frac{91.3}{138.5} + \frac{37.7}{175.0 \times (1 - 91.3/534.1)}$$

$$= 0.92 < 1 \qquad \therefore \text{O.K.}$$

$$f_c + \frac{f_{bcy}}{1 - f_c/f_{Ey}} = 91.3 + \frac{377}{1 - 91.3/534.1}$$

$$= 136.8\ \text{MPa} < f_{cal} = 140\ \text{MPa} \qquad \therefore \text{O.K.}$$

4.7.2 교문 브레이싱

(1) 풍하중

비재하현 활하중 비재하시

$$w = 2.5\sqrt{\lambda h} \geq 3.0\ \text{kN/m}$$

$$w = 2.5\sqrt{0.46 \times 8.4} = 4.91\ \text{kN/m}$$

$P_w = 4.91 \times 39.90 = 196.0\ \text{kN}$(그림 4·29 참조)

수평반력 H

$$H=\frac{1}{2}P_w=\frac{1}{2}\times 196.0=98.0\text{ kN}$$

수직반력 V

$$V=\frac{1}{b}\cdot P_{wh}=\frac{196.0}{95.0}\times 6.37=131.4\text{ kN}$$

① 점 $M_1=196.0\times0.17+98.0\times6.2-131.4\times0.25=608.1\text{ kN}\cdot\text{m}$

② 점 $M_2=196.0\times0.17+98.0\times6.2-131.4\times1.2=483.2\text{ kN}\cdot\text{m}$

③ 점 $M_3=196.0\times0.17+98.0\times6.2-131.4\times8.3=-449.7\text{ kN}\cdot\text{m}$

④ 점 $M_4=196.0\times0.17+98.0\times6.2-131.4\times9.25=-574.5\text{ kN}\cdot\text{m}$

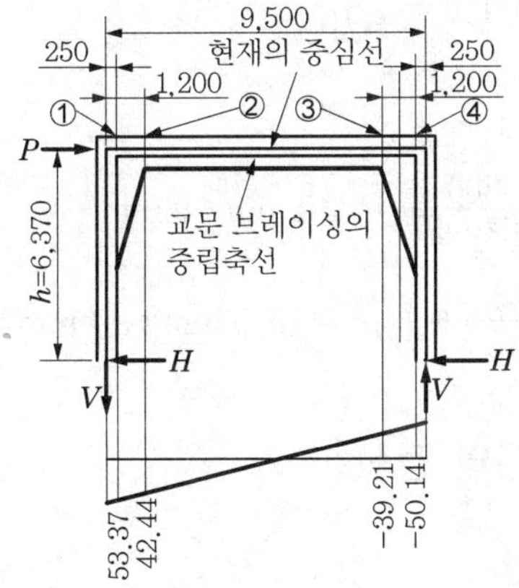

그림 4 · 30

(2) 단면결정(SS 400을 사용한다)

$$M=476.7\text{ kN}\cdot\text{m} \text{ 또는 } -449.7\text{ kN}\cdot\text{m},\quad N=98.0\text{ kN}$$

	$A(\text{mm}^2)$	$y(\text{mm})$	$I_x(\text{mm}^4)$	$I_y(\text{mm}^4)$
2-PL 330×14	9,240	407	$153,060\times10^4$	
1-PL 800×9	7,200		$38,400\times10^4$	
	16,440		$191,460\times10^4$	$8,390\times10^4$

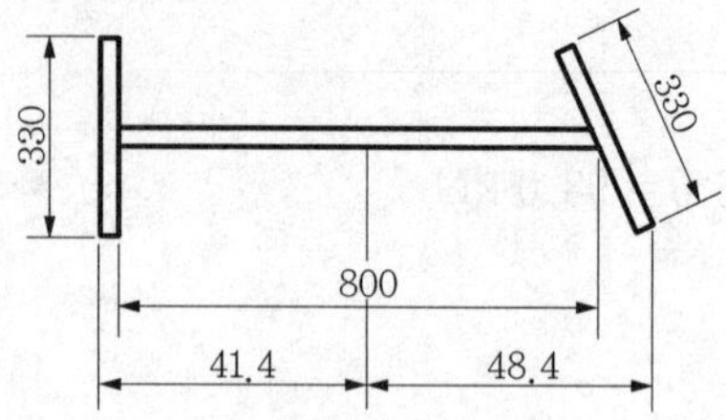

그림 4 · 31

$$f_1 = \frac{476.7\times10^6}{191,460\times10^4}\times400 + \frac{98,000}{16,440} = 99.59 + 5.96 = 105.55\text{ MPa}$$

$$f_2 = -99.59 + 5.96 = -93.63\text{ MPa}$$

$$\phi = \frac{f_1 - f_2}{f_1} = \frac{105.55 + 93.63}{105.55} = 1.89$$

$$i = 0.65\phi^2 + 0.13\phi + 1.0 = 3.57$$

• 강판 두께의 검산

Web. PL $\frac{b}{56i} = \frac{800}{56\times3.57} = 4.0\text{ mm} < 9\text{ mm}$ ∴ O.K

Flg. PL $\frac{b}{16} = \left(\frac{330-9}{2}\right)\Big/16 = 10.0\text{ mm} < 14\text{ mm}$ ∴ O.K

(3) 축력과 휨을 받는 부재의 검산

1) 허용 휨압축응력의 계산

$$M_{eq} = 0.4M_1 = 0.4\times608.1 = 243.24\text{ kN}\cdot\text{m}$$

$$M_{eq} = 0.6M_1 + 0.4M_2 = 0.6\times608.1 + 0.4\times(-574.5) = 135.06\text{ kN}\cdot\text{m}$$

$$M_{eq} = 243.24\text{ kN}\cdot\text{m},\qquad M/M_{eq} = 483.2/243.24 = 1.99$$

$$A_w/A_c = 7,200/4,620 = 1.56 < 2$$

$$f_{ba} = \frac{M}{M_{eq}}\times\left\{140 - 2.4\times\left(\frac{l}{b} - 4.5\right)\right\}$$

$$= 1.99\times\left\{140 - 2.4\times\left(\frac{900}{33.0} - 4.5\right)\right\} = 169.8\text{ MPa}$$

$$\therefore f_{ba}' = 140.0\text{ MPa}$$

$$f_{bagx} = 1.2\times140.0 = 168.0\text{ MPa}$$

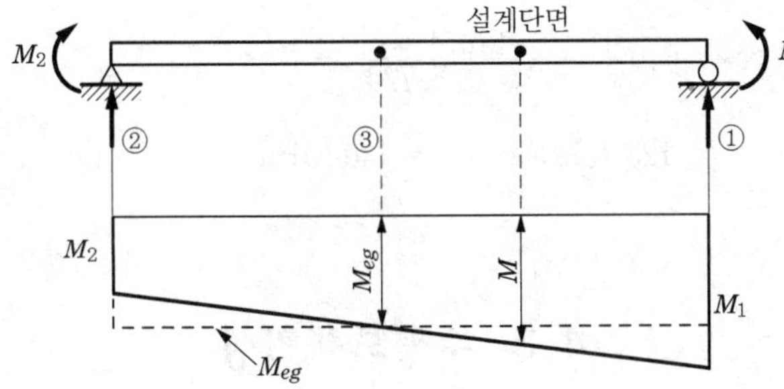

그림 4 · 32

2) 허용 축방향 압축응력의 계산

Web. PL $\dfrac{b}{39.6i}=\dfrac{800}{39.6\times3.57}=5.7\text{ mm}<9\text{ mm}$

Flg. PL $\dfrac{b}{13.1}=\left(\dfrac{330-9}{2}\right)/13.1=12.3\text{ mm}<14\text{ mm}$

$\therefore f_{cal}=140\text{ MPa}$

$r_y=\sqrt{\dfrac{8,390\times10^4}{16,440}}=71.4\text{ mm},\qquad \dfrac{l}{r_y}=\dfrac{9,000}{71.4}=126>93$

$f_{cag}=1.2\times1,200,000/\left\{6,700+\left(\dfrac{l}{r_y}\right)^2\right\}=63.8\text{ MPa}$

$f_{cay}=f_{cag}\cdot f_{cal}/f_{cao}=63.8\times140/140$

$=63.8\text{ MPa }(f_{cao}=140\text{ MPa})$

3) 부재응력의 검토 및 안정검토

$f_{bcx}=\dfrac{483.2\times10^6}{191,460\times10^4}\times484=122.2\text{ MPa},\quad f_c=\dfrac{98,000}{16,440}=6.0\text{ MPa}$

$f_{cax}=1.25\times110.8=138.5\text{ MPa},\quad f_{bagy}=1.25\times140.0=175.0\text{ MPa}$

$f_{Ex}=1,200,000/\left(\dfrac{l}{r_x}\right)^2=1,200,000/26.4^2=1,720.0\text{ MPa}$

$$\frac{f_c}{f_{cay}}+\frac{f_{bcx}}{f_{bag}(1-f_c/f_{Ex})}=\frac{6.0}{63.8}+\frac{122.4}{168.0\times(1-6.0/1,720)}$$

$=0.83<1$ $\therefore$ O.K

$$f_c + \frac{f_{bcx}}{1 - f_c/f_{Ex}} = 6.0 + \frac{122.4}{1 - 6.0/1,720}$$

$$= 128.8 \text{ MPa} < f_{cal} = 140 \text{ MPa} \qquad \therefore \text{O.K}$$

4.8 수평브레이싱

4.8.1 상부 수평브레이싱

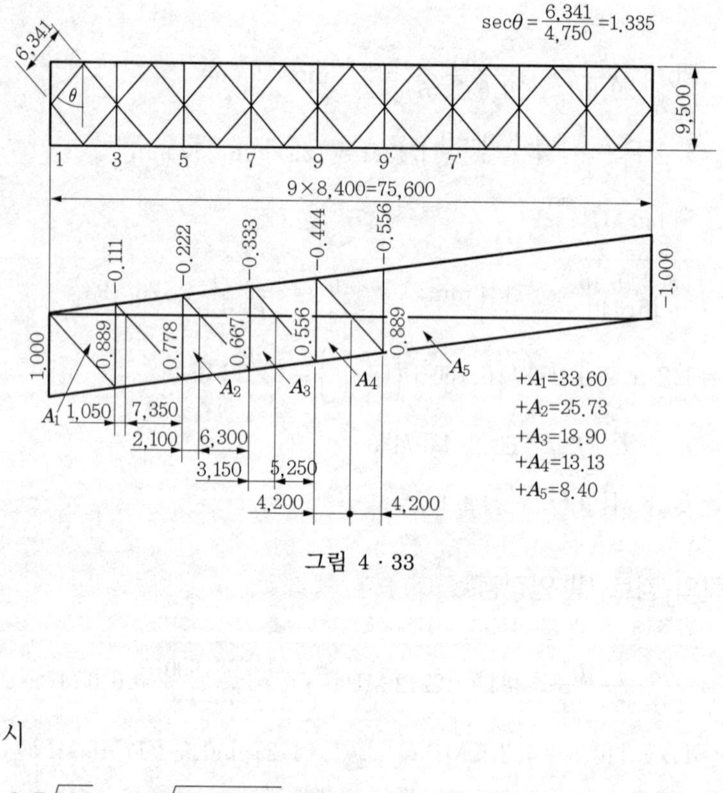

그림 4 · 33

(1) 풍하중

• 무재하시

$$w = 2.5\sqrt{\lambda h} = 2.5\sqrt{0.46 \times 8.4} = 4.91 > 3.00 \text{ kN/m}$$

(2) 부재력

수평브레이싱 부재를 인장압축 부재로 해서 설계한다. P_w 및 P_n의 값은 각각 표 4 · 4 및 표 4 · 5와 같다. 또 수평브레이싱

축력의 비교를 표 4·6에 표시했다.

$$P_w = \pm wA\sec\theta \pm (1/2)$$

$$P_N = \pm 1/100 \times 2N\sec\theta \times (1/2)$$

여기에서, N은 상현재의 축방향력

표 4·4 P_w의 값

[단위 : kN]

판넬	1~3	3~5	5~7	7~9	9~9'
P_{wl}	110.1	84.3	61.9	43.1	27.5

여기에서, P_{wl} : 무재하시 풍하중에 의한 수평브레이싱 부재력

표 4·5 P_N의 값

[단위 : kN]

판넬	1~3	3~5	5~7	7~9	9~9'
N_{d+l+i}	2,307.0	4,101.1	5,381.0	6,152.0	6,408.0
P_{wl}	30.8	54.7	71.8	82.1	85.5

여기에서, N_{d+l+i} : 고정하중, 활하중, 충격에 의한 축방향 압축력

표 4·6 수평브레이싱 설계축력의 비교

[단위 : kN]

케이스 \ 판넬	1~3	3~5	5~7	7~9	9~9'
풍하중(P_{wl})	110.1	84.3	61.9	43.1	27.5
허용응력의 증가 1.20	80.8	61.8	45.4	31.6	20.2
P_{Nl}	30.8	54.7	71.8	82.1	85.5

(3) 단면결정(SS 400을 사용한다)

$$N_{\max} = \pm 85.5\ \text{kN}$$

1 − CT 144×204×12×10, $Ag = 3,787\ \text{mm}^2$, $r_x = 43.5\ \text{mm} > r_y = 43.3\ \text{mm}$

1) 압축재로서(강판 두께의 검산은 생략한다)

$$l_y = 6,341\text{ mm}, \qquad l/r_y = 6,341/43.3 = 146$$

$$\left.\begin{array}{l} \dfrac{144-10}{13.1} = 10.2\text{ mm} < 12\text{ mm} \\ \dfrac{(204-12)/2}{13.2} = 7.3\text{ mm} < 10\text{ mm} \end{array}\right\} f_{cal} = 140.0\text{ MPa}$$

$$f_{cag} = \frac{1,200,000}{6,700+146^2} = 42.8\text{ MPa}, \qquad f_{cao} = 140.0\text{ MPa}$$

$$\therefore f_{ca} = 42.8\text{ MPa}$$

$$f_{ca}' = f_{ca}\left(0.5 + \frac{l/r_y}{1,000}\right) = 42.8\times\left(0.5 + \frac{146}{1,000}\right) = 27.6\text{ MPa}$$

(도로교 설계기준 3.4.5)

$$f = \frac{85,500}{3,787} = 22.6\text{ MPa} < f_{ca}'$$

2) 인장재로서

$$A_n = 3,787 - 12\times(144-10)\times\frac{1}{2} - 2\times25\times10 = 2,483\text{ mm}^2$$

$$f_t = \frac{85,500}{2,483} = 34.4\text{ MPa} < f_{ta} = 140\text{ MPa}$$

(4) 연 결

$$n = \frac{85,500}{38,010} = 2.2 \cdots\cdots \text{ 4개 사용 } (t = 9\text{ mm 단전단})$$

4.8.2 지재(支材)

(1) 하 중

• 풍하중

$$P_w = 4.91\times8.40 = 41.2\text{ kN}$$

- 좌우현재의 최대축력 합계의 1%

$P_l = 2\times6,674.0\times0.01 = 133.5\ \text{kN}$

(2) 단면결정

	$A(\text{mm}^2)$	$y(\text{mm})$	$I_x(\text{mm}^4)$	$I_y(\text{mm}^4)$
2-PL 200×9 1-PL 390×9	3,600 3,510	199.5	14,330×10⁴ 4,450×10⁴	1,200×10⁴
	7,110		18,780×10⁴	1,200×10⁴

$$r_x = \sqrt{\frac{18,780\times10^4}{7,110}} = 162.5\ \text{mm}, \qquad r_y = \sqrt{\frac{1,200\times10^4}{7,110}} = 41.1\ \text{mm}$$

$$\frac{l}{r_x} = \frac{9,000}{162.5} = 55.4 < 150, \qquad \frac{l}{r_y} = \frac{9,000}{2\times41.1} = 109 < 150$$

$f_{cao} = f_{cal} = 140\ \text{MPa}$ (계산은 생략한다)

$$f_{cag} = \frac{1,200,000}{6,700 + 109^2} = 64.6\ \text{MPa} \qquad \therefore f_{ca} = 64.6\ \text{MPa}$$

$$f = \frac{133,500}{7,110} = 18.8\ \text{MPa} < f_{ca}$$

(3) 연 결

$n = \dfrac{133.500}{38,010} = 3.5$ …… 8개 사용 ($t = 9$ mm 단전단)

4.8.3 하부 수평브레이싱

(1) 하 중

- 풍하중

$w = 3.0D + 2.5\sqrt{\lambda h} \geq 6.0$ (재하현 활하중 비재하시)

$w = 3.0\times0.98 + 2.5\sqrt{0.46\times8.4} = 7.85\ \text{kN/m}$

• 지진하중

$$S = 49.43 \times 2 \times 0.154 = 15.22\ \mathrm{kN/m}$$

(2) 설계 축력

하부 수평브레이싱은 통상 pratt truss로 설계하지만 본 교량과 같이 지간이 크고 리벳으로 연결한 구조에서는 리벳수가 많기 때문에 여기서는 double warren truss로 설계한다.

• 부재력 N

풍 하 중 $N_w = \pm A w \sec\theta \times (1/2)$

지진하중 $N_s = \pm \Sigma A S \sec\theta \times (1/2)$

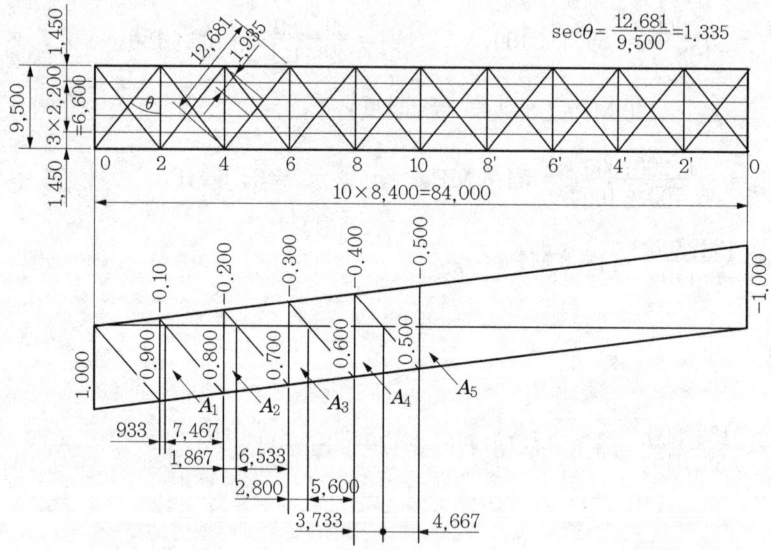

$+A_1$=37.80	$+A_2$=29.87	$+A_3$=12.87	$+A_4$=16.80	$+A_5$=11.67
$-A_1$=0.00	$-A_2$=−0.47	$-A_3$=−1.87	$-A_4$=−4.20	$-A_5$=−7.47
ΣA_1=37.80	ΣA_2=29.40	ΣA_3=21.00	ΣA_4=12.60	ΣA_5=4.20

그림 4 · 34

표 4·7 부재력

부 재	풍하중			지진하중		
	$+A[\text{mm}^2]$	$N_w[\text{kN}]$	$\frac{N_w}{1.2}[\text{kN}]$	$\Sigma A[\text{mm}^2]$	$N_s[\text{kN}]$	$\frac{N_s}{1.7}[\text{kN}]$
0~2	3,780	±198.1	±165.1	3,780	±384.0	±225.9
2~4	2,987	±156.5	±130.4	2,940	±298.7	±175.7
4~6	2,287	±119.8	±99.8	2,100	±213.3	±125.5
6~8	1,680	±88.1	±73.4	1,260	±128.0	±75.3
8~10	1,167	±61.2	±51.0	42.0	±42.7	±25.1

(3) 단면결정(SS 400을 사용한다)

그림 4·33에서 좌굴길이는

$$l_x = 2,937 \text{ mm}, \qquad l_y = 2,937 \text{ mm}$$

$L_0 \sim L_2$에 대하여 계산한다.

$$N = 225.9 \text{ kN}$$

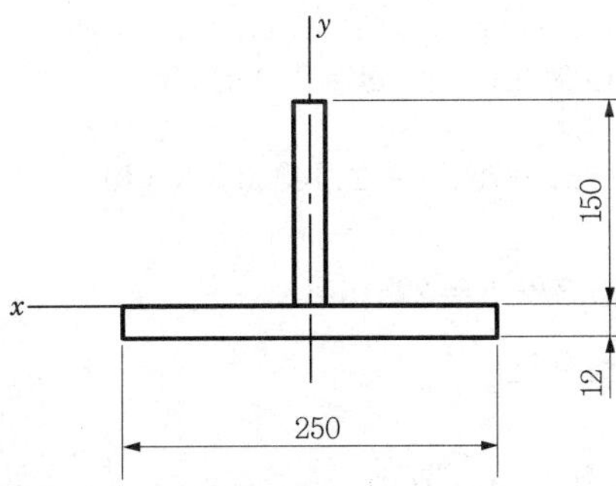

그림 4·35

	$A_g(\text{mm}^2)$	$A_n(\text{mm}^2)$	$y(\text{mm})$	$Ay(\text{mm}^3)$	$I_x(\text{mm}^4)$	$I_y(\text{mm}^4)$
1-PL 150×12 1-PL 250×12	1,800 3,000	900	 81	 243×10^3	338×10^4 $1,968\times10^4$	 $1,563\times10^4$
	4,800	3,300		243×10^3	$2,306\times10^4$ $-1,230\times10^4$	$1,563\times10^4$
					$1,076\times10^4$	

$$e=\frac{243,000}{4,800}=50.6\text{ mm}, \qquad Ae^2=1,230\times10^4\text{ mm}^4$$

$$r_x=\sqrt{\frac{1,076\times10^4}{4,800}}=47.3\text{ mm}, \qquad r_y=\sqrt{\frac{1,563\times10^4}{4,800}}=57.1\text{ m}$$

$$l/r_x=2,937/47.3=62.1, \qquad l/r_y=2,937/57.1=51.4$$

$$f_{cag}=1,400-8.4(62.1-20)=104.6\text{ MPa}$$

$f_{cao}=f_{cal}=140\text{ MPa}$ (계산 생략)

$$f_{ca}=104.6\text{ MPa}, \qquad f_{ca}'=104.6\times(0.5+62.1/1,000)=58.8\text{ MPa}$$

$$f_c=\frac{225,900}{4,800}=47.1\text{ MPa}<f_{ca}'$$

$$f_t=\frac{225,900}{3,300}=68.5\text{ MPa}<f_{ta}=140\text{ MPa}$$

4.8.4 풍하중에 의한 현재(弦材)응력의 검토

(1) 상현재

활하중 재하시(비재하현)에 대하여 검토한다.

$$w=1.25\sqrt{\lambda h}\geq 3.0\text{ kN/m}, \qquad w=3.0\text{ kN/m}, \qquad l=75.6\text{ m}$$

$$\therefore M=\frac{1}{8}wl^2=\frac{1}{8}\times3.0\times75.6^2=2,143.3\text{ kN}\cdot\text{m}$$

현재응력 $N_w=M/b=2,143.3/9.5=225.6\text{ kN}$

상현재 U_5의 N은 7,012 kN으로

$$N=\frac{225.6+7,012.0}{1.25}=\frac{7,237.6}{1.25}=5,790.1\text{ kN}<7,012.0\text{ kN}$$

(2) 하현재

활하중 재하시(재하현) $w=1.5+1.5\cdot D+1.25\sqrt{\lambda h}\geq 6.0\text{ kN/m}$, $w=6.0\text{ kN/m}$, $l=84\text{ m}$

$M=\frac{1}{8}\times6.0\times84^2=5,290\text{ kN}\cdot\text{m}$, $N_w=5,290/9.5=556.8\text{ kN}$, 하현재 L_5의 N은 6,849.0 kN (L_5)으로

$$N = \frac{6,849.0 + 556.8}{1.25} = \frac{7,405.8}{1.25} = 5,924.6\,\text{kN} < 6,849.0\,\text{kN}$$

그러므로 상하현재에서도 풍하중에 의한 현재(弦材)응력 증가는 고려하지 않아도 좋다.

4.9 처짐의 검토

$$\delta_m = \frac{1}{E}\Sigma\frac{\overline{S}\cdot S}{A}l \text{ (지간중앙)}$$

표 4·8 가상일의 원리에 의한 처짐계산

		$\overline{S}$	l	S_l	S_d	A	$\Sigma\frac{\overline{S}\cdot S_d}{A}l$	$\Sigma\frac{\overline{S}\cdot S_l}{A}l$
상현재	U_1	−4.67	8,400	−50.4	−1,744	25,080	2,728	79
	U_2	−9.33	8,400	−100.8	−3,100	29,080	8,355	272
	U_3	−14.0	8,400	−151.2	−4,069	36,740	13,024	484
	U_4	−18.67	8,400	−201.6	−4,650	41,000	17,787	771
	U_5	−23.33	4,200	−252.0	−4,844	47,240	10,048	523
하현재	L_1	2.33	8,400	25.2	872	19,200	889	26
	L_2	7.00	8,400	75.6	2,422	23,040	6,181	193
	L_3	11.67	8,400	126.0	3,585	25,200	13,946	490
	L_4	16.33	8,400	176.4	4,360	30,720	19,468	788
	L_5	21.00	8,400	226.8	4,747	37,920	22,083	1,055
사재	D_1	−5.52	9,932	−59.6	−2,062	32,000	3,533	102
	D_2	5.52	9,932	59.6	2,062	19,320	5,851	169
	D_3	−5.52	9,932	−59.6	−1,604	22,340	3,936	146
	D_4	5.52	9,932	59.6	1,604	14,080	6,246	232
	D_5	−5.52	9,932	−59.6	−1,145	18,670	3,362	175
	D_6	5.52	9,932	59.6	1,145	14,080	4,458	232
	D_7	−5.52	9,932	−59.6	−688	16,200	2,328	202
	D_8	5.52	9,932	59.6	688	9,000	4,191	363
	D_9	−5.52	9,932	−59.6	−229	16,200	775	202
	D_{10}	5.52	9,932	59.6	229	16,200	775	202

표 4·8 가상일의 원리에 의한 처짐계산(계산)

	$\overline{S}$	l	S_l	S_d	A	$\Sigma\frac{\overline{S}\cdot S_d}{A}l$	$\Sigma\frac{\overline{S}\cdot S_l}{A}l$
					합계	149,960	6,710

여기서, $\overline{S}$: 처짐을 구하는 점에 $P=1$이 작용한 때의 각 부재의 부재력(kN)
S_l : 활하중의 차선하중에 의한 부재력(교량의 중앙에 재하)
S_d : 고정하중에 의한 부재력(kN)
l : 부재길이(mm)
A : 각 부재의 총단면적(mm^2)
E : Young 계수 (2.1×10^6 MPa)

4.9.1 고정하중에 의한 처짐

$$\delta_d = 2\times\frac{149,960}{2,100} = 143\ \text{mm}$$

4.9.2 활하중에 의한 처짐

등분포하중에 의한 처짐은 고정하중에 의한 처짐에 하중비를 곱해서 비로 구한다.

$$\delta_u = 143.0\times\frac{(12.7+5.0)}{49.43} = 51.2\ \text{mm},$$

$$\delta_p = 2\times\frac{6,710}{2,100} = 6.4\ \text{mm}$$

$$\delta_l = 51.2+6.4 = 57.6\ \text{mm}$$

$$\frac{\delta}{l} = \frac{57.6}{84,000} = \frac{1}{1,458} < \frac{1}{600}$$

따라서 처짐에 대하여 안전하다.

4.9.3 제작캠버

(1) 상현재의 격간 길이의 증가량

$$\Delta u = \frac{8\delta_d h}{n^2\lambda} = \frac{8\times143\times9,000}{10^2\times8,400} = 12.3\ \text{mm} \cdots\cdots 13\ \text{mm}$$

(2) 사재길이의 증가량

$$\Delta d = \Delta u \frac{\lambda}{2d} = 13 \times \frac{8,400}{2 \times 9,932} = 5.5 \text{ mm} \cdots\cdots 6 \text{ mm}$$

4.10 받 침

4.10.1 반력

고정하중반력	$R_d = 49.43 \times 42.35$	$= 2,093.4$ kN	
활하중반력	$R_l = 1.004 \times 108.0 + 12.7 \times 42.35$	$=$ 646.3 kN	(84.35/84.00=1.004)
충 격	$R_i = 0.121 \times 646.3$	$=$ 78.2 kN	
군중하중반력	$R_w = 5.0 \times 42.35$	$=$ 211.75 kN	
		$\sum R = 3,029.7$ kN	

4.10.2 가동 받침

(1) 핀의 반지름

f_{ba} : pin의 허용 지압응력

105 MPa(SS 400)

l : 접지장 386 mm

$$r = \frac{R}{2 \times l \times f_b} = \frac{3,029,700}{2 \times 386 \times 105} = 37.4 \text{ mm} < 40.0 \text{ mm}$$

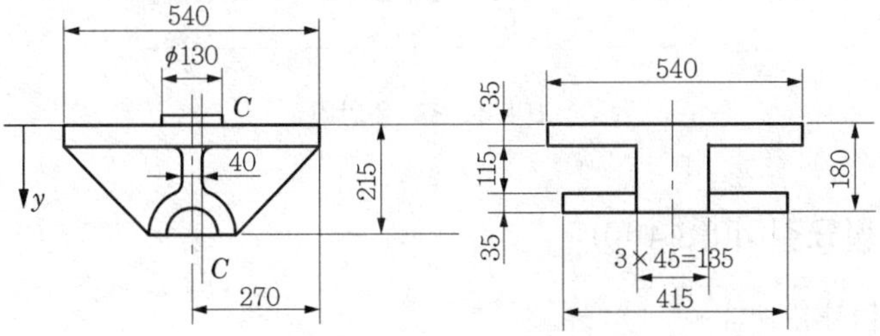

그림 4 · 36 핀

(2) 윗받침

$$A = (540 \times 540) - \left(\frac{\pi}{4} \times 130^2\right) = 278,300 \text{ mm}^2$$

$$f_b = \frac{3,029,700}{278,300} = 10.89 \text{ MPa}$$

$$M_c = 10.89 \times 540 \frac{\times 270^2}{2} = 214,347,870 \text{ N} \cdot \text{mm} = 214.347 \text{ kN} \cdot \text{m}$$

	$A_g(\text{mm}^2)$	$y(\text{mm})$	$A_g y(\text{mm}^3)$	$A_g y^2(\text{mm}^4)$
1-PL 540× 35	18,900	17.5	331×10^3	$(579+193) \times 10^4$
1-PL 135×115	15,530	92.5	$1,437 \times 10^3$	$(13,292+1,711) \times 10^4$
1-PL 415× 30	12,450	165.0	$2,054 \times 10^3$	$(33,891+93) \times 10^4$
	46,880		$3,882 \times 10^3$	49.759×10^4 $-31,139 \times 10^4$
				$18,620 \times 10^4$

$$e = \frac{3,822,000}{46,880} = 81.5 \text{ mm}$$

$$A_g \cdot e^2 = 31,139 \times 10^4 \text{ mm}^4$$

$$y_e = 180 - 81.5 = 98.5 \text{ mm}$$

$$f_c = \frac{214,347,870}{18,620 \times 10^4} \times 98.55 = 113.4 \text{ MPa} < 140.0 \text{ MPa}$$

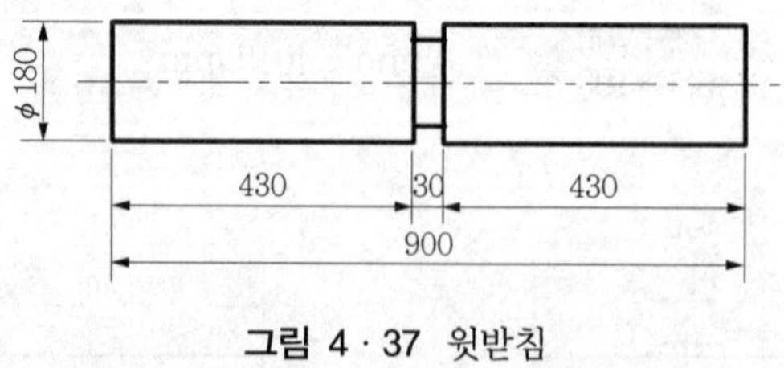

그림 4 · 37 윗받침

(3) Roller의 필요길이(SS 400)

$d = 180$을 4개 사용한다.

$$l = \frac{R}{n4.5d} = \frac{3,029,700}{4 \times 4.5 \times 180} = 935 \text{ mm} < 900 \text{ mm}$$

(4) 아래 받침

$R/4 = 3,029,700/4 = 757,250$

$Mc = 757,250 \times (95 + 285) = 287,755,000 \text{ N} \cdot \text{mm} = 287,755 \text{ kN} \cdot \text{m}$

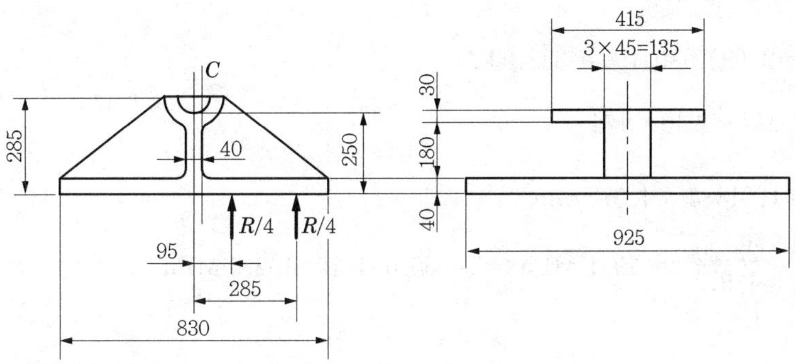

그림 4 · 38 아래 받침

	$A_g(\text{mm}^2)$	$y(\text{mm})$	$A_g y(\text{mm}^3)$	$I(\text{mm}^4)$
1-PL 415× 30	12,450	15	187×10^3	$(280 + 93) \times 10^4$
1-PL 135×180	24,300	120	$2,916 \times 10^3$	$(34,992 + 6,561) \times 10^4$
1-PL 925× 40	37,000	230	$8,510 \times 10^3$	$(195,730 + 493) \times 10^4$
	73,750		$11,613 \times 10^3$	$(238,149) \times 10^4$ $(-182,946) \times 10^4$
				$55,203 \times 10^4$

$$e = \frac{11,613,000}{73,750} = 157.5 \text{ mm}$$

$A_g \cdot e^2 = 182,946 \times 10^4 \text{ mm}^4$

$y_e = 250 - 157.5 = 92.5 \text{ mm}$

$$f_c = \frac{2,877,550 \times 10^3}{55,203 \times 10^4} \times 92.5 = 48.2 \text{ MPa} < 140 \text{ MPa}$$

(5) 받침의 저면적

$$A = 950 \times 830 = 788,500 \text{ mm}^2$$

$$f_b = \frac{3,029,700}{788,500} = 3.84 \text{ MPa} < 0.3 \times 24 = 7.2 \text{ MPa}$$

(6) 앵커볼트

지진시 교축직각방향 수평력

$$H = 2,093.0 \times 0.154 = 332.0 \text{ kN}$$

사용 앵커볼트는 $\phi 36 \times 4$개

$$a = 1,018 \times 4 = 4,072 \text{ mm}^2$$

$$\tau = \frac{322,200}{4,072} = 79.1 \text{ MPa} < \tau_a = 60.0 \times 1.7 = 102.0 \text{ MPa}$$

4.10.3 고정 받침

핀 및 윗받침은 가동 받침과 같다.

(1) 받침의 저면적

$$A = 820 \times 860 = 705,200 \text{ mm}^2$$

$$f_b = \frac{3,029,700}{705,200} = 4.3 \text{ MPa} < f_{ba} = 7.2 \text{ MPa}$$

(2) 수평력에 의한 검토

$$H = 2,093.0 \times 0.154 \times 2 = 645.0 \text{ kN}, \qquad N_d = 209.3 \text{ kN}$$

전도에 대한 모멘트

$$M_H = 645.0 \times 0.51 = 329.0 \text{ kN} \cdot \text{m}$$

$$M_N = 2,093.0 \times 0.41 = 858.0 \text{ kN} \cdot \text{m}$$

$$M_N > M_H \qquad \therefore \text{ O.K.}$$

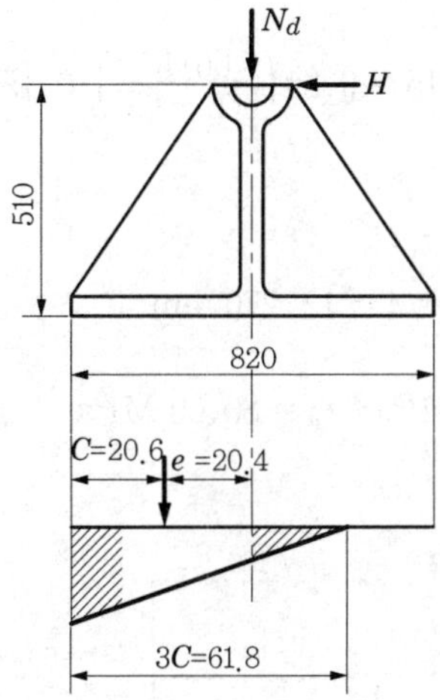

그림 4 · 39 지압응력분포

콘크리트의 지압응력

$$e = \frac{M_H}{N_d} = \frac{329 \times 10^3}{2,903} = 157.0 \text{ mm}$$

$$c = 410 - 157 = 253 \text{ mm}$$

$$f_b = \frac{2N_d}{3bc} = \frac{2 \times 2,093,000}{3 \times 860 \times 253} = 6.41 \text{ MPa} < f_{ba} = 7.2 \times 1.5 = 10.8 \text{ MPa}$$

(3) 앵커볼트

$$H = 645.0 \text{ kN}$$

사용 앵커볼트는 $\phi 55 \times 4$개

$$a = 2,376 \times 4 = 9,500 \text{ mm}^2$$

$$\tau = \frac{645,000}{9,500} = 67.9 \text{ MPa} < \tau_a = 102.0 \text{ MPa}$$

(4) 윗받침 돌출부분 응력검토

$$H_0 = 645.0/1.7 = 379 \text{ kN}$$

지압에 대해서는 헤르츠의 공식에서

$$P = 9.8\times\left(\frac{r_1 r_2}{r_1 - r_2}\right)\times 0.15 = 9.8\times\left(\frac{66\times 65}{66-65}\right)\times 0.15 = 631.0\ \text{kN} > H_0$$

전단에 대해서는

$$A_s = \pi D^2/4 = 3.14\times 130^2/4 = 13,270\ \text{mm}^2$$

$$\tau = \frac{379,000}{13,270} = 28.56\ \text{MPa} < \tau_a = 80.00\ \text{MPa}$$

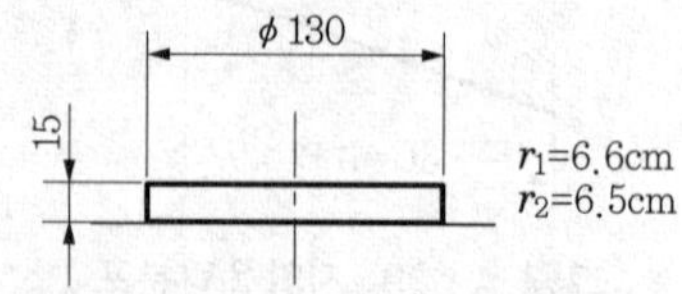

그림 4 · 40 윗받침 돌출부분

4.11 등경간연속보의 처짐영향선

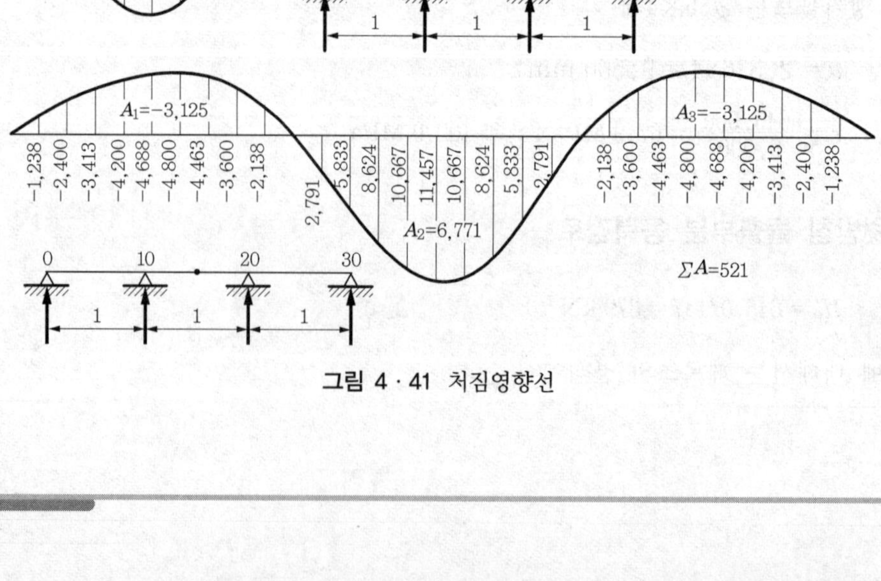

그림 4 · 41 처짐영향선

제5장

플레이트 거더교의 설계

5.1 설계조건(step 1)

(1) 형식 : 플레이트 거더교

(2) 연장 : 40m

(3) 폭원 : 11.60m

(4) 사각 : 90°

(5) 설계하중

1) 고정 하중

콘크리트 단위질량 $=25\ \mathrm{kN/m^3}$

아스팔트콘크리트 단위질량 $=23\ \mathrm{kN/m^3}$

2) 활하중

DB－24, DL－24(도로교 설계기준 2.1.3)

3) 충격계수(도로교 설계기준 2.1.4)

$$i=\frac{15}{40+L}$$

(6) 사용재료 및 물리상수

1) 콘크리트

- 설계기준강도 : $f_{ck} = 27\,\text{MPa}$
- 탄성계수 : $E_c = 0.043\omega_c^{\ 1.5}\sqrt{f_{ck}} = 27,929\,\text{MPa}$

2) 철근(SD-40)

- 항복응력 : $f_y = 400\ \text{MPa}$
- 탄성계수 : $E_c = 200,000\ \text{MPa}$

3) 강재

- 탄성계수 : $E_s = 210,000\ \text{MPa}$

5.2 표준 단면 가정(step 2)

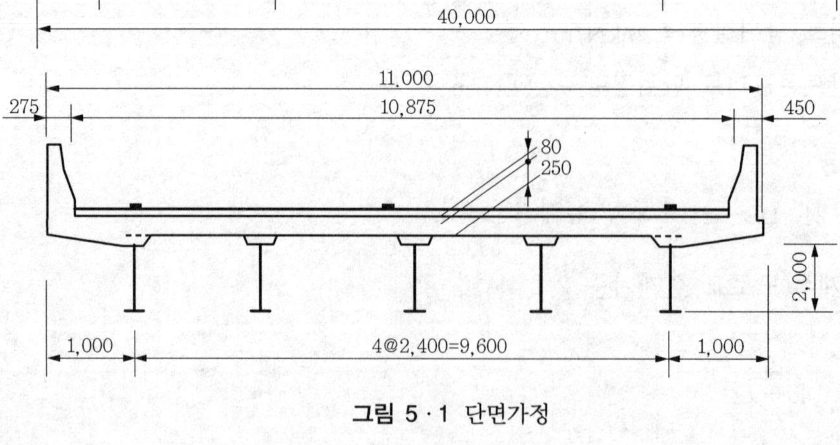

그림 5 · 1 단면가정

5.3 바닥판설계(step 3)

(1) 바닥판의 두께 검토(step 3-1)

1) 중앙부

$L = 2.4\,\text{m}$

$D = 30L + 130 = 202\ \text{mm}$

$D_{req} = 202\ \text{mm}$

$D_{used} = 250\,\text{mm} > D_{req}$

2) 캔틸레버(방호벽)

$L = 1.000 - 0.450 - 0.300 - 0.093 = 0.158\,\text{m}$

$D = 280L + 180 = 224\ \text{mm}(\ L < 0.25)$

$D_{req} = 224\ \text{mm}$

$D_{used} = 330\,\text{mm} > D_{req}$

3) 캔틸레버(중앙분리대)

$L = 1.000 - 0.275 - 0.093 = 0.632\,\text{m}$

$D = 80L + 230 = 281\ \text{mm}(\ L > 0.25)$

$D_{req} = 281\ \text{mm}$

$D_{used} = 330\,\text{mm} > D_{req}$

(2) 하중 산정 및 단면력 검토

1) 중앙부

① 고정하중

아스팔트콘크리트 포장 : $0.08 \times 23.0 = 1.84\,\text{kN/m}^2$

자중 : $0.25 \times 25.0 = 6.25\ \text{kN/m}^2$

$\rightarrow W_d = 80.9\,\text{kN/m}^2$

$$M_d = \frac{(8.09 \times 2.4^2)}{10} = 4.660 \text{ kN} \cdot \text{m}$$

② 활하중

$$M_{1+i} = \frac{(L+0.6)}{9.6} \times P_{24} \times (1+i) \times 0.8 = 31.2 \text{ kN} \cdot \text{m}$$(도로교 설계기준 4.7.5.1)

$$\Sigma M_u = 1.3 M_d + 2.15 M_{1+i} = 73.138 \text{ kN} \cdot \text{m}$$

$L = 2.4 \text{ m}$

$P_{24} = 96 \text{ kN}$

$$i = \frac{15}{(40+L)} = 0.354 > 0.3 \rightarrow i_{used} = 0.3$$

③ 단면검토

콘크리트 설계강도 = 27 MPa,

철근의 항복강도(f_y) = 400 MPa

극한모멘트(M_u) = 73.138 kN · m,

강도감소계수 – 휨 = 0.85

극한전단력(S_u) = 0 kN · m,

강도감소계수 – 전단휨 = 0.8

극한축하중(N_u) = 0 kN · m

단면 폭(b) = 1,000 mm

단면 높이(d) = 210 mm

$$a = \frac{A_s \times f_y}{\phi \times f_{ck} \times b} \quad \cdots\cdots (1)$$

$$M_u = \phi \times A_s \times f_y \times \left(d - \frac{a}{2}\right) \quad \cdots\cdots (2)$$

식 (1)을 식 (2)에 대입하여 정리하면

$$\frac{f_y^2}{\phi \times 2 \times f_{ck} \times b} \cdot A_s^2 - f_y \cdot d \cdot A_s + \frac{M_u}{\phi} = 0$$

근의 공식에 대입하면

2차항계수 = 3,485,839

1차항계수 = – 84,000

상수항 = 86

$$\therefore A_s = 1,072 \text{ mm}^2$$

$$\min A_s = \frac{0.25\sqrt{f_{ck}}}{f_y} bd = 682 \text{ mm}^2$$

$\min A_s = \dfrac{1.4}{f_y} \times b \times d = 735\ \text{mm}^2$

$\therefore\ \min A_s = \max(682,\ 735) = 735\ \text{mm}^2$

$A_{s,\,req} = 1,072\ \text{mm}^2$

$A_{s,\,use} = \text{H16@125 mm} = 1,589\ \text{mm}^2$

$P_{\max} = 0.75 \times 0.85 \times \beta_1 \times \dfrac{f_{ck}}{f_y} \times \dfrac{600}{600 + f_y} = 0.0219$(평형철근비)

$p = \dfrac{A_s}{b \times d} = 0.00757 < P_{\max}$ $\therefore$ O.K.

$a = \dfrac{A_s \times f_y}{0.85 \times f_{ck} \times b} = 27.69\ \text{mm}$

$\phi M_n = \phi \times A_s \times f_y \times \left(d - \dfrac{a}{2}\right) = 105.961\ \text{kN} \cdot \text{m} > M_u$ $\therefore$ O.K.

④ 사용성 검토

모멘트(M_u) : 35.86 kN · m [$M_d + M_{1+i}$], 단면 폭(b) : 1,000 mm

단면 높이(h) : 250 mm 피복(h') : 40 mm

단면유효높이(d) : 210 mm, 유효인장 단면높이(H') : 80 mm

사용인장철근(A_s) : 1,589 mm^2, 1단 H16@125(N_1) : 8EA

- 허용균열 폭(ω_a) (도로교 설계기준 4.4.9.3)

  $\omega_a = 0.005 \times t_c = 0.160\ \text{mm}$ (t_c : 콘크리트의 최소 덮개)

  $t_c = 40 - \dfrac{16}{2} = 32\ \text{mm}$

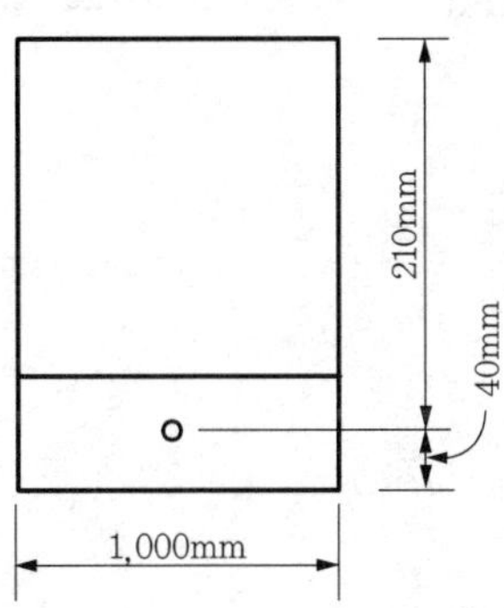

그림 5 · 2

- 균열 폭(ω)(도로교 설계기준 4.4.9.4)

$\omega = 1.08 \times R \times f_s \times \sqrt[3]{(d_c \cdot A)} \times 10^{-5}$ mm

$R = 1.35$(바닥판)

$A = \dfrac{b \cdot H'}{N_1} = \dfrac{1,000 \times 80}{8} = 10,000\ \text{mm}^2/\text{EA}$

$f_s = \dfrac{M}{A_s \times \left(D - \dfrac{x}{3}\right)}$

$n = 8$

$p = \dfrac{A_s}{b \times p} = 0.00757$

$k = -n \times p + \sqrt{(n \times p)^2 + 2 \times n \times p} = 0.2926$

$x = k \times d = 61.446$ mm (중립축의 높이)

$f_s = \dfrac{85.86 \times 10^3}{1,589 \times \left(210 - \dfrac{61.446}{3}\right)} = 0.1191\ \text{kN/mm}^2 = 119.1\ \text{MPa}$ ∴ O.K.

$< f_{sa} = 0.6 \times f_y = 240$ MPa

$\omega = 1.08 \times 1.35 \times 119.1 \times \sqrt[3]{40.00 \times 10,000.00} \times 10^{-5}$

$= 0.128\ \text{mm} < 0.160\ \text{mm}$ ∴ O.K.

- 피로응력한계검토

SD 40 철근을 사용할 경우 철근의 인장 및 압축응력범위가 150 MPa보다 작을 경우 피로에 대하여 검토하지 않아도 좋다.

$f_s = 119.1\ \text{MPa} < 150\ \text{MPa}$ → 피로검토 필요 없음.

2) 캔틸레버부(방호벽)

① 고정하중

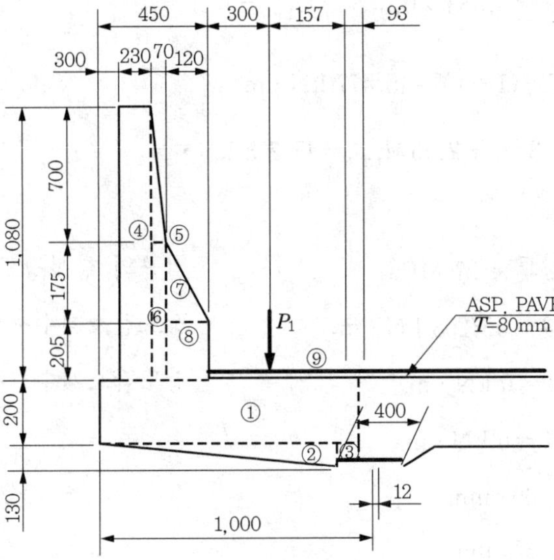

그림 5 · 3 캔틸레버부(방호벽)

표 5 · 1 캔틸레버부(방호벽)

NO.	계산식	중량(kN)	x(m)	모멘트(kN · m)
①	0.200×0.907×25=	4.435	0.454	2.057
②	0.130×0.814×25×0.5=	1.323	0.271	0.359
③	0.093×0.130×25=	0.302	0.047	0.014
④	0.230×1.080×25=	6.210	0.855	5.310
⑤	0.070×0.700×25×0.5=	0.613	0.624	0.382
⑥	0.380×0.070×25=	0.665	0.612	0.407
⑦	0.175×0.120×25×0.5=	0.263	0.537	0.141
⑧	0.205×0.120×25=	0.615	0.517	0.318
⑨	0.080×0.457×23=	0.841	0.229	0.192
	Σ	15.366		9.179

② 활하중

$E = 0.8X + 1.14 = 1.266, \quad X = 0.157$ m

$i = \dfrac{15}{(40+L)} = 0.363 > 0.3 \cdots\cdots i_{used} = 0.3$

$M_{1+i} = \dfrac{P}{E} \times X \times (1+i) = 15.477$ kN · m

used $M_U = 1.3M_d + 2.15M_{1+i} = 45.208$ kN · m

③ 단면검토

콘크리트 설계강도 = 27 MPa, 철근의 항복강도(f_y) = 400 MPa

극한모멘트(M_u) = 45.208 kN · m, 강도감소계수 − 휨 = 0.85

극한전단력(S_u) = 0 kN · m, 강도감소계수 − 전단휨 = 0.8

극한축하중(N_u) = 0 kN · m

단면 폭(b) = 1,000 mm

단면 높이(d) = 270 mm

$$a = \frac{A_s \times f_y}{\phi \times f_{ck} \times b} \quad \cdots\cdots \quad (3)$$

$$M_u = \phi \times A_s \times f_y \times \left(d - \frac{a}{2}\right) \quad \cdots\cdots \quad (4)$$

식 (3)을 식 (4)에 대입하여 정리하면

$$\frac{f_y^2}{\phi \times 2 \times f_{ck} \times b} \cdot A_s^2 - f_y \cdot d \cdot A_s + \frac{M_u}{\phi} = 0$$

근의 공식에 대입하면

2차항계수 = 3,485,838.8

1차항계수 = − 108,000

상수항 = 53

$\therefore A_s = 510$ mm^2

$\min A_s = \dfrac{0.25\sqrt{f_{ck}}}{f_y} bd = 682$ mm^2

$$\min A_s = \frac{1.4}{f_y} \times b \times d = 735 \text{ mm}^2$$

$$\therefore \min A_s = \max(682,\ 735) = 735 \text{ mm}^2$$

$$A_{s,\,req} = 510 \text{ mm}^2$$

$$A_{s,\,use} = \text{H16@125 mm} = 1,589 \text{ mm}^2$$

$$P_{\max} = 0.75 \times 0.85 \times \beta_1 \times \frac{f_{ck}}{f_y} \times \frac{600}{600 + f_y} = 0.0219$$

$$p = \frac{A_s}{b \times d} = 0.00590 < P_{\max} \qquad \therefore \text{O.K.}$$

$$a = \frac{A_s \times f_y}{0.85 \times f_{ck} \times b} = 27.69 \text{ mm}$$

$$\phi M_n = \phi \times A_s \times f_y \times \left(d - \frac{a}{2}\right) = 138.372 \text{ kN} \cdot \text{m} > M_u \qquad \therefore \text{O.K.}$$

④ 사용성 검토

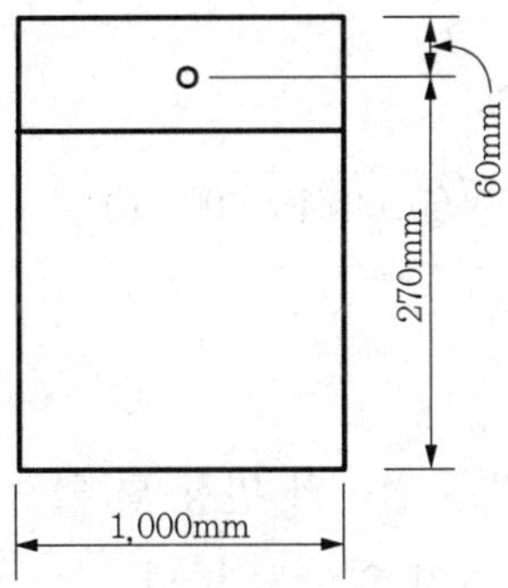

그림 5 · 4

모멘트(M_u) : 24.656 kN · m,

단면 폭(b) : 1,000 mm

단면 높이(h) : 330 mm,

피복(h') : 60 mm

단면 유효높이(d) : 270 mm,

유효인장 단면높이(H') : 120 mm

사용인장철근(A_s) : 1,589 mm^2,

1단 H16@125(N_1) : 8 EA

• 허용균열 폭(ω_a)

$$\omega_a = 0.005 \times t_c = 0.260 \text{ mm} \ (t_c : \text{콘크리트의 최소 덮개})$$

• 균열 폭(ω)

$$\omega = 1.08 \times R \times f_s \times \sqrt[3]{(d_c \cdot A)} \times 10^{-5} \text{ mm}$$

$R = 1.35$(바닥판)

$$A = \frac{b \cdot H'}{N_1} = \frac{10,000 \times 120}{8} = 150,000 \text{ mm}^2$$

$$f_s = \frac{M}{A_s \times \left(D - \frac{x}{3}\right)}$$

$n = 8$

$$p = \frac{A_s}{b \times p} = 0.00588$$

$$k = -n \times p + \sqrt{(n \times p)^2 + 2 \times n \times p} = 0.263$$

$x = k \times d = 71.01$ mm(중립축의 높이)

$$f_s = \frac{24.656 \times 10^3}{1,589 \times \left(270 - \frac{71.01}{3}\right)} = 0.0630 \text{ kN/mm}^2 = 63.00 \text{ MPa} \qquad \therefore \text{O.K.}$$

$< f_{sa} = 0.6 \times f_y = 240$ MPa

$$\omega = 1.08 \times 1.35 \times 63.00 \times \sqrt[3]{60.00 \times 15,000} \times 10^{-5}$$

$$= 0.089 \text{ mm} < 0.260 \text{ mm} \qquad \therefore \text{O.K.}$$

• 피로응력한계검토

SD40 철근을 사용할 경우 철근의 인장 및 압축응력범위가 150 MPa보다 작을 경우 피로에 대하여 검토하지 않아도 좋다.

$f_s = 63.0$ MPa < 150 MPa …… 피로검토 필요 없음.

3) 캔틸레버부(중앙분리대)

① 고정하중

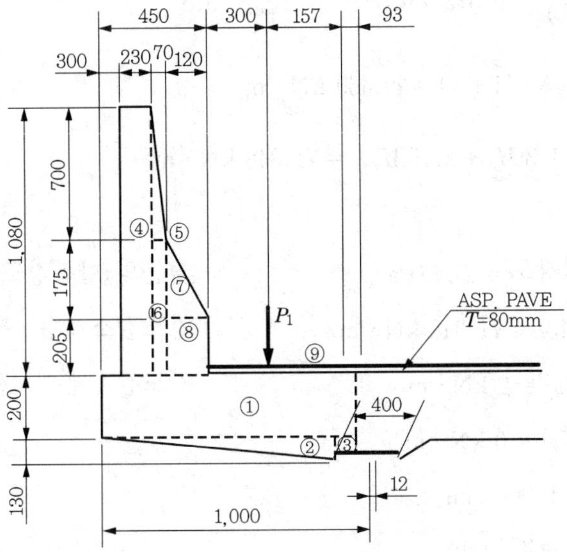

그림 5·5 켄틸레버부(중앙분리대)

표 5·2 캔틸레버부(중앙분리대)

NO.	계산식	중량(kN)	x(m)	모멘트(kN·m)
①	0.200×0.907×25=	4.535	0.454	2.057
②	0.130×0.814×25×0.5=	1.323	0.271	0.359
③	0.093×0.130×25=	0.302	0.047	0.014
④	0.090×0.890×25=	2.003	1.045	2.093
⑤	0.060×0.560×25×0.5=	0.420	0.787	0.335
⑥	0.330×0.060×25=	0.495	0.787	0.390
⑦	0.175×0.125×25×0.5=	0.273	0.715	0.196
⑧	0.155×0.125×25=	0.484	0.695	0.336
⑨	0.080×0.632×23=	1.163	0.316	0.367
	Σ	10.998		6.146

② 활하중

$E = 0.8X + 1.14 = 1.406,\quad X = 0.332\ \text{m}$

$i = \dfrac{15}{(40+L)} = 0.372 > 0.3 \cdots\cdots\ i_{used} = 0.3$

$M_{1+i} = \dfrac{P}{E} \times X \times (1+i) = 29.469\ \text{kN} \cdot \text{m}$

used $M_U = 1.3M_d + 2.15M_{1+i} = 71.348\ \text{kN} \cdot \text{m}$

③ 단면검토

콘크리트 설계강도 = 27 MPa, 철근의 항복강도(f_y) = 400 MPa

극한모멘트(M_u) = 71.348 kN · m, 강도감소계수 – 휨 = 0.85

극한전단력(S_u) = 0 kN · m, 강도감소계수 – 전단휨 = 0.8

극한축하중(N_u) = 0 kN · m

단면 폭(b) = 1,000 mm

단면 높이(d) = 270 mm

$$a = \frac{A_s \times f_y}{\phi \times f_{ck} \times b} \quad \text{(5)}$$

$$M_u = \phi \times A_s \times f_y \times \left(d - \frac{a}{2}\right) \quad \text{(6)}$$

식 (5)를 식 (6)에 대입하여 정리하면

$$\frac{f_y^2}{\phi \times 2 \times f_{ck} \times b} \times A_s^2 - f_y \cdot d \cdot A_s + \frac{M_u}{\phi} = 0$$

근의 공식에 대입하면

$a = 3,485,839$

$b = -84,000$

$c = 86$

$\therefore\ A_s = 798\ \text{mm}^2$

$\min A_s = \dfrac{0.25\sqrt{f_{ck}}}{f_y} = 876.9\ \text{mm}^2$

$$\min A_s = \frac{1.4}{f_y} \times b \times d = 945.0 \text{ mm}^2$$

$$\therefore \min A_s = \max(877, 945) = 945 \text{ mm}^2$$

$$A_{s,\,req} = 798 \text{ mm}^2$$

$$A_{s,\,use} = \text{H16@125 mm} = 1,589 \text{ mm}^2$$

$$P_{\max} = 0.75 \times 0.85 \times \beta_1 \times \frac{f_{ck}}{f_y} \times \frac{600}{600 + f_y} = 0.0219$$

$$p = \frac{A_s}{b \times d} = 0.00590 < P_{\max}$$ ∴ O.K.

$$a = \frac{A_s \times f_y}{0.85 \times f_{ck} \times b} = 27.69 \text{ mm}$$

$$\phi M_n = \phi \times A_s \times f_y \times \left(d - \frac{a}{2}\right) = 138.372 \text{ kN} \cdot \text{m} > M_u$$ ∴ O.K.

④ 사용성 검토

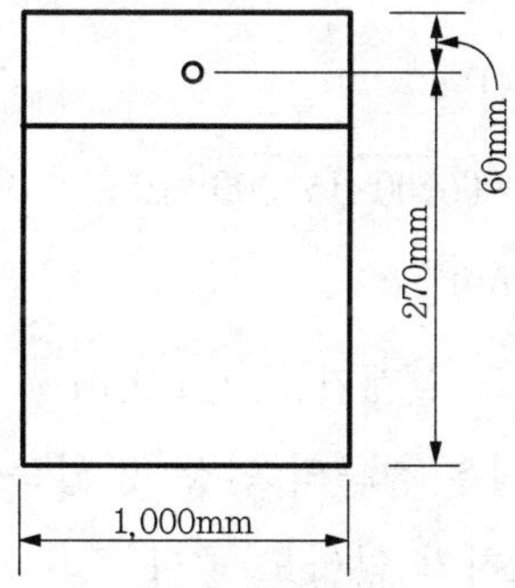

그림 5 · 6

모멘트(M_u) : 35.615 kN · m, 단면 폭(b) : 1,000 mm

단면 높이(h) : 330 mm, 피복(h') : 60 mm

단면유효높이(d) : 270 mm, 유효인장 단면높이(H') : 120 mm

사용인장철근(A_s) : 1,589 mm^2, 1단 H16@125(N_1) : 8EA

• 허용균열 폭(ω_a)

$\omega_a = 0.005 \times t_c = 0.260$ mm(t_c : 콘크리트의 최소 덮개)

• 균열 폭(ω)

$\omega = 1.08 \times R \times f_s \times \sqrt[3]{(d_c \cdot A)} \times 10^{-5}$ mm

$R = 1.35$(바닥판)

$A = \dfrac{b \cdot H'}{N_1} = \dfrac{1,000 \times 120}{8} = 15,000\ \text{mm}^2/\text{EA}$

$f_s = \dfrac{M}{A_s \times \left(D - \dfrac{x}{3}\right)}$

$n = 8$

$p = \dfrac{A_s}{b \times p} = 0.00588$

$k = -n \times p + \sqrt{(n \times p)^2 + 2 \times n \times p} = 0.263$

$x = k \times d = 71.01$ mm

$f_s = \dfrac{35.615 \times 10^3}{1,589 \times \left(270 - \dfrac{71.01}{3}\right)} = 0.09\ \text{kN/mm}^2 = 91.0\ \text{MPa}$

$< f_{sa} = 0.6 \times f_y = 240.0$ MPa ∴ O.K.

$\omega = 1.08 \times 1.35 \times 91.0 \times \sqrt[3]{60.00 \times 15,000} \times 10^{-5}$

$= 0.128\ \text{mm} < 0.260\ \text{mm}$ ∴ O.K.

• 피로응력한계검토(도로교 설계기준 4.4.9.6)

SD 40 철근을 사용할 경우 철근의 인장 및 압축응력범위가 150 MPa보다 작을 경우 피로에 대하여 검토하지 않아도 좋다.

$f_s = 91.0$ MPa < 150 MPa …… 피로검토 필요 없음.

4) 배력철근 산정〔도로교 설계기준 3.6.1.4(4)〕

주철근이 차량 진행방향에 직각

$120/\sqrt{L}$ 과 67% 중 작은 값 사용

$120/\sqrt{L} = 76\%$ 이므로 67% 사용

$A_{s,\ use} =$ H13@120 mm $= 1,056\ \text{mm}^2$

약 67%이므로 O.K.

배근되는 배력 철근량은 바닥판 단면에 대한 온도 및 건조수축 철근량의 비(0.2%) 이상이어야 한다.

$$(\text{바닥판 철근비}) = \frac{A_s + A_s'}{A_g} = \frac{1,589 + 1,056}{270,000} = 0.004 > 0.002 \qquad \therefore \text{O.K.}$$

5.4 거더 설계[step 4]

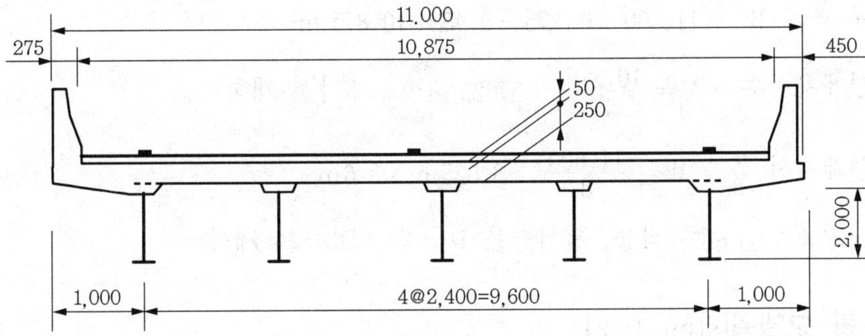

그림 5·7

(1) 하중 산정[step 4-1]

1) 합성 전 고정하중

강재 총중량을 1,427.664 kN이라 하면, 상판단위 m^2당 작용하는 강재자중 W_s는 다음과 같다.

$W_s = 1,427.664/(40.000\times11.600) = 3.077\ \text{kN/m}^2$

$0.25\times9.786\times25.0 = 61.163\ \text{kN/m}$

$(4.41 + 1.274 + 0.392)\times2^{ea} = 12.152\ \text{kN/m}$

$[(0.48 + 0.96)\times0.5\times0.08]\times25.0\times5^{ea} = 7.200\ \text{kN/m}$

강재 $(2.94\times11.600) = 34.104\ \text{kN/m}$

$\Sigma = 117.696\ \text{kN/m}$

$W_{d1} = \frac{117.696}{11.600} = 10.146\ \text{kN/m}^2$

2) 합성 후 고정하중

아스팔트 콘크리트 $0.08 \times 23.0 = 1.840\ \text{kN/m}^2$

방호벽(바닥판 설계 참조) $= 8.365\ \text{kN/m}^2$

중앙분리대(바닥판 설계 참조) $= 3.676\ \text{kN/m}^2$

3) 활하중

충격계수 : $i = \dfrac{15}{40 + L} = 0.188 < 0.3,\ \ L = 40$

교 폭 : $W_c = 11.600 - 0.275 - 0.45 = 10.875\ \text{m}$

설계차선수 : $N = \dfrac{10.875}{3} = 3.625\ \text{m}$…… 3차선 재하

설계차선 폭 : $W = \dfrac{11.600}{3} = 3.625\ \text{m} > 3.6\ \text{m}$

$*W = 3.60\ \text{m}$로 적용, 활하중은 DL-24, DB-24 재하

(2) 구조물 모델링[step 4-2]

1) 절점번호

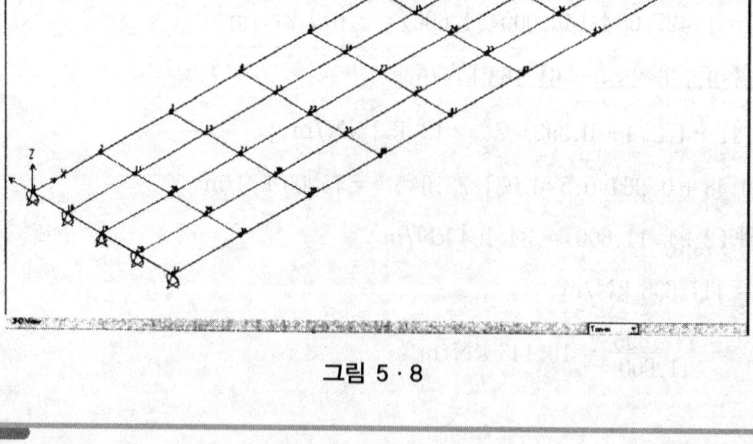

그림 5 · 8

2) 부재번호

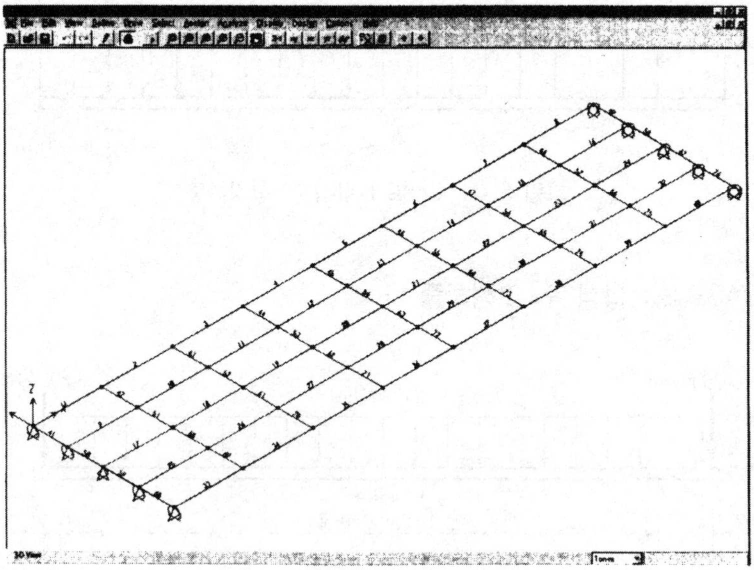

그림 5 · 9

(3) GRID 해석을 위한 각 거더별 배분율 산정[step 4-2]

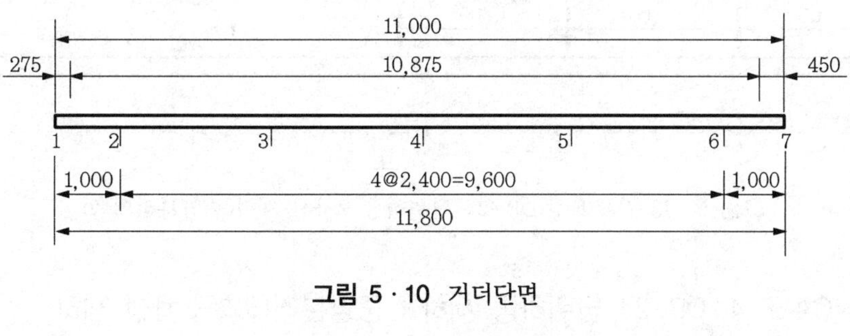

그림 5 · 10 거더단면

표 5 · 3 단면특성

구 분	바닥판의 단면특성
A	$0.25 \times 1.0 = 0.25\ m^2$
I	$1.0 \times 0.25^3/12 = 0.001302\ m^2$

1) 하중 CASE 1 : 합성 전 고정하중

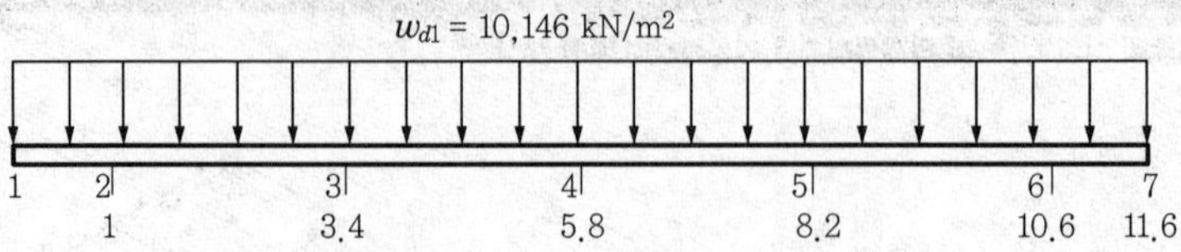

그림 5 · 11 CASE 1 합성 전 고정하중

2) 하중 CASE 2 : 합성 후 고정하중

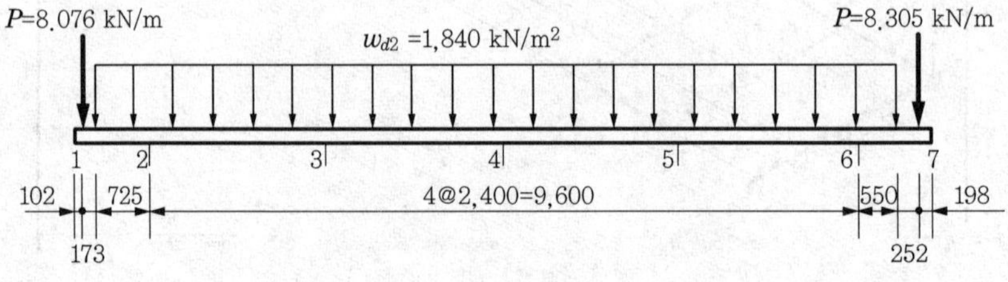

그림 5 · 12 CASE 2 합성 전 고정하중

3) 하중 CASE 3 : DB-24 단위하중 재하 : 중앙분리대측-2차선 재하

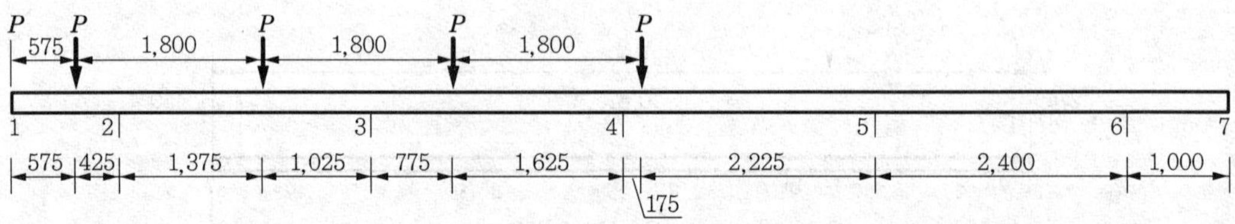

그림 5 · 13 CASE 3 DB-24 단위하중 2차선 재하(중앙분리대측)

4) 하중 CASE 4 : DB-24 단위하중 재하 : 중앙분리대측-3차선 재하

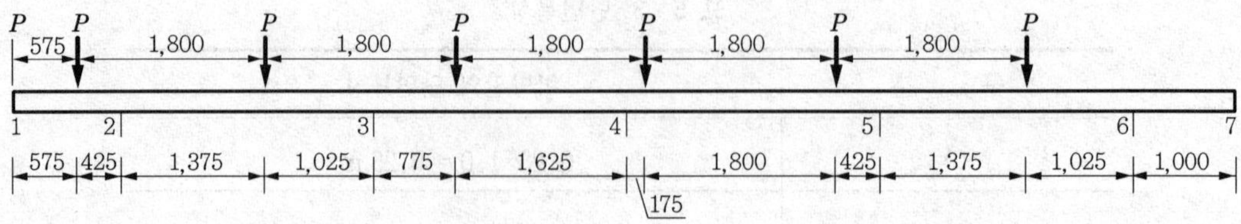

그림 5 · 14 CASE 4 DB-24 단위하중 3차선 재하(중앙분리대측)

5) 하중 CASE 5 : DB-24 단위하중 재하 : 중앙분리대측-2차선 재하

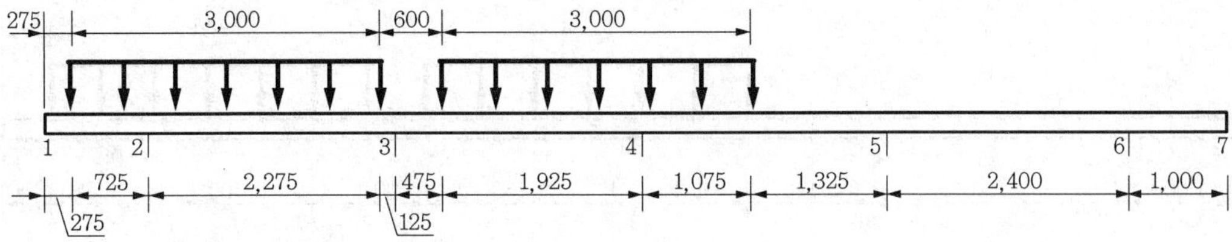

그림 5 · 15 CASE 5 DL-24 단위하중 2차선 재하(중앙분리대측)

6) 하중 CASE 6 : DB-24 단위하중 재하 : 중앙분리대측-3차선 재하

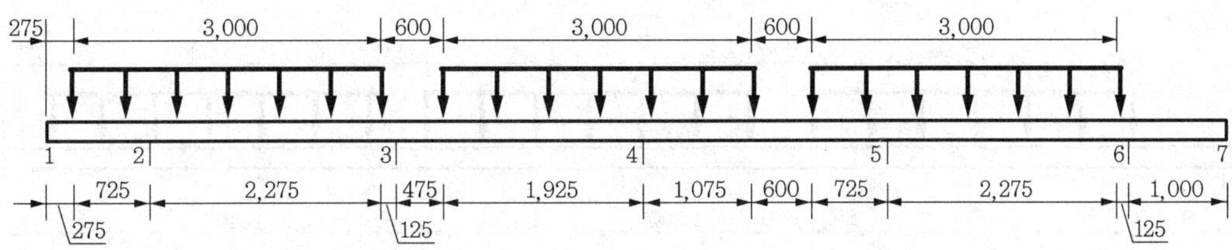

그림 5 · 16 CASE 6 DL-24 단위하중 3차선 재하(중앙분리대측)

7) 하중 CASE 7 : DB-24 단위하중 재하 : 방호벽측-2차선 재하

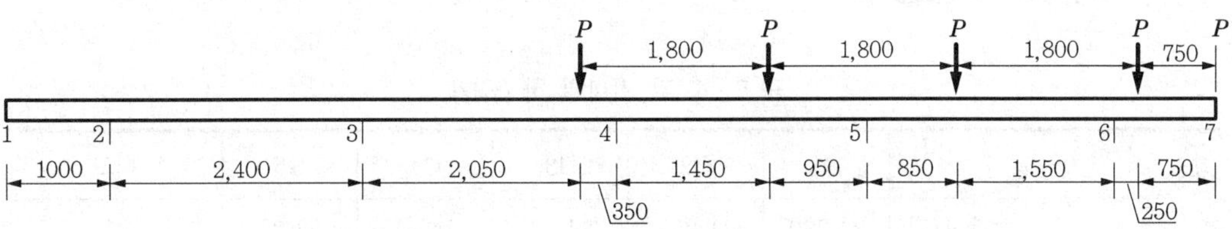

그림 5 · 17 CASE 7 DB-24 단위하중 2차선 재하(방호벽측)

8) 하중 CASE 8 : DB-24 단위하중 재하 : 방호벽측-3차선 재하

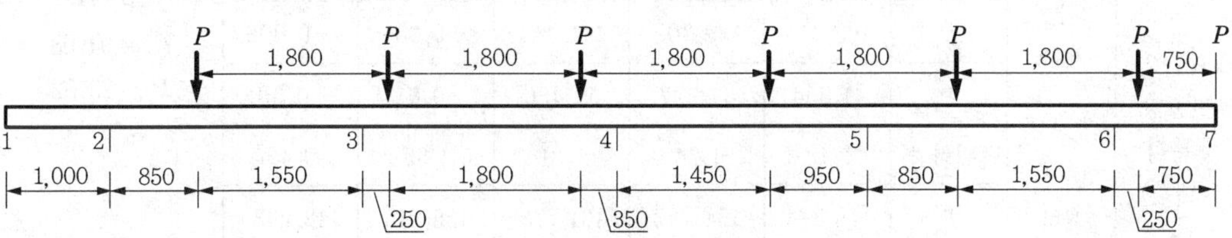

그림 5 · 18 CASE 8 DB-24 단위하중 3차선 재하(방호벽측)

9) 하중 CASE 9 : DB-24 단위하중 재하 : 방호벽측-2차선 재하

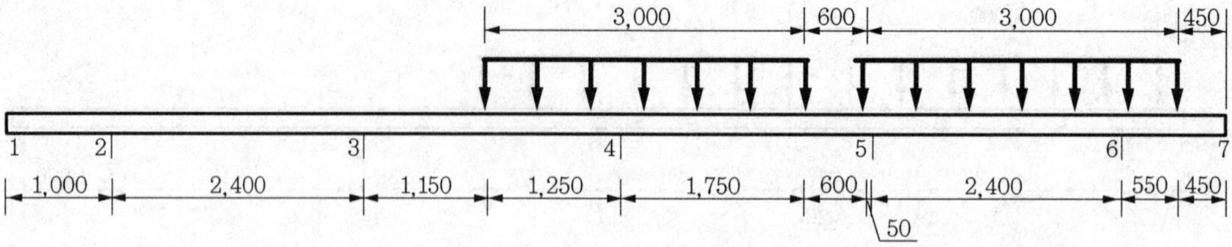

그림 5 · 19 CASE 9 DL-24 단위하중 2차선 재하(방호벽측)

10) 하중 CASE 10 : DB-24 단위하중 재하 : 방호벽측-3차선 재하

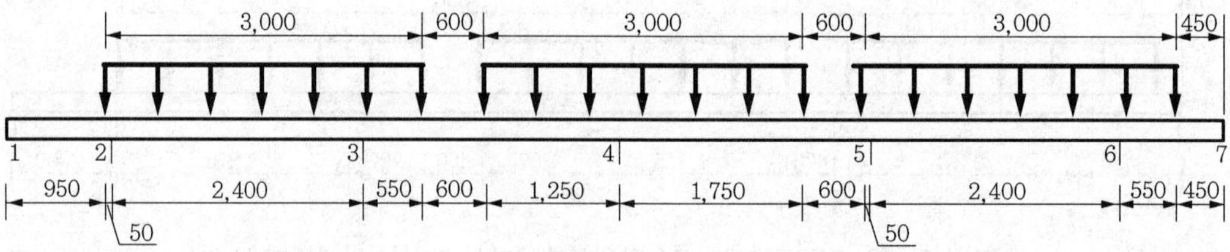

그림 5 · 20 CASE 10 DL-24 단위하중 3차선 재하(방호벽측)

(4) 각 거더별 하중집계

표 5 · 4 각 거더별 하중집계

(단위 : kN)

하중 \ 거더			G1	G2	G3	G4	G5	비고
고정하중		합성 전	22.280	24.050	24.26	24.05	22.28	
		합성 후	8.87	2.08	5.97	0.14	14.82	
충격계수(i)			1.188	1.188	1.188	1.188	1.188	
DB-24 (중앙 분리 대측)	2차선 재하	단위하중	1.48	1.25	1.27	−0.0005	−0.00005	(DB-24) $P_r = 94.08$ $P_f = 23.52$
		P_r	165.415	139.709	141.944	−0.056	−0.006	
		P_f	41.354	34.927	35.486	−0.014	−0.001	
	3차선 재하 (×0.9)	단위하중	1.48	1.24	1.31	1.55	0.42	
		P_r	148.874	124.732	131.773	155.915	42.248	
		P_f	37.218	31.183	32.943	38.779	10.526	

표 5·4 각 거더별 하중집계(계속)

(단위 : kN)

하중		거더	G1	G2	G3	G4	G5	비고
DB-24 (중앙분리대측)	2차선 재하	단위하중	1.82	2.01	2.06	0.12	−0.02	(DL-24) $W_l=12.446$ $P_m=105.84$ $P_s=152.88$
		W_l	8.97	9.907	10.153	0.591	−0.099	
		P_m	76.281	84.244	86.340	5.031	−0.838	
		P_s	110.184	121.686	124.713	7.265	−1.211	
	3차선 재하 (×0.9)	단위하중	1.81	2.05	1.93	2.34	0.87	
		W_l	8.029	9.093	8.561	10.380	3.859	
		P_m	68.276	77.329	72.802	88.268	32.818	
		P_s	98.620	111.697	105.159	127.498	47.403	
DB-24 (방호벽측)	2차선 재하	단위하중	−0.01	0.06	1.31	1.32	1.32	(DB-24) $P_r=94.08$ $P_f=23.52$
		P_r	−1.118	6.706	146.415	147.532	147.532	
		P_f	−0.279	1.677	36.604	36.883	36.883	
	3차선 재하 (×0.9)	단위하중	0.51	1.56	1.28	1.32	1.32	
		P_r	51.301	156.921	128.756	132.779	132.779	
		P_f	12.825	39.230	32.189	33.195	33.195	
DL-24 (방호벽측)	2차선 재하	단위하중	−0.03	0.20	2.09	2.14	1.60	(DL-24) $W_l=12.446$ $P_m=105.84$ $P_s=152.88$
		W_l	−0.148	0.986	10.301	10.547	7.886	
		P_m	−1.257	8.383	87.597	89.693	67.060	
		P_s	−1.816	12.108	126.530	129.557	96.865	
	3차선 재하 (×0.9)	단위하중	0.99	2.32	1.92	2.18	1.59	
		W_l	4.391	10.291	8.517	9.070	7.053	
		P_m	37.344	87.514	72.425	82.283	59.877	
		P_s	53.942	126.409	104.614	118.780	86.033	

(5) 단면력 집계

1) 모멘트

표 5 · 5 모멘트 전산처리 결과(G1)

(단위 : kN · m)

절점 \ CASE	합성 전	합성 후			계	비고
	고정하중	고정하중	활하중	소계		
1	0.000	0.000	0.000	0.000	0.000	
2	2,033.430	472.550	1,356.930	1,829.480	3,862.910	
3	3,494.270	778.710	2,309.020	3,087.730	6,582.000	
4	4,373.620	950.800	2,878.700	3,829.500	8,203.120	
5	4,661.200	1,006.270	3,068.540	4,074.810	8,736.010	
6	4,373.620	950.800	2,878.700	3,829.500	8,203.120	
7	3,494.270	778.710	2,309.020	3,087.730	6,582.000	
8	2,033.430	472.550	1,356.930	1,829.480	3,862.910	
9	0.000	0.000	0.000	0.000	0.000	

표 5 · 6 모멘트 전산처리 결과(G2)

(단위 : kN · m)

절점 \ CASE	합성 전	합성 후			계	비고
	고정하중	고정하중	활하중	소계		
10	0.000	0.000	0.000	0.000	0.000	
11	2,051.950	438.240	1,151.610	1,589.850	3,641.800	
12	3,513.470	764.940	1,909.920	2,674.860	6,188.330	
13	4,389.140	967.480	2,359.860	3,327.340	7,716.480	
14	4,680.850	1,034.880	2,508.290	3,543.170	8,224.020	
15	4,389.140	967.480	2,359.860	3,327.340	7,716.480	
16	3,513.470	764.940	1,909.920	2,674.860	6,188.330	
17	2,051.950	438.240	1,151.610	1,589.850	3,641.800	
18	0.000	0.000	0.000	0.000	0.000	

표 5 · 7 모멘트 전산처리 결과(G3)

(단위 : kN · m)

절점 \ CASE	합성 전	합성 후			계	비고
	고정하중	고정하중	활하중	소계		
19	0.000	0.000	0.000	0.000	0.000	
20	2,059.740	470.470	1,020.390	1,490.860	3,550.600	
21	3,522.530	827.540	1,651.450	2,478.990	6,001.520	
22	4,396.970	1,055.550	2,002.970	3,058.520	7,455.490	
23	4,687.940	1,134.210	2,442.710	3,576.920	8,264.860	
24	4,396.970	1,055.550	2,002.970	3,058.520	7,455.490	
25	3,522.530	827.540	1,651.450	2,478.990	6,001.520	
26	2,059.740	470.470	1,020.390	1,490.860	3,550.600	
27	0.000	0.000	0.000	0.000	0.000	

표 5 · 8 모멘트 전산처리 결과(G4)

(단위 : kN · m)

절점 \ CASE	합성 전	합 성 후			계	비고
	고정하중	고정하중	활하중	소계		
28	0.000	0.000	0.000	0.000	0.000	
29	2,051.950	577.280	1,145.150	1,583.390	3,635.340	
30	3,513.470	1,029.790	1,875.460	2,640.400	6,153.870	
31	4,389.140	1,310.330	2,304.210	3,271.690	7,660.830	
32	4,680.850	1,404.890	2,447.600	3,482.480	8,163.330	
33	4,389.140	1,310.330	2,304.210	3,271.690	7,660.830	
34	3,513.470	1,029.790	1,875.460	2,640.400	6,153.870	
35	2,051.950	537.790	1,145.150	1,583.390	3,635.340	
36	0.000	0.000	0.000	0.000	0.000	

표 5 · 9 모멘트 전산처리 결과(G5)

(단위 : kN · m)

절점 \ CASE	합성 전	합 성 후			계	비고
	고정하중	고정하중	활하중	소계		
37	0.000	0.000	0.000	0.000	0.000	
38	2,033.430	806.460	1,288.360	1,760.910	3,794.340	
39	3,494.270	1,337.200	2,202.500	2,981.210	6,475.480	
40	4,373.620	1,640.840	2,753.220	3,704.020	8,077.640	
41	4,661.200	1,749.760	2,935.750	3,942.020	8,603.220	
42	4,373.620	1,749.760	2,753.220	3,704.020	8,077.640	
43	3,494.270	1,040.840	2,202.500	2,981.210	6,475.480	
44	2,033.430	1,337.200	1,288.360	1,760.910	3,794.340	
45	0.000	0.000	0.000	0.000	0.000	

2) 전단력

표 5 · 10 전단력 전산처리 결과(G1)

(단위 : kN)

절점 \ CASE	합성 전	합 성 후			계	비고
	고정하중	고정하중	활하중	소계		
1	462.390	116.680	363.240	479.920	942.310	
2	350.970	83.400	286.490	369.890	720.860	
3	236.470	56.590	214.290	270.880	507.350	
4	120.170	33.270	142.290	175.560	295.730	
5	−3.010	11.080	69.460	80.540	77.530	
6	−114.410	−33.270	−142.030	−175.300	−289.710	
7	−231.570	−56.590	−214.290	−270.880	−502.450	
8	−347.870	−83.410	−286.490	−369.900	−717.770	
9	−462.390	−116.680	−363.240	−479.920	−942.310	

표 5 · 11 전단력 전산처리 결과(G2)

(단위 : kN)

CASE 절점	합성 전	합 성 후			계	비고
	고정하중	고정하중	활하중	소계		
10	470.520	92.850	353.850	446.700	917.220	
11	350.270	82.450	267.430	349.880	700.150	
12	232.180	60.510	208.940	269.450	501.630	
13	115.010	34.940	153.940	188.880	303.890	
14	1.780	−8.280	99.570	91.290	93.070	
15	−118.470	−34.940	−153.900	−188.840	−307.310	
16	−235.260	−60.510	−208.940	−269.450	−504.710	
17	−352.430	−82.450	−267.430	−349.880	−702.310	
18	−470.520	−92.850	−353.850	−446.700	−917.220	

표 5 · 12 전단력 전산처리 결과(G3)

(단위 : kN)

CASE 절점	합성 전	합 성 후			계	비고
	고정하중	고정하중	활하중	소계		
19	472.600	109.020	316.180	425.200	897.800	
20	351.300	86.340	235.070	321.410	672.710	
21	231.910	60.530	181.900	242.430	474.340	
22	114.240	30.660	136.450	167.110	281.350	
23	2.460	−0.810	94.040	93.230	95.690	
24	−118.840	−30.680	−136.450	−167.130	−285.970	
25	−235.540	−56.490	−181.900	−238.390	−473.930	
26	−353.210	−79.170	−235.070	−314.240	−667.450	
27	−472.600	−109.020	−316.180	−425.200	−897.800	

표 5 · 13 전단력 전산처리 결과(G4)

(단위 : kN)

CASE 절점	합성 전	합 성 후			계	비고
	고정하중	고정하중	활하중	소계		
28	470.520	92.850	358.860	451.710	922.230	
29	350.270	82.450	270.580	353.030	703.300	
30	232.180	60.510	212.980	273.490	505.670	
31	115.010	34.940	159.220	194.160	309.170	
32	1.780	−8.280	106.230	97.950	99.730	
33	−118.470	−34.940	−159.220	−194.160	−312.630	
34	−235.260	−60.510	−212.980	−273.490	−508.750	
35	−352.430	−82.450	−270.580	−353.030	−705.460	
36	−470.520	−92.850	−358.860	−451.710	−922.230	

표 5·14 전단력 전산처리 결과(G5)

(단위 : kN)

절점 \ CASE	합성 전	합 성 후			계	비고
	고정하중	고정하중	활하중	소계		
37	462.390	116.680	341.400	458.080	920.470	
38	350.970	83.400	273.930	357.330	708.300	
39	236.470	56.590	206.390	262.980	499.450	
40	120.170	33.270	136.960	170.230	290.400	
41	−3.010	11.080	66.540	77.620	74.610	
42	−114.410	−33.270	−136.960	−170.230	−284.640	
43	−231.570	−56.590	−206.330	−262.920	−494.490	
44	−347.870	−83.410	−273.930	−357.340	−705.210	
45	−462.390	−116.680	−341.400	−458.080	−920.470	

3) 반력

표 5·15 반력 전산처리 결과

(단위 : kN)

절점 \ CASE		합성 전	합 성 후			계	비고
		고정하중	고정하중	활하중	소계		
G1	1	462.380	117.060	367.980	485.040	947.420	
	9	462.380	117.060	367.980	485.040	947.420	
G2	10	470.520	91.650	351.510	443.160	913.680	
	18	470.520	91.650	351.510	443.160	913.680	
G3	19	472.600	107.920	317.020	424.940	897.540	
	27	472.600	107.920	317.020	424.940	897.540	
G4	28	470.520	111.350	357.250	468.600	939.120	
	36	48.174	111.350	357.250	468.600	516.774	
G5	37	462.380	204.010	345.300	549.310	1,011.690	
	45	462.380	204.010	345.300	549.310	1,011.690	

(6) 바닥판의 유효폭 산정〔step 4-2〕

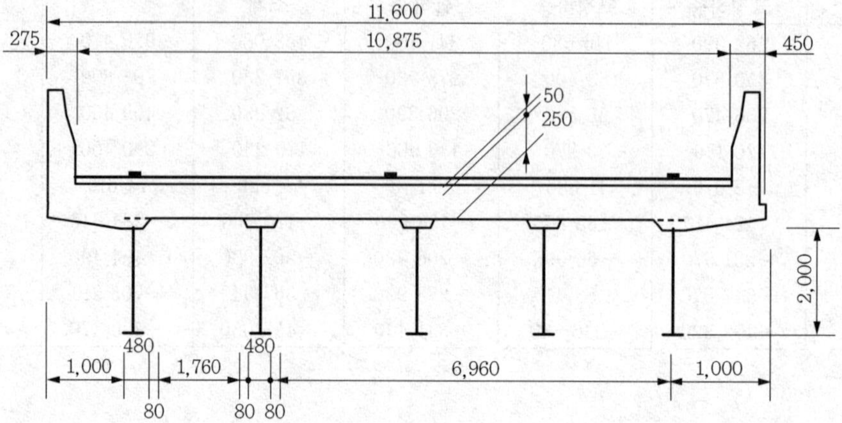

그림 5·21 바닥판의 유효 폭

1) 캔틸레버 구간

$$b_1 = 0.76\ \text{m},\quad L = 40\ \text{m},\quad \frac{b_1}{L} = \frac{0.76}{40} = 0.019 < 0.05$$

$$\therefore\ \lambda_{L1} = b = 0.76\ \text{m}$$

$$2b_2 = 1.76\ \text{m},\quad \therefore\ b_2 = \frac{1.76}{2} = 0.88\ \text{m}$$

$$\frac{b_2}{L} = \frac{0.88}{40} = 0.022 < 0.05$$

$$\therefore\ \lambda_{L2} = b = 0.88\ \text{m}$$

2) 중간 바닥판 구간

$$2b_2 = 1.76\ \text{m},\quad \therefore\ b_2 = \frac{1.76}{2} = 0.88\ \text{m},\quad L = 40\ \text{m}$$

$$\frac{b_2}{L} = \frac{0.88}{40} = 0.022 < 0.05$$

$$\therefore\ \lambda_L = b = 0.88\ \text{m}$$

3) 유효 폭 산정

외측 구간

$$B_1 = \lambda_{L1} + 0.560 + \lambda_{L2} = 0.760 + 0.560 + 0.880 = 2.200\ \text{m}$$

내측 구간

$$B_1 = \lambda_{L1} + 0.640 + \lambda_{L2} = 0.88 + 0.640 + 0.88 = 2.400\ \text{m}$$

(7) 단면계수 산정 및 응력 검토[step 4-3, step 4-4]

1) 최대 정모멘트 단면

$M_{d1} = 4{,}661.200\ \text{kN}\cdot\text{m}$　　$M_{d2} = 1{,}006.270\ \text{kN}\cdot\text{m}$

$M_1 = 3{,}068.540\ \text{kN}\cdot\text{m}$

$S_{d1} = -3.010\ \text{kN}$　　$S_{d2} = 4.080\ \text{kN}$

$S_1 = 69.460\ \text{kN}$

① 합성 전 (1)

표 5·16 합성 전 단면계수

부 재	L(mm)	T(mm)	A(cm^2)	Y(cm)	$A\cdot Y$(cm^3)	$A\cdot Y^2$(cm^4)	I_0(cm^4)
상부플랜지	480	32	153.6	205.2	31,519	6,467,641	131
복부판	12	2,000	240.0	103.6	24,864	2,575,910	800,000
하부플랜지	650	36	234.0	1.8	421	758	253
Σ			627.6		56,804	9,044,310	800,384

$y_{su} = 1.1629\ \text{m},\ \ y_{sl} = 0.9051\ \text{m}$

$$I_{zz} = I_o + A\times y^2 - A\times y_{sl}^2 = 0.0470339\ \text{m}^4$$

$$I_{yy} = I_{oyy} + A\times z^2 = 0.0063783\ \text{m}^4$$

합성 전 휨모멘트에 의한 응력

$$f_{su} = \left(\frac{M_{dl}}{I_s}\right)\cdot y_{su} = -115.250\ \text{MPa}$$

$$f_{sl} = \left(\frac{M_{dl}}{I_s}\right)\cdot y_{sl} = 89.700\ \text{MPa}$$

② 합성 후(2)

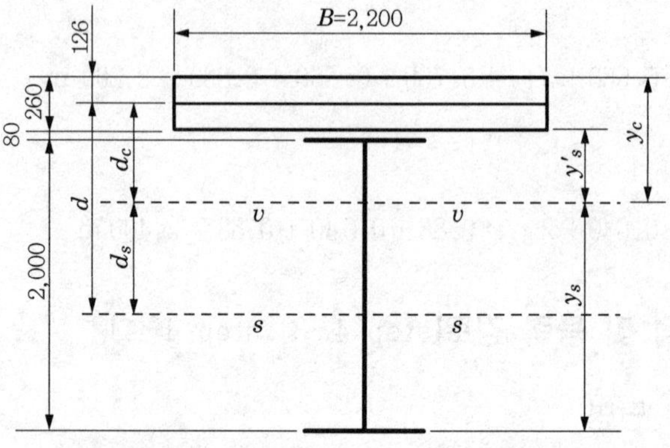

그림 5 · 22 바닥판의 유효 폭(최대 정모멘트 단면)

$B = 2.200\ \text{m},\ n = 8$

$A_c = 0.55\ \text{m}^2,\ \ I_c = 0.0028646\ \text{m}^4,\ \ d = 1.336\ \text{m}$

$\dfrac{A_c}{n} = 0.069\ \text{m}^2,\ \ \dfrac{I_c}{n} = 0.0003581\ \text{m}^4$

$y_c = \dfrac{0.063\times1.461 + 0.069\times0.125}{0.063 + 0.069} = -0.761\ \text{m}$

$y_c' = -0.761 + 0.25 + 0.08 - 0.032 = -0.463\ \text{m}$

$y_s = 2.068 - 0.463 = 1.605\ \text{m}$

$d_c = -0.761 + 0.125 = -0.636\ \text{m}$

$d_s = 1.461 - 0.761 = 0.700\ \text{m}$

$I_v = I_s + A_s \times d_s^2 + \dfrac{I_c}{n} + \dfrac{A_c}{n} \times d_c^2 = 0.1060543\ \text{m}^4$

합성 후 휨모멘트에 의한 응력

$f_{cu} = \dfrac{(M_{d2} + M_l)}{n \cdot I_v} \cdot y_c = -3.656\ \text{MPa}$

$f_{cl} = \dfrac{(M_{d2} + M_l)}{n \cdot I_v} \cdot y_c' = 2.224\ \text{MPa}$

$f_{su} = \dfrac{(M_{d2} + M_l)}{n \cdot I_v} \cdot y_c = -17.789\ \text{MPa}$

$$f_{sl}=\frac{(M_{d2}+M_l)}{n\cdot I_v}\cdot y_s=61.667\text{ MPa}$$

전단응력

$$V_{su}=\frac{(S_{dl}+S_{d2}+S_l)}{A_w}=2.938\text{ MPa}$$

③ 크리프에 의한 응력(3)

$$n_1=n\left(1+\frac{\phi_1}{2}\right)=16$$

$$\phi_1=2.0$$

$$\frac{A_c}{n_1}=\frac{0.55}{16}=0.0344\text{ m}^2$$

$$\frac{I_c}{n_1}=\frac{0.0028646}{16}=1.790\times10^{-4}\text{ m}^3$$

$$A_{v1}=0.063+0.0344=0.097\text{ m}^2$$

$$y_{c1}=\frac{0.063\times1.461+0.034\times0.125}{0.063+0.034}=-0.992\text{ m}$$

$$y_{c1}'=-0.992+0.330-0.032=-0.662\text{ m}$$

$$y_{s1}'=2.068-0.662=1.406\text{ m}$$

$$d_{c1}=-0.992+0.125=-0.867\text{ m}$$

$$d_{s1}=1.461-0.992=0.469\text{ m}$$

$$I_{v1}=I_s+A_s\times d_{s1}^2+\frac{I_c}{n_1}+\frac{A_c}{n_1}\times d_{c1}^2=0.0865748\text{ m}^4$$

$$\gamma_c^2=\frac{I_c}{A_c}=\frac{0.0028646}{0.55}=0.00521\text{ m}^2$$

$$\frac{\gamma_c^2}{d_c}=\frac{0.005}{-0.636}=-0.008\text{ m}$$

크리프 발생 전, 2차 고정하중에 의해 바닥판 콘크리트에 작용하는 압축력 N_c

$$N_c=\left(\frac{M_{d2}}{n\cdot I_v}\right)\times d_c\times A_c=-414.874\text{ kN}$$

$$P_\phi=N_c\cdot\left(\frac{2\phi}{2+\phi_1}\right)=-414.874\text{ kN}$$

$$M_\phi = P_\phi \cdot \left(d_{c1} + \frac{\gamma_c{}^2}{d_c}\right) = 363.015 \text{ kN} \cdot \text{m}$$

$$E_{c1} \cdot \frac{f_c}{E_c} \cdot \phi = \frac{E_c}{\left(1+\frac{\phi_1}{2}\right)} \cdot \frac{f_c}{E_c} \cdot y = \frac{f_c}{\left(1+\frac{2.0}{2}\right)} \times 2.0 = f_c$$

$$f_{cud} = \frac{M_{d2} \times 10^5}{n \times I_v} \times y_c = -0.903 \text{ MPa}$$

$$f_{cul} = \frac{M_{d2} \times 10^5}{n \times I_v} \times y_c{}' = -0.549 \text{ MPa}$$

$$f_{cu1} = \frac{1}{n_1} \cdot \left(\frac{P_\phi}{A_{v1}} \frac{+M_\phi}{I_{v1}} \cdot y_{c1}\right) - f_{cud} = 0.376 \text{ MPa}$$

$$f_{cu1} = \frac{1}{n_1} \cdot \left(\frac{P_\phi}{A_{v1}} \frac{+M_\phi}{I_{v1}} \cdot y_{c1}{}'\right) - f_{cul} = 0.108 \text{ MPa}$$

$$f_{su1} = \frac{P_\phi}{A_{v1}} + \frac{M_\phi}{I_{v1}} \cdot y_{c1}{}' = -7.053 \text{ MPa}$$

$$f_{sl1} = \frac{P_\phi}{A_{v1}} + \frac{M_\phi}{I_{v1}} \cdot y_{s1}{}' = -1.628 \text{ MPa}$$

④ 건조수축에 의한 영향(4)

$$\phi_2 = 2,\ \ \phi_1 = 4.0,\ \ \varepsilon_s = 18 \times 10^{-5}$$

$$n_2 = n\left(1+\frac{\phi_2}{2}\right) = 24$$

$$\frac{A_c}{n_2} = \frac{0.55}{24} = 0.023 \text{ m}^2$$

$$\frac{I_c}{n_2} = \frac{0.0028646}{24} = 0.0001194 \text{ m}^4$$

$$A_{v2} = 0.063 + 0.023 = 0.086 \text{ m}^2$$

$$y_{c2} = \frac{0.063 \times 1.461 + 0.023 \times 0.125}{0.063 + 0.0223} = -1.100 \text{ m}$$

$$y_{c2}{}' = -1.100 + 0.330 - 0.032 = -0.802 \text{ m}$$

$$y_{s2} = 2.068 - 0.802 = 1.260 \text{ m}$$

$$d_{c2} = -1.100 + 0.125 = -0.975 \text{ m}$$

$$d_{s2} = 1.461 - 1.100 = 0.361 \text{ m}$$

$$I_{v2}=I_s+A_s\times d_{s2}^2+\frac{I_c}{n_2}+\frac{A_c}{n_2}\times d_{c2}^2=0.07719629\ \mathrm{m}^4$$

$$E_{c2}\cdot\varepsilon_s=\frac{E_s}{n_2}\cdot\varepsilon_s=-1,575\ \mathrm{kN/m^2}$$

$$P_2=E_s\cdot\varepsilon_s\cdot\frac{A_c}{n_2}=-866.250\ \mathrm{kN}$$

$$M_{y2}=P_2\cdot d_{s2}=844.594\ \mathrm{kN}$$

$$f_{cu2}=\frac{1}{n_2}\cdot\left(\frac{P_2}{A_{v2}}+\frac{M_2}{I_{v2}}\cdot y_{c2}\right)-E_{c2}\cdot\varepsilon_s=0.654\ \mathrm{MPa}$$

$$f_{cl2}=\frac{1}{n_2}\cdot\left(\frac{P_2}{A_{v2}}+\frac{M_2}{I_{v2}}\cdot y_{c2}'\right)-E_{c2}\cdot\varepsilon_s=0.790\ \mathrm{MPa}$$

$$f_{su2}=\frac{P_2}{A_{v2}}+\frac{M_{v2}}{I_{v2}}\cdot y_{c2}'=-18.847\ \mathrm{MPa}$$

$$f_{sl2}=\frac{P_2}{A_{v2}}+\frac{M_{v2}}{I_{v2}}\cdot y_{s2}'=3.778\ \mathrm{MPa}$$

⑤ 온도차에 의한 응력(5)

$$\alpha=12\times10^{-6},\quad t=\pm10℃$$

$$\varepsilon_t=\alpha\cdot t=1.2\times10^{-4}$$

$$E_0=\frac{E_s}{n}=26,250\ \mathrm{MPa}$$

$$A_v=0.063+\frac{0.550}{8}=0.132\ \mathrm{m}^2$$

$$P_1=\frac{E_s\cdot\varepsilon_s\cdot A_c}{n}=\pm1,738.800\ \mathrm{kN}$$

$$M_v=P_1\cdot d_c=-1,105.877\ \mathrm{kN\cdot m},\ 1,105.877\ \mathrm{kN\cdot m}$$

$$f_{cu}=\frac{1}{n}\cdot\left(\frac{P_1}{A_v}+\frac{M_v}{I_v}\cdot y_c\right)\pm E_c\cdot\varepsilon_t=-0.511\ \mathrm{MPa},\quad +0.511\ \mathrm{MPa}$$

$$f_{cl}=\frac{1}{n}\cdot\left(\frac{P_2}{A_{v2}}+\frac{M_2}{I_{v2}}\cdot y_c'\right)\pm E_c\cdot\varepsilon_t=-0.900\ \mathrm{MPa},\quad +0.900\ \mathrm{MPa}$$

$$f_{su}=\frac{P_1}{A_v}+\frac{M_v}{I_v}\cdot y_c'=-18.000\ \mathrm{MPa},\quad +18.000\ \mathrm{MPa}$$

$$f_{sl}=\frac{P_1}{A_v}+\frac{M_v}{I_v}\cdot y_s'=-3.563\ \mathrm{MPa},\quad +3.563\ \mathrm{MPa}$$

⑥ 응력조합

응력조합은 다음 표와 같다.

표 5·17 응력조합(최대 정모멘트 단면)

(단위 : MPa)

NO.	응력	SLAB TOP-CON'C	STEEL TOP	STEEL BOTTOM
1	합성 전		−115.248	89.699
2	합성 후	−3.657	−17.789	61.667
3	크리프에 의한 영향	0.376	−7.053	1.618
4	건조수축에 의한 영향	0.654	−18.847	3.778
5	온도차에 의한 영향	−0.511	−18.001	3.563
6	(1)+(2)	−3.657	−133.037	151.366
	허용응력	−8.100	−190.000	190.000
7	(1)+(2)+(3)+(4)	−2.627	−158.937	156.763
	허용응력	−8.100	−218.500	190.000
8	(1)+(2)+(3)+(4)+(5)	−3.138	−176.938	160.326
	허용응력	−9.315	−247.000	218.500
9	(1)+(2)+(3)+(4)−(5)	−2.116	−140.937	153.199
	허용응력	9.315	−247.000	218.500
전단응력	전단응력	2.939		
	허용응력	110.000		
합성응력	$\left(\frac{f}{f_a}\right)^2+\left(\frac{v}{v_a}\right)^2=0.681<1.2$			

• 휨 압축플랜지의 허용응력 검토

$$\frac{A_w}{A_c}=1.563<2.0$$

$$\frac{l}{b}=10.4>4$$

$$f_{sa}=190-3.8\left(\frac{l}{b}-4.0\right)=165.620\ \text{MPa}>115.248\,\text{MPa}[\text{No. 1 STEEL TOP}]$$

⑦ 항복에 대한 안전도 검사

$$\Sigma f=1.3\times\text{고정하중}+2.15\times\text{활하중}+\text{크리프}+\text{건조수축}+\text{온도변화}$$

$$f_{cu}=1.3\times0.903+2.15\times2.754+0.511$$

$= 7.468 \text{ MPa} < f_y = \left(\frac{3}{5}\right) \cdot f_{ck} = 16.200 \text{ MPa}$ ∴ O.K.

$f_{cl} = 1.3 \times 0.549 + 2.15 \times 1.675 + 0.108 + 0.790 + 0.900$

$= 6.029 \text{ MPa} < f_y = \left(\frac{3}{5}\right) \cdot f_{ck} = 16.200 \text{ MPa}$ ∴ O.K.

$f_{su} = 1.3 \times (115.248 + 4.393) + 2.15 \times 13.396 + 7.053 + 18.847 + 18.001$

$= 227.566 \text{ MPa} < f_y = 320.000 \text{ MPa}$ ∴ O.K.

$f_{sl} = -1.3 \times (-115.248 - 15.229) - 2.15 \times 46.439 - 1.618 - 3.778 - 3.563$

$= -242.887 \text{ MPa} < f_y = 320.000 \text{ MPa}$ ∴ O.K.

2) 2.5 m 지점

$M_{d1} = 1,105.68 \text{ kN} \cdot \text{m}$ $M_{d2} = 449.54 \text{ kN} \cdot \text{m}$

$M_1 = 732.89 \text{ kN} \cdot \text{m}$

$S_{d1} = 411.95 \text{ kN}$ $S_{d2} = 94.09 \text{ kN}$

$S_1 = 324.17 \text{ kN}$

① 합성 전(1)

표 5·18 합성 전 단면계수(2.5 m 지점)

부재	L(mm)	T(mm)	A(mm^2)	Y(cm)	$A \cdot Y$(mm^3)	$A \cdot Y^2$(mm^4)	I_0(mm^4)
상부플랜지	480	16	7,680	2,028	$15,575 \times 10^3$	$3,158,618 \times 10^4$	16×10^4
복부판	12	2,000	24,000	1,020	$24,480 \times 10^3$	$2,496,960 \times 10^4$	$800,000 \times 10^4$
하부플랜지	650	20	13,000	10	130×10^3	130×10^4	43×10^4
Σ			44,680		$40,185 \times 10^3$	$5,655,708 \times 10^4$	$800,060 \times 10^4$

$y_{su} = 1.1366 \text{ m}, \quad y_{sl} = 0.8994 \text{ m}$

$I_{zz} = I_o + A \times y^2 - A \times y_{sl}^2 = 0.0284151 \text{ m}^4$

$I_{yy} = I_{oyy} + A \times z^2 = 0.0058647 \text{ m}^4$

합성 전 휨모멘트에 의한 응력

$f_{su} = \left(\frac{M_{dl}}{I_s}\right) \cdot y_{su} = 44.227 \text{ MPa}$

$$f_{sl} = \left(\frac{M_{dl}}{I_s}\right) \cdot y_{sl} = 34.997 \text{ MPa}$$

② 합성 후(2)

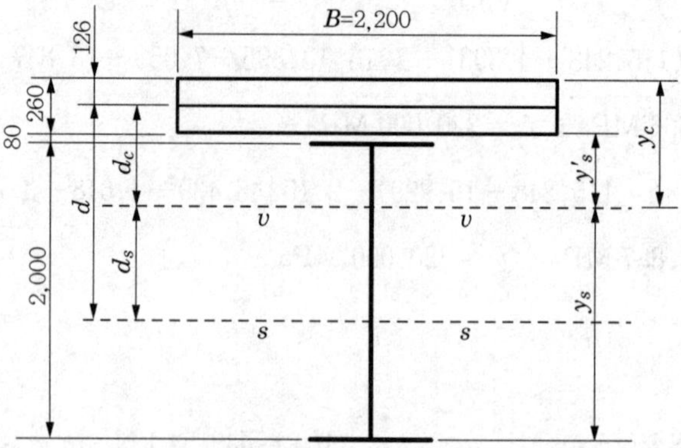

그림 5 · 23 바닥판의 유효 폭(2.5m 지점)

$B = 2.200$ m, $n = 8$

$A_c = 0.55 \text{ m}^2$, $I_c = 0.028646 \text{ m}^4$, $d = 1.3416$ m

$\frac{A_c}{n} = 0.0689 \text{ m}^2$, $\frac{I_c}{n} = 0.0003581 \text{ m}^4$

$$y_c = \frac{0.0450 \times 1.467 + 0.0689 \times 0.125}{0.045 + 0.0689} = -0.652 \text{ m}$$

$y_c' = -0.652 + 0.25 + 0.08 - 0.016 = -0.322$ m

$y_s = 0.002 - 0.322 = 1.714$ m

$d_c = -0.652 + 0.125 = -0.527$ m

$d_s = 1.467 - 0.052 = 0.814$ m

$$I_v = I_s + A_s \times d_s^2 + \frac{I_c}{n} + \frac{A_c}{n} \times d_c^2 = 0.0775413 \text{ m}^4$$

합성 후 휨모멘트에 의한 응력

$$f_{cu} = \frac{(M_{d2} + M_l)}{n \cdot I_v} \cdot y_c = -1.243 \text{ MPa}$$

$$f_{cl} = \frac{(M_{d2} + M_l)}{n \cdot I_v} \cdot y_c' = -0.614 \text{ MPa}$$

$$f_{su}=\frac{(M_{d2}+M_l)}{n\cdot I_v}\cdot y_c=-4.910\text{ MPa}$$

$$f_{sl}=\frac{(M_{d2}+M_l)}{n\cdot I_v}\cdot y_s=26.137\text{ MPa}$$

전단응력

$$V_{su}=\frac{(S_{dl}+S_{d2}+S_l)}{A_w}=34.,592\text{ MPa}$$

③ 크리프에 의한 응력(3)

$$n_1=n\left(1+\frac{\phi_1}{2}\right)=16$$

$$\phi_1=2.0$$

$$\frac{A_c}{n_1}=\frac{0.55}{16}=0.034\text{ m}^2$$

$$\frac{I_c}{n_1}=\frac{0.0028646}{16}=0.000179\text{ m}^4$$

$$A_{v1}=0.045+0.034=0.079\text{ m}^2$$

$$y_{c1}=\frac{0.04468\times1.47+0.03\times0.13}{0.04468+0.034}=-0.887\text{ m}$$

$$y_{c1}'=-0.887+0.33-0.016=-0.557\text{ m}$$

$$y_{s1}=2.036-0.557=1.479\text{ m}$$

$$d_{c1}=-0.887+0.125=-0.762\text{ m}$$

$$d_{s1}=1.467-0.887=0.580\text{ m}$$

$$I_{v1}=I_s+A_s\times d_{s1}^2+\frac{I_c}{n_1}+\frac{A_c}{n_1}\times d_{c1}^2=0.0633448\text{ m}^4$$

$$\gamma_c^2=\frac{I_c}{A_c}=\frac{0.0028646}{0.55}=0.00521\text{ m}^2$$

$$\frac{\gamma_c^2}{d_c}=\frac{0.0052}{-0.527}=-0.010\text{ m}$$

크리프 발생 전, 2차 고정하중에 의해 바닥판 콘크리트에 작용하는 압축력 N_c

$$N_c=\left(\frac{M_{d2}}{n\cdot I_v}\right)\times d_c\times A_c=-210.048\text{ kN}$$

$$P_{\phi}=N_c\cdot\left(\frac{2\phi}{2+\phi_1}\right)=-210.048\ \text{kN}$$

$$M_{\phi}=P_{\phi}\cdot\left(d_{c1}+\frac{\gamma_c^2}{d_c}\right)=162.157\ \text{kN}\cdot\text{m}$$

$$E_{c1}\cdot\frac{f_c}{E_c}\cdot\phi=\frac{E_c}{\left(1+\frac{\phi_1}{2}\right)}\cdot\frac{f_c}{E_c}\cdot y=\frac{f_c}{\left(1+\frac{2.0}{2}\right)}\times 2.0=f_c$$

$$f_{cud}=\frac{M_{d2}\times 10^5}{n\times I_v}\times y_c=-0.473\ \text{MPa}$$

$$f_{cul}=\frac{M_{d2}\times 10^5}{n\times I_v}\times y_c'=-0.233\ \text{MPa}$$

$$f_{cu1}=\frac{1}{n_1}\cdot\left(\frac{P_{\phi}}{A_{v1}}+\left(\frac{M_{\phi}}{I_{v1}}\cdot y_{c1}\right)\right)-f_{cud}=0.165\ \text{MPa}$$

$$f_{cl1}=\frac{1}{n_1}\cdot\left(\frac{P_{\phi}}{A_{v1}}+\left(\frac{M_{\phi}}{I_{v1}}\cdot y_{c1}'\right)\right)-f_{cul}=-0.023\ \text{MPa}$$

$$f_{su1}=\frac{P_{\phi}}{A_{v1}}\frac{+M_{\phi}}{I_{v1}}\cdot y_{c1}'=-4.085\ \text{MPa}$$

$$f_{sl1}=\frac{P_{\phi}}{A_{v1}}\frac{+M_{\phi}}{I_{v1}}\cdot y_{s1}'=1.127\ \text{MPa}$$

④ 건조수축에 의한 영향(4)

$$\phi_2=2\phi_1=4.0,\quad \varepsilon_s=18\times 10^{-5}$$

$$n_2=n\left(1+\frac{\phi_2}{2}\right)=24$$

$$\frac{A_c}{n_2}=\frac{0.55}{24}=0.0229\ \text{m}^2$$

$$\frac{I_c}{n_2}=\frac{0.0029}{24}=0.000119\ \text{m}^4$$

$$A_{v2}=0.0447+0.0229=0.068\ \text{m}^2$$

$$y_{c2}=\frac{0.0447\times 1.467+0.023\times 0.125}{0.0447+0.023}=-1.006\ \text{m}$$

$$y_{c2}'=-1.006+0.330-0.016=-0.6760\ \text{m}$$

$$y_{s2}=2.0360-0.6760=-1.360\ \text{m}$$

$$d_{c2} = -1.006 + 0.125 = -0.881 \text{ m}$$

$$d_{s2} = 1.467 - 1.006 = 0.461 \text{ m}$$

$$I_{v2} = I_s + A_s \times d_{s2}^2 + \frac{I_c}{n_2} + \frac{A_c}{n_2} \times d_{c2}^2 = 0.0558036 \text{ m}^4$$

$$E_{c2} \cdot \varepsilon_s = \frac{E_s}{n_2} \cdot \varepsilon_s = -1,575 \text{ kN/m}^2$$

$$P_2 = E_s \cdot \varepsilon_s \cdot \frac{A_c}{n_2} = -866.250 \text{ kN}$$

$$M_{y2} = P_2 \cdot d_{s2} = 763.166 \text{ kN}$$

$$f_{cu2} = \frac{1}{n_2} \cdot \left(\frac{P_2}{A_{v2}} + \frac{M_2}{I_{v2}} \cdot y_{c2}\right) - E_{c2} \cdot \varepsilon_s = 0.471 \text{ MPa}$$

$$f_{cl2} = \frac{1}{n_2} \cdot \left(\frac{P_2}{A_{v2}} + \frac{M_2}{I_{v2}} \cdot y_{c2}'\right) - E_{c2} \cdot \varepsilon_s = 0.659 \text{ MPa}$$

$$f_{su2} = \frac{P_2}{A_{v2}} \frac{+M_{v2}}{I_{v2}} \cdot y_{c2}' = -21.984 \text{ MPa}$$

$$f_{sl2} = \frac{P_2}{A_{v2}} \frac{+M_{v2}}{I_{v2}} \cdot y_{s2}' = 5.860 \text{ MPa}$$

⑤ 온도차에 의한 응력(5)

$$\alpha = 12 \times 10^{-6}, \quad t = \pm 10℃$$

$$\varepsilon_t = \alpha \cdot t = 1.2 \times 10^{-4}$$

$$E_0 = \frac{E_s}{n} = 26,250 \times 10^3 \text{ kN/m}^2$$

$$A_v = 0.045 + \frac{0.550}{8} = 0.113 \text{ m}^2$$

$$P_1 = \frac{E_s \cdot \varepsilon_s \cdot A_c}{n} = \pm 1,738.800 \text{ kN}$$

$$M_v = P_1 \cdot d_c = -916.348 \text{ kN} \cdot \text{m}, \ 916.348 \text{ kN} \cdot \text{m}$$

$$f_{cu} = \frac{1}{n} \cdot \left(\frac{P_1}{A_v} \frac{+M_v}{I_v} \cdot y_c\right) \pm E_c \cdot \varepsilon_t = -0.263 \text{ MPa}, \ +0.263 \text{ MPa}$$

$$f_{cl} = \frac{1}{n} \cdot \left(\frac{P_2}{A_{v2}} \frac{+M_2}{I_{v2}} \cdot y_c'\right) \pm E_c \cdot \varepsilon_t = -0.751 \text{ MPa}, \ +0.751 \text{ MPa}$$

$$f_{su}=\frac{P_1}{A_v}\frac{+M_v}{I_v}\cdot y_c'=-19.193\ \text{MPa},\quad +19.193\ \text{MPa}$$

$$f_{sl}=\frac{P_1}{A_v}\frac{+M_v}{I_v}\cdot y_s'=-4.868\ \text{MPa},\quad 4.868\ \text{MPa}$$

⑥ 응력조합

응력조합은 다음 표와 같다.

표 5·19 응력조합(2.5 m 지점)

(단위 : MPa)

NO.	응력	SLAB TOP-CON'C	STEEL TOP	STEEL BOTTOM
1	합성 전	0.000	−44.227	34.997
2	합성 후	1.243	−4.910	26.137
3	크리프에 의한 영향	0.155	−4.815	1.127
4	건조수축에 의한 영향	0.471	−21.984	5.860
5	온도차에 의한 영향	−0.263	−19.193	4.868
6	(1)+(2)	−1.243	−49.137	61.134
	허용응력	−8.100	−19.000	190.000
7	(1)+(2)+(3)+(4)	−0.608	−75.206	68.122
	허용응력	−8.100	−218.500	190.000
8	(1)+(2)+(3)+(4)+(5)	−0.871	−94.399	72.989
	허용응력	−9.315	−247.000	218.500
9	(1)+(2)+(3)+(4)−(5)	−0.345	−56.013	63.254
	허용응력	9.315	−247.000	218.500
전단응력	전단응력	34.592		
	허용응력	110.000		
합성응력	$\left(\frac{f}{f_a}\right)^2+\left(\frac{v}{v_a}\right)^2=0.245 < 1.2$			

• 휨 압축플랜지의 허용응력 검토

$$\frac{A_w}{A_c}=3.125 < 2.0$$

$$\frac{l}{b}=10.4 > 4$$

$$f_{sa}=190-3.8\left(\frac{l}{b}-4.0\right)=165.62\ \text{MPa}>44.227\ \text{MPa} \qquad \text{[No. 1 STEEL TOP]}$$

⑦ 항복에 대한 안전도 검사

$\Sigma f=1.3\times$고정하중 $+2.15\times$활하중$+$크리프$+$건조수축$+$온도변화

$f_{cu}=1.3\times 0.473+2.15\times 0.771+0.263$

$=2.496\ \text{MPa}<f_y=\left(\frac{3}{5}\right)\cdot f_{ck}=16.200\ \text{MPa}$ ∴ O.K.

$f_{cl}=1.3\times 0.233+2.15\times 0.380+0.023+0.659+0.751$

$=2.490\ \text{MPa}<f_y=\left(\frac{3}{5}\right)\cdot f_{ck}=16.200\ \text{MPa}$ ∴ O.K.

$f_{su}=1.3\times(44.227+1.867)+2.15\times 3.043+4.085+21.984+19.193$

$=111.575\ \text{MPa}<f_y=320.000\ \text{MPa}$ ∴ O.K.

$f_{sl}=-1.3\times(-44.227-9.937)-2.15\times 16.200-1.127-5.860-4.868$

$=-104.289\ \text{MPa}<f_y=-320.000\ \text{MPa}$ ∴ O.K.

2) 10 m 지점

$M_{d1}=3,494.27\ \text{kN}\cdot\text{m}$ $\qquad M_{d2}=778.71\ \text{kN}\cdot\text{m}$

$M_1=2,309.02\ \text{kN}\cdot\text{m}$

$S_{d1}=236.47\ \text{kN}$ $\qquad S_{d2}=56.59\ \text{kN}$

$S_1=214.29\ \text{kN}$

① 합성 전(1)

표 5·20 합성 전 단면계수(10 m 지점)

부재	L(mm)	T(mm)	A(mm^2)	Y(mm)	$A\cdot Y$(mm^3)	$A\cdot Y^2$(mm^4)	I_0(mm^4)
상부플랜지	480	24	11,520	2,040	$23,501\times10^3$	$4,794,163\times10^4$	55×10^4
복부판	12	2,000	24,000	1,028	$24,672\times10^3$	$2,536,282\times10^4$	$800,000\times10^4$
하부플랜지	650	28	18,200	14	255×10^3	357×10^4	119×10^4
Σ			53,720		$48,428\times10^3$	$7,330,802\times10^4$	$800,174\times10^4$

$y_{su}=-1.1510\ \text{m},\quad y_{sl}=0.901\ \text{m}$

$$I_{zz} = I_o + A \times y^2 - A \times y_{sl}^2 = 0.0376998 \text{ m}^4$$

합성 전 휨모멘트에 의한 응력

$$f_{su} = \left(\frac{M_{dl}}{I_s}\right) \cdot y_{su} = -106.683 \text{ MPa}$$

$$f_{sl} = \left(\frac{M_{dl}}{I_s}\right) \cdot y_{sl} = 83.511 \text{ MPa}$$

② 합성 후(2)

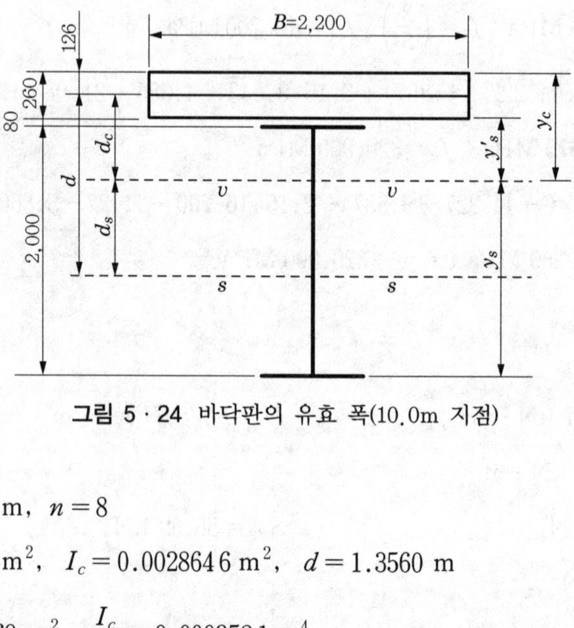

그림 5 · 24 바닥판의 유효 폭(10.0m 지점)

$B = 2.200$ m, $n = 8$

$A_c = 0.55$ m^2, $I_c = 0.0028646$ m^2, $d = 1.3560$ m

$\dfrac{A_c}{n} = 0.069$ m^2, $\dfrac{I_c}{n} = 0.0003581$ m^4

$$y_c = \frac{0.054 \times 1.481 + 0.069 \times 0.125}{0.054 + 0.009} = -0.719 \text{ m}$$

$$y_c' = -0.719 + 0.250 + 0.08 - 0.024 = -0.389 \text{ m}$$

$$y_s = 2.052 - 0.389 = 1.663 \text{ m}$$

$$d_c = -0.719 + 0.125 = -0.594 \text{ m}$$

$$d_s = 1.481 - 0.719 = 0.762 \text{ m}$$

$$I_v = I_s + A_s \times d_s^2 + \frac{I_c}{n} + \frac{A_c}{n} \times d_c^2 = 0.0935958 \text{ m}^4$$

합성 후 휨모멘트에 의한 응력

$$f_{cu}=\frac{(M_{d2}+M_l)}{n\cdot I_v}\cdot y_c=-2.963\ \text{MPa}$$

$$f_{cl}=\frac{(M_{d2}+M_l)}{n\cdot I_v}\cdot y_c'=-1.604\ \text{MPa}$$

$$f_{su}=\frac{(M_{d2}+M_l)}{n\cdot I_v}\cdot y_c=-12.833\ \text{MPa}$$

$$f_{sl}=\frac{(M_{d2}+M_l)}{n\cdot I_v}\cdot y_s=54.862\ \text{MPa}$$

전단응력

$$V_{su}=\frac{(S_{dl}+S_{d2}+S_l)}{A_w}=21.140\ \text{MPa}$$

③ 크리프에 의한 응력(3)

$$n_1=n\left(1+\frac{\phi_1}{2}\right)=16$$

$$\phi_1=2.0$$

$$\frac{A_c}{n_1}=\frac{0.55}{16}=0.034\ \text{m}^2$$

$$\frac{I_c}{n_1}=\frac{0.0028646}{16}=0.0001790\ \text{m}^2$$

$$A_{v1}=0.054+0.034=0.088\ \text{m}^2$$

$$y_{c1}=\frac{0.0537\times1.48+0.03\times0.13}{0.0537+0.034}=-0.955\ \text{m}$$

$$y_{c1}'=-0.955+0.33-0.024=-0.625\ \text{m}$$

$$y_{s1}=2.052-0.625=1.427\ \text{m}$$

$$d_{c1}=-0.955+0.125=-0.830\ \text{m}$$

$$d_{s1}=1.481-0.955=0.526\ \text{m}$$

$$I_{v1}=I_s+A_s\times d_{s1}^2+\frac{I_c}{n_1}+\frac{A_c}{n_1}\times d_{c1}^2=0.0761631\ \text{m}^4$$

$$\gamma_c^2=\frac{I_c}{A_c}=\frac{0.0028646}{0.55}=0.0052\ \text{m}^2$$

$$\frac{\gamma_c^2}{d_c} = \frac{0.0052}{-0.594} = -0.0088 \text{ m}$$

크리프 발생 전, 2차 고정하중에 의해 바닥판 콘크리트에 작용하는 압축력 N_c

$$N_c = \left(\frac{M_{d2}}{n \cdot I_v}\right) \times d_c \times A_c = -339.765 \text{ kN}$$

$$P_\phi = N_c \cdot \left(\frac{2\phi}{2+\phi_1}\right) = -339.765 \text{ kN}$$

$$M_\phi = P_\phi \cdot \left(d_{c1} + \frac{\gamma_c^2}{d_c}\right) = 284.995 \text{ kN} \cdot \text{m}$$

$$E_{c1} \cdot \frac{f_c}{E_c} \cdot \phi = \frac{E_c}{\left(1+\frac{\phi_1}{2}\right)} \cdot \frac{f_c}{E_c} \cdot y = \frac{f_c}{\left(1+\frac{2.0}{2}\right)} \times 2.0 = f_c$$

$$f_{cud} = \frac{M_{d2} \times 10^5}{n \times I_v} \times y_c = -0.747 \text{ MPa}$$

$$f_{cul} = \frac{M_{d2} \times 10^5}{n \times I_v} \times y_c' = -0.405 \text{ MPa}$$

$$f_{cu1} = \frac{1}{n_1} \cdot \left(\frac{P_\phi}{A_{v1}} \frac{+M_\phi}{I_{v1}} \cdot y_{c1}\right) - f_{cud} = 0.283 \text{ MPa}$$

$$f_{cl1} = \frac{1}{n_1} \cdot \left(\frac{P_\phi}{A_{v1}} \frac{+M_\phi}{I_{v1}} \cdot y_{c1}'\right) - f_{cul} = 16.302 \text{ MPa}$$

$$f_{su1} = \frac{P_\phi}{A_{v1}} \frac{+M_\phi}{I_{v1}} \cdot y_{c1}' = -6.200 \text{ MPa}$$

$$f_{sl1} = \frac{P_\phi}{A_{v1}} \frac{+M_\phi}{I_{v1}} \cdot y_{s1} = 1.479 \text{ MPa}$$

④ 건조수축에 의한 영향(4)

$$\phi_2 = 2\phi_1 = 4.0, \quad \varepsilon_s = 18 \times 10^{-5}$$

$$n_2 = n\left(1+\frac{\phi_2}{2}\right) = 24$$

$$\frac{A_c}{n_2} = \frac{0.55}{24} = 0.023 \text{ m}^2$$

$$\frac{I_c}{n_2} = \frac{0.0028646}{24} = 0.0001194 \text{ m}^4$$

$$A_{v2}=0.054+0.023=0.077\ \mathrm{m}^2$$

$$y_{c2}=\frac{0.054\times1.48+0.023\times0.13}{0.054+0.023}=-1.071\ \mathrm{m}$$

$$y_{c2}'=-1.071+0.330-0.024=-0.741\ \mathrm{m}$$

$$y_{s2}=2.052-0.741=1.311\ \mathrm{m}$$

$$d_{c2}=-1.071+0.125=-0.946\ \mathrm{m}$$

$$d_{s2}=1.481-1.071=0.410\ \mathrm{m}$$

$$I_{v2}=I_s+A_s\times d_{s2}^2+\frac{I_c}{n_2}+\frac{A_c}{n_2}\times d_{c2}^2=0.0674326\ \mathrm{m}^4$$

$$E_{c2}\cdot\varepsilon_s=\frac{E_s}{n_2}\cdot\varepsilon_s=-1,575.000\ \mathrm{kN/m^2}$$

$$P_2=E_s\cdot\varepsilon_s\cdot\frac{A_c}{n_2}=-866.250\ \mathrm{kN}$$

$$M_{y2}=P_2\cdot d_{s2}=819.473\ \mathrm{kN\cdot m}$$

$$f_{cu2}=\frac{1}{n_2}\cdot\left(\frac{P_2}{A_{v2}}\frac{+M_2}{I_{v2}}\cdot y_{c2}\right)-E_{c2}\cdot\varepsilon_s=0.564\ \mathrm{MPa}$$

$$f_{cl2}=\frac{1}{n_2}\cdot\left(\frac{P_2}{A_{v2}}\frac{+M_2}{I_{v2}}\cdot y_{c2}'\right)-E_{c2}\cdot\varepsilon_s=0.731\ \mathrm{MPa}$$

$$f_{su2}=\frac{P_2}{A_{v2}}\frac{+M_{v2}}{I_{v2}}\cdot y_{c2}'=-20.255\ \mathrm{MPa}$$

$$f_{sl2}=\frac{P_2}{A_{v2}}\frac{+M_{v2}}{I_{v2}}\cdot y_{s2}'=4.682\ \mathrm{MPa}$$

⑤ 온도차에 의한 응력(5)

$$\alpha=12\times10^{-6},\quad t=\pm10℃$$

$$\varepsilon_t=\alpha\cdot t=1.2\times10^{-4}$$

$$E_0=\frac{E_s}{n}=26.250\ \mathrm{MPa}$$

$$A_v=0.054+\frac{0.550}{8}=0.1224700\ \mathrm{m}^2$$

$$P_1=\frac{E_s\cdot\varepsilon_s\cdot A_c}{n}=\pm1,738.800\ \mathrm{kN}$$

$$M_v = P_1 \cdot d_c = -1,032.847\ \mathrm{kN \cdot m},\ 1,032.847\ \mathrm{kN \cdot m}$$

$$f_{cu} = \frac{1}{n} \cdot \left(\frac{P_1}{A_v} + \frac{M_v}{I_v} \cdot y_c\right) \pm E_c \cdot \varepsilon_t = -0.384\ \mathrm{MPa},\ \ +0.384\ \mathrm{MPa}$$

$$f_{cl} = \frac{1}{n} \cdot \left(\frac{P_2}{A_{v2}} + \frac{M_2}{I_{v2}} \cdot y_c'\right) \pm E_c \cdot \varepsilon_t = -0.839\ \mathrm{MPa},\ \ +0.839\ \mathrm{MPa}$$

$$f_{su} = \frac{P_1}{A_v} \frac{+M_v}{I_v} \cdot y_c' = -18.490\ \mathrm{MPa},\ \ +18.490\ \mathrm{MPa}$$

$$f_{sl} = \frac{P_1}{A_v} \frac{+M_v}{I_v} \cdot y_s' = -4.154\ \mathrm{MPa},\ \ +4.154\ \mathrm{MPa}$$

⑥ 응력조합

응력조합은 다음 표와 같다.

표 5·21 응력조합(10.0 m 지점)

(단위 : MPa)

NO.	응력	SLAB TOP-CON'C	STEEL TOP	STEEL BOTTOM
1	합성 전	0.000	−106.682	83.511
2	합성 후	−2.963	−12.833	54.862
3	크리프에 의한 영향	0.283	−6.200	1.479
4	건조수축에 의한 영향	0.564	−20.255	4.682
5	온도차에 의한 영향	−0.384	−18.490	4.154
6	(1)+(2)	−2.963	−119.515	138.373
	허용응력	−8.100	−190.000	190.000
7	(1)+(2)+(3)+(4)	−2.117	−145.970	144.534
	허용응력	−8.100	−218.500	190.000
8	(1)+(2)+(3)+(4)+(5)	−2.501	−164.461	148.687
	허용응력	−9.315	−247.000	218.500
9	(1)+(2)+(3)+(4)−(5)	−1.733	−127.480	140.380
	허용응력	9.315	−247.000	218.500
전단응력	전단응력	21.140		
	허용응력	110.000		
합성응력	$\left(\frac{f}{f_a}\right)^2 + \left(\frac{v}{v_a}\right)^2 = 0.616 < 1.2$			

• 휨 압축플랜지의 허용응력 검토

$$\frac{A_w}{A_c} = 2.083 < 2.0$$

$$\frac{l}{b} = 10.4 > 4$$

$$f_{sa} = 190 - 3.8\left(\frac{l}{b} - 4.0\right) = 165.62 \text{ MPa} > 106.682 \text{ MPa} \qquad \text{[No. 1 STEEL TOP]}$$

⑦ 항복에 대한 안전도 검사

$\Sigma f = 1.3 \times$ 고정하중 $+ 2.15 \times$ 활하중 + 크리프 + 건조수축 + 온도변화

$$f_{cu} = 1.3 \times 0.747 + 2.15 \times 2.216 + 0.384$$

$$= 6.009 \text{ MPa} < f_y = \left(\frac{3}{5}\right) \cdot f_{ck} = 16.200 \text{ MPa} \qquad \therefore \text{O.K.}$$

$$f_{cl} = 1.3 \times 0.405 + 2.15 \times 1.200 + 0.016 + 0.731 + 0.839$$

$$= 4.631 \text{ MPa} < f_y = \left(\frac{3}{5}\right) \cdot f_{ck} = 16.200 \text{ MPa} \qquad \therefore \text{O.K.}$$

$$f_{su} = 1.3 \times (106.682 + 3.236) + 2.15 \times 9.597 + 6.198 + 20.255 + 18.490$$

$$= 207.993 \text{ MPa} < f_y = 320.000 \text{ MPa} \qquad \therefore \text{O.K.}$$

$$f_{sl} = -1.3 \times (-106.682 - 13.836) - 2.15 \times 41.026 - 1.479 - 4.682 - 4.154$$

$$= -223.021 \text{ MPa} < f_y = -320.000 \text{ MPa} \qquad \therefore \text{O.K.}$$

2) 13 m 지점

$M_{d1} = 4,088.02$ kN · m $\qquad M_{d2} = 908.30$ kN · m

$M_1 = 2,688.55$ kN · m

$S_{d1} = 164.73$ kN $\qquad S_{d2} = 29.98$ kN

$S_1 = 168.72$ kN

① 합성 전 (1)

표 5 · 22 합성 전 단면계수(13 m 지점)

부재	L(mm)	T(mm)	A(mm^2)	Y(mm)	$A \cdot Y$(mm^3)	$A \cdot Y^2$(mm^4)	I_0(mm^4)
상부플랜지	480	32	15,360	2,052	$31,519 \times 10^3$	$6,467,641 \times 10^4$	131×10^4
복부판	12	2,000	24,000	1,036	$24,864 \times 10^3$	$2,575,910 \times 10^4$	$800,000 \times 10^4$
하부플랜지	650	36	23,400	18	421×10^3	758×10^4	253×10^4
Σ			62,760		$56,804 \times 10^3$	$9,044,310 \times 10^4$	$800,384 \times 10^4$

$$y_{su} = -1.1629 \text{ m}, \quad y_{sl} = 0.9051 \text{ m}$$

$$I_{zz} = I_o + A \times y^2 - A \times y_{sl}^2 = 0.0470336 \text{ m}^4$$

합성 전 휨모멘트에 의한 응력

$$f_{su} = \left(\frac{M_{dl}}{I_s}\right) \cdot y_{su} = -101.076 \text{ MPa}$$

$$f_{sl} = \left(\frac{M_{dl}}{I_s}\right) \cdot y_{sl} = 78.669 \text{ MPa}$$

② 합성 후(2)

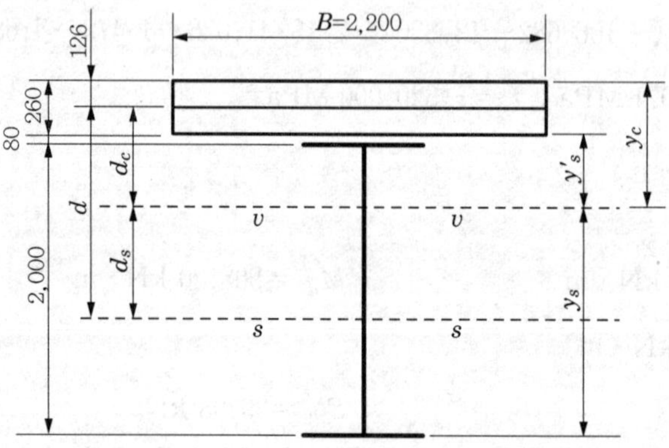

그림 5 · 25 바닥판의 유효 폭(13.0m 지점)

$$B = 2.200 \text{ m}, \quad n = 8$$

$$A_c = 0.55 \text{ m}^2, \quad I_c = 0.0028646 \text{ m}^4, \quad d = 1.368 \text{ m}$$

$$\frac{A_c}{n} = 0.069 \text{ m}^2, \quad \frac{I_c}{n} = 0.0003581 \text{ m}^4$$

$$y_c = \frac{0.063 \times 1.493 + 0.069 \times 0.125}{0.063 + 0.069} = -0.777 \text{ m}$$

$$y_c' = -0.777 + 0.25 + 0.08 - 0.032 = -0.447 \text{ m}$$

$$y_s = 0.207 - 0.447 = 1.621 \text{ m}$$

$$d_c = -0.777 + 0.125 = -0.652 \text{ m}$$

$$d_s = 1.493 - 0.777 = 0.716 \text{ m}$$

$$I_v = I_s + A_s \times d_s^2 + \frac{I_c}{n} + \frac{A_c}{n} \times d_c^2 = 0.1088981 \text{ m}^4$$

합성 후 휨모멘트에 의한 응력

$$f_{cu} = \frac{(M_{d2} + M_l)}{n \cdot I_v} \cdot y_c = -3.206 \text{ MPa}$$

$$f_{cl} = \frac{(M_{d2} + M_l)}{n \cdot I_v} \cdot y_c' = -1.845 \text{ MPa}$$

$$f_{su} = \frac{(M_{d2} + M_l)}{n \cdot I_v} \cdot y_c = -14.764 \text{ MPa}$$

$$f_{sl} = \frac{(M_{d2} + M_l)}{n \cdot I_v} \cdot y_s = 53.541 \text{ MPa}$$

전단응력

$$V_{su} = \frac{(S_{dl} + S_{d2} + S_l)}{A_w} = 15.143 \text{ MPa}$$

③ 크리프에 의한 응력(3)

$$n_1 = n\left(1 + \frac{\phi_1}{2}\right) = 16$$

$$\phi_1 = 2.0$$

$$\frac{A_c}{n_1} = \frac{0.55}{16} = 0.034 \text{ m}^2$$

$$\frac{I_c}{n_1} = \frac{0.0028646}{16} = 0.0001790 \text{ m}^4$$

$$A_{v1} = 0.063 + 0.034 = 0.097 \text{ m}^2$$

$$y_{c1} = \frac{0.0628 \times 1.49 + 0.034 \times 0.125}{0.0628 + 0.034} = -0.012 \text{ m}$$

$y_{c1}' = -1.012 + 0.33 - 0.032 = -0.682$ m

$y_{s1} = 0.207 - 0.682 = -0.475$ m

$d_{c1} = -1.012 + 0.125 = -0.887$ m

$d_{s1} = 1.493 - 1.012 = 0.481$ m

$$I_{v1} = I_s + A_s \times d_{s1}^2 + \frac{I_c}{n_1} + \frac{A_c}{n_1} \times d_{c1}^2 = 0.0884829\ \text{m}^4$$

$$\gamma_c^2 = \frac{I_c}{A_c} = \frac{0.0028646}{0.55} = 0.0052\ \text{m}^2$$

$$\frac{\gamma_c^2}{d_c} = \frac{0.0052}{-0.652} = -0.0799\ \text{m}$$

크리프 발생 전, 2차 고정하중에 의해 바닥판 콘크리트에 작용하는 압축력 N_c

$$N_c = \left(\frac{M_{d2}}{n \cdot I_v}\right) \times d_c \times A_c = -373.877\ \text{kN}$$

$$P_\phi = N_c \cdot \left(\frac{2\phi}{2+\phi_1}\right) = -373.877\ \text{kN}$$

$$M_\phi = P_\phi \cdot \left(d_{c1} + \frac{\gamma_c^2}{d_c}\right) = 334.616\ \text{kN} \cdot \text{m}$$

$$E_{c1} \cdot \frac{f_c}{E_c} \cdot \phi = \frac{E_c}{\left(1+\frac{\phi_1}{2}\right)} \cdot \frac{f_c}{E_c} \cdot y = \frac{f_c}{\left(1+\frac{2.0}{2}\right)} \times 2.0 = f_c$$

$$f_{cud} = \frac{M_{d2} \times 10^5}{n \times I_v} \times y_c = -0.810\ \text{MPa}$$

$$f_{cul} = \frac{M_{d2} \times 10^5}{n \times I_v} \times y_c' = -0.466\ \text{MPa}$$

$$f_{cu1} = \frac{1}{n_1} \cdot \left(\frac{P_\phi}{A_{v1}} \frac{+M_\phi}{I_{v1}} \cdot y_{c1}\right) - f_{cud} = 0.330\ \text{MPa}$$

$$f_{cl1} = \frac{1}{n_1} \cdot \left(\frac{P_\phi}{A_{v1}} \frac{+M_\phi}{I_{v1}} \cdot y_{c1}'\right) - f_{cul} = 0.063\ \text{MPa}$$

$$f_{su1} = \frac{P_\phi}{A_{v1}} \frac{+M_\phi}{I_{v1}} \cdot y_{c1}' = -6.434\ \text{MPa}$$

$$f_{sl1} = \frac{P_\phi}{A_{v1}} \frac{+M_\phi}{I_{v1}} \cdot y_{s1}' = -5.652\ \text{MPa}$$

④ 건조수축에 의한 영향(4)

$$\phi_2 = 2\phi_1 = 4.0,\quad \varepsilon_s = 18\times10^{-5}$$

$$n_2 = n\left(1+\frac{\phi_2}{2}\right) = 24$$

$$\frac{A_c}{n_2} = \frac{0.55}{24} = 0.023\ \mathrm{m}^2$$

$$\frac{I_c}{n_2} = \frac{0.0028646}{24} = 0.000194\ \mathrm{m}^4$$

$$A_{v2} = 0.063 + 0.023 = 0.086\ \mathrm{m}^2$$

$$y_{c2} = \frac{0.063\times1.49 + 0.023\times0.125}{0.063+0.023} = -1.123\ \mathrm{m}$$

$$y_{c2}' = -1.123 + 0.330 - 0.032 = -0.793\ \mathrm{m}$$

$$y_{s2} = 2.068 - 0.793 = 1.275\ \mathrm{m}$$

$$d_{c2} = -1.123 + 0.125 = -0.998\ \mathrm{m}$$

$$d_{s2} = 1.493 - 1.123 = 0.370\ \mathrm{m}$$

$$I_{v2} = I_s + A_s\times d_{s2}^2 + \frac{I_c}{n_2} + \frac{A_c}{n_2}\times d_{c2}^2 = 0.0786529\ \mathrm{m}^4$$

$$E_{c2}\cdot\varepsilon_s = \frac{E_s}{n_2}\cdot\varepsilon_s = -1{,}575.000\ \mathrm{kN/m^2}$$

$$P_2 = E_s\cdot\varepsilon_s\cdot\frac{A_c}{n_2} = -866.250\ \mathrm{kN}$$

$$M_{y2} = P_2\cdot d_{s2} = 864.518\ \mathrm{kN}$$

$$f_{cu2} = \frac{1}{n_2}\cdot\left(\frac{P_2}{A_{v2}}\frac{+M_2}{I_{v2}}\cdot y_{c2}\right) - E_{c2}\cdot\varepsilon_s = 0.641\ \mathrm{MPa}$$

$$f_{cl2} = \frac{1}{n_2}\cdot\left(\frac{P_2}{A_{v2}}\frac{+M_2}{I_{v2}}\cdot y_{c2}'\right) - E_{c2}\cdot\varepsilon_s = 0.792\ \mathrm{MPa}$$

$$f_{su2} = \frac{P_2}{A_{v2}}\frac{+M_{v2}}{I_{v2}}\cdot y_{c2}' = -18.789\ \mathrm{MPa}$$

$$f_{sl2} = \frac{P_2}{A_{v2}}\frac{+M_{v2}}{I_{v2}}\cdot y_{s2} = 3.942\ \mathrm{MPa}$$

⑤ 온도차에 의한 응력(5)

$$\alpha = 12 \times 10^{-6}, \quad t = \pm 10℃$$

$$\varepsilon_t = \alpha \cdot t = 1.2 \times 10^{-4}$$

$$E_0 = \frac{E_s}{n} = 26.250 \text{ MPa}$$

$$A_v = 0.063 + \frac{0.550}{8} = 0.132 \text{ m}^2$$

$$P_1 = \frac{E_s \cdot \varepsilon_s \cdot A_c}{n} = \pm 1,738.000 \text{ kN}$$

$$M_v = P_1 \cdot d_c = -1,133.698 \text{ kN} \cdot \text{m}, \ 1,133.698 \text{ kN} \cdot \text{m}$$

$$f_{cu} = \frac{1}{n} \cdot \left(\frac{P_1}{A_v} \frac{+M_v}{I_v} \cdot y_c \right) \pm E_c \cdot \varepsilon_t = -0.493 \text{ MPa}, \ +0.493 \text{ MPa}$$

$$f_{cl} = \frac{1}{n} \cdot \left(\frac{P_2}{A_{v2}} \frac{+M_2}{I_{v2}} \cdot y_c' \right) \pm E_c \cdot \varepsilon_t = -0.922 \text{ MPa}, \ +0.922 \text{ MPa}$$

$$f_{su} = \frac{P_1}{A_v} \frac{+M_v}{I_v} \cdot y_c' = +17.826 \text{ MPa}, \ -17,826 \text{ MPa}$$

$$f_{sl} = \frac{P_1}{A_v} \frac{+M_v}{I_v} \cdot y_s' = -3.703 \text{ MPa}, \ +3.703 \text{ MPa}$$

⑥ 응력조합

응력조합은 다음 표와 같다.

표 5 · 23 응력조합(13 m 지점)

(단위 : MPa)

NO.	응력	SLAB TOP-CON'C	STEEL TOP	STEEL BOTTOM
1	합성 전	0.0	−101.076	78.669
2	합성 후	−3.206	−14.764	53.541
3	크리프에 의한 영향	0.330	−6.434	−5.652
4	건조수축에 의한 영향	0.641	−18.789	3.942
5	온도차에 의한 영향	−0.493	−17.826	3.703
6	(1)+(2)	−3.206	−115.840	132.209
	허용응력	−8.100	−190.000	190.000

표 5·23 응력조합(13 m 지점)(계속)

(단위 : MPa)

NO.	응력	SLAB TOP-CON'C	STEEL TOP	STEEL BOTTOM
7	(1)+(2)+(3)+(4)	−2.236	−141.063	130.499
	허용응력	−8.100	−218.500	190.000
8	(1)+(2)+(3)+(4)+(5)	−2.729	−158.889	134.202
	허용응력	−9.315	−247.000	218.500
9	(1)+(2)+(3)+(4)−(5)	−1.743	−123.236	126.797
	허용응력	9.315	−247.000	218.500
전단응력	전단응력	15.143		
	허용응력	110.000		
합성응력	$\left(\frac{f}{f_a}\right)^2+\left(\frac{v}{v_a}\right)^2=0.503 < 1.2$			

• 휨 압축플랜지의 허용응력 검토

$$\frac{A_w}{A_c}=1.563 < 2.0$$

$$\frac{l}{b}=10.4 > 4$$

$$f_{sa}=190-3.8\left(\frac{l}{b}-4.0\right)=165.62\ \text{MPa} > 101.075\,\text{MPa}$$ 〔No. 1 STEEL TOP〕

⑦ 항복에 대한 안전도 검사

$\Sigma f=1.3\times$고정하중$+2.15\times$활하중$+$크리프$+$건조수축$+$온도변화

$$f_{cu}=1.3\times0.810+2.15\times2.397+0.493$$

$$=6.578\ \text{MPa} < f_y=\left(\frac{3}{5}\right)\cdot f_{ck}=16.200\ \text{MPa}$$ ∴ O.K.

$$f_{cl}=1.3\times0.406+2.15\times1.379+0.063+0.792+0.922$$

$$=5.280\ \text{MPa} < f_y=\left(\frac{3}{5}\right)\cdot f_{ck}=16.200\,\text{MPa}$$ ∴ O.K.

$$f_{su}=1.3\times(101.076+3.728)+2.15\times11.036+6.434+18.789+17.826$$

$$=202.470\ \text{MPa} < f_y=320.000\ \text{MPa}$$ ∴ O.K.

$$f_{sl} = -1.3 \times (-101.076 + 13.520) - 2.15 \times 40.020 - 5.652 - 3.942 - 3.703$$
$$= -217.185 \text{ MPa} < f_y = 320.000 \text{ MPa} \qquad \therefore \text{ O.K.}$$

5.5 가로보 설계(step 5)

(1) 단부 가로보의 설계

단부 가로보는 바닥판을 보강하기 위해 바닥판이 실리게 되므로 윤하중에 의한 휨모멘트가 생긴다. 따라서 윤하중과 (풍하중, 지진하중) 중 큰 하중으로 계산을 한다.

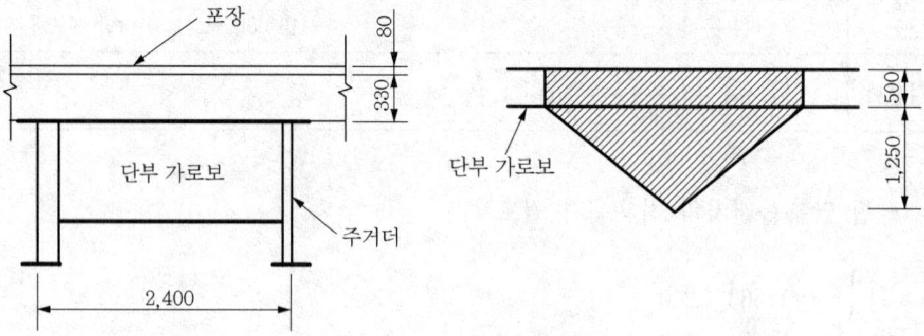

그림 5 · 26 단부 가로보

1) 하중산정(step 5-1)

① 풍하중(도로교 설계기준 2.1.11)

풍하중 강도 P_w

교량 총높이(D) $= 1.08 + 0.20 + 0.13 + 2.0 = 3.41$ m

교량 총폭(B) $= 11.600$ m

$$\frac{B}{D} = 3.40 < 8$$

$$P_w = \left(4.0 - 0.2\frac{B}{D}\right) \cdot D = 11.32 \text{ kN/m} > 6.0 \text{ kN/m}$$

$$P = 11.32 \times 40 \times \frac{1}{2} \times \frac{1}{4} \times \frac{1}{1.2} = 47.167 \text{ kN}$$

② 지진하중

전체 고정하중 $W_d = 144.609$ kN/m

$$H_e = 144.609 \times 0.5A = 10.123 \text{ kN}$$

$$P = 10.123 \times 40 \times \frac{1}{2} \times \frac{1}{4} \times \frac{1}{1.7} = 29.774 \text{ kN}$$

$$\therefore \ P = 47.107 \text{ kN}$$

③ 윤하중에 의한 모멘트

윤하중에 의한 휨모멘트를 바닥판과 가로보와의 이중보로 설계한다.

$$q_1 = (0.08 \times 23.0 + 0.33 \times 25.0) \times 0.5 = 5.045 \text{ kN/m}$$

$$q_2 = (0.08 \times 23.0 + 0.33 \times 25.0) \times 1.250 = 12.613 \text{ kN/m}$$

$$M_{d1} = \frac{5.045 \times 2.4^2}{8} + \frac{12.613 \times 2.5^2}{12} = 9.686 \text{ kN} \cdot \text{m}$$

$$M_{l+i} = \frac{96 \times 2.4 \times 1.3}{4} = 74.880 \text{ kN} \cdot \text{m}$$

$$\therefore \ \Sigma M = 84.566 \text{ kN} \cdot \text{m}$$

2) 단면계산[step 5-2, step 5-3]

표 5 · 24 부재 단면

상부 플레이트	180×10 SM400
복부판	900×10 SM400
하부 플레이트	180×10 SM400

$A_s = 0.0126 \text{ m}^2$ $\qquad I_s = 0.0013528 \text{ m}^2$

$M = 84.566 \text{ kN} \cdot \text{m}$ $\qquad P = 47.167 \text{ kN}$

$$f_u = \frac{P}{A} + \frac{M}{I} \cdot y_u = 9.995 \text{ MPa}$$

$$f_l = \frac{P}{A} \frac{+M}{I} \cdot y_l = 8.614 \text{ MPa} < f_{ca} = 140.000 \text{ MPa}$$

3) 허용 휨압축 플랜지의 허용응력 검토[step 5-2, step 5-3][도로교 설계기준표 3.3.4(b)]

$$A_w = 0.900 \times 0.010 = 0.009\ \mathrm{m}^2$$

$$A_c = 0.180 \times 0.010 = 0.0018\ \mathrm{m}^2$$

$$\frac{A_w}{A_c} = 5.0 > 2.0$$

$$K = \sqrt{3 + \left(\frac{A_w}{2 \cdot A_c}\right)} = 2.345$$

$$\frac{9}{K} = 3.838, \quad \frac{l}{b} = 13.889$$

$$\therefore\ \frac{9}{K} = \frac{l}{b} \le 30$$

$$f_{ca} = 140 - 1.2\left(K\frac{l}{b} - 9\right) = 113.277\ \mathrm{MPa} > f_u = 9.995\ \mathrm{MPa}$$

5.6 이음 설계[step 6]

(1) 13.0 m 지점

$M_{d1} = 4,088.02\ \mathrm{kN \cdot m}$ $\quad M_{d2} = 908.30\ \mathrm{kN \cdot m}$

$M_{d3} = 2,688.50\ \mathrm{kN \cdot m}$ $\quad S_{d1} = 164.73\ \mathrm{kN \cdot m}$

$S_l = 29.98\ \mathrm{kN}$ $\quad S_l = 168.72\ \mathrm{kN}$

$I_s = 0.04703\ \mathrm{m}^4$ $\quad I_v = 0.1088981\ \mathrm{m}^4$

$y_{su} = -1.163\ \mathrm{m}$ $\quad y_c = -0.447\ \mathrm{m}$

$y_{sl} = 0.905\ \mathrm{m}$ $\quad y_s = 1.621\ \mathrm{m}$

표 5·25 단면형상

상부 플레이트	480×32 SM490
복부판	12×2,000 SM490
하부 플레이트	650×36 SM490

단면응력 검토

$$f_{su} = \frac{M_{d1}}{I_s} \cdot y_{su} + \frac{(M_{d2}+M_l)}{I_v} \cdot y_c = -115.840 \text{ MPa}$$

$$f_{sl} = \frac{M_{d2}}{I_s} \cdot y_{sl} + \frac{(M_{d2}+M_l)}{I_v} \cdot y_s = 132.209 \text{ MPa}$$

$$v_{su} = \frac{S_{d1}+S_{d2}+S_l}{A_w} = 15.143 \text{ MPa}$$

$$f_{\min} = 190.000 \times 0.75 = 142.500 \text{ MPa}$$

$f_{su} < f_{\min}$, $f_{sl} > f_{\min}$

∴ 상하면을 142.500 MPa으로 계산한다.

1) 상부플랜지 이음

- 이음판 SM 490

  $f_{sa} = 190.000$ MPa, $v_a = 110.000$ MPa

- 사용볼트 고장력볼트 M22 F10T(2면 전단)

  $\rho_a = 48$ kN → $\rho_a = 96$ kN

① 볼트개수

모재 PL. $= 480 \times 32$ → $A_s = 0.01536 \text{ m}^2$

모재강도 $\rho_l = 115.840$ MPa

주요 부재의 연결은 그 작용력에 대해 설계하되 모재 전강도의 적어도 75% 이상의 강도를 설계해야 하므로,

모재강도 $= 0.75 f_{sa} = 0.75 \times 190.000 = 142.500$ MPa를 사용한다.

필요한 볼트 수 $n_{req} = \dfrac{A_s \times \text{모재강도}}{\rho_a} = 22.8$개

사용볼트 수 $n_{use} = 26$개

② 이음판

필요한 순단면적 $A_{req} = \dfrac{142.500 \times 10^3 \times 0.0154}{190 \times 10^3} = 0.01152 \text{ m}^2$

1-Spl plate : $480 \times 22 = 0.0106\ m^2$

2-Spl plate : $210 \times 22 = 0.0092\ m^2$

total $A = 0.0198\ m^2$

$A_{req} = 0.0155\ m^2 < A_{use} = 0.0198\ m^2$

③ 볼트의 응력 검토

- 수직응력에 의한 ρ_m

$$\rho_m = \frac{p}{n} = \frac{142.500 \times 10^3 \times 0.0154}{26} = 84,185\ kN/EA$$

- 휨전단응력에 의한 ρ_s

$$\rho_s = \frac{Q \times S}{I_s} \times \frac{p}{n} = -2.496\ kN/EA$$

여기에서, Q : 접합선 외측의 부재 총단면에 대한 단면 1차 모멘트

$[= (0.48 \times 0.032) \times (-1.163 + 0.016) = -0.0176164\ m^3]$

$I_s = 0.04703\ m^4$

S : 합성 전 · 후 전단력 $= 363.43$ kN

n : 접합선에 평행인 볼트의 수 $= 6.0$개

p : 접합선에 직각인 볼트의 피치 $= 110$ mm

④ 작용력과 전단력의 합성 볼트력

$$\rho = \sqrt{\rho_m^2 + \rho_s^2} = 84.222\ kN/EA < \rho_a = 96.000\ kN/EA$$

2) 하부플랜지 이음

이음판 SM490 $f_{sa} = 190.000$ MPa, $v_a = 110.000$ MPa

사용볼트 고장력볼트 M22 F10T(2면전단)

$\rho_a = 48$ kN → $\rho_a = 96$ kN

① 볼트개수

모재 PL. $= 650 \times 36$ → $A_s = 0.0234\ m^2$

모재강도 $\rho_l = 132.209$ MPa

주요 부재의 연결은 그 작용력에 대해 설계하고, 모재 전강도의 적어도 75% 이상의 강도를 설계해야 하므로,

모재강도 $= 0.75 f_{sa} = 0.75 \times 190.000 = 142.500$ MPa를 사용한다.

필요한 볼트 수 $n_{req} = \dfrac{A_s \times \text{모재강도}}{\rho_a} = 34.7$개

사용볼트 수 $n_{use} = 42$개

② 이음판

필요한 순단면적 $A_{req} = \dfrac{142.500 \times 10^3 \times 0.0234}{190.000 \times 10^3} = 0.01755\ \text{m}^2$

1-Spl plate : $650 \times 22 = 0.0143\ \text{m}^2$

2-Spl plate : $300 \times 22 = 0.0132\ \text{m}^2$

total $A = 0.0275\ \text{m}^2$

이음판의 순단면적

$$A_{net} = A - \frac{(\text{볼트직경} + 3\ \text{mm}) \times \text{연결판두께} \times \text{사용볼트 수}}{\text{열수}} \times 2 = 0.0209\ \text{m}^2$$

$A_{req} = 0.0176\ \text{m}^2 < A_{net} = 0.0209\ \text{m}^2$

③ 모재의 응력 검토(볼트구멍 단면적 공제)

$$f_s = \frac{142.500 \times 10^3 \times (0.65 \times 0.036)}{(0.65 - 6 \times 0.025) \times 0.036} = 185.250\ \text{MPa} \le f_{sa} = 190.000\ \text{MPa}$$

④ 볼트의 응력 검토

- 수직응력에 의한 ρ_m

$$\rho_m = \frac{p}{n} = \frac{142.500 \times 10^3 \times 0.023}{42} = 79,393\ \text{kN/EA}$$

- 휨전단응력에 의한 ρ_s

$$\rho_s = \frac{Q \times S}{I_s} \times \frac{p}{n} = 1.669\ \text{kN/EA}$$

여기에서, Q : 접합선 외측의 부재 총단면에 대한 단면 1차 모멘트
〔$= (0.65 \times 0.036) \times (1.621 - 0.018) = 0.0375102\ \text{m}^3$〕

$I_s = 0.1088981\ \text{m}^4$

S : 합성 전 · 후 전단력 = 363.43 kN

n : 접합선에 평행인 볼트의 수 = 6.0개

p : 접합선에 직각인 볼트의 피치 = 80 mm

⑤ 작용력과 전단력의 합성 볼트력

$$\rho = \sqrt{\rho_m^2 + \rho_s^2} = 79.410\ \text{kN/EA} < \rho_a = 96.0\ \text{kN/EA}$$

3) 복부의 이음

① 볼트설계

- 볼트 1개의 휨작용력

$$\Sigma y_i^2 = 3\text{열} \times (0.89^2 + 0.79^2) \times 2 + 2\text{열} \times (0.10^2 + 0.20^2 + \cdots + 0.70^2) \times 2$$

$$= 14,097\ \text{m}^2$$

- 휨모멘트 성분

$$M_w = \frac{f \cdot t_w \cdot h_w^2}{6} = 1,140.000\ \text{kN} \cdot \text{m}$$

$$\rho_m = \frac{M_w}{\Sigma y_i^2 \cdot y} = 71.972\ \text{kN}$$

- 볼트 1개의 전단응력

$$\rho = \sqrt{\rho_m^2 + \rho_s^2} = 72.444\ \text{kN/EA} < \rho_a = 96\ \text{kN/EA}$$

② 이음판 설계

- 사용 이음판

4 PL : $180 \times 10 \times 510 = 0.0072\ \text{m}^2$

2 PL : $350 \times 10 \times 1,480 = 0.0296\ \text{m}^2$

---

total $A = 0.0368\ \text{m}^2 > A_w = 2.0 \times 0.012 = 0.024\ \text{m}^2$

복부의 이음판은 다음 식을 만족해야 한다.

$$f_u = \frac{M_{sw}}{{}_sI_w} \cdot y_{su} + \frac{M_{vw}}{{}_vI_w} \cdot y_{vu} \leq f_a$$

$$f_l = \frac{M_{sw}}{{}_sI_w} \cdot y_{sl} + \frac{M_{vw}}{{}_vI_w} \cdot y_{vl} \le f_a$$

여기에서, y_{su}, y_{sl} =강재보 단면의 중립축에서 이음판 상 · 하연까지의 거리(m)

y_{vu}, y_{vl} =합성 단면의 중립축에서 이음판 상 · 하연까지의 거리(m)

${}_sI_w$: 강재보 단면의 중립축에 대한 이음판의 총단면 2차 모멘트(m^4)

$$= \left(\frac{2t_{sc} \cdot h_{sc}^3}{12} + 4t_{mc} \cdot h_{mc} \cdot y_{mc}^2) + (2t_{sc} \cdot h_{sc} + 4t_{mc} \cdot h_{mc} \right) D_s^2$$

$= 0.011133\,31\ m^4$

${}_vI_w$: 강재보 단면의 중립축에 대한 이음판의 총단면 2차 모멘트(m^4)

$$= \left(\frac{2t_{sc} \cdot h_{sc}^3}{12} + 4t_{mc} \cdot h_{mc} \cdot y_{mc}^2) + (2t_{sc} \cdot h_{sc} + 4t_{mc} \cdot h_{mc} \right) D_v^2$$

$= 0.023105\,24\ m^4$

M_{sw} : 복부에 작용하는 합성 전 고정하중에 의한 휨모멘트(kN · m)

$$= \frac{M_{d1} \cdot {}_sI_w}{I_s} = 0.968 \text{ MPa}$$

M_{vw} : 복부에 작용하는 합성 후 하중에 의한 휨모멘트(kN · m)

$$= \frac{(M_{d2} \cdot M_l) \cdot {}_sI_w}{I_v} = 0.763 \text{ MPa}$$

f_u : 이음판의 상연응력

$$= \frac{M_{sw}}{{}_sI_w} \cdot y_{su} + \frac{M_{vw}}{{}_vI_w} \cdot y_{vu} = 103.599 \text{ MPa/m}^2 \le f_a$$

$= 110.000$ MPa

f_l : 이음판의 하연응력

$$= \frac{M_{sw}}{{}_sI_w} \cdot y_{sl} + \frac{M_{vw}}{{}_vI_w} \cdot y_{vl} = 119.502 \text{ MPa} \le f_a$$

$= 190.000$ MPa

표 5 · 26 이음판의 단면계수

단 면	A (mm^2)	Y (mm)	$A \cdot y^2$ (mm^4)	I_o (mm^4)
2PL 180×10	3,600	−840.0	$254,016 \times 10^4$	$254,988 \times 10^4$
2PL 1,480×10	29,600	0.0	0.0	$540,229 \times 10^4$
2PL 180×10	3,600	840.0	$254,016 \times 10^4$	$254,988 \times 10^4$
Σ	36,800		$508,032 \times 10^4$	$1,050,275 \times 10^4$

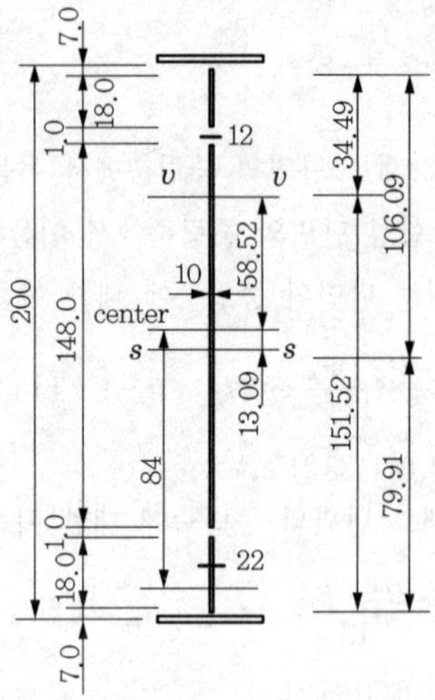

그림 5 · 27 이음판

(2) 용접 상세설계

필렛용접은 용접치수의 최소값을 6 mm 이상으로 하고, 필렛용접부의 하중 전달능력이 모재의 능력을 넘는 것을 방지하기 위해 최대값을 다음과 같이 제한한다(도로교 설계기준 3.5.2.4).

$$t_1 > S > \sqrt{2 \cdot t_2}$$

여기에서, t_1 : 얇은 쪽의 모재 두께(mm)

t_2 : 두꺼운 쪽의 모재 두께(mm)

S : 용접치수(mm)

1) 기본 용접치수

$t_2 = 36$ mm일 때

$\sqrt{(2 \times 36)} = 8.49$ $\therefore S = 9$ mm

$t_2 = 32$ mm일 때

$\sqrt{(2 \times 32)} = 8.00$ $\therefore S = 9$ mm

$t_2 = 28$ mm일 때

$\sqrt{(2 \times 28)} = 7.48$ $\therefore S = 8$ mm

$t_2 = 24$ mm일 때

$\sqrt{(2 \times 24)} = 6.93$ $\therefore S = 7$ mm

$t_2 = 20$ mm일 때

$\sqrt{(2 \times 20)} = 6.32$ $\therefore S = 7$ mm

$t_2 = 16$ mm일 때

$\sqrt{(2 \times 16)} = 5.66$ $\therefore S = 6$ mm

2) 복부와 플랜지의 용접치수

$t_1 = 12$ mm, $t_2 = 36$ mm일 때

$\sqrt{(2 \times 36)} = 8.49$ $\therefore S = 9$ mm

용접목두께는 $S = 9$ mm로 설계할 때

$$t_{we} = 0.9 \times 2 \times 0.707 = 1.27 \text{ cm}$$

전단력이 제일 많이 작용하는 단지점부의 전단력은

$S_{d1} = 462.39$ kN $S_{d2} = 111.68$ kN

$S_{l,\max} = 363.24$ kN $S_{l,\min} = -0.011$ kN

$I_s = 0.02841512 \text{ m}^4$ $I_v = 0.0775413 \text{ m}^4$

$y_{su} = -1.137$ m $y_{sl} = 0.8994$ m

$y_{su} = -0.322$ m $y_s = 1.714$ m

용접면에 발생하는 전단응력 v는

$$Q_{us} = (0.48 \times 0.016) \times (-1.121) = -0.00861 \text{ m}^3$$

$$Q_{ls} = (0.65 \times 0.020) \times 0.88 = 0.01143 \text{ m}^3$$

$$Q_{uv} = \left(\frac{2.2 \times 0.25}{8} + 0.48 \times 0.016\right) \times (-0.338) = -0.0279 \text{ m}^3$$

$$Q_{us} = (0.65 \times 0.02) \times 1.694 = 0.0220 \text{ m}^3$$

$$v_u = \frac{S_{d1} \times Q_{us}}{I_s \times t_{we}} + \frac{(S_{d2} + S_{l,\max}) \times Q_{uv}}{I_v \times t_{we}} = -0.313 \text{ MPa}$$

$\geq v_a = 110.000$ MPa ∴ O.K.

$$v_u = \frac{S_{d1} \times Q_{ls}}{I_s \times t_{we}} + \frac{(S_{d2} + S_{l,\max}) \times Q_{lv}}{I_v \times t_{we}} = 0.322 \text{ MPa}$$

$\geq v_a = 110.000$ MPa ∴ O.K.

5.7 보강재 설계(step 7)

(1) 수직보강재(step 7-1)

중앙부(수평보강재 1단 사용)

1) 수직보강재 간격 검토(도로교 설계기준 3.8.5.1)

$$\frac{a}{b} \leq 0.80,\ \left[\frac{b}{100t}\right]^4 \cdot \left[\left\{\frac{f}{950}\right\}^2 + \left\{\frac{v}{95 + 81(b/a)^2}\right\}^2\right] = 0.280 < 1$$

여기에서, a : 수직보강재의 간격 (= 1.25 m)

b : 상하플랜지의 간격 (= 2.0 m)

t : 복부판의 두께 (= 0.012 m)

$\frac{a}{b} = 0.625 < 0.8$

f : 복부판의 연단 압축응력 (= 176.937 MPa)

v : 복부판의 전단응력 (= 2.938 MPa)

2) 수직보강재 강도 검토

보강재판 150×12 사용

$$\gamma = 8.0 \times \left(\frac{b}{a}\right)^2 = 20.48$$

$$I_{req} = \frac{bt^3}{10.92} \cdot \gamma = 6.48 \times 10^{-6} \text{ m}^4$$

복부판에 대한 단면 2차 모멘트

$$I_t = \frac{0.012}{3} \times 0.15^3 = 1.35 \times 10^{-5} > I_{req} = 6.48 \times 10^{-6}\,\text{m}^4 \qquad \therefore \text{O.K.}$$

$$\frac{2.0}{30} + 0.05 = 0.117\,\text{m} < 0.15\,\text{m} \qquad \therefore \text{O.K.}$$

$$\frac{0.15}{13} = 0.0115\,\text{m} < 0.012\,\text{m} \qquad \therefore \text{O.K.}$$

(2) 수평보강재〔step 7-2〕

〈중앙부〉

1) 위치검토

1단 사용시 압축플랜지에서 0.20b 부근으로 정한다(도로교 설계기준 3.8.6.1).

$$h = 0.2 \times 2.0 = 0.4\,\text{m}$$

2) 수직보강재 강도

보강재 PL. 130×12 사용

$$\gamma = 30.0 \times \left(\frac{a}{b}\right) = 18.75$$

$$I_{req} = \frac{bt^3}{10.92} \cdot \gamma = 0.593 \times 10^{-6}$$

복부판에 대한 단면 2차 모멘트

$$I_t = \frac{0.012}{3} \times 0.13^3 = 0.00879 > I_{req} = 5.93 \times 10^{-6}\,\text{m}^4 \qquad \therefore \text{O.K.}$$

(3) 단부보강재(도로교 설계기준 3.8.7)〔step 7-3〕

단부보강재 최대 반력이 생기는 반력 계산

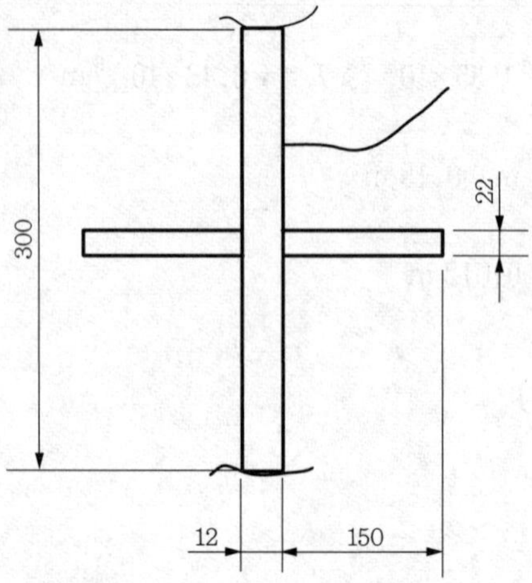

그림 5 · 28 단부보강재

반력(R) = 1,011.690 kN

보강재 단면(SM490)

2-PL : 180×22 = 0.00792 m^2

1-PL : 288×12 = 0.00346 m^2

total $A = 0.01138$ m^2

$1.7A_s = 0.013464\ m^2 > A_s = 0.01138\ m^2$ ∴ O.K.

$$I_y = 2 \times \left(\frac{0.022}{3} \times 0.186^3\right) = 9.438 \times 10^{-5}\ m^4$$

$$\gamma = \sqrt{\frac{I_y}{A}} = 0.091\ m$$

$$l = \frac{b}{2} = \frac{2.0}{2} = 1.0\ m$$

$$\frac{l}{\gamma} = 10.979 < 15$$

$f_{ca} = 186.200$ MPa

$$f = \frac{P}{A} = 88.931\ MPa < f_{ca} = 186.200\ MPa$$

5.8 브레이싱 설계(step 8)

(1) 수직브레이싱 설계(step 8-1)

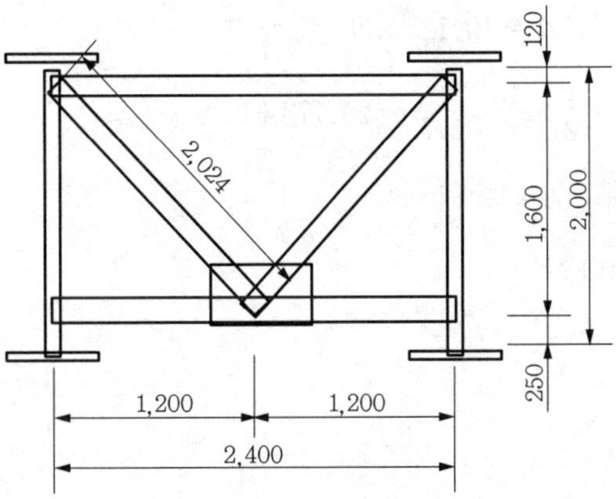

그림 5·29 수직브레이싱

표 5·27 브레이싱 부재 제원

현재	단면	단면적	γ(mm)	l(mm)	l/γ	l/γ(max)
상현재	100×100×10	1,900	38.3	2,500	65.27	150
사재	90×90×10	1,700	34.2	1,630	47.66	150
하현재	100×100×10	1,900	38.3	2,500	65.27	150

1) 하중선정

① 풍하중

풍하중 강도 P_w

교량 총높이(D) $= 1.08 + 0.20 + 0.30 + 20.0 = 21.580$ m

교량 총폭(B) $= 11.600$ m

$$\frac{B}{D} = 0.54 < 8$$

$$P_w = \left(4.0 - 0.2\frac{B}{D}\right) \cdot D = 84.0 \text{ kN/m} > 6.0 \text{ kN/m}$$

$$P = 84.00 \times 40 \times \frac{1}{2} \times \frac{1}{4} \times \frac{1}{1.2} = 350.00 \text{ kN}$$

② 지진하중

전체 고정하중 $W_d = 144.609 \text{ kN/m}$

$$H_e = 144.613 \times 0.5A = 10.123 \text{ kN}$$

$$P = 10.123 \times 40 \times \frac{1}{2} \times \frac{1}{4} \times \frac{1}{1.7} = 29.773 \text{ kN}$$

여기에서, A : 가속도계수

$$\therefore\ P = 350.000 \text{ kN}$$

2) 단면설계

① 상현재

$$P = 350.000 \text{ kN}$$

$$f = \frac{P}{A} = 184.211 \text{ MPa} > f_{ca} = 58.881 \text{ MPa}$$

$$\gamma = 0.038 \text{ m}$$

상현재 길이 $l = 2.50 \text{ m}$

$$\frac{l}{\gamma} = 65.274 < 93$$

$$f_{cal} = 140 - 0.84\left(\frac{l}{r} - 20\right) = 104.163 \text{ MPa}$$

$$f_{ca} = f_{cal} \times \left(0.5 + \frac{l/\gamma}{1,000}\right) = 58.881 \text{ MPa}$$

② 사재

$$P = 350.000 \times \frac{1}{\cos\theta} = 590.357 \text{ kN}$$

$$f = \frac{P}{A} = 347.269 \text{ MPa} > f_{ca} = 59.881 \text{ MPa}$$

$$\gamma = 0.0342 \text{ m}$$

사재 길이 $l = 2.024 \text{ m}$

$$\frac{l}{\gamma} = 59.181 < 93$$

$$f_{cal}=140-0.84\left(\frac{l}{\gamma}-20\right)=107.088\ \text{MPa}$$

$$f_{ca}=f_{cal}\times\left(0.5+\frac{l/\gamma}{1,000}\right)=59.881\ \text{MPa}$$

③ 하현재

$$P=350.000\ \text{kN}$$

$$f=\frac{P}{A}=184.211\ \text{MPa}>f_{ca}=58.609\ \text{MPa}$$

$$\gamma=0.0383\ \text{m}$$

하현재 길이 $l=2.40\ \text{m}$

$$\frac{l}{\gamma}=62.663<93$$

$$f_{cal}=140-0.84\left(\frac{l}{\gamma}-20\right)=104.163\ \text{MPa}$$

$$f_{ca}=f_{cal}\times\left(0.5+\frac{l/\gamma}{1,000}\right)=58.609\ \text{MPa}$$

(2) 수평브레이싱 설계[step 8-2]

1) 하중선정

① 풍하중

풍하중은 2조의 브레이싱과 바닥판이 1/2씩 부담하므로

$$P_w=11.320\ \text{kN/m}>6.00\ \text{kN/m}$$

브레이싱에 작용하는 풍하중

$$P_w=11.320\times\frac{1}{4}\times\frac{1}{1.2}=2.358\ \text{kN/m}$$

② 지진하중

전체 고정하중 $W_d=144.609\ \text{kN/m}$, 수평진도 $k_h=0.14$

$$H_e=144.609\times0.07=10.123\ \text{kN}$$

$$P_s=10.123\times\frac{1}{4}\times\frac{1}{1.7}=1.489\ \text{kN/m}$$

$$\therefore\ P=2.358\ \text{kN/m}$$

2) 단면계산

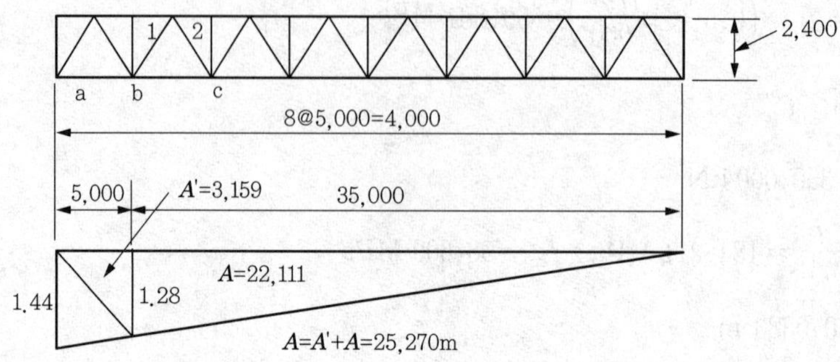

그림 5 · 30 수평브레이싱

브레이싱의 사재 L−130×130×9를 사용하면 $A=0.00227\ \text{m}^2$

$$P=59.594\ \text{kN}$$

$$f_c=\frac{P}{A}=26.207\ \text{MPa} < f_{ca}=47.838\ \text{MPa}$$

세장비 검토

$$\frac{1}{\gamma_{\min}}=\frac{347}{2.57}=134.846 < 150 \qquad \therefore \text{O.K.}$$

허용압축응력 f_{ca}

$$\frac{1}{\gamma_y}=\frac{347}{5.06}=68.489$$

$$f_{cag}=140-0.84\left(\frac{l}{\gamma}-2.0\right)=84.149\ \text{MPa}$$

$$f_{cag}=f_{cag}\times\left(0.5+\frac{l\gamma_y}{1,000}\right)=47.838\ \text{MPa}$$

3) 볼트설계

이음판의 두께 = 10 mm

고장력 볼트는 M22, F10T로 하면,

$\rho_a=48\ \text{kN/EA}$(1면 마찰)

$$n = \frac{P}{\rho_a} = 1.2\text{개} \rightarrow 3\text{개 사용}$$

5.9 전단연결재 설계〔step 9〕

(1) 전단연결재 형식 결정〔step 9-1〕

플레이트 거더와 바닥판의 일체거동을 위한 전단연결재로 스터드를 사용한다.
사용 스터드 제원

직경 = 22 mm, 높이 = 150 mm

(2) 수평전단력 산정〔step 9-2〕

1) 전단력에 의한 수평력

정의 휨모멘트를 받는 구간

$$H_0 = \left(\frac{S}{I_v}\right) \times \left(\frac{A_c}{n}\right) \times d$$

여기에서, S : 전단력(합성 후 고정하중+활하중)
I_v : 합성단면의 단면 2차 모멘트
A_c : 상부 바닥의 단면적
n : 탄성계수비
d_v : 도심축에서 상부 바닥판 도심까지의 거리

표 5·28 전단력에 의한 수평력

단면	S(kN)	A_c/n(cm^2)	d_v(cm)	I_v(cm^4)	H_0(kN/cm)
단부	578.07	687.5	−20.247	6,188,335	1.300
2.5 m 지점	418.26	687.5	−37.276	8,348,046	1.284
10.0 m 지점	270.88	687.5	−26.247	10,594,437	0.461

2) 종하중에 의한 수평력

① 건조수축에 의한 수평력

$$H_s = 2 \cdot \frac{N_{cs}}{a}$$

여기에서, N_{cs} : 건조수축에 의한 수직력

a : 주간격

$a = 2.40$ m, $L/10 = 4.00$ m

$\therefore\ a < L/10$이므로 2.40 m

건조수축에 의한 수직력 N_{cs}

$\varepsilon_s = 0.00018$, $\phi_s = 4$ 크리프계수

$$N_s = N\left(1 + \frac{\phi_s}{2}\right) = 24$$

$D = 1.3415$ m　　　$I_c = 0.0028646$ m^4

$A_c = 0.550$ m^2　　　$I_s = 0.02841512$ m^4

$A_s = 0.04468$ m^2　　　$P_s = E_s \cdot \varepsilon_s \cdot \dfrac{A_c}{N_s} = 866.25$ kN

$$F_s = \frac{1}{\left(1 + \dfrac{A_c}{N_s \times A_s}\right)} + \left(\frac{A_c \times D^2}{I_c + N_s \times I_s}\right) = 0.338$$

$$N_{cs} = P_s \times F_s = 292.81 \text{ kN}$$

따라서 $H_s = 2 \cdot \dfrac{N_{cs}}{a} = 244.008$ kN/m

② 온도변화에 의한 수평력

$$H_s = 2 \cdot \frac{N_{ct}}{a}$$

여기에서, N_{ct} : 온도차에 의한 수직력

a : 주간격

$a = 2.40$ m, $L/10 = 4.00$ m

$\therefore\ a < L/10$이므로 2.40 m

온도차에 의한 수직력 N_t

$f_t = 0.000012$　　　　$\Delta T = 10.0℃$

$D = 1.3415$ m

$I_c = 0.0028646\ \mathrm{m}^4$　　　　$A_c = 0.550\ \mathrm{m}^2$

$I_s = 0.02841512\ \mathrm{m}^4$　　　　$A_s = 0.04468\ \mathrm{m}^2$

$$P_s = E_s \cdot f_t \cdot \Delta T \cdot \frac{A_c}{N} = 1,732.500\ \mathrm{kN}$$

$$F_t = \frac{1}{\left(1 + \frac{A_c}{N \times A_s}\right)} + \left(\frac{A_c \times D^2}{I_c + N_s \times I_s}\right) = 0.146$$

$$N_{ct} = P_t \times F_t = 253.318\ \mathrm{kN}$$

따라서 $H_t = 2 \cdot \dfrac{N_{ct}}{a} = 211.098\ \mathrm{kN/m}$

(3) 전단연결재의 간격 결정[step 9-3]

교축방향　　　　$5d$, $100\ \mathrm{mm} < d_0 < 600\ \mathrm{mm}$

교축직각방향　　$d + 30\ \mathrm{mm} < d_0 < 500\ \mathrm{mm}$

- 스터드의 내하력 계산

$d = 22$ mm　　　　$H = 150$ mm

$$\frac{H}{d} = 6.818 > 5.5$$

허용전단력은

$$Q_a = 300 \cdot d^2 \cdot \sqrt{f_{ck}} = 23.859\ \mathrm{kN/EA}$$

스퍼드는 최대 600 mm, 최소 100 mm 간격으로 배치한다.

$$Q_a = 23.859 \times 3 = 71.576\ \mathrm{kN}$$

표 5 · 29 전단 연결재 간격 결정

위치	H_o	H_o+H_t	H_s+H_t	Q_a	$d_{o,\,req}$(m)	$d_{o,\,use}$(m)
단부	130.0	341.1	455.1	71.576	0.157	0.10
2.5 m 지점	119.9	–	–	71.576	0.597	0.30
10 m 지점	46.1	–	–	71.576	0.639	0.50

여기에서 H_o : 정모멘트부에서의 전단력에 의한 수평력

H_t : 온도변화에 의한 수평력

H_s : 건조수축에 의한 수평력

5.10 처짐검토 및 솟음〔step 10〕

(1) 처짐 검토

1) 사용 활하중에 의한 처짐량(최대처짐 발생 거더)〔step 10-1〕

(단위 mm)

절점	처짐량
1	0
2	9
3	16
4	21
5	23
6	21
7	16
8	9
9	0

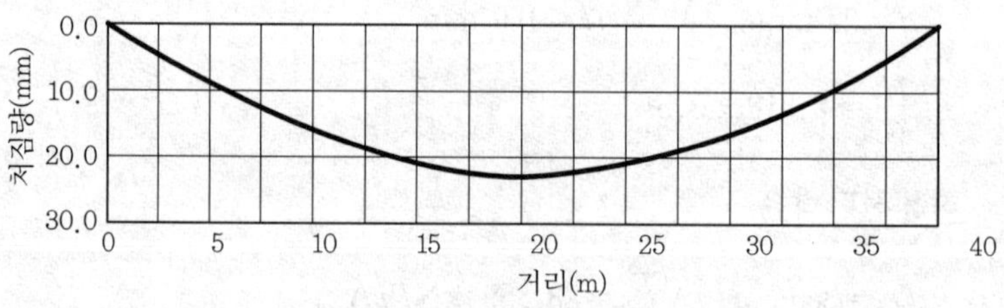

그림 5 · 31 활하중에 의한 처짐량

2) 허용 처짐량〔step 10-2〕(도로교 설계기준 3.2.3)

교량구조물의 휨부재는 사용 활하중(충격하중 포함)으로 구조물의 강도나 실재하중에 지장을 주는 처짐 또는 그 외 변형이 일어나지 않도록 충분한 강성을 갖게 설계하여야 한다. 강교의 허용 최대처짐량은 표 5 · 31과 같다.

표 5·31 허용처짐량

(지간장 : m)

교량형식		최대처짐(m)	
종류	지간	단순 지지거더 및 연속거더	게르버거더의 캔틸레버부
철근콘크리트 바닥판이 있는 플레이트 거더	$L \leq 10$ m	$L/2,000$	$L/1,200$
	$10 < L \leq 40$ m	$L/(20,000/L)$	$L/(12,000/L)$
	$L > 40$ m	$L/500$	$L/300$
기타 바닥판이 있는 플레이트 거더		$L/500$	$L/300$

$$\therefore \text{ 허용처짐량 } \Delta_a = \frac{L}{20,000/L} = \frac{40.0}{20,000/40.0} = 0.08 \text{ m} = 80 \text{ mm}$$

3) 처짐검토

$\Delta_{max} = 22.75$ mm $< \Delta_a = 80.00$ mm　　　∴ O.K.

(2) 솟음량 산정[step 10-3, step 10-4]

표 5·32 솟음량 전산처리 결과(G1)

(단위 : mm)

절점	거더자중	합성 전 고정자중	합성 후 고정자중	계	비고
1	0.00	0.00	0.00	0.00	
2	10.45	24.14	3.58	38.17	
3	18.71	42.32	6.45	68.39	
4	23.95	55.33	8.29	87.57	
5	25.77	59.55	8.92	94.24	
6	23.95	55.33	8.29	87.57	
7	18.71	43.23	6.45	68.39	
8	10.45	24.14	3.58	38.17	
9	0.00	0.00	0.00	0.00	

표 5 · 33 솟음량 전산처리 결과(G2)

(단위 : mm)

절점	거더자중	합성 전 고정자중	합성 후 고정자중	계	비고
10	0.00	0.00	0.00	0.00	
11	10.47	24.19	3.40	38.06	
12	18.74	43.30	6.16	68.20	
13	23.98	55.42	7.94	87.34	
14	25.81	59.63	8.56	94.00	
15	23.98	55.42	7.94	87.34	
16	18.74	43.30	6.16	68.20	
17	10.47	24.19	3.40	38.06	
18	0.00	0.00	0.00	0.00	

표 5 · 34 솟음량 전산처리 결과(G3)

(단위 : mm)

절점	거더자중	합성 전 고정자중	합성 후 고정자중	계	비고
19	0.00	0.00	0.00	0.00	
20	10.48	24.21	3.58	38.27	
21	18.76	43.34	6.49	68.59	
22	24.00	55.46	8.37	87.83	
23	25.82	59.67	9.03	94.52	
24	24.00	55.46	8.37	87.83	
25	18.76	43.34	6.49	68.59	
26	10.48	24.21	3.58	38.27	
27	0.00	0.00	0.00	0.00	

표 5 · 35 솟음량 전산처리 결과(G4)

(단위 : mm)

절점	거더자중	합성 전 고정자중	합성 후 고정자중	계	비고
28	0.00	0.00	0.00	0.00	
29	10.47	24.19	4.20	38.86	
30	18.74	43.30	7.62	69.66	
31	23.98	55.42	9.84	89.24	
32	25.81	59.63	10.62	96.06	
33	23.98	55.42	9.84	89.24	
34	18.74	43.30	7.62	69.66	
35	10.47	24.19	4.20	38.86	
36	0.00	0.00	0.00	0.00	

표 5 · 36 솟음량 전산처리 결과(G5)

(단위 : mm)

절점	거더자중	합성 전 고정자중	합성 후 고정자중	계	비고
37	0.00	0.00	0.00	0.00	
38	10.45	24.14	5.35	39.94	
39	18.71	42.32	9.62	71.56	
40	23.95	55.33	12.33	91.61	
41	25.77	59.55	13.27	98.59	
42	23.95	55.33	12.33	91.61	
43	18.71	43.23	9.62	71.56	
44	10.45	24.14	5.35	39.94	
45	0.00	0.00	0.00	0.00	

5.11 피로검토(step 11)

(1) 피로설계 개요

반복응력을 받는 부재와 이음부의 설계시 최대응력은 기본 허용응력을 초과하지 않아야 하며, 응력범위는 허용피로응력범위를 초과하지 않아야 한다. 특히, 플레이트 거더교의 피로 응력 상세범주 및 재하경로는 다음 그림에 따라야 한다.

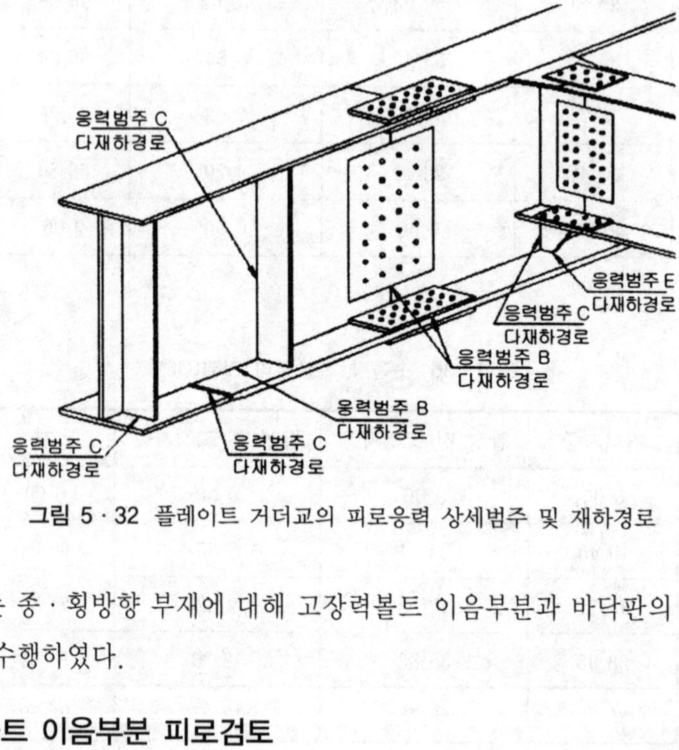

그림 5 · 32 플레이트 거더교의 피로응력 상세범주 및 재하경로

본 설계에서는 종 · 횡방향 부재에 대해 고장력볼트 이음부분과 바닥판의 용접이음부에 대한 피로검토를 수행하였다.

(2) 고장력볼트 이음부분 피로검토

1) 발생변동응력(step 11-1)

$f_{max} = f_d + f_{t,max}$ $\quad f_d$: 고정하중의 응력

$f_{min} = f_d + f_{t,min}$ $\quad f_{t,max}$: 활하중의 최대응력

$\Delta f = f_{max} - f_{min}$ $\quad f_{t,min}$: 활하중의 최소응력

$M_{d1} = 4,088.02\ \text{kN}\cdot\text{m}$ $\quad M_{d2} = 908.30\ \text{kN}\cdot\text{m}$

$M_{l,max} = 2,688.55\ \text{kN}\cdot\text{m}$ $\quad M_{l,min} = -181.18\ \text{kN}\cdot\text{m}$

$I_s = 0.04703\ \text{m}^4$ $\qquad$ $I_v = 0.1088981\ \text{m}^4$

$y_{su} = -1.163\ \text{m}$ $\qquad$ $y_{sl} = 0.905\ \text{m}$

$y_c' = -0.447\ \text{m}$ $\qquad$ $y_s = 1.621\ \text{m}$

$$f_{\max,u} = \frac{M_{dl}}{I_s} \times y_{su} + \frac{(M_{d2} + M_{l,\max})}{I_v} \times y_c' = -115.840\ \text{MPa}$$

$$f_{\max,l} = \frac{M_{dl}}{I_s} \times y_{sl} + \frac{(M_{d2} + M_{l,\max})}{I_v} \times y_s = 132.209\ \text{MPa}$$

$$f_{\min,u} = \frac{M_{dl}}{I_s} \times y_{su} + \frac{(M_{d2} + M_{l,\min})}{I_v} \times y_c' = -105.548\ \text{MPa}$$

$$f_{\min,l} = \frac{M_{dl}}{I_s} \times y_{su} + \frac{(M_{d2} + M_{l,\min})}{I_v} \times y_s = 94.886\ \text{MPa}$$

$$\Delta f_u = f_{\max,u} - f_{\min,u} = -115,840 - (-105,548) = -10.292\ \text{MPa}$$

$$\Delta f_l = f_{\max,l} - f_{\min,l} = 132.209 - 94.886 = 37.323\ \text{MPa}$$

2) 설계응력 반복횟수, 응력범주, 재하경로 결정[step 11-2, step 11-3, step 11-4]

① 설계응력 반복횟수

설계응력 반복횟수는 트럭하중 2백만 회를 적용한다.

② 응력범주

고장력볼트 이음부분은 연결재의 면외 힘을 일으키는 축방향응력을 받는 연결부를 제외한, 고장력볼트 마찰이음 전단면에서의 모재로 볼 수 있으므로 응력범주는 B로 한다.

③ 재하경로(도로교 설계기준 3.3.4.1)

부재의 파괴만으로 전체 구조가 붕괴되지 않는 다재하경로구조로 간주한다.

3) 허용피로응력[step 11-5]

허용응력범위 = 126.000 MPa

4) 피로응력 검토

$\Delta f_u = 10.292\ \text{MPa} < f_{sr} = 126.000\ \text{MPa}$ $\qquad$ ∴ O.K.

$\Delta f_l = 37.323\ \text{MPa} < f_{sr} = 126.000\ \text{MPa}$ $\qquad$ ∴ O.K.

(3) 수직보강재 끝단부 검토(중앙부 최대인장부)

1) 발생변동응력〔step 11-1〕

$M_{d1} = 4,661.200 \text{ kN}\cdot\text{m}$ $M_{d2} = 1,662.639 \text{ kN}\cdot\text{m}$

$M_{l,\max} = 3,068.54 \text{ kN}\cdot\text{m}$ $M_{l,\min} = -217.648 \text{ kN}\cdot\text{m}$

$I_s = 0.04703 \text{ m}^4$ $I_v = 0.1088981 \text{ m}^4$

$y_{su} = -1.163 \text{ m}$ $y_{sl} = 0.905 \text{ m}$

$y_c' = -0.0447 \text{ m}$ $y_s = 1.621 \text{ m}$

y_j = 압축연단으로부터 수직보강재 끝단까지 거리 $= 36 + 25 = 61 \text{ mm}$

용접부에서의 $f_{\max}$, $f_{\min}$ 을 구하면

$$f_{sl,\max} = \frac{M_{dl}}{I_s} \times (y_{sl} - y_j) + \frac{(M_{d2} + M_{l,\max})}{I_v} \times (y_s - y_j) = 142.977 \text{ MPa}$$

$$f_{sl,\min} = \frac{M_{dl}}{I_s} \times (y_{sl} - y_j) + \frac{(M_{d2} + M_{l,\min})}{I_v} \times (y_s - y_j) = 101.472 \text{ MPa}$$

$$\Delta f = f_{\max} - f_{\min} = 142.977 - 101.472 = 41.505 \text{ MPa}$$

2) 설계응력 반복횟수, 응력범주, 재하경로 결정〔step 11-2, step 11-3, step 11-4〕

① 설계응력 반복횟수

설계응력 반복횟수는 트럭하중 2백만 회를 적용한다.

② 응력범주

거더의 복부판이나 플랜지에 설치된 수직보강재 용접 끝단부의 응력범주는 C로 한다.

③ 재하경로

부재의 파괴만으로 전체 구조가 붕괴되지 않는 다재하 경로구조로 간주한다.

3) 허용피로응력〔step 11-5〕

허용응력범위 $= 91.000 \text{ MPa}$

4) 피로응력 검토

$\Delta f = 41.505 \text{ MPa} < f_{sr} = 91.000 \text{ MPa}$ ∴ O.K.

(4) 맞대기 이음부 플랜지 플레이트 부재 검토

1) 발생변동응력[step 11-1]

$M_{d1} = 4,661.20\ \mathrm{kN \cdot m}$ $\quad$ $M_{d2} = 1,006.27\ \mathrm{kN \cdot m}$

$M_{l,\max} = 3,068.54\ \mathrm{kN \cdot m}$ $\quad$ $M_{l,\min} = -217.648\ \mathrm{kN \cdot m}$

$I_s = 0.04703\ \mathrm{m}^4$ $\quad$ $I_v = 0.1088981\ \mathrm{m}^4$

$y_{su} = -1.163\ \mathrm{m}$ $\quad$ $y_{sl} = 0.905\ \mathrm{m}$

$y_c' = -0.447\ \mathrm{m}$ $\quad$ $y_s = 1.621\ \mathrm{m}$

$$f_{\max} = \frac{M_{dl}}{I_s} \times y_{sl} + \frac{(M_{d2} + M_{l,\max})}{I_v} \times y_s = 151.336\ \mathrm{MPa}$$

$$f_{\min} = \frac{M_{dl}}{I_s} \times y_{sl} + \frac{(M_{d2} + M_{l,\min})}{I_v} \times y_s = 108.221\ \mathrm{MPa}$$

$$\Delta f = f_{\max} - f_{\min} = 151.366 - 108.221 = 43.145\ \mathrm{MPa}$$

2) 설계응력 반복횟수, 응력범주, 재하경로 결정[step 11-2, step 11-3, step 11-4]

① 설계응력 반복횟수

설계응력 반복횟수는 트럭하중 2백만 회를 적용한다.

② 응력범주

맞대기 이음부 플랜지 플레이트 부재는 연결부재의 변화부가 없고 1 : 2.5 이하인 변화부 경사를 갖는 완전용입 홈용접된 이음부나 인접부의 모재와 용접금속(용접덧살을 제거하지 않고 비파괴 검사를 실시한 경우)으로 보아 응력범주는 C로 한다.

③ 재하경로

부재의 파괴만으로 전체 구조가 붕괴되지 않는 다재하 경로구조로 간주한다.

3) 허용피로응력[step 11-5]

허용응력범위 $= 91.000\ \mathrm{MPa}$

4) 피로응력 검토

$\Delta f = 43.145\ \mathrm{MPa} < f_{sr} = 91.000\ \mathrm{MPa}$ $\quad$ ∴ O.K.

(5) 플랜지-복부 용접부 검토

1) 발생변동응력〔step 11-1〕

$S_{d1} = 462.39\ \text{kN}\cdot\text{m}$ $\quad S_{d2} = 116.68\ \text{kN}\cdot\text{m}$

$S_{l,\max} = 363.24\ \text{kN}\cdot\text{m}$ $\quad S_{l,\min} = -20.10\ \text{kN}\cdot\text{m}$

$I_s = 0.028415\ \text{m}^4$ $\quad I_v = 0.773691\ \text{m}^4$

$y_{su} = -1.137\ \text{m}$ $\quad y_{sl} = 0.899\ \text{m}$

$y_c' = -0.316\ \text{m}$ $\quad y_s = 1.720\ \text{m}$

전단력이 크게 작용하는 단부 지점부의 전단력은

$$Q_{us} = 0.37\times0.016\times(-1.0607) = -0.00628\ \text{m}^3$$

$$Q_{ls} = 0.41\times0.020\times0.9573 = 0.00785\ \text{m}^3$$

$$Q_{uv} = \frac{2.20\times0.25}{8} + 0.48\times0.016\times(-0.338) = -0.02735\ \text{m}^3$$

$$Q_{lv} = 0.41\times0.02\times1.694 = 0.01389\ \text{m}^3$$

용접목두께는 $S = 9$ mm로 설계할 때

$$t_{we} = 9\times2\times0.707 = 12.73\ \text{mm}$$

용접면에 발생하는 전단응력 v는

$$v_{u,\max} = \frac{S_{d1}\times Q_{us}}{I_s\times t_{we}} + \frac{(S_{d2}+S_{l,\max})\times Q_{uv}}{I_v\times t_{we}} = -21.331\ \text{MPa}$$

$$v_{l,\max} = \frac{S_{d1}\times Q_{ls}}{I_s\times t_{we}} + \frac{(S_{d2}+S_{l,\max})\times Q_{lv}}{I_v\times t_{we}} = 16.793\ \text{MPa}$$

$$v_{u,\min} = \frac{S_{d1}\times Q_{us}}{I_s\times t_{we}} + \frac{(S_{d2}+S_{l,\min})\times Q_{uv}}{I_v\times t_{we}} = -11.821\ \text{MPa}$$

$$v_{l,\min} = \frac{S_{d1}\times Q_{ls}}{I_s\times t_{we}} + \frac{(S_{d2}+S_{l,\min x})\times Q_{lv}}{I_v\times t_{we}} = 11.963\ \text{MPa}$$

발생변동응력 범위는

$$\Delta v = v_{u,\max} - v_{u,\min} = 9.511\ \text{MPa}$$

$$\Delta v = v_{l,\max} - v_{l,\min} = 4.830\ \text{MPa}$$

2) 설계응력 반복횟수, 응력범주, 재하경로 결정〔step 11-2, step 11-3, step 11-4〕

① 설계응력 반복횟수

설계응력 반복횟수는 트럭하중 2백만 회를 적용한다.

② 응력범주

플랜지-복부 용접부는 응력방향과 평행하게 연속필렛용접으로 접합되어 있는 부분으로 인장 또는 교번응력을 받게 되며, 응력범주는 B로 한다.

③ 재하경로

부재의 파괴만으로 전체 구조가 붕괴되지 않는 다재하 경로구조로 간주한다.

3) 허용피로응력

허용응력범위 $= 126.000$ MPa

4) 피로응력 검토

$\Delta f = 9.511$ MPa $< f_{sr} = 126.000$ MPa ∴ O.K.

$\Delta f = 4.830$ MPa $< f_{sr} = 126.000$ MPa ∴ O.K.

5.12 신축량 산정

$$\Delta L = \Delta L_t + \Delta L_s + \Delta L_c + \Delta L_f \text{ (설치여유량)}$$

(1) 온도변화에 의한 이동량(ΔL_t)

ΔT=온도변화 : $-10\sim40$℃

α=선팽창계수 : 12×10^{-6}

$\Delta L_T = \Delta T \cdot \alpha \cdot L = 50\times1.2\times10^{-5}\times L = 0.60\,L$ (mm)

(2) 콘크리트 건조수축에 의한 이동량(ΔL_s)

플레이트 거더교이므로 고려하지 않음

(3) 콘크리트 크리프에 의한 이동량($\varDelta L_c$)

플레이트 거더교이므로 고려하지 않음

소계 : $\varDelta L' = \varDelta L_t + \varDelta L_s + \varDelta L_c = 0.60\,L$

(4) 신축 여유량($\varDelta L_f$)

하중에 의한 단부의 회전 및 시공오차 등으로 신축의 변위량은 여유량으로서 예상하여 기본 신축량(소계)의 20%에 일률적으로 10 mm를 더하는 것으로 하였음

합계 : $\varDelta L = \varDelta L' + \varDelta L_f = 0.6L + (0.6\,L \times 0.20 + 10) = 0.72\,L$

(5) 신축량 계산($\varDelta L_s$)(지간장 $L = 40.00$ m)

$\varDelta L = 0.720 \times 40 = 28.800$ mm

사용 신축이음 No. 50(유간장 : 55)

제6장

06 교대·교각의 설계

6.1 관계지식

교량의 하부구조는 일반적으로 교대와 교각의 조합으로 구성되며, 교대(abutment)란 교량의 양단에 설치되어 도로와 교량을 접속하고 상부구조로부터 전달되는 하중과 배면성토의 토압 및 지표재하중 등을 지지하고 이들 하중과 교대 본체의 중량을 기초지반에 전달하는 특수한 옹벽구조물이다. 교각(pier)이란 교량의 지간이 둘 이상인 경우 교대의 중간에서 인접하는 양쪽 교형을 지지하기 위해 설치한 각주로서 상부구조의 하중과 교각의 자중을 안정하게 지반에 전달하는 것으로 수류와 경사지지 않게 만들어야 한다.

하부구조는 계획 및 설계에 있어서 상부구조로부터 전달되는 하중과 하부구조 자체에 작용하는 하중을 안전하게 지반에 전달하는 동시에 상부구조를 지지할 수 있도록 설계해야 한다.

6.2 교대의 개설 및 종류

6.2.1 교대의 개설

교대 각부의 명칭을 그림 6·1에 의하여 간단히 설명하면 A는 교좌부인데, 상부구조의 하중을 지지하는 받침(support)을 설치하는 곳으로 형좌라 한다. 형좌는 직접 반력하중을 받는 부분으로 1 : 2 : 4 배합 이상의 양질의 콘크리트 또는 두께 30~45 cm의 좌석을 사용하고, 형좌의 폭 x는 받침판의 폭에 0.3 m 이상, 형좌의 길이는 교폭에 1.2 m 이상 여유를 갖도록 하는 것이 좋다. 여기에서 구체의 치수결정에 있어, 교좌부의 폭은 하부구조 정부에 있어서 교축방향의 받침연단과 하부구조 정부연단 사이의 거리 S(mm)는 (도로교 설계기준 하부구조 편 5.4.2)에 의하여 다음의 식 (6·1) 및 그림 **6·2**에 의하여 결정한다.

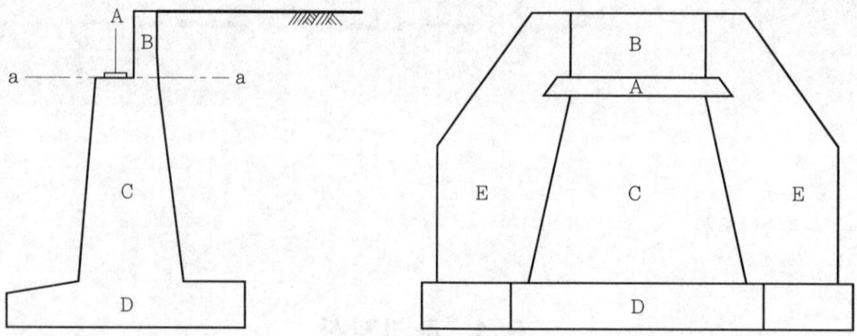

그림 6·1 교대의 명칭

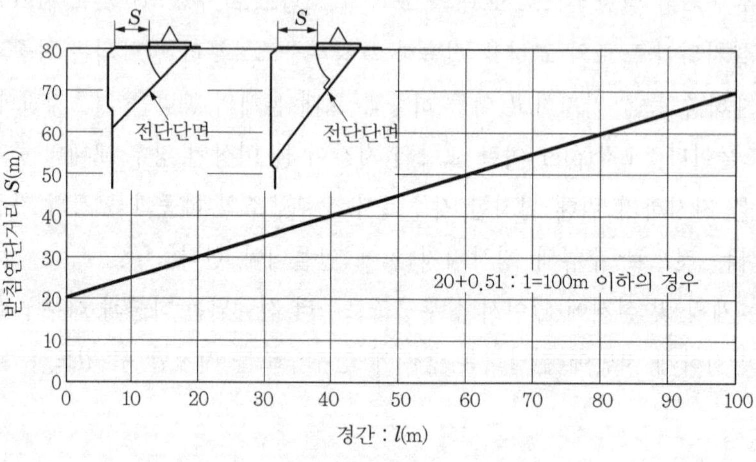

그림 6·2 경간과 받침연단거리와의 관계

$$\left.\begin{array}{l}\text{거더의 경간길이 100 m 이하 : } S = 200 + 5L \\ \text{거더의 경간길이 100 m 이상 : } S = 300 + 4L\end{array}\right\} \quad (6 \cdot 1)$$

여기에서, S : 받침연단거리(mm)

L : 경간거리(m)

특히, 중요한 교량에서 지반이 약한 곳에 가설하는 경우나 파일 벤트(pile bent) 교각과 같은 세장한 구조에서는 S의 값을 0.35 m 이상으로 하는 것이 좋다. 식 (6 · 1)은 보통 일반의 상부구조로 콘크리트 교좌에 강제받침을 설치하는 경우에 적용하고, 강제교각 등의 특수한 경우는 별도로 고려해야 한다. B는 흉벽(parapet wall)이라 부르고, 주로 a–a 윗부분에 작용하는 토압 및 표면재하하중을 지지한다. 흉벽의 정폭 t는 활하중의 영향을 고려해서 도로교에서는 45 cm 이상, 철도교에서는 60 cm 이상으로 한다. C는 구체(軀體)이고, 상부구조의 하중을 지지하고 배면 토압에 저항하는 것으로 구조적으로는 옹벽과 동일한 역할을 한다. D는 확대기초(footing)부분으로 교대에 작용하는 모든 하중을 안전하게 기초지반 혹은 기초구조에 전달한다. 확대기초의 저폭 l은 높이 h의 0.4~0.5배, 몸체 전면의 경사는 1/12~1/24 정도로 한다. E는 날개벽(wing wall)으로 교대의 양쪽에는 성토를 지지하기 위해 설치하며 옹벽과 똑같이 1 : 3 : 6 배합의 콘크리트 또는 석축찰쌓기의 구조로 한다.

교대의 저부는 필요시에는 저부기초를 말뚝기초 또는 널말뚝공으로 보호해야 하고, 교대에 작용하는 외력인 토압력, 활하중, 지진하중 등의 영향에 대해서는 설계시방서와 기타의 규정에 따라 책임기술자의 판단에 의해 결정한다. 교대의 전면은 전술의 요령에 의하여 적당히 가정하고 옹벽의 경우와 같은 방법으로 안정에 대하여 검토한다.

6.2.2 교대의 종류

교대를 구조형식에 의하여 분류하면 다음과 같다.

(1) 중력식 교대(gravity abutment)

중력식은 그림 **6 · 3** (a)와 같은 형식의 교대로 그 명칭이 나타내는 바와 같이 본체의 자중을 크게 하여, 구체단면에는 압축응력만이 생기도록 설계된 것이다. 구조가 간단하고 시공도 용이하지만 구체 중량이 크기 때문에 기초에 미치는 영향도 크게 되며, 일반적으로 경제적인 높이는 4 m까지인 것으로 간주된다.

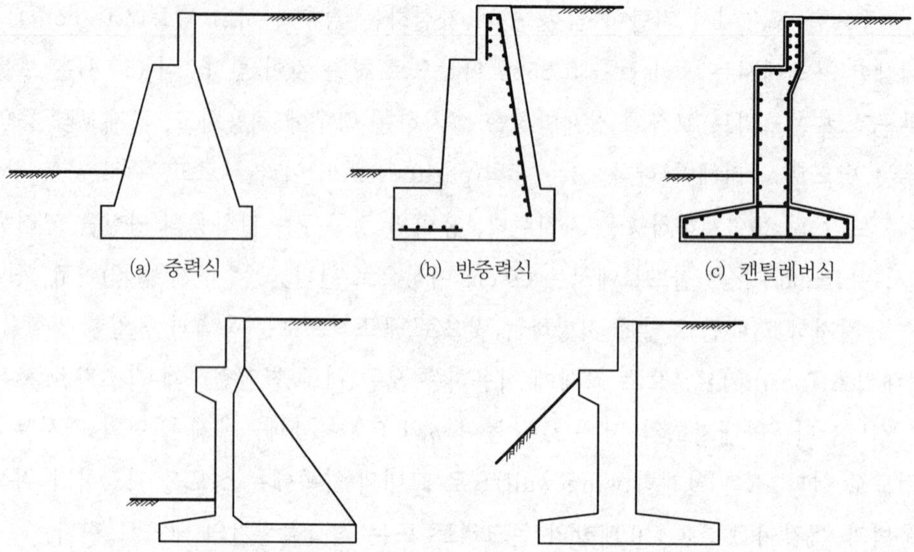

(a) 중력식 (b) 반중력식 (c) 캔틸레버식

(d) 부벽식 (e) 기둥식

그림 6·3 교대의 종류

(2) 반중력식 교대(semigravity abutment)

중력식과 유사한 구조형식이나 구체단면의 일부에 발생하는 인장응력에 대하여 그림 6·3(b)와 같은 철근을 배치하여 단면을 보강함과 동시에 자중의 경감을 도모한 것이다. 일반적으로 높이는 4~6 m 정도를 표준으로 한다.

(3) 캔틸레버식 교대(cantilever type abutment)

교대의 높이가 5~8 m 정도의 경우에 많이 채용되어 있고, 이 정도의 높이가 되면 무근콘크리트보다 철근콘크리트 구조의 경우가 경제적으로 유리하다. 본 형식에는 그림 6·3(c)와 같은 역 T형이 일반적이고 앞 저판의 설치가 곤란할 경우에 L형을 채용한다.

(4) 부벽식 교대(counterforted or buttressed abutment)

이 형식에는 그림 6·3(d)와 같이 토압을 받는 측에 부벽을 만든 것을 뒷부벽식 교대(counterforted abutment), 토압을 받지 않는 측에 부벽을 만든 것을 앞부벽식 교대(buttressed abutment)라 한다. 교대의 높이가 7 m 이상이 되면 캔틸레버식보다 부벽식이 구조적으로나 경제적으로 유리한 경우가 많다.

(5) 라멘식 교대(rigid-frame abutment)

라멘식 교대는 다음과 같은 조건일 때에 채용되는 경우가 많으며, 보통 10 m 이상에 선정된다.

① 구체가 높아지면 토압에 의한 영향이 지배적으로 되므로 그의 경감을 도모하는 경우
② 상부구조로부터의 큰 수평력에 저항시키는 경우
③ 라멘 형식으로서 배면에 통로를 설치할 필요가 있는 경우
④ 기타 라멘 형식으로 하는 경우가 타형식과 비교하여 보다 구조적 · 경제적으로 유리한 경우 교대위치에 교차도로(제방도로)가 있는 경우 교대를 교축방향으로 박스단면으로 하고 차도를 박스 내에 넣어 박스 라멘 교대로 하지만, 사각이 있는 경우는 박스가 길어지므로 채광을 위해서나 보도 · 차도의 분리를 위해 2연 박스 라멘 교대로 한다.

(6) 박스형 교대(box type abutment)

교대 높이가 높고(12 m 정도 이상) 기초지반 조건이 불량하여 말뚝기초로 하는 경우에 경제적인 형식이 될 수 있다. 박스형 교대에 속빈부를 두면 지진시 관성력을 감소시키고 말뚝기초 설계가 용이하게 된다. 직접기초의 경우 반대로 활동에 안정하지 않으므로 속빈부를 흙으로 채우도록 한다. 또 뒷부벽식 교대에 사각이 있는 날개벽과 부벽을 합쳐 전체를 박스형으로 하는 경제적인 것도 있다.

(7) 중간 이음식 교대

역T형식 교대의 벽체에 적당한 크기의 중간이음부를 두어 배면토압의 경감을 꾀하는 구조이지만 선정시 상하부 구체 사이나 앞면 성토의 전압을 고려하고 성토와 구체의 시공순서에 주의하여야 한다.

(8) 성토상의 소교대

연약지반 또는 성토높이가 높은 경우의 기초는 대규모가 되므로 상부공을 연장하여 성토상에 소교대를 설치하는 것이 경제적일 때가 있다. 이 형식은 성토의 활동, 측방향 유동의 영향을 강하게 받으며 기초하면 아래 성토부분의 기초에 작용하는 토압에 대해서도 명확하지 않은 점이 있어, 이 형식은 부득이한 경우에만 선정하는 것이 좋다. 이 형식을 선정할 경우에는 말뚝기초로 현지반의 지지층에 확실하게 지지시키고 지형 · 지반조건을 고려하여 충분히 안정성을 검토하여야 한다.

6.3 교각의 개요 및 종류

6.3.1 교각의 개요

교각은 재료적으로는 교대와 같고, 1 : 3 : 6 배합의 콘크리트 구조의 중력식이 많이 사용되고 교좌가 되는 부분은 배합이 좋은 콘크리트를 사용한다.

몸체의 상류면은 유수압의 영향을 작게 하기 위해 삼각형 또는 반원형으로 하고 하류면도 외관을 상류면과 같은 모양으로 한다. 그림 6 · 4에 의하여 교각의 부분적 명칭을 설명한다.

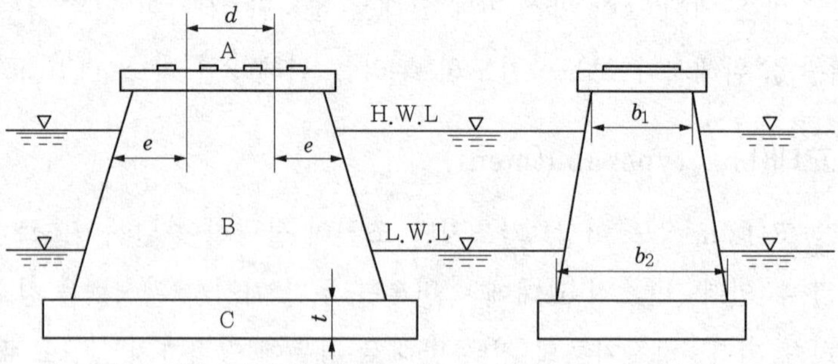

그림 6 · 4 교각의 명칭

A는 교좌부(bridge seat)이고, 상부구조의 지점이 되는 받침판을 설치한다. 교좌는 원칙적으로 교대교좌의 2배로 하고 도로교에서는 1 m 이상으로 한다.

B는 교각의 구체(main body)이고 C는 확대기초(footing)이다. D는 정판(coping)이라고하는데, 그 두께는 30~75 cm이고 끝은 10 cm 이상(두께의 1/3~1/2) 적당히 돌출시킨다. 교각정부의 두께 b_1은 안정상 1.2 m 이상, 길이는 교형의 중심간격 $d+2e$로 하며, C는 1~2 m 정도로 한다. 구체 측면의 경사는 1/12~1/24 정도, 확대기초의 두께 t는 1 m 이상, 구체 밑부분에서의 돌출길이는 0.5~1.0 m 정도로 기초저판에 대해서는 평판기초로서 설계하는 것이 보통이다. 일반적으로 교각으로는 철근콘크리트 구조가 가장 널리 사용되고 있으나, 고가교 및 입체고가교 등에서 교통상 충분한 시야를 필요로 할 때에는 세장(slender)한 강제교각이 채용되는 일도 있다

6.3.2 교각의 종류

교각을 구조형식에 의하여 분류하면 다음과 같다.

(1) 말뚝식 교각(pile pier)

기초말뚝을 그대로 높이 세워서 두부를 가로보로 결합한다[그림 6・5(a)]. 전체로는 라멘 구조이지만, 우각부의 보강이 구조적으로 어렵기 때문에, 계산상은 힌지결합으로 가정함이 간편하다. 본 형식의 이점은 공기의 단축은 물론, 토사붕괴의 방지 및 체절 등의 가시공이 필요 없으므로 공사비를 현저히 감소할 수 있는 것이다. 말뚝식 교각에 사용되는 말뚝에는 원심력 철근콘크리트 말뚝, PSC말뚝, 강말뚝 등이 있다.

(2) 캔틸레버식 교각(cantilever type pier)

철근콘크리트 구조이고, 단면에 생기는 인장력을 철근에 의하여 보강한다. 측면형상은 그림 6・5(b)의 형태가 일반적이지만, 미관상 및 자중의 경감을 도모할 목적으로 교축직각방향의 면에 구멍을 뚫거나 중공구조로 하는 것을 고려할 수 있다.

(3) 라멘식 교각(rahmen type pier)

라멘식 교각은 그림 6・5(c)의 형태로, 교각의 단면을 보다 경제적인 단면으로 할 수 있으며, 시가지의 입체교차교 등에서는 교통차량의 시계를 방해하지 않고, 또한 교하 공간의 이용에 유리하다. 이 형식에는 철근콘크리트나 철골콘크리트 구조 및 강구조 등이 있고, 강구조는 대체로 시가지의 입지조건 및 공사조건이 용이하지 않은 곳에서 많이 채용되고 있다.

(4) 기둥식 교각(column pier)

기둥식 교각이라는 것은 교각의 주체가 기둥으로 되어 있는 것이고 보통의 경우 벽식 교각(wall pier)보다 경제적으로 유리하고, 주체 전부가 기둥인 경우와 그의 일부분 또는 대부분이 기둥인 경우가 있다. 기둥식 교각에는 로커식(roker type)과 고정식이 있다. 로커식 교각은 그 상·하단이 힌지구조로 기둥은 축력만을 받게 되고 교각을 매우 좁게 할 수 있다. 이 구조는 시가지의 연속보 형식의 고가교 및 입체 고가교에 많이 사용된다. 고정식 교각은 교축직각방향의 강성을 유지하기 위하여, 지점상에 강한 가로보 및 주보 상호간에 연결하고 있다[그림 6・5(d)]. 기둥식 교각에는 철근콘크리트 기둥 및 강기둥 외에 합성기둥, 강콘크리트 기둥 등이 있다.

(5) 트레슬식 교각(trestle bent)

강트러스 형식의 교각을 말한다. 산간 및 계곡 등에 가설되는 높은 교각에 많이 이용된다〔그림 6·5(e)〕.

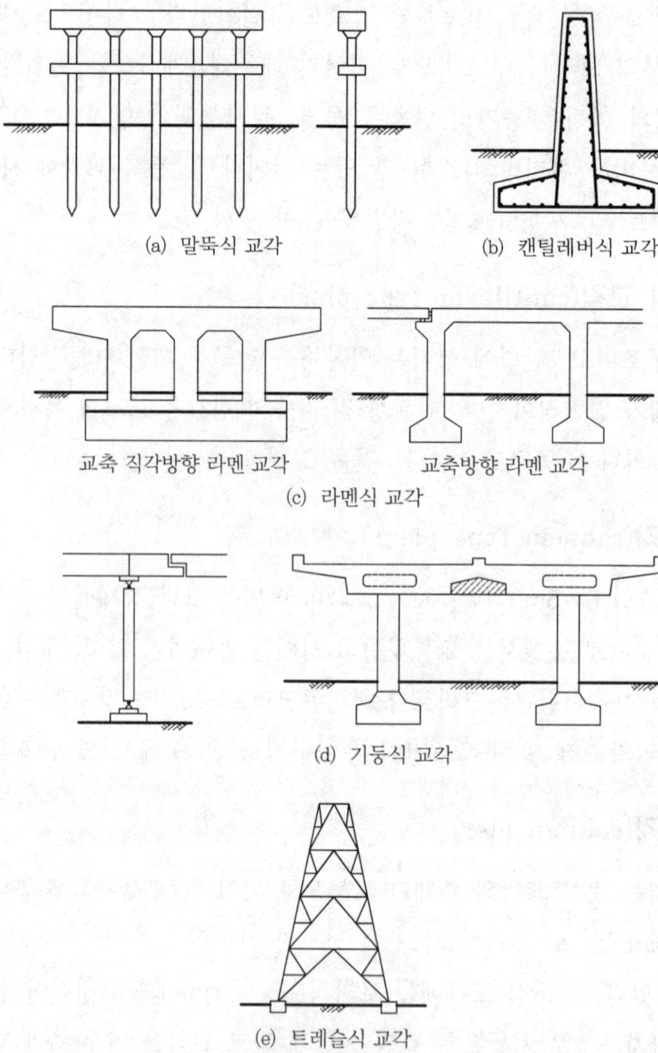

그림 6·5 교각의 종류

표 6·1 지형조건에 따른 선정기준

지형조건	교 각 형 식
하천부	벽식 교각(타원형, 특수한 원기둥식)
평지부	라멘 교각, 기둥식 교각, 벽식 교각
산간부	라멘 교각(1, 2층), 기둥식 교각, 벽식 교각 단, 교각이 높은 경우(25~30 m 이상)에는 I형 교각(flexible식)의 선정도 생각할 수 있다.
도시부	라멘 교각, 기둥식 교각
인터체인지부	로커식 교각, 라멘 교각, 기둥식 교각

6.4 교대 및 교각의 설계

6.4.1 교대의 설계

(1) 교대의 설계에 사용되는 하중의 조합

1) 교대의 설계에는[도로교 설계기준 2.2.2.2(3) 및 2.2.3.2]에서 규정한 하중의 조합을 고려하며 일반적인 경우, 교대의 설계에서 고려하는 하중의 조합은 다음과 같다. 또한 교대의 설계에서는 교축방향만의 계산을 하게 되는 경우가 많다.

① 고정하중+활하중+토압
평상시에 있어서 지지에 대한 안정계산에 적용

② 고정하중+토압
평상시의 활동 및 전도에 대한 안정계산에 적용

③ 고정하중+토압+지진의 영향
지진시의 지지, 활동 및 전도에 대한 안정계산에 적용

이들 하중의 조합에 있어서, 평상시의 설계시에 고려해야 하는 교상의 활하중 및 지표재하하중은 지지·활동·전도의 안정 및 구체의 단면계산에 있어서 각각 가장 불리하도록 한 재하상태를 산정하여야 한다. 그러나 각종의 재하상태의 조합에 관해서 각각의 계산을 반복하는 것은 번잡하기 때문에, 일반의 구조형식의 교대에 있어서 안정 및 단면계산은 표 6·2를 참고로 하여 검토하면 된다.

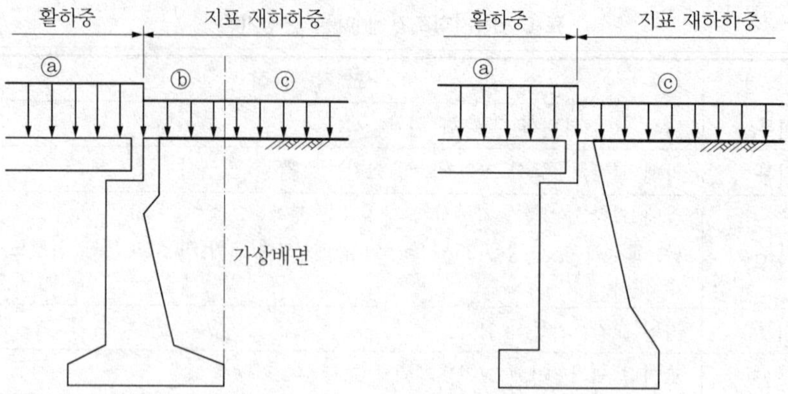

그림 6·6 교대에 작용하는 활하중 및 지표 재하하중

표 6·2 평상시에 있어서 활하중의 취급(그림 6·6 참고)

재하상태 \ 계산조건		안정계산			단면계산		
		지지	전도	활동	벽	전면확대기초	후면확대기초
재하법	ⓐ	○	—	—	—	○	—
	ⓑ	○	—	—	○	○	—
	ⓒ	○	○	○	○	○	○

○ : 재하시킴, — : 재하시키지 않음

이상의 하중 외에 수압, 부력 또는 양압력 등이 작용하는 경우에는 그 영향도 고려할 필요가 있다.

2) 부력 또는 양압력의 영향은 수위의 변동이 크고 고수위와 저수위의 차가 많이 있는 경우는 구조물의 안정에 불리하도록 생각하지 않으면 안 된다. 부력 또는 양압력의 작용이 명확하지 않은 경우에는 도로교 설계기준에 기술되어 있는 바와 같이 전도나 활동 등의 안정계산에는 고려하고, 기초지반의 연직반력 계산에는 무시하는 것이 좋다. 또한 확대기초상의 흙의 영향은 지하수위의 위치에 따라 그의 중량이 변하는 경우 또는 장래 세굴의 위험이 염려되는 경우 등에는 그를 고려해서 안정계산이나 단면의 응력계산을 하지 않으면 안 된다.

다음은 기초를 설계하는 경우, 교대의 저면에 작용하는 연직력 V(kN), 수평력 H(kN) 및 모멘트 M(kN · m)을 구해야 하므로 그 계산식의 한 예를 제시한다.

$$P_{a1} = K_A \cdot q \cdot h \tag{6·2}$$

$$P_{a2} = \frac{1}{2} K_A \cdot \gamma \cdot h^2 \tag{6·3}$$

$$V = \sum_{i=1}^{4} V_i + \sum_{i=1}^{2} P_{ai} \cdot \sin\delta \tag{6·4}$$

$$H = \sum_{i=1}^{2} P_{ai} \cdot \cos\delta \tag{6·5}$$

$$M = V \cdot e \tag{6·6}$$

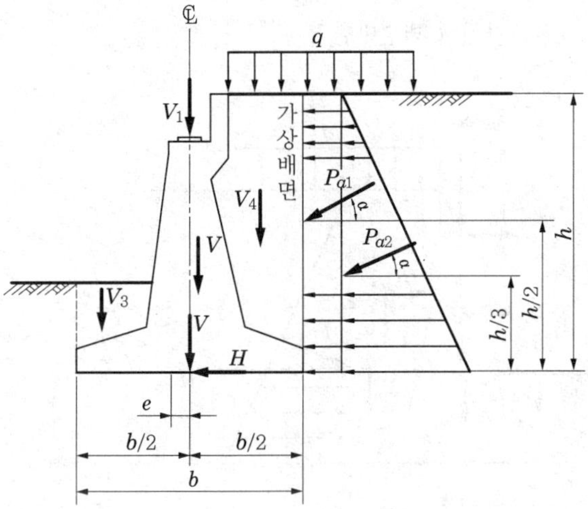

그림 6·7 평상시 안정계산시의 하중상태

여기에서, K_A : 주동토압계수(도로교 설계기준)

q : 지표 재하하중(kN/m²) (도로교 설계기준)

γ : 흙의 단위중량(kN/m³)

δ : 벽 배면과 흙 사이의 벽면마찰각

h : 교대의 높이(m)

e : 하중의 편심량(m)

α : 지표면과 수평면이 이루는 각(°)

안정계산에 있어서 확대기초 앞쪽의 위에 재하한 흙은 연직력으로 고려한다.

3) 지진시에 있어 교대 저면에 작용하는 연직력 V'(kN), 수평력 H'(kN) 및 모멘트 M' (kN · m)를 구하는 방법의 일례를 그림 6·8에 제시한다. 내진계산상, 지반면 이하 부분의 구조물 및 흙에 대해서는 설계 수평진도를 고려하고 있지 않다. 또한 지진시이므

로 활하중은 모두 무시할 수 있다.

$$P_{Ea} = \frac{1}{2}\gamma \cdot K_{EA} \cdot h^2 \qquad (6 \cdot 7)$$

$$V' = \sum_{i=1}^{6} V_i + P_{Ea} \cdot \sin\delta_E \qquad (6 \cdot 8)$$

$$H' = \sum_{i=1}^{2} H_i + H_5 + P_{Ea} \cdot \cos\delta_E \qquad (6 \cdot 9)$$

$$M' = V' \cdot e \qquad (6 \cdot 10)$$

여기에서, K_{EA} : 지진시 주동토압계수

δ_E : 지진시 벽면마찰각

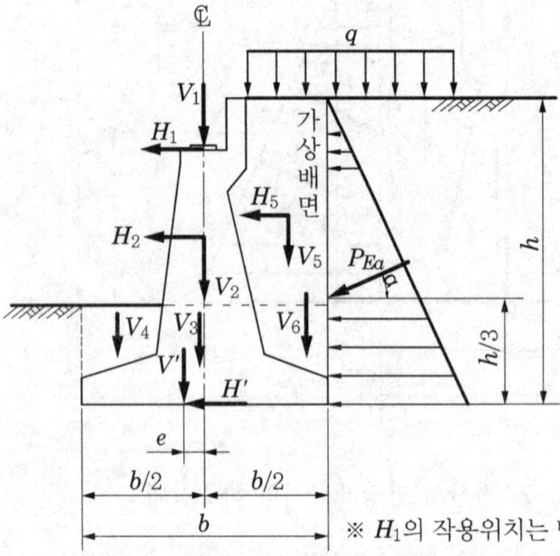

※ H_1의 작용위치는 받침저면으로 한다.

그림 6·8 지진시 안정계산시의 하중상태

(2) 흉벽(parapet wall)의 설계

교대 흉벽의 설계는 배면성토에 의한 토압과 벽배면의 지표 재하하중 등의 수평하중에 대하여 고려하여야 하기 때문에 특히 배면 높이가 큰 흉벽을 제외하고 평상시의 하중에 의해 단면이 결정되는 일이 많다. 하중 가운데 흉벽에 작용하는 활하중(윤하중)의 영향은 도로교 설계기준[2.2.1.3(3)]의 규정에 따라 계산한다. 이입토사를 충분히 다진 경우, 일반적으로 $\phi = 30°$, $\delta = \phi/3 = 10°$로 생각해도 좋다. 깊이 방향에 윤하중에 의한 하중강도는 다음 식으로 구할 수 있다.

$$P_x = K_A \cdot \frac{T}{(a+x)(b+2x)} \tag{6 · 11}$$

여기에서, P_x : 지표에서 깊이 x m에 있어서의 윤하중강도(kN/m²)

K_A : Coulomb의 토압에 의한 주동토압계수

T : DB 하중의 1후륜하중(kN) (=96 kN)

a : 접지 길이(m)

b : 접지 폭(m)

이 하중강도는 후륜일차륜에 대한 하중강도이므로 흉벽의 설계에는 이것이 1/2 차량 점유폭에 등분포하는 것으로 취급한다. 식 (6 · 11)을 사용하여 P_x를 계산하면, 흉벽 단위폭당의 하중강도는 그림 **6 · 9**의 곡선과 같이 감소한다. 이 곡선에서 알 수 있는 바와 같이 지표에서 1 m 이상 깊어지면 재하하중은 현저히 감소하므로 통상은 이 범위의 하중을 외력으로 생각하면 충분하다. 이 경우의 합력의 작용점은 지표로부터 0.36 m의 위치에 있고 흉벽의 높이를 h로 하면, 단면설계에 사용되는 휨모멘트 및 전단력은 다음 식에 의하여 계산할 수 있다.

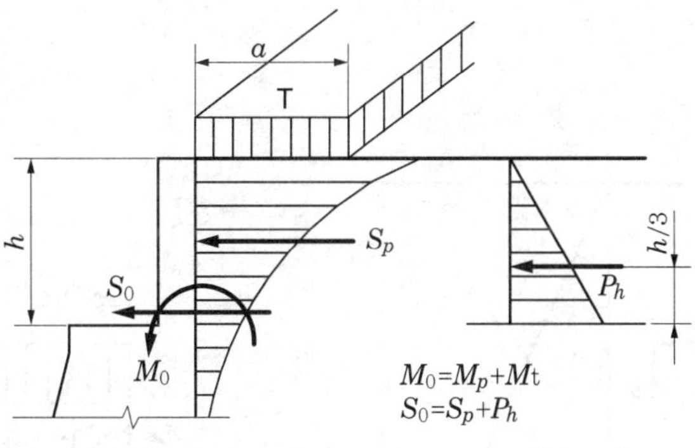

그림 6 · 9 윤하중에 의한 하중상태

$$M = 114.6 \times K_A \times (h - 0.36) \ (\text{kN} \cdot \text{m/m}) \tag{6 · 12}$$

$$V = 114.6 \times K_A \ (\text{kN/m}) \tag{6 · 13}$$

(3) 구체 앞벽의 설계

캔틸레버식 혹은 부벽식 교대의 앞벽의 설계에 있어서, 지진시에 뒷면 확대기초 위의 배면토의 수평관성력의 고려여부에 대하여는 책임기술자의 판단에 의하여 결정한다. 지진시 교대의 안정계산에서는 배면토의 관성력을 고려하게 된다. 그러나 앞벽의 단면설계에서는 ① 지

진시 관성력을 고려하는 이론적 근거가 명백하지 않고, ② 기존의 교대 및 옹벽 등에서 관성력을 무시하여 설계한 것에도 큰 사고가 일어나지 않는 것 등을 고려하여 지진시의 배면토의 관성력은 고려하지 않는다. 따라서 그림 6·10에서와 같이 외력이 작용하는 것으로 하여 설계한다.

(4) 뒷저판의 설계

캔틸레버식 혹은 부벽식 교대의 뒷저판의 단면설계에 있어서는 일반적으로 footing에 작용하는 외력으로서 저판 위의 흙의 중량(지표 재하하중 포함)과 저판의 자중 및 지반반력을 대상으로 생각한다. 그러나 안정계산에 있어서는 분명히 가상배면 위치에 토압의 연직분력을 고려하게 되어 있고(그림 6·7, 6·8 참조), 뒷저판의 단면설계에 있어서 이것을 무시함은 힘의 균형상 문제를 야기하게 되어 위험측의 단면을 설계하게 된다. 따라서 토압의 연직분력의 영향을 고려하기로 하고 실제의 설계에 임하여 이 토압의 연직분력과 등가의 삼각형 분포하중을 외력으로 취급한다. 따라서 뒷저판의 단면설계에서는 그림 6·11에 나타낸 외력을 고려하면 된다. 그림에서 $P_v = 2 \cdot P_v / l$ 이다.

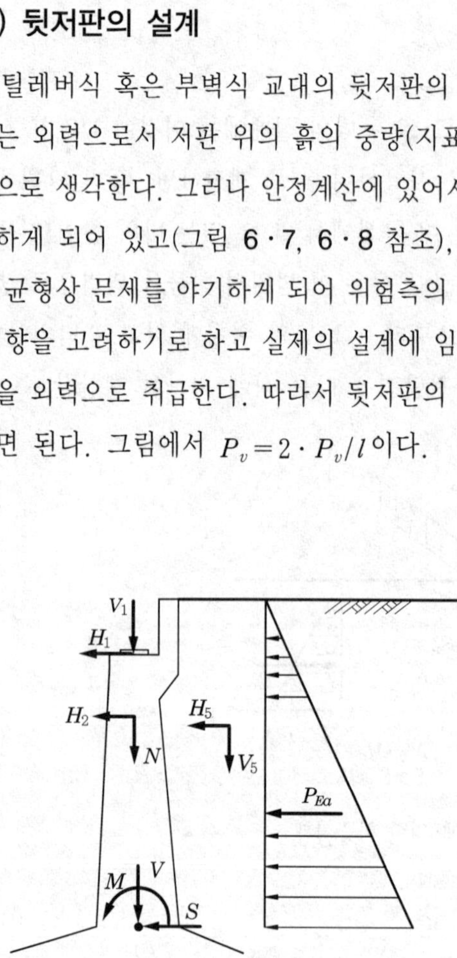

그림 6·10 구체 앞벽의 설계

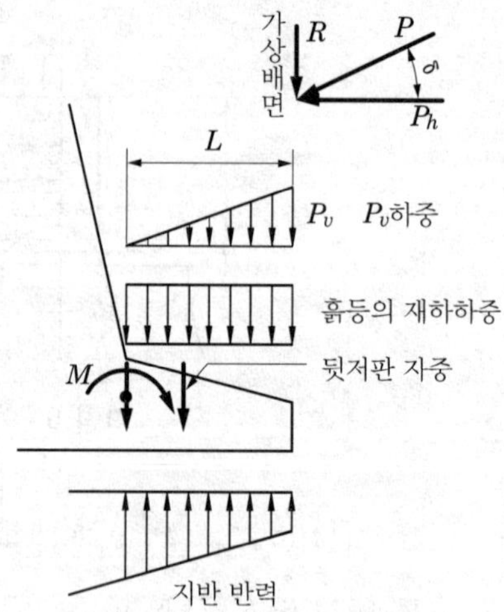

그림 6·11 뒷저판의 설계

(5) 날개벽의 설계

교대에는 배면토사의 보호를 목적으로 한 날개벽을 교대구체 또는 흉벽에서 직각(또는 직각에 가까운 각도)으로 고정하여 설치하는 것이 일반적이다. 날개벽에는 그림 6·12와 같은 형상이 있는데, (a)와 (b)는 측벽형, (c)는 평행형이라고 한다. 이들의 형상, 치수 등은 교대의 설치장소, 배면의 성토높이, 비탈면의 구배에 따라 변화한다. 날개벽은 교대측면의 배면토사를 누르는 것과 같이 교대구체에 고정되어 있기 때문에 활하중에 의한 재하하중과 토압을 고려해서 설계한다. 설계는 판구조를 기본으로 해서 (a)와 (b)형은 2변 고정판, (c)형은 캔틸레버판으로 설계한다.

그러나 2변 고정판의 해석은 번잡하므로 l_1, l_2가 너무 길지 않으면, 관용적으로 다음과 같이 설계해도 좋다. 그림 중에서 A, D부분은 a-b및 e-f에 지지된 캔틸레버보로서 설계한다. 이때 a-b 및 e-f 부분의 설계는 캔틸레버보에 A, C부분에 작용하는 토압합력을 작용시켜서 구해지는 고정단 단면력을 a-b 및 e-f 부분에 등분포시켜서 구해도 좋다.

또 B, C에 대해서는 b-c 및 c-d에 지지된 캔틸레버보로서 설계한다. 이 경우 b-c 및 c-d를 b-b', b'-c 및 c-c 및 c'd의 두 구간 정도로 분할하여 각 구간의 제일 불리한 장소에서 계산한 단면력으로 그 구간을 설계하는 것이 좋다. 그림에 있어서 b-b'구간은 b점에 있어서의 단위길이당 모멘트 M_b에 의하여 설계하면 좋고 같은 방법으로 b-c는 M_b', c-c'는 M_c', c-d는 M_d에 의해서 설계하면 좋다.

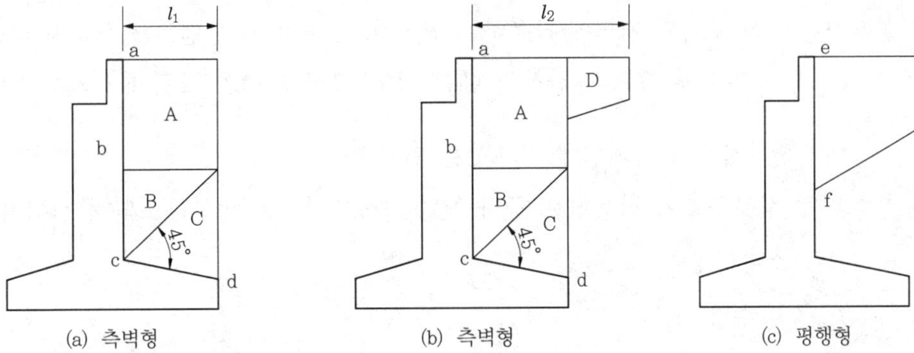

그림 6·12 날개벽의 형상

6.4.2 교각의 설계

(1) 교각에 작용하는 하중의 조합

교각의 설계에는 도로교 설계기준에서 규정한 하중의 조합을 고려하며 교축방향 및 교축직각방향에 관하여 각각 계산한다. 일반적으로 다음 하중의 조합을 고려한다. 일반적으로 교축방향 및 교축 직각방향에 관하여 계산할 필요가 있다.

1) 고정하중+활하중

평상시에 있어서 안정계산 및 구체의 단면계산에 적용

2) 고정하중+지진의 영향

지진시에 있어서 안정계산 및 구체의 단면계산에 적용한다. 즉, 온도변화의 영향, 유수압, 충돌하중 및 풍하중 등을 조합하여 고려할 때는 활하중을 재하하는 경우와 재하하지 않은 경우에 대해서도 검토하지 않으면 안 된다. 또 토압, 부력 또는 양압력이 작용하는 경우는 그의 영향을 고려하지 않으면 안 된다. 안정계산의 경우 보통 때에 있어서는 교축방향 및 교축의 직각방향의 안정에 대해서 하중의 조합에 대하여 검토하면 된다. 교각의 설계는 교대와 달리 교축방향 및 교축에 직각인 두 방향에 대하여 안정을 검토하지 않으면 안 되나 교폭이 비교적 큰 것에 대해서는 지진시를 제외하고는 후자의 계산을 생략해도 좋다.

(2) 교각 저면에 작용하는 외력의 산정

기초를 설계하는 경우 교각의 저면에 작용하는 연직력, 수평력 및 모멘트를 구하지 않으면 안 되므로 평상시와 지진시에 그의 계산식의 예를 들면 그림 6·13, 그림 6·14와 같다.

여기에서, V : 평상시에 교각저면에 작용하는 연직력(kN)

P_w : 상부구조에 작용하는 풍하중(kN) (작용위치는 상부구조의 중심위치)

H : 수평력(kN)

P_R : 유수압(kN)

M : 모멘트(kN · m)

P_R' : 지진시 동수압(kN)

V' : 지진시 교각저면에 작용하는 연직력(kN)

H' : 지진시 수평력(kN)

M' : 지진시 모멘트(kN · m)

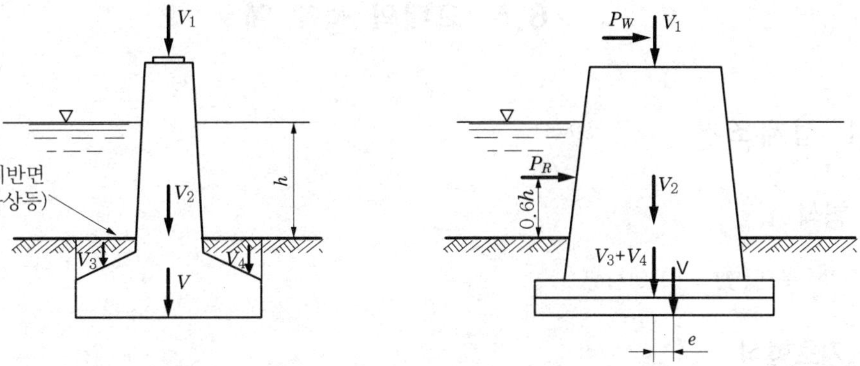

$V=\sum_{i=1}^{4} V_i$
$H=0$
$M=0$

$V=\sum_{i=1}^{4} V_i$
$H=P_W+P_R$
$H=V \cdot e$

그림 6 · 13 평상시 안정계산시의 하중상태

$V'=\sum_{i=1}^{5} V_i$
$H'=\sum_{i=1}^{2} H_i+P_{R'}$
$H'=V' \cdot e$

[주] H_1의 작용위치는 받침저면으로 한다.

$V'=\sum_{i=1}^{5} V_i$
$H'=\sum_{i=1}^{2} H_i+P_{R'}$
$H'=V' \cdot e$

[주] H_1의 작용위치는 상부구조의 중심으로 한다.

그림 6 · 14 지진시 안정계산시의 하중상태

6.5 교대의 설계 예

6.5.1 설계조건

(1) 형식

역 T형 교대($H=10.00$ m)

(2) 기초형식

직접기초

(3) 단위질량

흙 : 20 kN/m^3

철근콘크리트 : 25 kN/m^3

(4) 토압

토압계수 : 안정 검토시-Rankine 토압계수 사용

단면 설계시 : Coulomb 토압계수 사용

흙의 내부마찰각 : $\theta=35°$

상재하중 = 10 kN/m^2

(5) 설계기준강도

콘크리트 : $f_{ck}=24$ MPa

철근 : $f_y=300$ MPa

(6) 참고문헌

콘크리트 표준시방서 2003.

콘크리트 구조설계기준 2007.

도로교 설계기준 2005.

6.5.2 설계단면

(1) 지반조건

지지지반 종류	기초하부 N값	근입깊이(m)	지하수 조건
자 갈 지 반	40	1	지하수 이상

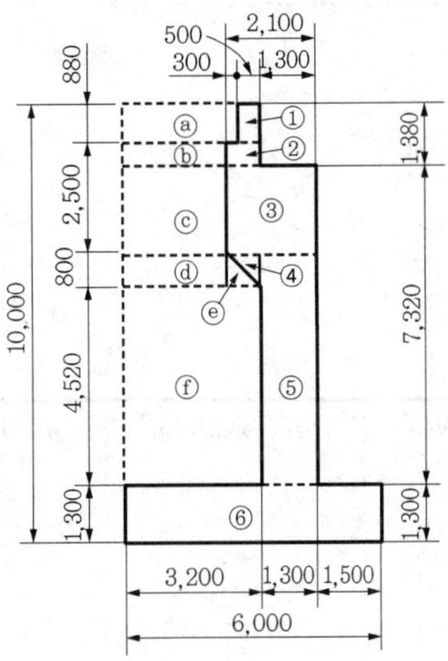

그림 6 · 15 설계단면

6.5.3 교대설계 요약

(1) 안정계산

구분	안전율 (FS)	비고
전도	M_r/M_o = 3,831.383/1,038.740 = 3.69 > 2.0	O.K.
활동	$\mu \cdot P_v/P_h$ = 0.600×1,082.980/298.100 = 2.18 > 1.5	O.K.
지지력	q_{max} = 256.486 < q_a = 700.000	O.K.

(2) 단면 휨설계

단면위치	모멘트 M_u (kN · m)	폭 b (m)	깊이 d (m)	ρ(소요)	A_s(소요) (mm^2)	철근 (mm)	간격 (mm)	A_s(사용) (mm^2)	$\phi \cdot M_n$ (kN · m)	비고
A-A(흉벽)	66.74	1.0	0.72	0.0007	486.3	19	200	1,432.5	259.16	O.K.
B-B(벽체)	1,117.08	1.0	1.20	0.0047	5640.0	29	100	6,424.0	1,888.37	O.K.
C-C(뒷굽)	713.424	1.0	1.20	0.0022	2608.0	29	100	6,424.0	1,888.37	O.K.
D-D(앞굽)	453.84	1.0	1.20	0.0014	1712.0	29	100	6,424.0	1,888.37	O.K.

6.5.4 하중 및 모멘트 계산

(1) 자중

1) 연직 하중

No.	$b \times h$	면적(m^2)	단위질량(kN/m^3)	P_v (kN)	X(m)	M_r(kN · m)
①	0.500×0.880	0.440	25	11.000	3.050	33.550
②	0.800×0.500	0.400	25	10.000	3.200	32.000
③	2.100×2.000	4.200	25	105.000	2.550	267.750
④	0.500×0.800×0.800	0.320	25	8.000	3.033	24.264
⑤	1.300×5.320	6.916	25	172.900	2.150	371.740
⑥	6.000×1.300	7.800	25	195.000	3.000	585.000
ⓐ	2.700×0.880	2.376	20	47.520	4.650	220.970
ⓑ	2.400×0.500	1.200	20	24.000	4.800	115.200
ⓒ	2.400×2.000	4.800	20	96.000	4.800	460.800
ⓓ	2.400×0.800	1.920	20	38.400	4.800	184.320
ⓔ	0.5×0.800×0.800	0.320	20	6.400	3.267	20.909
ⓕ	3.200×4.520	14.464	20	289.280	4.400	1,272.830
Σ				1,003.500		3,589.333

(2) 토압

ϕ : 흙의 내부마찰각, β : 교대배면의 수직에 대한 각, θ : $\tan^{-1}\left(\frac{K_h}{1-K_v}\right)$

i : 뒷채움흙의 경사각, δ : 흙과 교대 사이의 마찰각

1) 토압계수 K_a

흙의 내부마찰각(ϕ) $=35°$, 뒷채움흙의 경사각(i) $=0°$

주동토압계수 K_a는 다음의 Rankin 공식을 이용하여 구하게 된다.

$$K_a = \cos i \frac{\cos i - \sqrt{\cos^2 i - \cos^2\phi}}{\cos i + \sqrt{\cos^2 i - \cos^2\phi}}$$

여기에서 ϕ는 흙의 내부마찰각이고, i는 뒷채움흙의 경사각이 된다.

흙의 내부마찰각은 35°이고 뒤채움흙의 경사각은 0°이므로

$$K_a = \cos i \frac{\cos 0° - \sqrt{\cos^2 0° - \cos^2 35°}}{\cos 0° + \sqrt{\cos^2 0° - \cos^2 35°}} = 0.271$$

그러므로 주동토압 P_a는 다음 식에 의하여 구해지며, 값은 다음과 같다.

$$P_a = 1/2 \cdot K_a \cdot \gamma \cdot H^2$$
$$= 1/2 \times 0.271 \times 20.000 \times 10.000^2 = 271.000 \text{ kN}$$

주동토압에 대한 모멘트는 주동토압의 작용점에 대하여 높이의 1/3을 곱하여 구하게 된다.

$$M_o = P_a \cdot H/3 = 271.000 \times 3.333 = 903.240 \text{ kN} \cdot \text{m}$$

(3) 과재 하중

과재하중의 수직분력

$$P_{v1} = 10.000 \times 2.700 = 27.000 \text{ kN}$$

과재하중의 수직분력에 대한 모멘트는 과재하중의 수직분력과 수직분력에 대한 도심까지의 거리를 곱하여 구한다.

$$M_{r1} = 27.000 \times 4.650 = 125.550 \text{ kN} \cdot \text{m}$$

(4) 상부 하중

상부 하중은 상부 슬래브의 차도, 보도, 난간 등의 자중과 상부 슬래브에 작용하는 활하중 및 충격 등이 있다. 활하중의 고려시에는 일반적으로 하부구조의 중량이 크므로 충격의 영향은 고려하지 않는다. 상부 하중은 교량의 상부 설계시에 구해진다. 본 장에서는 단순 슬래브 및 T형교 설계에서 자세히 설명을 하였기 때문에 고정 하중 및 활하중은 다음과 같이 작용한다고 가정을 하여 계산을 해보자.

1) 고정 하중

$$P_{vd} = 26.600\ \text{kN}$$

$$M_{rd} = 26.660 \times 2.220 = 59.050\ \text{kN} \cdot \text{m}$$

2) 활하중

$$P_{v1} = 25.880\ \text{kN}$$

$$M_{r1} = 25.880 \times 2.220 = 57.450\ \text{kN} \cdot \text{m}$$

(5) 하중 요약

구 분	P_v(kN)	P_h(kN)	M_r(kN·m)	M_o(kN·m)
자 중	1,003.500		3,583.690	
토 압		271.000		903.240
과 재 하 중	27.000	27.100	125.550	135.500
상부고정하중	26.600		59.050	
상부활하중	25.880		57.450	
총 계	1,082.980	298.100	3,831.383	1,038.740

6.5.5 안정 계산

안정계산시 각각의 하중조합에 대하여 모두 검토를 하여 가장 불리한 조건에 대하여 검토를 행하여야 하나 여기에서는 복잡함을 피하기 위하여 자중+토압+과재 하중+상부 고정하중+상부 활하중의 경우에 대하여서만 검토를 한다.

(1) 전도에 대한 안정 검토

전도에 대한 안전율은 회전모멘트를 저항모멘트로 나눈 값을 말한다.

1) 전도에 저항하는 모멘트는 자중, 토압, 과재하중, 상부고정하중, 상부활하중의 수직분력에 대한 각각의 모멘트를 취해 더하여 계산을 한다.

① 과재 하중의 수직분력에 대한 모멘트

=과재하중의 수직분력×과재하중에 대한 도심까지의 거리

=27.000×4.65 =125.550 kN · m

② 상부 고정하중의 수직분력에 대한 모멘트

=상부고정하중의 수직분력×상부고정하중에 대한 도심까지의 거리

=26.600×2.220 =59.050 kN · m

③ 상부 활하중의 수직분력에 대한 모멘트

=상부활하중의 수직분력×상부활하중에 대한 도심까지의 거리

=25.880×2.220 =57.450 kN · m

④ 저항모멘트 M_r

=3,589.333(자중)+0(토압)+125.550(과재 하중)+59.050(상부 고정하중)+57.450(상부 활하중) =3,831.383 kN · m

2) 전도를 일으키려는 모멘트는 자중, 토압, 과재 하중, 상부 고정하중, 상부 활화중의 수평분력에 대한 각각의 모멘트를 취하여 더해 계산을 한다.

① 회전 모멘트 M_o

=0(자중)+135.500(과재하중)+0(상부고정하중)+0(상부활하중)+903.240(토압)

=1,038.740 kN · m

3) 안전율은 저항모멘트를 회전모멘트로 나눈 값을 말하며 안전율은 2.0 이상이어야만 한다.

$$\text{안전율 } FS=\frac{M_r}{M_o}=\frac{3,831.383}{1,038.740}=3.69>2.0 \qquad \therefore \text{ O.K.}$$

(2) 활동

교대의 콘크리트와 교대 밑의 암 사이의 마찰계수 $\mu=0.6$이라면 활동에 대한 안전율은 다음과 같다.

$$\text{안전율 } FS=\frac{\mu \cdot P_v}{P_h}$$

여기에서, P_v : 교대의 자중과 토압의 연진력을 포함한 모든 연직력의 총합

P_h : 수평력의 총합

전도에 대한 안전율은 1.5 이상이어야만 한다.

자중+지표재하중+상부고정하중+상부활하중+토압에 대한 연직력과 수평력

각각의 힘들에 대한 값들은 6.5.4의 하중 및 모멘트 계산의 (5)항에 요약이 되어 있다.

① 연직력 $P_v = 1,003.500 + 27.000 + 26.600 + 25.880 + 0 = 1,082.980$ kN

② 수평력 $P_h = 0 + 27.100 + 0 + 0 + 271.000 = 298.100$ kN

③ $FS = \dfrac{\mu \cdot P_v}{P_h} = \dfrac{0.6 \times 1,082.980}{298.100} = 2.18 > 1.5$ ∴ O.K.

(3) 지지력

교대 저판에 작용하는 접지압은 다음 식에 의해 구한다.

$$q_{\substack{\max \\ \min}} = \frac{\sum P_v}{B} \times \left(1 \pm \frac{6e}{B}\right)$$

교대 저면의 지반에 작용하는 최대접지압이 이 지반의 허용지지력 q_a보다 작아야 한다. 또한 P_h와 P_v의 합력의 작용위치가 저판의 중앙 1/3 이내에 있어야만 전체 저판이 압축응력을 받게 되어 안정하게 된다.

1) 자중+지표재하중+상부 고정하중+상부 활하중+토압

① 연직력 $P_v = 1,003.500 + 27.000 + 26.600 + 25.880 + 0 = 1,082.980$ kN

② 저항 모멘트 $M_r = 3,589.333 + 125.550 + 59.050 + 57.450 + 0 = 3,831.383$ kN · m

③ 회전 모멘트 $M_o = 0 + 135.500 + 0 + 0 + 903.240 = 1,038.740$ kN · m

④ 합력의 작용점

$$x_0 = \frac{\Sigma M_r - \Sigma M_o}{\Sigma P_v} = \frac{3,831.383 - 1,038.740}{1,082.980} = 2.579 \text{ m}$$

⑤ 편심거리

$$e = \frac{B}{2} - x_0 = \frac{6.0}{2} - 2.579 = 0.421 < B/6 = 1.0 \qquad \therefore \text{ O.K.}$$

$$q_{\substack{\max \\ \min}} = \frac{\Sigma P_v}{B} \times \left(1 \pm \frac{6e}{B}\right) = \frac{1,082.980}{6.0} \times \left(1 \pm \frac{6 \times 0.421}{6.0}\right)$$

$$q_{max} = 256.486\ \text{kN/m}^2, \qquad q_{min} = 104.508\ \text{kN/m}^2$$

2) 지반의 허용연직지지력 산정(평상시)

흙의 단위질량 $\gamma_2 = 20\ \text{kN/m}^3$, 근입깊이 $D_f = 1.0\ \text{m}$

① 유효상재하중

형상계수 α와 β를 구해보면 구형기초이므로 다음의 공식에 의한다.

$$\alpha = 1.0 + 0.3\,B/L = 1.173, \qquad \beta = 0.5 - 0.1\,B/L = 0.442$$

N값은 40이므로

$$\phi = 15 + \sqrt{15N} = 15 + \sqrt{15 \times 40} = 39.5$$

$N_c = 91.9$, $N_q = 77.3$, $N_r = 94.6$이라 하면

$$B' = B - 2e = 6.0 - 2 \times 0.421 = 5.518\ \text{m}$$

$$A' = B' \cdot L = 5.158 \times 1,000 = 5.158\ \text{m}^2$$

② 지반의 허용지지력

$$Q_a = \frac{Q_u}{3} = \frac{1}{3} \times A'[\alpha c N_c + q N_q + \beta \gamma_1 B' N_r]$$

$$= \frac{1}{3} \times 5.158 \times [1.173 \times 0.00 \times 91.9 + 20.00 \times 77.3 + 0.442 \times 20.00 \times 5.158 \times 94.600]$$

$$= 10,074.350\ \text{kN/m}^2$$

$q_a = \dfrac{Q_a}{B \cdot L} = 1,679.058 > 700.00$이므로

$$q_a = 700.00\ \text{kN/m}^2$$

$q_{max} = 256.486\ \text{kN/m}^2 < q_a$ $\therefore$ O.K.

6.5.6 토압계수 산정(단면 설계시)

ϕ : 흙의 전단저항각

θ : 벽배면과 연직면이 이루는 각

α : 지표면과 수평면이 이루는 각

δ : 벽배면과 흙 사이의 벽면마찰각

토압계수(Coulomb 공식 이용)

$$\phi = 35°,\quad \delta = 11.7°,\quad \alpha = 0.0°,\quad \theta = 0.0°$$

$$K_a = \frac{\cos^2(\phi - \theta)}{\cos^2\theta \cos(\theta + \delta)\left[1 + \sqrt{\frac{\sin(\phi + \delta)\sin(\phi - \alpha)}{\cos(\theta + \delta)\cos(\theta - \alpha)}}\right]^2} = 0.251$$

6.5.7 SECTION A-A 흉벽설계

(1) 평상시 하중 산정(윤하중+토압)

1) 윤하중 강도

윤하중 강도는 후륜에 대한 하중강도이므로 흉벽의 설계시에는 이것이 1/2 차량 점유폭에 등분포하는 것으로 취급한다. 윤하중 강도는 지표로부터 1 m 이상 깊게 되면 대수함수 때문에 현저히 감소되어 보통 1 m 범위의 하중을 외력으로 생각해 두면 충분할 것이다. 그 경우 윤하중 강도의 합력의 작용점은 지표에서 36 cm의 위치로 되어 M_p 및 V_p는 다음 식으로 구해진다.

$$V_p = 114.600 \cdot K_a = 114.600 \times 0.251 = 28.760 \text{ kN}$$

$$M_p = 114.660 \cdot K_a \cdot (h - 0.36) = 114.600 \times 0.251 \times (1.380 - 0.36)$$

$$= 29.340 \text{ kN} \cdot \text{m}$$

2) 토압

$$V_h = \frac{1}{2} \cdot K_a \cdot \gamma \cdot h^2 \cdot \cos\delta$$

$$= \frac{1}{2} \times 0.251 \times 20.000 \times 1.380^2 \times \cos 11.7° = 4.680 \text{ kN}$$

$$M_e = \frac{1}{3} \cdot V_h \cdot h$$

$$= \frac{1}{3} \times 4.680 \times 1.380 = 2.150 \text{ kN} \cdot \text{m}$$

(2) 단면력 산정

자중 + 지표재하중 + 상부고정하중 + 상부활하중 + 토압

자중에 대한 증가계수는 1.30이고, 지표재하중에 대한 증가계수는 2.15, 상부고정하중에 대한 증가계수는 1.30, 상부활하중에 대한 증가계수는 2.15, 토압에 대한 증가계수는 1.70이 된다.

$$V_u = 1.30\times0.000 + 2.15\times28.760 + 1.30\times0.000 + 2.15\times0.000 + 1.70\times4.680$$
$$= 69.790\text{ kN}$$
$$M_u = 1.30\times0.000 + 2.15\times29.340 + 1.30\times0.000 + 2.15\times0.000 + 1.70\times2.150$$
$$= 66.740\text{ kN}\cdot\text{m}$$

(3) 철근량 산정

- 사용단면 : 두께 $H = 800$ mm, 폭 $b = 1,000$ mm
- 사용철근 : $D19$ @ 200($A_s = 1,432.5\text{ mm}^2$)
- 철근중심 : $d_c = 80$ mm
- 유효두께 : $d = H - d_c = 720$ mm

1) 휨설계

- 극한지지력

$$R_u = (M_u)/(b\times d^2) = 66,740.000/(1,000\times720) = 0.129\text{ MPa}$$

- 평형철근비

$$\rho_b = \left(\frac{0.85\times\beta_1\times f_{ck}}{f_y}\right)\times\left(\frac{600}{600+f_y}\right)$$
$$= \left(\frac{0.85\times0.85\times24}{300}\right)\times\left(\frac{600}{600+300}\right) = 0.03850$$

- 최대철근비

$$\rho_{\max} = 0.75\times\rho_b = 0.75\times0.03850 = 0.02890$$

- 최소철근비

$$\rho_{\min} = \max\left(\frac{1.4}{f_y},\ 0.25\frac{\sqrt{f_{ck}}}{f_y}\right) = 0.00470$$

- 소요철근비

$$\rho = 0.85 \times f_{ck}/f_y \times [1 - \sqrt{1 - 2 \times R_u/(\phi \times 0.85 \times f_{ck})}]$$

$$\frac{0.85 \times 24}{300} \times \left(1 - \sqrt{1 - \frac{2 \times 0.129}{0.85 \times 0.85 \times 24}}\right) = 0.00051$$

① 소요철근량 $A_s = \rho \times b \times d = 0.00051 \times 1,000 \times 720 = 364.7\ \text{mm}^2$

② $4/3 \times A_s = 486.3\ \text{mm}^2$

③ 최소철근량 $A_s = \rho_{\min} \times b \times d = 3,384.0\ \text{mm}^2$

$(4/3) \times \rho < \rho_{\min}$ → ∴ 사용철근비 $\rho = 0.00070$ 사용

- 소요철근량 : $A_s = 486.3\ \text{mm}^2$
- 사용철근량 : $A_s = 1,432.5\ \text{mm}^2$(D19 @ 200)〉소요철근량 A_s ∴ O.K.
- 등가응력깊이 $a = \dfrac{A_s \times f_y}{0.85 \times f_{ck} \times b} = \dfrac{1,432.5 \times 300}{0.85 \times 24 \times 1,000} = 21.07\ \text{mm}$
- 설계모멘트강도 $\phi M_n = \phi \times A_s \times f_y \times (d - a/2)$

$$= 0.85 \times 1,432.5 \times 300 \times (720 - 21.07/2)$$

$$= 259,158,696.2\ \text{N} \cdot \text{mm} \fallingdotseq 259.16\ \text{kN} \cdot \text{m}$$

∴ $\phi M_n > M_u$ ∴ O.K.

2) 배력철근 검토

온도철근 $= 0.25\% \times 800.0 \times 1,000.0 = 2,000\ \text{mm}^2$ 이상

→ 주철근 면 D13 @ 125(1,014 mm^2) 이상

맞은편 면 D13 @ 125(1,014 mm^2) 이상

3) 전단설계

전단시의 강도감소계수는 0.80이 된다.

콘크리트가 부담하는 전단강도

$$\phi V_c = \phi \times (1/6) \times \sqrt{f_{ck}} \times b \times d$$

$$= 0.80 \times (1/6) \times \sqrt{24} \times 1,000 \times 720 = 470,302\ \text{N}$$

$V_u \le \phi V_c$이므로 전단보강철근 불필요

6.5.8 SECTION B-B 벽체설계

(1) 평상시 하중산정(과재 하중+토압)

1) 과재하중에 의한 횡압강도

$$V_p = q \cdot K_a \cdot h \cdot \cos\delta = 10.000 \times 0.251 \times 8.700 \times \cos 11.7^\circ$$
$$= 21.380 \text{ kN}$$

2) 토압

$$V_h = \frac{1}{2} \cdot K_a \cdot \gamma \cdot h^2 \cdot \cos\delta$$
$$= \frac{1}{2} \times 0.251 \times 20.000 \times 8.700^2 \times \cos 11.7^\circ = 186.030 \text{ kN}$$
$$M_e = \frac{1}{3} \cdot V_h \cdot h$$
$$= \frac{1}{3} \times 186.030 \times 8.700 = 539.490 \text{ kN} \cdot \text{m}$$

(2) 단면력 산정

1.30 자중+2.15 지표재하중+1.30 상부 고정하중+2.15 상부 활하중+1.70 토압

$$V_u = 1.30 \times 0.000 + 2.15 \times 21.380 + 1.30 \times 0.000 + 2.15 \times 0.000 + 1.70 \times 186.030$$
$$= 362.220 \text{ kN}$$
$$M_u = 1.30 \times 0.000 + 2.15 \times 93.000 + 1.30 \times 0.000 + 2.15 \times 0.000 + 1.70 \times 539.490$$
$$= 1,117.080 \text{ kN} \cdot \text{m}$$

(3) 철근량 산정

- 사용단면 : 두께 $H = 1,300$ mm, 폭 $b = 1,000$ mm
- 사용철근 : $D29$ @ 100($A_s = 6,424 \text{ mm}^2$)
- 철근중심 : $d_c = 100$ mm
- 유효두께 : $d = H - d_c = 1,200$ mm

1) 휨설계

• 극한지지력

$$R_u = (M_u)/(b \times d^2) = 1,117,080,000/(1,000 \times 1,200^2) = 0.776\ \text{MPa}$$

• 평형철근비

$$\rho_b = \left(\frac{0.85 \times \beta_1 \times f_{ck}}{f_y}\right) \times \left(\frac{600}{600 + f_y}\right)$$

$$= \left(\frac{0.85 \times 0.85 \times 24}{300}\right) \times \left(\frac{600}{600 + 300}\right) = 0.03850$$

• 최대철근비

$$\rho_{\max} = 0.75 \times \rho_b = 0.02890$$

• 최소철근비

$$\rho_{\min} = \max\left(\frac{1.4}{f_y},\ 0.25\frac{\sqrt{f_{ck}}}{f_y}\right) = 0.00470$$

• 소요철근비

$$\rho = 0.85 \times f_{ck}/f_y \times [1 - \sqrt{1 - 2 \times R_u/(\phi \times 0.85 \times f_{ck})}]$$

$$= 0.85 \times 24/300 \times \left[1 - \sqrt{1 - \frac{2 \times 0.776}{(0.85 \times 0.85 \times 24)}}\right]$$

$$= 0.003114$$

① 소요철근량 $A_s = \rho \times b \times d = 0.003114 \times 1,000 \times 1,200 = 3,736.8\ \text{mm}^2$

② $4/3 \times A_s = 4,982.4\ \text{mm}^2$

③ 최소철근량 $A_s = \rho_{\min} \times b \times d = 5,640.0\ \text{mm}^2$

$(4/3) \times \rho > \rho_{\min}$ → ∴ 사용철근비 $\rho = 0.00470$ 사용

• 소요철근량 : $A_s = 5,640\ \text{mm}^2$

• 사용철근량 : $A_s = 6,420\ \text{mm}^2$($D29$ @ 100)〉소요철근량 A_s ∴ O.K.

• 등가응력깊이 $a = \dfrac{A_s \times f_y}{0.85 \times f_{ck} \times b} = \dfrac{6,424 \times 300}{0.85 \times 24 \times 1,000} = 94.47\ \text{mm}$

• 설계모멘트강도 $\phi M_n = \phi \times A_s \times f_y \times (d - a/2)$

$$= 0.85 \times 6,424.00 \times 300 \times (1,200.00 - 94.47/2)$$
$$= 1,888,367,402\ \text{N} \cdot \text{mm} \fallingdotseq 1,888.4\ \text{kN} \cdot \text{m}$$
$$\therefore\ \phi M_n > M_u \therefore\ \text{O.K}$$

2) 배력철근 검토

온도철근 $= 0.25\% \times 1,300.00 \times 1,000.00 = 3,250.00\ \text{mm}^2$ 이상

→ 주철근 면 $D19$ @ 125(2,292 mm^2) 이상

맞은편 면 $D19$ @ 125(2,292 mm^2) 이상

3) 전단설계

콘크리트가 부담하는 전단강도

$$\phi V_c = \phi \times (1/6) \times \sqrt{f_{ck}} \times b \times d$$
$$= 0.80 \times (1/6) \times \sqrt{24} \times 1,000 \times 1,200$$
$$= 783,837\ \text{N}$$

$V_u \le \phi V_c$이므로 전단보강철근 불필요

6.5.9 SECTION C-C 반력계산 및 뒷굽 단면설계

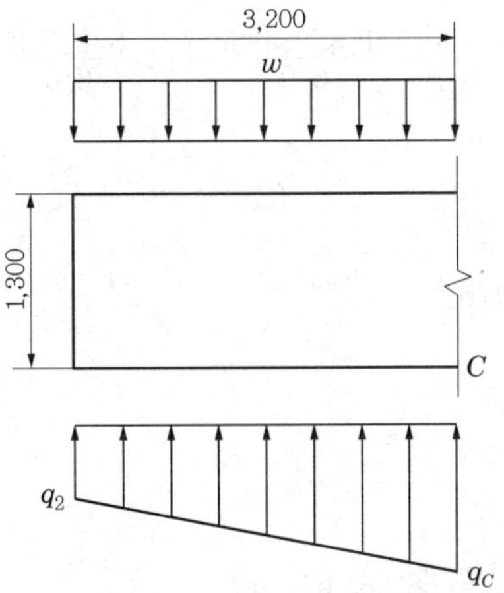

그림 6 · 16 뒷굽반력 및 단면

(1) 지반반력 산정

1.30 자중 + 2.15 지표재하중 + 1.30 상부고정하중 + 2.15 상부활하중 + 1.70 토압

1) 저항모멘트

$$M_{ru} = 1.30 \times 3,589.333 + 2.15 \times 125.550 + 1.30 \times 59.050 + 2.15 \times 57.450 + 1.70 \times 0.000$$
$$= 5,136.348 \text{ kN} \cdot \text{m}$$

2) 회전모멘트

$$M_{ou} = 1.30 \times 0.000 + 2.15 \times 135.500 + 1.30 \times 0.000 + 2.15 \times 0.000 + 1.70 \times 903,240$$
$$= 1,826.833 \text{ kN} \cdot \text{m}$$

3) 연직력

$$P_{vu} = 1.30 \times 1,003.500 + 2.15 \times 27.000 + 1.30 \times 26.600 + 2.15 \times 25.880 + 1.70 \times 0.000$$
$$= 1,452.822 \text{ kN}$$

4) 편심거리

$$e = \frac{6.0}{2} - \frac{5,136.348 - 1,862.833}{1,452.82} = 0.722 \text{ m}$$

$\therefore\ e = 0.718 < B/6 = 1.000$ $\therefore$ O.K.

$$q_{u_{\min}^{\max}} = \frac{\Sigma P_{vu}}{B} \times \left(1 \pm \frac{6e}{B}\right) = \frac{1,450.480}{6.0} \times \left(1 \pm \frac{6 \times 0.718}{6.0}\right)$$

5) 최대극한접지응력

$$q_{u\max} = 416.530 \text{ kN/m}^2$$

6) 최소극한접지응력

$$q_{u\min} = 66.964 \text{ kN/m}^2$$

$q_{u\min} = q_2$라 하면 $q_2 = 66.964 \text{ kN/m}^2$

7) 점 c의 접지응력

$$q_c = q_2 + \frac{q_{u\max} - q_{u\min}}{B} \times \text{뒷굽폭}(L)$$

(2) SECTION C–C 뒷굽 설계

1) 뒷채움 토사에 의한 단면력

$V_1 = 20.000(\text{흙의 단위질량}) \times 8.700(\text{저판을 제외한 교대의 높이}) \times 3.200(\text{뒷굽폭})$

$= 556.800 \text{ kN}$

$M_1 = \frac{1}{2} \times 20.000 \times 8.700 \times 3.200^2 = 890.880 \text{ kN} \cdot \text{m}$

2) 콘크리트 자중에 의한 단면력

$V_2 = 3.200(\text{뒷굽폭}) \times 1.300(\text{뒷굽높이}) \times 25.000(\text{콘크리트 단위질량})$

$= 104.000 \text{ kN}$

$M_2 = 104.000 \times 1.600 = 166.400 \text{ kN} \cdot \text{m}$

3) 지반반력에 의한 단면력

1.30 자중 + 2.15 지표재하중 + 1.30 상부고정하중 + 2.15 상부활하중 + 1.70 토압

$V_{u3} = \frac{1}{2} \times (253.400 + 66.964) \times 3.200 = 512.150 \text{ kN}$

(여기에서 253.400은 점 c에서의 접지응력이며, 66.964는 최소응력이 된다)

$M_{u3} = \frac{1}{2} \times 66.964 \times 3.200^2 + \frac{1}{6} \times (253.400 - 66.964) \times 3.200^2$

$= 661.040 \text{ kN} \cdot \text{m}$

4) 단면력 산정

$V_u = 1.30 \times (556.800 + 104.000) - 512.150 = 346.890 \text{ kN}$

$M_u = 1.30 \times (890.880 + 166.400) - 661.040 = 713.424 \text{ kN} \cdot \text{m}$

(3) 철근량 산정

$M_u = 694.340\ \text{kN}\cdot\text{m},\quad V_u = 346.460\ \text{kN}$

- 사용단면 : 두께 $H = 1,300\ \text{mm}$, 폭 $b = 1,000\ \text{mm}$
- 사용철근 : $D29\ @\ 100(\ A_s = 6,424\ \text{mm}^2)$, 철근중심 $d_c = 100\ \text{mm}$
- 유효두께 $d = H - d_c = 1,200\ \text{mm}$

1) 휨설계

$$R_u = \frac{M_u}{b \times d^2} = \frac{694,340,000}{1,000 \times 1,300^2} = 0.4109\ \text{MPa}$$

- 평형철근비

$$\rho_b = \left(0.85 \times \beta_1 \times \frac{f_{ck}}{f_y}\right) \times \left[\frac{600}{600 + f_y}\right]$$

$$= \left(0.85 \times 0.85 \times \frac{24}{300}\right) \times \left[\frac{600}{600 + 300}\right]$$

$$= 0.03850$$

- 최대철근비

$$\rho_{\max} = 0.75 \times \rho_b = 0.02890$$

- 최소철근비

$$\rho_{\min} = \max\left(\frac{1.4}{f_y},\ 0.25\,\frac{\sqrt{f_{ck}}}{f_y}\right) = 0.00470$$

- 소요철근비

$$\rho = 0.85\,\frac{f_{ck}}{f_y} \times \left[1 - \sqrt{1 - \frac{2 \times R_u}{(\phi \times 0.85 \times f_{ck})}}\ \right]$$

$$= 0.85 \times \frac{24}{300} \times \left[1 - \sqrt{1 - \frac{2 \times 0.4109}{0.85 \times 0.85 \times 24}}\ \right]$$

$$= 0.00163$$

① 소요철근량 $A_s = \rho \times b \times d = 0.00163 \times 1,000 \times 1,200 = 1,956\ \text{mm}^2$

② $4/3 \times A_s = 2,608\ \text{mm}^2$

③ 최소철근량 $A_s = \rho_{\min} \times b \times d = 5,640\ \text{mm}^2$

$(4/3) \times \rho < \rho_{\min}$ → ∴ 사용철근비 $\rho = 0.00220$ 사용

- 소요철근량 : $A_s = 2,608\ \text{mm}^2$
- 사용철근량 : $A_s = 6,424$($D29$ @ 100)〉소요철근량 A_s ∴ O.K.
- 등가응력깊이 : $a = \dfrac{A_s \times f_y}{0.85 \times f_{ck} \times b} = \dfrac{6,424 \times 300}{0.85 \times 24 \times 1,000} = 94.47\ \text{mm}$
- 설계모멘트강도 : $\phi M_n = \phi \times A_s \times f_y \times \left(d - \dfrac{a}{2}\right)$

$$= 0.85 \times 6,424 \times 300 \times \left(1,200 - \frac{94.47}{2}\right)$$

$$= 1,888.37\ \text{kN} \cdot \text{m}$$

∴ $\phi M_n > M_u$ ∴ O.K.

2) 배력철근 검토

온도철근 = 0.20% × 1,300 × 1,000 = 2,600 mm^2 이상

→ 주철근 면 $D16$ @ 125(1,589 mm^2) 이상

맞은편 면 $D16$ @ 125(1,589 mm^2) 이상

3) 전단설계

$$\phi V_c = \phi \times (1/6) \times \sqrt{f_{ck}} \times b \times d$$

$$= 0.80 \times (1/6) \times \sqrt{24} \times 1,000 \times 1,200 = 783.837\ \text{kN}$$

$V_u \le \phi V_c$ …… 전단보강철근 불필요

6.5.10 SECTION D-D 반력계산 및 앞굽 단면설계

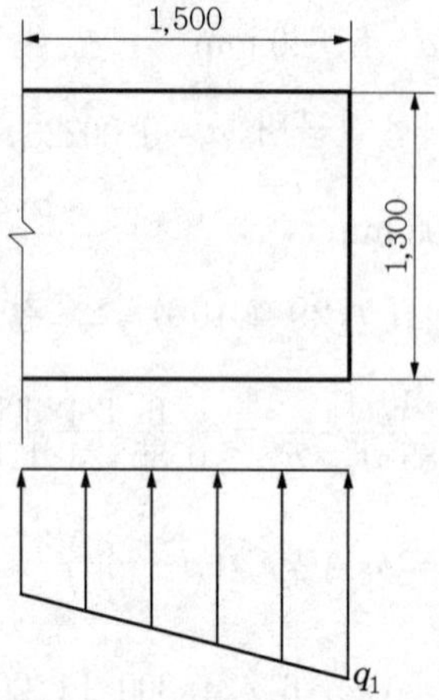

그림 6·17 앞굽반력 및 단면

(1) **지반반력 산정**(뒷굽의 지반반력 산정 참조)

1.30 자중+2.15 지표재하중+1.30 상부고정하중+2.15 상부활하중+1.70 토압

$$q_1 = 416.530 \text{ kN/m}^2$$

$$q_d = 416.530 \times \frac{416.530 - 66.960}{6.000} \times 1.500 = 329.140 \text{ kN/m}^2$$

(2) **SECTION D-D 앞굽 설계**

1) 콘크리트 자중에 의한 단면력

$$V_1 = 25.000 \times 1.300 \times 1.500 = 48.750 \text{ kN}$$

$$M_1 = \frac{1}{2} \times 25.000 \times 1.300 \times 1.500^2 = 36.650 \text{ kN}$$

2) 지반반력에 의한 단면력

$$V_2 = \frac{1}{2} \times (416.530 + 329.140) \times 1.500 = 559.250 \text{ kN}$$

$$M_2 = \frac{1}{2} \times 416.530 \times 1.500^2 + \frac{1}{6} \times (416.530 - 329.140) \times 1.500^2$$

$= 501.370\ \text{kN} \cdot \text{m}$

3) 단면력 산정

$V_u = 559.250 - 48.750 \times 1.30 = 495.880\ \text{kN}$

$M_u = 501.370 - 36.560 \times 1.30 = 453.840\ \text{kN} \cdot \text{m}$

(3) 철근량 산정

$M_u = 453.840\ \text{kN} \cdot \text{m}, \qquad V_u = 495.880\ \text{kN}$

- 사용단면 : 두께 $H = 1,300\ \text{mm}$, 폭 $b = 1,000\ \text{mm}$
- 사용철근 : $D29$ @ $100(A_s = 6,424\ \text{mm}^2)$, 철근중심 $d_c = 100\ \text{mm}$
- 유효두께 $d = H - d_c = 1,200\ \text{m}$

1) 휨설계

- 극한지지력

$$R_u = \frac{M_u}{b \times d^2} = \frac{453,840,000}{1,000 \times 1,200^2} = 0.315\ \text{MPa}$$

- 평형철근비

$$\rho_b = \left(0.85 \times \beta_1 \times \frac{f_{ck}}{f_y}\right) \times \left[\frac{600}{(600 + f_y)}\right] = 0.03850$$

- 최대철근비

$$\rho_{\max} = 0.75 \times \rho_b = 0.02890$$

- 최소철근비

$$\rho_{\min} = \max\left(\frac{1.4}{f_y},\ 0.25\frac{\sqrt{f_{ck}}}{f_y}\right) = 0.00470$$

- 소요철근비

$$\rho = 0.85\frac{f_{ck}}{f_y} \times \left[1 - \sqrt{1 - \frac{2 \times R_u}{\phi \times 0.85 \times f_{ck}}}\right]$$

$$= 0.85 \times \frac{2.4}{300} \times \left[1 - \sqrt{1 - \frac{2 \times 0.315}{0.85 \times 0.85 \times 24}}\right]$$

$$= 0.00125$$

① 소요철근량 $A_s = 0.00125 \times 1,000 \times 1,200 = 1,500\ \text{mm}^2$

② $4/3 \times A_s = 2,000\ \text{mm}^2$

③ 최소철근량 $A_s = \rho_{\min} \times b \times d = 5,640\ \text{mm}^2$

$(4/3) \times \rho < \rho_{\min}$ → ∴ 사용철근비 $\rho = 0.00167$ 사용

- 소요철근량 : $A_s = 0.00167 \times 1,000 \times 1,200 = 2,004\ \text{mm}^2$
- 사용철근량 : $A_s = 6,424\ \text{mm}^2$(D29 @ 100)〉소요철근량 A_s ∴ O.K.
- 등가응력깊이 : $a = \dfrac{A_s \times f_y}{0.85 \times f_{ck} \times b} = \dfrac{6,424 \times 300}{0.85 \times 24 \times 1,000} = 94.47\ \text{mm}$
- 설계모멘트강도 : $\phi M_n = \phi \times A_s \times f_y \times \left(d - \dfrac{a}{2}\right)$

$$= 0.85 \times 6,424 \times 300 \times \left(1,200 - \frac{94.47}{2}\right)$$

$$= 1,888.37\ \text{kN} \cdot \text{m}$$

$$\therefore \phi M_n > M_u \qquad \therefore \text{O.K.}$$

2) 배력철근 검토

온도철근 = 0.20% × 1,300 × 1,000 = 2,600 mm² 이상

→ 주철근 면 D16 @ 125(1,589 mm²) 이상

맞은편 면 D16 @ 125(1,589 mm²) 이상

3) 전단설계

$$\phi V_c = \phi \times (1/6) \times \sqrt{f_{ck}} \times b \times d$$

$$= 0.80 \times (1/6) \times \sqrt{24} \times 1,000 \times 1,200 = 783.837\ \text{kN}$$

$V_u \le \phi V_c$ …… 전단보강철근 불필요

6.5.11 철근 배근도

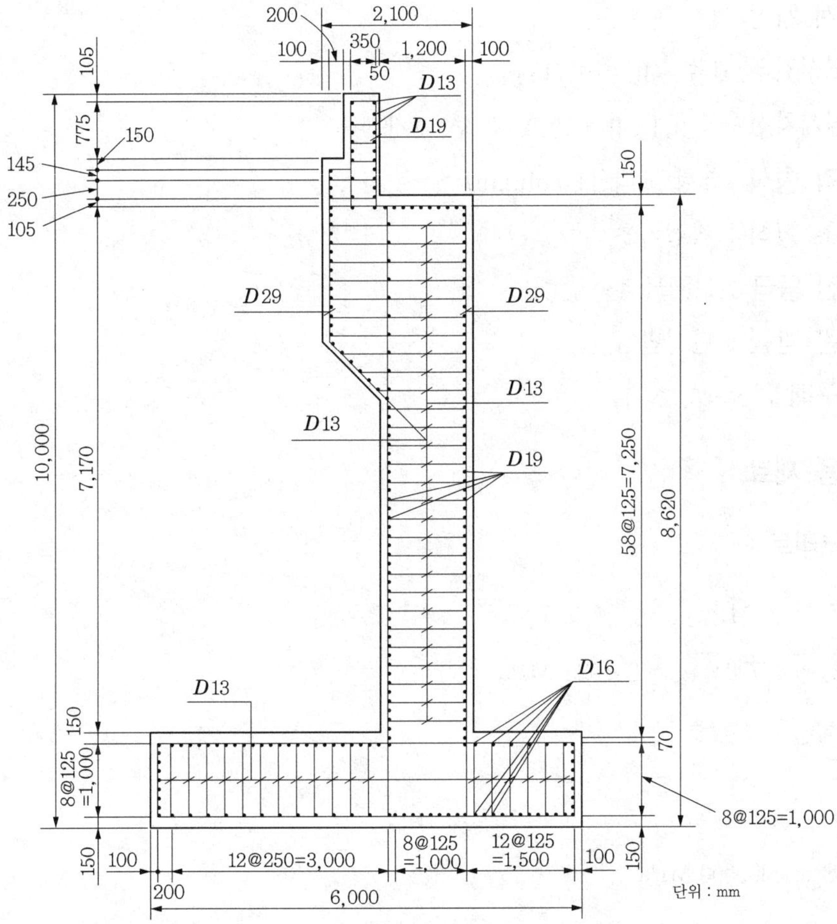

그림 6 · 18 철 근배근도

6.6 교각의 설계 예

6.6.1 설계 조건

(1) 일반 조건

1) 교량 형식 : PC beam교(beam간격 : 2.100 m)

2) 교량 연장 : $L = 210.000$ m($= 3@35 + 3@35$)

3) 교량폭원 : $B = 10.450$ m

4) 설계 차선

① 연석간의 교폭 : $W_c = 9.715$ m

② 설계차선수 : $9.1 < W_c < 12.8 \rightarrow N = 3$차선

5) 교각 형식 : T형 교각(1 column)

6) 기초 형식 : 직접기초

7) 내진 등급 : 1등급($A = 0.54$)

8) 교량 받침 : 탄성받침

9) 종구배 : $S = 3.5\%$

(2) 사용 재료

1) 콘크리트

① $f_{ck} = 24$ MPa

② $E_c = 4,700\sqrt{f_{ck}} = 23,025$ MPa

2) 철근

① $f_y = 300$ MPa

② $E_s = 200,000$ MPa

(3) 설계 방법

1) 극한강도설계법

2) 허용응력설계법 : 사용성 검토

(4) 참고문헌

도로교 설계기준, 2005.

콘크리트 구조설계기준, 2007.

6.6.2 단면가정(직접기초)

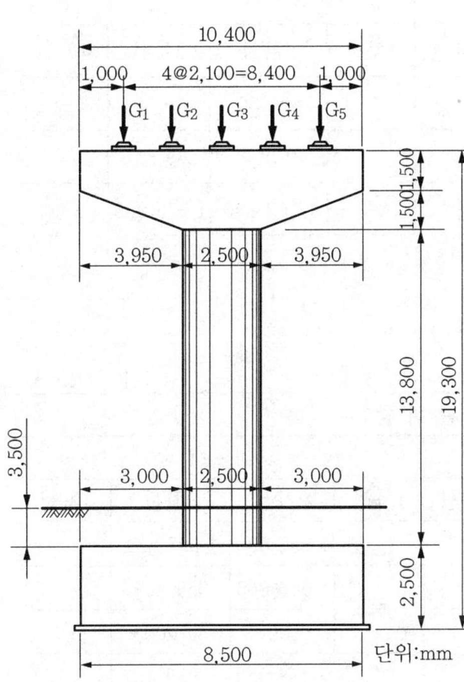

그림 6 · 19 설계단면(정면도)

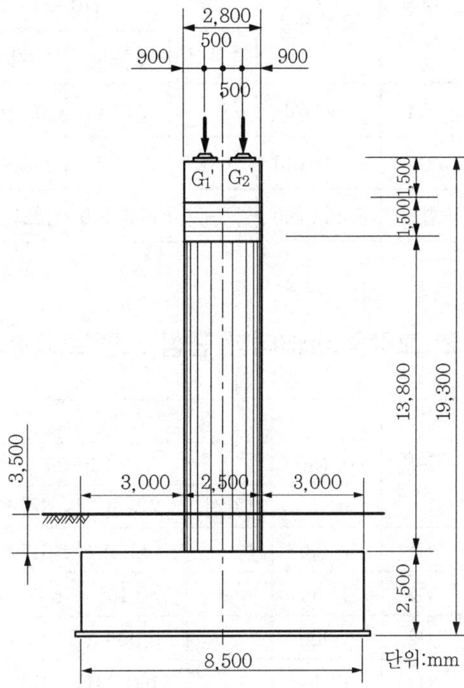

그림 6 · 20 설계단면(측면도)

6.6.3 하중 계산

(1) 상부 하중 집계표

1) 수직 하중 집계표

(단위 : kN)

구분	상 부 고정하중	상부 활하중							
		DB-24				DL-24			
		1차선	2차선	3차선	4차선	1차선	2차선	3차선	4차선
G1	1,947.810		269.210	242.290			404.190	363.770	
G2	1,587.780		357.220	321.500			507.650	456.890	
G3	1,587.780		280.760	279.020			466.070	456.890	

(단위 : kN)

구분	상 부 고정하중	상부 활하중							
		DB-24				DL-24			
		1차선	2차선	3차선	4차선	1차선	2차선	3차선	4차선
G4	1,587.780		76.210	321.060			89.930	456.890	
G5	1,733.010		0.000	163.290			0.000	239.540	
합계	8,444.160	–	983.400	1,327.160	–	–	1,467.840	1,973.980	–

2) 교각중심에 대한 편심 모멘트(교축 직각방향)

(단위 : kN · m)

구분	X(m)	활 하 중							
		DB-24				DL-24			
		1차선	2차선	3차선	4차선	1차선	2차선	3차선	4차선
G1	4.200		1,130.682	1,017.618			1,697.598	1,527.834	
G2	2.100		750.162	675.150			1,066.065	959.469	
G3	0.000		0.000	0.000			0.000	0.000	
G4	−2.100		−160.041	−674.226			−188.853	−959.469	
G5	−4.200		0.000	−685.818			−0.000	−1,006.068	
합계	–	–	1,720.803	332.724	–	–	2,574.810	521,766	–

• 고정하중

$$8,180.802+3,334.338+0.000+3,334.338+7,278.642=902.160\,\text{kN}\cdot\text{m}$$

(2) 교각 자중

1) 코핑부

$$C_1=[1.500\times10.400+(2.500+10.400)\times1.500/2]\times2.800\times25.0$$

$$=1,769.250\,\text{kN}$$

2) 기둥부

$$C_2=\pi\times2.500^2\times1/4\times13.800\times25.00=1,693.513\,\text{kN}$$

3) 저판부(되메우기 흙무게 포함)

$$F = 8.500 \times 8.500 \times 2.500 \times 25.00 + [(8.500 \times 8.500) - \pi \times 2.500^2/4] \times 3.500 \times 20.00$$
$$= 9,229.513 \text{ kN}$$

① 기둥 계산시

$$\Sigma = C_1 + C_2 = 3,462.763 \text{ kN}$$

② 안정 검토시

$$\Sigma = C_1 + C_2 + F = 12,692.276 \text{ kN}$$

(3) 풍하중

1) 교축 직각방향

- 교각 높이 : 19.300 m
- 기초 높이 : 2.500 m
- 슬래브 폭 : 10.450 m
- 코 핑 폭 : 2.800 m
- 코핑 높이 : 3.000 m
- 교각 너비 : 10.400 m
- 방호벽 높이 : 1.100 m
- 슬래브 높이 : 0.250 m
- ASP 두께 : 0.080 m
- P.C. beam 높이 : 2.200 m
- 교좌받침높이 : 0.400 m
- 코핑받침개수 : 10 EA
- 설계기준풍속 : 태풍이나 돌풍에 취약한 지역에 위치한 중대직간의 교량

$$V_d = 1.925 \times \left(\frac{Z_b}{Z_g}\right)^{\alpha} \times V_{10} = 29.995 \text{ m/s} < 40.000 \text{ m/s}$$

∴ 할증계수는 1.00 적용

여기에서 $Z_b = 10.00$, $Z_g = 600$, $\alpha = 0.16$, $V_{10} = 30.00$이다.

가) 활하중 비재하시

① 상부구조에 작용하는 풍하중 : 플레이트 거더교의 풍하중

$$\{4.0 - 0.2 \cdot (B/D)\} \cdot D \geq 6.0$$

$B = 10.450$ m, $D = 3.630$ m

∴ $B/D = 10.450/3.630 = 2.879 < 8$

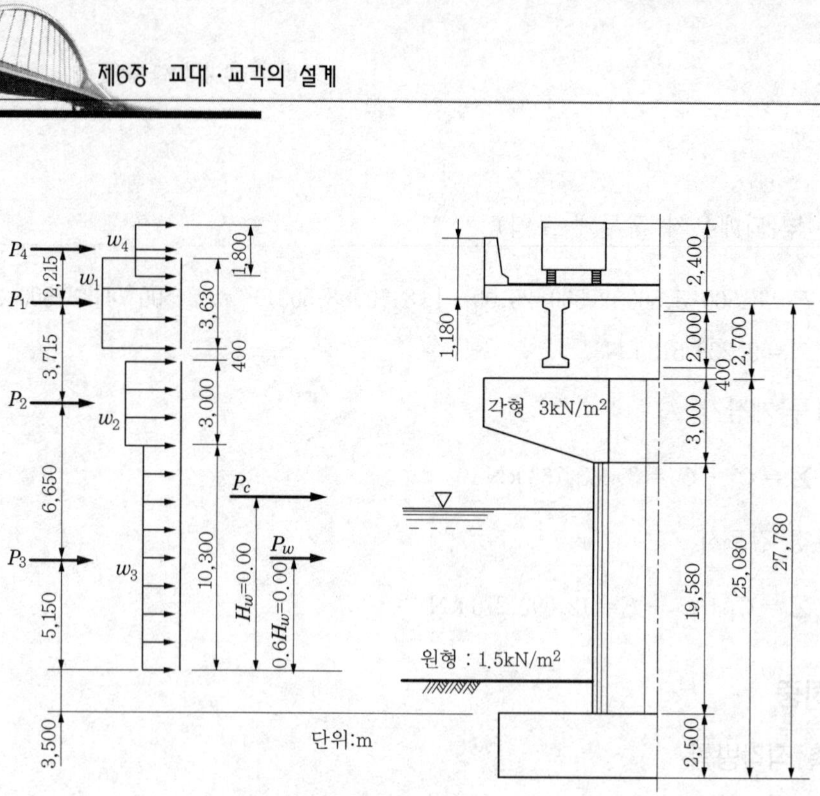

그림 6 · 21 교축 직각방향 작용하중

- 단위 m²당 풍하중 강도(W_1)

$W_1 = (4.0 - 0.2 \times 2.879) \times 3.630 \times 1.000 = 12.43\ \text{kN/m} > 6\ \text{kN/m}$

$P_1 = 12.43 \times 35.000\ (\text{m/span}) = 435.050\ \text{N}$

② 코핑에 작용하는 풍하중-하부구조의 풍하중

$W_2 = 3.00\ \text{kN/m}^2$
$P_2 = 3.000 \times 3.000 \times 2.800 \times 1.000 = 25.200\ \text{kN}$

③ 기둥에 작용하는 하중

$W_3 = 1.500\ \text{kN/m}^2$

㉠ 유수압 비고려시

$P_3 = 1.500 \times 10.300 \times 2.500 \times 1.000 = 38.6254\ \text{kN}$

㉡ 유수압 고려시

$P_3 = 1.500 \times 10.300 \times 2.500 \times 1.000 = 38.625\ \text{kN}$

④ 안정 검토시

㉠ 유수압 비고려시

$$H = P_1 + P_2 + P_3 = 435.050 + 25.200 + 38.625 = 498.875\ \text{kN}$$

$$M = P_1 \times L_1 + P_2 \times L_2 + P_3 \times L_3$$

$$= 435.050 \times (8.650 + 6.650 + 3.715 + 2.500) + 25.200 \times (8.650 + 6.650 + 2.500)$$

$$+ 38.625 \times (8.650 + 2.500)$$

$$= 10,239.33\ \text{kN} \cdot \text{m}$$

㉡ 유수압 고려시

$$H = P_1 + P_2 + P_3 = 435.050 + 25.200 + 38.625 = 498.875\ \text{kN}$$

$$M = P_1 \times L_1 + P_2 \times L_2 + P_3 \times L_3$$

$$= 435.050 \times (8.650 + 6.650 + 3.715 + 2.500) + 25.200 \times (8.650 + 6.650 + 2.500)$$

$$+ 38.625 \times (8.650 + 2.500)$$

$$= 10,239.33\ \text{kN} \cdot \text{m}$$

⑤ 기둥 검토시

㉠ 유수압 비고려시

$$H = P_1 + P_2 + P_3 = 435.050 + 25.200 + 38.625 = 498.875\ \text{kN}$$

$$M = P_1 \times L_1 + P_2 \times L_2 + P_3 \times L_3$$

$$= 435.050 \times (8.650 + 6.650 + 3.715) + 25.200 \times (8.650 + 6.650) + 38.625 \times 8.650$$

$$= 8,992.14\ \text{kN} \cdot \text{m}$$

㉡ 유수압 고려시

$$H = P_1 + P_2 + P_3 = 435.050 + 25.200 + 38.625 = 498.875\ \text{kN}$$

$$M = P_1 \times L_1 + P_2 \times L_2 + P_3 \times L_3$$

$$= 435.050 \times (8.650 + 6.650 + 3.715) + 25.200 \times (8.650 + 6.650) + 38.625 \times 8.650$$

$$= 8,992.14\ \text{kN} \cdot \text{m}$$

나) 활하중 재하시

활하중 재하시에는 최대풍압을 고려할 필요가 없다고 판단되면 풍하중의 1/2을 재하한다.

① 상부 구조에 작용하는 풍하중

$W_1 = 12.43/2 = 6.215\ \text{kN/m}^2$

$P_1 = 435.050/2 = 217.525\ \text{kN}$

② 코핑에 작용하는 풍하중

$W_2 = 3.000/2 = 1.500\ \text{kN/m}^2$

$P_1 = 25.200/2 = 12.6\ \text{kN}$

③ 기둥에 작용하는 하중

$W_3 = 1.500/2 = 0.750\ \text{kN/m}^2$

㉠ 유수압 비고려시

$P_3 = 38.625/2 = 19.313\ \text{kN}$

㉡ 유수압 고려시

$P_3 = 38.625/2 = 19.313\ \text{kN}$

다) 활하중에 작용하는 풍하중

$W_4 = 1.500 \times 1.000 = 1.500\ \text{kN/m}^2$

$P_4 = 1.500 \times 35.000 \times (\text{m/span}) = 52.500\ \text{kN}$

① 안정 검토시

㉠ 유수압 비고려시

$H = P_1 + P_2 + P_3 + P_4 = 498.875/2 + 52.500 = 301.938\ \text{kN}$

$M = P_1 \times L_1 + P_2 \times L_2 + P_3 \times L_3 + P_4 \times L_4$

$= 10,239.330/2 + 52.500 \times 23.730$

$= 6,365.490\ \text{kN} \cdot \text{m}$

㉡ 유수압 고려시

$H = P_1 + P_2 + P_3 + P_4 = 498.875/2 + 52.500 = 301.938\ \text{kN}$

$M = P_1 \times L_1 + P_2 \times L_2 + P_3 \times L_3 + P_4 \times L_4$

$= 10,239.330/2 + 52.500 \times 23.730$

$= 6,365.490 \text{ kN} \cdot \text{m}$

② 기둥검토시

㉠ 유수압 비고려시

$H = P_1 + P_2 + P_3 + P_4 = 498.875/2 + 52.500 = 301.938 \text{ kN}$

$M = P_1 \times L_1 + P_2 \times L_2 + P_3 \times L_3 + P_4 \times L_4$

$= 8,992.142/2 + 52.500 \times 21.230$

$= 5,610.646 \text{ kN} \cdot \text{m}$

㉡ 유수압 고려시

$H = P_1 + P_2 + P_3 + P_4 = 498.875/2 + 52.500 = 301.938 \text{ kN}$

$M = P_1 \times L_1 + P_2 \times L_2 + P_3 \times L_3 + P_4 \times L_4$

$= 8,992.142/2 + 52.500 \times 21.230$

$= 5,610.646 \text{ kN} \cdot \text{m}$

2) 교축 방향

- 코핑면적 : $10.400 \times 1.500 + (10.400 + 2.500) \times 1.500/2 = 25.275 \text{ m}^2$
- 코핑도심 : $[10.400 \times 1.500 \times 2.250 + (10.400 + 2.500) \times 1.500/2 \times 0.903]/25.275$

  $= 1.734 \text{ m}$

가) 활하중 비재하시

① 코핑에 작용하는 풍하중

$W_1 = 3.000 \times 1.000 = 3.000 \text{ kN/m}^2$

$P_1 = 3.000 \times 25.275 = 75.825 \text{ kN}$

② 기둥에 작용하는 풍하

$W_2 = 1.500 \times 2.500 \times 1.000 = 3.750 \text{ kN/m}^2$

$P_2 = 3.750 \times 10.300 = 38.526 \text{ kN}$

③ 기초에 작용하는 하중

$$H = P_1 + P_2 = 75.825 + 38.625 = 114.450\ \text{kN}$$

㉠ 안정 검토시

$$M = P_1 \times L_1 + P_2 \times L_2$$
$$= 75.825 \times (15.534 + 2.500) + 38.625 \times (8.650 + 2.500)$$
$$= 1,798.097\ \text{kN} \cdot \text{m}$$

㉡ 기둥 검토시

$$M = P_1 \times L_1 + P_2 \times L_2$$
$$= 75.825 \times 15.534 + 38.625 \times 8.650$$
$$= 1,511.972\ \text{kN} \cdot \text{m}$$

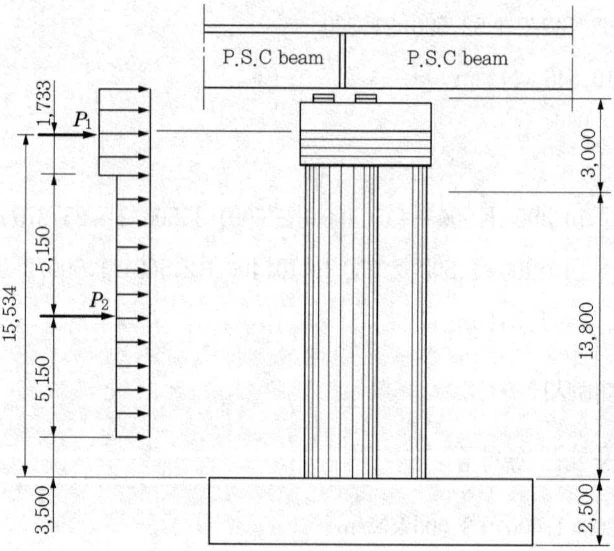

그림 6·22 교축방향 작용하중

나) 활하중 재하시

① 코핑에 작용하는 풍하중

$$W_1 = 3.000/2 = 1.500\ \text{kN/m}^2$$
$$P_1 = 75.825/2 = 37.913\ \text{kN}$$

② 기둥에 작용하는 풍하중

$W_2 = 3.750/2 = 1.875\ \mathrm{kN/m^2}$

$P_2 = 38.625/2 = 19.313\ \mathrm{kN}$

③ 기초에 작용하는 하중

$H = P_1 + P_2 = 114.450/2 = 57.225\ \mathrm{kN}$

㉠ 안정 검토시

$M = P_1 \times L_1 + P_2 \times L_2 = 1,798.097/2 = 899.049\ \mathrm{kN \cdot m}$

㉡ 기둥 검토시

$M = P_1 \times L_1 + P_2 \times L_2 = 1,511.972/2 = 755.986\ \mathrm{kN \cdot m}$

(4) 교량받침 수평작용력

- 마찰계수 : $\mu = 0.150$
- 신축길이 : $l = 35.000\ \mathrm{m}$

1) 상부 고정하중에 대한 수평력(가동 받침의 마찰 저항력)

$H_d = 8,444.160 \times 0.150 = 1,266.624\ \mathrm{kN}$

2) 온도 신축에 의한 수평력

① 온도 변화량 $T = \pm 20℃$ (하부에 작용하는 하중이므로 안전측으로 설계함)

② 탄성받침 최대신축량 : $\delta_a = 0.042\ \mathrm{m}$

$\delta = \alpha \times T \times L = 0.00001 \times 20 \times 35.000 = 0.007\ \mathrm{m} < 0.042\ \mathrm{m}$

③ 탄성받침의 전단 스프링계수 :

$K_h = 2,754.00\ \mathrm{kN/m} \times 5\mathrm{EA} \times 2 = 27,540.0\ \mathrm{kN/m}$

④ 교각의 강성도

$E = 23,025,203.58\ \mathrm{kN/m^2}$

$I = \pi \times D^4/64 = \pi \times 2.500^4/64 \times 1(\mathrm{Column}) = 1.917\ \mathrm{m^4}$

$K_p = 3EI/L^3 = 3×23025203.6×1.917/16.800^3 = 27,933.579073$ kN/m

⑤ 탄성받침과 교각의 합성등가강성도 : $\frac{1}{K} = \frac{1}{K_h} + \frac{1}{K_p}$

$\therefore K = \frac{K_p \cdot K_h}{(K_p + P_h)} = 13,867.695$ kN/m

$\therefore P = K \cdot \delta = 13,867.695×0.007 = 97.074$ kN

3) 작용 수평력

$\therefore H = \min(1,266.624,\ 97.074) = 97.074$ kN

① 안정검토시

$M = 97.074×(19.300 + 0.400) = 1,912.355$ kN · m

② 기둥검토시

$M = 97.074×(19.300 + 0.400 - 2.500) = 1,669.670$ kN · m

(5) 종구배에 의한 수평력

- 종구배 : $S = 0.0350$
- 수평력 : $H =$ 고정하중×종구배 $= 8,444.16×0.035 = 295.546$ kN

1) 안정 검토시

$M = 295.546×(19.300 + 0.400) = 5,822.248$ kN · m

2) 기둥 검토시

$M = 295.546×(19.300 + 0.400 - 2.500) = 5,083.384$ kN · m

(6) 유슈압

$P_w = K \cdot u^2 \cdot A$

$= 0.04×0.000^2$ m/sec $×(0.000×2.500) = 0.000$ kN

(7) 유목 하중

$P_t = 0.1 \cdot W \cdot u^2$

$= 0.1×10.000$ kN$×0.000^2$m/sec $= 0.000$ kN

(8) 지진 하중

1) 내진해석 결과(기둥하단의 지진력)

구분	교축방향	교축 직각방향
모멘트	$\sqrt{22,322.900^2+6,696.87^2}=23,305.792$	$\sqrt{3,218.31^2+10,727.700^2}=11,200.048$

2) 내진해석 결과(탄성설계)(R=3.0)

구분	수평력(kN)	모멘트(kN · m)		비고
		기 둥	기 초	
교축방향	1,329.200	23,305.792	25,645.900	
교축 직각방향	1,501.500	11,200.048	14,481.450	

3) 지진하중에 의한 단면력(소성설계)

구분	수평력(kN)	모멘트(kN · m)		비고
		기둥($R=3.0$)	기초($R=1.5$)	
교축방향	0.000	1,768.597	17,097.267	
교축 직각방향	1,501.500	3,733.349	9,654.300	

(9) 설계 단면력 집계

구분	검토 부위	하중	상부고정 하중(D_1)	구체자중 (D_2)	상부 활하중 (L)					
					DB-24			DL-24		
					1차선 재하	2차선 재하	3차선 재하	1차선 재하	2차선 재하	3차선 재하
교축방향	기초 하단	M	–	–	–	–	–	–	–	–
		V	8,444.160	12,692.276	–	983.400	1,327.160	–	1,467.840	1,973.980
		H	–	–	–	–	–	–	–	–
	기둥 하단	M	–	–	–	–	–	–	–	–
		V	8,444.160	3,462.763	–	983.400	1,327.160	–	1,467.840	1,973.980
		H	–	–	–	–	–	–	–	–

구분	검토부위	하중								
교축직각방향	기초하단	M	902.160	–	–	1,720.803	332.724	–	2,574.810	521.766
		V	8,444.160	12,692.276	–	983.400	1,327.160	–	1,467.840	1,973.980
		H	–	–	–	–	–	–	–	–
	기둥상단	M	902.160	–	–	1,720.803	332.724	–	2,574.810	521.766
		V	8,444.160	3,462.763	–	983.400	1,327.160	–	1,467.840	1,973.980
		H	–	–	–	–	–	–	–	–
비고		$P_{max}=1,973.980$ kN, $M_{max}=2,574.810$ kN·m, $M_{min}=332.724$ kN·m								

구분	검토부위	하중	풍 하 중(W)				유수압 (Q)	유목하중 (CO)	온도하중 (G)	종구배 (D_1)
			유수압 비고려시		유수압 고려시					
			활하중 비재하	활하중 재 하	활하중 비재하	활하중 재 하				
교축방향	기초하단	M	1,798.097	899,019	–	–	–	–	1,912.355	5,822.256
		V	–	–	–	–	–	–	–	–
		H	114.450	57.225	–	–	–	–	97.074	295.546
	기둥상단	M	1,511.972	755.986	–	–	–	–	1,669.670	5,083.391
		V	–	–	–	–	–	–	–	–
		H	114.450	57.225	–	–	–	–	97.074	295.546
교축직각방향	기초하단	M	10,239.330	6,365.490	10,239.330	6,365.490	0.000	0.000	–	–
		V	–	–	–	–	–	–	–	–
		H	498.875	301.938	498.875	301.938	0.000	0.000	–	–
	기둥상단	M	8,992.142	5,610.646	8,992.142	5,610.646	0.000	0.000	–	–
		V	–	–	–	–	–	–	–	–
		H	498.875	301.938	498.875	301.938	0.000	0.000	–	–

(10) 하중조합 집계

1) 안정 검토시(기초하단)

① 교축방향

하중	CASE 1	CASE 2	CASE 3	CASE 4	CASE 5	CASE 6
	$1.0D+1.0L$ $+1.0Q$	$1.0D+1.0L$ $+1.0G$	$1.0D+1.0L$ $+1.0Q+1.0G$	$1.0D+1.0L$ $+1.0Q+1.0G$ $+1.0W$	$1.0D+1.0L$ $+1.0Q+1.0CO$	$1.0D+1.0E$ $+1.0Q$ (지진시)
M	5,822.256	9,532.708	9,532.708	8,633.660	7,620.353	17,097.267
V	23,100.416	21,136.436	21,136.436	23,110.416	–	21,136.436
H	295.546	507.070	507.070	449.845	409.996	1,329.200
e	0.252	0.451	0.456	0.374	–	0.809

② 교축 직각방향

하중	CASE 1	CASE 2	CASE 3	CASE 4	CASE 5	CASE 6
	$1.0D+1.0L$ $+1.0Q$	$1.0D+1.0L$ $+1.0G$	$1.0D+1.0L$ $+1.0Q+1.0G$	$1.0D+1.0L$ $+1.0Q+1.0G$ $+1.0W$	$1.0D+1.0L$ $+1.0Q+1.0CO$	$1.0D+1.0E$ $+1.0Q$
M	2,574.810	10,239.330	10,239.330	6,365.490	10,239.330	9,654.300
V	22,604.276	21,136.436	21,136.436	22,604.276	21,136.436	21,136.436
H	0.000	498.875	498.875	301.938	498.875	1,501.500
e	0.114	0.484	0.484	0.282	0.484	0.457

2) 기초 설계시(기초 하단) → 지진시 응답수정계수($R=3.0/2=1.5$) 적용

① 교축방향

하중	CASE 1	CASE 2	CASE 3	CASE 4	CASE 5	CASE 6
	$1.3D+2.15L$ $+1.3Q$	$1.25D+1.25L$ $+1.25G$	$1.25D+1.25L$ $+1.25Q$ $+1.25G$	$1.25D+1.25L$ $+1.25Q$ $+1.25G$ $+1.25W$	$1.2D+1.2L$ $+1.2Q$ $+1.2CO$	$1.0D+1.0E+$ $1.0Q$ (지진시)
M	7,568.933	11,915.885	11,915.885	10,792.075	9,144.424	17,097.267
V	31,721.424	26,420.545	26,420.545	28,880.020	–	21,136.436
H	384.209	633.837	633.837	562.306	491.995	1,329.200
e	0.239	0.451	0.451	0.374	–	1.870

② 교축 직각방향

	CASE 1	CASE 2	CASE 3	CASE 4	CASE 5	CASE 6
하중	$1.3D+2.15L$ $+1.3Q$	$1.25D+1.25L$ $+1.25G$	$1.25D+1.25L$ $+1.25Q$ $+1.25G$	$1.25D+1.25L$ $+1.25Q$ $+1.25G$ $+1.25W$	$1.2D+1.2L$ $+1.2Q$ $+1.2CO$	$1.0D+1.0E+$ $1.0Q$
M	5,535.258	12,799.163	12,799.163	7,956.863	12,287.196	9,654.300
V	30,633.223	16,920.545	16,920.545	18,755.345	25,363.723	21,136.436
H	0.000	623.594	623.594	377.423	598.650	1,501.500
e	0.181	0.756	0.756	0.424	0.484	0.457

6.6.4 안정 검토

(1) 교축 방향

1) 전도에 대한 안정

① 활하중 비재하시

- 전도모멘트(M_a) $=9,532.708$ kN · m
- 수직력(V) $=21,136.436$ kN

$$\therefore\ e=\frac{M_o}{V}=\frac{9,532.708}{21,136.436}=0.451\text{ m}<\frac{B}{6}=\frac{8.500}{6}=1.417 \qquad \therefore \text{O.K.}$$

② 활하중 재하시

- 전도모멘트(M_o) $=8,633.660$ kN · m
- 수직력(V) $=23,110.416$ kN

$$\therefore\ e=\frac{M_a}{V}=\frac{8,633.660}{23,110.416}=0.374\text{ m}<\frac{B}{6}=\frac{8.500}{6}=1.417 \qquad \therefore \text{O.K.}$$

③ 지진시

- 전도모멘트(M_o) $=17,097.267$ kN · m
- 수직력(V) $=21,136.436$ kN

$$\therefore\ e=\frac{M_a}{V}=\frac{17,097.267}{21,136.436}=0.809\text{ m}<\frac{B}{3}=\frac{8.500}{3}=2.833 \qquad \therefore \text{O.K.}$$

2) 활동에 대한 안정

- $N=50 \rightarrow \phi_b=[15+\sqrt{15N}]\times 2/3=28.3°$ (연암층)
- 기초지반 토사 : $\tan\phi_b=0.54$, 기초지반 암 : $\tan\phi_b=0.60$

① 활하중 비재하시

- 활동력(H) =507.069 kN
- 수직력(V) =21,136.436 kN

$H_u=V\cdot\tan\phi_b=21,136.4364\times 0.54=11,413.675$ kN

$\therefore H_a=H_u/n=11,413.675/1.5=7,609.117$ kN $>$ 507.070 kN ∴ O.K.

② 활하중 재하시

- 활동력(H) =449.844 kN
- 수직력(V) =23,110.416 kN

$H_u=V\cdot\tan\phi_b=23,110.4164\times 0.54=12,479.625$ kN

$\therefore H_a=H_u/n=12,479.625/1.5=8,319.500$ kN $>$ 449.845 kN ∴ O.K.

③ 지진시

- 활동력(H) =1,329.200 kN
- 수직력(V) =21,136.436 kN

$H_u=V\cdot\tan\phi_b=21,136.4364\times 0.54=11,413.675$ kN

$\therefore H_a=H_u/n=11,413.675/1.2=9,511.396$ kN $>$ 1,329.200 kN ∴ O.K.

3) 지지력에 대한 안정

연암층의 최대지반 반력값 $Q_a=600.0\ \text{kN/m}^2$

① 활하중 비재하시

$$A=8.500\times 8.500=72.250\ \text{m}^2$$

$$Q=\frac{P}{A}\left(1\pm\frac{6\times e}{B}\right)=\frac{21,136.436}{72.250}\left(1\pm\frac{6\times 0.484}{8.000}\right)$$

$$=\begin{cases}392.493\ \text{kN/m}^2<600.0\ \text{kN/m}^2 & \therefore \text{O.K.}\\ 192.598\ \text{kN/m}^2<600.0\ \text{kN/m}^2 & \therefore \text{O.K.}\end{cases}$$

② 활하중 재하시

$$A = 8.500 \times 8.500 = 72.250\ \mathrm{m}^2$$

$$Q = \frac{23,110.41636}{72.250}\left(1 \pm \frac{6 \times 0.282}{8.500}\right)$$

$$= \begin{cases} 375.140\ \mathrm{kN/m^2} < 600.0\ \mathrm{kN/m^2} & \therefore \mathrm{O.K.} \\ 250.584\ \mathrm{kN/m^2} < 600.0\ \mathrm{kN/m^2} & \therefore \mathrm{O.K.} \end{cases}$$

③ 지진시

$$A = 8.500 \times 8.500 = 72.250\ \mathrm{m}^2$$

$$Q = \frac{21,136.43636}{72.250}\left(1 \pm \frac{6 \times 0.457}{8.500}\right)$$

$$= \begin{cases} 386.918\ \mathrm{kN/m^2} < 900.0\ \mathrm{kN/m^2} & \therefore \mathrm{O.K.} \\ 198.174\ \mathrm{kN/m^2} < 900.0\ \mathrm{kN/m^2} & \therefore \mathrm{O.K.} \end{cases}$$

(2) 교축 직각방향

1) 전도에 대한 안정

① 활하중 비재하시

- 전도모멘트(M_o) = 10,239.330 kN · m
- 수직력(V) = 21,136.436 kN

$$\therefore\ e = \frac{M_a}{V} = \frac{10,239.330}{21,136.436} = 0.484\ \mathrm{m} < \frac{B}{6} = \frac{8.500}{6} = 1.417\ \mathrm{m} \qquad \therefore \mathrm{O.K.}$$

② 활하중 재하시

- 전도모멘트(M_o) = 6,365.490 kN · m
- 수직력(V) = 22,604.276 kN

$$\therefore\ e = \frac{M_a}{V} = \frac{6,365.490}{22,604.276} = 0.282\ \mathrm{m} < \frac{B}{6} = \frac{8.500}{6} = 1.417\ \mathrm{m} \qquad \therefore \mathrm{O.K.}$$

③ 지진시

- 전도모멘트(M_o) = 9,654.300 kN · m
- 수직력(V) = 21,136.436 kN

$$\therefore\ e = \frac{M_a}{V} = \frac{9,654.300}{21,136.436} = 0.457\ \text{m} < \frac{B}{3} = \frac{8.500}{3} = 2.833\ \text{m} \qquad \therefore \text{O.K.}$$

2) 활동에 대한 안정

① 활하중 비재하시

- 활동력(H) =498.875 kN
- 수직력(V) =11,413.675 kN

$$H_u = V \cdot \tan\phi_b = 21,136.436 \times 0.54 = 11,413.675\ \text{kN}$$

$$\therefore\ H_a = H_u / n = 11,413.675/1.5 = 7,609.117\ \text{kN} > 498.875\ \text{kN} \qquad \therefore \text{O.K.}$$

② 활하중 재하시

- 활동력(H) =301.938 kN
- 수직력(V) =22,604.276 kN

$$H_u = V \cdot \tan\phi_b = 22,604.276 \times 0.54 = 12,206.309\ \text{kN}$$

$$\therefore\ H_a = H_u / n = 12,206.309/1.5 = 8,137.539\ \text{kN} > 301.938\ \text{kN} \qquad \therefore \text{O.K.}$$

③ 지진시

- 활동력(H) =1,501.500 kN
- 수직력(V) =21,136.436 kN

$$H_u = V \cdot \tan\phi_b = 21,136.436 \times 0.54 = 11,413.675\ \text{kN}$$

$$\therefore\ H_a = H_u / n = 11,413.675/1.2 = 9,511.396\ \text{kN} > 1,501.500\ \text{kN} \qquad \therefore \text{O.K.}$$

3) 지지력에 대한 안정

연암층의 최대지반 반력값 $Q_a = 600.0\ \text{kN/m}^2$

$$A = 8.500 \times 8.500 = 72.250\ \text{m}^2$$

$$Q = \frac{V}{A}\left(1 \pm \frac{6E}{B}\right)$$

① 활하중 비재하시

$$Q = \frac{21,136.436}{72.250}\left(1 \pm \frac{6 \times 0.484}{8.500}\right)$$

$$= \begin{cases} 392.493\ \text{kN/m}^2 < 600.0\ \text{kN/m}^2 & \text{O.K.} \\ 192.598\ \text{kN/m}^2 < 600.0\ \text{kN/m}^2 & \text{O.K.} \end{cases}$$

② 활하중 재하시

$$Q = \frac{22,604.276}{72.250}\left(1 \pm \frac{6\times0.282}{8.500}\right)$$

$$= \begin{cases} 375.140\ \text{kN/m}^2 < 600.0\ \text{kN/m}^2 & \text{O.K.} \\ 250.584\ \text{kN/m}^2 < 600.0\ \text{kN/m}^2 & \text{O.K.} \end{cases}$$

③ 지진시

$$Q = \frac{21,136.436}{72.250}\left(1 \pm \frac{6\times0.457}{8.500}\right)$$

$$= \begin{cases} 386.918\ \text{kN/m}^2 < 900.0\ \text{kN/m}^2 & \text{O.K.} \\ 198.174\ \text{kNm}^2 < 900.0\ \text{kN/m}^2 & \text{O.K.} \end{cases}$$

6.6.5 코핑 설계

〔코핑 면적〕

$$A_{cp} = 1.500\times3.950 + 1.500\times3.950/2 = 8.888\ \text{m}^2$$

〔코핑 도심〕

$$X_{cp} = [(1.500\times3.950\times1.975 + 1.500\times3.950/2\times1.317) + 8.888] + 0.250$$

$$= 2.006\ \text{m}$$

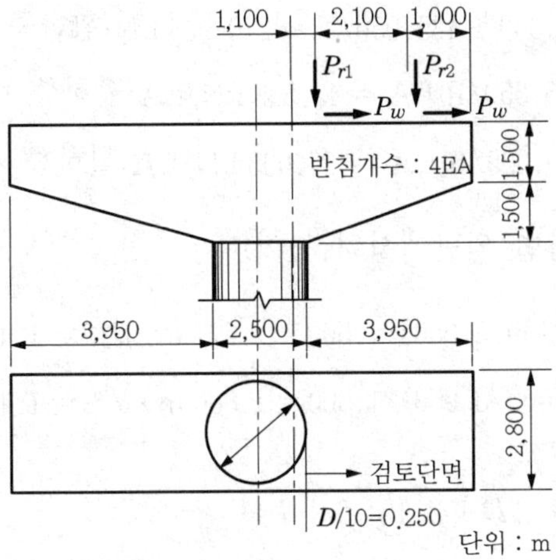

그림 6 · 23 코핑부 설계

(1) 전단경간에 의한 BRACKET 검토

1) 설계 단면력[$U = 1.3D + 2.15(L + I)$]

① 코핑자중 : $8.888 \times 2.800 \times 2.500 = 622.125$ kN

$$M_u = 1.30 \times (622.125 \times 2.006 + 1,587.780 \times 1.100 + 1,947.810 \times 3.200)$$
$$+ 2.15 \times (507.650 \times 1.100 + 404.190 \times 3.200)$$
$$= 15,976.853 \text{ kN} \cdot \text{m}$$

$$S_u = 1.30 \times (622.125 + 1,587.780 + 1,947.810) + 2.15 \times (507.650 + 404.190)$$
$$= 7,365.486 \text{ kN}$$

② 전단지간

$$a = \frac{M}{S} = \frac{15,976.853}{7,365.486} = 2.169 \text{ m}$$

$$\frac{a}{d} = \frac{2.169}{2.850} = 0.761 < 1.0 \qquad \therefore \text{BRAKET으로 설계}$$

(2) BRAKET으로서의 단면 검토

1) 코핑 상단에 작용하는 풍하중

① 교각당 : $P_w = 435.050$ kN(활하중 비재하시)

$= 52.500 + 435.050/2 = 270.025\ \text{kN}$(활하중 재하시)

② 받침당 : $P_w' = 435.050/10\text{EA} = 43.505\ \text{kN/EA}$(활하중 비재하시)

$= 270.025/10\text{EA} = 27.003\ \text{kN/EA}$(활하중 재하시)

2) 최소높이 검토(지압면 외단에서의 높이)

$h_1 = 1.500 + (3.100/3.950)\times 1.500 = 2.677\ \text{m} > d/2 = 1.425\ \text{m}$ O.K.

$h_2 = 1.500 + (1.000/3.950)\times 1.500 = 1.880\ \text{m} > d/2 = 1.425\ \text{m}$ O.K.

3) 설계 단면력[$U = 1.3D + 2.15(L + I)$]

$S_u = 1.3\times 4,157.715 + 2.15\times 911.840 = 7,365.486\ \text{kN}$

$0.2S_u = 0.2\times 7,365.486 = 1,473.097\ \text{kN}$

$N_{uc} = 1.3\times 27.003\times 4\text{EA} = 140.413\ \text{kN} < 0.2S_u \quad \therefore N_{uc} = 1,473.097\ \text{kN}$

$M_u = S_u \cdot a + N_{uc} \cdot (h - d)$

$= 1.3\times 9,227.256 + 2.15\times 1,851.823 + 1,473.097\times 0.150$

$= 16,197.817\ \text{kN}\cdot\text{m}$

4) 전단마찰철근 계산 : 일체로 친 콘크리트

$A_{vf} = S_u/(\phi_v \cdot f_y \cdot \mu), \qquad \mu = 1.4\lambda = 1.4\times 1.0 = 1.4$

$= 7,365.485.50/(0.80\times 300.00\times 1.4) = 21,921.088\ \text{mm}^2$

$\phi_v \cdot S_n = \phi_v \cdot 0.2 \cdot f_{ck} \cdot b \cdot d$

$= 30,643.20\ \text{kN} > S_u = 7,365.486\ \text{kN}$ ∴ O.K.

5) 휨모멘트에 저항하는 철근(A_f)

① 계산조건

- 설계기준강도(f_{ck}) $= 24$ MPa
- 항복응력(f_y) $= 300$ MPa
- 모멘트(M_u) $= 16,197.817\ \text{kN}\cdot\text{m}$
- 전단력(S_u) $= 7,365.486\ \text{kN}$

- 부재 폭(b) = 2,800 mm
- 유효깊이(d) = 2,850 mm
- 철근피복(인장)(d_z) = 150 mm
- 철근피복(압축)(d_{z3}) = 100 mm

② 소요철근량

- 유효깊이(d) = 2,850 mm
- 평형모멘트(M_b) $= 0.85 \times f_{ck} \times a \times b \times \left(d - \frac{a}{2}\right) \times 0.85$

$= 160,155,448\ \text{kN} \cdot \text{m}$

여기에서, $a = k_1 \times c = 1,615\ \text{mm}$

$$k_1 = 0.85 \begin{cases} f_{ck} < 28 : k_1 = 0.85 \\ f_{ck} > 28 : k_1 = 0.85 - (f_{ck} - 28) \times 0.007 \end{cases}$$

$$c = 600 \times d / (600 + f_y) = 190.000\ \text{cm} = 1,900\text{mm}$$

$M_u < M_b$ 이므로,

$$a_c = \frac{0.85 \times f_{ck} \times b \times d - \sqrt{0.7225 \times f_{ck}^2 \times b^2 \times d^2 - 2 \times f_{ck} \times b \times M_u}}{0.85 \times f_{ck} \times b}$$

$$= 11.960\ \text{cm} = 119.6\ \text{mm}$$

$$A_f = \frac{M_u}{f_{ck} \times \left(d - \frac{a_c}{2}\right) \times 0.85} = 22,766\ \text{mm}^2$$

6) 인장력 N_{uc}에 저항하는 철근 : A_n

$$A_n = \frac{N_{uc}}{\phi_f \cdot f_y} = \frac{1,473.097}{0.8 \times 300} = 6,137.905\ \text{mm}^2$$

7) BRAKET 상부에 배치할 총철근

$$A_s = A_f + A_n = 22,766.000 + 6,137.905 = 28,903.905\ \text{mm}^2$$

$$= \frac{2}{3} A_{vf} + A_n = \frac{2}{3} \times 21,921.088 + 6,137.905 = 20,751.963\ \text{mm}^2$$

$$= 0.04 \frac{f_{ck}}{f_y} \cdot b \cdot d = 25,563.000\ \text{mm}^2$$

이 중에서 큰 값을 사용하므로 $A_s = 28,903.905\ \text{mm}^2$

$A_{s,\min}$: $4/3 \times b \times d = 38,538.54\ \text{mm}^2$

: $14/f_y \times b \times d = 37,240.00\ \text{mm}^2$

여기에서, $(A_s)_{\min} = 37,240.00\ \text{mm}^2$

- 사용철근량

사용 $A_s = 1(D32 @ 100) = 21,443.400\ \text{mm}^2 (27\ \text{ea})$

$1(D29 @ 100) = 17,344.800\ \text{mm}^2 (24\ \text{ea})$

계 : $38,788.200\ \text{mm}^2$

∴ 사용 $A_s = 38,788.200\ \text{mm}^2 > \text{Req}\ A_s = 37,240.000\ \text{mm}^2$ ∴ O.K.

$\phi M_n = 0.85 \times A_s \times f_y \times (d - a/2)$

$= 20,202,349,118\ \text{N} \cdot \text{m} = 20,202,349118\ \text{kN} \cdot \text{m}$

∴ $\phi M_n = 20,202,349\ \text{kN} \cdot \text{m} > M_u = 16,197.817\ \text{kN} \cdot \text{m}$

8) 폐합스터럽(A_h)

$$A_h = \frac{(A_s - A_n)}{2} = \frac{(38,788.200 - 6,137.905)}{2} = 16,325.148\ \text{mm}^2$$

그러므로

사용 $A_s = D25 \times 6\text{EA} - 6\text{단} = 18,241.200\ \text{mm}^2 > A_h = 16,325.148\ \text{mm}^2$

$S = 300.0\ \text{mm} - \frac{2}{3} \times d = 1,900\ \text{mm}$

(3) 전단 검토

$\frac{l_n}{d_c} = \frac{3.950}{2.850} = 1.386 < 5$ ∴ DEEP BEAM 해석 필요

$\phi S_c = \phi \cdot (1/6) \cdot \sqrt{f_{ck}} \cdot b \cdot d = 5,212.514\ \text{kN} < S_u = 7,365.486\ \text{kN}$

$1/2 \cdot \phi S_c = 2,606.257\ \text{kN} < S_u = 7,365.486\ \text{kN}$

∴ 전단철근 필요

1) 수직 전단철근 최소량

$$A_v = 0.0015 \times b_o \times s_1 = 0.0015 \times 2,800 \times 150.0 = 630.000\ \text{mm}^2$$

전단철근의 최대간격 : $s_1 = \frac{d}{5} = 570.00\ \text{mm}$ 이하 또는 450 mm 이하

∴ 사용 A_h : $A_v = D16 \times 6\text{EA} = 1,191.600\ \text{mm}^2$, $s_1 = 150.0\ \text{mm}$

2) 수평 전단철근 최소량

$$A_h = 0.0025 \times b_o \times s_2 = 0.0025 \times 2,800 \times 300.0 = 2,100.000\ \text{mm}^2$$

전단철근의 최대간격 : $s_2 = \frac{d}{3} = 950.0\ \text{mm}$ 이하 또는 450 mm 이하

∴ 사용 A_h : $A_h = D25 \times 6\text{EA} = 3,040.200\ \text{mm}^2$, $s_2 = 300.0\ \text{mm}$

$$\phi \cdot S_s = \phi\left[\frac{A_v}{s_1} \times \left(\frac{1 + l_n/d}{12}\right) + \frac{A_h}{s_2} \times \left(\frac{11 - l_n/d}{12}\right)\right] \cdot f_y \cdot d_c$$

$$= 0.8 \times \left[\frac{1,191.600}{150.0} \times \left(\frac{1 + 1.386}{12}\right) + \frac{3,040.200}{300.0} \times \left(\frac{11 - 1.386}{12}\right)\right]$$

$$\times 300 \times 2,850.00 = 6,633.812\ \text{kN}$$

$$\therefore\ \phi \cdot S_n = \phi \cdot (S_c + S_s)$$

$$= 5,212.514 + 6,633.812$$

$$= 11,846.33\ \text{kN} > S_u = 7,365.486\ \text{kN}$$ ∴ O.K.

(4) 사용성 검토

1) 사용하중상태에서의 철근응력(실하중)

- 모멘트 $(M) = 11,079.079\ \text{kN} \cdot \text{m}$
- 부재 폭 $(b) = 2,800.000\ \text{mm}$
- 유효깊이 $(d) = 2,850.000\ \text{mm}$
- 철근피복(인장) $(d_z) = 150.000\ \text{mm}$
- 철근피복(압축) $(d_{z3}) = 100.000\ \text{mm}$
- 최외측철근피복 $(d_c) = 100.000\ \text{mm}$
- 인장철근량 $(A_s) = 1(D32@100) = 21,443.400\ \text{mm}^2$(27ea)

$= 1(D29@100) = 17,344.800\ \text{mm}^2(27\text{ea})$

계 : $38,788.200\ \text{mm}^2$

• 압축철근량 $(A_{ss}) = 1(D32@100) = 21,443.400\ \text{mm}^2(27\text{ea})$

① 중립축 (x)

$$x = -n(A_s + 2A_{ss})/b + \sqrt{[\{n(A_s + 2A_{ss})b\}^2 + 2n/b(d \times A_s + 2 \times d_{z3} \times A_{ss})]}$$

$= 609.647\ \text{mm}$

② 중립축에 대한 환산단면 2차 모멘트 (I_i)

$$I_i = b \times x^3/3 + 2n \times A_{ss}(x - d_{z3})^2 + n \times A_s(d - x)^2$$

$= 1,858,07\,6,671,922.37\ \text{mm}^4$

③ 철근의 인장응력

$$f_s = n \times M/I_i \times (d - x)$$

$= 8 \times 11,179.079 \times 1,000,000/1.85808E + 12 \times (2,850.00 - 609.647)$

$= 106.87\ \text{N/mm}^2$

$A = 2,800.00 \times 150.00 \times 2/27 = 31,111.1\ \text{mm}^2/\text{EA}$

2) 허용균열 폭 검토

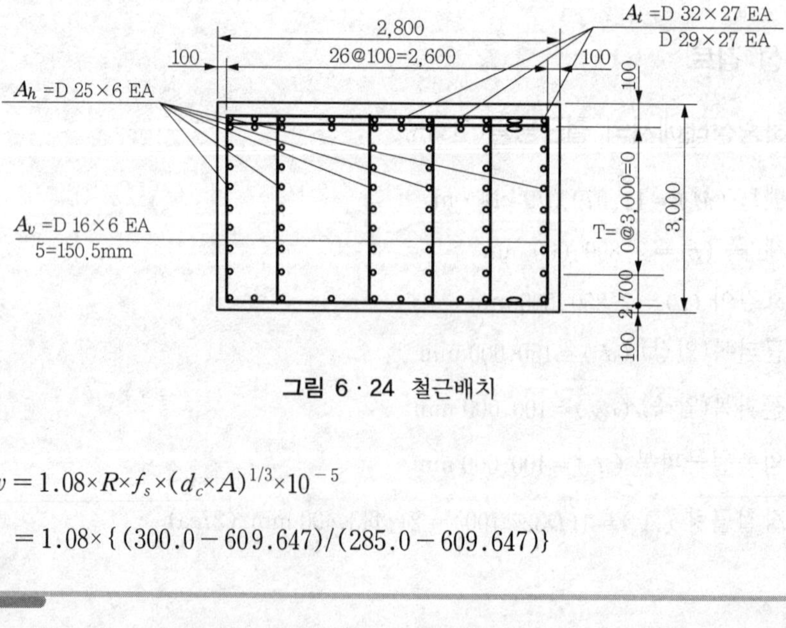

그림 6·24 철근배치

$$w = 1.08 \times R \times f_s \times (d_c \times A)^{1/3} \times 10^{-5}$$

$= 1.08 \times \{(300.0 - 609.647)/(285.0 - 609.647)\}$

$\times 106.9 \times (10.0 \times 31,111.1)^{1/3} \times 10^{-5}$

$= 0.075\ \text{mm} < w_a = 0.005 \times 84 = 0.420\ \text{mm}$(일반환경) ∴ O.K.

6.6.6 기둥설계

(1) 하중조합

하중	하중계수							P(kN)	M(kN · m)				비고
									non-sway		sway		
	D	L	W	E	G	Q	CO		교축	교축직각	교축	교축직각	
CASE 1	1.3	2.15				1.3		19,723.057	0.000	2,294.605	6,608.399	0.000	만
CASE 2	1.3	2.15				1.3		18,634.856	0.000	6,708.650	6,608.399	0.000	편
CASE 3	1.3		1.3			1.3		15,479.000	0.000	1,172.808	8,574.004	11,689.785	
CASE 4	1.3	1.3	1.3			1.3		18,045.174	0.000	1,851.104	7,591.202	7,293.840	만
CASE 5	1.3	1.3	1.3			1.3		17,387.192	0.000	4,520.061	7,591.202	7,293.840	편
CASE 6	1.3	1.3			1.3	1.3		18,045.174	0.000	1,851.104	8,778.970	0.000	만
CASE 7	1.3	1.3			1.3	1.3		17,387.192	0.000	4,520.061	8,778.970	0.000	편
CASE 8	1.25		1.25		1.25	1.25		14,883.654	0.000	1,127.700	10,331.323	11,240.178	
CASE 9	1.25	1.25	1.25		1.25	1.25		17,351.129	0.000	1,779.908	9,386.320	11,240.178	만
CASE 10	1.25	1.25	1.25		1.25	1.25		16,718.454	0.000	4,346.213	9,386.320	7,013.308	편
CASE 11	1.3	1.3				1.3	1.3	18,045.174	0.000	1,851.104	6,608.399	0.000	만
CASE 12	1.3	1.3				1.3	1.3	17,387.192	0.000	4,520.016	6,608.399	0.000	편
CASE 13	1.2		1.2			1.2	1.2	14,288.308	0.000	1,082.592	7,914.466	10,790.570	
CASE 14	1.0			1.0		1.0		11,906.923	0.000	0.000	23,305.792	0.000	지
CASE 15	1.0	2.15				1.3		16,150.980	0.000	2,023.57	5,083.384	0.000	만
CASE 16	1.0	2.15				1.3		15,062.779	0.000	6,438.002	5,083.384	0.000	편
CASE 17	1.0		1.3			1.3		11,906.923	0.000	920.160	7,048.989	11,689.785	
CASE 18	1.0	1.3	0.65			1.3		14,473.097	0.000	1,580.456	6,066.187	7,293.840	만

하중	하중계수							P(kN)	M(kN·m)				비고
									non-sway		sway		
	D	L	W	E	G	Q	CO		교축	교축직각	교축	교축직각	
CASE 19	1.0	1.3	0.65			1.3		13,815.115	0.000	4,249.413	6,066.187	7,293.840	편
CASE 20	1.0	1.3			1.3	1.3		14,473.097	0.000	1,580.456	7,253.955	0.000	만
CASE 21	1.0	1.3			1.3	1.3		13,815.115	0.000	4,249.413	7,253.955	0.000	편
CASE 22	0.95		1.25		1.25	1.25		11,311.577	0.000	857.052	8,806.307	11,240.178	
CASE 23	0.95	1.25	0.625		1.25	1.25		13,779.052	0.000	1,509.260	7,861.305	7,013.308	만
CASE 24	0.95	1.25	0.625		1.25	1.25		31,146.377	0.000	4,075.565	7,861.305	7,013.308	편
CASE 25	1.0	1.3				1.3	1.3	14,473.097	0.000	1,580.456	5,083.384	0.000	만
CASE 26	1.0	1.3				1.3	1.3	13,815.115	0.000	4,249.413	5,083.384	0.000	편
CASE 27	0.9		1.2			1.2	1.2	10,716.231	0.000	811.944	6,389.450	10,790.570	
CASE 28	1.0			1.0		1.0		11,906.923	0.000	902.160	0.000	11,200.148	지

(2) 사용철근량 검토

1) 단면력 정리(탄성설계)

구분		하중(CASE)	단 면 력		
			축 력(P)	모멘트(non-sway)	모멘트(sway)
축력최대시	교축	CASE 1(1)	19,723.057	0.000	6,608.399
	교축직각			2,294.605	0.000
모멘트최대시 (교축)	교축	CASE 8(2)	11,311.577	0.000	8,806.307
	교축직각			857.052	11,240.178
모멘트최대시 (교축직각)	교축	CASE 17(3)	11,906.923	0.000	7,048.989
	교축직각			902.160	11,689.785
지진시 (탄성설계)	교축	CASE 14(4)	11,906.923	0.000	23,305.792
	교축직각	CASE 28(5)	11,906.923	902.160	11,200.048

* ( )의 치수는 기둥철근량 산정시의 CASE임.

2) 단면력 정리(소성설계)

수정응답계수 $R=3$을 적용하여 설계

<table>
<tr><th colspan="2" rowspan="2">구분</th><th rowspan="2">하중(CASE)</th><th colspan="3">단 면 력</th></tr>
<tr><th>축 력(P)</th><th>모멘트(non-sway)</th><th>모멘트(sway)</th></tr>
<tr><td rowspan="2">축력최대시</td><td>교축</td><td rowspan="2">CASE 1(1)</td><td rowspan="2">19,723.057</td><td>0</td><td>6,608.399</td></tr>
<tr><td>교축직각</td><td>2,294.605</td><td>0.000</td></tr>
<tr><td rowspan="2">모멘트최대시
(교축)</td><td>교축</td><td rowspan="2">CASE 8(2)</td><td rowspan="2">11,311.577</td><td>0</td><td>8,806.307</td></tr>
<tr><td>교축직각</td><td>857.052</td><td>11,240.178</td></tr>
<tr><td rowspan="2">모멘트최대시
(교축직각)</td><td>교축</td><td rowspan="2">CASE 17(3)</td><td rowspan="2">11,906.923</td><td>0</td><td>7,048.989</td></tr>
<tr><td>교축직각</td><td>902.16</td><td>11,689.785</td></tr>
<tr><td rowspan="2">지진시
(탄성설계)</td><td>교축</td><td>CASE 14(4)</td><td>11,906.923</td><td>0</td><td>7,768.597</td></tr>
<tr><td>교축직각</td><td>CASE 28(5)</td><td>11,906.923</td><td>902.16</td><td>3,733.349</td></tr>
</table>

* ( )의 치수는 기둥 검토시 LOAD CASE임.

3) 기둥 검토

가) 설계기준

- 콘크리트 설계기준 강도 (f_{ck}): 24 MPa
- 철근 항복강도 (f_y): 300 MPa
- 강재 항복강도 (f_{sy}): 300 MPa
- 콘크리트 탄성계수 (E_c): 23,025.2 MPa
- 철근 피복 덮개 (d'): 100 mm

나) 기하입력 자료(원형단면)

- 직경(diameter) : 2,500 mm
- 비지지 길이 (l_u): 13,800 mm
- 유효길이계수 (k_x): 2.10
- 유효길이계수 (k_y): 2.10

다) 사용 강재량

① 사용 철근량

- 1단 철근 : $D32-73$개 $=57,976.6\ \text{mm}^2$
- 총 사용 철근량 : $A_{st}=57,976.6\ \text{mm}^2$

라) 공칭 강도 검토

① Load Case 1

- 계수축하중 : $P_u=19,723.06\ \text{kN}$
- 계수모멘트 (X) : $M_{ux}=6,608.39\ \text{kN}\cdot\text{m}$

  $M_{ux,\ ns}=0.00\ \text{kN}\cdot\text{m}$

  $M_{ux,\ s}=6,608.39\ \text{kN}\cdot\text{m}$
- 계수모멘트 (Y) : $M_{uy}=2,294.60\ \text{kN}\cdot\text{m}$

  $M_{uy,\ ns}=2,294.60\ \text{kN}\cdot\text{m}$

  $M_{uy,\ s}=0.00\ \text{kN}\cdot\text{m}$
- X축 세장비 : $\lambda_x=46.4$
- Y축 세장비 : $\lambda_y=46.4$
- 지속 계수하중비 : $\beta_{dx}=0.00$

  $\beta_{dy}=0.00$
- X축 확대계수 : $\delta_{x,\ ns}=1.000$

  $\delta_{x,\ s}=1.145$
- Y축 확대계수 : $\delta_{y,\ ns}=1.000$

  $\delta_{y,\ s}=1.145$
- X축 확대모멘트 : $\delta M_{ux}=7,568.47\ \text{kN}\cdot\text{m}$
- Y축 확대모멘트 : $\delta M_{uy}=2,294.60\ \text{kN}\cdot\text{m}$
- 합성 확대모멘트 : $\delta M_u=7,908.67\ \text{kN}\cdot\text{m}$
- 중립축 회전각 : $\theta_{rot}=16.866\ \text{deg}$
- 중립축 : $\chi=1,915.4\ \text{mm}$

- 최소편심 : $E_{\min}=225.9\text{ mm}$
- 평형편심 : $E_b=612.0\text{ mm}$
- 작용편심 : $E_{app}=401.0\text{ mm}$

  ∴ 영역 2 → 압축지배 구간
- 사용철근비 : $\rho=1.181\%$
- 평형축하중 : $\phi P_b=41,670.64\text{ kN}$
- 평형모멘트 : $\phi M_b=25,503.40\text{ kN}\cdot\text{m}$
- 강도감소계수 : $\phi=0.700$
- 공칭축하중 : $\phi P_n=53,345.87\text{ kN}$
- 공칭모멘트 : $\phi M_n=21,390.93\text{ kN}\cdot\text{m}$

② Load Case 2

- 계수축하중 : $P_u=11,311.58\text{ kN}$
- 계수모멘트(X) : $M_{ux}=8,815.92\text{ kN}\cdot\text{m}$

  $M_{ux,\,ns}=0.00\text{ kN}\cdot\text{m}$

  $M_{ux,\,s}=8,815.92\text{ kN}\cdot\text{m}$
- 계수모멘트 (Y) : $M_{uy}=12,097.23\text{ kN}\cdot\text{m}$

  $M_{uy,\,ns}=857.05\text{ kN}\cdot\text{m}$

  $M_{uy,\,s}=11,240.18\text{ kN}\cdot\text{m}$
- X축 세장비 : $\lambda_x=46.4$
- Y축 세장비 : $\lambda_y=46.4$
- 지속 계수하중비 : $\beta_{dx}=0.00$

  $\beta_{dy}=0.00$
- X축 확대계수 : $\delta_{x,\,ns}=1.000$

  $\delta_{x,\,s}=1.078$
- Y축 확대계수 : $\delta_{y,\,ns}=1.000$

  $\delta_{y,\,s}=1.078$
- X축 확대모멘트 : $\delta M_{ux}=9,507.63\text{ kN}\cdot\text{m}$

- Y축 확대모멘트 : $\delta M_{uy}=12,979.13\,kN\cdot m$
- 합성 확대모멘트 : $\delta M_u=16,088.90\,kN\cdot m$
- 중립축 회전각 : $\theta_{rot}=53.775$ deg
- 중립축 : $\chi=917.1$ mm
- 최소편심 : $E_{\min}=225.9$ mm
- 평형편심 : $E_b=612.0$ mm
- 작용편심 : $E_{app}=1,422.3$ mm

∴ 영역 3 → 인장지배 구간

- 사용철근비 : $\rho=1.181\%$
- 평형축하중 : $\phi P_b=41,669.93$ kN
- 평형모멘트 : $\phi M_b=25,503.43\,kN\cdot m$
- 강도감소계수 : $\phi=0.700$
- 공칭축하중 : $\phi P_n=16,014.74$ kN
- 공칭모멘트 : $\phi M_n=22,778.39\,kN\cdot m$

③ Load Case 3

- 계수축하중 : $P_u=11,906.92$ kN
- 계수모멘트 (X) : $M_{ux}=7,049.08\,kN\cdot m$

  $M_{ux,\,ns}=0.00\,kN\cdot m$

  $M_{ux,\,s}=7,049.08\,kN\cdot m$
- 계수모멘트 (Y) : $M_{uy}=12,591.94\,kN\cdot m$

  $M_{uy,\,ns}=902.16\,kN\cdot m$

  $M_{uy,\,s}=11,689.78\,kN\cdot m$
- X축 세장비 : $\lambda_x=46.4$
- Y축 세장비 : $\lambda_y=46.4$
- 지속 계수하중비 : $\beta_{dx}=0.00$

  $\beta_{dy}=0.00$
- X축 확대계수 : $\delta_{x,\,ns}=1.000$

$\delta_{x,s} = 1.083$

- Y축 확대계수 : $\delta_{y,ns} = 1.000$

  $\delta_{y,s} = 1.083$

- X축 확대모멘트 : $\delta M_{ux} = 7,633.68$ kN · m
- Y축 확대모멘트 : $\delta M_{uy} = 113,561.39$ kN · m
- 합성 확대모멘트 : $\delta M_u = 15,562.27$ kN · m
- 중립축 회전각 : $\theta_{rot} = 60.624$ deg
- 중립축 : $\chi = 975.3$ mm
- 최소편심 : $E_{\min} = 225.9$ mm
- 평형편심 : $E_b = 612.0$ mm
- 작용편심 : $E_{app} = 1,307.0$ mm

  ∴ 영역 3 → 인장지배 구간

- 사용철근비 : $\rho = 1.181\%$
- 평형축하중 : $\phi P_b = 41,671.13$ kN
- 평형모멘트 : $\phi M_b = 25,504.03$ kN · m
- 강도감소계수 : $\phi = 0.700$
- 공칭축하중 : $\phi P_n = 18,059.41$ kN
- 공칭모멘트 : $\phi M_n = 23,603.54$ kN · m

④ Load Case 4

- 계수축하중 : $P_u = 11,906.92$ kN
- 계수모멘트 (X) : $M_{ux} = 7,768.60$ kN · m

  $M_{ux,ns} = 0.00$ kN · m

  $M_{ux,s} = 7,768.60$ kN · m

- 계수모멘트 (Y) : $M_{uy} = 0.00$ kN · m

  $M_{uy,ns} = 0.00$ kN · m

  $M_{uy,s} = 0.00$ kN · m

- X축 세장비 : $\lambda_x = 46.4$

- Y축 세장비 : $\lambda_y = 46.4$
- 지속 계수하중비 : $\beta_{dx} = 0.00$

  $\beta_{dy} = 0.00$
- X축 확대계수 : $\delta_{x,\ ns} = 1.000$

  $\delta_{x,\ s} = 1.083$
- Y축 확대계수 : $\delta_{y,\ ns} = 1.000$

  $\delta_{y,\ s} = 1.083$
- X축 확대모멘트 : $\delta M_{ux} = 8,412.87$ kN · m
- Y축 확대모멘트 : $\delta M_{uy} = 0.00$ kN · m
- 합성 확대모멘트 : $\delta M_u = 8,412.87$ kN · m
- 중립축 회전각 : $\theta_{rot} = 0.00$ deg
- 중립축 : $\chi = 1,494.7$ mm
- 최소편심 : $E_{\min} = 225.9$ mm
- 평형편심 : $E_b = 612.0$ mm
- 작용편심 : $E_{app} = 706.6$ mm

  ∴ 영역 3 → 인장지배 구간
- 사용철근비 : $\rho = 1.181\%$
- 평형축하중 : $\phi P_b = 41,683.72$ kN
- 평형모멘트 : $\phi M_b = 25,501.33$ kN · m
- 강도감소계수 : $\phi = 0.700$
- 공칭축하중 : $\phi P_n = 37,190.31$ kN
- 공칭모멘트 : $\phi M_n = 26,276.94$ kN · m

⑤ Load Case 5

- 계수축하중 : $P_u = 11,906.92$ kN
- 계수모멘트 (X) : $M_{ux} = 0.00$ kN · m

  $M_{ux,\ ns} = 0.00$ kN · m

  $M_{ux,\ s} = 0.00$ kN · m

- 계수모멘트 (Y) : $M_{uy}=4,635.51$ kN · m

  $M_{uy,\ ns}=902.16$ kN · m

  $M_{uy,\ s}=3,733.35$ kN · m
- X축 세장비 : $\lambda_x=46.4$
- Y축 세장비 : $\lambda_y=46.4$
- 지속 계수하중비 : $\beta_{dx}=0.00$

  $\beta_{dy}=0.00$
- X축 확대계수 : $\delta_{x,\ ns}=1.000$

  $\delta_{x,\ s}=1.083$
- Y축 확대계수 : $\delta_{y,\ ns}=1.000$

  $\delta_{y,\ s}=1.083$
- X축 확대모멘트 : $\delta M_{ux}=0.00$ kN · m
- Y축 확대모멘트 : $\delta M_{uy}=4,945.12$ kN · m
- 합성 확대모멘트 : $\delta M_u=4,945.12$ kN · m
- 중립축 회전각 : $\theta_{rot}=90.000$ deg
- 중립축 : $\chi=1,882.4$ mm
- 최소편심 : $E_{\min}=225.9$ mm
- 평형편심 : $E_b=612.0$ mm
- 작용편심 : $E_{app}=415.3$ mm

  ∴ 영역 2 → 압축지배 구간
- 사용철근비 : $\rho=1.181\%$
- 평형축하중 : $\phi P_b=41,686.13$ kN
- 평형모멘트 : $\phi M_b=25,520.42$ kN · m
- 강도감소계수 : $\phi=0.700$
- 공칭축하중 : $\phi P_n=52,469.73$ kN
- 공칭모멘트 : $\phi M_n=21,791.46$ kN · m

(3) 띠철근 및 구속철근

1) 횡방향 보강재

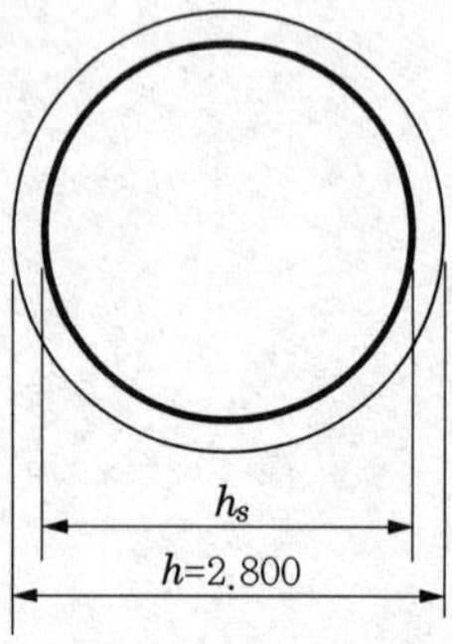

그림 6·25 횡방향 보강재

$$z = \frac{2}{\pi} \times \left(\frac{h}{2} - d'\right) = \frac{2}{\pi} \times \left(\frac{2,500}{2} - 100.0\right) = 732.113\ \text{mm}$$

$$d = \frac{h}{2} + z = 1,982.113\ \text{mm}$$

① 기둥에 발생하는 전단력

$$V_{\max} = \sqrt{1,501.500^2 + 389.760^2} = 1,553.548\ \text{kN}$$

$$V_n = \frac{V_{\max}}{\phi} = \frac{1,553.548}{0.80} = 1,941.935\ \text{kN}$$

② 전단력의 검토

$$V_c = (1/6) \cdot \sqrt{f_{ck}} \cdot h \cdot d = 4,045.971\ \text{kN} > S_u = 1,941.935\ \text{kN}$$

∴ 전단철근 필요 없음

2) 심부철근 및 보강띠철근

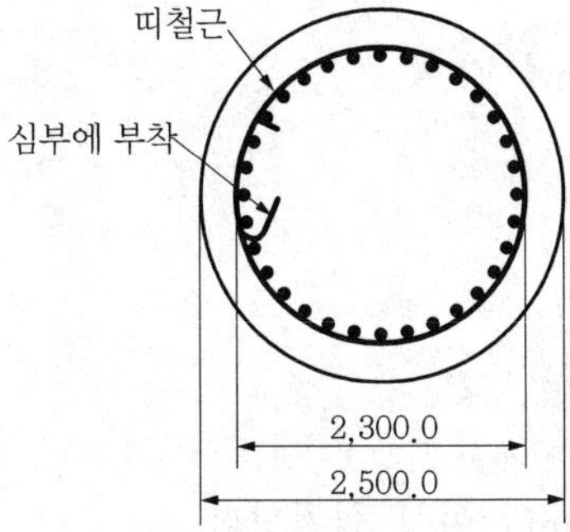

구속철근이 위치하는 곳의 띠철근의 연결은 용접이음으로 한다.

구속철근의 겹이음은 교각 각하단에서는 브리딩을 고려하여 상부철근 겹이음으로 한다.

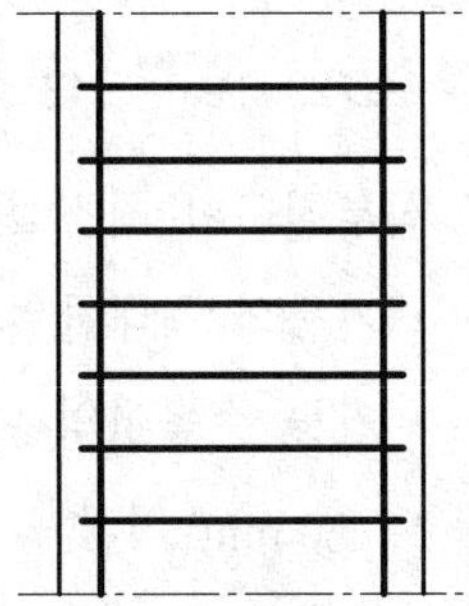

그림 6 · 26 심부철근 및 보강띠철근

- 기둥의 단면적 : $A_g = \pi \times 2,500.0^2/4 = 4,908,738.521\ \text{mm}^2$
- 기둥의 심부 단면적 : $A_c = \pi \times 2,390.0^2/4 = 4,486,272.849\ \text{mm}^2$
- 콘크리트강도 : $f_{ck} = 24\ \text{MPa}$
- 철근항복강도 : $f_y = 300\ \text{MPa}$

① $p_s = 0.45[A_g/A_c - 1] \times f_{ck}/f_y$

② $p_s = 0.12 \times f_{ck}/f_y$

①과 ② 중 큰 값으로 한다.

$p_s = 4A_s/[DS]$

여기에서, D : 기둥심부직경 $= 2,390\ \text{mm}$

S : 띠철근간격 $= 100.00\ \text{mm}$ ← 띠철근 간격 결정

① 철근비 검토

$$\rho_s = 0.45 \times \left[\frac{4,908,738.521}{4,486,272} - 1\right] \times \frac{24}{300} = 0.00339$$

$$= 0.12 \times 24/300 = 0.0096$$

$$\therefore\ \rho_s = 0.0096$$

② 필요철근량 검토

$$D_s = 2,300.0 + 29 \times 2 + 32 = 2,390.0\ \text{mm}$$

$$A_s = \frac{\rho_s \times D_S \times s}{4} = \frac{0.0096 \times 2,390.0 \times 100.00}{4} = 573.6\ \text{mm}^2/1\text{방향}$$

③ 사용철근량

심부구속철근

$$D29 \times 1\text{ea} = 642.400\ \text{mm}^2 > \text{소요}\ A_s = 573.6\ \text{mm}^2 \quad \text{O.K.}$$

④ 심부철근의 최소설치구간

- 기둥의 최대단면치수 = 2,500.000
- 기둥 순높이의 1/6 = 230.000
- 450 mm 이상 = 450.000

이상에서 큰 값을 사용해야 하므로 2,500.000 mm 이상 설치한다.

⑤ 기둥하단에서 설치구간

- 기둥치수의 0.5배 이상 연장 = 1,250.000
- 380 mm 이상 = 380.000

이상에서 큰 값을 사용해야 하므로 1,250.000 mm 이상 설치한다.

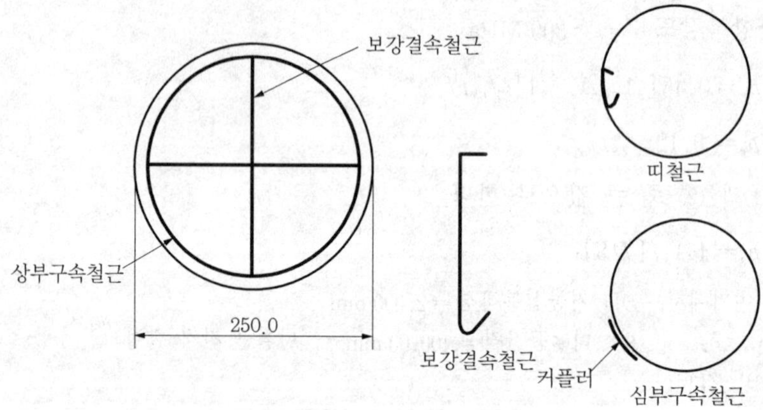

그림 6·27 심부구속 및 보강결속철근

(4) 연결부 설계

1) COPING부의 정착길이 계산

- 거더 유효높이의 1/2 = 3,000.00/2 = 1,500.000 mm
- 기둥 유효높이의 1/2 = 2,500.00/2 = 1,250.000 mm

} 작은 값 적용

이 중 작은 값을 지나서 이 점부터 정착길이 이상 연장하여야 하므로, 인장을 받는 이

형철근의 정착길이 l_d는 설계기준에 의하여

$$l_{d1} = \frac{0.6 \cdot d_b \cdot f_y}{\sqrt{f_{ck}}} \cdot \alpha \cdot \beta \cdot \lambda = 1,175.755\ \text{mm} \geq 300.000\ \text{mm}$$

여기에서, 보정계수 $\alpha = 1.0$, $\beta = 1.0$, $\lambda = 1.0$

$$l_{d2} = 0.9 \cdot \frac{d_b \cdot f_y}{\sqrt{f_{ck}}} \cdot \frac{\alpha \cdot \beta \cdot \gamma \cdot \lambda}{\left(\frac{c + K_{tr}}{d_b}\right)} = 1,128.72\ \text{mm} \geq 300.000\ \text{mm}$$

여기에서, 보정계수 $\gamma = 1.0$, $c = 100/2 = 50.0\ \text{mm}$, $K_{tr} = 0.0$

위의 정착길이에서 큰 값을 사용한다.

$$\therefore\ l_d = 1,250.000 + 1,175.755 = 2,425.755\ \text{mm}$$

2) FOOTIONG부의 정착길이 계산

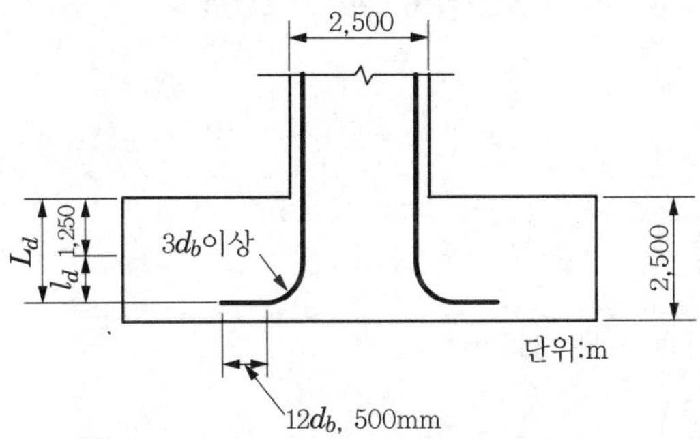

그림 6 · 28 FOOTIONG부의 철근정착

- 기본정착길이 : $l_d = 100 \cdot d_y / \sqrt{f_{ck}} = 100 \times 32.0 / \sqrt{24} = 653.197\ \text{mm}$
- 수정계수

  철근의 항복강도 : $f_y/400 = 300/400 = 0.75$

  콘크리트 피복두께 : 0.70

  띠철근 또는 스터럽 : 0.80

$$l_{d'} = 653.197 \times 0.75 \times 0.70 \times 0.80 = 274.343\ \text{mm}$$

$$\therefore\ L_d = 1,250.00 + 274.343 + 3d_b + 12d_b$$

$$= 1,250.00 + 274.343 + 3\times32.0 + 12\times32.0$$

$$= 2,004.343\ \text{mm}$$ 이상 묻힘길이 필요

6.6.7 기초의 설계(직접기초)

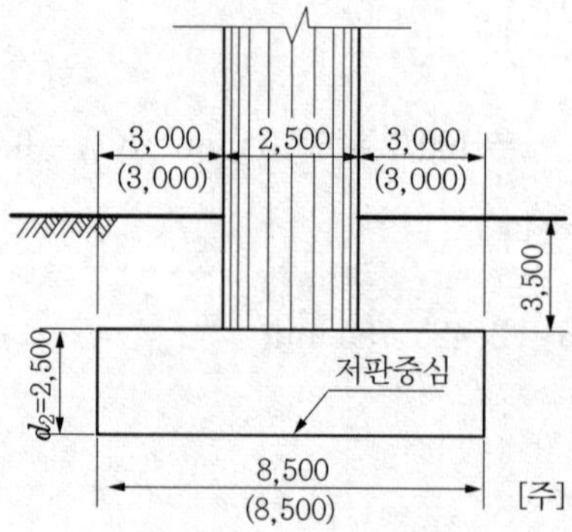

그림 6 · 29 기초단면

(1) 지반반력 산정

1) 교축 직각방향

$$A = 8.500\times8.500 = 72.250\ \text{m}^2$$

$$Q = \frac{P}{A}\left(1 \pm \frac{6e}{B}\right)$$

① CASE 1 : $1.3D + 2.15L + 1.3Q$

$$e = \frac{M_a}{V} = \frac{5,535.258}{30,633.223} = 0.181\ \text{m}$$

$$\therefore\ Q = \frac{30,633.223}{72.250}\left(1 \pm \frac{6\times0.181}{8.500}\right) = \begin{cases} 478.160\ \text{kN/m}^2 \\ 369.818\ \text{kN/m}^2 \end{cases}$$

② CASE 2 : $1.25D + 1.25W + 1.25G$

$$e = \frac{M_a}{V} = \frac{12,799.163}{16,920.545} = 0.756\ \text{m}$$

$$\therefore\ Q = \frac{16,920.545}{72.250}\left(1 \pm \frac{6\times0.756}{8.500}\right) = \begin{cases} 359.172\ \text{kN/m}^2 \\ 109.217\ \text{kN/m}^2 \end{cases}$$

③ CASE 3 : $1.25D + 1.25W + 1.25Q + 1.25G$

$$e = \frac{M_a}{V} = \frac{12,799.163}{16,920.545} = 0.756\text{ m}$$

$$\therefore\ Q = \frac{16,920.545}{72.250}\left(1 \pm \frac{6 \times 0.756}{8.500}\right) = \begin{cases} 359.172\text{ kN/m}^2 \\ 109.217\text{ kN/m}^2 \end{cases}$$

④ CASE 4 : $1.25D + 1.25L + 1.25Q + 1.25W + 1.25G$

$$e = \frac{M_a}{V} = \frac{7,956.863}{18,775.345} = 0.424\text{ m}$$

$$\therefore\ Q = \frac{18,775.345}{72.250}\left(1 \pm \frac{6 \times 0.424}{8.500}\right) = \begin{cases} 337.283\text{ kN/m}^2 \\ 181.890\text{ kN/m}^2 \end{cases}$$

⑤ CASE 5 : $1.2D + 1.2Q + 1.2W + 1.2CO$

$$e = \frac{M_a}{V} = \frac{12,287.196}{25,363.723} = 0.484\text{ m}$$

$$\therefore\ Q = \frac{25,363.723}{72.250}\left(1 \pm \frac{6 \times 0.484}{8.500}\right) = \begin{cases} 470.992\text{ kN/m}^2 \\ 231.118\text{ kN/m}^2 \end{cases}$$

⑥ CASE 5 : $1.0D + 1.0E + 1.0Q$

$$e = \frac{M_a}{V} = \frac{9,654.300}{21,136.436} = 0.457\text{ m}$$

$$\therefore\ Q = \frac{21,136.436}{72.250}\left(1 \pm \frac{6 \times 0.457}{8.500}\right) = \begin{cases} 386.918\text{ kN/m}^2 \\ 198.174\text{ kN/m}^2 \end{cases}$$

2) 교축방향

$$A = 8.500 \times 8.500 = 72.250\text{ m}^2$$

$$Q = \frac{P}{A}\left(1 \pm \frac{6e}{B}\right)$$

① CASE 1 : $1.3D + 2.15L + 1.3Q$

$$e = \frac{M_a}{V} = \frac{7,568.933}{31,721.424} = 0.239\text{ m}$$

$$\therefore\ Q = \frac{31,721.424}{72.250}\left(1 \pm \frac{6 \times 0.239}{8.500}\right) = \begin{cases} 513.121\text{ kN/m}^2 \\ 364.980\text{ kN/m}^2 \end{cases}$$

② CASE 2 : $1.25D + 1.25W + 1.25G$

$$e = \frac{M_a}{V} = \frac{11,915.855}{26,420.545} = 0.451\text{ m}$$

$$\therefore\ Q = \frac{26,420.545}{72.250}\left(1 \pm \frac{6 \times 0.451}{8.500}\right) = \begin{cases} 482.098\ \mathrm{kN/m^2} \\ 249.266\ \mathrm{kN/m^2} \end{cases}$$

③ CASE 3 : CASE 2와 동일

④ CASE 4 : $1.25D + 1.25L + 1.25W + 1.25Q + 1.25G$

$$e = \frac{M_a}{V} = \frac{10,792.085}{28,888.020} = 0.374\ \mathrm{m}$$

$$\therefore\ Q = \frac{28,888.020}{72.250}\left(1 \pm \frac{6 \times 0.374}{8.500}\right) = \begin{cases} 505.390\ \mathrm{kN/m^2} \\ 294.278\ \mathrm{kN/m^2} \end{cases}$$

⑤ CASE 5 : $1.0D + 1.0E + 1.0Q$

$$e = \frac{M_a}{V} = \frac{17,097.267}{21,136.436} = 0.809\ \mathrm{m}$$

$$\therefore\ Q = \frac{21,136.436}{72.250}\left(1 \pm \frac{6 \times 0.809}{8.500}\right) = \begin{cases} 459.607\ \mathrm{kN/m^2} \\ 125.485\ \mathrm{kN/m^2} \end{cases}$$

⑥ CASE 6 :교축 직각방향과 동일

(2) 교축 직각방향 설계

1) 지반반력(기초 폭 = 8.500 m)

CASE	m^2당 반력		m당 반력		하중구배계수
	R_1	R_2	R_1	R_2	
CASE 1	478.160	369.818	4,064.360	3,143.453	108.342
CASE 2	359.172	109.217	3,001.962	928.345	243.955
CASE 3	359.172	109.217	3,001.962	928.345	243.955
CASE 4	337.283	181.896	2,866.906	1,546.116	155.387
CASE 5	470.992	231.118	4,003.432	1,964.503	239.874
CASE 6	386.918	198.174	3,288.803	1,684.479	188.744

2) 단면력 산정

자중을 고려한 단면력

$$M_u = (4,064.360 + 3,874.762) \times 3.250 \times 1/2 \times 1.653 - 1.3 \times (3.000 \times 2.500 \times 25.0 \times 8.500$$
$$\times 1.500 + 3.000 \times 3.500 \times 20.0 \times 8.500 \times 1.500)$$

$= 14,736.912\,\text{kN}\cdot\text{m}$

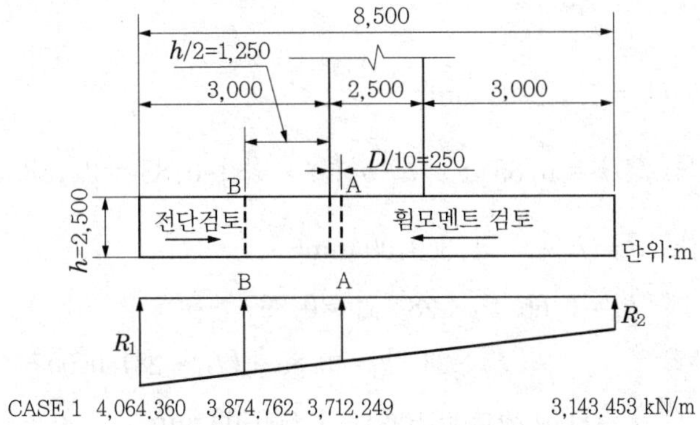

그림 6 · 30 교축 직각방향 단면력 산정

$$S_u = (4,064.360 + 3,874.762)\times 1.750 \times 1/2 - 1.3\times(1.750\times 2.500\times 25.0\times 8.500 + 1.750 \times 3.500\times 20.0\times 8.500)$$
$$= 4,384.513\,\text{kN}\cdot\text{m}$$

3) 부재설계시의 단면유효 폭 산정

- 주철근이 하면에 배근시

$$b = (t_c - d/10\times 2) + 2d$$
$$= \{(2.500 - 0.250\times 2) + 2\times(2.500 - 0.100)\}\times 1\ \langle\text{column}\rangle = 6.800\ \text{m}$$

4) 철근량 산정 및 사용성 검토

① 계산조건

- 설계기준강도(f_{ck}) = 24 MPa
- 항복응력(f_y) = 300 MPa
- 모멘트(M_u) = 15,617.885 kN · m
- 전단력(S_u) = 6,027.170 kN
- 부재 폭(b) = 6,800.000 mm
- 유효깊이(d) = 2,400.000 mm
- 철근피복(인장)(d_z) = 100.000 mm

- 철근피복(압축)(d_{z3}) = 100.000 mm

② 필요철근량

- 유효깊이(d) = 2,400.00 mm
- 평형모멘트(M_b) $= 0.85 \times f_{ck} \times a \times b \times \left(d - \frac{a}{2}\right) \times 0.85 = 2.7582E + 11$ N · mm

여기에서, $a = k_1 \times x = 1,360.00$ mm

$k_1 = 0.85$ $f_{ck} < 28 : k_1 = 0.85$

$f_{ck} > 28 : k_1 = 0.85 - (f_{ck} - 28) \times 0.007$

$c = 600 \times d / (600 + f_y) = 1,600.00$ mm

$M_u < M_b$이므로

$A_s = M_u / (f_y \times (d - a_c/2) \times 0.85) = 25,819.79 \text{ mm}^2$

여기에서, $a_c = \dfrac{0.85 \times f_{ck} \times b \times d - \sqrt{0.7225 \times f_{ck}^2 \times b^2 \times d^2 - 2 \times f_{ck} \times b \times M_u}}{0.85 \times f_{ck} \times b}$

$= 55.840$ mm

- 철근비 $(p) = \dfrac{A_s}{b \times d} = 0.0016$
- 최대철근비 $(p_{\max}) = \dfrac{0.75 \times 0.85 \times f_{ck} \times a}{f_y \times d} = 0.029$
- 최소철근비 $(p_{\max}) = \text{MAX}(p_{\min 1}, p_{\min 2}) = 0.005$

$(p_{\min 1}) = 1.4 / f_y = 0.005$

$(p_{\min 2}) = 0.25 / \sqrt{f_{ck}} / f_y = 0.004$

〈 $p < p_{\min}$ 인 경우〉

$(A_s)_{\min}$: (1) $4/3 \times A_s = 34,426.39 \text{ mm}^2$

(2) $p_{\min} \times b \times d = 76,160.00 \text{ mm}^2$

여기에서, $(A_s)_{\min} = 34,426.39 \text{ mm}^2$

③ 사용철근량

사용 $A_s = 1(D25 @ 100) = 34,962.300 \text{ mm}^2$ (69ea)

$A'_s = 1(D25 @ 200) = 17,227.800 \text{ mm}^2$ (34ea)

④ 설계모멘트 강도의 검토

$$\phi \cdot M_n = 0.85 \times \{A_s \times f_y \times (d - a/2)\} = 21,059,881,413.37 \text{ N} \cdot \text{mm}$$

여기에서, $a = \dfrac{A_s \times f_y}{0.85 \times f_{ck} \times b} = 75.61 \text{ mm}$

- $\phi M_n > M_{u,}$ O.K.

⑤ 필요스터럽

$$\phi \cdot S_c = \phi \times (1/6) \cdot \sqrt{f_{ck}} \times b \times d = 13,325.224 \text{ kN} > S_u = 6,027.170 \text{ kN}$$

$$\frac{1}{2} \cdot \phi \cdot S_c = 6,662.612 \text{ kN} > S_u = 6,027.170 \text{ kN}$$

∴ 양방향 슬래브이므로 최소전단철근은 필요가 없으나 조립철근으로 배근한다.

- 전단철근 간격 $s = 400.00$ mm

소요 $A_v = \begin{cases} 0.35 \cdot b_w \cdot s/f_y = 0.000 \text{ mm}^2 & \leftarrow \text{최소전단철근 필요시} \\ S_s \cdot s/(\phi \cdot f_y \cdot d) = 0.000 \text{ mm}^2 & \leftarrow \text{전단철근 필요시} \end{cases}$

∴ 사용 $A_v = D19 \times 2.5 \text{ ea/m} = 716.259 \text{ mm}^2 > 0.000 \text{ mm}^2$ O.K.

⑥ 사용성 검토

〈사용하중상태에서 철근응력(실하중)〉

- 모멘트 $(M) = 12,013.758$ kN · m
- 부재 폭 $(b) = 6,800$ mm
- 유효깊이 $(d) = 2,400$ mm
- 철근피복(인장) $(d_z) = 100$ mm
- 철근피복(압축) $(d_{z3}) = 100$ mm
- 최외측철근피복 $(d_c) = 100$ mm
- 인장철근량 $(A_s) = 1(D25@100) = 34,962.300 \text{ mm}^2$ (69ea)
- 압축철근량 $(A_{ss}) = 1(D25@200) = 17,227.800 \text{ mm}^2$ (34ea)
- 중립축 (X)

$$x = -n(A_s + 2A_{ss})/b + \sqrt{[\{n(A_s + 2A_{ss})/b\}^2 + 2n/b(d \times A_s + 2 \times d_{x3} \times A_{ss})]}$$

$$= 378.996 \text{ mm}$$

• 중립축에 대한 환산단면 2차 모멘트 (I_i)

$$I_i = b \times x^3/3 + 2n \times A_{ss}(x - d_{z3})^2 + n \times A - s(d - x)^2$$

$$= 1,287,26\,5,274,477.32 \text{ mm}^4$$

• 철근의 인장응력

$$f_s = n \times M / I_i \times (d - x)$$

$$= 8 \times 12,013.758 \times 1,000,000/1.28727E + 12 \times (2,400.00 - 378.996)$$

$$= 150.89 \text{ MPa}$$

$$A = 6,800.00 \times 100.00 \times 2/69 = 19,710.1 \text{ mm}^2/\text{ea}$$

〈허용균열 폭 검토〉

$$w = 1.08 \times R \times f_s \times (d_c \times A)^{1/3} \times 10^{-5}$$

$$= 1.08 \times \{(2,500.0 - 378.996)/(2,400.0 - 378.996)\} \times 150.9$$

$$\times (100.0 \times 19,710.1)^{1/3} \times 10^{-5}$$

$$= 0.214 \text{ mm} < w_a = 0.005 \times 87.5 = 0.438 \text{ mm}$$ (일반환경)

(3) 교축방향 설계

1) 지반반력

〈반력 리스트〉 (기초 폭 = 8.500 m)

CASE	m^2당 반력		m당 반력		하중구배계수
	R_1	R_2	R_1	R_2	
CASE 1	513.121	364.980	4,361.529	3,102.330	148.141
CASE 2	482.098	249.266	4,097.833	2,118.761	232.832
CASE 4	505.390	294.278	4,295.815	2,501.363	211.112
CASE 6	459.607	125.485	3,906.660	1,066.623	334.122

2) 단면력 산정

〈자중을 고려한 단면력〉

$$M_u = (3,906.660 + 3,321.946)\times 3.250\times 1/2\times 1.669 - 1.3\times(3.000\times 2.500\times 25.0\times 8.500 \times 1.500 + 3.000\times 3.500\times 20.0\times 8.500\times 1.500)$$

$$= 13,014.144 \text{ kN}\cdot\text{m}$$

$$S_u = (3,906.660 + 3,321.946)\times 1.750\times 1/2 - 1.3\times(1.750\times 2.500\times 25.0\times 8.500 + 1.750 \times 3.500\times 20.0\times 8.500)$$

$$= 5,116.436 \text{ kN}$$

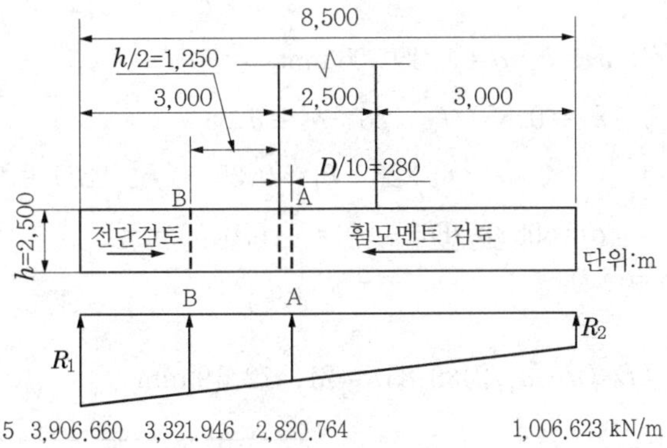

그림 6 · 31 교축방향 단면력 산정

3) 부재설계시의 단면유효 폭 산정

- 주철근이 하면에 배근시

$$b = (t_c - d/10\times 2) + 2d = \{(2.500 - 0.250\times 2) + 2\times(2.500 - 0.100)\}\times 1 \langle \text{colunm} \rangle$$

$$= 6.800 \text{ m}$$

4) 철근량 산정 및 사용성 검토

① 계산조건

- 설계기준강도(f_{ck}) = 24 MPa
- 항복응력(f_y) = 300 MPa

- 모멘트(M_u) = 13,014.144 kN · m
- 전단력(S_u) = 5,116.436 kN
- 부재 폭(b) = 6,800.00 mm
- 유효깊이(d) = 2,400.00 mm
- 철근피복(인장)(d_z) = 100.00 mm
- 철근피복(압축)(d_{z3}) = 100.00 mm

② 필요철근량

- 유효깊이(d) = 2,400.00 mm
- 평형모멘트(M_b) $= 0.85 \times f_{ck} \times a \times b \times \left(d - \frac{a}{2}\right) \times 0.85 = 2.7582E + 11$ N · mm

여기에서, $a = k_1 \times c = 1,360.00$ mm

$k_1 = 0.85 \quad f_{ck} < 28 : k_1 = 0.85$

$f_{ck} > 28 : k_1 = 0.85 - (f_{ck} - 28) \times 0.007$

$c = 600 \times d / (600 + f_y) = 1,600.00$ mm

$M_u < M_b$이므로

$A_s = M_u / (f_y \times (d - a_c/2) \times 0.85) = 21,472.69$ mm²

여기에서, $a_c = \dfrac{0.85 \times f_{ck} \times b \times d - \sqrt{0.7225 \times f_{ck}^2 \times b^2 \times d^2 - 2 \times f_{ck} \times b \times M_u}}{0.85 \times f_{ck} \times b}$

$= 46.440$ mm

- 철근비 (p) $= \dfrac{A_s}{b \times d} = 0.00136$
- 최대철근비 ($p_{\max}$) $= \dfrac{0.75 \times 0.85 \times f_{ck} \times a}{f_y \times d} = 0.029$
- 최소철근비 ($p_{\max}$) $= \text{Max}(p_{\min 1}, p_{\min 2}) = 0.005$

($p_{\min 1}$) $= 1.4 / f_y = 0.005$

($p_{\min 2}$) $= 0.25\sqrt{f_{ck}} / f_y = 0.004$

〈$p < p_{\min}$ 인 경우〉

$(A_s)_{\min}$: (1) $4/3 \times A_s = 28,630.25$ mm²

(2) $p_{\min} \times b \times d = 76,160.00$ mm²

여기에서, $(A_s)_{\min} = 28,630.25\ \text{mm}^2$

③ 사용철근량

사용 $A_s = 1(D\,25@100) = 34,962.300\ \text{mm}^2\ (69\text{ea})$

$A_s' = 1(D\,25@200) = 17,227.800\ \text{mm}^2\ (34\text{ea})$

④ 설계모멘트 강도의 검토

$\phi \cdot M_n = 0.85 \times \{A_s \times f_y \times (d - a/2)\} = 21,059,881,413.37\ \text{N} \cdot \text{mm}$

여기에서, $a = \dfrac{A_s \times f_y}{0.85 \times f_{ck} \times b} = 75.61\ \text{mm}$

- $\phi M_n > M_u,$ O.K.

⑤ 필요스터럽

$\phi \cdot S_c = \phi \times (1/6) \cdot \sqrt{f_{ck}} \times b \times d = 13,325.224\ \text{kN} > S_u = 6,027.170\ \text{kN}$

$\dfrac{1}{2} \cdot \phi \cdot S_c = 6,662.612\ \text{kN} > S_u = 6,027.170\ \text{kN}$

∴ 양방향 슬래브이므로 최소전단철근은 필요가 없으나 조립철근으로 배근한다.

- 전단철근 간격 $s = 400.00\ \text{mm}$

소요 $A_v = \begin{cases} 0.35 \cdot b_w \cdot s/f_y = 0.000\ \text{mm}^2 & \leftarrow \text{최소전단철근 필요시} \\ S_s \cdot s/(\phi \cdot f_y \cdot d) = 0.000\ \text{mm}^2 & \leftarrow \text{전단철근 필요시} \end{cases}$

∴ 사용 $A_v = D\,19 \times 2.5\ \text{ea/m} = 716.259\ \text{mm}^2 > 0.000\ \text{mm}^2$ O.K.

⑥ 사용성 검토

〈사용하중상태에서 철근응력(실하중)〉

- 모멘트 $(M) = 10,010.880\ \text{kN} \cdot \text{m}$
- 부재 폭 $(b) = 6,800\ \text{mm}$
- 유효깊이 $(d) = 2,400\ \text{mm}$
- 철근피복(인장) $(d_z) = 100\ \text{mm}$
- 철근피복(압축) $(d_{z3}) = 100\ \text{mm}$
- 최외측철근피복 $(d_c) = 100\ \text{mm}$
- 인장철근량 $(A_s) = 1(D25@100) = 34,962.300\ \text{mm}^2\ (69\text{ea})$

- 압축철근량 $(A_{ss}) = 1(D25@200) = 17,227.800\ mm^2$ (34ea)
- 중립축 (X)

$x = -n(A_s + 2A_{ss})/b + \sqrt{[\{n(A_s + 2A_{ss})/b\}^2 + 2n/b(d \times A_s + 2 \times d_{x3} \times A_{ss})]}$

$= 378.996\ mm$

- 중립축에 대한 환산단면 2차 모멘트 (I_i)

$I_i = b \times x^3/3 + 2n \times A_{ss}(x - d_{x3})^2 + n \times A - s(d - x)^2$

$= 1,287,26\ 5,274,477.32\ mm^4$

- 철근의 인장응력

$f_s = n \times M/I_i \times (d - x)$

$= 8 \times 10,010.880 \times 1,000,000/1.28727E + 12 \times (2,400.00 - 378.996)$

$= 125.74\ MPa$

$A = 6,800.00 \times 100.00 \times 2/69 = 19,710.1\ mm^2/ea$

〈허용균열 폭 검토〉

$w = 1.08 \times R \times f_s \times (d_c \times A)^{1/3} \times 10^{-5}$

$= 1.08 \times \{(2,500.0 - 378.996)/(2,400.0 - 378.996)\} \times 125.7 \times$
$(100.0 \times 19,710.1)^{1/3} \times 10^{-5}$

$= 0.179\ mm < w_a = 0.005 \times 87.5 = 0.438\ mm$ (일반환경)

6.6.8 주철근 조립도

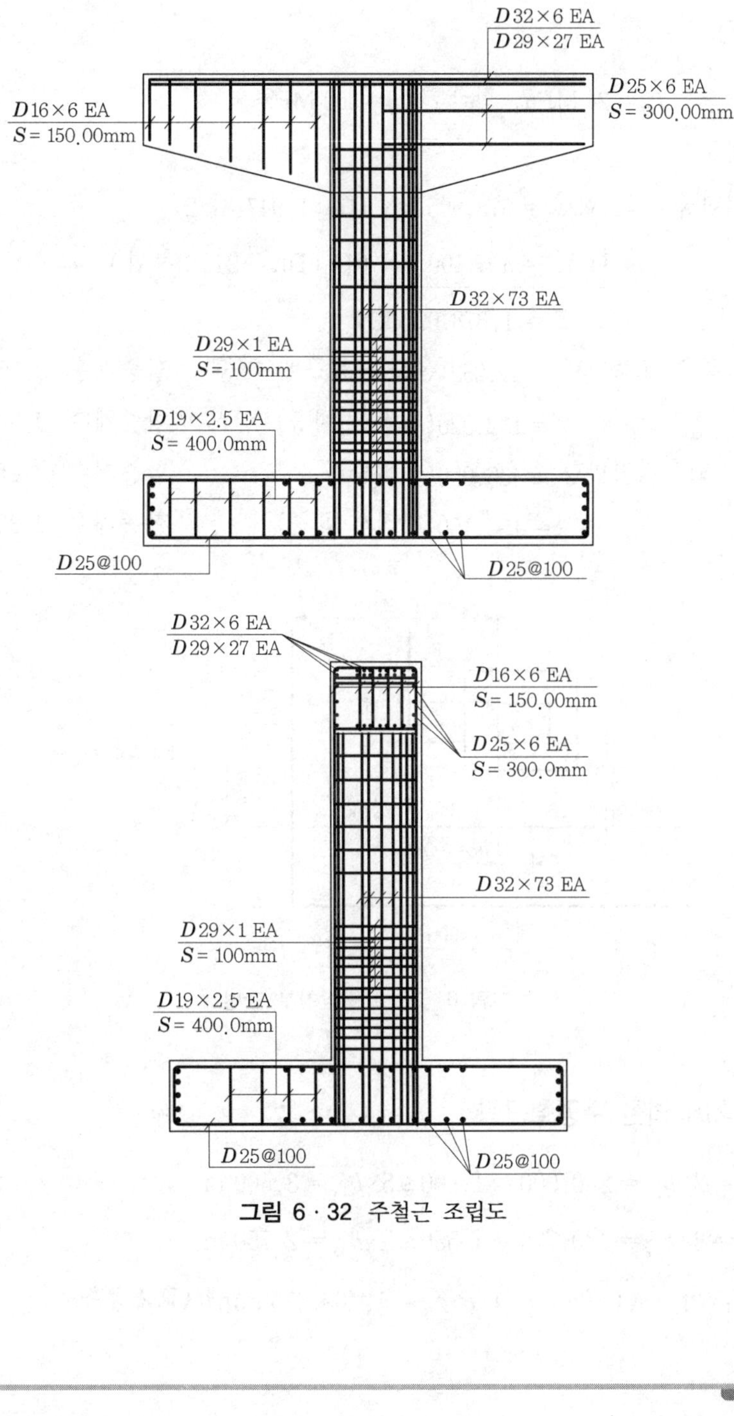

그림 6 · 32 주철근 조립도

6.6.9 교량받침부 검토

(1) 교량받침부 하면 보강철근 검토

1) 검토조건

① 콘크리트 : $f_{ck} = 24$ MPa, 철근 : $f_{ck} = 300$ MPa

② 작용하중

- 연직하중 : 고정하중 = 973.905 kN (G_1 : 1,947.81/2)

  활 하 중 = 404.190 kN (G_1 : DL − 24, 2차선)

  Σ = 1,378.095 kN

- 수평하중 교축방향 = 39.262(온도 +종구배 하중) 할증계수 : 1.15

  = 132.920(지진시 하중) 할증계수 : 1.33

  교축직각방향 = 435.050(풍하중) 할증계수 : 1.25

  = 150.150(지진시 하중) 할증계수 : 1.33

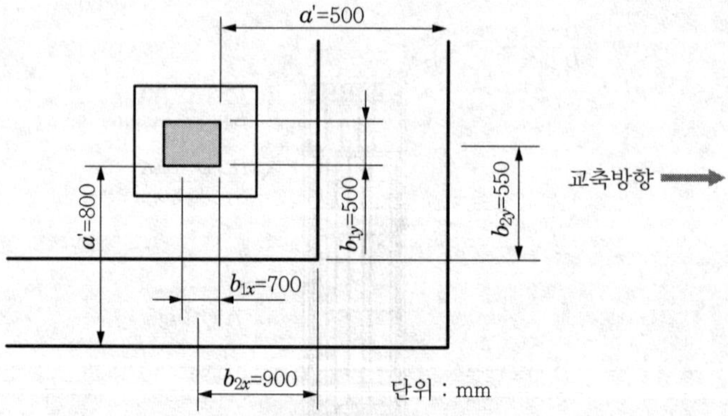

그림 6 · 33 교량받침부 단면

2) 연직하중에 의한 수평철근량

$$b_{cx} = 2\times b_{2x} = 2\times 0.900 = 1.800 \le 5\times b_{1x} = 3.500 \text{ m}$$

$$b_{cy} = 2\times b_{2y} = 2\times 0.775 = 1.550 \le 5\times b_{1y} = 2.750 \text{ m}$$

$$A_{sx1} = 1/4\times(1 - b_{1x}/b_{cx})\times P/f_{sa} = 1,403.615 \text{ mm}^2 \text{ (교축방향)}$$

$$A_{sy1} = 1/4\times(1-b_{1y}/b_{cy})\times P/f_{sa} = 1,481.823\ \text{mm}^2$$ (교축직각방향)

3) 수평하중에 의한 철근량

① 교축방향

$$A_{sx2} = H_s/f_{sa} = 132.920\times10^3/(150\times1.33) = 666.266\ \text{mm}^2$$

② 교축직각방향

$$A_{sy2} = H_s/f_{sa} = 435.050\times10^3/(150\times1.25) = 2,320.267\ \text{mm}^2$$

4) 보강범위

$$X_o = b_{1x} + b_{2y} = 1,475.00\ \text{mm} \rightarrow 1,500.00\text{mm}$$

(교축직각방향철근의 교축방향 보강범위)

$$Y_o = b_{1y} + b_{2x} = 1,450.00\ \text{mm} \rightarrow 1,500.00\text{mm}$$

(교축방향철근의 교축직각방향 보강범위)

5) 철근배치

① 교축방향

$A_{sx} = 1,403.615 + 666.266 = 2,069.881\ \text{mm}^2 < 5,958.00\text{mm}^2$, ∴ O.K.

(사용 A_s = D16CTC100 − 15EA 2단)

② 교축직각방향

$A_{sy} = 1,481.823 + 2,320.267 = 3,802.090\ \text{mm}^2 < 5,958.00\text{mm}^2$, ∴ O.K.

(사용 A_s = D16CTC100 − 15EA 2단)

(2) 교량 받침부 콘크리트 보강철근 검토

1) 교축방향

$$A_{sx} = H_s/f_{sa} = 666.266\ \text{mm}^2 < A_s(\text{use}) = 2,581.800\text{mm}^2\ (\text{D16} - 13\text{EA})$$

2) 교축직각방향

$$A_{sy} = H_s / f_{sa} = 2,230.267\ \text{mm}^2 < A_s(\text{use}) = 25.818\text{mm}^2\ \ (\text{D16-13EA})$$

(3) 연단거리 검토

$S = 200 + 5 \times L = 375.0\ \text{mm}$

$a' = 50.00 > 375\ \text{mm}$ ∴ N.G

(4) 최소받침 지지거리 검토

$$N = (200 + 1.67 \times L + 6.66H) \times (1 + 0.000125 \times \theta^2)$$
$$= (200 + 1.67 \times 35.00 + 6.7 \times 16.800) \times (1 + 0.000125 \times 0)$$
$$= 375.5 < 1,300\ \text{mm}$$ ∴ O.K.

여기에서, N : 최소받침 지지길이(mm)

L : 인접십축이음부까지 또는 교량단부까지의 거리(m)
단, 지간 내에 힌지가 있는 경우의 L은 힌지 좌우측 방향의 거리인 L_1, L_2의 합으로 한다.

H : 다음 각 경우에 대한 높이(m)
교대 : 인접신축이음부의 교량상부를 지지하는 기둥의 평균높이
단, 지간교의 평균높이는 0으로 한다.
기둥 또는 교각 : 기둥 또는 교각의 높이
지간 내의 힌지 : 인접하는 양측 기둥 또는 교각의 평균높이

θ : 지간의 직각방향에 대한 교각이나 교대의 사각(°)

07

제7장

도로교의 내진설계

7.1 내진설계의 기본방침

7.1.1 내진설계의 정의 및 목적

내진설계는 구조물의 지진에 대한 내진특성을 규명하고, 지진에 대하여 효과적으로 대처하여 구조물이 안전할 수 있도록 설계하는 것을 말한다.

우리나라에서 교량에 대한 내진설계는 1991년에 제정된 고속철도 교량설계에 적용하는 시방서에 최초로 설계하중으로서 지진력이 정의되었고, 1992년 개정된 「도로교 표준시방서」에 내진설계 편이 신설됨에 따라 교량에 대한 내진설계를 수행하게 되었다. 2000년에 한국도로교통협회에서 「도로교 설계기준」을 개정하면서 새로운 내진설계규정을 적용하도록 하였으며, 2004년에 지진격리교량의 설계기준을 신설하는 등 내진설계규정을 개정하였다.

이 규정은 도로법에 규정하는 도로상에 건설하는 지간 200 m 이하의 교량에 대하여 지진구역별 가속도 계수와 내진등급에 따른 적합한 해석 및 내진설계기법을 제시하고 있다. 또한 지간이 200 m가 넘는 교량에 대해서도 지형, 지질, 지반 등의 조건, 교량의 구조특성, 규모, 중요도 및 입지조건 등에 따라 적절한 보정을 해야 하는 사항을 제외하고는 이 시방서를 준용할 수 있도록 규정하고 있다.

이 내진설계기준의 목적은 지진에 의해 교량이 입는 피해의 정도를 최소화시킬 수 있는 내진성 확보를 위해 필요한 최소설계요구조건을 규정하는 데 있다.

7.1.2 용어의 정의

내진설계에서 사용하는 용어의 의미는 다음과 같다.

(1) 가속도계수(acceleration coefficient)

내진설계에 있어서 설계지진력을 산정하기 위한 계수로서 지진구역과 재현주기에 따라 그 값이 다르다.

(2) 지진구역계수

우리나라의 지진재해도 해석결과에 근거한 지진구역에서의 평균 재현주기 500년에 해당되는 암반상 지진지반운동의 세기를 나타내는 계수

(3) 지반계수(site coefficient)

지반상태가 탄성지진 응답계수에 미치는 영향을 반영하기 위한 보정계수

(4) 위험도계수

평균 재현주기별 지진구역계수의 비

(5) 지반종류(soil profile type)

지진시에 지반의 응답특성에 따라 공학적으로 분류하는 지반의 종류

(6) 응답수정계수(response modification factor)

탄성해석으로 구한 각 요소의 내력으로부터 설계지진력을 산정하기 위한 수정계수

(7) 내진등급

내진등급은 중요도에 따라서 교량을 분류하는 범주로서 내진 Ⅱ등급, 내진 Ⅰ등급으로 구분된다.

(8) 단경간교(single span bridge)

경간이 하나인 교량

(9) 탄성지진응답계수(elastic seismic response coefficient)

모드스펙트럼 해석법에서 등가정적 지진하중을 구하기 위한 무차원량

(10) 단일모드스펙트럼 해석법(single mode spectral analysis)

하나의 진동모드만을 사용하는 스펙트럼 해석법

(11) 다중모드스펙트럼 해석법(multimode spectral analysis method)

여러 개의 진동모드를 사용하는 스펙트럼 해석법

(12) 액상화

진동하중에 의해 간극수압 상승과 유효응력 감소로 전단하중에 대한 전단저항을 상실하는 현상

(13) 평균반복 전단응력

불규칙한 지진하중을 일정한 반복하중으로 치환할 때, 등가의 전단응력

(14) 지반응답해석

토층의 저면에 입사되는 지진하중이 지표면으로 진행될 때 토층의 동적거동에 대한 해석

(15) 말뚝의 $p-y$ 곡선

말뚝의 근입깊이 내에서 발생하는 말뚝의 수평변위 대 단위길이당 지반반력의 상관곡선

7.1.3 내진설계의 기본개념

현재의 내진설계기준은 다음의 기본 개념에 기초를 두고 있다.

(1) 인명피해를 최소화한다.

(2) 지진시 교량 부재들의 부분적인 피해는 허용하나 전체적인 붕괴는 방지한다.

(3) 지진시 가능한 한 교량의 기본 기능은 발휘할 수 있게 한다.

(4) 교량의 정상수명 기간 내에 설계지진력이 발생할 가능성은 희박하다.

(5) 설계기준은 남한 전역에 적용될 수 있다.

(6) 본 규정을 따르지 않더라도 창의력을 발휘하여 보다 발전된 설계를 할 경우에는 이를 인정한다. 이러한 기본개념을 구현하기 위해 가능하면 교각의 연성거동을 유도하여야 하며, 필요시 지진격리시스템을 설치할 수 있다.

7.2 내진등급 및 설계기준

7.2.1 설계지반운동

(1) 가속도계수

1) 지진재해는 해석결과에 근거하여 우리나라의 지진구역을 표 7·1과 같이 설정한다. 각 지진구역에서의 평균 재현주기 500년 지진지반운동에 해당하는 지진구역계수는 표 7·2에 수록된 바와 같이 구역 Ⅰ에서는 0.11, 구역 Ⅱ에서는 0.07이다.
2) 평균 재현주기별 최대유효 지반가속도의 비를 의미하는 위험도계수는 표 7·3과 같다. 이 표에서 기준은 평균 재현주기 500년의 지진이다.
3) 교량이 위치할 부지에 대한 지진지반운동의 가속도계수 A는 내진등급별 설계지진의 재현주기에 해당되는 위험도계수를 지진구역에 따른 지진구역계수에 곱하여 계산한다.

표 7·1 지진구역의 구분

지진구역	행 정 구 역	
Ⅰ	시	서울특별시, 인천광역시, 대전광역시, 부산광역시, 대구광역시, 울산광역시, 광주광역시
	도	경기도, 강원도 남부,[1] 충청북도, 충청남도, 경상북도, 경상남도, 전라북도, 전라남도 북동부[2]
Ⅱ	도	강원도 북부,[3] 전라남도 남서부,[4] 제주도

[주] (1) 강원도 남부 (군, 시) : 영월, 정선, 삼척시, 동해시, 원주시, 태백시
(2) 전라남도 북동부(군, 시) : 장성, 담양, 곡성, 구례, 장흥, 보성, 화순, 광양시, 나주시, 여수시, 순천시
(3) 강원도 북부(군, 시) : 홍천, 철원, 화천, 횡성, 평창, 양구, 인제, 고성, 양양, 춘천시, 속초시
(4) 전라남도 남서부(군, 시) : 무안, 신안, 완도, 영광, 진도, 해남, 영암, 강진, 고흥, 함평, 목포시
(5) 행정구역의 경계를 통과하는 교량의 경우에는 구역계수가 큰 값을 적용한다.

표 7·2 지진구역계수(재현주기 500년)

지진구역	Ⅰ	Ⅱ
구역계수	0.11	0.07

표 7·3 위험도계수

재현주기(년)	500	1,000
위험도계수 I	1	1.4

7.2.2 내진등급의 분류

(1) 교량의 내진등급은 교량의 중요도에 따라 내진 I 등급, 내진 Ⅱ등급으로 분류한다.

(2) 교량은 내진등급별로 규정된 평균 재현주기를 갖는 설계지진에 대하여 설계되어야 한다.

표 7·4 도로교의 내진등급과 설계지진

내진등급	교량	설계지진의 평균 재현주기
내진 I 등급교	• 고속도로, 자동차전용도로, 특별시도, 광역시도 또는 일반국도 상의 교량 • 지방도, 시도 및 군도 중 지역의 방재 계획상 필요한도로에 건설된 교량, 해당도로의 일일계획교통량을 기준으로 판단했을 때 중요한 교량 • 내진 I 등급교가 건설되는 도로 위를 넘어가는 고가 교량	1,000년
내진 Ⅱ등급교	내진 I 등급교에 속하지 않는 교량	500년

표 7·5 설계 가속도계수

지진구역	내진등급	
	내진 I 등급교	내진 Ⅱ등급교
I	0.154	0.11
Ⅱ	0.098	0.07

※ 설계 가속도계수 = 재현주기에 해당하는 위험도계수×지진구역계수

7.2.3 지반의 분류

지반의 영향은 교량의 지진하중을 결정하는 데 고려되어야 한다. 표 7·6에 명시된 지반계

수 S는 표 7·7에서 정의된 지반종류에 근거를 두고 있다.

표 7·6 지반계수

지 반 계 수	지반종류			
	Ⅰ	Ⅱ	Ⅲ	Ⅳ
S	1.0	1.2	1.5	2.0

표 7·7 지반의 분류

지반종류	지반종류의 호칭	지표면 아래 30 m 토층에 대한 평균값		
		전단파속도 (m/s)	표준관입시험 (N값[1])	비배수전단강도 (kPa)
Ⅰ	경암지반 보통암지반	760 이상	–	–
Ⅱ	매우 조밀한 토사지반 또는 연암지반	360에서 760	〉50	〉100
Ⅲ	단단한 토사지반	180에서 360	15에서 50	50에서 100
Ⅳ	연약한 토사지반	180 미만	〈15	〈50
Ⅴ	부지 고유의 특성평가가 요구되는 지반			

[주](1) 비점착성 토층만을 고려한 평균 N값

※ 지반종류 Ⅴ는 부지의 특성조사가 요구되는 다음 경우에 속하는 지반으로서, 전문가가 작성한 부지 종속 설계응답스펙트럼을 사용하여야 한다.

① 액상화가 일어날 수 있는 흙, 퀵클레이(quick clay)와 매우 민감한 점토, 붕괴될 정도로 결합력이 약한 붕괴성 흙과 같이 지진하중 작용시 잠재적인 파괴나 붕괴에 취약한 지반

② 이탄 또는 유기성이 매우 높은 점토지반

③ 매우 높은 소성을 갖는 점토지반

④ 층이 매우 두꺼우며 연약하거나 중간 정도로 단단한 점토

7.3 해석 및 설계에 대한 규정

7.3.1 내진해석 방법기준

(1) 교량의 지진해석방법은 단일모드스펙트럼 해석법을 사용하는 것을 기본으로 한다.

(2) 정밀한 해석을 요한다고 판단되는 교량에 대해서는 다중모드스펙트럼 해석법 또는 발주자가 인정하는 검증된 정밀해석법을 사용할 수 있다.

(3) 단경간교 및 지진구역 Ⅱ에 위치하는 내진 Ⅱ등급교는 상세한 지진해석을 할 필요가 없다.

7.3.2 탄성지진력과 변위

(1) 탄성지진 응답계수

1) 단일모드스펙트럼 해석시

$$C_s = \frac{1.2A \cdot S}{T^{2/3}} \leq 2.5A \tag{7·1}$$

A=가속도 계수
S=지반계수
T=교량 주기

2) 다중모드스펙트럼 해석시

$$C_{sm} = \frac{1.2A \cdot S}{T_m^{2/3}} \leq 2.5A \tag{7·2}$$

$T_m = m$번째 진동모드의 주기

3) $T_m > 4.0$ sec일 때

$$C_{sm} = \frac{3A \cdot S}{T_m^{4/3}} \tag{7·3}$$

(2) 탄성력과 탄성변위

탄성력과 탄성변위는 2개의 직교축에 대하여 독립적으로 해석하고 30% 규칙에 따라 다음과 같이 조합한다.

1) 하중(경우 1)

|교축방향 해석에 의한 탄성지진력| + |0.3×교축 직각방향 해석에 의한 탄성지진력|

2) 하중(경우 2)

| 교축 직각방향 해석에 의한 탄성지진력 | + | 0.3×교축방향 해석에 의한 탄성지진력 |

7.4 응답수정계수와 설계지진력

7.4.1 응답수정계수

표 7·8 응답수정계수

하부구조	R	연결부분[1]	R
벽식 교각	2	상부구조와 교대	0.8
철근콘크리트 말뚝가구(bent) • 수직말뚝만 사용한 경우 • 1개 이상의 경사말뚝을 사용한 경우	 3 2	상부구조의 한 지간 내 신축이음	0.8
단주(single column)	3	기둥, 교각 또는 말뚝가구와 캡빔 또는 상부구조	1.0
강재 또는 합성강재와 콘크리트 말뚝가구 • 수직말뚝만 사용한 경우 • 1개 이상의 경사말뚝을 사용한 경우	 5 3	기둥 또는 교각과 기초	1.0
다주가구	5		

[주](1) 연결부분은 부재간에 전단력과 압축력을 전달하는 기구를 의미하며, 교량받침과 전단키가 이에 해당된다. 이때, 응답수정계수는 구속된 방향으로 작용하는 탄성지진력에 대하여 적용된다.

7.4.2 응답수정계수의 적용

(1) 소성설계를 수행하는 경우 교량 각 부재와 연결부분에 대한 설계지진력은 탄성지진력을 응답수정계수로 나눈 값으로 한다. 단, 하부구조의 경우 축방향력과 전단력은 응답수정계수로 나누지 않는다.

(2) 소성설계 요건을 충족시키지 못하는 경우 하부구조와 연결부분에 대한 응답수정계수는 각각 1.0과 0.8을 넘지 못한다.

(3) 벽식 교각의 약 축방향은 기둥규정을 적용하여 설계할 수 있다. 이때 응답수정계수 R는 단일기둥의 값을 적용할 수 있다.

(4) 응답수정계수 R는 하부구조의 양 직교축방향에 대해 모두 적용한다.

(5) 방향별 응답수정계수(R) 적용기준

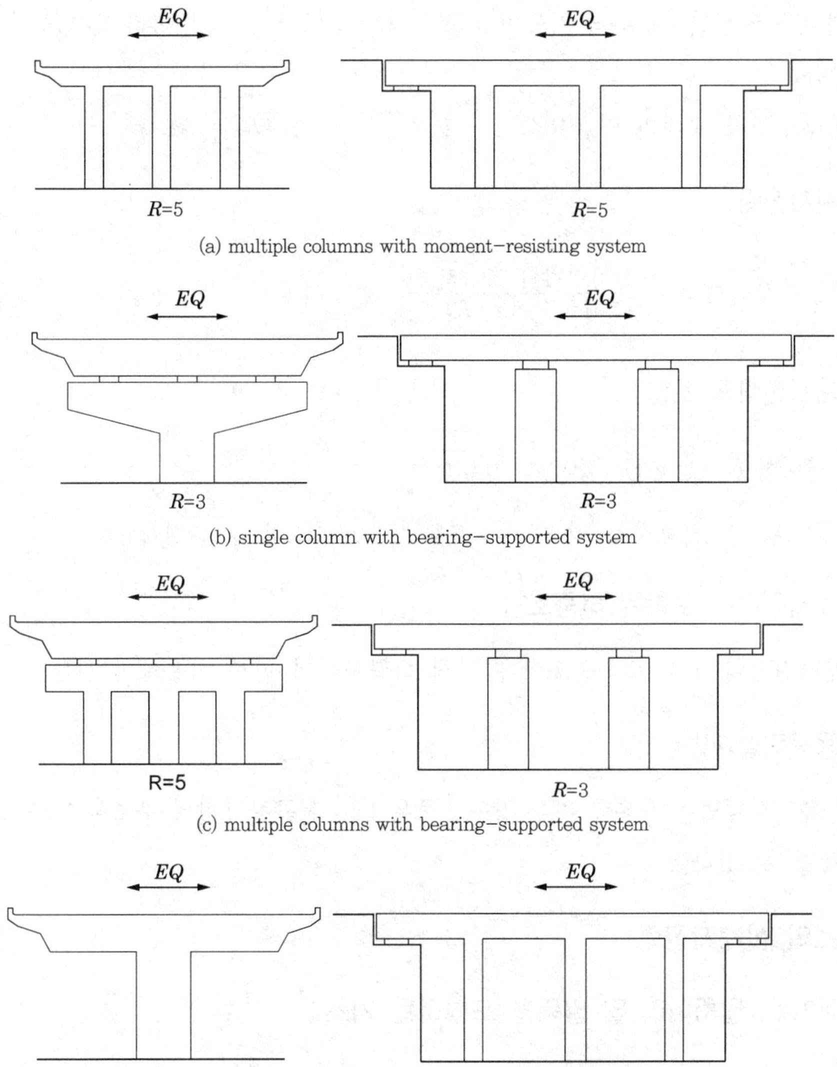

그림 7·1 방향별 응답수정계수(R) 적용기준

7.4.3 설계지진력

(1) 구조부재 및 연결부의 설계지진력

1) 적용대상

① 상부구조, 상부구조의 신축이음 및 상부구조와 하부구조 상단 사이의 연결부

② 하부구조 상단으로부터 기둥이나 교각하단까지(푸팅, 말뚝머리 및 말뚝은 포함하지 않음)

③ 상부구조와 교대의 연결요소

2) 설계지진력

$$\text{설계지진력} = \frac{\text{탄성지진력의 조합하중}}{\text{응답수정계수}(R)} \qquad (7 \cdot 4)$$

3) 설계지진력의 조합

$$\text{최대하중} = 1.0(D + B + F + H + E_M) \qquad (7 \cdot 5)$$

D=고정하중, B=부력, F=유체압, H=횡토압, E_M=설계지진력

4) 설계지진력이 포함된 하중조합

설계지진력이 포함된 하중조합은 전체 하중조합과 함께 사용해야 한다.

5) 허용응력설계법

허용응력설계법을 사용할 경우 강구조물은 1.5, 철근콘크리트 구조물 1.33의 할증계수를 사용할 수 있다.

(2) 기초의 설계지진력

1) 확대기초, 말뚝머리 및 말뚝을 포함하는 기초

$$\text{설계지진력} = \frac{\text{탄성지진력의 조합하중}}{0.5 \times \text{응답수정계수}(R)} \qquad (7 \cdot 6)$$

2) 말뚝가구

설계지진력 =탄성지진력 / R (7 · 7)

3) 설계지진력의 조합

최대하중 $=1.0(D+B+F+H+E_F)$ (7 · 8)

D=고정하중, B=부력, F=유체압, H=횡토압, E_F=설계지진력

4) 설계지진력이 포함된 하중조합

설계지진력이 포함된 하중조합은 전체 하중조합과 함께 사용해야 한다.

(3) 간단한 교량의 설계지진력 산출

1) 단지간 교량설계 : 등가정적하중(수평하중)으로 설계

① 하중 작용방향 : 교축방향 및 교축 직각방향

② 작용 수평하중 : 가속도계수×지반계수×받침에 작용하는 고정하중 반력 (7 · 9)

③ 기타사항 : 최소받침지지길이(N) 확보

2) 지진구역 Ⅱ에 위치하는 내진 Ⅱ등급 교량

① 적용 : 상부구조와 하부구조를 연결하는 교량받침이나 기계장치(전단키)
교량받침, 전단키 이외 부재는 상세한 내진설계가 필요없으나, 소성힌지 발생부의 심부구속철근은 시방서 규정대로 반영하여야 한다.

② 설계지진력(수평지진력) : 고정하중(설계고정하중)×0.2

- 고정하중(설계고정하중)
  종방향(교축방향) : 각 세그먼트의 전체 고정하중 적용
  횡방향(교축 직각방향) : 교량받침에서의 고정하중 반력값을 적용

③ 기타 : 최소받침지지길이(N) 확보

7.5 설계변위의 검토

7.5.1 받침연단거리 검토

교좌면은 받침을 통하여 상부구조로부터 하중 등의 집중하중을 받는 곳이고 또 지진시에는 큰 수평력이 작용하는 곳이다. 따라서 받침끝에서 정부연단까지의 거리가 작으면 고정단에서는 전단면에 연하여 교좌가 파손되는 경우가 있고 또 가동단에서는 받침이 벗어나 보가 낙하하는 경우도 있다. 이 받침연단거리 S의 크기는 강제받침의 경우 받침 끝에서 정하고, 고무받침의 경우에는 상부구조의 신축과 회전이 고무받침 자체의 변형에 의해 흡수되어 교좌의 파괴는 앵커로부터 생긴다고 생각하여 앵커중심까지로 정한다.

$$\text{거더의 경간길이 100 m 이하 : } S = 200 + 5L \tag{7·10}$$

$$\text{거더의 경간길이 100 m 이상 : } S = 300 + 4L \tag{7·11}$$

여기에서, L : 경간길이(m)

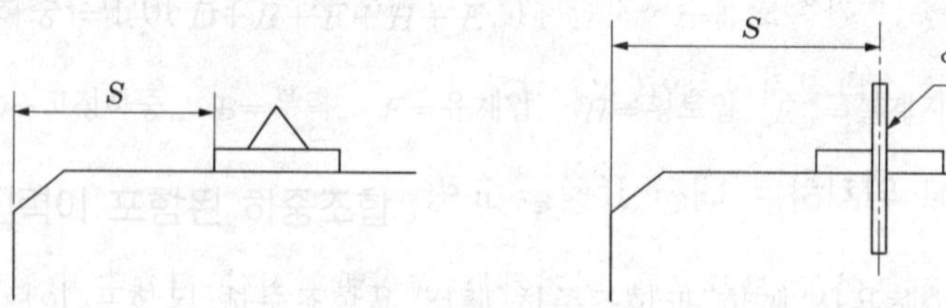

(a) 강재받침 (b) 고무받침

그림 7·2 받침연단거리

여기에서, S_1 : 거더 끝에서 교좌장치 중심까지의 거리

S_2 : 교량받침길이의 1/2

S_3 : 교량받침연단거리

N : 최소받침지지길이

u : 신축이음부 유간

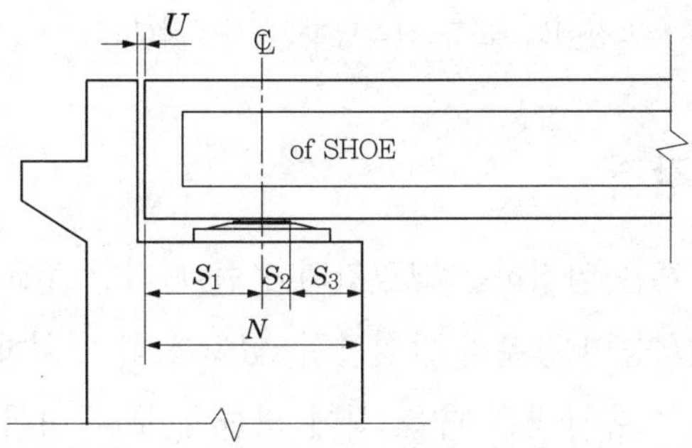

그림 7·3 교대의 연단 및 받침지지길이

7.5.2 최소받침지지길이(N) 확보

$$N = (200 + 1.67L + 6.66H)(1 + 0.000125\theta^2)\ (\text{mm}) \tag{7·12}$$

여기에서, L : 인접 신축이음부까지 또는 교량단부까지의 거리(m)
다만, 지간 내에 힌지가 있는 경우의 L은 힌지 좌·우측방향의 거리인 L_1과 L_2의 합으로 한다.

H : 다음 각 경우에 대한 평균높이(m)
교대 … 인접 신축이음부의 교량상부를 지지하는 기둥의 평균높이. 단경간교의 평균높이는 0으로 한다.
기둥 또는 교각 … 기둥 또는 교각의 평균높이
지간 내의 힌지 … 인접하는 양측 기둥 또는 교각의 평균높이

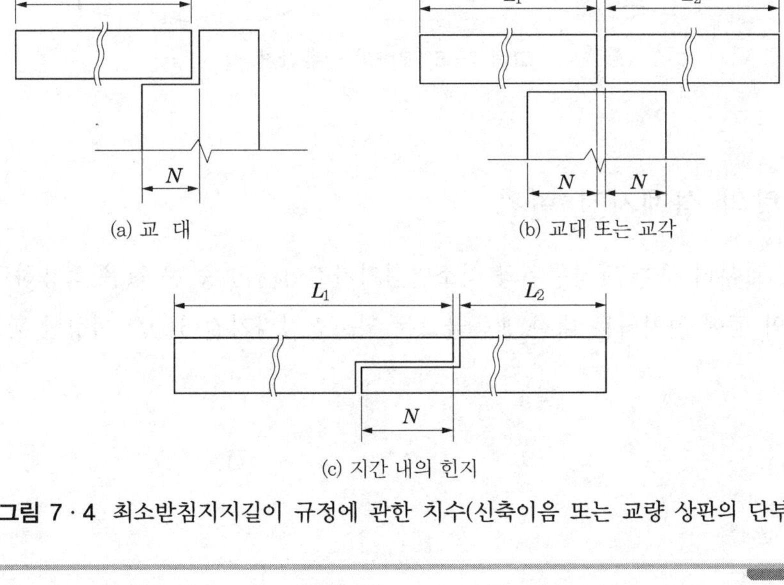

그림 7·4 최소받침지지길이 규정에 관한 치수(신축이음 또는 교량 상판의 단부)

θ : 받침선과 교축 직각방향의 사잇각(도)

7.5.3 교량의 여유간격

지진시에 교량과 교대 혹은 인접하는 교량간의 충돌에 의한 주요 구조부재의 손상을 방지하고, 설계시 고려된 내진성능이 충분히 발휘될 수 있도록 하기 위하여 교량의 단부에는 여유간격을 설치한다. 교량의 여유간격은 다음 식에 의한 값보다 작아서는 안 된다.

$$\Delta l_i = d + \Delta l_s + \Delta l_c + 0.4\Delta l_t \qquad (7 \cdot 13)$$

여기에서, Δl_i : 교량의 여유간격(mm)

d : 지반에 대한 상부구조의 총변위($d_i + d$sub)(mm)

Δl_s : 콘크리트의 건조수축에 의한 이동량(mm)

Δl_c : 콘크리트의 크리프에 의한 이동량(mm)

Δl_t : 온도변화로 인한 이동량(mm)

단, 교량의 여유간격은 여유량을 고려한 가동받침의 이동량보다는 커야 한다.

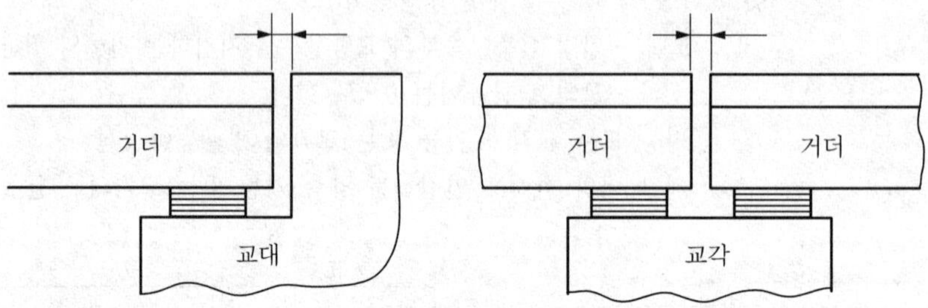

그림 7 · 5 교량의 여유간격

7.5.4 교량의 설계지진 변위

내진해석으로부터 구한 탄성변위와 최소받침지지길이(N) 중 큰 값을 적용하고 단경간 교량과 지진구역 Ⅱ에 위치하는 내진 Ⅱ등급교는 최소받침지지길이(N) 이상만 확보해도 무방하다.

7.6 기초 및 교대 내진설계

7.6.1 기초

(1) 조사

지진구역 I 에서는 평상시 설계에 필요한 조사 이외에, 지진에 대한 ① 사면불안정, ② 액상화, ③ 성토의 침하, ④ 수평토압 증가와 관련된 지진피해 가능성 판단과 내진설계에 필요한 조사를 추가하여야 한다.

(2) 액상화 검토

액상화에 대한 안전율은 다음 식과 같이 정의되며, 안전율은 실내시험(반복전단시험)을 수행할 시는 1.0 이상, 현장시험(표준관입시험)을 수행할 때에는 1.5 이상이 되어야 한다.

$$FS_L = \frac{v_l}{v_d} \qquad (7 \cdot 14)$$

여기에서, v_l : 설계지진(지진규모)에 상응하는 등가의 반복횟수에서 액상화를 일으키는 평균반복 전단응력으로, 불교란시료의 실내 반복전단시험이나 현장시험(예 : 표준관입시험) 결과로부터 결정할 수 있다.

v_d : 설계지진에 상응하는 등가의 평균반복 전단응력으로, Seed와 Idriss(1971)의 간편법으로 산출한다. 이때 지반응답해석을 이용하며 지진규모는 6.5로 한다.

현장시험을 이용한 액상화 평가의 안전율이 1.5 미만일 경우에만 실내시험을 이용한 액상화 평가를 추가로 수행한다.

(3) 기초설계시 고려사항

1) 지진이 발생하는 동안에 일어나는 지반의 강도와 강성의 변화

2) 기초의 상승

지진의 반복하중에서 지반의 강도가 심하게 감소하지 않는 경우에는 선단지지군 말뚝 수의 1/2까지, 기초바닥판 접촉면적의 1/2까지는 일시적으로 지반과 분리되는 것을 허용한다.

3) 말뚝의 횡하중

수평방향의 강성을 계산할 때는 말뚝을 탄성체로 간주하고 Winkler의 탄성기초 해석법 또는 탄성연속체 해석방법 및 등가 캔틸레버 개념을 이용한다. 그러나 연약점토와 사질토에서 큰 수평력이 발생하는 경우에는 지반의 비선형 반력을 고려할 수 있는 말뚝의 $p-y$ 곡선을 사용한 설계를 하여야 한다.

4) 지반과 말뚝의 상호작용

자유장 지진의 지반운동과 말뚝 사이의 상호작용 결과 나타나는 교량 구조물의 관성효과로 인한 횡하중을 고려한다.

5) 기초의 침하량

구조물 설계시에는 기초가 침하하더라도 교량 구조물이 지진에 견딜 수 있도록 하여야 한다.

7.6.2 교대

(1) Mononobe-Okabe 토압공식

교대에 작용하는 지진에 의한 토압계산은 Mononobe-Okabe에 의해 개발된 의사-정적 해석방법을 적용한다.

1) 주동토압계수

$$K_{AE}=\frac{\cos^2(\phi-\theta+\beta)}{\cos\theta\times\cos^2\beta\times\cos(\delta+\beta+\theta)\times\left[1+\sqrt{\dfrac{\sin(\phi+\delta)\times\sin(\phi-\theta-i)}{\cos(\delta+\beta+\theta)\times\cos(i-\beta)}}\right]^2} \quad (7\cdot15)$$

2) 수동토압계수

$$K_{PE}=\frac{\cos^2(\phi-\theta+\beta)}{\cos\theta\times\cos^2\beta\times\cos(\delta-\beta+\theta)\times\left[1-\sqrt{\dfrac{\sin(\phi-\delta)\times\sin(\phi-\theta+i)}{\cos(\delta-\beta+\theta)\times\cos(i-\beta)}}\right]^2} \quad (7\cdot16)$$

여기에서, $\theta=\tan^{-1}K_h/(1-K_v)$

δ : 흙과 교대 사이의 마찰각

i : 뒷채움흙 경사각
β : 교대 배면과 연직면의 사잇각

3) 작용점

지진시 토압은 교대 배면에 균등하게 분포하고, 그 합력은 교대 높이의 $\frac{1}{2}$에 작용하는 것으로 가정한다.

(2) 독립식 교대

1) 교축방향 변위 허용시

수평지진계수 : $K_h = 0.5A$
수평예상변위 : $\delta = 250A$(mm)

2) 교축방향 변위 구속시

수평지진계수 : $K_h = 1.5A$

(3) 일체식 교대

1) 일체식 교대는 지진시 큰 상부 관성력이 뒷채움흙에 전달되므로 과다한 상대변위가 발생하지 않도록 적절한 수동저항력을 갖도록 설계한다.
2) 교대-뒷채움흙의 강성과 근입된 기초 강성을 조합하여 내진설계 과정에 따라 설계한다.

7.7 강교 설계

7.7.1 적용대상

구조용 강재 기둥과 연결부의 설계 및 시공에 적용한다.

7.7.2 설계법

허용응력설계법과 하중계수설계법을 사용할 수 있으며 허용응력설계법을 따를 경우 허용응력을 50% 증가시킨다.

7.7.3 $P-\Delta$ 효과의 고려

$P-\Delta$ 효과(지진변위로부터 발생하는 편심과 기둥 축력에 의한 모멘트)로 인한 2차 휨을 고려하여 축방향 응력과 휨응력을 계산할 때, 모든 축방향 하중을 받는 부재는 도로교 설계기준의 3.4.3에 의거하여 설계하여도 된다.

7.8 콘크리트교 설계

7.8.1 적용대상

일체로 현장치기되는 기둥, 교각의 확대기초, 연결부의 설계와 시공에 적용한다.

7.8.2 설계법

허용응력설계법 또는 강도설계법을 사용할 수 있으며 허용응력설계법에 따를 경우 허용응력을 33% 증가시킨다.

7.8.3 소성힌지에서의 심부구속을 위한 횡방향철근 배치

(1) 원형기둥의 나선철근비

$$\rho_s = 0.45\left[\frac{A_g}{A_c}-1\right]\frac{f_{ck}}{f_y} \quad \cdots\cdots ①$$

$$\rho_s = 0.12\frac{f_{ck}}{f_y} \quad \cdots\cdots ②$$

①, ② 중 큰 값으로 한다.

(2) 사각형 기둥의 띠철근량

$$A_{sh} = 0.30\, ah_c\left[\frac{A_g}{A_c}-1\right]\frac{f_{ck}}{f_y} \quad \cdots\cdots ①$$

$$A_{sh} = 0.12\, ah_c\frac{f_{ck}}{f_y} \quad \cdots\cdots ②$$

①, ② 중 큰 값으로 한다.

여기에서, a : 띠철근의 수직간격, 최대 150 mm

A_c : 기둥 심부의 면적(mm^2)

A_g : 기둥의 총단면적(mm^2)

A_{sh} : 수직간격이 a이고, 심부의 단면치수가 h_c인 단면을 가로지르는 보강띠철근(cross-ties)을 포함하는 횡방향 철근의 총단면적(mm^2). 직사각형 기둥의 두 주축 모두에 대하여 별도로 계산하여야 한다.

f_{ck} : 콘크리트의 설계기준강도(MPa)

f_y : 띠철근 또는 나선철근의 항복강도(MPa)

h_c : 띠철근 기둥의 고려하는 방향으로 심부의 단면치수(mm)

ρ_s : 콘크리트 심부 전체의 부피에 대한 나선철근의 부피의 비(나선철근의 끝에서 끝까지)

7.8.4 심부구속 철근의 내진 상세

(1) 횡방향 철근으로 하나 또는 중복된 후프띠철근을 사용할 수 있으며, 후프띠철근과 같은 크기의 보강띠철근(cross-ties)을 사용할 수 있다. 보강띠철근은 그 양단이 외측 축방향 철근에 걸리게 하여야 한다. 단, 나선 또는 원형 띠철근을 사용할 경우 결속철근은 심부구속철근(cross-tie)으로 계산하여서는 안 된다.

(2) 보강띠철근은 하나의 연속된 철근으로 한쪽 단에 135° 이상의 갈고리를 갖고, 다른 쪽 단에 90° 이상의 갈고리를 갖도록 하여야 한다. 이때, 135° 갈고리는 띠철근 지름의 6배와 80 mm 중 큰 값 이상의 연장길이를 가져야 하며, 90° 갈고리는 띠철근 지름의 6배 이상의 연장길이를 가져야 한다. 또한 갈고리는 외측 축방향 철근에 걸리게 하여야 하며, 보강띠철근을 연속적으로 같은 축방향 철근에 걸리게 할 경우 90° 갈고리가 연달아 걸리지 않도록 연속된 보강띠철근의 양단을 바꿔주어야 한다.

(3) 후프띠철근은 외측 축방향 철근들을 감싸는 폐합띠철근 형태이거나 또는 나선철근과 유사하게 연속적으로 감은 연속띠철근 형태로 사용할 수 있다. 폐합띠철근 형태는 양단에 띠철근 지름의 6배와 80 mm 중 큰 값 이상의 연장길이를 갖는 135° 갈고리를 가져야 한다. 연속띠철근 형태는 양단의 띠철근 지름의 6배와 80 mm 중 큰 값 이상의 연장길이를 갖는 135° 갈고리를 가져야 하며 이 갈고리는 축방향 철근에 걸리게 한다.

(4) 심부구속 사각형 띠철근의 내진 상세(그림 7·6)

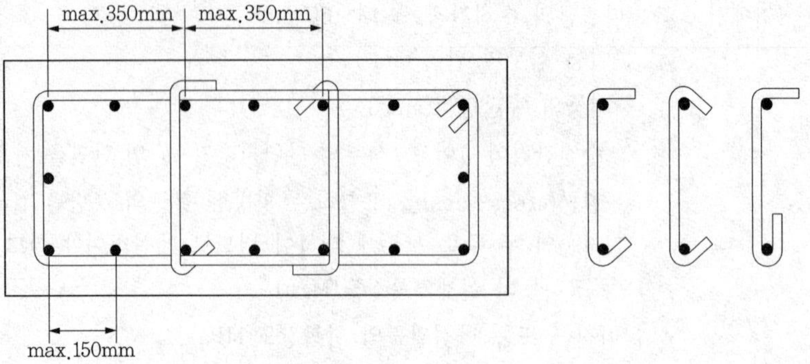

그림 7·6 심부구속 사각형 띠철근의 내진 상세

(5) 원형기둥 띠철근의 내진 상세(소성힌지 구간, 예시)(그림 7·7)

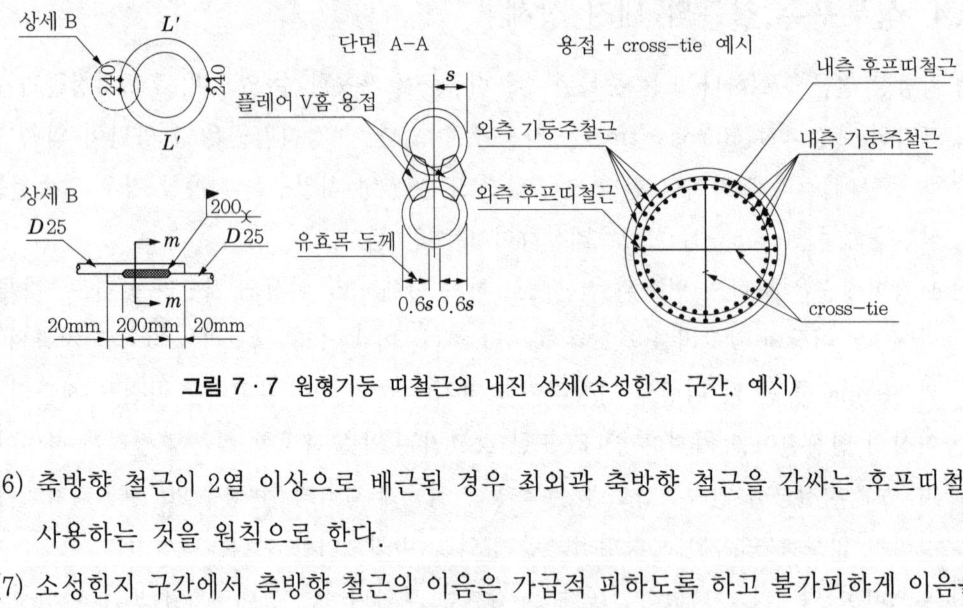

그림 7·7 원형기둥 띠철근의 내진 상세(소성힌지 구간, 예시)

(6) 축방향 철근이 2열 이상으로 배근된 경우 최외곽 축방향 철근을 감싸는 후프띠철근만 사용하는 것을 원칙으로 한다.

(7) 소성힌지 구간에서 축방향 철근의 이음은 가급적 피하도록 하고 불가피하게 이음을 해야 하는 경우에는 겹이음이나 용접이음보다는 기계적 연결장치를 사용하며, 이음위치는 가능한 한 최대모멘트의 작용위치를 피하도록 한다.

7.8.5 횡방향 철근의 배근 범위

(1) 심부구속을 위한 횡방향 철근은 기둥의 상부와 하부에 설치하며 설치구간은 기둥의 최대단면치수, 기둥 순높이의 1/6, 450 mm 중 가장 큰 값 이상이어야 한다. 횡방향 철근

은 인접부재와 연결면으로부터 기둥치수의 0.5배까지 연장해서 설치해야 하나 그 길이가 380 mm보다 작아서는 안 된다.

(2) 말뚝가구의 말뚝 상단에서의 구속을 위한 횡방향 철근은 기둥에 대해 규정된 것과 같은 구간에 설치한다. 말뚝 하단에서는 모멘트 고정점에서 말뚝지름의 3배 길이만큼 내려간 위치로부터 진흙선에서 말뚝지름의 1배와 450 mm 중 큰 값 이상의 길이만큼 올라간 위치까지의 구간에 횡방향 철근을 설치해야 한다.

(3) 철근의 최대간격은 부재 최소단면치수의 1/4 또는 축방향 철근지름의 6배 중 작은 값을 초과해서는 안 된다.

(4) (1), (2)에서 규정된 횡방향으로 구속된 부분에서는 나선철근 겹이음은 허용되지 않는다. 이 부분의 나선철근연결은 완전용접 겹이음으로 해야 한다.

7.8.6 철근콘크리트 기둥의 축방향 철근에 관한 최소규정

소성영역이 예상되는 기둥의 상부와 하부에서 기둥의 최대단면치수, 기둥 순높이의 1/6, 450mm 중 가장 큰 값으로 결정되는 구간에 배근되는 축방향 철근은 전체 철근 중 1/2 이상이 연속철근(단일철근 또는 기계적으로 연결된 철근)이어야 한다.

7.9 단경간 PSC beam 교량의 설계지진력과 설계변위 검토

7.9.1 설계단면

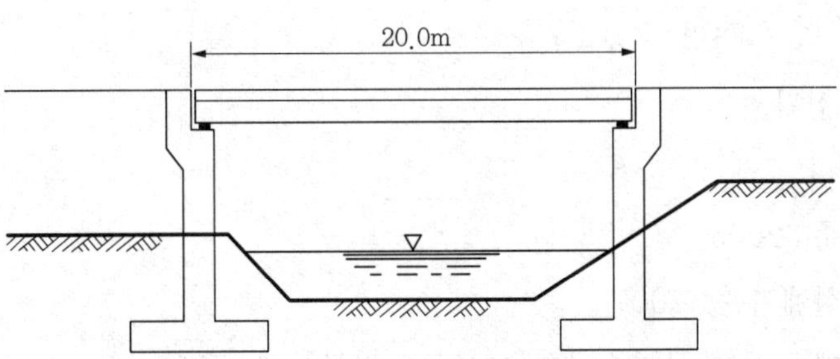

그림 7·8 단경간 PSC beam 교량의 종단면도

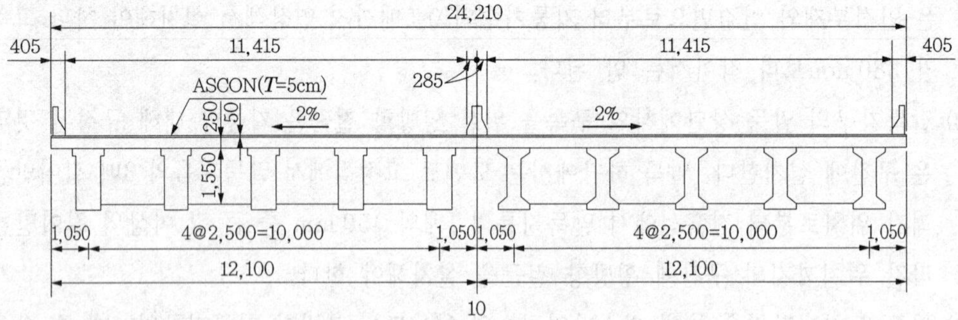

그림 7·9 단경간 PC beam 교량의 횡단면도

7.9.2 설계조건

(1) 교량형식 : PC beam교(5 EA)

(2) 교장 : 20 m

(3) 교폭 : 12.1 m

(4) 표층두께 : 50 mm(아스팔트콘크리트)

(5) 표층용 아스팔트콘크리트의 단위질량 : 23 kN/m^3

(6) 철근콘크리트의 단위질량 : 25 kN/m^3

(7) 지진구역 : Ⅰ(구역계수＝0.11)

(8) 내진등급 : Ⅱ등급

(9) 설계가속도계수 : 0.11

(10) 지반종류 : Ⅱ($S=1.2$)

(11) 응답수정계수 : 상부구조와 교대 $R=0.8$

연결부 $R=1.0$

(12) 기초 : 직접기초

(13) 참고문헌

도로교 설계기준, 2005.

콘크리트 구조설계기준, 2007.

교량의 내진설계, (사)한국기술사회 토목구조전문분회, 1995. 5.

7.9.3 고정하중 계산

ASCON	0.05×23.0×12.1×20	=278.0 kN
Slab	0.2×25.0×12.1×20	=2,210.0 kN
PC beam	0.9×20×25.0×5	=2,250.0 kN
	고정하중	=3,738.0 kN

7.9.4 설계지진력 계산

설계지진력은 고정하중 반력에 규정된 가속도계수를 곱한 값으로 구한다.

설계지진력 = (3,738.0/2)×0.11 = 206.0 kN

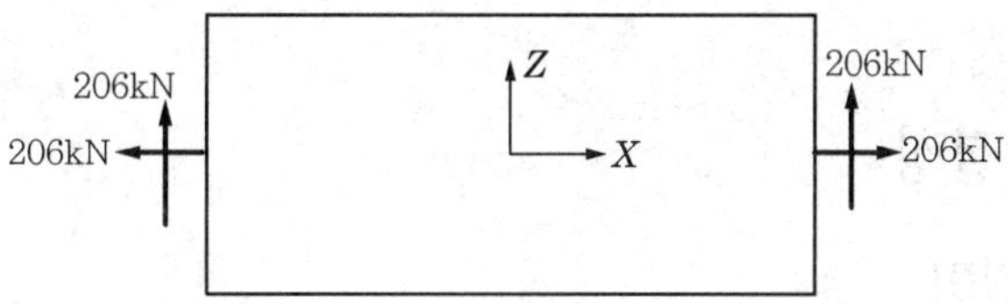

7.9.5 연결부 설계

(1) 연결부 작용하중

$$F_X = 3,738.0 \times 0.11 = 411.0 \text{ kN}$$

$$F_Z = 3,738.0 \times 0.11 = 411.0 \text{ kN}$$

(2) 받침배치 및 현황

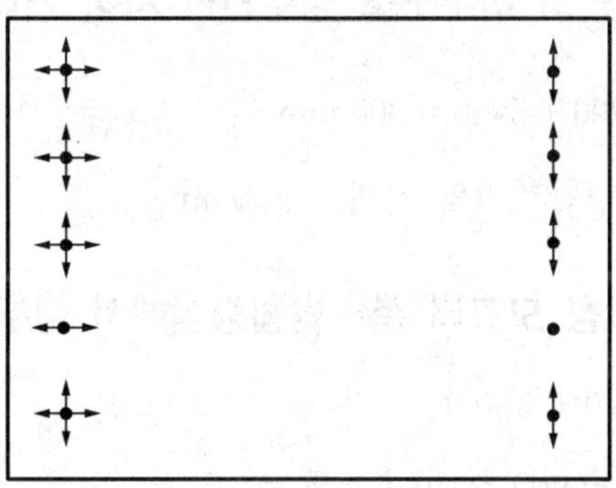

그림 7 · 10 받침배치도

shoe type	norminal vertical (kN)	service load	
		vertical(kN)	horizontal(kN)
양방향가동	1,300	1,480	
일방향가동	1,300	1,560	260
고정	1,300	1,730	260

(3) 받침의 지지력

교축(X)방향 : 260×5=1,300 kN 〉 411.0 kN (O.K.)

교축 직각(Z)방향 : 260×2=560 kN 〉 411.0 kN (O.K.)

∴ stopper나 damper를 설치하지 않아도 된다.

7.9.6 설계변위 결정

(1) 최소받침지지길이

$$N = (200 + 1.67L + 6.66H)(1 + 0.000125\theta^2)\ (\text{mm})$$
$$= (200 + 1.67\times 20 + 6.66\times 0)(1 + 0.000125\times 0)$$
$$= 233.4\ \text{mm}$$

(2) 받침의 모르터 크기

길이 : 980 mm

폭 : 390 mm

(3) 교축방향의 받침연단과 하부구조 정부연단 사이 거리

$$S = 200 + 5L = 200 + 5\times 20 = 300\ \text{mm}$$

받침중심에서 상부구조 연단까지의 거리 : 500 mm

(4) $N' = S + 0.5\times$받침 모르터 폭+받침중심에서 상부구조 연단까지의 거리

$=300 + 0.5\times 390 + 500$

$=999.5$ mm 〉 233 mm (O.K.)

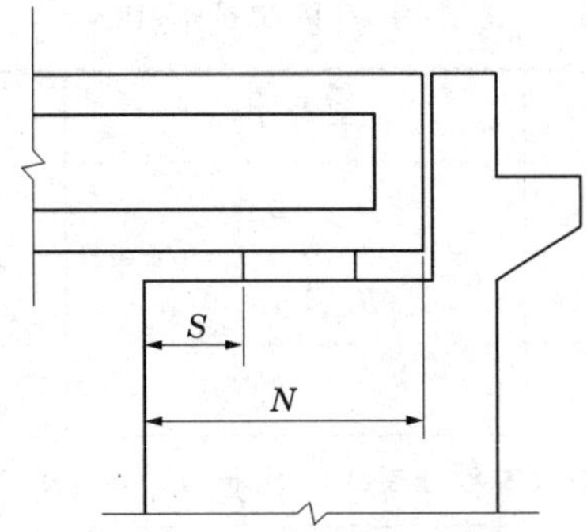

그림 7·11 받침지지길이

7.10 2경간 연속교량의 설계지진력 산출 예

7.10.1 교량의 내진설계조건

지진구역 Ⅱ 내의 내진 Ⅱ등급교량

7.10.2 교량받침의 배치

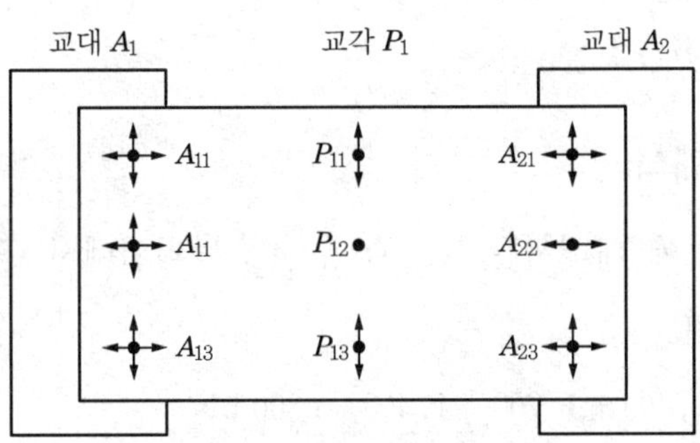

그림 7·12 받침배치도

표 7·9 작용 고정하중(kN)

교대 A_1	교각 P_1	교대 A_2
A_{11} : 1,400	P_{11} : 2,000	A_{21} : 1,400
A_{12} : 1,200	P_{12} : 1,800	A_{22} : 1,200
A_{13} : 1,400	P_{13} : 2,000	A_{23} : 1,400
총작용 고정하중 합계=13,800 kN		

7.10.3 받침의 설계지진력 산출

(1) 교축방향 해석(↔)

- 교축방향 이동에 대해서는 교각 P_1의 받침열(P_{11}, P_{12}, P_{13})에서 구속함.
- 받침의 설계 수평력

받침 P_{11} : $0.2\times(A_{11}+P_{11}+A_{21})=0.2\times(1,400+2,000+1,400)$

$=960$ kN

받침 P_{12} : $0.2\times(A_{12}+P_{12}+A_{22})=0.2\times(1,200+1,800+1,200)$

$=840$ kN

받침 P_{13}(=받침 P_{11}) = 960 kN

(2) 교축 직각방향 해석(↕)

- 교축 직각방향 거동에 대해서는 A_{12}, P_{12}, A_{22} 받침열에서 구속함.
- 받침의 설계 수평력

받침 A_{12} : $0.2\times(1,400+1,200+1,400)=800$ kN

받침 P_{12} : $0.2\times(2,000+1,800+2,000)=1,160$ kN

받침 A_{22} : $0.2\times(1,400+1,200+1,400)=800$ kN

제8장

옹벽의 설계

8.1 개 설

8.1.1 정 의

옹벽(retaining wall)은 흙깎기(cutting), 또는 흙쌓기(banking)로 자연사면을 유지할 수 없는 경우, 흙 또는 기타재료의 안정성을 확보하기 위해 이용되는 구조물로 일반적으로 도로, 철도, 부지조성 등의 용지와 지형조건으로 지표면이 급경사 또는 수직단차를 이룰 때 설치한다. 옹벽은 흙쌓기와 교대(abutment), 안벽(sea-wall), 독벽(dock-wall), 터널(tunnel)등과 같은 구조물에도 응용된다.

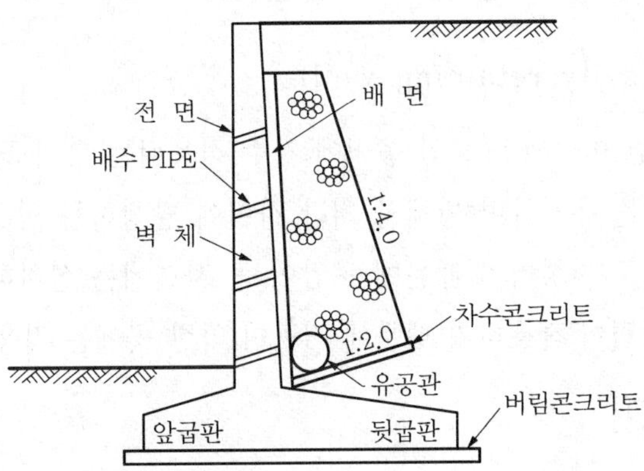

그림 8·1 옹벽의 각부 명칭

(1) 설계시 고려사항

옹벽을 설계할 때는 아래의 사항을 고려하여 구조형식 및 단면치수를 정한다.

1) 설치목적
2) 설치장소의 지형, 지질 및 토질조건
3) 주변 구조물과의 연관
4) 시공조건
5) 경제성 및 구조물의 안정성
6) 도로시설물인 경우 도로의 전체계획과 도로설계와의 관계

(2) 설계 순서

옹벽의 설계 순서는 옹벽의 형식, 종류에 따라 다르나 일반적인 순서는 다음과 같다.

1) 지형조사, 지반 및 뒷채움흙의 토질조사
2) 조사결과와 관련 시방서에 따라 설계조건을 결정
3) 옹벽형식을 선택하고 단면을 가정
4) 옹벽의 자중, 옹벽에 작용하는 토압과 뒷채움흙 위의 상재하중의 크기를 계산
5) 옹벽에 대한 안정검토
6) 옹벽부재의 단면계산을 수행하여 철근량을 산정하고 필요한 경우에는 단면을 수정
7) 뒷채움흙에 따라 배수시설의 형식과 벽체의 세부구조를 결정

8.1.2 옹벽의 종류

옹벽은 가장 오래된 토류구조형식으로 형식과 재료 및 규모가 다양하다.

(1) 중력식 옹벽(gravity retaining wall)

보통의 지반에서 중간 이하의 규모인 옹벽에 자주 적용되는 형태로, 옹벽에 작용하는 토압에 의해 자중으로 안정을 유지하며 벽체와 저판 사이에 발생하는 인장응력을 철근없이 콘크리트의 허용인장응력으로 저항하기 때문에 토압이 큰 사면에는 설치하지 않는 것이 좋다. 또한 저판부에 매우 큰 압력이 작용하기 때문에 지반이 약한 곳에는 적용이 곤란하다. 경제적인 높이는 3~4 m 정도이다.

(2) 반중력식 옹벽(semi-gravity retaining wall)

중력식 옹벽에서 벽체와 저판 사이에 발생하는 인장응력을 철근으로 보강하는 형식으로, 중력식보다는 단면을 작게 할 수 있기 때문에 지반의 지지력이 다소 적은 곳에 사용이 가능하고 높이는 4 m 정도까지이다.

(3) 캔틸레버식 옹벽(cantilever type retaining wall)

벽체와 가상배면 사이의 토사를 자중으로 이용하는 옹벽으로, 다른 형식에 비하여 경제적이며 가장 많이 사용되고 있는 형식이다. 캔틸레버식 옹벽은 역T형 옹벽과 L형 옹벽으로 대별할 수 있다.

1) 역T형 옹벽

일반적으로 높이 4~6 m에 가장 많이 사용되는 형식이다.

2) L형 옹벽

벽체면에 경계가 접해 있어서 앞굽 돌출이 불가할 경우에 사용된다. 단점은 연직벽 하단에 큰 압력이 작용하게 되어 안전상 역T형 옹벽에 비하여 불리하며 비경제적인 면이 있다.

3) 역L형 옹벽

부지경계, 외부지반이 부지 내부보다 높을 경우에 사용한다.

(4) 부벽식 옹벽(butteressed retaining wall)

옹벽의 높이가 6 m 이상으로 높게 될 경우 토압이 과대하여 캔틸레버식 옹벽으로는 단면이 매우 커져 비경제적인 설계가 된다. 이를 해결하기 위해 벽체 전면 또는 후면에 부벽을 설치하여 연직벽 및 저판의 단면을 줄이는 형식을 부벽식이라 하며, 일반적으로 6~10 m 정도의 높이에 많이 사용되는 옹벽이다.

1) 뒷부벽식 옹벽

벽체 배면에 부벽을 설치하는 형식으로 부벽은 T형보로, 연직벽 및 저판 부벽에 고정된 연속 슬래브로 설계한다.

2) 앞부벽식 옹벽

지형상 제약으로 옹벽배면에 터파기가 불가능할 경우에 사용되며, 뒷부벽을 앞으로 돌려놓은 것과 같은 형태이다. 이때 부벽은 직사각형보로 설계한다. 뒷부벽식에 비해 구조상 불리하기 때문에 거의 사용하지 않는다.

그림 8·2에서 (a)는 중력식 옹벽, (b)는 반중력식 옹벽, (c)는 역T형 옹벽, (d)는 뒷부벽, (e)는 앞부벽식 옹벽을 나타낸 것이다.

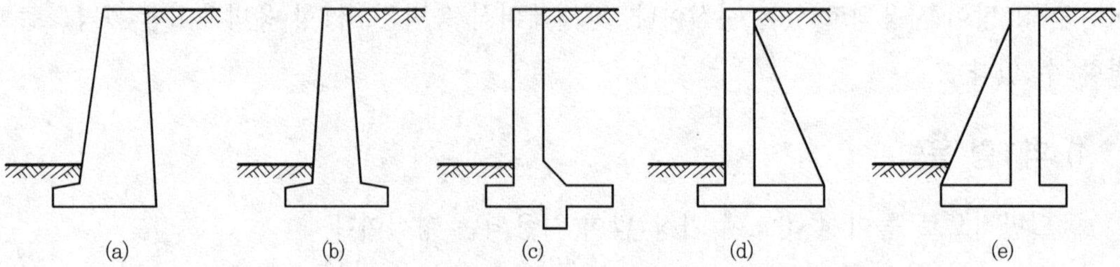

그림 8·2 옹벽의 종류

8.2 옹벽 설계시 고려사항 및 작용하는 외력

8.2.1 고정하중

고정하중은 표 8·1에 나타난 단위중량을 사용한다. 단, 실하중이 명백한 것은 그 값을 사용한다.

표 8·1 고정하중의 단위질량

구 분		단위질량(kN/m^3)	비 고
철근콘크리트		25	
무근콘크리트		23.5	
뒷채움흙	사 질 토	19	
	양질의 사질토	20	모래 및 선택층

8.2.2 토압

(1) 시행쐐기법에 의한 토압산정

1) 적용 근거

Rankine 및 Coulomb의 토압론은 수평 및 경사진 무한 배면에 적용되는 이론이므로 뒷채움흙의 경사가 불균일한 경우에는 시행쐐기법을 이용하여 토압을 산정하는 것이 보다 합리적이다. 뒷채움흙의 경사가 일정할 경우에는 토압의 작용각이 동일하여 Rankine이나 Coulomb 토압론에 의해 산정된 토압과 시행쐐기법에 따른 토압이 같은 결과를 얻게 된다.

2) 토압계산시 가정

① 벽체 뒤의 흙쐐기를 자유물체(강체)로 간주하여 힘의 평형을 생각한다.
② 수평면과 임의 경사를 이루는 활동 파괴면을 반복 가정하여 토압의 최대값을 구한다.
③ 파괴면각 : $S = 45° + \frac{\phi}{2} \pm \Delta$로 본다.

(2) 토압작용각

1) 토압 작용면의 벽면마찰각

표 8·2 토압 작용면의 벽면마찰각

옹벽 형식	계산의 종류	벽면마찰각: 상시(정적 분력)	벽면마찰각: 지진시(동적 분력)	비고
중력식 옹벽	안정계산	$\frac{2}{3}\phi$	0	
	벽의 단면계산			
역T형, L형 옹벽, 반중력식 옹벽	안정계산	0	0	
	벽의 단면계산	$\frac{1}{3}\phi$	0	

2) 역T형 및 L형 옹벽 안정계산시의 토압작용각

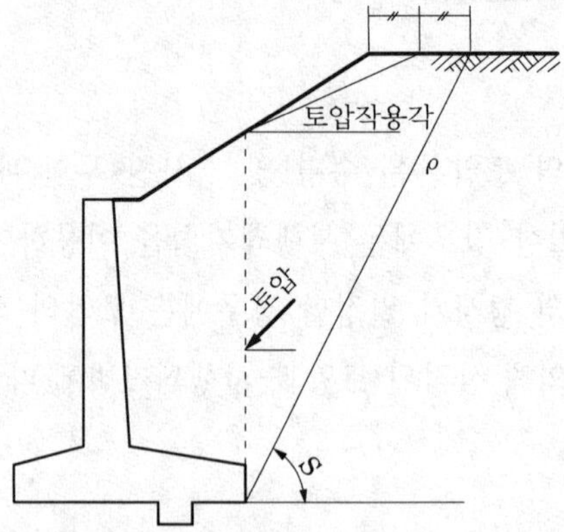

※ 뒷채움흙의 경사(α)가 일정할 경우의 토압작용각 : $\rho = \alpha$

그림 8·3 역T형 및 L형 옹벽 안정계산시의 토압작용각

(3) 시행쐐기법에 의한 토압 산출

1) 시행쐐기의 중량 W

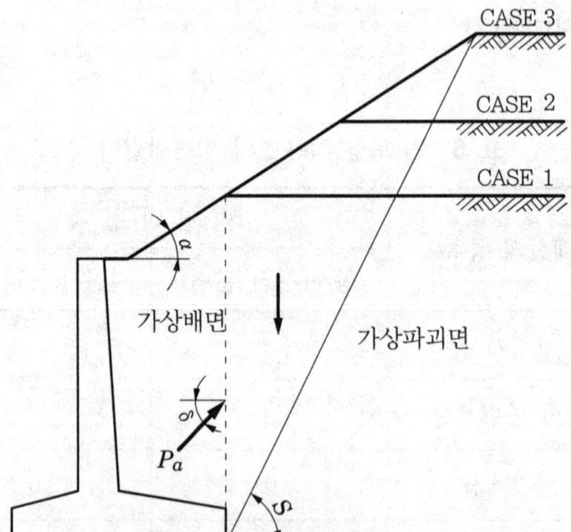

그림 8·4 시행쐐기의 중량

① CASE 1 : $\tan\alpha \cdot b > H_o$일 때(경사면이 옹벽 가상배면 내에 있을 때)

$$x_1 = H + \frac{H_o}{\tan s}$$

$$y_1 = H + H_o$$

$$W = \frac{1}{2} x_1 y_1 \gamma_s + x_1 \times q$$

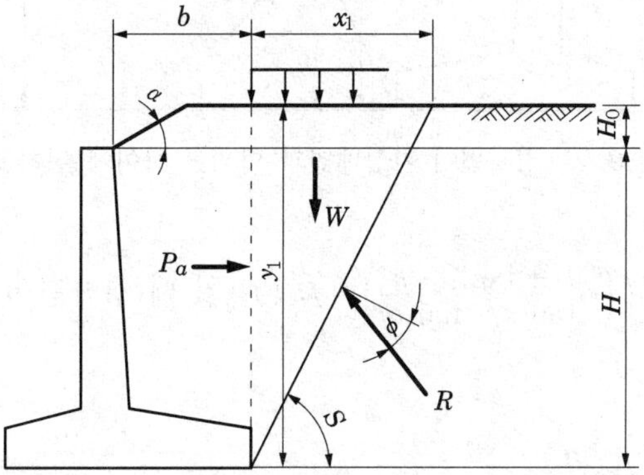

그림 8·5 경사면이 옹벽 가상배면 내에 있을 때

② CASE 2 : $\tan\alpha \cdot b < H_o < \tan s \times \left(\frac{H + \tan\alpha \cdot b}{\tan s - \tan\alpha}\right) - H$ 일 때(경사면이 가상배면과 파괴면 사이에 위치할 때)

$$x_1 = \frac{H_o}{\tan\alpha} - b,$$

$$x_2 = H + \frac{H_o}{\tan s} - x_1$$

$$y_1 = H + \tan\alpha \cdot b$$

$$y_2 = H + H_o - \tan s \cdot x_1$$

$$W = \left(\frac{y_1 + y_2}{2} x_1 + \frac{1}{2} y_2 x_2\right)\gamma_s + x_2 \cdot q$$

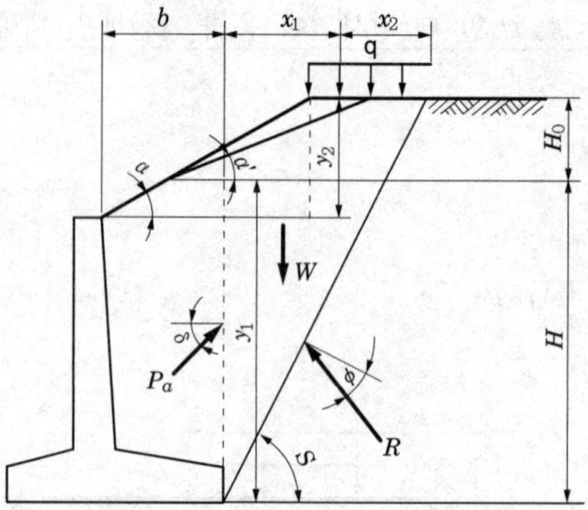

그림 8·6 경사면이 가상배면과 파괴면 사이에 위치할 때

③ CASE 3 : $\tan s \cdot \left(\dfrac{H + \tan \alpha \cdot b}{\tan s - \tan \alpha} \right) - H < H_o$일 때(경사면이 가상파괴면 밖에 위치할 때)

$$x_1 = \frac{H + \tan \alpha \cdot b}{\tan s - \tan \alpha}$$

$$y_1 = H + \tan \alpha \cdot b$$

$$W = \frac{1}{2} y_1 \cdot x_1 \cdot \gamma_s$$

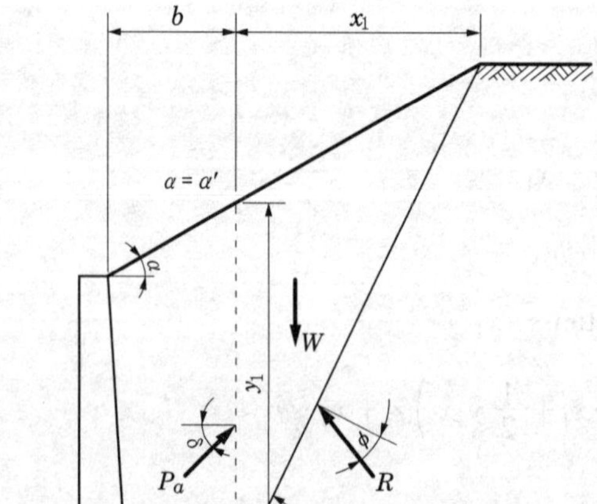

그림 8·7 경사면이 가상파괴면 밖에 위치할 때

2) 토압력 P_a

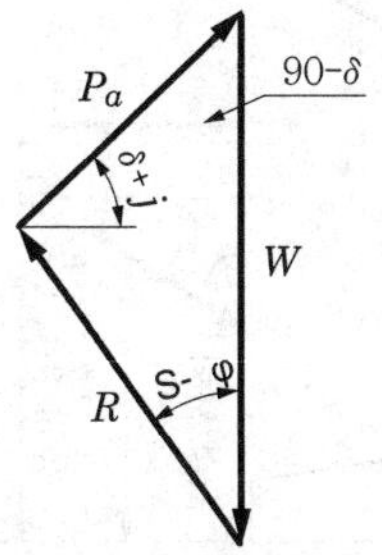

$$\frac{P_a}{\sin(s-\phi)} = \frac{W}{\sin(90+\phi+\delta+j-s)}$$

$$P_a = \frac{\sin(s-\phi)}{\cos(s-\phi-j-\delta)} W$$

여기에서, j : 벽배면(또는 가상배면)과 연직면이 이루는 각

δ : 벽배면에 직접 토압이 작용할 때에는 벽면마찰각을 적용하고, 가상배면에 작용할 때에는 α'를 적용하여야 한다.

(4) 지진시의 토압

지진시의 토압산출을 위하여 Mononobe-Okabe의 의사-정적 해석방법을 사용한다.

1) 토압 계산

상시와 같이 벽체 뒤의 흙덩이, 즉 흙쐐기를 자유물체(강체)로 간주하되 흙쐐기의 자중에 수평 및 수직지진계수를 곱한 지진력을 포함하여 힘의 평형에 대하여 계산한다.

2) 토압 작용각

토압의 작용각은 정적 분력일 때 상시의 토압작용각과 동일하고, 동적 분력일 때는 수평으로 작용하는 것으로 본다.

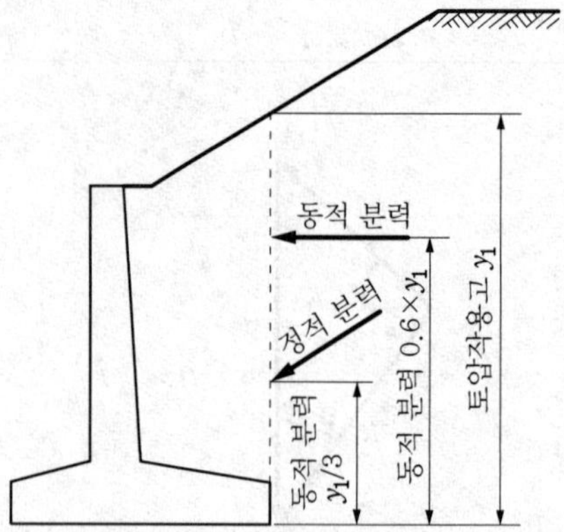

그림 8·8 토압 작용위치

3) 토압 작용위치

토압의 작용점은 정적 분력일 때 토압작용면 높이의 1/3 위치에, 동적 분력일 때 토압작용면 높이의 0.6배 위치에 작용하는 것으로 본다.

4) 지진가속도계수

지진시의 옹벽은 경제적인 구조물이 되도록 변위를 허용하여 설계한다.

① 옹벽의 변위식

$$d = 0.087\frac{V^2}{A\cdot g}\left[\frac{N}{A}\right]^{-4} \qquad (8\cdot 1)$$

d : 변위량, A : 가속도계수, g : 중력 가속도
V : 최대속도, N : 최대저항계수 $= K_h$

② 가속도계수 결정방법

Richards와 Elms은 최대허용변위량 d를 결정하고 변위식을 이용하여 지진가속도계수를 다음의 식으로 정의하였다.

$$K_h = A_a\cdot\left(\frac{5.15\,Av^2}{A_a\cdot d}\right)^{1/4} \qquad (8\cdot 2)$$

③ 적용 지진가속도계수

직접기초로 설계된 옹벽에 대해서는 Elms와 Martin의 연구성과를 준용한다.

$$K_h = \frac{A}{2} \tag{8 · 3}$$

여기에서, $d = 254\,A$ mm일 때

$$K_h = \frac{0.11}{2} = 0.055$$

여기에서, $d = 254 \times 0.11 = 27.94$ mm일 때

④ 안정검토시에는 구조물 및 뒷굽상면토사의 관성력을 고려하고 벽체단면 설계시에는 벽체자중의 관성력을 무시한다.

(5) 상재하중

옹벽배면에 작용하는 상재하중은 실재 재하되는 상재하중에 대하여 검토하여야 하며, 옹벽에서 발생되는 변위의 영향을 받는 구조물이 배면에 있을 경우에는 옹벽 및 옹벽벽체의 변위에 따른 구조물의 안전을 확인한다. 노면에 작용하는 활하중은 배면경사가 수평인 구간에 재하한다.

(6) 풍하중

옹벽에 설치된 방음벽에 작용하는 풍하중의 크기는 150 kN/m로 한다. 단, 풍하중을 저감시킬 수 있는 구조를 가지는 방음벽에 대해서는 위의 값을 감소시켜 적용할 수 있다.

(7) 수압

배수공이 적절히 설치되지 않는 옹벽의 설계는 수압의 영향을 고려하여야 한다. 이때의 수압은 옹벽의 구체에 작용하는 정수압으로 본다.

8.3 안정검토

옹벽의 안정은 옹벽전체에 대하여 다음의 조건을 만족시키지 않으면 안 된다. 이를 옹벽안정의 3조건이라 한다.

(1) **전도**(overturning)에 대하여 안정할 것

(2) **활동**(sliding)에 대하여 안정할 것

(3) **지지력**(settlement)에 대하여 안정할 것

옹벽구조물은 평상시와 지진시의 사용하중에 대하여 활동, 전도 및 지지력에 대하여 안정하여야 한다. 풍하중이 작용할 경우의 안정검토는 지진시의 안전율을 사용하고, 지진시에는 옹벽구조물과 뒷채움흙에 작용하는 관성력을 고려하여 안정을 검토하여야 한다.

8.3.1 활동에 대한 안정

(1) 최소안전율

활동은 저판과 흙 또는 가상활동면의 마찰저항력으로 안정을 유지하며 안전율은 평상시 1.5, 지진시 1.2 이상이어야 한다.

(2) 지반 마찰계수

1) 활동방지벽이 없을 때

콘크리트와 흙 : $\mu = 0.50$

2) 활동방지벽이 있을 때

흙과 흙 : $\mu_1 = \tan\phi$, 콘크리트와 흙 : $\mu_2 = 0.50$

(3) 안전율 계산

$$FS = \frac{(W + P_V)\cdot\mu}{P_h} \qquad (8\cdot4)$$

옹벽은 뒷면에서 작용하는 토압의 수평력에 의하여 활동하려고 한다. 활동에 저항하는 힘은 옹벽저판에서의 마찰력과 점착력으로 형성되며, 활동을 일으키는 힘을 S_d, 활동에 저항하는 힘을 S_r라 하면 $S_r > S_d$가 되어야 하고, 이때 안전율은 최소 1.5 이상이어야 한다.

(4) 활동방지벽

1) 활동방지벽 설치위치의 결정

활동방지벽에 의한 마찰저항력 측면에서는 옹벽의 배면에 설치할수록 유리하나, 옹벽 뒷굽판 끝단에 설치할 경우 활동방지벽 깊이에 따른 토압의 증가가 예상되므로 토압이 증가하지 않는 범위 내에서 배면측에 근접되게 설치하여야 한다.

2) 활동방지벽이 없는 경우

활동방지벽이 없는 경우 활동에 대한 저항은 저판과 지반의 마찰저항력으로 산정한다. 구조계산서의 마찰계수 $\tan\phi_B$는 흙의 경우 0.5, 암반의 경우 0.6을 적용한다.

$$S_r = V\tan\phi_B \tag{8·5}$$

$$V = W + P_{AV} \tag{8·6}$$

여기에서, S_r : 저판과 지반의 마찰저항력(kN/m)
V : 연직합력(kN/m)
W : 옹벽자중과 흙의 무게(kN/m)
P_{AV} : 토압의 수직분력(kN/m)
ϕ_B : 기초저판과 지반 사이의 마찰각(°)
(흙의 경우 $\frac{2}{3}\phi$, 암반의 경우 $\tan\phi_B = 0.6$)

3) 활동방지벽이 있는 경우

활동방지벽이 있는 경우 활동에 대항 저항력 산정은 몇 가지 상이한 방법들이 제안되고 있다. 구조계산서의 활동에 대한 저항력은 마찰저항만 고려한 방법을 사용하여 산정한다.

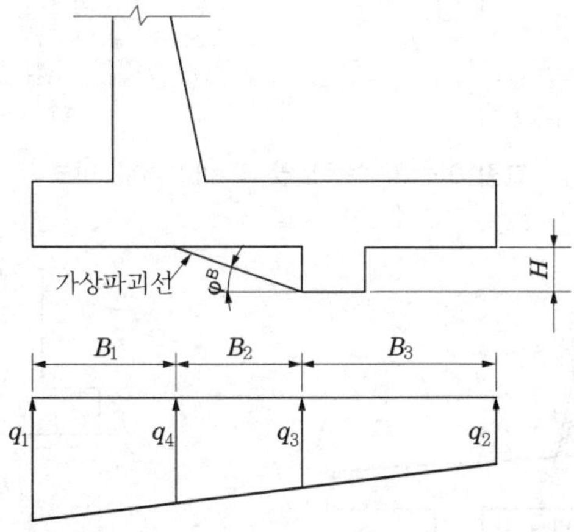

그림 8·9 수동토압 및 마찰저항 고려방법

① 수동토압 및 마찰저항 고려방법

활동방지벽 전면의 수동토압저항 및 저판과 지반 사이의 마찰저항을 고려한다.

$$S_r = \frac{(q_3+q_4)}{2} K_p H + \frac{(q_1+q_4)}{2} B_1 \tan \phi_B + \frac{(q_3+q_2)}{2} B_3 \tan \phi_B \qquad (8 \cdot 7)$$

여기에서, S_r : 활동방지벽 설치시 활동에 대한 저항력(kN/m)

q_1, q_2, q_3, q_4 : 지반반력의 크기(kN/m^2)

H : 활동방지벽의 높이(m)

K_p : 수동토압계수

ϕ_B : 기초저판과 지반 사이의 마찰각(°)

B_1, B_3 : 마찰저항구간(m)

B_2 : 수동토압저항구간(m)

② 수동토압 및 마찰저항 비교방법

활동방지벽 전면의 수동토압저항과 마찰저항 중 작은 값을 사용한다(그림 8·10 참조).

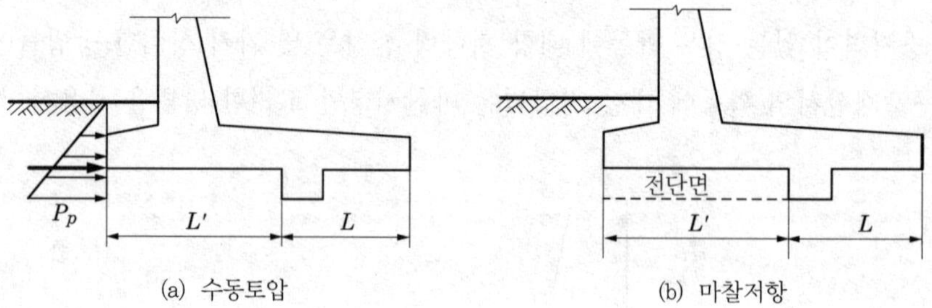

그림 8·10 수동토압 및 마찰저항 비교

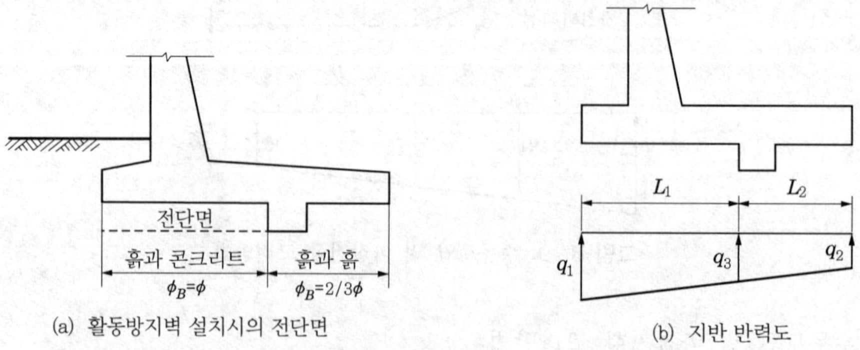

그림 8·11 마찰저항만 고려하는 경우

③ 마찰저항만 고려하는 방법

활동방지벽 전면은 흙과 흙의 마찰 활동방지벽 하부의 마찰저항을 고려하고 후면은 흙과 콘크리트의 마찰저항을 고려한다.

$$H_u = \frac{q_1 + q_3}{2} L_1 \tan\phi + \frac{q_2 + q_3}{2} L_2 \tan\phi_B + c \cdot L_1 \quad (8 \cdot 8)$$

여기에서, H_u : 기초저판과 지반 사이에 작용하는 전단저항력(kN/m)

q_1, q_2, q_3 : 기초저판의 전면, 후면 및 활동방지벽 전면에서의 지반반력 ($\mathrm{kN/m^2}$)

L_1 : 활동방지벽 전면과 저판 전면과의 수평거리(m)

L_2 : 활동방지벽 전면과 저판 후면과의 수평거리(m)

ϕ : 지반의 내부마찰각(°)

ϕ_B : 기초저판과 지반 사이의 마찰각(°)

c : 지반의 점착력($\mathrm{kN/m^2}$)

8.3.2 전도에 대한 안정

(1) 최소 안전율

평상시 전도에 대한 저항모멘트는 작용 전도모멘트의 2.0배 이상이어야 하며 하중의 합력이 작용하는 위치는 평상시 저판의 중심으로부터 저판 폭의 1/6 이내, 지진시에는 저판 폭의 1/3 이내에 있어야 한다.

(2) 안전율 계산

$$FS = \frac{M_r}{M_0} = \frac{\Sigma W_i x_i + P_{AV} \cdot B}{P_{AH} \cdot y} \geq 2.0 \quad (8 \cdot 9)$$

여기에서, FS : 전도에 대한 안전율

M_r : 점 O를 중심으로 한 저항모멘트(kN · m/m)

M_0 : 점 O를 중심으로 한 전도모멘트(kN · m/m)

W_i : 콘크리트 또는 흙요소의 무게(kN/m)

x_i : 점 O에서 콘크리트 또는 흙요소의 중심까지의 수평거리(m)

P_{AV} : 토압의 수직분력(kN/m)

B : 옹벽 저판 폭(m)

P_{AH} : 토압의 수평분력(kN/m)

y : 점 O를 토압의 수평분력 작용점까지의 수직거리(m)

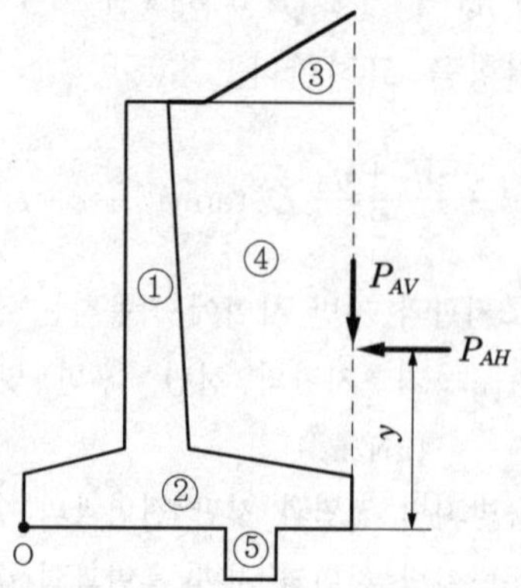

그림 8 · 12 옹벽의 단면구분

8.3.3 지지력에 대한 안정

저판에 작용하는 최대지반 반력은 기초지반의 허용지지력의 이내에 있어야 한다. 기초지반의 극한지지력에 대한 허용지지력은 상시에는 안전율 3.0, 지진시에는 안전율 2.0으로 나눈 값을 사용하며 지하수위의 영향을 고려하여 결정하여야 한다. 최대지반 반력을 산정하기 위한 반력분포는 편심(e)이 $B/6$이내일 경우에는 사다리꼴 분포로, 이상일 경우에는 삼각형 분포로 가정하여 다음과 같이 계산한다.

$q_{\max} \leq$ 허용지지력 q_a

(1) 편심이 $B/6$ 이내일 경우

$$q_{\max} = \frac{V}{L \cdot B} \cdot \left(1 + \frac{6 \cdot e}{B}\right) \tag{8 · 10}$$

여기에서, $q_{\max}$: 저판의 최대지반 반력(kN/m²)

V : 저판에 작용하는 연직하중(kN)

e : 저판중앙에서 작용하중의 합력점까지의 편심거리(m)

B : 저판의 폭(m)

L : 저판의 단위 깊이(m)

(2) 편심이 $B/6$ 이상일 경우(지진시 허용편심 : $B/3$)

$$q_{\max} = \frac{2 \cdot V}{L \cdot x}, \qquad x = 3 \cdot (B/2 - e) \tag{8 · 11}$$

여기에서, x : 최대지반 반력이 작용하는 점에서 작용하중의 합력이 작용하는 점까지의 거리(m)

옹벽저판의 지지층은 하부에 압밀층이 없고 저판폭의 2.0배 이내에 연약층이 존재하지 않는 사질토층이어야 한다. 또한 기초저면의 깊이는 동결심도 이상이어야 하며 최소깊이는 1.0 m 이상이어야 한다. 옹벽저판의 지지층보다 더 연약한 하부층이 존재할 경우에는 사면 활동에 대한 외적 안정에 대해서도 추가로 검토하여야 한다.

8.3.4 설계하중계수 및 조합

옹벽의 안정과 사용성을 검토하기 위해서는 사용하중을 적용한다. 그러나 설계단면력을 산정하기 위해서는 사용하중에 하중계수를 곱한 계수하중들의 하중조합에 따른다. 이러한 하중조합은 3장의 표 **3·9**에 나타낸 바와 같다.

8.4 옹벽단면의 설계

8.4.1 전면벽 설계

캔틸레버식 옹벽의 전면벽은 저판에 지지된 캔틸레버로 설계하여야 하며, 설계단면력은 전면벽 하단과 전면벽 높이의 1/2점에서 계산하며, 이를 기초로 철근량을 산정하여 배근도를 작성한다.

(1) 철근량 산정

철근량 산정은 다음 순서와 같다.

1) 사용철근량 가정

기존의 자료 등을 참조하여 사용철근량을 가정한다.

2) 최소철근량 검토

사용철근량이 최소철근량 이상 되는지 검토한다.

$$\text{최소철근량 } A_{s\,min} = \frac{0.25\sqrt{f_{ck}}}{f_y} bd < \text{사용철근량 } A_s \qquad (8 \cdot 12)$$

$$\text{최소철근량 } A_{s\,min} = \frac{1.4}{f_y} bd < \text{사용철근량 } A_s \qquad (8 \cdot 13)$$

단, $\frac{4}{3}A_s <$ 사용철근량 A_s 인 경우에는 위 $A_{s\,min}$ 의 최소철근량을 적용하지 않을 수 있다. 소요철근량 A_s 는 $M_u = \phi M_n$ 에 의해 산정된다.

$$\frac{\phi f_y^2}{1.7 \times f_{ck} \times b} A_{s\,min}{}^2 - \phi d f_y A_s + M_u = 0 \qquad (8 \cdot 14)$$

여기에서, $A_{s\,min}$: 최소철근량(mm^2)

f_{ck} : 콘크리트의 설계기준강도(MPa)

f_y : 철근의 설계기준항복강도(MPa)

b : 단위 폭(mm)

d : 유효깊이(mm)

ϕ : 강도감소계수(0.85)

M_u : 계수휨모멘트(kN · m/m)

M_n : 설계휨모멘트(kN · m/m)

3) 휨에 대한 설계

사용철근량을 이용한 설계휨모멘트(ϕM_n)는 계수휨모멘트(M_u)보다 커야 한다.

$$\phi M_n = \phi A_s f_y \left(d - \frac{a}{2}\right) \qquad (8 \cdot 15)$$

$$M_u = 1.7\, M_{w1} \qquad (8 \cdot 16)$$

$$\phi M_n > M_u \qquad (8 \cdot 17)$$

여기에서, ϕ : 강도감소계수(0.85)

A_s : 사용철근 단면적(mm^2)

f_y : 철근의 설계기준항복강도(MPa)

d : 유효깊이(mm)

b : 단위 폭(mm)

a : 직사각형 응력의 깊이(mm)

$$a=\frac{f_y A_s}{0.85 f_{ck} b}$$

1.7 : 토압에 대한 하중계수

M_{W1} : 벽체하단부 휨모멘트(kN · m/m)

(2) 전단에 대한 설계

단면의 설계전단강도(ϕV_c)는 계수전단력(V_u)보다 커야 한다.

$$\phi V_c = \phi (1/6) \sqrt{f_{ck}}\, bd \tag{8 · 18}$$

$$V_u = 1.7\, P_{wah} \tag{8 · 19}$$

$$\phi V_c > V_u \tag{8 · 20}$$

여기에서, ϕ : 강도감소계수(0.80)

f_{ck} : 콘크리트의 설계기준강도(MPa)

d : 유효깊이(mm)

b : 단위 폭(mm)

P_{wah} : 벽체작용토압의 수평분력(kN/m)

(3) 헌치에 대한 검토

헌치의 유효부분은 옹벽에 설치된 헌치높이의 1/3을 헌치의 유효부분으로 간주할 수 있다. 단, 헌치는 벽체의 휨에 대한 검토시 유효부분을 고려하지 않고, 전단 검토시에만 고려한다. 헌치의 유효부분 고려시 설계전단강도(ϕV_c)는 다음과 같이 산정한다.

$$\phi V_c = \phi (1/6) \sqrt{f_{ck}}\, b\left(d + \frac{h}{3}\right) \tag{8 · 21}$$

여기에서, ϕ : 강도감소계수(0.80)

f_{ck} : 콘크리트의 설계기준강도(MPa)

b : 단위 폭(mm)

d : 유효깊이(mm)

h : 헌치의 높이(mm)

(4) 중간 인장철근길이 산정

벽체의 인장주철근은 벽체 중간에서 보통 1/2 A_s로 감소시키는데 중간 철근길이는 다음의 L_1과 L_2 중 큰 값을 적용한다. 이는 일본의 허용응력설계개념을 강도설계에 적용한 것이다(그림 8 · 13 참조).

1) 중간 인장철근길이 L_1

$$L_1 = L_t + L_a \qquad (8 \cdot 22)$$

여기에서, L_1 : 중간 인장철근길이(m)

L_t : 벽체하단으로부터 ϕM_n과 M_u가 교차하는 점까지의 길이(m)

L_a : 정착길이(철근 지름의 12배 또는 유효깊이 d 중 큰 값)(m)

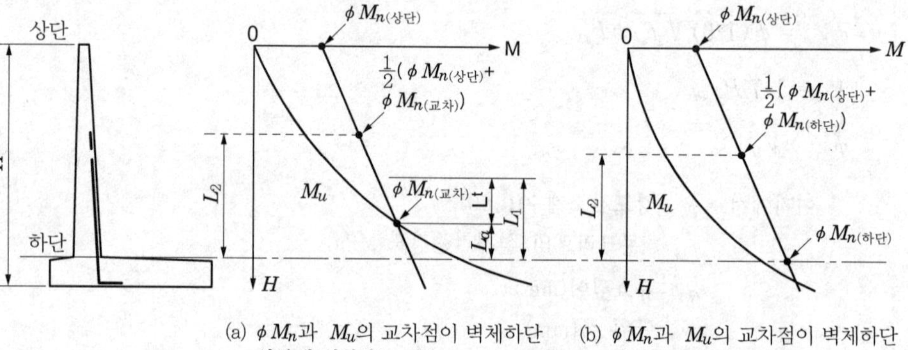

(a) ϕM_n과 M_u의 교차점이 벽체하단 상부에 위치하는 경우　(b) ϕM_n과 M_u의 교차점이 벽체하단 하부에 위치하는 경우

그림 8 · 13 중간 인장철근길이 산정

2) 중간 인장철근길이 L_2

벽체 하단으로부터 1/2[ϕM_n(상단) + ϕM_n(교차)]의 ϕM_n에 상응하는 점까지의 길이로 한다. 단, ϕM_n(교차)이 벽체하단 하부에 위치하는 경우 ϕM_n(교차) 대신 ϕM_n(하단)의 값을 사용한다.

8.4.2 뒷굽설계

저판의 뒷굽판은 좀더 정확한 방법이 사용되지 않는 한, 상부에 재하되는 모든 하중을 지지하도록 설계한다. 또한, 캔틸레버식 옹벽의 저판은 수직벽에 의해 지지된 캔틸레버로 설계할 수 있다.

뒷굽의 단면력 산정시 하중은 그림 8 · 14 (a)에서와 같이 상재하중, 자중, 상재토사, 토압 및 지반반력을 고려한다. 토압이란 안정 검토시에 산정된 가상배면에 작용하는 토압의 수직분력이며 저판 상부에 삼각형 분포하중으로 작용하는 것으로 가정한다.

(1) 지반반력 산정

지반반력의 계산은 뒷굽 상부 하중과 지반반력의 차이에 의하여 산정된다. 뒷굽 상부에 작용하는 하중은 각각의 하중계수가 상이하여 각각의 지반반력을 구한 후 적절한 하중계수를 적용한다.

1) 상재하중에 의한 지반반력(활하중) : 2.15

2) 흙과 콘크리트에 의한 지반반력(고정하중) : 1.3

3) 토압에 의한 지반반력(토압) : 1.7

저판의 휨모멘트가 벽체에 작용하는 휨모멘트보다 큰 경우에는 벽체에 작용하는 휨모멘트를 사용한다. 그 이유는 구조적으로 그림 8·14(b)에서와 같이 교점 O에 작용하는 휨모멘트의 합 $M_{벽체} = M_{뒷굽} + M_{앞굽}$이 성립되어야 하므로, $M_{앞굽} \geq 0$이라면 $M_{벽체} \geq M_{뒷굽}$이 되며, 뒷굽의 휨모멘트 $M_{뒷굽}$은 벽체의 휨모멘트 $M_{벽체}$ 이하가 되어야 하기 때문이다.

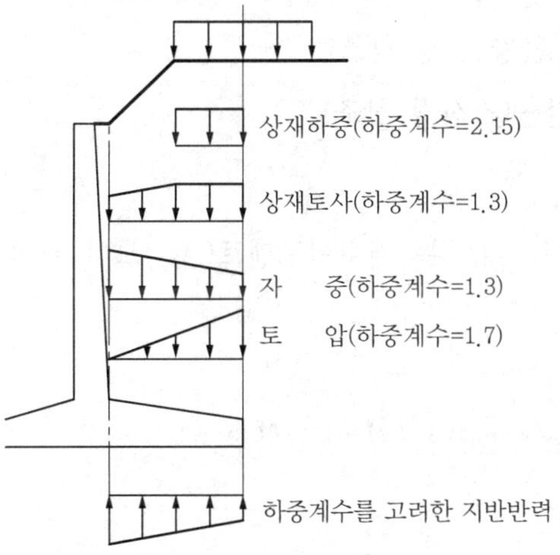

(a) 뒷굽의 단결력 산정

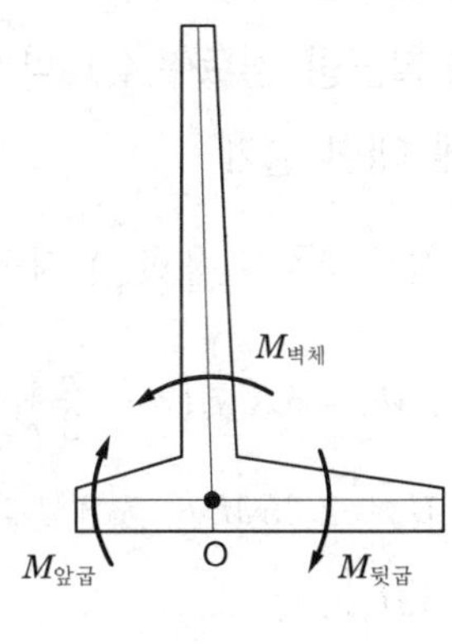

(b) O점에 작용하는 모멘트

그림 8·14 뒷굽의 단면력 산정 및 작용 모멘트

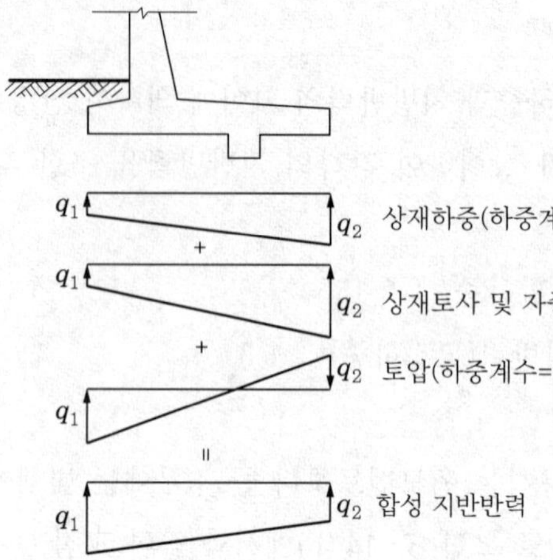

그림 8 · 15 하중계수를 적용한 지반반력

(2) 철근량 산정

1) 사용철근량 가정(8.4.1 벽체의 철근량 산정 참조)

2) 최소철근량 검토(8.4.1 벽체의 철근량 산정 참조)

3) 휨에 대한 설계

사용철근량을 이용한 설계휨모멘트(ϕM_n)는 계수휨모멘트(M_u)보다 커야 한다.

$$\phi M_n = \phi A_s f_y \left(d - \frac{a}{2} \right) \tag{8 · 23}$$

$$M_u = 2.15 M_{\text{상재하중}} + 1.3 M_{\text{흙+콘크리트}} + 1.7 M_{\text{토압}} - M_{\text{지반반력}} \tag{8 · 24}$$

$$\phi M_n > M_u \tag{8 · 25}$$

여기에서, ϕ : 강도감소계수(0.85)

A_s : 사용철근 단면적(mm^2)

f_y : 철근의 설계기준항복강도(MPa)

d : 유효깊이(mm)

b : 단위 폭(mm)

a : 직사각형 응력의 깊이(mm)

$$a = \frac{f_y A_s}{0.85 f_{ck} b}$$

2.15, 1.3, 1.7 : 상재하중, 자중, 토압에 대한 하중계수

$M_{\text{흙+콘크리트}}$: 흙과 콘크리트에 의한 휨모멘트(kN · m/m)

$M_{토압}$: 토압에 의한 휨모멘트(kN · m/m)

$M_{지반반력}$: 지반반력에 의한 휨모멘트(kN · m/m)

(3) 전단에 대한 설계

단면의 설계전단강도(ϕV_c)는 계수전단력(V_u)보다 커야 한다.

$$\phi V_c = \phi\,(1/6)\,\sqrt{f_{ck}}\,bd \qquad (8 \cdot 26)$$

$$V_u = 2.15\,V_{상재하중} + 1.3\,\Sigma V_{흙+콘크리트} + 1.7\,P_{av} - V_{지반반력} \qquad (8 \cdot 27)$$

$$\phi V_c > V_u \qquad (8 \cdot 28)$$

여기에서, ϕ : 강도감소계수(0.80)

f_{ck} :콘크리트의 설계기준강도(MPa)

b : 단위 폭(mm)

d : 유효깊이(mm)

P_{av} : 주동토압의 수직분력(kN/m)

$V_{상재하중}$: 상재하중에 의한 전단력(kN/m)

$\Sigma V_{흙+콘크리트}$: 흙과 콘크리트에 의한 전단력(kN/m)

$V_{지반반력}$: 지반반력에 의한 전단력(kN/m)

8.4.3 앞굽설계

앞굽판은 지반반력에서 콘크리트의 자중만을 뺀 하중으로 설계한다. 앞굽의 단면력 산정 시 하중은 자중 및 지반반력을 고려하며 앞굽의 상재토사는 고려하지 않는 것이 일반적이다.

(1) 지반반력 산정

8.4.2 뒷굽설계에서 구한 방법과 동일하게 적용한다.

(2) 철근량 산정

1) **사용철근량 가정**(8.4.1 벽체의 철근량 산정 참조)

2) **최소철근량 검토**(8.4.1 벽체의 철근량 산정 참조)

3) **휨에 대한 설계**

사용철근량을 이용한 설계휨모멘트(ϕM_n)는 계수휨모멘트(M_u)보다 커야 한다.

$$\phi M_n = \phi A_s f_y \left(d - \frac{a}{2}\right) \qquad (8 \cdot 29)$$

$$M_u = M_{지반반력} - 1.3\,M_{콘크리트} \qquad (8 \cdot 30)$$

$$\phi M_n > M_u \qquad (8 \cdot 31)$$

여기에서, ϕ : 강도감소계수(0.85)

A_s : 사용철근 단면적(mm^2)

f_y : 철근의 설계기준항복강도(MPa)

b : 단위 폭(mm)

d : 유효깊이(mm)

a : 직사각형 응력의 깊이(mm)

$$a = \frac{f_y A_s}{0.85\, f_{ck} b}$$

1.3 : 콘크리트에 대한 하중계수

$M_{콘크리트}$: 콘크리트에 의한 휨모멘트(kN · m/m)

$M_{지반반력}$: 지반반력에 의한 휨모멘트(kN · m/m)

(3) 전단에 대한 설계

단면의 설계전단강도(ϕV_c)는 계수전단력(V_c)보다 커야 한다.

$$\phi V_c = \phi\,(1/6)\,\sqrt{f_{ck}}\,bd \qquad (8 \cdot 32)$$

$$V_u = V_{지반반력} - 1.3 V_{콘크리트} \qquad (8 \cdot 33)$$

$$\phi V_c > V_u \qquad (8 \cdot 34)$$

여기에서, ϕ : 강도감소계수(0.80)

f_{ck} :콘크리트의 설계기준강도(MPa)

b : 단위 폭(mm)

d : 유효깊이(mm)

$V_{콘크리트}$: 콘크리트에 의한 전단력(kN/m)

$V_{지반반력}$: 지반반력에 의한 전단력(kN/m)

8.4.4 활동방지벽 설계

활동방지벽은 마찰저항만 고려하는 경우의 활동방지벽에 작용하는 수평력을 산정하여 설계하며 활동방지벽의 높이는 저판폭의 10~15% 범위로 정하는 것이 바람직하다.

$$H_T = \left[\frac{q_1 + q_3}{2}\, L_1(\tan\phi - \tan\phi_B) + \frac{q_2 + q_3}{2}\, L_2 \tan\phi_B + c \cdot L_1\right] \times \frac{1}{FS} \qquad (8 \cdot 35)$$

$$FS = \frac{S_r}{S_d} \tag{8 · 36}$$

여기에서, H_T : 활동방지벽에 작용하는 수평력(kN/m)

$q_1,\ q_2,\ q_3$: 기초저판의 전면, 후면 및 활동방지벽 전면에서의 지반반력(kN/m^2)

L_1 : 활동방지벽 전면과 기초 전면과의 수평거리(m)

L_2 : 활동방지벽 전면과 기초 후면과의 수평거리(m)

ϕ : 지반의 내부마찰각(°)

ϕ_B : 기초저판과 지반 사이의 마찰각(°)

c : 지반의 점착력(kN/m^2)

FS : 활동에 대한 안전율

S_r : 활동에 저항하는 힘(kN/m)

S_d : 활동을 일으키는 힘(kN/m)

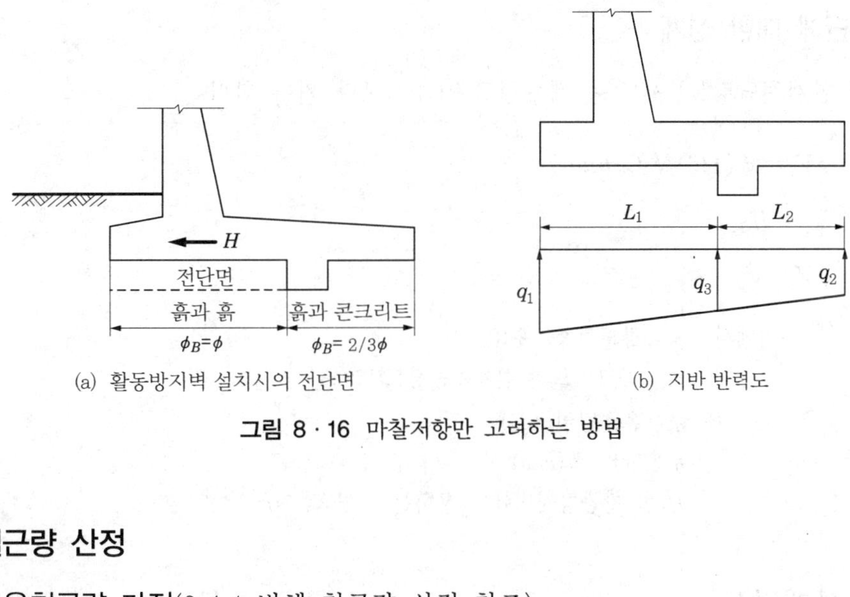

(a) 활동방지벽 설치시의 전단면 (b) 지반 반력도

그림 8 · 16 마찰저항만 고려하는 방법

(1) 철근량 산정

1) 사용철근량 가정(8.4.1 벽체 철근량 산정 참조)

2) 최소철근량 검토(8.4.1 벽체 철근량 산정 참조)

3) 휨에 대한 설계

사용철근량을 이용한 설계휨모멘트(ϕM_n)는 계수휨모멘트(M_u)보다 커야 한다.

$$\phi M_n = \phi A_s f_y \left(d - \frac{a}{2}\right) \tag{8 · 37}$$

$$M_u = H_T \times \frac{H}{2} \tag{8 · 38}$$

$$\phi M_n > M_u \tag{8 · 39}$$

여기에서, ϕ : 강도감소계수(0.85)

A_s : 사용철근 단면적(mm^2)

f_y : 철근의 설계기준항복강도(MPa)

b : 단위 폭(mm)

d : 유효깊이(mm)

a : 직사각형 응력의 깊이(mm)

$$a = \frac{f_y A_s}{0.85 f_{ck} b}$$

H_T : 콘크리트에 의한 휨모멘트(kN · m/m)

H : 활동방지벽의 높이(m)

(2) 전단에 대한 설계

단면의 설계전단강도(ϕV_c)는 계수전단력(V_u)보다 커야 한다.

$$\phi V_c = \phi (1/6) \sqrt{f_{ck}}\, bd \tag{8 · 40}$$

$$V_u = H_T \tag{8 · 41}$$

$$\phi V_c > V_u \tag{8 · 42}$$

여기에서, ϕ : 강도감소계수(0.80)

f_{ck} :콘크리트의 설계기준강도(MPa)

d : 유효깊이(mm)

b : 단위 폭(mm)

H_T : 활동방지벽에 작용하는 수평력(kN/m)

8.4.5 설계강도

철근배근이 완료된 다음 부재 단면의 설계강도는 설계단면력 이상이어야 한다.

$$\phi M_n \geq M_u \tag{8 · 43}$$

여기에서, ϕ : 강도감소계수

휨강도 감소계수 : $\phi_f = 0.85$

전단강도 감소계수 : $\phi_v = 0.80$

8.4.6 전단검토 위치

전단의 검토는 각 부재의 위험단면에서 검토한다. 옹벽 전면벽과 뒷굽의 경우에는 각 접속위치에서 최대전단력을 검토하고, 앞굽에 대하여는 접속위치에서 앞굽 유효높이의 $\frac{1}{2}$ 떨어진 점에서의 최대전단력에 대하여 검토해야 한다.

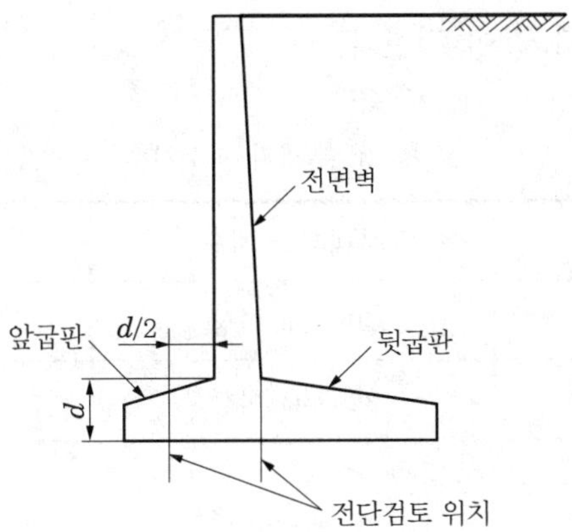

그림 8 · 17 단면의 전단검토 위치

8.5 사용성 검토

8.5.1 균열(필요시 검토)

(1) 균열 폭 계산

$$w = 1.08 R\, f_s \sqrt[3]{d_c A} \times 10^{-5}\ (\mathrm{mm}) \tag{8 · 44}$$

여기에서, d_c : 최대인장 연단에서 이 연단에 가장 가까이 놓여있는 인장철근 중심까지의 거리(mm)

A : 주인장철근 주위의 인장부 콘크리트 단면적을 철근의 개수로 나눈 유효인장 단면적(mm^2)

(2) 허용균열 폭

$$W_a = 0.005\, C\ (\text{일반환경일 때}) \tag{8 · 45}$$

여기에서, C : 최외단 철근의 표면과 콘크리트 표면 사이의 거리(mm)

8.6 구조세목

8.6.1 부재 최소치수

부재의 최소치수는 다음과 같이 정한다.

표 8·3 부재의 최소치수

구분	부재최소 치수	비고
전면벽	200 mm 이상	중력식 옹벽 : 400 mm
저판	300 mm 이상	

8.6.2 철근의 덮개

철근의 덮개란 최외측 철근의 바깥표면으로부터 콘크리트표면까지의 길이이며, 철근의 녹방지, 내화구조 형성 및 부착응력의 확보를 위해 다음의 값 이상이라야 한다. 또한, 전면벽에 문양 거푸집 사용시에도 표 8·4의 철근덮개 규정을 만족하여야 한다.

표 8·4 철근덮개

구 분	대상부분	덮 개	비고
전 면 벽	배면(흙에 접하는 구조물)	60 mm	
	전면(기상작용을 받는 부분)	40 mm	
저판	콘크리트 치기로부터 흙에 접하는 경우	80 mm	

8.6.3 최소철근비

(1) 해석에 의하여 소요 철근량을 산정한 휨부재단면

$\rho_{min} = 1.4/f_y$ 단면에서 사용된 철근량이 해석으로 요구되는 철근량보다 최소한 1/3 이상 많을 때는 윗식을 따르지 않아도 되나 0.0015 이상이어야 한다.

(2) 콘크리트 총단면적에 대한 수평철근의 최소철근비

수평철근의 최소철근비는 건조수축 및 온도변화에 대한 보강철근비 이상

벽체 : 0.0025, 슬래브 : 0.0020

(3) 전면벽 표면측에 배치되는 수평방향 철근은 벽의 높이 1 m당 500 mm^2 이상, 중심간격 300 mm 이하로 배치하여야 하며, 전면벽에 배치되는 총 수평철근량의 1/2 이상이어야 한다.

8.6.4 철근 간격

(1) 해석에 의하여 소요철근량을 산정한 휨부재 단면에서는 철근간격이 최대휨모멘트가 발생되는 단면에서 단면두께의 2배 이하, 300 mm 이하로, 그 밖의 단면에 대해서는 단면두께의 3배 이하, 300 mm 이하이어야 한다.

(2) 수평철근은 단면두께의 3배 이하, 400 mm 이하이어야 한다.

8.6.5 철근의 정착 및 이음

(1) 철근의 정착길이

철근의 정착길이는 기본정착길이(l_d)를 적용하되 300 mm 이상으로 한다.

표 8 · 5 (a) 철근의 정착길이

$f_{ck}=24$ MPa, $f_y=300$ MPa [단위 : mm]

철근	인장철근		압축철근(l_d)
	일반철근(l_d)	상부철근(1.3 l_{db})	
D13	300	390	200
D16	370	490	250
D19	450	590	300
D22	520	680	350
D25	600	780	400
D29	750	980	450
D32	930	1,210	500

표 8 · 5 (b) 철근의 정착길이

$f_{ck}=18$ MPa $f_y=300$ MPa [단위 : mm]

철근	인장철근		압축철근(l_d)
	일반철근(l_d)	상부철근(1.3 l_{db})	
D13	350	460	230
D16	430	560	290
D19	520	680	350
D22	600	780	400
D25	690	900	460
D29	870	1,140	520
D32	1,070	1,400	570

(2) 철근의 이음길이

표 8 · 6 (a) 철근의 이음길이

$f_{ck}=24$ MPa, $f_y=300$ MPa [단위 : mm]

철근	인장철근				압축철근
	일 반 철 근		상 부 철 근		
	A급	B급	A급	B급	
D13	300	390	390	510	300
D16	370	490	490	640	340
D19	450	590	590	770	410
D22	520	680	680	890	470
D25	600	780	780	1,020	540
D29	750	980	980	1,280	610
D32	930	1,210	1,210	1,580	670

표 8 · 6 (b) 철근의 정착길이

$f_{ck}=18$ MPa, $f_y=300$ MPa [단위 : mm]

철근	인장철근				압축철근
	일 반 철 근		상 부 철 근		
	A급	B급	A급	B급	
D13	350	460	460	600	400
D16	430	560	560	730	460
D19	520	680	680	890	550
D22	600	780	780	1,020	630
D25	690	900	900	1,170	720
D29	870	1,140	1,140	1,490	820
D32	1,070	1,400	1,400	1,820	900

8.7 부 대 공

옹벽 설치를 위한 부대시설물로서 옹벽의 안정에 영향을 주는 배수시설, 옹벽 설치 후 온도변화 및 건조수축에 의하여 콘크리트 균열을 초래하는 신축이음과 수축줄눈, 시공이음, 상부 연약층 및 지층변화가 심한 구간의 기초공 등에 대한 각 항목별 설계 및 시공사항은 다음과 같다.

8.7.1 배수공 설계

옹벽구조물의 안전여부는 배면에 작용하는 수압의 유무에 따라 지대한 영향을 받게 되므로 옹벽설계시 배수공 설계를 합리적으로 수행하여 수압이 작용하지 않도록 하여야 한다. 배수공의 형식은 지형, 지질조건 및 지하수의 상태 등에 따라 다르게 선택하여야 한다. 이와 같은 배수공의 전형적인 형식의 특징 및 시공방법을 요약하면 다음과 같다.

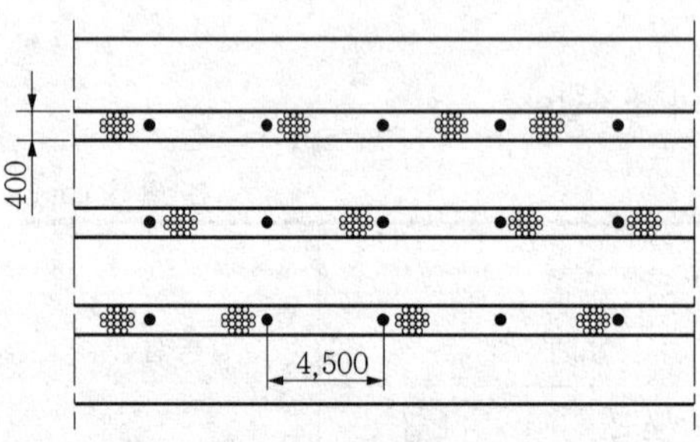

(a) 전개도

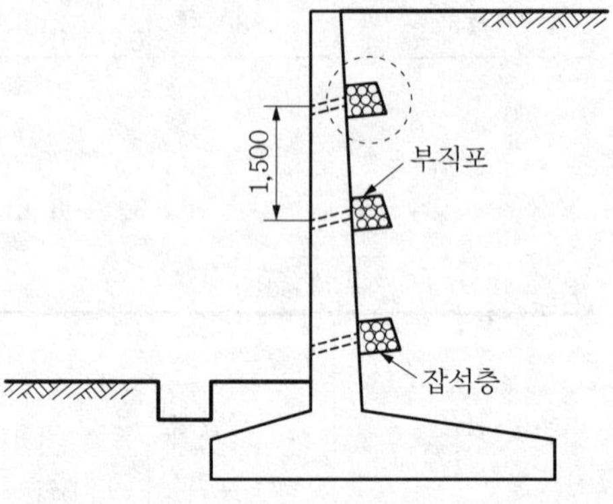

(a) 단면도

그림 8 · 18 배수공의 설계

(1) 수평 배수공

배수공 설치장소에 수평으로 잡석층을 두어 배면 침투수가 이 층을 통하여 배수구멍으로 집수되도록 유도하는 방법으로, 이와 같은 방법은 침하발생시 배수구멍이 막힐 우려가 있으므로 충분한 다짐이 필요하다.

또한 상하 배수층 간격을 최대 1.5 m로 하여 침투수를 배수층을 통하여 배수구멍으로 배수시키며 배수구멍 수평간격은 4.5 m 이하로 배수층에 설치한다. 그리고 배수관은 경사각 10°

로 설치하고 잡석층은 부직포로 피복한다.

(2) 연직 및 수평 배수공

지하수위가 비교적 높은 경우 배수구멍 설치장소에 연직 및 수평으로 잡석층을 두어 배수구멍으로 유도배수하는 방법으로 배수효과는 양호하나 시공성이 다소 불량하다.

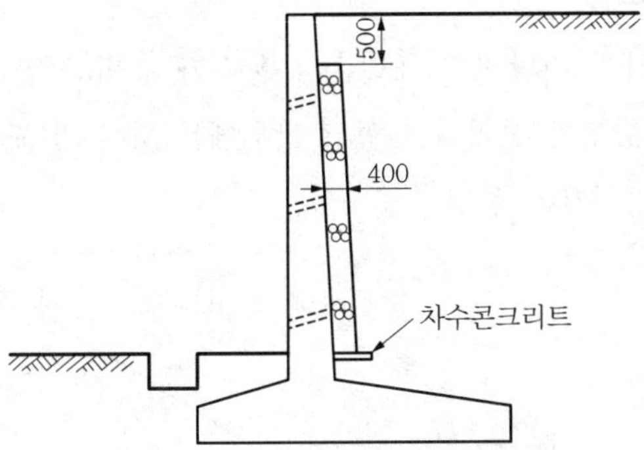

그림 8 · 19 연직 및 수평 배수공

(3) 유공관 설치 배수공

지하수 및 유출수가 많은 구간에 사용하는 배수공으로 옹벽배면에 잡석층을 전 구간에 설치하여 침투수 및 지하수를 유공관으로 유도하여 배수하는 방법이다.

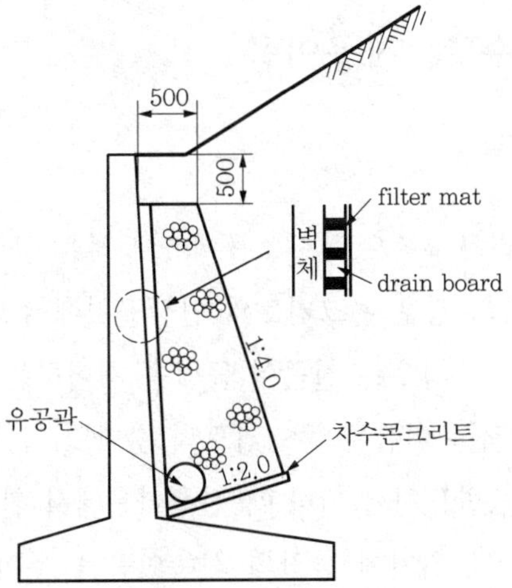

그림 8 · 20 유공관 설치 배수공

(4) 배수재(drain board) 설치 배수공

옹벽 배면에 drain board를 부착시키고 부직포로 drain board를 덮은 후 양질의 토사로 뒷채움하는 방법으로 배면 토압의 증가를 억제하고 뒷채움부 토사의 동상과 동결에 따른 수축 팽창을 방지할 수 있다.

(5) 옹벽상단부 배수공

배수용 반월관을 설치하여 비탈면의 표면수나 용수가 옹벽 전면으로 흐르는 것을 방지하는 것으로서 옹벽 전면에 도로가 설치되어 있는 경우에는 미관 및 교통에 미치는 영향을 고려하여 이러한 배수공을 두는 것이 좋다.

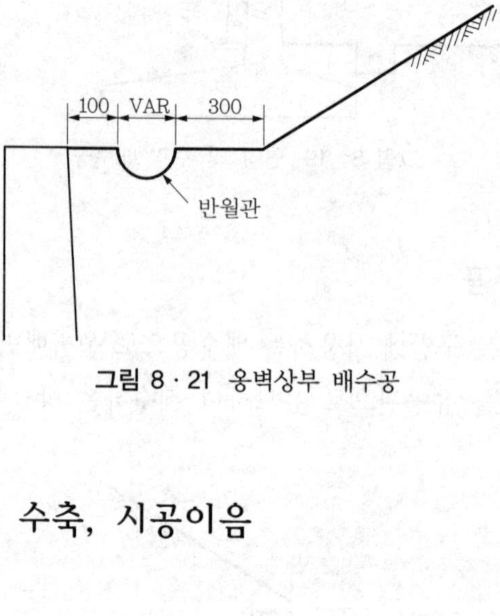

그림 8 · 21 옹벽상부 배수공

8.7.2 옹벽의 신축, 수축, 시공이음

(1) 신축이음

신축이음은 온도변화 및 건조수축으로 구조물에 발생하는 균열을 억제하기 위하여 설치한다. 중력식 및 반중력식 옹벽의 경우 콘크리트의 인장균열에 취약하므로 신축이음 간격을 10 m 이내, 역 T형 및 L형 옹벽의 경우는 철근이 균열을 제어하는 역할을 하므로 20 m 이내로 신축이음을 둔다. 이와 같은 신축이음은 콘크리트의 수화열, 온도 변화, 건조수축 등에 대한 별도의 해석이 없는 경우에는 반드시 설치하고, 신축이음에서 철근을 잘라야 한다. 또한 신축이음의 위치에 있는 난간은 그 위치에 난간의 신축이음을 두어야 한다.

옹벽단면 및 기초단면 위치가 변화하는 구간은 하중상태의 변화 및 지반지지력 변화가 수

반되어 옹벽에 불균형 하중이 작용하므로, 기초지반 변화구간은 신축이음을 두는 것이 바람직하다.

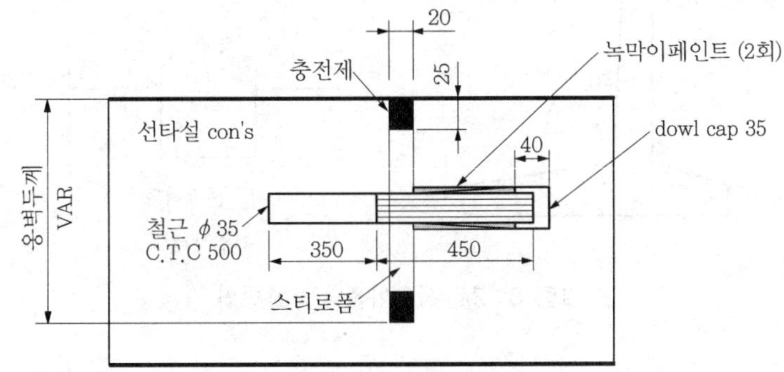

그림 8 · 22 신축이음

(2) 수축줄눈

콘크리트 건조수축에 의한 균열을 제어하기 위하여 옹벽 전면벽 표면에 V형 홈으로 수축줄눈을 둔다. 이러한 수축줄눈은 5.0 m 이내로 설치한다.

역T형 및 L형 옹벽에 수축줄눈의 깊이는 35 mm 이상으로 하며, 표면철근이 배근되지 않는 중력식과 반중력식 옹벽의 수축줄눈의 깊이는 부재두께의 10% 이상이어야 한다.

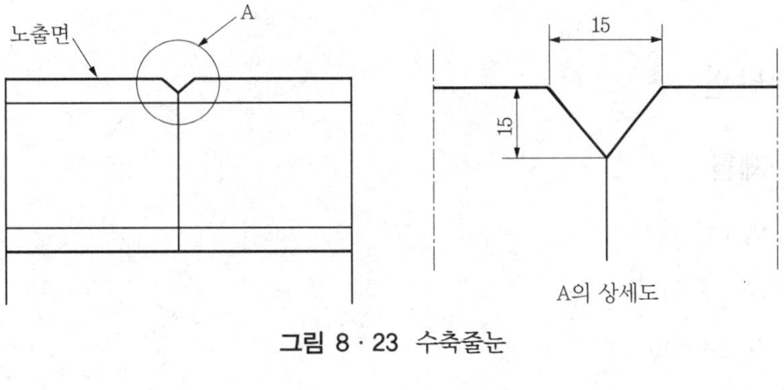

그림 8 · 23 수축줄눈

(3) 시공이음

헌치 상면과 전면벽 사이에 시공이음을 두어 콘크리트를 타설한다.

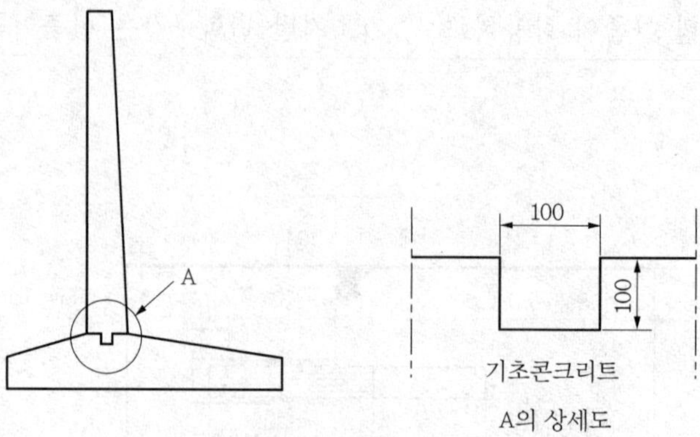

그림 8 · 24 시공이음의 표준단면

(4) 버림 콘크리트

옹벽기초 시공시 기초지반 다짐을 시행한 후 구조물 시공이 원활하도록 100 mm의 두께로 버림 콘크리트를 타설한다. 버림 콘크리트는 $f_{ck}=15$ MPa 이상의 빈배합 콘크리트를 사용한다. 소규모 옹벽의 경우에는 기초지반 조건과 경제성을 감안하여 두께를 조절하여 적용하여도 좋으나 최소 50 mm 이상이어야 한다

8.8 역T형 옹벽의 설계 예($H=6$ m)

8.8.1 일반단면

(1) 옹벽의 제원

옹벽형식 : 역 T형 옹벽

옹벽높이 : $H=6.0$ m

옹벽저판 : $B=3.6$ m

(2) 내진설계

지진구역계수 : 0.11

위험도계수 : 1.00

가속도계수 A : 0.11

수평지진계수 K_h : 0.055

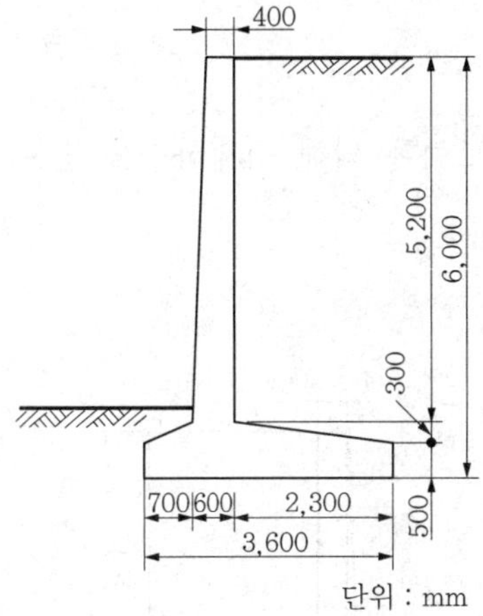

그림 8 · 25 일반도

8.8.2 설계조건

(1) 사용재료

콘크리트의 설계기준강도 : $f_{ck} = 24$ MPa

철근의 항복강도 : $f_y = 300$ MPa

(2) 지반조건

콘크리트의 단위질량(γ_c) : 25 kN/m^3

뒷채움흙의 단위질량(γ_t) : 18 kN/m^3

뒷채움흙의 내부마찰각(ϕ_1) : 35°

지지지반의 내부마찰각(ϕ_2) : 35°

지지지반의 점착력(C) : 0.0 /m^2

뒷채움흙의 경사각(α) : 0°

(3) 사용토압

- 상 시 : 안정검토시 – Rankine 토압
  단면검토시 – Coulomb 토압

• 지진시 : 안정검토시 - Mononobe-Okabe 토압
단면검토시 - Mononobe-Okabe 토압

(4) 과재하중

과재하중 : $q = 5.0$ kN/m^2 (트럭에 의해 적재하중을 받는 경우)

(5) 분할단면

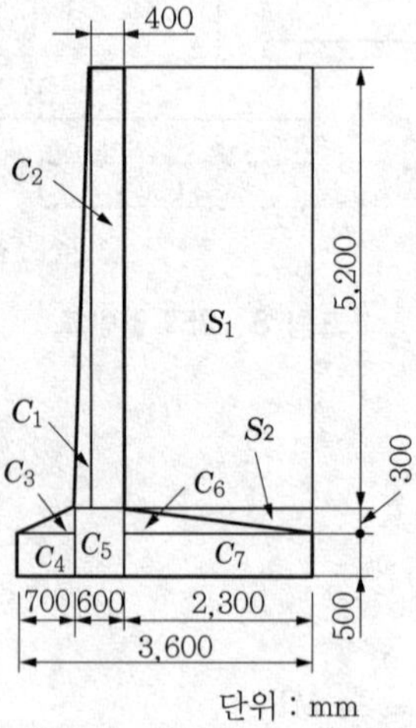

그림 8 · 26 분할단면

(6) 참고문헌

도록교 설계기준(2005)

8.8.3 안정계산

(1) 안정검토용 하중계산

1) 자중 및 재토하중 계산

구분	$A(\mathrm{m}^2)$	$\gamma(\mathrm{kN/m^3})$	$W(\mathrm{kN})$	K_h	$H(\mathrm{kN})$	$x(\mathrm{m})$	$y(\mathrm{m})$	$M_r(\mathrm{kN \cdot m})$	$M_o(\mathrm{kN \cdot m})$
$C1$	0.520	25	13.00	0.055	0.72	0.833	2.533	10.83	1.81
$C2$	2.080	25	52.00	0.055	2.86	1.100	3.400	57.20	9.72
$C3$	0.105	25	2.62	0.055	0.14	0.467	0.600	1.22	0.09
$C4$	0.350	25	8.75	0.055	0.48	0.350	0.250	3.06	0.12
$C5$	0.480	25	12.00	0.055	0.66	1.000	0.400	12.00	0.26
$C6$	0.345	25	8.62	0.055	0.47	2.067	0.600	17.82	0.28
$C7$	1.150	25	28.75	0.055	1.58	2.450	0.250	70.44	0.40
소계	**5.030**		**125.75**		**6.92**			**172.57**	**12.69**
$S1$	11.960	18	215.28	0.055	11.84	2.450	3.400	527.44	40.26
$S2$	0.345	18	6.21	0.055	0.34	2.833	0.700	17.60	0.24
소계	**12.305**		**221.49**		**12.18**			**545.04**	**40.50**
총계			**347.23**		**19.10**			**717.61**	**53.19**

2) 토압계산

① 상시 주동토압 계산(Rankine)

뒷채움흙의 내부마찰각(ϕ) : 35°

뒷채움흙의 경사각(α) : 0°

$$K_a = \cos\alpha \times \frac{\cos\alpha - \sqrt{(\cos^2\alpha - \cos^2\phi)}}{\cos\alpha + \sqrt{(\cos^2\alpha - \cos^2\phi)}} = 0.271$$

$$P_a = \frac{1}{2} \times K_a \times \gamma_t \times H^2 = \frac{1}{2} \times 0.271 \times 18.0 \times 6.0^2 = 87.80 \text{ kN/m}$$

$$y = \frac{H}{3} = \frac{6.0}{3} = 2.0 \text{ m}$$

$$M_o = P_a \times y = 87.80 \times 2.0 = 175.60 \text{ kN} \cdot \text{m}$$

② 지진시 주동토압 계산(Mononobe-Okabe)

옹벽배면의 수직에 대한 각 β : 0°

흙과 옹벽 사이의 마찰각 δ : 0° (안정계산시)

$$\theta = \tan^{-1}\left(\frac{K_h}{1-K_v}\right)$$

여기에서, K_h는 수평지진계수

$$K_{ae} = \frac{\cos^2(\phi-\theta-\beta)}{\cos\theta \times \cos^2\beta \times \cos(\delta+\beta+\theta) \times \left[1+\frac{\sqrt{\sin(\phi+\delta)\times\sin(\phi-\theta-\alpha)}}{\sqrt{\cos(\delta+\beta+\theta)\times\cos(\alpha-\beta)}}\right]^2}$$

$$= 0.301$$

$$P_{ae} = \frac{1}{2} \times K_{ae} \times \gamma_t \times H^2 = \frac{1}{2} \times 0.301 \times 18.0 \times 6.0^2 = 97.52 \text{ kN/m}$$

$$y = \frac{H}{2} = \frac{6.0}{2} = 3.0 \text{ m}$$

$$M_o = P_{ae} \times y = 97.52 \times 3.0 = 292.56 \text{ kN} \cdot \text{m}$$

3) 과재하중

$$q = 5.0 \text{ kN/m}^2$$

$$P_h = K_a \times q \times H = 0.271 \times 5.0 \times 6.0 = 8.130 \text{ kN/m}$$

$$P_v = 5.0 \times 2.3 = 11.500 \text{ kN/m}$$

$$y = \frac{H}{2} = \frac{6.0}{2} = 3.0 \text{ m}$$

$$x = (0.7+0.6) + \frac{2.3}{2} = 2.45 \text{ m}$$

$$M_o = P_h \times y = 24.39 \text{ kN} \cdot \text{m}$$

$$M_r = P_v \times x = 28.18 \text{ kN} \cdot \text{m}$$

(2) 안정검토용 하중집계

1) 상시 하중집계

구 분	V(kN)	H(kN)	M_r(kN · m)	M_o(kN · m)
콘크리트 자중	125.75	0.00	172.58	0.00
재하토사 자중	221.49	0.00	545.03	0.00
토압	0.00	87.80	0.00	175.60
과 재 하 중	11.50	8.13	28.18	24.39
Σ	358.74	95.93	745.79	199.99

2) 지진시 하중집계

구 분	V(kN)	H(kN)	M_r(kN·m)	M_o(kN·m)
콘크리트 자중	125.75	6.92	172.58	12.69
재하토사 자중	221.49	12.18	545.03	40.50
토압	0.00	97.52	0.00	292.56
Σ	347.24	116.62	717.61	345.75

(3) 전도에 대한 안정검토

1) 상시 안정검토

$$\Sigma V = 358.74 \text{ kN}$$

$$\Sigma M_r = 745.79 \text{ kN} \cdot \text{m}$$

$$\Sigma M_o = 199.99 \text{ kN} \cdot \text{m}$$

$$e = \frac{B}{2} - \frac{(\Sigma M_r - \Sigma M_o)}{\Sigma V} = \frac{3.600}{2} - \frac{(745.79 - 199.99)}{358.74}$$

$$= 0.279 \text{ m} \leq \frac{B}{6} = 0.600 \text{ m} \qquad \therefore \text{ 사다리꼴 반력분포}$$

• 편심검토

$$e = 0.279\ \text{m} \le \frac{B}{6} = 0.600\ \text{m} \qquad \therefore \text{O.K.}$$

• 안전율 검토

$$FS = \frac{\Sigma M_r}{\Sigma M_o} = \frac{745.79}{199.99} = 3.729 \ge 2.0 \qquad \therefore \text{O.K.}$$

2) 지진시 안정검토

$$\Sigma V = 347.24\ \text{kN}$$

$$\Sigma M_r = 717.61\ \text{kN}\cdot\text{m}$$

$$\Sigma M_o = 345.75\ \text{kN}\cdot\text{m}$$

$$e = \frac{B}{2} - \frac{(\Sigma M_r - \Sigma M_o)}{\Sigma V} = \frac{3.600}{2} - \frac{(717.61 - 345.75)}{347.24}$$

$$= 0.729\ \text{m} > B/6 = 0.600\ \text{m} \qquad \therefore \text{삼각형 분포}$$

• 편심검토

$$e = 0.729\ \text{m} \le \frac{B}{3} = 1.200\ \text{m} \qquad \therefore \text{O.K.}$$

• 안전율검토

$$F_s = \frac{\Sigma M_r}{\Sigma M_o} = \frac{717.61}{345.75} = 2.076 \ge 2.0 \qquad \therefore \text{O.K}$$

(4) 지지력에 대한 안정검토

1) 지지지반의 조건

① 지지지반의 내부마찰각 : 35°

② 지지지반의 단위중량 : 18.0 kN/m^3

③ 지지지반의 점착력 : 0.0 kN/m^2

④ 기초의 유효 근입깊이 : 0.800 m

2) 상시 안정검토

① 지지지반의 허용지지력

지지력 산정은 Terzaghi식을 이용한다.

$$q_u = \alpha \cdot C \cdot N_c + \gamma_2 \cdot D_f \cdot N_q + \beta \cdot \gamma_1 \cdot B_e \cdot N_r$$

여기에서, $\alpha = 1.000$, $\beta = 0.500$

$B_e = B - 2e = 3.600 - 2\times0.278 = 3.044\,\mathrm{m}$

$N_c = 57.800$, $N_q = 41.400$, $N_r = 42.400$

$\therefore\ q_u = 1,906.79\ \mathrm{kN/m^2}$, $\therefore\ q_a = 635.60\ \mathrm{kN/m^2}$

② 지반반력 검토

지반반력이 사다리꼴 분포이므로

$$q_1 = \frac{\Sigma V}{B \cdot L} \times \left(1 + \frac{6e}{B}\right) = 145.99\ \mathrm{kN/m^2}$$

$$q_2 = \frac{\Sigma V}{B \cdot L} \times \left(1 - \frac{6e}{B}\right) = 53.31\ \mathrm{kN/m^2}$$

$q_{max} = 145.99 \leq q_a$ $\therefore$ O.K.

3) 지진시 안정검토

① 지지지반의 허용지지력

지지력 산정은 Terzaghi식을 이용한다.

$$q_u = \alpha \cdot C \cdot N_c + \gamma_2 \cdot D_f \cdot N_q + \beta \cdot \gamma_1 \cdot B_e \cdot N_r$$

여기에서, $\alpha = 1.000$, $\beta = 0.500$

$B_e = B - 2e = 3.600 - 2\times0.729 = 2.142\ \mathrm{m}$

$N_c = 57.800$, $N_q = 41.400$, $N_r = 42.400$

$\therefore\ q_{ue} = 1,562.59\ \mathrm{kN/m^2}$, $\therefore\ q_{ae} = 520.86\ \mathrm{kN/m^2}$

② 지반반력 검토

지반반력이 삼각형 분포이므로

$$q_{\max} = \frac{2 \cdot \Sigma V}{L \cdot x} = 216.15\ \mathrm{kN/m^2}$$

여기에서, $x = 3\left(\frac{B}{2} - e\right) = 3.213\ \mathrm{m}$

$$q_{\max} = 216.15 \le q_{ae} \qquad \therefore \text{ O.K.}$$

(5) 활동에 대한 안정검토

1) 검토조건

율석을 부설하였을 경우 0.6과 $\tan\phi$ 중 작은 값이므로

마찰계수 $\mu = \tan\phi \times B = \mathrm{Min}(0.6,\ \tan\phi) = 0.600$

점착력 $C = 0.0\ \mathrm{kN/m^2}$

2) 상시 안정검토

$$\Sigma V = 358.74\ \mathrm{kN}$$

$$\Sigma H = 95.93\ \mathrm{kN}$$

$$H_r = C \times A_e + \Sigma V \times \mu = 0.000 + 215.24 = 215.24\ \mathrm{kN}$$

• 안전율 검토

$$FS = \frac{\Sigma H_r}{\Sigma H} = \frac{215.24}{95.93} = 2.244 \ge 1.5 \qquad \therefore \text{ O.K.}$$

3) 지진시 안정검토

$$\Sigma V = 347.24\ \mathrm{kN}$$

$$\Sigma H = 116.62\ \mathrm{kN}$$

$$H_r = C \times A_e + \Sigma V \times \mu = 0.000 + 208.34 = 208.34\ \mathrm{kN}$$

• 안전율 검토

$$FS = \frac{\Sigma H_r}{\Sigma H} = \frac{208.34}{116.62} = 1.787 \ge 1.2 \qquad \therefore \text{ O.K.}$$

8.8.4 단면검토

(1) 하중조합

- 하중조합 1 : $1.30D + 2.15L + 1.70H$ (상시 극한하중)
- 하중조합 2 : $1.00D + 1.00H + 1.00E$ (지진시 극한하중)
- 하중조합 3 : $1.00D + 1.00L + 1.00H$ (상시 사용하중)
- 하중조합 4 : $1.00D + 1.00H + 1.00E$지진시 사용하중)

(2) 단면검토용 하중계산

1) FOOTING 단면력(앞굽판, 뒷굽판)

가) 상시 FOOTING 단면력 계산

① 극한하중에 의한 반력계산(안정검토용 하중집계 참조)

$$\Sigma V = 476.14\ \text{kN}$$

$$\Sigma M_r = 993.47\ \text{kN} \cdot \text{m}$$

$$\Sigma M_o = 350.96\ \text{kN} \cdot \text{m}$$

$$e = \frac{B}{2} - \frac{(\Sigma M_r - \Sigma M_o)}{\Sigma V} = \frac{3.600}{2} - \frac{(993.47 - 350.96)}{476.14}$$

$$= 0.451\ \text{m} \le B/6 \qquad \therefore \text{ 사다리꼴 반력분포}$$

$$q_1 = \frac{\Sigma V}{B \cdot L} \times \left(1 + \frac{6e}{B}\right) = 231.68\ \text{kN/m}^2$$

$$q_2 = \frac{\Sigma V}{B \cdot L} \times \left(1 - \frac{6e}{B}\right) = 32.84\ \text{kN/m}^2$$

② FOOTING 단면력 계산

구 분		단위	앞굽판(A-A)		뒷굽판(B-B)	
			극한하중	사용하중	극한하중	사용하중
콘크리트 자중에 의한 단면력	전단력	kN	−14.79	−11.38	48.59	37.38
	모멘트	kN · m	−4.78	−3.68	51.58	39.68

구 분		단위	앞굽판(A-A)		뒷굽판(B-B)	
			극한하중	사용하중	극한하중	사용하중
재토자중에 의한 단면력	전단력	kN	–	–	287.94	221.49
	모멘트	kN · m	–	–	334.22	257.09
과재하중에 의한 단면력	전단력	kN	–	–	24.72	11.50
	모멘트	kN · m	–	–	28.43	13.22
지반반력에 의한 단면력	전단력	kN	148.59	95.84	−221.71	−190.77
	모멘트	kN · m	53.64	34.59	−199.02	−193.32
연직토압에 의한 단면력	전단력	kN	–	–	0.00	0.00
	모멘트	kN · m	–	–	0.00	0.00
총 계	전단력	kN	133.80	84.46	139.54	79.60
	모멘트	kN · m	48.80	30.91	215.21	116.67

나) 지진시 FOOTING 단면력 계산

① 극한하중에 의한 반력계산(안정검토용 하중집계 참조)

$$\Sigma V = 347.24\ \text{kN}$$

$$\Sigma M_r = 717.61\ \text{kN} \cdot \text{m}$$

$$\Sigma M_o = 345.75\ \text{kN} \cdot \text{m}$$

$$e = \frac{B}{2} - \frac{(\Sigma M_r - \Sigma M_o)}{\Sigma V} = \frac{3.600}{2} - \frac{(717.61 - 345.75)}{347.24}$$

$$= 0.729\ \text{m} > B/6 \qquad \therefore \text{ 삼각형 반력분포}$$

$$q_{\max} = \frac{2 \cdot \Sigma V}{L \cdot x} = 216.15\ \text{kN/m}^2$$

여기에서, $x = 3\left(\frac{B}{2} - e\right) = 3.213\ \text{m}$ (지반반력 작용폭)

※ 반력이 삼각형 분포일 경우 부반력은 무시한다.

② 단면력 계산

구 분		단위	앞굽판(A-A)		뒷굽판(B-B)	
			극한하중	사용하중	극한하중	사용하중
콘크리트 자중에 의한 단면력	전단력	kN	−11.38	−11.38	37.38	37.38
	모멘트	kN · m	−3.68	−3.68	39.68	39.68
재토자중에 의한 단면력	전단력	kN	−	−	221.49	221.49
	모멘트	kN · m	−	−	257.09	257.09
지반반력에 의한 단면력	전단력	kN	134.83	134.83	−123.08	−123.08
	모멘트	kN · m	49.11	49.11	−78.47	−78.47
연직토압에 의한 단면력	전단력	kN	−	−	0.00	0.00
	모멘트	kN · m	−	−	0.00	0.00
총계	전단력	kN	123.45	123.45	135.79	135.79
	모멘트	kN · m	45.43	45.43	218.30	218.30

2) 벽체단면력

가) 토압계수 계산

① 상시 주동토압 계산(Coulomb)

뒷채움흙의 내부마찰각(ϕ) : 35°

뒷채움흙의 경사각(α) : 0°

흙과 콘크리트의 마찰각(δ) : 11.667°

옹벽배면의 연직경사각(θ) : 0°

$$K_a = \frac{\cos^2(\phi-\theta)}{\cos^2\theta \times \cos(\theta+\delta) \times \left[1 + \frac{\sqrt{(\sin(\phi+\delta)\times\sin(\phi-\alpha))}}{\sqrt{(\cos(\delta+\theta)\times\cos(\theta-\beta)}}\right]^2}$$

$= 0.251$

② 지진시 주동토압 계산(Mononobe-Okabe)

옹벽배면의 수직에 대한 각 β : 0°

흙과 옹벽 사이의 마찰각 δ : 0° (단면검토시)

$$\theta = \tan^{-1}\left(\frac{K_h}{1-K_v}\right)$$

여기에서, K_h는 수평지진계수

$$K_{ae} = \frac{\cos^2(\phi-\theta-\beta)}{\cos\theta\times\cos^2\beta\times\cos(\delta+\beta+\theta)\times\left[1+\frac{\sqrt{\sin(\phi+\delta)\times\sin(\phi-\theta-\alpha)}}{\sqrt{\cos(\delta+\beta+\theta)\times\cos(\alpha-\beta)}}\right]^2}$$

$$= 0.301$$

나) 토압에 의한 벽체단면력 계산

① 상시 벽체단면력

㉠ 벽체하부(C-C)

$$P_a = \frac{1}{2}\times K_a\times\gamma_t\times H^2\times\cos(\delta+\theta)$$

$$= \frac{1}{2}\times0.251\times18.0\times5.2^2\times\cos(11.667°) = 59.82\ \text{kN/m}$$

$$y = \frac{H}{3} = \frac{5.2}{3} = 1.733\ \text{m}$$

$$M_o = P_a\times y = 59.82\times1.733 = 103.67\ \text{kN}\cdot\text{m}$$

㉡ 벽체중앙부(D-D)

$$P_a = \frac{1}{2}\times K_a\times\gamma_t\times H^2\times\cos(\delta+\theta)$$

$$= \frac{1}{2}\times0.251\times18.0\times2.6^2\times\cos(11.667°) = 14.96\ \text{kN/m}$$

$$y = \frac{H}{3} = \frac{2.6}{3} = 0.867\ \text{m}$$

$$M_o = P_a\times y = 14.96\times0.867 = 12.97\ \text{kN}\cdot\text{m}$$

② 지진시 벽체단면력

㉠ 벽체하부(C-C)

$$P_{ae}=\frac{1}{2}\times K_{aeh}\times\gamma_t\times H^2=\frac{1}{2}\times 0.301\times 18.0\times 5.2^2 = 73.25\ \text{kN/m}$$

$$y=\frac{H}{2}=\frac{5.2}{2}=2.6\ \text{m}$$

$$M_o=P_{aeh}\times y=73.25\times 2.6=190.45\ \text{kN}\cdot\text{m}$$

㉡ 벽체중앙부(D-D)

$$P_a=\frac{1}{2}\times K_a\times\gamma_t\times H^2\times\cos(\delta+\theta)$$

$$=\frac{1}{2}\times 0.301\times 18.0\times 2.6^2\times\cos(11.667°)=17.93\ \text{kN/m}$$

$$y=\frac{H}{2}=\frac{2.6}{2}=1.300\ \text{m}$$

$$M_o=P_a\times y=17.93\times 1.300=23.31\ \text{kN}\cdot\text{m}$$

다) 과재하중에 의한 벽체단면력 계산

$$q=5.0\ \text{kN/m}^2$$

① 벽체하부(C-C)

$$P_h=K_{ah}\times q\times H=0.251\times 5.0\times 5.2=6.53\ \text{kN/m}$$

$$y=\frac{H}{2}=\frac{5.2}{2}=2.6\ \text{m}$$

$$M_o=P_h\times y=16.98\ \text{kN}\cdot\text{m}$$

② 벽체중앙부(D-D)

$$P_h=K_{ah}\times q\times H=0.251\times 5.0\times 2.6=3.26\ \text{kN/m}$$

$$y=\frac{H}{2}=\frac{2.6}{2}=1.3\ \text{m}$$

$$M_o=P_h\times y=4.24\ \text{kN}\cdot\text{m}$$

라) 지진시 벽체의 관성력에 의한 단면력 계산

[단위 : kN, m]

구분	A	γ	W	K_h	H	y	M
$C1$	0.520	25.000	13.000	0.055	0.72	1.733	1.24
$C2$	2.080	25.000	52.000	0.055	2.86	2.600	7.44
합 계 (벽체하부)			**65.000**		**3.58**		**8.68**
$C1$	0.130	25.000	3.250	0.055	0.18	0.867	0.15
$C2$	1.040	25.000	26.000	0.055	1.43	1.300	1.86
합 계 (벽체중앙부)			**29.250**		**1.61**		**2.01**

① 상시 벽체단면력 계산

구분		단위	벽체하부(C-C)		벽체중앙부(D-D)	
			극한하중	사용하중	극한하중	사용하중
횡토압에 의한 단면력	전단력	kN	101.70	59.82	25.43	14.96
	모멘트	kN · m	176.24	103.67	22.05	12.97
과재하중에 의한 단면력	전단력	kN	14.04	6.53	7.01	3.26
	모멘트	kN · m	36.51	16.98	9.12	4.24
총 계	전단력	kN	115.74	66.35	32.44	18.22
	모멘트	kN · m	212.75	120.65	31.17	17.21

② 지진시 벽체단면력 계산

구분		단위	벽체하부(C-C)		벽체중앙부(D-D)	
			극한하중	사용하중	극한하중	사용하중
횡토압에 의한 단면력	전단력	kN	73.25	73.25	17.93	17.93
	모멘트	kN · m	190.45	190.45	23.31	23.31
벽체의 관성력에 의한 단면력	전단력	kN	3.58	3.58	1.61	1.61
	모멘트	kN · m	8.68	8.68	2.01	2.01
총계	전단력	kN	76.83	76.83	19.54	19.54
	모멘트	kN · m	199.13	199.13	25.32	25.32

8.8.5 단면검토용 하중집계

상시와 지진시 단면력중 최대값으로 단면력을 정리하면 다음과 같다.

구분	M_u(kN · m)	M_{cr}(kN · m)	S_u(kN)
앞굽판(A-A)	48.80	45.43	133.80
뒷굽판(B-B)	218.30	218.30	139.54
벽체하부(C-C)	212.75	199.13	115.74
벽체중앙부(D-D)	31.17	25.32	32.44

단, 저판에 작용하는 휨모멘트의 크기는 전면벽과 뒷굽판과의 접속점의 모멘트 평형조건에 의하여 전면벽에 작용하는 휨모멘트를 초과하지 않는다.

8.8.6 단면검토

(1) 앞굽판(A-A)

$$f_{ck}=24\text{ MPa},\qquad f_y=300\text{ MPa}$$

$$\beta_1=0.85,\qquad \phi_f=0.85,\qquad \phi_v=0.80$$

$$\rho_b=\frac{0.85\times\beta_1\times f_{ck}}{f_y}\times\frac{600}{600+f_y}=0.03853$$

$$\rho_{\max}=0.75\times\rho_b=0.02890$$

$$\rho_{\min}=\max\left(\frac{0.25\sqrt{f_{ck}}}{f_y},\ \frac{1.4}{f_y}\right)=0.00467$$

계수모멘트 $M_u=48.80\text{ kN}\cdot\text{m}$, 계수전단력 $V_u=133.80\text{ kN}$

단면의 두께 $H=800\text{ mm}$, 단위폭 $b=1,000\text{ mm}$

유효깊이 $d=720\text{ mm}$, 피복두께 $d_c=80\text{ mm}$

$a=\dfrac{A_s\cdot f_y}{0.85\cdot f_{ck}\cdot b}$을 $\dfrac{M_u}{\phi}=A_s\cdot f_y\cdot\left(d-\dfrac{a}{2}\right)$ 식에 대입하여 2차방정식으로 A_s를 구하면

$$\frac{f_y^2}{2\times0.85\times f_{ck}\times b}\times A_s^{\,2}-f_y\times d\times A_s+\frac{M_u}{\phi}=0$$

→ 소요철근량 $A_s = 266.5\ \text{mm}^2$

• 사용철근량 $A_s = 5,139.2\ \text{mm}^2$ (철근중심 : 80 mm, [사용률 = 19.277])

따라서, $D29 @ 8\ \text{EA}\ (= 5,139.2\ \text{mm}^2)$, $d_c = 80\ \text{mm}$

1) 철근비 검토

$$\rho_{\min} = \frac{1.4}{f_y} = 0.00467$$

$$\rho_{\max} = 0.75 \times \rho_b = \frac{0.75 \times 0.85 \times \beta_1 \times f_{ck}}{f_y} \cdot \frac{600}{600 + f_y} = 0.02892$$

• 사용철근비 $\rho = \frac{A_s}{b \cdot d} = 0.00714$

$\rho_{\max} \geq \rho \geq \rho_{\min}$ 이므로, 철근비 만족 ∴ O.K.

2) 휨모멘트 검토

$$\phi M_n = \phi_f \cdot A_s \cdot f_y \cdot \left(d - \frac{a}{2}\right) = 0.85 \times 5,139.2 \times 300 \times \left(720 - \frac{75.58}{2}\right)$$

$$= 894.03\ \text{kN} \cdot \text{m} \geq M_u = 48.81\ \text{kN} \cdot \text{m}$$

∴ O.K. [안전율 18.317]

여기에서, $a = \frac{A_s \cdot f_y}{0.85 \cdot f_{ck} \cdot b} = 75.58\ \text{mm}$

3) 전단에 대한 검토($d = 720\ \text{mm}$)

$$\phi_v \cdot V_c = \phi_v \cdot (1/6) \times \sqrt{f_{ck}} \cdot b \cdot d = 0.80 \times (1/6) \times \sqrt{24} \times 1,000 \times 720$$

$$= 470.302\ \text{kN} \geq V_u\ (= 133.80\ \text{kN})$$ ∴ 전단보강 불필요

4) 균열에 대한 검토(사용하중 $M = 45.43\ \text{kN} \cdot \text{m}$, 일반환경)

휨균열 폭 $w = 1.08 \times R \times f_s \times \sqrt[3]{d_c \cdot A} \times 10^{-5} = 0.02\ \text{mm}$

$M_{cr} = 45.43\ \text{kN} \cdot \text{m}$, $n = \frac{E_s}{E_c} = 9$

$$\text{중립축 } x = \frac{-n \cdot A_s}{b} + \frac{n \cdot A_s}{b}\sqrt{1 + \frac{2 \cdot b \cdot d}{n \cdot A_s}}$$

$$= \frac{-9 \times 5,139.2}{1,000} + \frac{9 \times 5,139.2}{1,000}\sqrt{1 + \frac{2 \times 1,000 \times 720}{9 \times 5,139.2}} = 215.94 \text{ mm}$$

$$\beta = \frac{H - x}{d - x} = \frac{800 - 215.94}{720 - 215.94} = 1.159$$

$$f_s = \frac{M_{cr}}{A_s \times \left(d - \frac{x}{3}\right)} = \frac{45.43 \times 10^6}{5,139.2 \times \left(720 - \frac{215.94}{3}\right)} = 13.641 \text{ MPa}$$

$f_s = 13.641 \text{ MPa} \leq 0.6\,f_y = 180.000 \text{ MPa}$ ∴ O.K.

$d_y = 800 - 720 = 80 \text{ mm}, \qquad d_c = 80 \text{ mm}$

$$A = \frac{2 \cdot d_y \cdot b}{\text{철근개수}} = \frac{2 \times 1,000 \times (800 - 720)}{8} = 20,000 \text{ mm}^2$$

균열 폭 검토

$$w_a = 0.005 \times t_c = 0.005 \times \left(80 - \frac{29}{2}\right) = 0.3275 \text{ mm (일반환경 기준)}$$

여기에서, t_c : 최외단 인장주 철근의 표면과 인장을 받는 콘크리트 표면까지의 최단거리 (mm)

$$t_c = d_c - \frac{\text{주철근의 지름}}{2} = 65.5 \text{ mm}$$

$w_a = 0.3275 \text{ mm} \geq w = 0.02 \text{ mm}$ ∴ O.K.

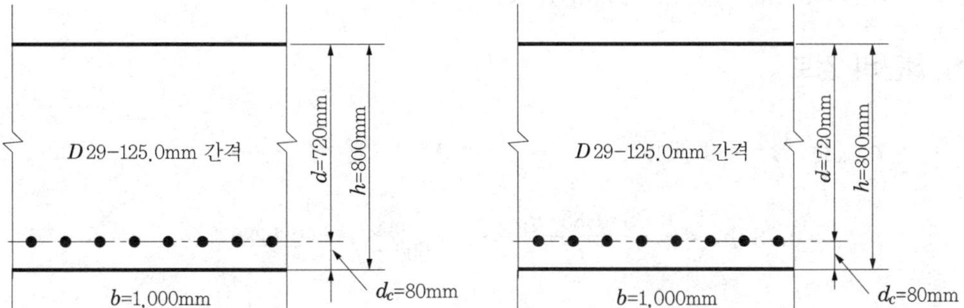

(a) 앞굽판 단면도 (b) 뒷굽판 단면도

그림 8 · 27 앞굽판 및 뒷굽판 설계단면

(2) 뒷굽판(B-B)

$f_{ck}=24\text{ MPa}$, $f_y=300\text{ MPa}$

$\beta_1=0.85$, $\phi_f=0.85$, $\phi_v=0.80$

$$\rho_b=\frac{0.85\times\beta_1\times f_{ck}}{f_y}\cdot\frac{600}{600+f_y}=0.03853$$

$$\rho_{\max}=0.75\times\rho_b=0.02890$$

$$\rho_{\min}=\max\left(\frac{0.25\sqrt{f_{ck}}}{f_y},\ \frac{1.4}{f_y}\right)=0.00467$$

계수모멘트 $M_u=218.30\text{ kN}\cdot\text{m}$,   계수전단력 $V_u=139.54\text{ kN}$

단면의 두께 $H=800\text{ mm}$,   단위폭 $b=1,000\text{ mm}$

유효깊이 $d=720\text{ mm}$,   피복두께 $d_c=80\text{ mm}$

$a=\dfrac{A_s\cdot f_y}{0.85\cdot f_{ck}\cdot b}$을 $\dfrac{M_u}{\phi}=A_s\cdot f_y\cdot\left(d-\dfrac{a}{2}\right)$식에 대입하여 2차방정식으로 A_s를 구하면

$\Rightarrow$ 소요철근량 $A_s=1,203.8\text{ mm}^2$

$$\frac{f_y^2}{2\times0.85\times f_{ck}\times b}\times A_s^2-f_y\times d\times A_s+\frac{M_u}{\phi_f}=0$$

- 사용철근량 $A_s=5,139.2\text{ mm}^2$ (철근중심 : 80 mm〔사용률 = 4.269〕)

$D29\ @\ 8\text{ EA}\ (=5,139.2\text{ mm}^2)$, $d_c=80\text{ mm}$

1) 철근비 검토

$$\rho_{\min}=\frac{1.4}{f_y}=0.00467$$

$$\rho_{\max}=0.75\times\rho_b=\frac{0.75\times0.85\times\beta_1\times f_{ck}}{f_y}\cdot\frac{600}{600+f_y}=0.0289$$

- 사용철근비 $\rho=\dfrac{A_s}{b\cdot d}=0.00714$

$\rho_{\max}\geq\rho\geq\rho_{\min}$ 이므로, 철근비 만족 $\therefore$ O.K.

2) 휨에 대한 검토

$$\phi M_n = \phi_f \cdot A_s \cdot f_y \cdot \left(d - \frac{a}{2}\right) = 0.85 \times 5,139.2 \times 300 \times \left(720 - \frac{75.58}{2}\right)$$

$$= 894.03 \text{ kN} \cdot \text{m} \geq M_u = 218.30 \text{ kN} \cdot \text{m} \qquad \therefore \text{ O.K.[안전율 4.095]}$$

여기에서, $a = \dfrac{A_s \cdot f_y}{0.85 \cdot f_{ck} \cdot b} = 75.58 \text{ mm}$

3) 전단에 대한 검토($d = 720$ mm)

$$\phi_v \cdot V_c = \phi_v \cdot (1/6)\sqrt{f_{ck}} \cdot b \cdot d = 0.80 \times (1/6) \times \sqrt{24} \times 1,000 \times 720$$

$$= 470.302 \text{ kN} \geq V_u (= 139.54 \text{ kN}) \qquad \therefore \text{ 전단철근 필요없음.}$$

4) 균열에 대한 검토(사용하중 $M = 218.30$ kN · m, 일반환경)

휨균열 폭 $w = 1.08 \times R \times f_s \times \sqrt[3]{d_c \cdot A} \times 10^{-5} = 0.0960 \text{ mm}$

$$M_{cr} = 218.30 \text{ kN} \cdot \text{m}, \qquad n = \frac{E_s}{E_c} = 9$$

중립축 $x = \dfrac{-n \cdot A_s}{b} + \dfrac{n \cdot A_s}{b}\sqrt{1 + \dfrac{2 \cdot b \cdot d}{n \cdot A_s}}$

$$= \frac{-9 \times 5,139.2}{1,000} + \frac{9 \times 5,139.2}{1,000}\sqrt{1 + \frac{2 \times 1,000 \times 720}{9 \times 5,139.2}} = 215.94 \text{ mm}$$

$$\beta = \frac{H - x}{d - x} = \frac{800 - 215.94}{720 - 215.94} = 1.159$$

$$f_s = \frac{M_{cr}}{A_s \cdot \left(d - \frac{x}{3}\right)} = \frac{218.30 \times 10^6}{5,139.2 \times \left(720 - \frac{215.94}{3}\right)} = 65.550 \text{ MPa}$$

$$f_s = 65.550 \text{ MPa} \leq 0.6\, f_y = 180 \text{ MPa} \qquad \therefore \text{ O.K.}$$

$$d_y = 800 - 720 = 80 \text{ mm}, \qquad d_c = 80 \text{ mm}$$

$$A = \frac{2 \cdot d_y \cdot b}{\text{철근개수}} = \frac{2 \times 1,000 \times (800 - 720)}{8} = 20,000 \text{ mm}^2$$

5) 허용균열 폭 검토

$$w_a = 0.005 \times t_c = 0.005 \times \left(80 - \frac{29}{2}\right) = 0.3275 \text{ mm (일반환경 기준)}$$

여기에서, $t_c = d_c - \dfrac{\text{주철근의 지름}}{2} = 65.50\ \text{mm}$

$w_a = 0.3275\ \text{mm} \geq w = 0.0960\ \text{mm}$ $\therefore$ O.K.

(3) 벽체 하부(C-C)

$f_{ck} = 24\ \text{MPa}, \quad f_y = 300\ \text{MPa}$

$\beta_1 = 0.85, \quad \phi_f = 0.85, \quad \phi_v = 0.80$

$$\rho_b = \frac{0.85 \times \beta_1 \times f_{ck}}{f_y} \cdot \frac{600}{600 + f_y} = 0.03853$$

$$\rho_{max} = 0.75 \times \rho_b = 0.02890$$

$$\rho_{min} = \max\left(\frac{0.25\sqrt{f_{ck}}}{f_y},\ \frac{1.4}{f_y}\right) = 0.00467$$

계수모멘트 $M_u = 212.75\ \text{kN} \cdot \text{m}$, 계수전단력 $V_u = 115.74\ \text{kN}$

단면의 두께 $H = 600\ \text{mm}$, 단위 폭 $b = 1,000\ \text{mm}$

유효깊이 $d = 520\ \text{mm}$, 피복두께 $d_c = 80\ \text{mm}$

$a = \dfrac{A_s \cdot f_y}{0.85 \cdot f_{ck} \cdot b}$을 $\dfrac{M_u}{\phi} = A_s \cdot f_y \cdot \left(d - \dfrac{a}{2}\right)$ 식에 대입하여 2차방정식으로 A_s를 구하면

$$\frac{f_y^2}{2 \times 0.85 \times f_{ck} \times b} \times A_s^2 - f_y \times d \times A_s + \frac{M_u}{\phi} = 0$$

$\rightarrow$ 소요철근량 $A_s = 1,642.6\ \text{mm}^2$

- 사용철근량 $A_s = 5,139.2\ \text{mm}^2$ (철근중심 : 80 mm〔사용률 = 3.129〕)

$D29$ @ 8 EA ($= 5,139.2\ \text{mm}^2$), $d_c = 80\ \text{mm}$

1) 철근비 검토

$$\rho_{min} = \frac{1.4}{f_y} = 0.00467$$

$$\rho_{max} = 0.75 \times \rho_b = \frac{0.75 \times 0.85 \times \beta_1 \times f_{ck}}{f_y} \cdot \frac{600}{600 + f_y} = 0.0289$$

- 사용철근비 $\rho = \dfrac{A_s}{b \cdot d} = 0.00988$

$\rho_{max} \geq \rho \geq \rho_{min}$ 이므로, 철근비 만족 $\quad\therefore$ O.K.

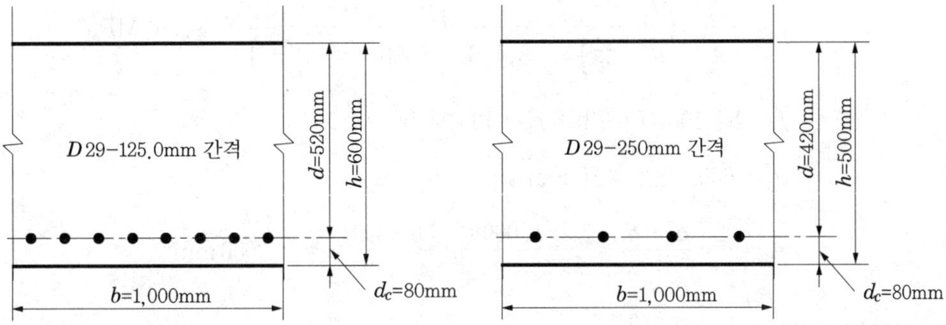

(a) 벽체하부 단면도 (b) 벽체중앙부 단면도

그림 8 · 28 벽체 설계단면

2) 휨에 대한 검토

$$\phi M_n = \phi_f \cdot A_s \cdot f_y \cdot \left(d - \frac{a}{2}\right) = 0.85 \times 5,139.2 \times 300 \times \left(520 - \frac{75.58}{2}\right)$$

$$= 631.93\ \mathrm{kN \cdot m} \geq M_u = 212.75\ \mathrm{kN \cdot m} \qquad \therefore \text{ O.K. [안전율 2.970]}$$

여기에서, $a = \dfrac{A_s \cdot f_y}{0.85 \cdot f_{ck} \cdot b} = \dfrac{5,139.2 \times 300}{0.85 \times 24 \times 1,000} = 75.58\ \mathrm{mm}$

3) 전단에 대한 검토($d = 520$ mm)

$$\phi_v \cdot V_c = \phi_v \cdot (1/6)\sqrt{f_{ck}} \cdot b \cdot d = 0.80 \times (1/6) \times \sqrt{24} \times 1,000 \times 520$$

$$= 339.66\ \mathrm{kN} \geq V_u (= 115.74\ \mathrm{kN}) \qquad \therefore \text{ 전단철근 필요없음.}$$

4) 균열에 대한 검토(사용하중 $M = 199.13$ kN · m, 일반환경)

휨균열 폭 $w = 1.08 \times R \times f_s \times \sqrt[3]{d_c \cdot A} \times 10^{-5} = 0.1311\ \mathrm{mm}$

$$M_{cr} = 199.13\ \mathrm{kN \cdot m}, \qquad n = \frac{E_s}{E_c} = 9$$

중립축 $x = \dfrac{-n \cdot A_s}{b} + \dfrac{n \cdot A_s}{b}\sqrt{1 + \dfrac{2 \cdot b \cdot d}{n \cdot A_s}}$

$$= \frac{-9 \times 5,139.2}{1,000} + \frac{9 \times 5,139.2}{1,000}\sqrt{1 + \frac{2 \times 1,000 \times 520}{9 \times 5,139.2}} = 177.89\ \mathrm{mm}$$

$$\beta = \frac{H-x}{d-x} = \frac{600-177.89}{520-177.89} = 1.234$$

$$f_s = \frac{M_{cr}}{A_s \cdot \left(d - \frac{x}{3}\right)} = \frac{199.13 \times 10^6}{5,139.2 \times \left(520 - \frac{177.89}{3}\right)} = 84.10\ \text{MPa}$$

$f_s = 84.10\ \text{MPa} \le 0.6 f_y = 180\ \text{MPa}$ ∴ O.K.

$d_y = 600 - 520 = 80\ \text{mm}$, $d_c = 80\ \text{mm}$

$$A = \frac{2 \cdot d_y \cdot b}{\text{철근개수}} = \frac{2 \times 1,000 \times (600-520)}{8} = 20,000\ \text{mm}^2$$

5) 허용균열 폭 검토

$w_a = 0.005 \times t_c = 0.005 \times \left(80 - \frac{29}{2}\right) = 0.3275\ \text{mm}$ (일반환경 기준)

여기에서, $t_c = d_c - \frac{\text{주철근의 지름}}{2} = 65.5\ \text{mm}$

$w_a = 0.3275\ \text{mm} \ge w = 0.1311\ \text{mm}$ ∴ O.K.

(4) 벽체 중앙부(D-D)

$f_{ck} = 24\ \text{MPa}$, $f_y = 300\ \text{MPa}$

$\beta_1 = 0.85$, $\phi_f = 0.85$, $\phi_v = 0.80$

$$\rho_b = \frac{0.85 \times \beta_1 \times f_{ck}}{f_y} \cdot \frac{600}{600 + f_y} = 0.03853$$

$$\rho_{max} = 0.75 \times \rho_b = 0.02890$$

$$\rho_{min} = \max\left(\frac{0.25\sqrt{f_{ck}}}{f_y},\ \frac{1.4}{f_y}\right) = 0.00467$$

계수모멘트 $M_u = 31.17\ \text{kN} \cdot \text{m}$, 계수전단력 $V_u = 32.44\ \text{kN}$

단면의 두께 $H = 500\ \text{mm}$, 단위 폭 $b = 1,000\ \text{mm}$

유효깊이 $d = 420\ \text{mm}$, 피복두께 $d_c = 80\ \text{mm}$

$a = \frac{A_s \cdot f_y}{0.85 \cdot f_{ck} \cdot b}$을 $\frac{M_u}{\phi} = A_s \cdot f_y \cdot \left(d - \frac{a}{2}\right)$ 식에 대입하여 2차방정식으로 A_s를 구하면

$$\frac{f_y^2}{2\times0.85\times f_{ck}\times b}\times A_s^2-f_y\times d\times A_s+\frac{M_u}{\phi}=0$$

→ 소요철근량 $A_s=292.5\,\text{mm}^2$

- 사용철근량 $A_s=2,569.6\,\text{mm}^2$ (철근중심 : 80 mm〔사용률 = 8.785〕)

  $D29\,@\,4\,\text{EA}\,(=2,569.6\,\text{mm}^2)$, $d_c=80\,\text{mm}$

1) 철근비 검토

$$\rho_{\min}=\frac{1.4}{f_y}=0.00467$$

$$\rho_{\max}=0.75\times\rho_b=\frac{0.75\times0.85\times\beta_1\times f_{ck}}{f_y}\cdot\frac{600}{600+f_y}=0.0289$$

- 사용철근비 $\rho=\dfrac{A_s}{b\cdot d}=0.00612$

  $\rho_{\max}\geq\rho\geq\rho_{\min}$ 이므로, 철근비 만족 ∴ O.K

2) 휨에 대한 검토

$$\phi M_n=\phi_f\cdot A_s\cdot f_y\cdot\left(d-\frac{a}{2}\right)=0.85\times2,569.6\times300\times\left(420-\frac{37.79}{2}\right)$$

$$=262.82\,\text{kN}\cdot\text{m}\geq M_u=31.17\,\text{kN}\cdot\text{m}$$ ∴ O.K〔안전율 8.432〕

여기에서, $a=\dfrac{A_s\cdot f_y}{0.85\cdot f_{ck}\cdot b}=\dfrac{2,569.6\times300}{0.85\times24\times1,000}=37.79\,\text{mm}$

3) 전단에 대한 검토($d=420\,\text{mm}$)

$$\phi_v\cdot V_c=\phi_v\cdot(1/6)\sqrt{f_{ck}}\cdot b\cdot d=0.80\times(1/6)\sqrt{24}\times1,000\times420$$

$$=274.34\,\text{kN}\geq V_u(=32.44\,\text{kN})$$ ∴ 전단철근이 필요없음.

4) 균열에 대한 검토(사용하중 $M=25.32\,\text{kN}\cdot\text{m}$, 일반환경)

휨균열 폭 $w=1.08\times R\times f_s\times\sqrt[3]{d_c\cdot A}\times10^{-5}=0.052\,\text{mm}$

$M_{cr}=25.32\,\text{kN}\cdot\text{m}$, $n=\dfrac{E_s}{E_c}=9$

중립축 $x=\dfrac{-n\cdot A_s}{b}+\dfrac{n\cdot A_s}{b}\sqrt{1+\dfrac{2\cdot b\cdot d}{n\cdot A_s}}$

$=\dfrac{-9\times 2,569.6}{1,000}+\dfrac{9\times 2,569.6}{1,000}\sqrt{1+\dfrac{2\times 1,000\times 420}{9\times 2,569.6}}=118.16\text{ mm}$

$\beta=\dfrac{H-x}{d-x}=\dfrac{500-118.16}{420-118.16}=1.265$

$f_s=\dfrac{M_{cr}}{A_s\cdot\left(d-\dfrac{x}{3}\right)}=\dfrac{25.32\times 10^6}{2,569.6\times\left(420-\dfrac{118.16}{3}\right)}=25.89\text{ MPa}$

$f_s=25.89\text{ MPa}\le 0.6\,f_y=180\text{ MPa}$ ∴ O.K.

$d_y=500-420=80\text{ mm},\ d_c=80\text{ mm}$

$A=\dfrac{2\cdot d_y\cdot b}{\text{철근개수}}=\dfrac{2\times 1,000\times(600-520)}{4}=40,000\text{ mm}^2$

5) 허용균열 폭 검토

$w_a=0.005\times t_c=0.005\times\left(80-\dfrac{29}{2}\right)=0.3275\text{ mm}$ (일반환경 기준)

여기에서, $t_c=d_c-\dfrac{\text{주철근의 지름}}{2}=65.5\text{ mm}$

$w_a=0.3275\text{ mm}\ge w=0.052\text{ mm}$ ∴ O.K.

6) 벽체하부 수평(온도)철근 검토

- 수평철근 지름 : D25
- 수평철근 간격 : 125 mm
- 사용수평 철근량 : $4,053.6\text{ mm}^2$
- 최소 수평철근비 : 0.25%
- 콘크리트의 수화열, 온도변화, 건조수축 등을 고려하여 부재의 한 면에 대하여 D25@125 mm를 각각 배근하면, $\dfrac{\text{배력근}}{\text{주철근단면비}}=78.9\%$이고

사용수평 철근비 $=\dfrac{2\cdot A_s}{b\cdot H}=\dfrac{2\times 4,053.6}{1,000\times 600}=1.351\,\%\ge 0.25\%$ ∴ O.K.

7) 벽체중앙부 수평(온도)철근 검토

- 수평철근 지름 : $D25$
- 수평철근 간격 : 250 mm
- 사용수평 철근량 : 2,026.8 mm^2
- 최소 수평철근비 : 0.25%
- 콘크리트의 수화열, 온도변화, 건조수축 등을 고려하여 부재의 한 면에 대하여

  $D125@$ 250 mm를 각각 배근하면, $\dfrac{\text{배력근}}{\text{주철근단면비}} = 78.9\%$ 이고

  $$\text{사용수평 철근비} = \frac{2 \cdot A_s}{b \cdot H} = \frac{2 \times 2{,}026.8}{1{,}000 \times 500} = 0.811\% \geq 0.25\% \qquad \therefore \text{ O.K.}$$

8) 저판 수평(온도)철근 검토

- 수평철근 지름 : $D25$
- 수평철근 간격 : 125 mm
- 사용수평 철근량 : 4,053.6 mm^2
- 최소 수평철근비 : 0.25%
- 콘크리트의 수화열, 온도변화, 건조수축 등을 고려하여 부재의 한 면에 대하여

  $D25@$ 125 mm를 각각 배근하면, $\dfrac{\text{배력근}}{\text{주철근단면비}} = 78.9\%$

  $$\text{사용수평 철근비} = \frac{2 \cdot A_s}{b \cdot H} = \frac{2 \times 4{,}053.6}{1{,}000 \times 600} = 1.351\% \geq 0.25\% \qquad \therefore \text{ O.K.}$$

8.8.7 철근 배근도

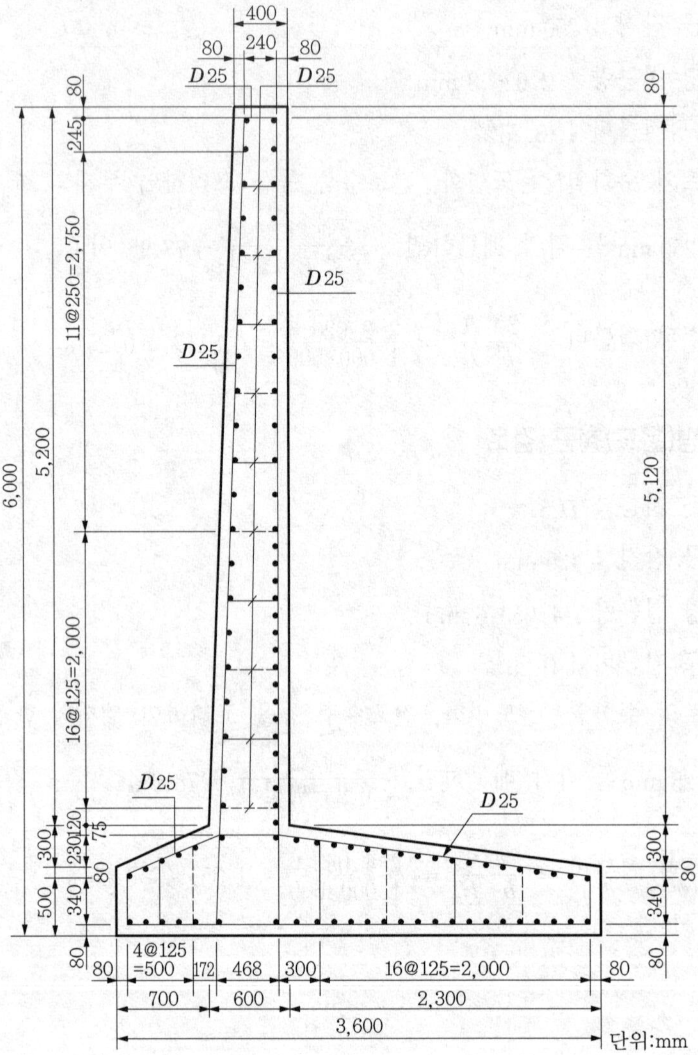

그림 8 · 29 철근배근도

제9장

암거의 설계

9.1 개 설

암거란 지중에 매설된 통수로를 의미하지만 여기에서는 대체로 통수 또는 사람과 차량의 통행을 목적으로 도로, 철도 등을 횡단하여 설치된 흙덮이 구조를 가진 구조물이라 정의한다. 과거에는 석조 또는 벽돌쌓기로 되어 있는 것이 많았으나, 지금은 대부분이 철근콘크리트 구조로 시공되고 있다. 암거 중 통수의 단면이 작은 것은 철근콘크리트관을 사용하는 것이 대부분이며, 통수 단면이 커지면 직사각형 라멘형으로 한다. 원형관은 공장제품이 많으나 구형(box)은 공장제품으로 운반하면 운반중에 균열이 가기 쉽고, 또한 거푸집도 극히 간단하므로 대개는 현장제품을 쓰고 있다.

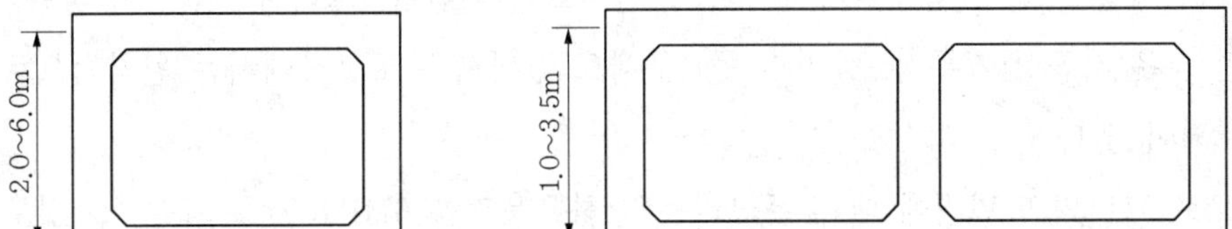

(a) 1련 암거　　(b) 2련 암거

그림 9·1 구형암거의 내공단면

9.1.1 암거의 계획

(1) 평면 형상

암거를 계획하는 경우는 도로 또는 수로형상을 잘 감안해서, 도로 본체와의 교차각은 직각이 되도록 계획하는 것이 바람직하다. 성토 속에 암거를 설치하면 토압이 작용하고 사각(斜角)이 있는 암거에서는 편토압의 영향을 받아 부재에 생기는 응력은 직각의 경우보다 커진다. 이러한 영향은 연약지반의 경우 변형, 회전, 이동 등의 변화가 현저하게 발생하므로 평면 형상은 되도록 진행방향의 직각으로 하는 것이 좋다. 또 수로의 경우는 고정부의 시작과 종점에서 유입수의 유속 및 수심을 고려하여 하상(河床)의 상승으로 수로의 기능을 저하시키는 경우도 있으므로 이 점에 대해 고정부 구조에 있어서 충분히 고려를 해야 한다.

(2) 내공 단면

암거의 내공단면의 결정에 대해서는 다음의 조건을 만족해야 한다.

1) 도로암거는 소요의 건축한계 이상의 공간을 확보할 수 있어야 한다.
2) 공동구로서의 매설관 등의 설치 공간이 있어야 한다.
3) 수로에서는 계획유량이 유하 가능한 단면이어야 한다.
4) 연약지반에 암거를 설치하는 경우 침하를 고려하여 여유가 있는 단면으로 해야 한다.

도로암거는 1련 구형암거를 사용하는 것이 일반적이고, 수로암거는 수로의 유지관리를 원활히 하기 위해 1련 구형암거가 바람직하지만 현장조건에 의해 폭이 높이에 비해 넓어지면 2련 상자형 암거로 설계하는 경우도 있다.

(3) 헌치

암거 코너에는 응력이 집중되기 쉬우므로 헌치를 설치한다. 그러나, 이 헌치(상측, 하측)를 설치하는 것은 시공상(거푸집, 동바리 등) 문제도 있어서 도로공사에서는 원칙적으로 설치하지 않게 되어 있다.

그러므로 코너의 단면력에 대해 콘크리트의 허용응력을 6MPa($f_{ck}=24$ MPa) 정도로 제한해서 설계한다. 단, 이 경우에도 코너의 배근을 충분히 배려해야 한다.

9.1.2 암거의 종류와 선정

암거형식 선정에 있어서는 설치장소의 지형, 토질, 시공조건, 주변구조물 등의 검토와 장래의 유지관리를 고려하여 형식을 선정해야 한다.

(1) 역학적 특성 및 재료에 의한 분류

암거의 역학적 특성 및 그 재료에서 표 9·1과 같은 형식으로 구분한다.

(2) 사용목적에 의한 분류

1) **수로암거** : 구형암거와 원형암거가 일반적으로 사용된다.
2) **통로암거** : 사람이나 차 통행을 위하여 도로 아래 횡단통로로서 구형 암거가 사용된다.
3) **공동구** : 전화 · 전기 · 가스 · 상하수도 등의 공사에서 관이나 케이블을 함께 사용하기

표 9·1 암거의 종류

역학적 특성	명칭	대중적인 단면형	사 용 재 료
강성 암거	구형암거(box culvert)	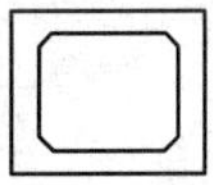	철근콘크리트
	문형암거(portal culvert)	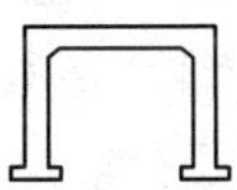	철근콘크리트
	아치암거(arch culvert)	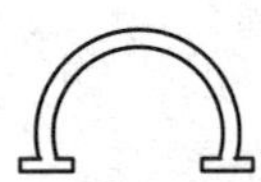	철근콘크리트
	파이프암거(pipe culvert)	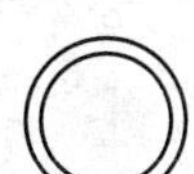	철근콘크리트관 원심력철근콘크리트관 PS 철근콘크리트관
처짐성 암거	코러게이트 파이프암거		코러게이트메탈 (corrugated metal sheet)

위하여 도시의 노면 아래 축조한 것으로 구형암거가 잘 쓰인다.

(3) 축조방식에 의한 분류

축조방식으로부터 기성제품을 사용하여 축조하는 콘크리트파이프 코러게이트암거와 현장타설 콘크리트에 의한 구형암거 및 문형암거 등으로 분류할 수 있다.

1) 구형암거

일반적으로 현장타설 철근콘크리트로 시공되는 경우가 많고 사용단면은 1.0 m×1.0 m에서 5.0 m×6.5 m까지 있으며 통로용·수로용으로서 사용된다. 현장타설 구형암거의 시공기간은 2~3개월이 필요한데, 공기단축이 필요한 경우 현장 시공기간이 1~2주간 정도 단축이 가능한 프리캐스트 암거를 유니박스로 나누어 현장에서 접합하는 방법도 쓰이고 있다.

2) 문형암거

기초지반이 좋은 장소에 설치하는 것이 일반적이며 필요단면이 큰 경우나 시공중 물을 돌릴 수 없을 때 혹은 구형암거 저판 시공이 현장조건으로 곤란한 경우에 쓰인다.

3) 원형암거

수로용으로 쓰이며 영구 구조물 또는 가설물로서 그 목적에 따라 널리 사용되고 있다. 파이프 종류에 따라 그 강도가 다르고 토피두께, 하중작용 상황에 따라 기초형식이 변하기 때문에 현장조건에 맞추어 적절한 파이프 종류를 선정한다.

4) 코러게이트형 암거

역학적으로 연성 암거로서 횡단방향과 종단방향에도 그 특징을 활용할 수 있도록 현장조건에 맞추어 사용된다. 자중이 적으므로 연약한 곳에 가수로로 사용되는 경우가 많다. 그러나 설계시에 충분히 시공법을 숙지하지 않으면 예기치 않은 사고의 원인이 된다.

9.1.3 작용하중

암거를 설계할 때 고려해야 할 하중으로는 다음 사항이 있다.

1) 고정하중

① 암거 구체의 자중
② 암거 내의 하중(자동차, 흙, 물 등)

2) 토압(연직토압, 수평토압)

3) 활하중(충격하중 포함)

4) 기초지반 반력

5) 지진의 영향

6) 온도변화의 영향

7) 수압

8) 부력 또는 양압력

(1) 토 압

암거에 작용하는 하중 가운데 가장 큰 영향을 미치는 것은 토압이며, 이는 암거 위의 흙에 의한 연직토압과 암거 측면에 작용하는 수평토압으로 구분된다.

1) 연직토압

연직토압에 대해서는 암거 단면의 강성, 성토의 성질, 시공방법 등에 따라 다르지만 이것을 나타내면 그림 9·2처럼 세 종류로 구분된다. 일반적으로 암거에 사용되는 토압은 그림 9·2의 (b)와 같다.

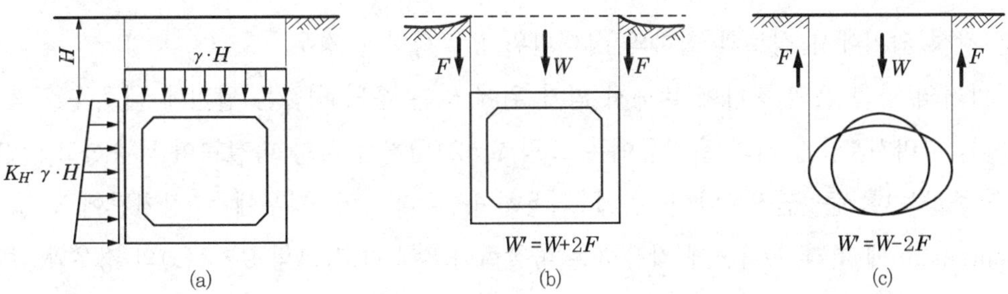

그림 9·2 암거에 작용하는 토압

① 강성 암거에서 성토의 침하와 동시에 침하하는 경우

이 경우는 그림 9·3과 같은 a-a 위치에서 암거 양측에 있는 흙의 침하와 암거 윗면에서 흙의 침하가 동시에 생긴 경우이며, 암거 윗면에는 재하 흙의 중량 $\gamma \cdot H$만이 작용하게 된다.

$$p_v = \gamma \cdot H \tag{9 · 1}$$

여기에서, p_v : 암거 상판에 작용하는 연직토압(MPa)
γ : 흙의 단위질량(kN/m^3)
H : 흙덮이의 높이(m)

그러나 b-b 위치에서의 침하를 고려하면, 암거 양측의 침하는 흙깊이 $H+H_0$의 침하이며, 바닥판 흙의 침하는 상재(上載) 흙두께 H이다. 따라서 실제로 이러한 상태로 하기 위해서는 이론적으로 암거 윗면에 굴곡성 재료를 설치함으로써, $H+H_0$의 흙 침하량과 암거 윗면 침하량을 균등하게 해야 한다.

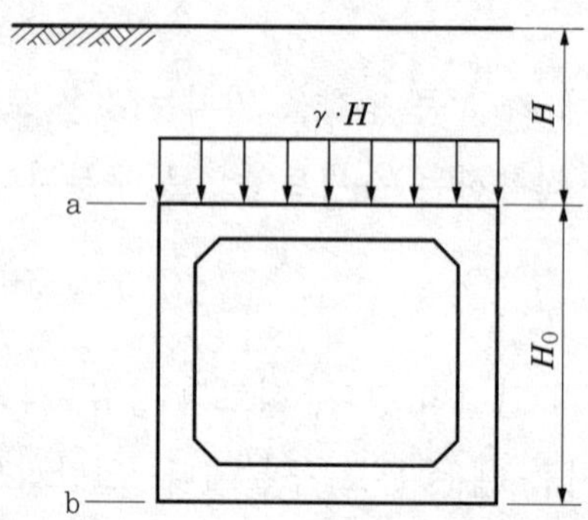

그림 9·3 연직토압의 작용

② 강성 암거에서 성토의 침하와 상대변위가 발생하는 경우

암거의 양측 흙의 침하에 비해서 암거 위에 있는 흙의 침하는 암거에 해로움을 적게 준다. 따라서, 암거 위의 흙기둥에는 그림 9·2(b)처럼 하향 마찰력이 작용하고, 흙덮이 중량보다 큰 연직토압이 위에 작용하게 된다. 이 경우에는 장기간에도 흙의 relaxation에 따라 흙기둥에 작용하는 마찰력이 감소하고 그림 9·2(a)의 경우와 같은 상태로 떨어지지만 설계에 있어서는 위험한 상태로 보아 연직토압을 증가시켜야 한다. 이처럼 암거 위의 흙과 양측 흙과의 침하량에 차이가 생기는 경우는 Maston의 연직토압

의 이론식이 있다.

$$p_v = K_p \gamma \cdot B \qquad (9 \cdot 2)$$

$$H_e \geq H \text{일 때 } K_p = \frac{e^{2K_\mu (H/B)} - 1}{2K_\mu} \qquad (9 \cdot 3)$$

$$H_e < H \text{일 때 } K_p = \frac{e^{2K_\mu (H/B)} - 1}{2K_\mu} + \frac{H - H_e}{B} e^{2K_\mu (H_e/B)} \qquad (9 \cdot 4)$$

여기에서, p_v : 암거 상판의 연직토압(MPa)

B : 암거의 폭(m)

H : 흙덮이의 높이(m)

H_e : 가상 침하면에서 암거 윗면까지의 깊이(m)

$K = \frac{\sqrt{\mu^2+1} - \mu}{\sqrt{u^2+1} + \mu}$: Rankine의 토압계수

μ : 암거 위의 흙과 양측 흙간의 마찰계수($\mu \fallingdotseq \tan\phi$로 산정한다)

식 (9 · 2)에서 식 (9 · 4)는 암거 윗면에 작용하는 흙의 중량 $\gamma \cdot H$에 계수 K_p를 고려한 사항이다. 식 (9 · 4)를 기초로 하여 식 (9 · 5)와 같이 정하고 있다.

$$p_v = \alpha \cdot \gamma \cdot H \cdot 10^{-5} \qquad (9 \cdot 5)$$

여기에서, H : 흙덮이의 높이(m)

α : 연직토압계수

여기에서의 연직토압계수는 암거 윗면부분과 양측부분 침하량이 다르므로 암거 윗면에 작용하는 하중은 암거 윗면 흙의 중량($\gamma \cdot H$)뿐만 아니라 이보다 다소 큰 값을 가진다. 즉, 그림 **9 · 4**처럼 암거 윗면에 작용하는 흙의 단위중량은 □ABCD가 아니라 □A'B'CD의 부분이 되며, 이 면적비만큼 커지게 되는데 이것을 연직토압계수(α)라고 한다.

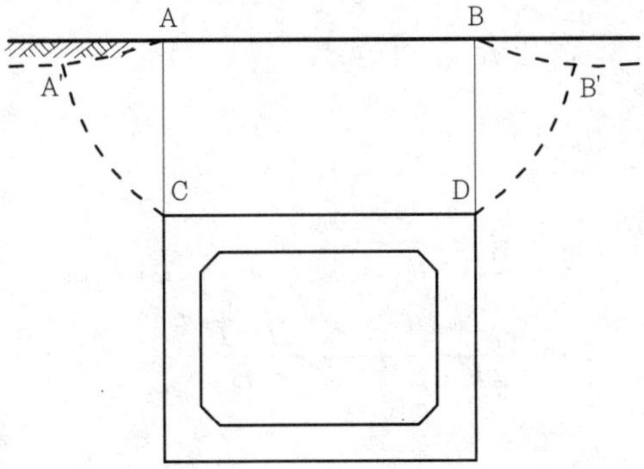

그림 9 · 4 연직토압계수

표 9·2는 흙피복높이 H와 암거의 바깥쪽 폭 B_0와의 비에 따라 중앙고속도로에서 실측시험하여 구한 연직토압계수(α)이다.

표 9·2 연직토압계수

H/B_0	1 미만	1~2 미만	2~3 미만	3~4 미만	4 이상
α	1.0	1.2	1.35	1.5	1.6

또한 AASHTO의 규정에서는, 양호한 기초지반 위에 설치된 돌출형 암거의 경우에는 연직토압을 다음의 식으로 제안하고 있다.

$$H \geq 1.78B \text{일 때 } p_v = \gamma(1.92H - 0.87B) \cdot 10^{-5} \quad (9 \cdot 6)$$

$$H < 1.78B \text{일 때 } p_v = 2.59B \cdot \gamma(e^k - 1) \cdot 10^{-5} \quad (9 \cdot 7)$$

$$k = \frac{0.385H}{B}$$

여기에서, p_v : 연직토압(MPa)

B : 암거의 폭(m)

H : 흙덮이의 높이(m)

γ : 흙의 단위질량(kN/m^3)

③ 처짐성 암거의 처짐량이 측방향 흙의 침하량보다 큰 경우

그림 9·2(c)처럼 암거의 처짐성이 크면 암거 위의 흙기둥 침하량이 양측 흙의 침하량보다 크게 된다. 그러므로 흙기둥은 상향으로 마찰력이 작용하게 되므로 암거에 작용하는 연직토압은 흙덮이 중량보다 적게 된다. 또한 강성 암거의 경우라도 양호한 지반을 홈형으로 굴삭해서 암거를 설치하는 경우에는 굴곡성 암거와 같은 현상이 발생하므로, 본 항과 같은 개념으로 토압을 고려한다.

$$p_v = K_d \cdot \gamma \cdot H \cdot 10^{-5} \quad (9 \cdot 8)$$

$$H_e \geq H \text{일 때 } K_d = \frac{1 - e^{2K_\mu(H/B)}}{2K \cdot \mu} \quad (9 \cdot 9)$$

$$H_e < H \text{일 때 } K_d = \frac{1 - e^{2K_\mu(H_e/B)}}{2K \cdot \mu} + \frac{H - H_e}{B} e^{-2K\mu(H_e/B)} \quad (9 \cdot 10)$$

2) 수평토압

수평방향에 작용하는 토압으로 주동토압을 사용하는 경우도 있지만 암거의 강성이 크면 정지토압에 가까워지므로, 일반적으로 정지토압을 사용한다. 또 그 수치는 주동토압보다 크다.

$$p_H = K_H \cdot \gamma \cdot H \cdot 10^{-5} \qquad (9 \cdot 11)$$

여기에서, p_H : 수평토압강도(MPa)

K_H : 수평토압계수(정지토압)

H : 흙덮이의 높이(m)

γ : 흙의 단위질량(kN/m^3)

수평토압계수 K_H에 대해서는 토질이나 흙의 다짐방법에 따라 다르며, Terzaghi는 실험에 따라 모래의 경우 0.42, 점토의 경우 0.70~0.75로 정하고 있다. 그러나 그 후의 많은 실험 연구에 의하면, 이 수치는 모래의 경우 과소하며, 점토의 경우는 과대하다는 것으로 나타났다. 실제로 현장에서의 토질은 균일한 예가 적으므로, 일반적으로 $K_H=0.5$로 되어 있는 예가 많다. 수평토압의 작용 위치는 설계의 편의상 저판에서 연직이 되는 면에 대해 수평으로 작용하는 것으로 한다.

(2) 활하중

활하중은 DB 하중을 사용한다. 재하방법은 암거의 종방향으로는 제한받지 않고 재하한다. 암거의 종방향(도로의 횡단방향)의 단위길이에 대한 환산활하중은 DB-24 하중에 대해서

- 전륜

$$P_1 = \frac{2W_1}{3.0}(1+i) = \frac{2 \times 24}{3.0}(1+0.3) = 20.8\,\text{kN/m} \qquad (9 \cdot 12)$$

- 후륜

$$P_2 \cdot P_3 = \frac{2W_2}{3.0}(1+i) = \frac{2 \times 96}{3.0}(1+0.3) = 83.2\,\text{kN/m} \qquad (9 \cdot 13)$$

충격계수 $i=0.3$으로 한다.

일본도로공단에서는 흙덮이 높이 H에 따라 표 **9·3**의 값을 충격계수로 정하고 있다.

표 9 · 3 흙덮이에 따른 충격계수

흙덮이 H(m)	$0.15 \leqq H \leqq 1$	$1 < H \leqq 2$	$2 < H \leqq 3$	$3 < H$
충격계수 i	0.3	0.2	0.1	0

암거 지간방향의 활하중 분포는 그림 9 · 5와 같이 차량의 접지장(200 mm) 밖에서 45°로 분포한다고 본다. 암거에 작용하는 하중 가운데 가장 큰 영향을 미치는 것은 토압이며, 이는 암거 위의 흙에 의한 연직토압과 암거 측면에 작용하는 수평토압으로 구분된다.

1) 흙덮이가 3.5 m 미만의 경우

$$W_{L1}=\frac{P_1}{F}=\frac{24}{2H+0.2}\ (\text{kN/m}^2)$$

$$W_{L2}\cdot W_{L3}=\frac{P_{2\cdot 3}}{F}=\frac{96}{2H+0.2}\ (\text{kN/m}^2) \tag{9 · 14}$$

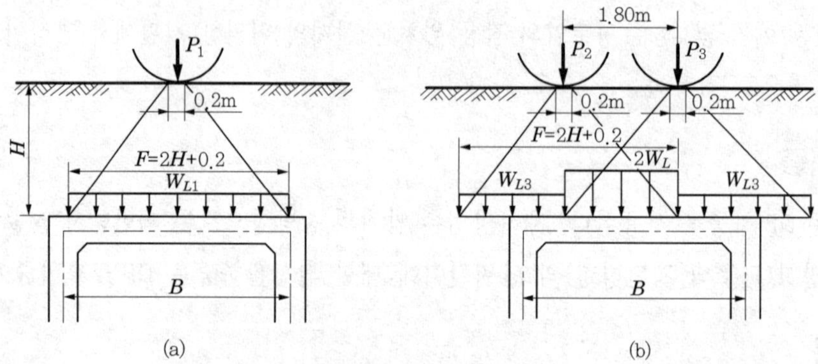

그림 9 · 5 윤하중의 작용 및 분포

또, 그림 9 · 5(a)에 나타낸 것처럼 $B>F$ 의 경우에는 그림 9 · 6과 같이 등치 등분포하중으로 환산해서 계산이 간단하도록 하면 좋다. 단, 포장을 포함한 흙덮이가 1 m 미만의 경우에는 등치 등분포하중을 사용하지 않는 것이 좋다. 등치 등분포하중은 식 (9 · 15)로 구한다.

$$W_L{}'=\frac{W_L\cdot F\cdot(2B-F)}{B^2}\ (\text{kN/m}^2) \tag{9 · 15}$$

또 전륜에 따른 활하중을 고려할 필요가 있는 조건은 흙덮이가 2 m 이내이고 암거폭이 8 m 이상의 경우이다. 이 경우의 재하방법은 지간 중앙에 후륜하중을 재하한 상태가 좋다.

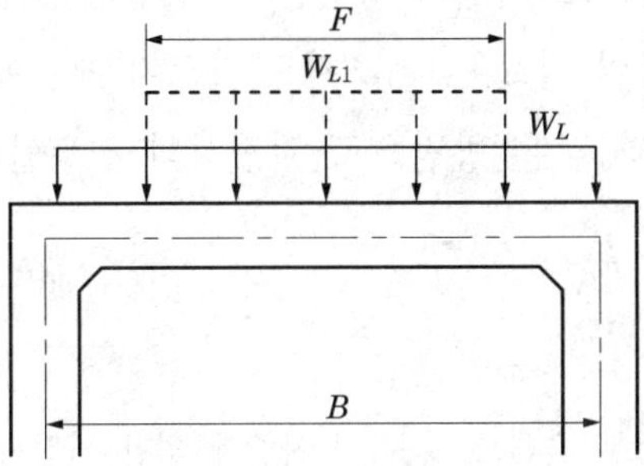

그림 9 · 6 윤하중 분포폭

2) 흙덮이가 3.5 m 이상의 경우

상부 슬래브에 일정하게 1 kN/m^{2}의 하중을 받는다고 생각한다.

3) 재하하중에 따른 수평토압

암거 측면에 작용하는 활하중에 따른 수평토압은 그림 **9 · 7**과 같이 깊이에 관계없이 재하하중을 1 kN/m^{2}이라고 하고, 이것에 토압계수 k_0를 곱한다. 또, 수평토압은 양쪽에 동시에 작용하는 것으로 한다.

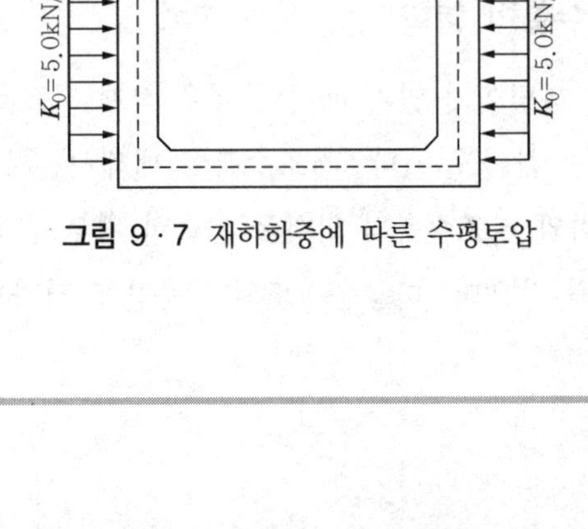

그림 9 · 7 재하하중에 따른 수평토압

(3) 지진의 영향

일반적으로 구형암거 및 파이프암거는 흙 속에 설치되며, 다소의 변위(구조물 전체로의 변위)가 어느 정도 허용되는 것으로 지진의 영향은 고려하지 않아도 된다. 따라서 문형암거의 경우는 구형암거에 비해 지간이 길고, 설계조건도 다르기 때문에 한쪽 측면에만 지진시 주동토압을 작용시켜 그림 9·8과 같은 방법으로 지진시의 검토를 할 필요가 있다.

$$p=(w_d+\gamma\cdot H)\cdot k_h \qquad (9\cdot 16)$$

$$p_E=K_{AE}\cdot\gamma\cdot H \qquad (9\cdot 17)$$

여기에서, p : 상부 슬래브 및 흙의 자중에 의한 지진시 수평력(kN/m)

w_d : 상판자중(kN/m^2)

k_h : 수평진도

p_g : 측벽에 작용하는 지진시 수평력(단위길이당 측벽자중× k_h) (kN/m^2)

p_E : 지진시 주동토압 (kN/m^2)

K_{AE} : 지진시 주동토압계수

H : 지표면에서의 깊이

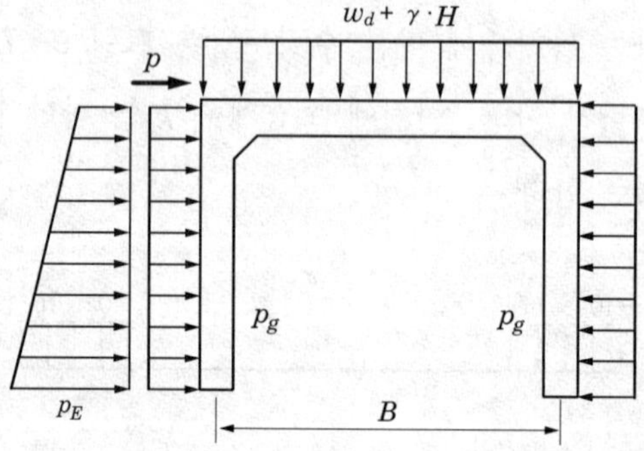

그림 9·8 문형암거의 지진하중

(4) 온도변화 및 건조수축의 영향

온도변화에 따른 영향은 흙덮이가 있기 때문에 매우 작게 되므로 암거의 설계에 있어서는 온도변화의 영향은 고려하지 않아도 된다. 건조수축에 대해서는 콘크리트 구조의 경우 고려해야 할 항목인데, 온도변화와 건조수축의 영향을 고려한 경우와 고려되지 않은 경우의 휨모멘트 비를 구하면 표 9·4와 같으며, 허용응력도의 할증을 고려하면 무시되는 수치이다. 단,

흙 피복두께가 매우 적은 상부 슬래브에 직접 포장을 시공하는 경우는 흙 15℃의 온도변화와 건조수축의 영향을 고려해야 한다. 또 문형암거의 경우도 흙 피복 50 cm 정도에서는 온도변화의 영향을 고려하지 않아도 되지만, 이보다 적은 경우에는 고려해야 한다.

표 9·4 휨모멘트 비

$B \times H_c$(m)	$\frac{M_n+M_t+M_s}{M_n}$	$\frac{M_n+M_s}{M_n}$	비고
6 × 4	1.16	1.10	허용응력의 할증 1.15
8 × 4	1.17	1.10	
10 × 4.5	1.19	1.12	

M_t : 온도변화(−10℃)의 영향에 의한 휨모멘트
M_s : 건조수축(−15℃)의 영향에 의한 휨모멘트
M_n : 온도변화 및 건조수축을 고려하지 않은 때의 휨모멘트
B : 암거의 폭
H_c : 암거의 내공 높이

(5) 부력의 영향

지하수위가 높은 곳에 설치하는 구형암거에는 부력을 고려해야 한다. 이 경우, 암거 전체의 안정에 대해 검토하여 고정하중을 크게 함으로써 부력에 저항시키는 것이 일반적이다. 또 부재단면의 계산에서는 지하수위가 있는 경우와 없는 경우에 대해 계산해야 하며, 큰 쪽의 단면력에 대해 부재설계를 해야 한다.

9.1.4 단면력의 계산

(1) 암거의 가로방향의 계산

구형암거의 단면력 계산은 암거의 가로방향(도로의 횡단방향)을 주체로 하는 것이 일반적이다. 즉, 그림 9·9처럼 암거를 가로방향으로 단위폭(m)을 나타낸다. 하중계산은 바깥치수선(B_0, H_0)을 사용하는데, 이에 의해 얻은 하중을 응력계산에서는 골조선(B, H_c)에 적용해서 단면력을 계산한다. 아치암거는 흙 피복이 두꺼운 곳에 설치되므로, 시공중의 하중이나 편토압을 받았을 때에도 안정한 단면으로 해야 한다. 특히, 저판에 큰 전단력이 작용하므로 사인장 철근을 배치하고 단면을 결정하며, 내부단면에 관계없이 아치부의 최소부재 두께는 600 mm 정도로 측벽부재와의 균형을 고려해서 결정하는 것이 바람직하다.

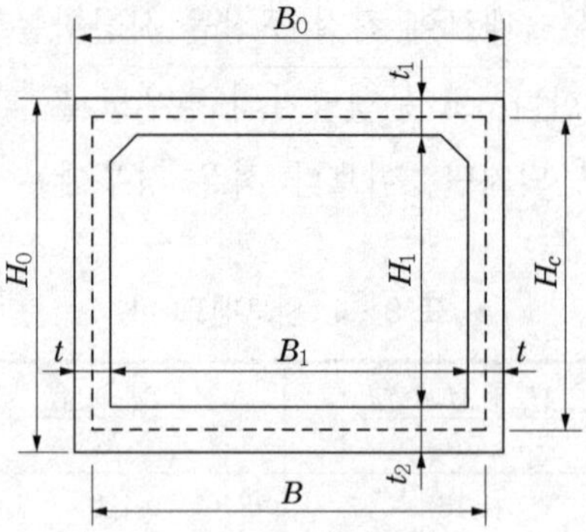

그림 9·9 단면의 형상

(2) 세로방향의 검토

암거의 세로방향 계산에서는 특별히 설정된 방법은 없다. 일반적으로 구형암거에는 건조수축 및 시공을 위해 10~15 m 정도의 간격으로 신축이음을 하는 것이 통상적인데, 지반이 양호한 경우는 특히 검토할 필요는 없다. 단, 기초지반이 연약한 경우나 세로방향에 대해 지반이 변화되어 세공블럭간에 침하의 염려가 있는 경우는 탄성바닥의 보로 보아 계산하지만 복잡하므로 이는 생략한다.

9.1.5 기 초

구형암거의 기초는 일반적으로 직접기초가 사용된다. 기초지반이 양호한 경우는 물론이며 연약지반의 지지력이 부족한 경우에도 지반을 개량해서 직접기초로 하는 것이 바람직하다. 연약층의 두께가 비교적 얕을 때는 그림 9·10처럼 제거하고 양질재료로 대체하는 공법도 유효하다. 또 지하수위가 높은 경우는 막자갈을 사용하면 된다. 연약지반에 암거를 설치하는 경우는 그 기초로 말뚝기초를 채용하여 주위지반이 침하하면 암거가 그 침하에 저항하게 되며 상재하중에 의한 토압은 매우 크다. 또 암거 앞뒤의 성토가 침하하여 포장면에 불규칙이 생겨 주행의 방해를 받게 되므로 되도록 직접기초로 하는 것이 바람직하다. 또한 지지층의 암반이 경사가 되어 부등침하의 염려가 있는 경우나 부분적으로 지지력이 약한 지반이 있는 경우는 콘크리트나 양질의 재료로 대체해야 한다.

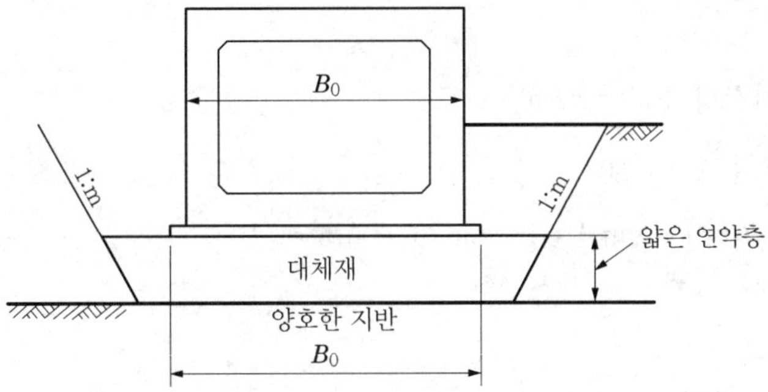

그림 9·10 대체재의 형상

9.2 구형암거의 설계 예(1)

9.2.1 설계조건

(1) 형식

철근콘크리트 1련 box

(2) 내공단면

폭 2.5 m×높이 2.0 m

(3) 토피고

$H_1 = 1.0$ m

(4) 설계하중

1) 고정하중 : 철근 콘크리트의 단위질량 : $\gamma_c = 25$ kN/m^3

포장(ASCON)의 단위질량 : $\gamma_a = 23$ kN/m^3

2) 활하중 : DB-24 적용

(5) 사용재료

콘크리트 설계기준강도 : $f_{ck} = 24$ MPa

철근 항복강도 : $f_y = 300$ MPa

(6) 토질조건

γ_s = 토사의 단위질량 : 20 kN/m^3

성토의 내부마찰각 : $\phi = 30°$

정지토압계수 : $k_0 = 1 - \sin\phi = 1 - \sin 30° = 0.5$

(7) 참고문헌

도로교 설계기준 2005.

9.2.2 단면 형상

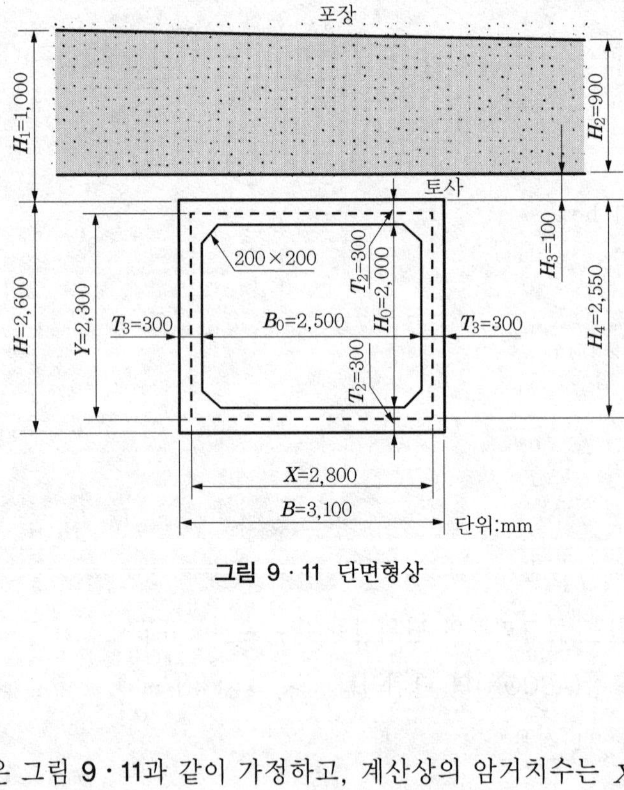

그림 9 · 11 단면형상

9.2.3 하 중

암거의 횡단면은 그림 9 · 11과 같이 가정하고, 계산상의 암거치수는 $X = 2,800$ mm, $Y = 2,300$ mm로 한다.

(1) 고정하중

1) 상부슬래브

- 포장층 : $P_a = \gamma_a \cdot H_2 = 23.0 \times 0.900 = 20.7\ \mathrm{kN/m^2}$
- 토사 : $P_s = \gamma_s \cdot H_2 = 20.0 \times 0.100 \times 1.000 = 2.0\ \mathrm{kN/m^2}$
- 상부슬래브 :

$$P_{D1} = \gamma_c \left(T_1 + \frac{a_1^2}{X} \right) = 25.0 \left(0.300 + \frac{0.200^2}{2.800} \right) = 7.86\ \mathrm{kN/m^2}$$

여기에서, a_1은 상부 헌치부의 단면길이

따라서 상부슬래브에 작용하는 총 고정하중 $P_{VD1} = 30.56\ \mathrm{kN/m^2}$

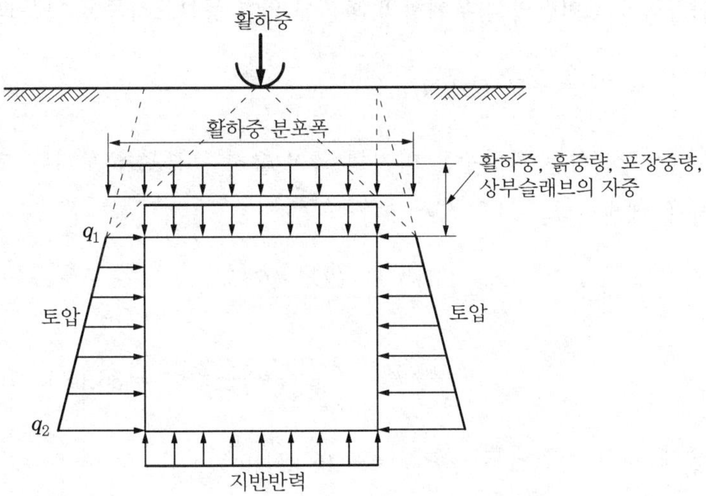

그림 9·12 하중의 분포

2) 측벽

$$P_{DW} = \gamma_c \cdot T_3 = 25.0 \times 0.300 = 7.50\ \mathrm{kN/m^2}$$

3) 하부슬래브

$$P_{D2} = \gamma_c \left(T_2 + \frac{a_2^2}{X} \right) = 25.0 \left(0.300 + \frac{0.200^2}{2.800} \right) = 7.86\ \mathrm{kN/m^2}$$

여기에서, a_2는 하부 헌치부의 단면길이

따라서 하부슬래브에 작용하는 지반반력 $P_{VD2}=35.92\ \mathrm{kN/m^2}$

(2) 활하중

지표재하 활하중 : DB-24 적용

후륜하중 : $W_b=4\cdot W=4\times24=96\ \mathrm{kN}$

윤하중 분포 폭 : $F=0.2+2H_1=0.2+2\times1.0=2.2\ \mathrm{m}$

후륜환산 활하중 : $P=\dfrac{2\cdot W_b}{3.0}(1+i)=\dfrac{2\times96}{3.0}(1+0.3)=83.2\ \mathrm{kN/m}$

여기에서, i는 충격계수 $\left(i=\dfrac{15}{40+L}\leq3.0,\ L: \text{지간}\right)$

흙덮이의 높이가 3.5 m 미만의 경우에서의 후륜에 의한 등분포하중은 다음과 같이 계산한다.

$$W_L=\frac{P}{F}=\frac{83.2}{2.2}=37.82\ \mathrm{kN/m^2}$$

여기에서, 암거에 작용하는 활하중은 암거의 폭이 윤하중 분포 폭보다 크므로 등치 등분포하중으로 환산하여 계산한다.

$$\text{등치 등분포하중}:\ W_L{}'=\frac{W_L\cdot F\cdot(2X-F)}{X^2}$$

$$=\frac{37.82\times2.2\times(2\times2.8-2.2)}{2.8^2}=36.08\ \mathrm{kN/m^2}$$

따라서 활하중에 의한 지반반력 : $P_{VL}=36.08\ \mathrm{kN/m^2}$

(3) 토압

수평토압(정지토압계수 $K_0=0.5$)

$$q_1=K_0\times\{\gamma_a\cdot H_2+\gamma_s\cdot(H_3+T_2/2)\}$$

$$=0.5\times(23.0\times0.90+20.0\times0.25)=12.85\ \mathrm{kN/m^2}$$

$$q_2=q_1+(K_0\times\gamma_s\times Y)$$

$$=12.85+\{0.5\times(20\times2.30)\}=35.85\ \mathrm{kN/m^2}$$

9.2.4 강비의 계산

강도계수를 구하기 위해 암거의 폭 1 m에 대하여 상부슬래브, 측벽, 하부슬래브의 단면 2차 모멘트를 구하면 다음과 같다.

$$I_{AB} = I_{BC} = I_{CD} = I_{DA} = \frac{1 \times {T_{1 \cdot 2 \cdot 3}}^3}{12} = \frac{1 \times 0.3^3}{12}\ \mathrm{m}^4$$

강도계수 $K = \dfrac{I}{\text{부재의 길이}}$ 이므로, 각 부재의 강도계수는 다음과 같다.

측벽의 강도계수 $K_{AB} = K_{CD} = \dfrac{I_{AB \cdot CD}}{2.3}$

상부슬래브 및 하부슬래브의 강도계수 $K_{BC \cdot DA} = \dfrac{I_{BC \cdot DA}}{2.8}$

여기에서, K_{AB}를 표준강도계수로 하면 강비는 다음과 같다.

측벽의 강비 $k_{AB} = k_{CD} = 1$

상부슬래브 및 저판슬래브의 강비 $k_{BC \cdot CD} = \dfrac{I_{BC \cdot CD}}{2.8} \times \dfrac{2.3}{I_{AB}} = 0.821$

9.2.5 단면력의 계산

(1) 고정하중에 의한 모멘트 및 전단력

부정정구조물이므로 부정정 해석을 하며, 여기에서는 처짐각 방정식을 사용하여 구조물을 해석한다. 구조물이 좌우 대칭이므로 한쪽만 고려한다.

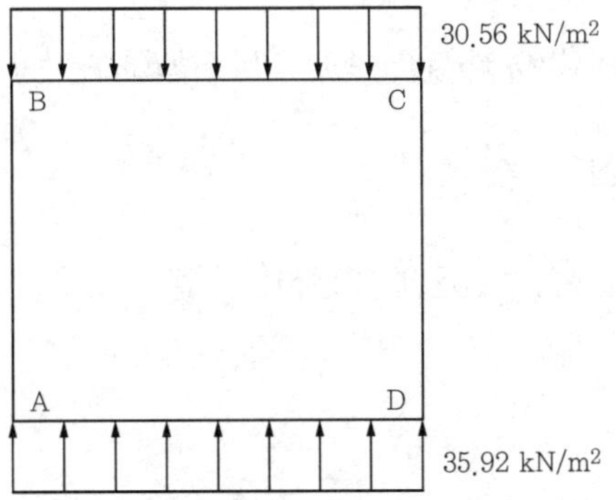

그림 9 · 13 고정하중에 의한 하중분포

처짐각 공식 : $M_{nf}=k_{nf}(2\theta_n+\theta_f-3R_{nf})+FEM_{nf}$

여기에서, M_{nf} : 부재의 재단모멘트

n, f : 부재의 양 단

R_{nf} : 부재의 현회전각

θ : 회전각

FEM_{nf} : 부재의 고정단모멘트

이 구조물에서 한쪽만 고려하므로 회전각은 θ_A, θ_B만 있으며, 현회전각 R는 절점의 횡변위가 없으므로 $R=0$이다.(단, $\theta_C=-\theta_B$, $\theta_D=-\theta_A$이다.)

1) 고정하중에 의한 처짐각 방정식

$$M_{AB}=k_{AB}\cdot(2\theta_A+\theta_B)+FEM_{AB}$$

$$M_{AD}=k_{AD}\cdot(2\theta_A+\theta_D)+FEM_{AD}=k_{AD}\cdot\theta_A+FEM_{AD}$$

$$M_{BA}=k_{BA}\cdot(2\theta_B+\theta_A)+FEM_{BA}$$

$$M_{BC}=k_{BC}\cdot(2\theta_B+\theta_C)+FEM_{BC}=k_{BC}\cdot\theta_B+FEM_{BC}$$

여기에서, $FEM_{AB}=FEM_{BA}=0$, 현회전각 $R=0$

2) 평형 방정식

$\Sigma M_n=0$으로부터

절점 A에서 $\Sigma M_A=M_{AB}+M_{AD}=0$

$$k_{AB}\cdot(2\theta_A+\theta_B)+k_{AD}\cdot\theta_A+FEM_{AD}=0$$

절점 B에서 $\Sigma M_B=M_{BA}+M_{BC}=0$

$$k_{BA}\cdot(2\theta_B+\theta_A)+k_{BC}\cdot\theta_B+FEM_{BC}=0$$

3) 고정단모멘트의 계산

$$FEM_{AD}=\frac{P_{VD2}\cdot X^2}{12}=\frac{35.92\times2.800^2}{12}=23.47\ \text{kN}\cdot\text{m/m}$$

$$FEM_{AB}=0$$

$$FEM_{BA}=0$$

$$FEM_{BC} = -\frac{P_{VD1} \cdot X^2}{12} = -\frac{30.56 \times 2.800^2}{12} = -19.97 \text{ kN} \cdot \text{m/m}$$

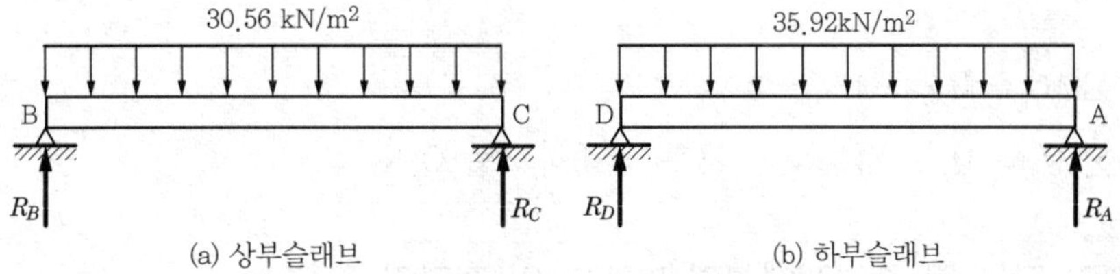

그림 9·14 상부 및 하부슬래브에 작용하는 하중

4) θ_A 및 θ_B의 계산

고정단모멘트의 값을 평형 방정식에 대입하여 구한다.

$$k_{AB} \cdot (2\theta_A + \theta_B) + k_{AD} \cdot \theta_A + FEM_{AD}$$

$$= 1 \cdot (2\theta_A + \theta_B) + 0.821 \cdot \theta_A + 23.47$$

$$= 2.821\theta_A + \theta_B + 23.47 = 0 \quad \cdots\cdots ①$$

$$k_{BA} \cdot (2\theta_B + \theta_A) + k_{BC} \cdot \theta_B + FEM_{BC}$$

$$= 1 \cdot (2\theta_B + \theta_A) + 0.821 \cdot \theta_B - 19.97$$

$$= \theta_A + 2.821\theta_B - 19.97 = 0 \quad \cdots\cdots ②$$

식 ①과 식 ②를 연립하여 풀면, $\theta_A = -12.39$, $\theta_B = 11.47$을 얻는다.

5) 재단모멘트

처짐각 방정식에 고정단모멘트, θ_A 및 θ_B를 대입하여 풀면,

$$M_{AB} = k_{AB} \cdot (2\theta_A + \theta_B)$$

$$= 1 \times (2 \times (-12.39) + 11.47) = -13.31 \text{ kN} \cdot \text{m/m}$$

$$M_{AD} = k_{AD} \cdot \theta_A + FEM_{AD}$$

$$= 0.821 \times (-12.39) + 23.47 = 13.31 \text{ kN} \cdot \text{m/m}$$

$$M_{BA} = k_{BA} \cdot (2\theta_B + \theta_A)$$

$$= 1 \times (2 \times 11.47 + (-12.39)) = 10.55 \text{ kN} \cdot \text{m/m}$$

$$M_{BC} = k_{BC} \cdot \theta_B + FEM_{BC}$$
$$= 0.821 \times 11.47 - 19.97 = -10.55 \text{ kN} \cdot \text{m/m}$$

검산

$$\Sigma M_A = M_{AB} + M_{AD} = 0$$
$\Sigma M_B = M_{BA} + M_{BC} = 0$ 모두 만족하므로 O.K.

6) 부재의 단부 및 중앙점에서의 모멘트 및 전단력

① 상부슬래브

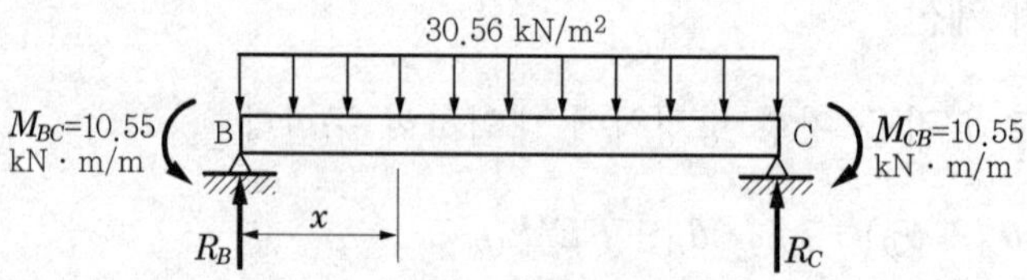

그림 9 · 15 상부슬래브에 작용하는 하중 및 모멘트

$$-R_C = R_B = \frac{P_{VD1}}{2} \times X = \frac{30.56}{2} \times 2.800 = 42.78 \text{ kN/m}$$

임의의 점 x에서의 모멘트의 방정식

$$M_x = R_B \cdot x - M_{BC} - \frac{P_{VD1}}{2} \cdot x^2 = 42.78 \cdot x - 10.55 - \frac{30.56}{2} \cdot x^2$$

$$M_0 = -10.55 \text{ kN} \cdot \text{m/m}$$

$$M_{1.4} = 42.78 \times 1.4 - 10.55 - \frac{30.56}{2} \times 1.4^2 = 19.39 \text{ kN} \cdot \text{m/m}$$

$$M_{2.8} = 42.78 \times 2.8 - 10.55 - \frac{30.56}{2} \times 2.800^2 = -10.55 \text{ kN} \cdot \text{m/m}$$

전단력 V

단부에서의 전단력 : $V_B = V_C = R_B = R_C = \frac{30.56}{2} \times 2.8 = 42.78 \text{ kN}$

중앙에서의 전단력 : $V_{중앙} = 0$

② 하부슬래브

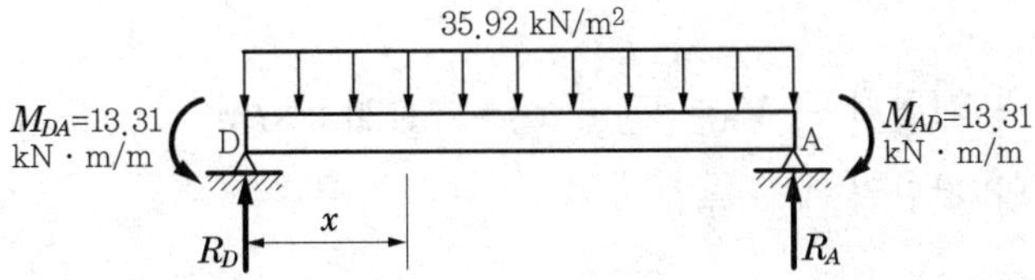

그림 9 · 16 하부슬래브에 작용하는 하중 및 모멘트

$$-R_D = R_A = \frac{P_{VD2}}{2} \times X = \frac{35.92}{2} \times 2.800 = 50.29 \text{ kN/m}$$

임의의 점 x에서의 모멘트의 방정식

$$M_x = R_D \cdot x - M_{DA} - \frac{P_{VD2}}{2} \cdot x^2 = 50.29 \cdot x - 13.31 - \frac{35.92}{2} \cdot x^2$$

$$M_0 = -13.31 \text{ kN} \cdot \text{m/m}$$

$$M_{1.4} = 50.29 \times 1.4 - 13.31 - \frac{35.92}{2} \times 1.4^2 = 21.89 \text{ kN} \cdot \text{m/m}$$

$$M_{2.8} = 50.29 \times 2.800 - 13.31 - \frac{35.92}{2} \times 2.800^2 = -13.31 \text{ kN} \cdot \text{m/m}$$

전단력 V

단부에서의 전단력 $V_D = V_A = R_D = R_A = \frac{35.92}{2} \times 2.800 = 50.29 \text{ kN}$

중앙에서의 전단력 $V_{중앙} = 0$

③ 측벽

$$R_B = -\frac{13.31 - 10.55}{2.3} = -1.20 \text{ kN}$$

$$R_A = \frac{13.31 - 10.55}{2.3} = 1.20 \text{ kN}$$

임의의 점 x에서의 모멘트의 방정식

$$M_x = R_B \cdot x - M_{BA} = 1.20 \cdot x - 10.55$$

$$M_0 = -10.55 \text{ kN} \cdot \text{m/m}$$

$$M_{1.15} = -1.20 \times 1.15 - 10.55 = -11.93 \text{ kN} \cdot \text{m/m}$$

$M_{2.3} = -1.20 \times 2.300 - 10.55 = -13.31 \text{ kN} \cdot \text{m/m}$

전단력 V

단부에서의 전단력 $-V_A = V_B = R_B = -1.20 \text{ kN/m}$

중앙에서의 전단력 $V_{중앙} = 0$

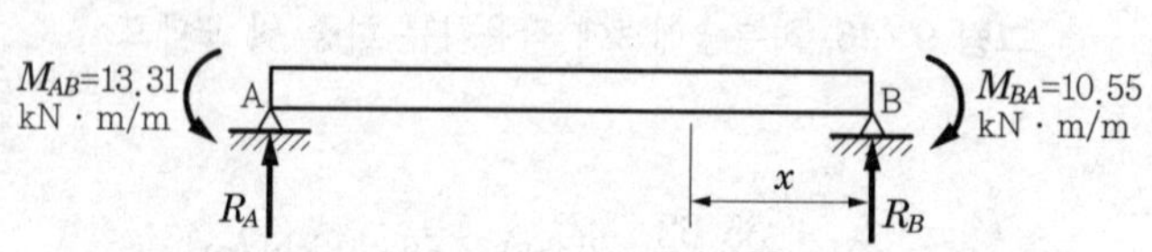

그림 9 · 17 측벽에 작용하는 모멘트

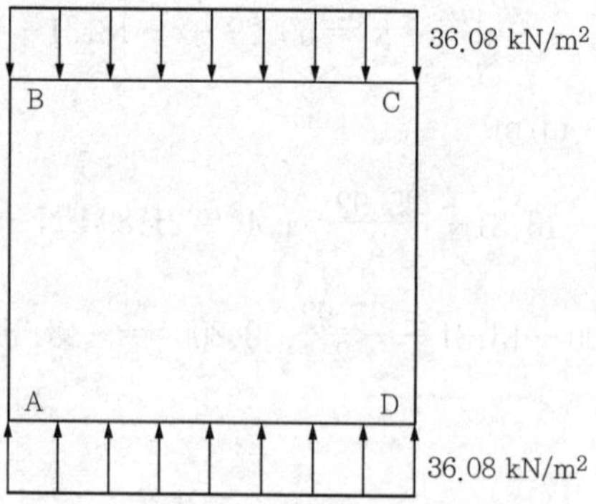

그림 9 · 18 활하중에 작용하는 하중분포

(2) 활하중에 의한 모멘트 및 전단력

1) 활하중에 의한 처짐각 방정식

$$M_{AB} = k_{AB} \cdot (2\theta_A + \theta_B) + FEM_{AB}$$

$$M_{AD} = k_{AD} \cdot (2\theta_A + \theta_D) + FEM_{AD} = k_{AD} \cdot \theta_A + FEM_{AD}$$

$$M_{BA} = k_{BA} \cdot (2\theta_B + \theta_A) + FEM_{BA}$$

$$M_{BC} = k_{BC} \cdot (2\theta_B + \theta_C) + FEM_{BC} = k_{BC} \cdot \theta_B + FEM_{BC}$$

여기에서, $FEM_{AB} = FEM_{BA} = 0$, 현회전각 $R = 0$

2) 평형 방정식

$\Sigma M_n = 0$으로부터

절점 A에서 $\Sigma M_A = M_{AB} + M_{AD} = 0$

$$k_{AB} \cdot (2\theta_A + \theta_B) + k_{AD} \cdot \theta_A + FEM_{AD} = 0$$

절점 B에서 $\Sigma M_B = M_{BA} + M_{BC} = 0$

$$k_{BA} \cdot (2\theta_B + \theta_A) + k_{BC} \cdot \theta_B + FEM_{BC} = 0$$

3) 고정단모멘트의 계산

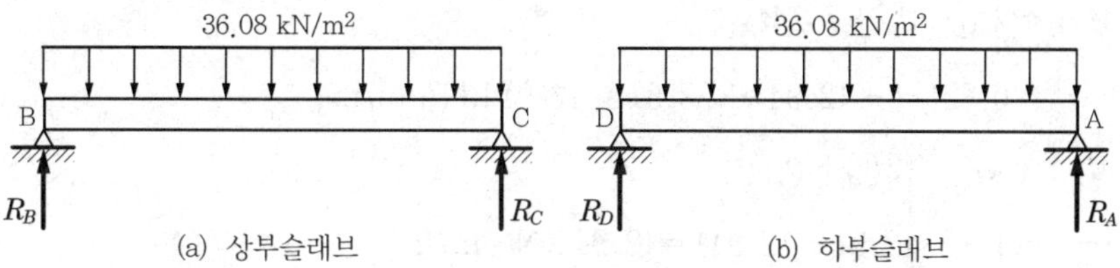

그림 9 · 19 상부 및 하부슬래브에 작용하는 하중분포

$$FEM_{AD} = \frac{P_{VL} \cdot X^2}{12} = \frac{36.08 \times 2.8^2}{12} = 23.57\ \text{kN} \cdot \text{m/m}$$

$$FEM_{AB} = 0$$

$$FEM_{BA} = 0$$

$$FEM_{BC} = -\frac{P_{VL} \cdot X^2}{12} = -\frac{36.08 \times 2.8^2}{12} = -23.57\ \text{kN} \cdot \text{m/m}$$

4) θ_A 및 θ_B의 계산

고정단모멘트의 값을 평형 방정식에 대입하여 구한다.

$$k_{AB} \cdot (2\theta_A + \theta_B) + k_{AD} \cdot \theta_A + FEM_{AD}$$

$$= 1 \cdot (2\theta_A + \theta_B) + 0.821 \cdot \theta_A + 23.57$$

$$= 2.821\theta_A + \theta_B + 23.57 = 0 \quad \cdots\cdots ①$$

$$k_{BA} \cdot (2\theta_B + \theta_A) + k_{BC} \cdot \theta_B + FEM_{BC}$$

$$= 1 \cdot (2\theta_B + \theta_A) + 0.821 \cdot \theta_B - 23.57$$

$$= \theta_A + 2.821\,\theta_B - 23.57 = 0 \quad \cdots\cdots ②$$

식 ①과 식 ②를 연립하여 풀면, $\theta_A = -12.94$, $\theta_B = 12.94$를 얻는다.

5) 재단모멘트

처짐각 방정식에 고정단모멘트, θ_A 및 θ_B를 대입하여 풀면

$$M_{AB} = k_{AB} \cdot (2\,\theta_A + \theta_B)$$

$$= 1 \times \{2 \times (-12.94) + 12.94\} = -12.94 \text{ kN} \cdot \text{m/m}$$

$$M_{AD} = k_{AD} \cdot \theta_A + FEM_{AD}$$

$$= 0.821 \times (-12.94) + 23.57 = 12.94 \text{ kN} \cdot \text{m/m}$$

$$M_{BA} = k_{BA} \cdot (2\theta_B + \theta_A)$$

$$= 1 \times (2 \times 12.94 - 12.94) = 12.94 \text{ kN} \cdot \text{m/m}$$

$$M_{BC} = k_{BC} \cdot \theta_B + FEM_{BC}$$

$$= 0.821 \times 12.94 - 23.57 = -12.94 \text{ kN} \cdot \text{m/m}$$

검산

$$\Sigma M_A = M_{AB} + M_{AD} = 0$$

$\Sigma M_B = M_{BA} + M_{BC} = 0$ 모두 만족하므로 O.K.

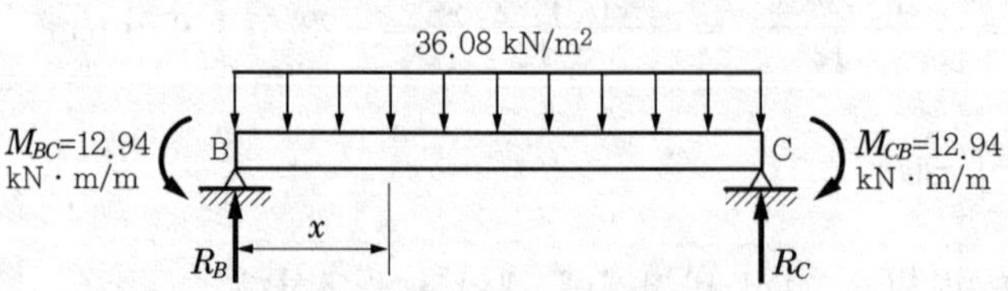

그림 9 · 20 상부슬래브에 작용하는 하중 및 모멘트

6) 부재의 단부 및 중앙점에서의 모멘트 및 전단력

① 상부슬래브

$$-R_C = R_B = \frac{P_{VL}}{2} \times X = \frac{36.08}{2} \times 2.8 = 50.51\ \mathrm{kN/m}$$

임의의 점 x에서의 모멘트의 방정식

$$M_x = R_B \cdot x - M_{BC} - \frac{P_{VL}}{2} \cdot x^2 = 50.51 \cdot x - 12.94 - \frac{36.08}{2} \cdot x^2$$

$$M_0 = -12.94\ \mathrm{kN \cdot m/m}$$

$$M_{1.4} = 50.51 \times 1.4 - 12.94 - \frac{36.08}{2} \times 1.4^2 = 22.42\ \mathrm{kN \cdot m/m}$$

$$M_{2.8} = 50.51 \times 2.8 - 12.94 - \frac{36.08}{2} \times 2.8^2 = -12.94\ \mathrm{kN \cdot m/m}$$

전단력 V

단부에서의 전단력 $V_B = V_C = \frac{36.08}{2} \times 2.8 = 50.51\ \mathrm{kN/m}$

중앙에서의 전단력 $V_{중앙} = 0$

② 하부슬래브

$$-R_D = R_A = \frac{P_{VL}}{2} \times X = \frac{36.08}{2} \times 2.8 = 50.51\ \mathrm{kN/m}$$

임의의 점 x에서의 모멘트의 방정식

$$M_x = R_D \cdot x - M_{DA} - \frac{P_{VL}}{2} \cdot x^2 = 50.51 \cdot x - 12.94 - \frac{36.08}{2} \cdot x^2$$

$$M_0 = -12.94\ \mathrm{kN \cdot m/m}$$

$$M_{1.4} = 50.51 \times 1.4 - 12.94 - \frac{36.08}{2} \times 1.4^2 = 22.42\ \mathrm{kN \cdot m/m}$$

$$M_{2.8} = 50.51 \times 2.8 - 12.94 - \frac{36.08}{2} \times 2.8^2 = -12.94\ \mathrm{kN \cdot m/m}$$

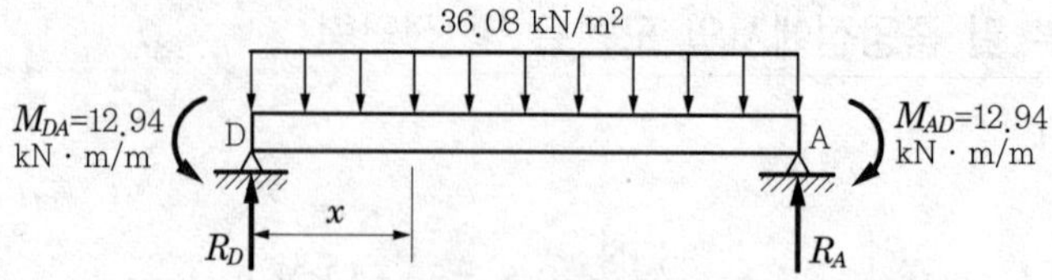

그림 9 · 21 하부슬래브에 작용하는 하중 및 모멘트

전단력 V

단부에서의 전단력 $V_D = V_A = \dfrac{36.08}{2} \times 2.8 = 50.51\ \mathrm{kN/m}$

중앙에서의 전단력 $V_{중앙} = 0$

③ 측벽

$$R_B = \frac{12.94 - 12.94}{2.3} = 0.00\ \mathrm{kN/m}$$

$$R_A = 0.00\ \mathrm{kN/m}$$

임의의 점 x에서의 모멘트의 방정식

$$M_x = R_B \cdot x - M_{BA}$$

$$M_0 = -12.94\ \mathrm{kN \cdot m/m}$$

$$M_{1.15} = -12.94\ \mathrm{kN \cdot m/m}$$

$$M_{2.3} = -12.94\ \mathrm{kN \cdot m/m}$$

전단력 V

단부에서의 전단력 $-V_A = V_B = 0.00\ \mathrm{kN/m}$

중앙에서의 전단력 $V_{중앙} = 0$

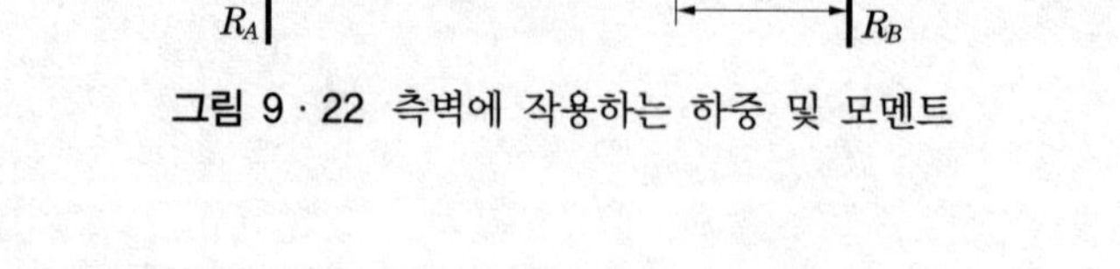

그림 9 · 22 측벽에 작용하는 하중 및 모멘트

(3) 토압에 의한 모멘트 및 전단력

1) 토압에 의한 처짐각 방정식

$$M_{AB} = k_{AB} \cdot (2\theta_A + \theta_B) + FEM_{AB}$$

$$M_{AD} = k_{AD} \cdot (2\theta_A + \theta_D) + FEM_{AD} = k_{AD} \cdot \theta_A + FEM_{AD}$$

$$M_{BA} = k_{BA} \cdot (2\theta_B + \theta_A) + FEM_{BA}$$

$$M_{BC} = k_{BC} \cdot (2\theta_B + \theta_C) + FEM_{BC} = k_{BC} \cdot \theta_B + FEM_{BC}$$

여기에서, $FEM_{AD} = FEM_{BC} = 0$, 현회전각 $R = 0$

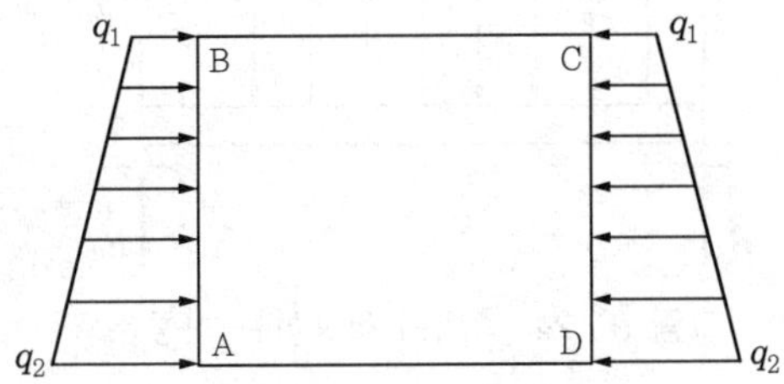

그림 9·23 토압에 의한 하중분포

2) 평형 방정식

$\Sigma M_n = 0$으로부터

절점 A에서 $\Sigma M_A = M_{AB} + M_{AD} = 0$

$$k_{AB} \cdot (2\theta_A + \theta_B) + FEM_{AB} + k_{AD} \cdot \theta_A = 0$$

절점 B에서 $\Sigma M_B = M_{BA} + M_{BC} = 0$

$$k_{BA} \cdot (2\theta_B + \theta_A) + FEM_{BA} + k_{BC} \cdot \theta_B = 0$$

3) 고정단모멘트의 계산

$$FEM_{AD} = 0$$

$$FEM_{AB} = -\frac{q_1 \cdot Y^2}{12} + \frac{-(q_2 - q_1) \cdot Y^2}{20}$$

$$= -\frac{12.85 \times 2.3^2}{12} + \frac{-(35.85 - 12.85) \times 2.3^2}{20}$$

$$= -11.75\ \mathrm{kN \cdot m/m}$$

$$FEM_{BA} = \frac{q_1 \cdot Y^2}{12} + \frac{(q_2 - q_1) \cdot Y^2}{30}$$

$$= \frac{12.85 \times 2.3^2}{12} + \frac{(35.85 - 12.85) \times 2.3^2}{30}$$

$$= 9.72\ \mathrm{kN \cdot m/m}$$

$$FEM_{BC} = 0$$

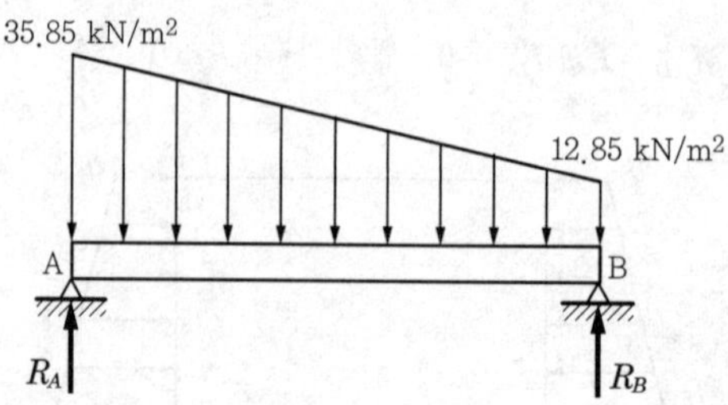

그림 9 · 24 측벽에 작용하는 하중분포

4) θ_A 및 θ_B의 계산

고정단모멘트의 값을 평형 방정식에 대입하여 구한다.

$$k_{AB} \cdot (2\theta_A + \theta_B) + FEM_{AB} + k_{AD} \cdot \theta_A$$

$$= 1 \cdot (2\theta_A + \theta_B) - 11.75 + 0.821 \cdot \theta_A$$

$$= 2.821\theta_A + \theta_B - 11.75 = 0 \quad \cdots\cdots\cdots ①$$

$$k_{BA} \cdot (2\theta_B + \theta_A) + FEM_{BA} + k_{BC} \cdot \theta_B$$

$$= 1 \cdot (2\theta_B + \theta_A) + 9.72 + 0.821 \cdot \theta_B$$

$$= \theta_A + 2.821\theta_B + 9.72 = 0 \quad \cdots\cdots\cdots ②$$

식 ①과 식 ②를 연립하여 풀면, $\theta_A = 6.16$, $\theta_B = -5.63$ 을 얻는다.

5) 재단모멘트

처짐각 방정식에 고정단모멘트, θ_A 및 θ_B를 대입하여 풀면,

$$M_{AB} = k_{AB} \cdot (2\theta_A + \theta_B) + FEM_{AB}$$

$$= 1 \times (2 \times 6.16 - 5.63) - 1.175 = -5.06\ \mathrm{kN \cdot m/m}$$

$$M_{AD} = k_{AD} \cdot \theta_A$$

$$= 0.821 \times 6.16 = 5.06\,\mathrm{kN \cdot m/m}$$

$$M_{BA} = k_{BA} \cdot (2\theta_B + \theta_A) + FEM_{BA}$$

$$= 1 \times \{2 \times (-5.63) + 6.16\} + 9.72 = 4.62\,\mathrm{kN \cdot m/m}$$

$$M_{BC} = k_{BC} \cdot \theta_B$$

$$= 0.821 \times (-5.63) = -4.62\,\mathrm{kN \cdot m/m}$$

검산

$$\Sigma M_A = M_{AB} + M_{AD} = 0$$

$\Sigma M_B = M_{BA} + M_{BC} = 0$ 모두 만족하므로 O.K.

6) 부재의 단부 및 중앙점에서의 모멘트 및 전단력

① 상부슬래브

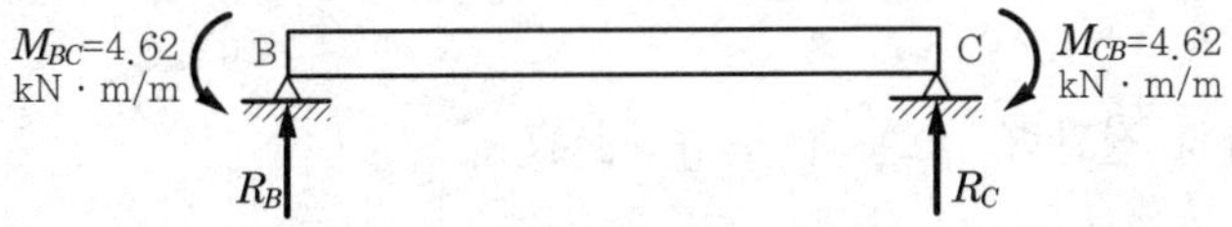

그림 9 · 25 상부슬래브에 작용하는 하중 및 모멘트

$$R_C = R_B = 0$$

임의의 점 x에서의 모멘트의 방정식

$$M_x = \text{일정} = -4.62\,\mathrm{kN \cdot m/m}$$

$$M_0 = -4.62\,\mathrm{kN \cdot m/m}$$

$$M_{1.4} = -4.62\,\mathrm{kN \cdot m/m}$$

$$M_{2.8} = -4.62\,\mathrm{kN \cdot m/m}$$

전단력 V

단부에서의 전단력 $V_B = V_C = 0.0\,\mathrm{kN/m}$

중앙에서의 전단력 $V_{중앙} = 0.0\,\mathrm{kN/m}$

② 하부슬래브

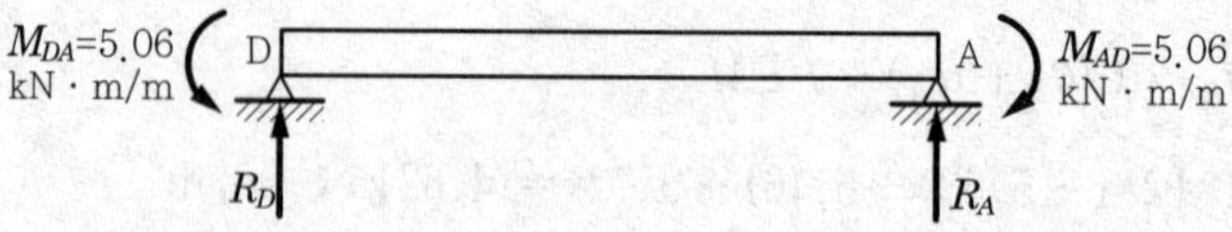

그림 9·26 하부슬래브에 작용하는 하중 및 모멘트

$$R_D = R_A = 0$$

임의의 점 x에서의 모멘트의 방정식

$$M_x = \text{일정} = -5.06 \text{ kN} \cdot \text{m/m}$$

$$M_0 = -5.06 \text{ kN} \cdot \text{m/m}$$

$$M_{1.4} = -5.06 \text{ kN} \cdot \text{m/m}$$

$$M_{2.8} = -5.06 \text{ kN} \cdot \text{m/m}$$

전단력 V

단부에서의 전단력 $V_D = V_A = 0.0 \text{ kN/m}$

중앙에서의 전단력 $V_{\text{중앙}} = 0.0 \text{ kN/m}$

③ 측벽

$$R_A = \frac{12.85 \times 2.3}{2} + \frac{2}{3}(35.85 - 12.85) \times 2.3 \times \frac{1}{2} + \frac{5.06 - 4.62}{2.3}$$

$$= 32.6 \text{ kN/m}$$

$$R_B = \frac{12.85 \times 2.3}{2} + \frac{1}{3}(35.85 - 12.85) \times 2.3 \times \frac{1}{2} - \frac{5.06 - 4.62}{2.3}$$

$$= 23.4 \text{ kN/m}$$

하중분포의 기울기 $= \dfrac{35.85 - 12.85}{2.3} = 10$

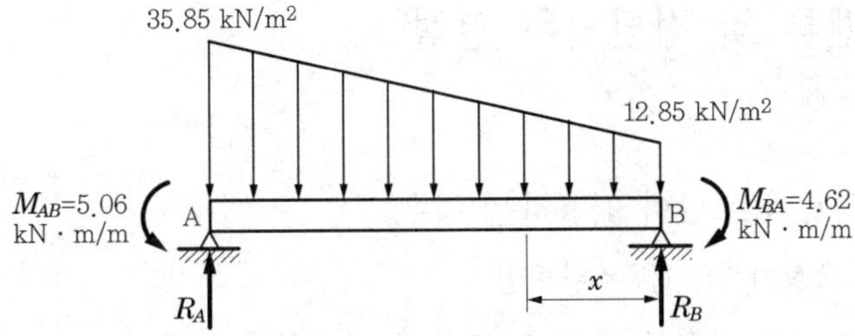

그림 9 · 27 측벽에 작용하는 하중 및 모멘트

임의의 점 x에서의 모멘트의 방정식

$$M_x = R_B \cdot x - M_{BA} - \frac{q_1 \times x^2}{2} - \frac{1}{2} \times 1 \times \frac{x^3}{3}$$

$$= 23.4x - 4.62 - \frac{12.85x^2}{2} - \frac{1}{2} \times 10 \times \frac{x^3}{3}$$

$$M_0 = -4.62\ \mathrm{kN \cdot m/m}$$

$$M_{1.15} = 23.4 \times 1.15 - 4.62 - \frac{12.85 \times 1.15^2}{2} - \frac{1}{2} \times 10 \times \frac{1.15^3}{3}$$

$$= 11.26\ \mathrm{kN \cdot m/m}$$

$$M_{2.3} = 23.4 \times 2.3 - 4.62 - \frac{12.85 \times 2.3^2}{2} - \frac{1}{2} \times 10 \times \frac{2.3^3}{3}$$

$$= -5.06\ \mathrm{kN \cdot m/m}$$

전단력 V_x

임의의 점 x에서의 전단력 V_x는 모멘트의 방정식 M_x를 미분하여 구한다.

$$V_x = 23.4 - 12.85x - \frac{10}{2}x^2$$

$$V_0 = 23.4\ \mathrm{kN/m}$$

$$V_{1.15} = 23.4 - 12.85 \times 1.15 - \frac{10}{2} \times 1.15^2 = 2.01\ \mathrm{kN/m}$$

$$V_{2.3} = 23.4 - 12.85 \times 2.3 - \frac{10}{2} \times 2.3^2 = -32.6\ \mathrm{kN/m}$$

9.2.6 계수모멘트 및 전단력의 결정

(1) 하중조합

CASE 1 : 고정하중과 토압이 작용하는 경우

1.3×고정하중+1.7×횡토압

CASE 2 : 고정하중과 활하중 그리고 토압이 작용하는 경우

1.3×고정하중+2.15×활하중+1.7×횡토압

CASE 3 : 고정하중과 활하중 그리고 토압이 작용하는 경우

(횡토압에 의해 정모멘트를 검토하는 경우)

1.3×고정하중+2.15×활하중+0.65×횡토압

CASE 4 : 사용하중으로 검토하는 경우

1.0×고정하중+1.0×활하중+1.0×횡토압

표 9·5 계수모멘트 및 계수전단력의 결과 정리

CASE \ 위치		상부슬래브 단부	상부슬래브 중앙부	벽체상부	벽체중앙부	벽체하부	하부슬래브 단부	하부슬래브 중앙
1	M	−21.57	17.35	−21.57	3.63	−25.91	−25.91	19.86
	V	55.61	0.00	38.22	3.42	−53.86	65.38	0.00
2	M	**−49.39**	65.56	**−49.39**	−24.19	**−53.73**	**−53.73**	68.06
	V	**164.21**	0.00	**38.22**	**3.42**	**−53.86**	**173.97**	0.00
3	M	−44.54	70.41	−44.54	**−36.01**	−48.41	−48.41	**73.37**
	V	164.21	0.00	13.65	1.31	−19.63	173.97	**0.00**
4	M	−28.11	37.19	−28.11	−13.61	−31.31	−31.31	39.25
	V	93.29	0.00	22.20	2.01	−31.40	100.80	0.00

9.2.7 철근량의 산출

(1) 상부슬래브 중앙부

1) 휨철근량 계산

계수모멘트 : $M_u = 70.41\ \text{kN}\cdot\text{m}$ 계수전단력 : $V_u = 0.000\ \text{kN}$

폭 : $b = 1{,}000\ \text{mm}$ 부재 높이 : $h = 300\ \text{mm}$

덮개 : $d' = 95\ \text{mm}$ 유효고 : $d = 205\ \text{mm}$

$f_{ck} = 24\ \text{MPa}$ $\phi = 0.85$ $\beta_1 = 0.85$

$f_y = 300\ \text{MPa}$ $\phi_v = 0.80$

① 평형철근비 및 최대철근비

$$\rho_b = \frac{0.85\times\beta_1\times f_{ck}}{f_y}\times\frac{600}{600+f_y}$$

$$= \frac{0.85\times0.85\times24}{300}\times\frac{600}{600+300} = 0.03853$$

$$\rho_{\max} = 0.75\,\rho_b = 0.02890$$

② 등가응력 사각형의 깊이 a

$$M_n = M_u/\phi = 82{,}835{,}290\ \text{N}\cdot\text{mm}$$

$$M_n = 0.85\times f_{ck}\times a\times b\times\left(d-\frac{a}{2}\right) = 0.85\times24\times a\times1{,}000\times\left(205-\frac{a}{2}\right)$$

위의 식을 정리하면,

$$10{,}200\,a^2 - 4{,}182{,}000\,a + 82{,}835{,}290 = 0$$

여기에서, 근의 공식을 사용하여 a값을 구하면 $a = 20.87\ \text{mm}$

③ 소요철근량 A_s

$$A_s = \frac{0.85 f_{ck}\cdot a\cdot b}{f_y}$$

$$= \frac{0.85\times24\times20.87\times1{,}000}{300} = 1{,}419.2\ \text{mm}^2$$

- 최소철근비 $\rho_{\min} = \dfrac{1.4}{f_y} = \dfrac{1.4}{300} = 0.00467$

- 소요철근비 $\rho = \dfrac{A_s}{b \cdot d} = \dfrac{1,419.2}{1,000 \times 205} = 0.00692$

  $\rho_{min} < \rho$이므로 계산된 소요철근량 A_s는 적합하다.

따라서, 사용철근량 $A_s = D16 @ 125 = 1,588.8\ \text{mm}^2$

2) 전단철근의 계산

콘크리트가 부담하는 전단강도

$$\phi_v V_C = \phi_v (1/6)\sqrt{f_{ck}}\, bd = 0.80 \times (1/6) \times \sqrt{24} \times 1,000 \times 205 = 133,905\ \text{N}$$

여기에서, $\phi_v V_c > V_u$이므로 전단철근이 필요없다.

3) 설계전단력의 검토

$$\phi_v V_n = \phi_v V_C + \phi_v V_S$$

$$\phi_v V_n = 133.91\ \text{kN} > V_u = 0.00\ \text{kN} \quad \text{O.K.}$$

(2) 상부슬래브 단부

1) 휨철근량 계산

계수모멘트 : $M_u = 49.39\ \text{kN} \cdot \text{m}$ 　　계수전단력 : $V_u = 164.21\ \text{kN}$

폭 : $b = 1,000\ \text{mm}$ 　　부재 높이 : $h = 360\ \text{mm}$

덮개 : $d' = 800\ \text{mm}$ 　　유효고 : $d = 280\ \text{mm}$

$f_{ck} = 24\ \text{MPa}$ 　　$\phi = 0.85$ 　　$\beta_1 = 0.85$

$f_y = 300\ \text{MPa}$ 　　$\phi_v = 0.80$

① 평형철근비 및 최대철근비

$$\rho_b = \frac{0.85 \times \beta_1 \times f_{ck}}{f_y} \times \frac{600}{600 + f_y}$$

$$= \frac{0.85 \times 0.85 \times 24}{300} \times \frac{6,000}{600 + 300} = 0.03853$$

$$\rho_{max} = 0.75\rho_b = 0.02890$$

② 등가응력 사각형의 깊이 a

$$M_n = M_u/\phi = 58,105,880 \text{ N} \cdot \text{mm}$$

$$M_n = 0.85 \times f_{ck} \times a \times b \times \left(d - \frac{a}{2}\right) = 0.85 \times 24 \times a \times 1,000 \times \left(280 - \frac{a}{2}\right)$$

위의 식을 정리하면,

$$10,200\,a^2 - 5,712,000\,a + 58,105,880 = 0$$

여기에서, 근의 공식을 사용하여 a값을 구하면 $a = 10.36$ mm

③ 소요철근량 A_s

$$A_s = \frac{0.85 f_{ck} \cdot a \cdot b}{f_y}$$

$$= \frac{0.85 \times 24 \times 10.36 \times 1,000}{300} = 704.5 \text{ mm}^2$$

- 최소철근비 $\rho_{\min} = \dfrac{1.4}{f_y} = \dfrac{1.4}{300} = 0.00467$

- 소요철근비 $\rho = \dfrac{A_s}{b \cdot d} = \dfrac{704.5}{1,000 \times 280} = 0.00252$

$\rho_{\min} > \rho$ 이므로 계산된 소요철근량 A_s는 적합하지 않다.

여기에서, 부재의 단면에서 해석상 필요한 철근량보다 1/3의 인장철근이 더 배근되는 경우에는 최소철근량의 규정을 적용하지 않을 수 있으므로 계산된 소요철근량에 4/3배하여 소요철근량을 다시 계산한다.

$$\frac{4}{3} A_s = 939.3 \text{ mm}^2$$

따라서 사용철근량 $A_s = D16 @ 125 = 1,588.8 \text{ mm}^2$

2) 전단철근의 계산

콘크리트가 부담하는 전단강도

$$\phi_v V_C = \phi_v (1/6) \sqrt{f_{ck}}\, bd = 0.80 \times (1/6) \times \sqrt{24} \times 1,000 \times 280 = 182,895 \text{ N}$$

여기에서, $\phi_v V_c > V_u$ 이므로 전단철근이 필요없다.

3) 설계전단력의 검토

$$\phi_v V_n = \phi_v V_C + \phi_v V_S$$

$$\phi_v V_n = 182.90\ \text{kN} > V_u = 164.21\ \text{kN} \quad \text{O.K.}$$

(3) 벽체 상단부

1) 휨철근량 계산

계수모멘트 : $M_u = 49.39\text{kN}\cdot\text{m}$ 계수전단력 : $V_u = 38.22\ \text{kN}$

폭 : $b = 1,000\ \text{mm}$ 부재 높이 : $h = 360\ \text{mm}$

덮개 : $d' = 80\ \text{mm}$ 유효고 : $d = 280\ \text{mm}$

$f_{ck} = 24\ \text{MPa}$ $\phi = 0.85$ $\beta_1 = 0.85$

$f_y = 300\ \text{MPa}$ $\phi_v = 0.80$

① 평형철근비 및 최대철근비

$$\rho_b = \frac{0.85 \times \beta_1 \times f_{ck}}{f_y} \times \frac{600}{600 + f_y}$$

$$= \frac{0.85 \times 0.85 \times 24}{300} \times \frac{600}{600 + 300} = 0.03853$$

$$\rho_{\max} = 0.75\,\rho_b = 0.02890$$

② 등가응력 사각형의 깊이 a

$$M_n = M_u / \phi = 58,105,880\ \text{N}\cdot\text{mm}$$

$$M_n = 0.85 \times f_{ck} \times a \times b \times \left(d - \frac{a}{2}\right) = 0.85 \times 24 \times a \times 1,000 \times \left(280 - \frac{a}{2}\right)$$

위의 식을 정리하면,

$$10,200\,a^2 - 5,712,000\,a + 58,105,880 = 0$$

여기에서, 근의 공식을 사용하여 a값을 구하면 $a = 10.36\ \text{mm}$

③ 소요철근량 A_s

$$A_s = \frac{0.85 f_{ck} \cdot a \cdot b}{f_y}$$

$$= \frac{0.85 \times 24 \times 10.36 \times 1,000}{300} = 704.5\ \text{mm}^2$$

• 최소철근비 $\rho_{\min} = \frac{1.4}{f_y} = \frac{1.4}{300} = 0.00467$

• 소요철근비 $\rho = \frac{A_s}{b \cdot d} = \frac{704.5}{1,000 \times 280} = 0.00252$

$\rho_{\min} > \rho$ 이므로 계산된 소요철근량 A_s는 적합하지 않다.

따라서 계산된 소요철근량에 4/3배 하여 소요철근량을 다시 계산한다.

$$\frac{4}{3} A_s = 939.3\ \text{mm}^2$$

• 사용철근량 $A_s = D16 @ 125 = 1,588.8\ \text{mm}^2$

2) 전단철근의 계산

콘크리트가 부담하는 전단강도

$$\phi_v V_C = \phi_v (1/6) \sqrt{f_{ck}}\, bd = 0.80 \times (1/6) \times \sqrt{24} \times 1,000 \times 280 = 182.895\ \text{N}$$

여기에서, $\phi_v V_c > V_u$ 이므로 전단철근이 필요없다.

3) 설계전단력의 검토

$$\phi_v V_n = \phi_v V_C + \phi_v V_S$$

$$\phi_v V_n = 182.90\ \text{kN} > V_u = 38.22\ \text{kN} \quad \text{O.K.}$$

(4) 벽체중앙부

1) 휨철근량 계산

계수모멘트 : $M_u = 36.01\ \text{kN} \cdot \text{m}$ 　　계수전단력 : $V_u = 3.42\ \text{kN}$

폭 : $b = 1,000\ \text{mm}$ 　　부재 높이 : $h = 300\ \text{mm}$

덮개 : $d' = 80\ \text{mm}$ 　　유효고 : $d = 220\ \text{mm}$

$f_{ck} = 24\ \text{MPa}$ 　　$\phi = 0.85$ 　　$\beta_1 = 0.85$

$f_y = 300\ \text{MPa}$ 　　$\phi_v = 0.80$

① 평형철근비 및 최대철근비

$$\rho_b = \frac{0.85\times\beta_1\times f_{ck}}{f_y}\times\frac{600}{600+f_y}$$

$$= \frac{0.85\times0.85\times24}{300}\times\frac{600}{600+300} = 0.03853$$

$$\rho_{\max} = 0.75\rho_b = 0.02890$$

② 등가응력 사각형의 깊이 a

$$M_n = M_u/\phi = 42,364,710\ \text{N}\cdot\text{cm}$$

$$M_n = 0.85\times f_{ck}\times a\times b\times\left(d-\frac{a}{2}\right) = 0.85\times24\times a\times1,000\times\left(220-\frac{a}{2}\right)$$

위의 식을 정리하면,

$$10,200a^2 - 4,488,000a + 42,364,710 = 0$$

여기에서, 근의 공식을 사용하여 a값을 구하면 $a = 9.65$ mm

③ 소요철근량 A_s

$$A_s = \frac{0.85f_{ck}\cdot a\cdot b}{f_y}$$

$$= \frac{0.85\times24\times9.65\times1,000}{300} = 656.2\ \text{mm}^2$$

- 최소철근비 $\rho_{\min} = \frac{1.4}{f_y} = \frac{1.4}{300} = 0.00467$

- 소요철근비 $\rho = \frac{A_s}{b\cdot d} = \frac{656.2}{1,000\times220} = 0.00298$

$\rho_{\min} > \rho$이므로 계산된 소요철근량 A_s는 적합하지 않다.

따라서 계산된 소요철근량에 4/3배하여 소요철근량을 다시 계산한다.

$$\frac{4}{3}A_s = 874.9\ \text{mm}^2$$

- 사용철근량 $A_s = D16@125 = 1,588.8\ \text{mm}^2$

2) 전단철근의 계산

콘크리트가 부담하는 전단강도

$$\phi_v V_C = \phi_v (1/6)\sqrt{f_{ck}}\, bd = 0.80\times(1/6)\times\sqrt{24}\times 1,000\times 220 = 143,703\text{ N}$$

여기에서, $\phi_v V_c > V_u$이므로 전단철근이 필요없다.

3) 설계전단력의 검토

$$\phi_v V_n = \phi_v V_C + \phi_v V_S$$

$$\phi_v V_n = 143.70\text{ kN} > V_u = 3.42\text{ kN} \quad \text{O.K.}$$

(5) 벽체 하단부

1) 휨철근량 계산

계수모멘트 : $M_u = 53.73$ kN · m　　계수전단력 : $V_u = 53.86$ kN

폭 : $b = 1,000$ mm　　부재 높이 : $h = 360$ mm

덮개 : $d' = 80$ mm　　유효고 : $d = 280$ mm

$f_{ck} = 24$MPa　　$\phi = 0.85$　　$\beta_1 = 0.85$

$f_y = 300$ MPa　　$\phi_v = 0.80$

① 평형철근비 및 최대철근비

$$\rho_b = \frac{0.85\times\beta_1\times f_{ck}}{f_y}\times\frac{600}{600+f_y}$$

$$= \frac{0.85\times 0.85\times 24}{300}\times\frac{600}{600+300} = 0.03853$$

$$\rho_{\max} = 0.75\,\rho_b = 0.02890$$

② 등가응력 사각형의 깊이 a

$$M_n = M_u/\phi = 63,211,760\text{ N}\cdot\text{mm}$$

$$M_n = 0.85\times f_{ck}\times a\times b\times\left(d - \frac{a}{2}\right) = 0.85\times 24\times a\times 1,000\times\left(280 - \frac{a}{2}\right)$$

위의 식을 정리하면,

$$10,200\,a^2 - 5,712,000\,a + 63,211,760 = 0$$

여기에서, 근의 공식을 사용하여 a값을 구하면 $a = 11.29$ mm

③ 소요철근량 A_s

$$A_s = \frac{0.85 f_{ck} \cdot a \cdot b}{f_y}$$

$$= \frac{0.85 \times 24 \times 11.29 \times 1,000}{300} = 767.7 \text{ mm}^2$$

• 최소철근비 $\rho_{\min} = \frac{1.4}{f_y} = \frac{1.4}{300} = 0.00467$

• 소요철근비 $\rho = \frac{A_s}{b \cdot d} = \frac{767.7}{1,000 \times 280} = 0.00274$

$\rho_{\min} > \rho$이므로 계산된 소요철근량 A_s는 적합하지 않다.

따라서 계산된 소요철근량에 4/3배하여 소요철근량을 다시 계산한다.

$$\frac{4}{3} A_s = 1,023.6 \text{ mm}^2$$

• 사용철근량 $A_s = D16 @ 125 = 1,588.8 \text{ mm}^2$

2) 전단철근의 계산

콘크리트가 부담하는 전단강도

$$\phi_v V_C = \phi_v (1/6) \sqrt{f_{ck}}\, bd = 0.80 \times (1/6) \times \sqrt{24} \times 1,000 \times 280 = 182,895 \text{ N}$$

여기에서, $\phi_v V_c > V_u$이므로 전단철근이 필요없다.

3) 설계전단력의 검토

$$\phi_v V_n = \phi_v V_C + \phi_v V_S$$

$$\phi_v V_n = 182.90 \text{ kN} > V_u = 53.86 \text{ kN} \quad \text{O.K.}$$

(6) 하부 슬래브 단부

1) 휨철근량 계산

계수모멘트 : $M_u = 53.73 \text{ kN} \cdot \text{m}$　　계수전단력 : $V_u = 173.97 \text{ kN}$

폭 : $b = 1,000 \text{ mm}$　　부재 높이 : $h = 360 \text{ mm}$

덮개 : $d' = 80 \text{ mm}$　　유효고 : $d = 280 \text{ mm}$

$f_{ck}=24\text{ MPa}$ $\phi=0.85$ $\beta_1=0.85$

$f_y=300\text{ MPa}$ $\phi_v=0.80$

① 평형철근비 및 최대철근비

$$\rho_b=\frac{0.85\times\beta_1\times f_{ck}}{f_y}\times\frac{600}{600+f_y}$$

$$=\frac{0.85\times0.85\times24}{300}\times\frac{600}{600+300}=0.03853$$

$$\rho_{\max}=0.75\rho_b=0.02890$$

② 등가응력 사각형의 깊이 a

$$M_n=M_u/\phi=63,211,760\text{ N}\cdot\text{mm}$$

$$M_n=0.85\times f_{ck}\times a\times b\times\left(d-\frac{a}{2}\right)=0.85\times24\times a\times1,000\times\left(280-\frac{a}{2}\right)$$

위의 식을 정리하면,

$$10,200a^2-5,712,000a+63,211,760=0$$

여기에서, 근의 공식을 사용하여 a값을 구하면 $a=11.29\text{ mm}$

③ 소요철근량 A_s

$$A_s=\frac{0.85f_{ck}\cdot a\cdot b}{f_y}$$

$$=\frac{0.85\times24\times11.29\times1,000}{300}=767.7\text{ mm}^2$$

- 최소철근비 $\rho_{\min}=\frac{1.4}{f_y}=\frac{1.4}{300}=0.00467$

- 소요철근비 $\rho=\frac{A_s}{b\cdot d}=\frac{767.7}{1,000\times280}=0.00274$

  $\rho_{\min}>\rho$이므로 계산된 소요철근량 A_s는 적합하지 않다.

따라서, 계산된 소요철근량에 4/3배하여 소요철근량을 다시 계산한다.

$$\frac{4}{3}A_s=1,023.6\text{ mm}^2$$

- 사용철근량 $A_s=D16@125=1,588.8\text{ mm}^2$

2) 전단철근의 계산

콘크리트가 부담하는 전단강도

$$\phi_v V_C = \phi_v (1/6)\sqrt{f_{ck}}\, bd = 0.80\times(1/6)\times\sqrt{24}\times 1,000\times 280 = 182,895\ \mathrm{N}$$

여기에서, $\phi_v V_c > V_u$이므로 전단철근이 필요없다.

3) 설계전단력의 검토

$$\phi_v V_n = \phi_v V_C + \phi_v V_S$$

$$\phi_v V_n = 182.90\ \mathrm{kN} > V_u = 173.97\ \mathrm{kN} \quad \mathrm{O.K.}$$

(7) 하부 슬래브 중앙부

1) 휨철근량 계산

계수모멘트 : $M_u = 73.37\ \mathrm{kN\cdot m}$ 계수전단력 : $V_u = 0.0\ \mathrm{kN}$

폭 : $b = 1,000\ \mathrm{mm}$ 부재 높이 : $h = 300\ \mathrm{mm}$

덮개 : $d' = 95\ \mathrm{mm}$ 유효고 : $d = 205\ \mathrm{mm}$

$f_{ck} = 24\ \mathrm{MPa}$ $\phi = 0.85$ $\beta_1 = 0.85$

$f_y = 300\ \mathrm{MPa}$ $\phi_v = 0.80$

① 평형철근비 및 최대철근비

$$\rho_b = \frac{0.85\times\beta_1\times f_{ck}}{f_y}\times\frac{600}{600+f_y}$$

$$= \frac{0.85\times 0.85\times 24}{300}\times\frac{600}{600+300} = 0.03853$$

$$\rho_{\max} = 0.75\,\rho_b = 0.02890$$

② 등가응력 사각형의 깊이 a

$$M_n = M_u/\phi = 86,317,650\ \mathrm{N\cdot mm}$$

$$M_n = 0.85\times f_{ck}\times a\times b\times\left(d-\frac{a}{2}\right) = 0.85\times 24\times a\times 1,000\times\left(205-\frac{a}{2}\right)$$

위의 식을 정리하면,

$$10,200\,a^2 - 4,182,000\,a + 86,317,650 = 0$$

여기에서, 근의 공식을 사용하여 a값을 구하면 $a=21.80$ mm

③ 소요철근량 A_s

$$A_s=\frac{0.85f_{ck}\cdot a\cdot b}{f_y}$$
$$=\frac{0.85\times 24\times 21.80\times 1,000}{300}=1,482.4\ \text{mm}^2$$

- 최소철근비 $\rho_{\min}=\frac{1.4}{f_y}=\frac{1.4}{300}=0.00467$
- 소요철근비 $\rho=\frac{A_s}{b\cdot d}=\frac{1,482.4}{1,000\times 205}=0.00723$

$\rho_{\min}<\rho$ 이므로 계산된 소요철근량 A_s는 적합하다.

- 사용철근량 $A_s=D16\ @\ 125=1,588.8\ \text{mm}^2$

2) 전단철근의 계산

콘크리트가 부담하는 전단강도

$$\phi_v V_C=\phi_v(1/6)\sqrt{f_{ck}}\,bd=0.80\times(1/6)\times\sqrt{24}\times 1,000\times 205=133,905\ \text{N}$$

여기에서, $\phi_v V_c>V_u$이므로 전단철근이 필요없다.

3) 설계전단력의 검토

$$\phi_v V_n=\phi_v V_C+\phi_v V_S$$
$$\phi_v V_n=133.9\ \text{kN}>V_u=0.000\ \text{kN}\quad \text{O.K.}$$

9.2.8 우각부의 검토

(1) 상부 슬래브 단부

우각부의 반지름 $R=\sqrt{400^2+400^2}=565.7$ mm

실하중 $M_0=28.11$ kN · m

암거의 폭 $b=1,000$ mm

콘크리트의 인장응력 $f_t=0.13\sqrt{f_{ck}}=0.13\sqrt{24}=0.637$ MPa

1) 최대인장응력

최대인장응력 $f_{t\max} = \dfrac{5 \cdot M_0}{R^2 \cdot b} = \dfrac{5 \times 28.11 \times 10^6}{565.7^2 \times 1,000} = 0.4390\ \text{MPa}$

$f_{t\max} < f_t$이므로 보강철근이 불필요하다.

(2) 하부 슬래브 단부

우각부의 반지름 $R = \sqrt{400^2 + 400^2} = 565.7\ \text{mm}$

실하중 $M_0 = 31.31\ \text{kN} \cdot \text{m}$

암거의 폭 $b = 1,000\ \text{mm}$

콘크리트의 인장응력 $f_t = 0.13\sqrt{f_{ck}} = 0.13\sqrt{24} = 0.637\ \text{MPa}$

1) 최대인장응력

최대인장응력 $f_{t\max} = \dfrac{5 \cdot M_0}{R^2 \cdot b} = \dfrac{5 \times 31.31 \times 10^6}{565.7^2 \times 1,000} = 0.4892\ \text{MPa}$

$f_{t\max} < f_t$ 이므로 보강철근이 불필요하다.

9.2.9 철근 배근도

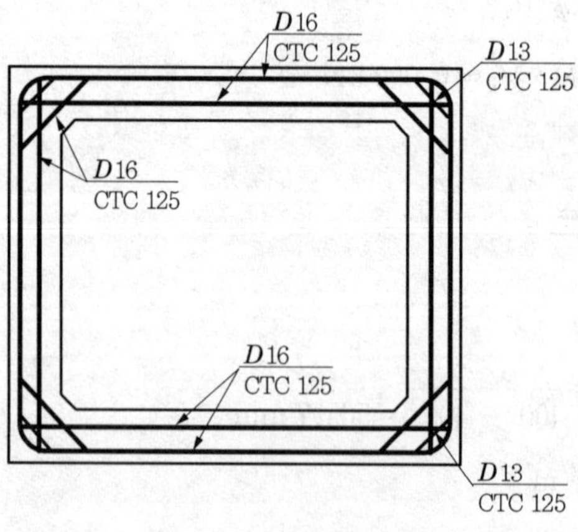

그림 9 · 28 철근배근도

9.3 구형암거의 설계 예(2)

9.3.1 설계조건

(1) 형식

철근 콘크리트 2련 암거

(2) 내공단면

폭 3.0 m×높이 2.5 m

(3) 토피고

$H_1 = 8.7$

(4) 설계하중

1) 고정하중 : 철근 콘크리트의 단위질량 $\gamma_c = 25\ \mathrm{kN/m^3}$

포장의 단위질량 $\gamma_a = 23\ \mathrm{kN/m^3}$

2) 활하중 : DB-24 적용

(5) 사용재료

콘크리트 설계기준강도 $f_{ck} = 24\ \mathrm{MPa}$

철근의 항복강도 $f_y = 300\ \mathrm{MPa}$

(6) 토질조건

토사의 단위질량 $\gamma_s = 20\ \mathrm{kN/m^3}$

성토의 내부마찰각 $\phi = 30°$

정지토압계수 $k_0 = 1 - \sin\phi = 1 - \sin 30° = 0.5$

(7) 참고문헌

도로교 설계기준 2005.

9.3.2 단면형상

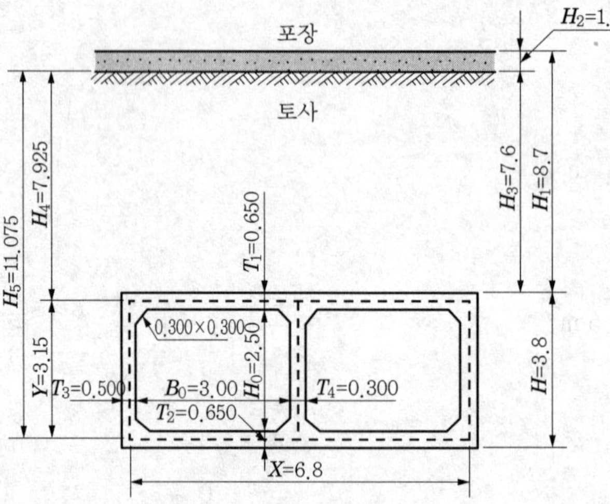

그림 9 · 29 암거의 단면

9.3.3 하 중

암거의 횡단면은 그림 **9 · 29**와 같이 가정하고, 암거의 계산상의 암거치수는 $X = 6.8$ m, $Y = 3.15$ m로 한다.

(1) 고정하중

1) 포장 및 토사

포장층 : $P_a = \gamma_a \cdot H_2 \cdot B = 23.0 \times 1.1 \times 7.3 = 184.69$ kN/m

토　사 : $P_s = \gamma_s \cdot H_3 \cdot B = 20.0 \times 7.6 \times 7.3 = 1,109.6$ kN/m

2) 상부슬래브

$$P_{D1} = \gamma_c \cdot T_1 \cdot B = 25.0 \times 0.65 \times 7.3 = 118.63 \text{ kN/m}$$

3) 하부슬래브

$$P_{D2} = \gamma_c \cdot T_2 \cdot B = 25.0 \times 0.65 \times 7.3 = 118.63 \text{ kN/m}$$

4) 내측벽

$$P_{DW1} = \gamma_c \cdot T_4 \cdot H_6 = 25.0 \times 0.30 \times 2.5 = 18.75 \text{ kN/m}$$

5) 외측벽

$$P_{DW2} = \gamma_c \cdot T_3 \cdot H_6 \cdot 2EA = 25.0 \times 0.500 \times 2.500 \times 2 = 62.50 \text{ kN/m}$$

6) 헌치

$$P_H = \gamma_c \cdot \text{헌치의 총단면적} = 25.0 \times 0.360 = 9.0 \text{ kN/m}$$

7) 고정하중에 의한 지반반력

$$P_{VD} = \Sigma P / 7.300 = 222.16 \text{ kN/m}^2$$

따라서 상부슬래브에 작용하는 고정하중의 등분포하중

$$P_{VD1} = \frac{P_a + P_s + P_{D1} + P_H/2}{7.3} = 194.16 \text{ kN/m}^2$$

하부슬래브에 작용하는 지반반력

$$P_{VD2} = \frac{P_{VD} - (P_{D3} + P_H/2)}{7.3} = 205.29 \text{ kN/m}^2$$

(2) 활하중

1) 지표재하 활하중 : DB-24 적용
2) 암거의 흙덮이가 3.5m 이상일 때의 활하중은 상부슬래브 상면에 일정하게 10.0 kN/m^2 가 작용하는 것으로 하여 계산한다.
3) 따라서, 활하중 $W_L = 10.0 \text{ kN/m}^2$
4) 활하중에 의한 지반반력 $P_{VL} = 10.0 \text{ kN/m}^2$

(3) 토압

수평토압(정지토압계수 $K_0 = 0.5$)

$$q_1 = K_0 \times (\gamma_a \cdot H_2 + \gamma_s \cdot H_4)$$

$= 0.5 \times (23.0 \times 1.100 + 20.0 \times 7.925) = 91.9\ \mathrm{kN/m^2}$

$q_2 = K_0 \times (\gamma_a \cdot H_2 + \gamma_s \cdot H_5)$

$= 0.5 \times (23.0 \times 1.100 + 20.0 \times 11.075) = 123.4\ \mathrm{kN/m^2}$

9.3.4 강비의 계산

외측벽 K_{AB}를 표준강도계수로 하면 강비는 다음과 같다.

외측벽의 강비 $k_{AB} = k_{EF} = 1$

상부슬래브 및 저판슬래브의 강비

$$k_{BC} = k_{CE} = k_{AD} = k_{DF} = \frac{I_{BC \cdot CE \cdot AD \cdot DF}}{3.4} \times \frac{3.15}{I_{AB}} = 2.035$$

내측벽의 강비 $k_{CD} = \dfrac{I_{CD}}{3.15} \times \dfrac{3.15}{I_{AB}} = 0.216$

여기에서, I : 각 부재의 단면 2차 모멘트

9.3.5 단면력의 계산

(1) 고정하중에 의한 모멘트 및 전단력

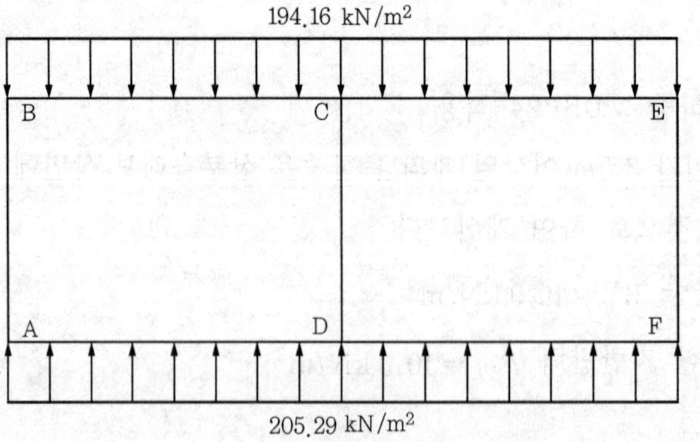

그림 9 · 30 고정하중에 의한 하중분포

1) 고정하중에 의한 처짐각 방정식

$$M_{AB} = k_{AB} \cdot (2\theta_A + \theta_B) + FEM_{AB}$$

$$M_{AD} = k_{AD} \cdot (2\theta_A + \theta_D) + FEM_{AD}$$

$$M_{DA} = k_{DA} \cdot (2\theta_D + \theta_A) + FEM_{DA}$$

$$M_{BA} = k_{BA} \cdot (2\theta_B + \theta_A) + FEM_{BA}$$

$$M_{BC} = k_{BC} \cdot (2\theta_B + \theta_C) + FEM_{BC}$$

$$M_{CB} = k_{CB} \cdot (2\theta_C + \theta_B) + FEM_{CB}$$

여기에서, $FEM_{AB} = FEM_{BA} = 0$, $\theta_C = \theta_D = 0$, 현회전각 $R = 0$

2) 평형 방정식

$\Sigma M_n = 0$으로부터

절점 A에서 $\Sigma M_A = M_{AB} + M_{AD} = 0$

$$k_{AB} \cdot (2\theta_A + \theta_B) + k_{AD} \cdot 2\theta_A + FEM_{AD} = 0$$

절점 B에서 $\Sigma M_B = M_{BA} + M_{BC} = 0$

$$k_{BA} \cdot (2\theta_B + \theta_A) + k_{BC} \cdot 2\theta_B + FEM_{BC} = 0$$

3) 고정단모멘트의 계산

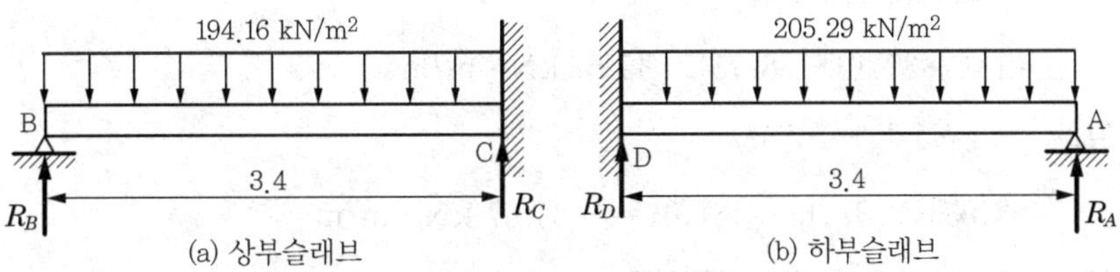

그림 9·31 상부 및 하부슬래브에 작용하는 하중

$$FEM_{BC} = -FEM_{CB} = -\frac{P_{VD1} \cdot X^2}{12} = -\frac{194.16 \times 3.4^2}{12} = -187.04 \text{ kN} \cdot \text{m/m}$$

$$FEM_{BA} = 0$$

$$FEM_{AD} = -FEM_{DA} = \frac{P_{VD2} \cdot X^2}{12} = \frac{205.29 \times 3.4^2}{12} = 197.76 \text{ kN} \cdot \text{m/m}$$

$$FEM_{AB} = 0$$

4) θ_A 및 θ_B의 계산

고정단모멘트의 값을 평형 방정식에 대입하여 구한다.

$$k_{AB}\cdot(2\theta_A+\theta_B)+k_{AD}\cdot 2\theta_A+FEM_{AD}$$
$$=1\cdot(2\theta_A+\theta_B)+2.035\cdot 2\theta_A+197.76$$
$$=6.070\theta_A+\theta_B+197.76=0 \quad \cdots\cdots ①$$
$$k_{BA}\cdot(2\theta_B+\theta_A)+k_{BC}\cdot 2\theta_B+FEM_{BC}$$
$$=1\cdot(2\theta_B+\theta_A)+2.035\cdot 2\theta_B-187.04$$
$$=\theta_A+6.070\theta_B-187.04=0 \quad \cdots\cdots ②$$

식 ①과 식 ②를 연립하여 풀면, $\theta_A=-38.71$, $\theta_B=37.19$를 얻는다.

5) 재단모멘트

처짐각 방정식에 고정단모멘트, θ_A 및 θ_B를 대입하여 풀면

$$M_{AB}=k_{AB}\cdot(2\theta_A+\theta_B)$$
$$=1\times\{2\times(-38.71)+37.19\}=-40.22\ \mathrm{kN\cdot m/m}$$
$$M_{AD}=k_{AD}\cdot 2\theta_A+FEM_{AD}$$
$$=2.035\times 2\times(-38.71)+197.76=40.22\ \mathrm{kN\cdot m/m}$$
$$M_{BA}=k_{BA}\cdot(2\theta_B+\theta_A)$$
$$=1\times(2\times 37.19-38.71)=35.67\ \mathrm{kN\cdot m/m}$$
$$M_{BC}=k_{BC}\cdot 2\theta_B+FEM_{BC}$$
$$=2.035\times 2\times 37.19-187.04=-35.67\ \mathrm{kN\cdot m/m}$$
$$M_{CB}=k_{CB}\cdot(2\theta_C+\theta_B)+FEM_{CB}$$
$$=2.035\times 37.19+187.04=262.72\ \mathrm{kN\cdot m/m}$$
$$M_{DA}=k_{DA}\cdot(2\theta_D+\theta_A)+FEM_{DA}$$
$$=2.035\times(-38.71)-197.76=-276.53\ \mathrm{kN\cdot m/m}$$

6) 부재의 단부 및 중앙점에서의 모멘트 및 전단력

① 상부슬래브

$R_B = 263.29$ kN, $R_C = 396.85$ kN

임의의 점 x에서의 모멘트의 방정식

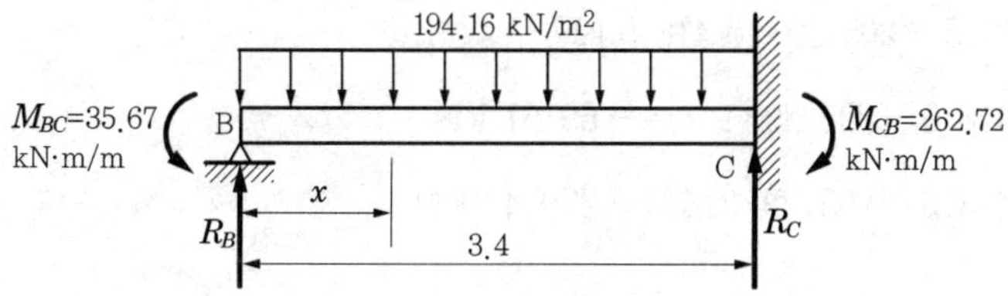

그림 9 · 32 상부슬래브에 작용하는 하중 및 모멘트

$$M_x = R_B \cdot x - M_{BC} - \frac{P_{VD1}}{2} \cdot x^2 = 263.29 \cdot x - 35.67 - \frac{194.416}{2} \cdot x^2$$

$M_0 = -35.67$ kN · m/m

$M_{1.7} = 263.29 \times 1.7 - 35.67 - \dfrac{194.16}{2} \times 1.7^2 = 131.36$ kN · m/m

$M_{3.4} = 263.29 \times 3.4 - 35.67 - \dfrac{194.16}{2} \times 3.4^2 = -262.72$ kN · m/m

전단력 V는 모멘트의 방정식을 1차 미분하여 구한다.

$V_x = R_B - P_{VD1} \cdot x = 263.29 - 194.16x$

$V_0 = 263.29 - 194.16x = 263.29$ kN

$V_{1.7} = 263.29 - 194.16 \times 1.7 = -66.78$ kN

$V_{3.4} = 263.29 - 194.16 \times 3.4 = -396.85$ kN

② 하부슬래브

$R_D = 418.5$ kN, $R_A = 279.49$ kN

임의의 점 x에서의 모멘트의 방정식

$$M_x = R_D \cdot x - M_{DA} - \frac{P_{VD2}}{2} \cdot x^2 = 418.5 \cdot x - 276.53 - \frac{205.29}{2} \cdot x^2$$

$M_0 = -276.53$ kN · m/m

$$M_{1.7} = 418.50 \times 1.7 - 276.53 - \frac{205.29}{2} \times 1.7^2 = 138.28 \text{ kN} \cdot \text{m/m}$$

$$M_{3.4} = 418.5 \times 3.4 - 276.53 - \frac{205.29}{2} \times 3.4^2 = -40.22 \text{ kN} \cdot \text{m/m}$$

전단력 V는 모멘트의 방정식을 1차 미분하여 구한다.

$$V_x = R_D - P_{VD2} \cdot x = 418.5 - 205.29x$$

$$V_0 = 418.5 - 205.29x = 418.5 \text{ kN}$$

$$V_{1.7} = 418.5 - 205.29 \times 1.7 = -69.51 \text{ kN}$$

$$V_{3.4} = 418.5 - 205.29 \times 3.4 = -279.49 \text{ kN}$$

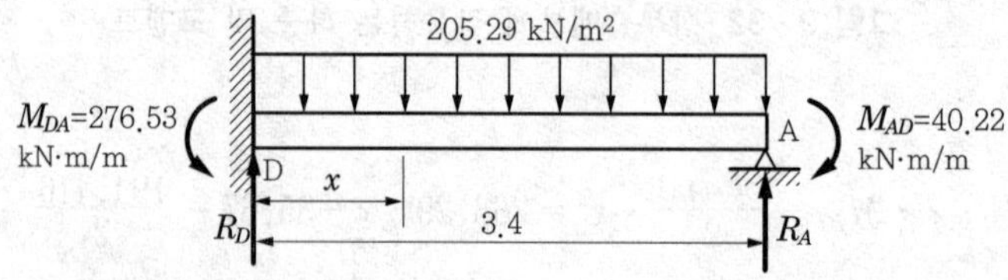

그림 9 · 33 하부슬래브에 작용하는 하중 및 모멘트

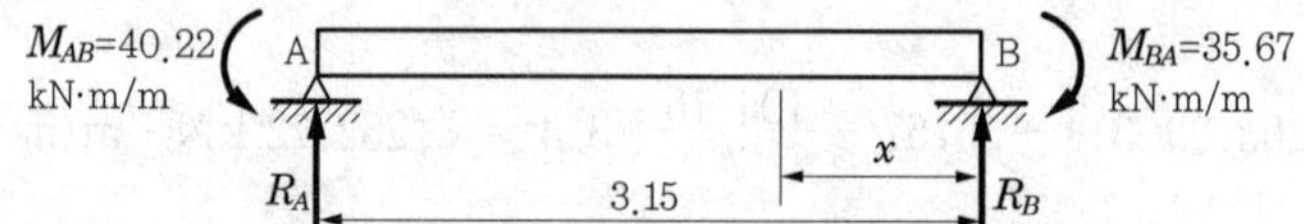

그림 9 · 34 측벽에 작용하는 모멘트

③ 측벽

$$R_A = \frac{40.22 - 35.67}{3.15} = 1.44 \text{ kN/m}$$

$$R_B = -\frac{66.59 - 60.20}{3.15} = -1.44 \text{ kN/m}$$

임의의 점 x에서의 모멘트의 방정식

$$M_x = R_B \cdot x - M_{BA} = -1.44 \cdot x - 35.67$$

$$M_0 = -35.67 \text{ kN} \cdot \text{m/m}$$

$$M_{1.575} = -1.44 \times 1.575 - 35.67 = -37.94 \text{ kN} \cdot \text{m/m}$$

$$M_{3.15} = -1.44 \times 3.15 - 35.67 = -40.22\ \text{kN} \cdot \text{m/m}$$

전단력 V는 모멘트의 방정식을 1차 미분하여 구한다.

$$V_x = -1.44$$

$$V_0 = V_{1.575} = V_{3.15} = -1.44\ \text{kN}$$

(2) 활하중에 의한 모멘트 및 전단력

1) 활하중에 의한 처짐각 방정식

$$M_{AB} = k_{AB} \cdot (2\theta_A + \theta_B) + FEM_{AB}$$

$$M_{AD} = k_{AD} \cdot (2\theta_A + \theta_D) + FEM_{AD}$$

$$M_{DA} = k_{DA} \cdot (2\theta_D + \theta_A) + FEM_{DA}$$

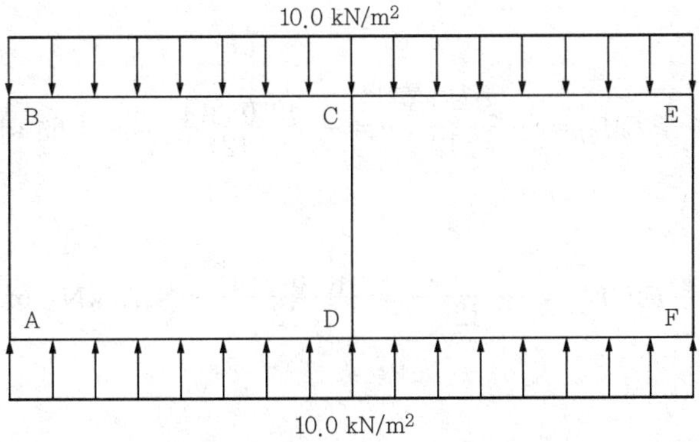

그림 9·35 활하중에 의한 하중분포

$$M_{BA} = k_{BA} \cdot (2\theta_B + \theta_A) + FEM_{BA}$$

$$M_{BC} = k_{BC} \cdot (2\theta_B + \theta_C) + FEM_{BC}$$

$$M_{CB} = k_{CB} \cdot (2\theta_C + \theta_B) + FEM_{CB}$$

여기에서, $FEM_{AB} = FEM_{BA} = 0$, $\theta_C = \theta_D = 0$, 현회전각 $R = 0$

2) 평형 방정식

$\Sigma M_n = 0$으로부터

절점 A에서 $\Sigma M_A = M_{AB} + M_{AD} = 0$

$$k_{AB} \cdot (2\theta_A + \theta_B) + k_{AD} \cdot 2\theta_A + FEM_{AD} = 0$$

절점 B에서 $\Sigma M_B = M_{BA} + M_{BC} = 0$

$$k_{BA} \cdot (2\theta_B + \theta_A) + k_{BC} \cdot 2\theta_B + FEM_{BC} = 0$$

3) 고정단모멘트의 계산

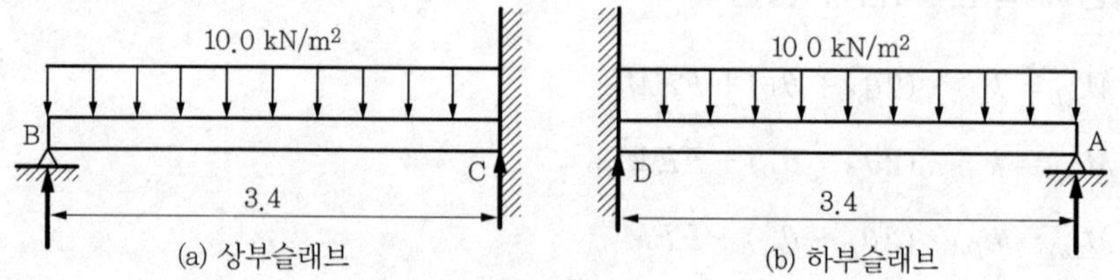

그림 9 · 36 상부 및 하부슬래브에 작용하는 하중

$$FEM_{BC} = -FEM_{CB} = -\frac{P_{VL} \cdot x^2}{12} = -\frac{10.0 \times 3.4^2}{12} = -9.63 \text{ kN} \cdot \text{m/m}$$

$$FEM_{BA} = 0$$

$$FEM_{AD} = -FEM_{DA} = \frac{P_{VL} \cdot x^2}{12} = \frac{10.0 \times 3.4^2}{12} = 9.63 \text{ kN} \cdot \text{m/m}$$

$$FEM_{AB} = 0$$

4) θ_A 및 θ_B의 계산

고정단모멘트의 값을 평형 방정식에 대입하여 구한다.

$$k_{AB} \cdot (2\theta_A + \theta_B) + k_{AD} \cdot 2\theta_A + FEM_{AD}$$

$$= 1 \cdot (2\theta_A + \theta_B) + 2.035 \cdot 2\theta_A + 9.63$$

$$= 6.070\theta_A + \theta_B + 9.63 = 0 \quad \cdots\cdots ①$$

$$k_{BA} \cdot (2\theta_B + \theta_A) + k_{BC} \cdot 2\theta_B + FEM_{BC}$$

$$= 1 \cdot (2\theta_B + \theta_A) + 2.035 \cdot 2\theta_B - 9.63$$

$$= \theta_A + 6.070\theta_B - 9.63 = 0 \quad \cdots\cdots ②$$

식 ①과 식 ②를 연립하여 풀면, $\theta_A = -1.90$, $\theta_B = 1.90$을 얻는다.

5) 재단모멘트

처짐각 방정식에 고정단모멘트, θ_A 및 θ_B를 대입하여 풀면

$$M_{AB} = k_{AB} \cdot (2\theta_A + \theta_B)$$
$$= 1\times\{2\times(-1.90) + 1.90\} = -1.90 \text{ kN}\cdot\text{m/m}$$
$$M_{AD} = k_{AD} \cdot 2\theta_A + FEM_{AD}$$
$$= 2.035\times2\times(-1.90) + 9.63 = 1.90 \text{ kN}\cdot\text{m/m}$$
$$M_{BA} = k_{BA} \cdot (2\theta_B + \theta_A)$$
$$= 1\times(2\times1.90 - 1.90) = 1.90 \text{ kN}\cdot\text{m/m}$$
$$M_{BC} = k_{BC} \cdot 2\theta_B + FEM_{BC}$$
$$= 2.035\times2\times1.90 - 9.63 = -1.90 \text{ kN}\cdot\text{m/m}$$
$$M_{CB} = k_{CB} \cdot (2\theta_C + \theta_B) + FEM_{CB}$$
$$= 2.035\times1.90 + 9.63 = 13.50 \text{ kN}\cdot\text{m/m}$$
$$M_{DA} = k_{DA} \cdot (2\theta_D + \theta_A) + FEM_{DA}$$
$$= 2.035\times(-1.90) - 9.63 = -13.50 \text{ kN}\cdot\text{m/m}$$

6) 부재의 단부 및 중앙점에서의 모멘트 및 전단력

① 상부슬래브

$$R_B = 13.59 \text{ kN}, \qquad R_C = 20.41 \text{ kN}$$

임의의 점 x에서의 모멘트의 방정식

$$M_x = R_B \cdot x - M_{BC} - \frac{P_{VL}}{2} \cdot x^2 = 13.59 \cdot x - 1.90 - \frac{10.0}{2} \cdot x^2$$

$$M_0 = -1.90 \text{ kN}\cdot\text{m/m}$$

$$M_{1.7} = 13.59\times1.7 - 1.90 - \frac{10.0}{2}\times1.7^2 = 6.75 \text{ kN}\cdot\text{m/m}$$

$$M_{3.4} = 13.59\times3.4 - 1.90 - \frac{10.0}{2}\times3.4^2 = -13.50 \text{ kN}\cdot\text{m/m}$$

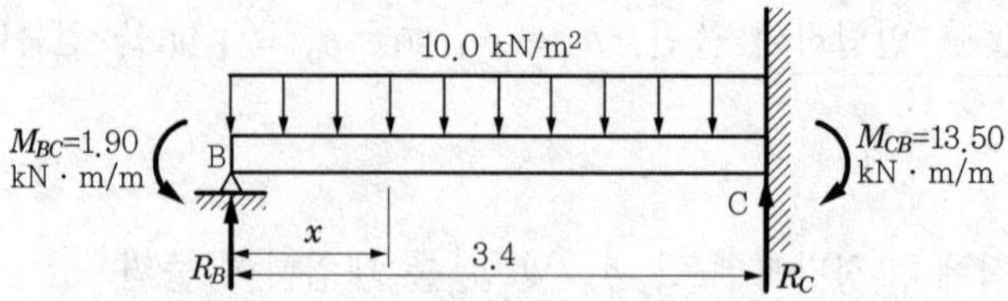

그림 9 · 37 상부슬래브에 작용하는 하중 및 모멘트

전단력 V는 모멘트의 방정식을 1차 미분하여 구한다.

$$V_x = 13.59 - 10.0x$$

$$V_0 = 13.59 \text{ kN}$$

$$V_{1.7} = 13.59 - 10.0 \times 1.7 = -3.41 \text{ kN}$$

$$V_{3.4} = 13.59 - 10.0 \times 3.4 = -20.41 \text{ kN}$$

② 하부슬래브

$$R_D = 20.41 \text{ kN}, \qquad R_A = 13.59 \text{ kN}$$

임의의 점 x에서의 모멘트의 방정식

$$M_x = R_D \cdot x - M_{DA} - \frac{P_{VL}}{2} \cdot x^2 = 20.41 \cdot x - 13.50 - \frac{10.0}{2} \cdot x^2$$

$$M_0 = -13.50 \text{ kN} \cdot \text{m/m}$$

$$M_{1.7} = 20.41 \times 1.7 - 13.50 - \frac{10.0}{2 \times 1.7^2} = 6.75 \text{ kN} \cdot \text{m/m}$$

$$M_{3.4} = 20.41 \times 3.4 - 13.50 - \frac{10.0}{2} \times 3.4^2 = -1.90 \text{ kN} \cdot \text{m/m}$$

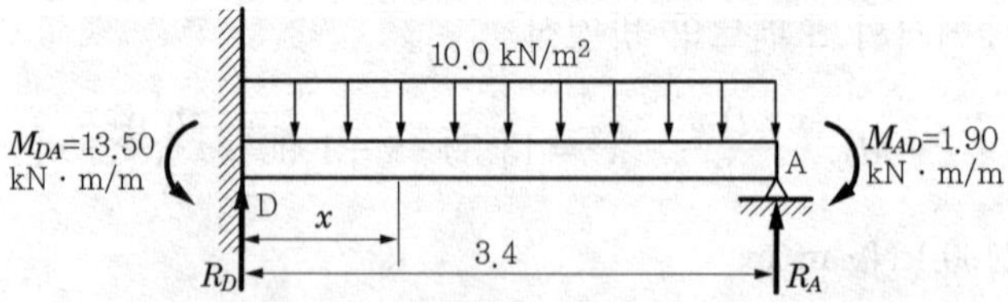

그림 9 · 38 하부슬래브에 작용하는 하중 및 모멘트

전단력 V는 모멘트의 방정식을 1차 미분하여 구한다.

$$V_x = 20.41 - 10.0x$$

$V_0 = 20.41$ kN

$V_{1.7} = 20.41 - 10.0 \times 1.7 = 3.41$ kN

$V_{3.4} = 20.41 - 10.0 \times 3.4 = -13.59$ kN

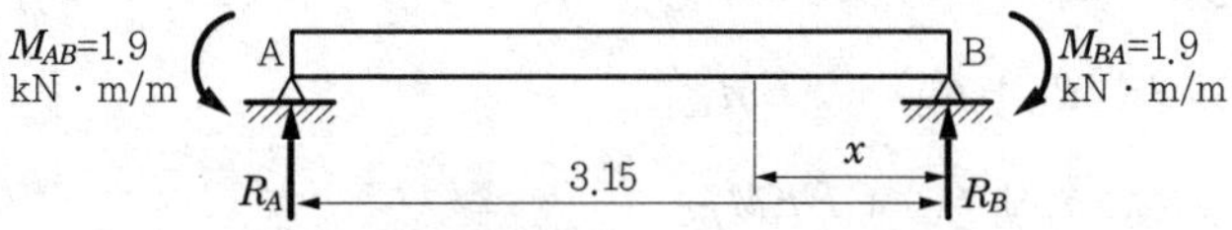

그림 9 · 39 측벽에 작용하는 모멘트

③ 측벽

$R_A = 0.00$ kN/m, $R_B = 0.00$ kN/m

임의의 점 x에서의 모멘트의 방정식

$M_x = R_B \cdot x - M_{BA} = -1.90$

$M_0 = -1.90$ kN · m/m

$M_{1.575} = -1.90$ kN · m/m

$M_{3.15} = -1.90$ kN · m/m

전단력 V는

$V_0 = V_{1.575} = V_{3.15} = 0.00$ kN

(3) 토압에 의한 모멘트 및 전단력

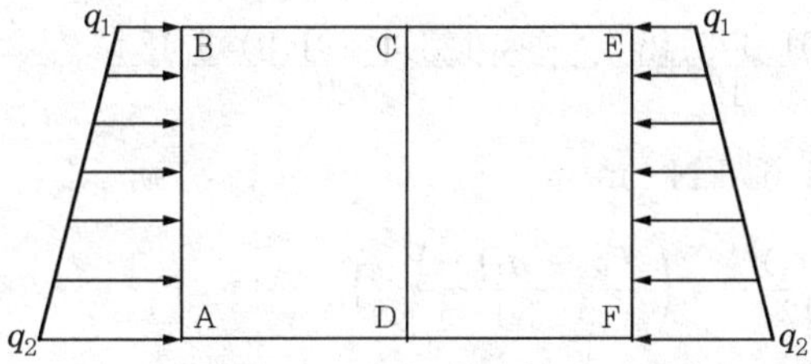

그림 9 · 40 토압에 의한 하중분포

1) 토압에 의한 처짐각 방정식

$$M_{AB} = k_{AB} \cdot (2\theta_A + \theta_B) + FEM_{AB}$$

$$M_{AD} = k_{AD} \cdot (2\theta_A + \theta_D) + FEM_{AD}$$

$$M_{DA} = k_{DA} \cdot (2\theta_D + \theta_A) + FEM_{DA}$$

$$M_{BA} = k_{BA} \cdot (2\theta_B + \theta_A) + FEM_{BA}$$

$$M_{BC} = k_{BC} \cdot (2\theta_B + \theta_C) + FEM_{BC}$$

$$M_{CB} = k_{CB} \cdot (2\theta_C + \theta_B) + FEM_{CB}$$

여기에서, $FEM_{AD} = FEM_{BC} = 0$, $\theta_C = 0$, $\theta_D = 0$, 현회전각 $R = 0$

2) 평형 방정식

$\Sigma M_n = 0$으로부터

절점 A에서 $\Sigma M_A = M_{AB} + M_{AD} = 0$

$$k_{AB} \cdot (2\theta_A + \theta_B) + FEM_{AB} + k_{AD} \cdot 2\theta_A = 0$$

절점 B에서 $\Sigma M_B = M_{BA} + M_{BC} = 0$

$$k_{BA} \cdot (2\theta_B + \theta_A) + FEM_{BA} + k_{BC} \cdot 2\theta_B = 0$$

3) 고정단모멘트의 계산

$FEM_{AD} = 0$, $FEM_{DA} = 0$

$$FEM_{AB} = -\frac{q_1 \cdot Y^2}{12} + \frac{-(q_2 - q_1) \cdot Y^2}{20}$$

$$= -\frac{91.9 \times 3.15^2}{12} + \frac{-(123.4 - 91.9) \times 3.15^2}{20}$$

$$= -91.62 \text{ kN} \cdot \text{m/m}$$

$$FEM_{BA} = \frac{q_1 \cdot Y^2}{12} + \left(\frac{(q_2 - q_1) \cdot Y^2}{30}\right)$$

$$= \frac{91.9 \times 3.15^2}{12} + \frac{(123.4 - 91.9) \times 3.15^2}{30}$$

$$= 86.41 \text{ kN} \cdot \text{m/m}$$

$FEM_{BC} = 0$, $FEM_{CB} = 0$

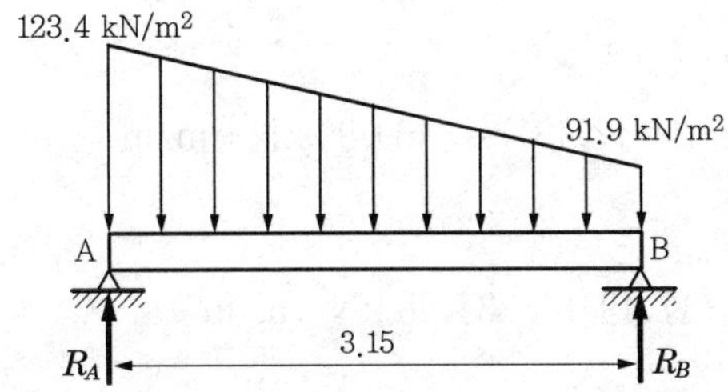

그림 9·41 측벽에 작용하는 하중분포

4) θ_A 및 θ_B의 계산

고정단모멘트의 값을 평형 방정식에 대입하여 구한다.

$$k_{AB} \cdot (2\theta_A + \theta_B) + FEM_{AB} + k_{AD} \cdot 2\theta_A$$

$$= 1 \cdot (2\theta_A + \theta_B) - 91.62 + 2.035 \cdot 2\theta_A$$

$$= 6.07\theta_A + \theta_b - 91.62 = 0 \quad \cdots\cdots ①$$

$$k_{BA} \cdot (2\theta_B + \theta_A) + FEM_{BA} + k_{BC} \cdot 2\theta_B$$

$$= 1 \cdot (2\theta_B + \theta_A) + 86.41 + 2.035 \cdot 2\theta_B$$

$$= \theta_A + 6.07\theta_b + 86.41 = 0 \quad \cdots\cdots ②$$

식 ①과 식 ②를 연립하여 풀면, $\theta_A = 17.93$, $\theta_B = -17.19$를 얻는다.

5) 재단모멘트

처짐각 방정식에 고정단모멘트, θ_A 및 θ_B를 대입하여 풀면,

$$M_{AB} = k_{AB} \cdot (2\theta_A + \theta_B) + FEM_{AB}$$

$$= 1 \times (2 \times 17.93 - 17.19) - 91.62 = -72.95 \text{ kN} \cdot \text{m/m}$$

$$M_{AD} = k_{AD} \cdot 2\theta_A$$

$$= 2.035 \times 2 \times 1.793 = 72.95 \text{ kN} \cdot \text{m/m}$$

$$M_{DA} = k_{DA} \cdot \theta_A$$

$$= 2.035 \times 17.93 = 36.49 \text{ kN} \cdot \text{m/m}$$

$$M_{BA} = k_{BA} \cdot (2\theta_B + \theta_A) + FEM_{BA}$$

$$= 1 \times (2 \times (-17.19) + 17.93) + 86.41 = 69.96 \text{ kN} \cdot \text{m/m}$$

$$M_{BC} = k_{BC} \cdot 2\theta_B$$

$$= 2.035 \times (2 \times (-17.19)) = -69.96 \text{ kN} \cdot \text{m/m}$$

$$M_{CB} = k_{CB} \cdot \theta_B$$

$$= 2.035 \times (-17.19) = -34.98 \text{ kN} \cdot \text{m/m}$$

6) 부재의 단부 및 중앙점에서의 모멘트 및 전단력

① 상부슬래브

$R_C = -30.86\text{kN/m}$, $R_B = 30.86\text{kN/m}$

임의의 점 x에서의 모멘트의 방정식

$$M_x = R_B \cdot x - M_{BC} = 30.86x - 69.96$$

$$M_0 = -69.96 \text{ kN} \cdot \text{m/m}$$

$$M_{1.7} = -17.50 \text{ kN} \cdot \text{m/m}$$

$$M_{3.4} = 3.498 \text{ kN} \cdot \text{m/m}$$

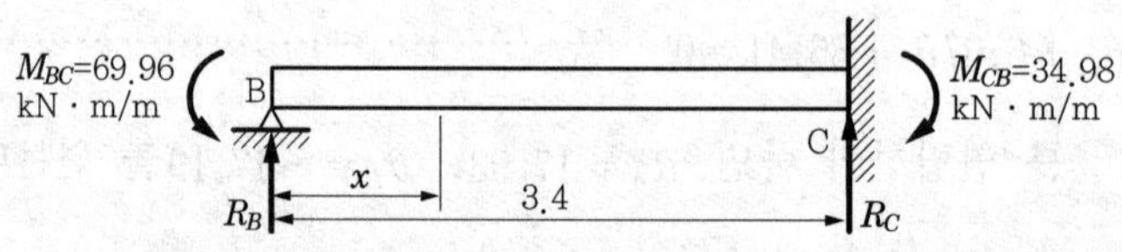

그림 9·42 상부슬래브에 작용하는 하중 및 모멘트

전단력 V

단부에서의 전단력 $V_B = 30.86$, $V_C = -30.86$ kN/m

중앙에서의 전단력 $V_{중앙} = 0.00$ kN/m

② 하부슬래브

$R_D = -33.26$, $R_A = 33.26$

임의의 점 x에서의 모멘트의 방정식

$$M_x = R_D \cdot x + M_{DA}$$

$$M_0 = 36.49 \text{ kN} \cdot \text{m/m}$$

$$M_{1.7} = -20.05 \text{ kN} \cdot \text{m/m}$$

$$M_{3.4} = -72.95 \text{ kN} \cdot \text{m/m}$$

전단력 V

단부에서의 전단력 $V_D = R_D = -33.26$, $V_A = R_A = 33.26$ kN/m

중앙에서의 전단력 $V_{중앙} = 0.00$ kN/m

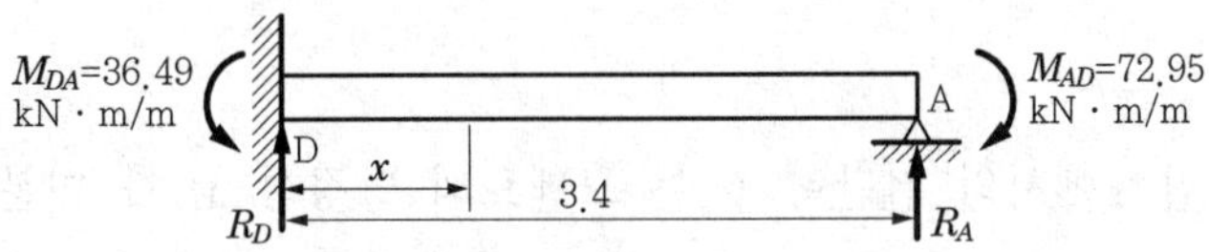

그림 9 · 43 하부슬래브에 작용하는 하중 및 모멘트

③ 측벽

$$R_A = \frac{91.9 \times 3.15}{2} + \frac{2}{3}(123.4 - 91.9) \times 3.15 \times \frac{1}{2} + \frac{72.95 - 69.96}{3.15}$$
$$= 178.77 \text{ kN/m}$$

$$R_B = \frac{91.9 \times 3.15}{2} + \frac{1}{3}(123.4 - 91.9) \times 3.15 \times \frac{1}{2} - \frac{72.95 - 69.96}{3.15}$$
$$= 160.33 \text{ kN/m}$$

하중분포의 기울기 $= \dfrac{123.4 - 91.9}{3.15} = \dfrac{31.5}{3.15} = 10$

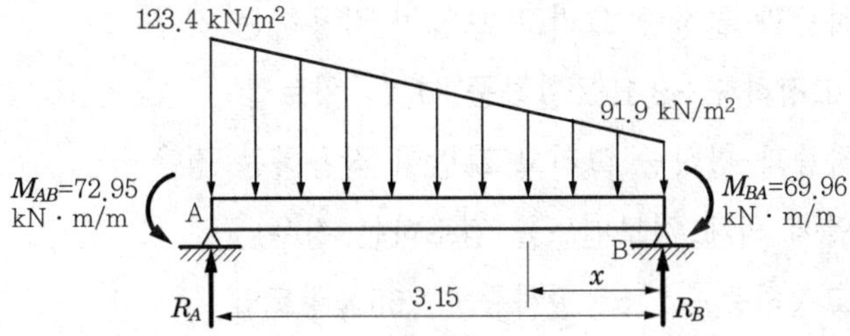

그림 9 · 44 측벽에 작용하는 하중 및 모멘트

임의의 점 x에서의 모멘트의 방정식

$$M_x = R_B \cdot x - M_{BA} - \frac{q_1 \times x^2}{2} - \frac{1}{2} \times 10 \times \frac{x^3}{3}$$

$$= 160.33 \times x - 69.96 - \frac{91.9 \times x^2}{2} - \frac{1}{2} \times 10 \times \frac{x^3}{3}$$

$$M_0 = -69.96 \text{ kN} \cdot \text{m/m}$$

$$M_{1.575} = 160.33 \times 1.575 - 69.96 - \frac{91.9 \times 1.575^2}{2} - \frac{1}{2} \times 10 \times \frac{1.575^3}{3}$$

$$= 62.06 \text{ kN} \cdot \text{m/m}$$

$$M_{3.15} = 160.33 \times 3.15 - 69.96 - \frac{91.9 \times 3.15^2}{2} - \frac{1}{2} \times 10 \times \frac{3.15^3}{3}$$

$$= -72.95 \text{ kN} \cdot \text{m/m}$$

전단력 V_x

임의의 점 x에서의 전단력 V_x는 모멘트의 방정식 M_x를 미분하여 구한다.

$$V_x = 160.33 - 91.9x - 5x^2$$

$$V_0 = 160.33 \text{ kN/m}$$

$$V_{1.575} = 160.33 - 91.9 \times 1.575 - 5 \times 1.575^2 = 3.18 \text{ kN/m}$$

$$V_{3.15} = 160.33 - 91.9 \times 3.15 - 5 \times 3.15^2 = -178.77 \text{ kN/m}$$

9.3.6 계수모멘트 및 전단력의 결정

(1) 하중조합

CASE 1 : 고정하중과 토압이 작용하는 경우

1.3×고정하중+1.7×횡토압

CASE 2 : 고정하중과 활하중 그리고 토압이 작용하는 경우

1.3×고정하중+2.15×활하중+1.7×횡토압

CASE 3 : 고정하중과 활하중 그리고 토압이 작용하는 경우

(횡토압에 의해 정모멘트를 검토하는 경우)

1.3×고정하중+2.15×활하중+0.65×횡토압

CASE 4 : 사용하중으로 검토하는 경우

1.0×고정하중+1.0×활하중+1.0×횡토압

표 9·6 계수모멘트 및 계수전단력의 결과 정리

CASE \ 위치		상부슬래브 단부	상부슬래브 중앙부	상부슬래브 중간벽체부	외측벽체 상부	외측벽체 중앙부	외측벽체 하부	하부슬래브 단부	하부슬래브 중앙	하부슬래브 중간벽체부
1	M	−165.30	141.02	−335.59	−165.30	**56.18**	−176.30	−176.30	145.68	−297.46
	V	394.74	−86.81	−568.37	270.69	**3.53**	−305.78	−306.80	**−90.36**	487.51
2	M	**−169.39**	155.53	−364.61	**−169.39**	52.10	**−180.39**	−180.39	106.19	−326.48
	V	**423.96**	−94.15	**−612.25**	**270.69**	3.53	**−305.78**	**−336.01**	−83.03	531.39
3	M	−95.93	**173.91**	**−368.29**	−95.93	−13.07	−103.79	−103.79	**181.24**	**−364.80**
	V	391.55	**−94.15**	−579.85	102.34	0.20	−118.07	**−370.94**	−83.03	**566.31**
4	M	−107.53	120.61	−272.72	−107.53	22.22	−115.07	−115.07	124.98	−253.54
	V	307.74	−70.19	−448.12	158.89	1.74	−180.21	−259.82	−66.10	405.65

9.3.7 철근량의 산출

(1) 상부슬래브 중앙부

1) 휨철근량 계산

계수모멘트 : $M_u = 173.91$ kN · m　　계수전단력 : $V_u = 94.15$ kN

폭 : $b = 1{,}000$ mm　　부재 높이 : $h = 650$ mm

덮개 : $d' = 100$ mm　　유효고 : $d = 550$ mm

$f_{ck} = 24$ MPa　　$\phi = 0.85$　　$\beta_1 = 0.85$

$f_y = 300$ MPa　　$\phi_v = 0.80$

① 평형철근비 및 최대철근비

$$\rho_b = \frac{0.85 \times \beta_1 \times f_{ck}}{f_y} \times \frac{600}{600 + f_y}$$

$$= \frac{0.85 \times 0.85 \times 24}{300} \times \frac{600}{600+300} = 0.03853$$

$$\rho_{max} = 0.75\,\rho_b = 0.02890$$

② 등가응력 사각형의 깊이 a

$$M_n = M_u/\phi = 204,600,000\ \mathrm{N \cdot mm}$$

$$M_n = 0.85 \times f_{ck} \times a \times b \times \left(d - \frac{a}{2}\right) = 0.85 \times 24 \times a \times 1,000 \times \left(550 - \frac{a}{2}\right)$$

위의 식을 정리하면,

$$10,200\,a^2 - 11,220,000\,a + 204,600,000 = 0$$

여기에서, 근의 공식을 사용하여 a값을 구하면 $a = 18.54\ \mathrm{mm}$

③ 소요철근량 A_s

$$A_s = \frac{0.85 f_{ck} \cdot a \cdot b}{f_y}$$

$$= \frac{0.85 \times 24 \times 18.54 \times 1,000}{300} = 1,260.7\ \mathrm{mm^2}$$

- 최소철근비 $\rho_{min} = \frac{1.4}{f_y} = \frac{1.4}{300} = 0.00467$
- 소요철근비 $\rho = \frac{A_s}{b \cdot d} = \frac{1,260.7}{1,000 \times 550} = 0.00229$

$\rho_{min} > \rho$이므로 계산된 소요철근량 A_s는 적합하지 않다.

여기에서, 부재의 단면에서 해석상 필요한 철근량보다 1/3 이상 인장철근이 더 배근되는 경우에는 최소철근량의 규정을 적용하지 않을 수 있으므로 계산된 소요철근량에 4/3배하여 소요철근량을 다시 계산한다.

$$\frac{4}{3} A_s = 1,681.9\ \mathrm{mm^2}$$

따라서, 사용철근량 $A_s = D22 @ 125 = 3,096.8\ \mathrm{mm^2}$

2) 전단철근의 계산

콘크리트가 부담하는 전단강도

$$\phi_v V_C = \phi_v (1/6)\sqrt{f_{ck}}\, bd = 0.80 \times (1/6) \times \sqrt{24} \times 1,000 \times 550 = 359,258.5\ \text{N}$$

여기에서, $\phi_v V_c > V_u$이므로 전단철근이 필요없다.

3) 설계전단력의 검토

$$\phi_v V_n = \phi_v V_C + \phi_v V_S$$

$$\phi_v V_n = 336.80\ \text{kN} > V_u = 94.15\ \text{kN}$$ ∴ O.K.

(2) 상부슬래브 단부

1) 휨철근량 계산

계수모멘트 : $M_u = 169.39\ \text{kN}\cdot\text{m}$ 계수전단력 : $V_u = 423.96\ \text{kN}$

폭 : $b = 1,000\ \text{mm}$ 부재 높이 : $h = 750\ \text{mm}$

덮개 : $d' = 100\ \text{mm}$ 유효고 : $d = 650\ \text{mm}$

$f_{ck} = 24\ \text{MPa}$ $\phi = 0.85$ $\beta_1 = 0.85$

$f_y = 300\ \text{MPa}$ $\phi_v = 0.80$

① 평형철근비 및 최대철근비

$$\rho_b = \frac{0.85 \times \beta_1 \times f_{ck}}{f_y} \times \frac{600}{600 + f_y}$$

$$= \frac{0.85 \times 0.85 \times 24}{300} \times \frac{600}{600 + 300} = 0.03853$$

$$\rho_{max} = 0.75\rho_b = 0.02890$$

② 등가응력 사각형의 깊이 a

$$M_n = M_u / \phi = 199,282,350\ \text{N}\cdot\text{mm}$$

$$M_n = 0.85 \times f_{ck} \times a \times b \times \left(d - \frac{a}{2}\right) = 0.85 \times 24 \times a \times 1,000 \times \left(650 - \frac{a}{2}\right)$$

위의 식을 정리하면,

$$10,200\,a^2 - 13,260,000\,a + 199,282,350 = 0$$

여기에서, 근의 공식을 사용하여 a값을 구하면 $a = 15.21\ \text{mm}$

③ 소요철근량 A_s

$$A_s = \frac{0.85 f_{ck} \cdot a \cdot b}{f_y}$$

$$= \frac{0.85 \times 24 \times 15.21 \times 1,000}{300} = 1,034.3 \text{ mm}^2$$

- 최소철근비 $\rho_{\min} = \frac{1.4}{f_y} = \frac{1.4}{300} = 0.00467$
- 소요철근비 $\rho = \frac{A_s}{b \cdot d} = \frac{1,034.3}{1,000 \times 650} = 0.00159$

$\rho_{\min} > \rho$이므로 계산된 소요철근량 A_s는 적합하지 않다.

여기에서, 부재의 단면에서 해석상 필요한 철근량보다 1/3 이상 인장철근이 더 배근되는 경우에는 최소철근량의 규정을 적용하지 않을 수 있으므로 계산된 소요철근량에 4/3배하여 소요철근량을 다시 계산한다.

$$\frac{4}{3} A_s = 1,379.1 \text{ mm}^2$$

따라서 사용철근량 $A_s = D22 @ 125 = 3,096.8 \text{ mm}^2$

2) 전단철근의 계산

콘크리트가 부담하는 전단강도

$$\phi_v V_C = \phi_v (1/6) \sqrt{f_{ck}}\, bd = 0.80 \times (1/6) \times \sqrt{24} \times 1,000 \times 650 = 424,578.2 \text{ N}$$

여기에서, $\phi_v V_c > V_u$이므로 전단철근이 필요없다.

3) 설계전단력의 검토

$$\phi_v V_n = \phi_v V_c + \phi_v V_s$$

$$\phi_v V_n = 424.58 \text{ kN} > \text{V}_\text{u} = 423.96 \text{ kN}$$

(3) 상부슬래브 중간벽체부

1) 휨철근량 계산

계수모멘트 : $M_u = 368.29\ \text{kN}\cdot\text{m}$ 계수전단력 : $V_u = 612.25\ \text{kN}$

폭 : $b = 1{,}000\ \text{mm}$ 부재 높이 : $h = 750\ \text{mm}$

덮개 : $d' = 100\ \text{mm}$ 유효고 : $d = 650\ \text{mm}$

$f_{ck} = 24\ \text{MPa}$ $\phi = 0.85$ $\beta_1 = 0.85$

$f_y = 300\ \text{MPa}$ $\phi_v = 0.80$

① 평형철근비 및 최대철근비

$$\rho_b = \frac{0.85 \times \beta_1 \times f_{ck}}{f_y} \times \frac{600}{600 + f_y}$$

$$= \frac{0.85 \times 0.85 \times 24}{300} \times \frac{600}{600 + 300} = 0.03853$$

$$\rho_{\max} = 0.75\rho_b = 0.02890$$

② 등가응력 사각형의 깊이 a

$$M_n = M_u/\phi = 433{,}282{,}350\ \text{N}\cdot\text{mm}$$

$$M_n = 0.85 \times f_{ck} \times a \times b \times \left(d - \frac{a}{2}\right) = 0.85 \times 24 \times a \times 1{,}000 \times \left(650 - \frac{a}{2}\right)$$

위의 식을 정리하면,

$$10{,}200\,a^2 - 13{,}260{,}000\,a + 433{,}282{,}350 = 0$$

여기에서, 근의 공식을 사용하여 a값을 구하면 $a = 33.54\ \text{mm}$

③ 소요철근량 A_s

$$A_s = \frac{0.85 f_{ck}\cdot a\cdot b}{f_y}$$

$$= \frac{0.85 \times 24 \times 33.54 \times 1{,}000}{300} = 2{,}280.7\ \text{mm}^2$$

- 최소철근비 $\rho_{\min} = \dfrac{1.4}{f_y} = \dfrac{1.4}{300} = 0.00467$
- 소요철근비 $\rho = \dfrac{A_s}{b\cdot d} = \dfrac{2{,}280.7}{1{,}000 \times 650} = 0.00351$

$\rho_{min} > \rho$ 이므로 계산된 소요철근량 A_s는 적합하지 않다.

따라서 계산된 소요철근량에 4/3배하여 소요철근량을 다시 계산한다.

$$\frac{4}{3}A_s = 3,040.9 \text{ mm}^2$$

- 사용철근량 $A_s = D22 @ 125 = 3,096.8 \text{ mm}^2$

2) 전단철근의 계산

콘크리트가 부담하는 전단강도

$$\phi_v V_C = \phi_v (1/6)\sqrt{f_{ck}}\,bd = 0.80\times(1/6)\times\sqrt{24}\times1,000\times650 = 424,578.2 \text{ N}$$

여기에서, $\phi_v V_c < V_u$ 이므로 전단철근이 필요하다.

철근이 부담하는 전단강도

$$V_s = (V_u - \phi_v V_c)/\phi_v = (612.25 - 424.58)/0.80 = 234.59 \text{ kN}$$

3) 전단철근의 설계

① 전단철근의 단면적

$D13$-U형의 스터럽을 사용한다.

따라서 전단철근의 단면적 $A_v = 2\times126.7 = 253 \text{ mm}^2$이다.

② 전단철근의 간격

$V_S = \dfrac{A_v\times f_y\times d}{s}$ 의 식에서 전단철근의 간격을 구한다.

여기에서, A_v는 s거리 내의 전단철근의 단면적

- 전단철근의 간격 $s = \dfrac{A_v\times f_y\times d}{V_S} = \dfrac{253\times300\times650}{234,590} = 210.3 \text{ mm}$
- 전단철근의 최대간격(s_{max})

$$(1/3)\sqrt{f_{ck}}\,bd = (1/3)\times\sqrt{24}\times1,000\times650 = 1,061,445.6 \text{ N} > V_S = 234,590 \text{ N}$$

그러므로 $0.5d = 0.5\times650 = 325 \text{ mm}$이므로 $s_{max} = 325 \text{ mm}$를 사용한다.

따라서 사용하는 전단철근의 간격은 $s = 210.3 \text{ mm}$ 이하로 사용한다.

(4) 하부슬래브 중앙부

1) 휨철근량 계산

계수모멘트 : $M_u = 181.24\ \text{kN} \cdot \text{m}$ 계수전단력 : $V_u = 90.36\ \text{kN}$

폭 : $b = 1{,}000\ \text{mm}$ 부재 높이 : $h = 650\ \text{mm}$

덮개 : $d' = 100\ \text{mm}$ 유효고 : $d = 550\ \text{mm}$

$f_{ck} = 24\ \text{MPa}$ $\phi = 0.85$ $\beta_1 = 0.85$

$f_y = 300\ \text{MPa}$ $\phi_v = 0.80$

① 평형철근비 및 최대철근비

$$\rho_b = \frac{0.85 \times \beta_1 \times f_{ck}}{f_y} \times \frac{600}{600 + f_y}$$

$$= \frac{0.85 \times 0.85 \times 24}{300} \times \frac{600}{600 + 300} = 0.03853$$

$$\rho_{\max} = 0.75\,\rho_b = 0.02890$$

② 등가응력 사각형의 깊이 a

$$M_n = M_u / \phi = 213{,}223{,}530\ \text{N} \cdot \text{mm}$$

$$M_n = 0.85 \times f_{ck} \times a \times b \times \left(d - \frac{a}{2}\right) = 0.85 \times 24 \times a \times 1{,}000 \times \left(550 - \frac{a}{2}\right)$$

위의 식을 정리하면,

$$10{,}200\,a^2 - 11{,}220{,}000\,a + 213{,}223{,}530 = 0$$

여기에서, 근의 공식을 사용하여 a값을 구하면 $a = 19.34\ \text{mm}$

③ 소요철근량 A_s

$$A_s = \frac{0.85 f_{ck} \cdot a \cdot b}{f_y}$$

$$= \frac{0.85 \times 24 \times 19.34 \times 1{,}000}{300} = 1{,}315.1\ \text{mm}^2$$

- 최소철근비 $\rho_{\min} = \dfrac{1.4}{f_y} = \dfrac{1.4}{300} = 0.00467$
- 소요철근비 $\rho = \dfrac{A_s}{b \cdot d} = \dfrac{1{,}315.1}{1{,}000 \times 550} = 0.00239$

$\rho_{min} > \rho$이므로 계산된 소요철근량 A_s는 적합하지 않다.

따라서 계산된 소요철근량에 4/3배하여 소요철근량을 다시 계산한다.

$$\frac{4}{3}A_s = 1,753.5\ \text{mm}^2$$

- 사용철근량 $A_s = D22@125 = 3,096.8\ \text{mm}^2$

2) 전단철근의 계산

콘크리트가 부담하는 전단강도

$$\phi_v V_C = \phi_v (1/6)\sqrt{f_{ck}}\,bd = 0.80\times(1/6)\times\sqrt{24}\times1,000\times550 = 359,258.5\ \text{N}$$

여기에서, $\phi_v V_c > V_u$이므로 전단철근이 필요없다.

3) 설계전단력의 검토

$$\phi_v V_n = \phi_v V_C + \phi_v V_S$$

$$\phi_v V_n = 359.26\ \text{kN} > V_u = 90.36\ \text{kN} \quad \text{O.K.}$$

(5) 하부슬래브 단부

1) 휨철근량 계산

계수모멘트 : $M_u = 180.39\ \text{kN}\cdot\text{m}$ 계수전단력 : $V_u = 370.94\ \text{kN}$

폭 : $b = 1,000\ \text{mm}$ 부재 높이 : $h = 750\ \text{mm}$

덮개 : $d' = 100\ \text{mm}$ 유효고 : $d = 650\ \text{mm}$

$f_{ck} = 24\ \text{MPa}$ $\phi = 0.85$ $\beta_1 = 0.85$

$f_y = 300\ \text{MPa}$ $\phi_v = 0.80$

① 평형철근비 및 최대철근비

$$\rho_b = \frac{0.85\times\beta_1\times f_{ck}}{f_y}\times\frac{600}{600+f_y}$$

$$= \frac{0.85\times0.85\times24}{300}\times\frac{600}{600+300} = 0.03853$$

$$\rho_{max} = 0.75\rho_b = 0.02890$$

② 등가응력 사각형의 깊이 a

$$M_n = M_u / \phi = 212,223,530 \text{ N} \cdot \text{mm}$$

$$M_n = 0.85 \times f_{ck} \times a \times b \times \left(d - \frac{a}{2}\right) = 0.85 \times 24 \times a \times 1,000 \times \left(650 - \frac{a}{2}\right)$$

위의 식을 정리하면,

$$10,200\,a^2 - 13,260,000\,a + 212,223,530 = 0$$

여기에서, 근의 공식을 사용하여 a값을 구하면 $a = 16.21$ mm

③ 소요철근량 A_s

$$A_s = \frac{0.85 f_{ck} \cdot a \cdot b}{f_y}$$

$$= \frac{0.85 \times 24 \times 16.21 \times 1,000}{300} = 1,102.3 \text{ mm}^2$$

- 최소철근비 $\rho_{\min} = \dfrac{1.4}{f_y} = \dfrac{1.4}{300} = 0.00467$
- 소요철근비 $\rho = \dfrac{A_s}{b \cdot d} = \dfrac{1,102.3}{1,000 \times 650} = 0.00170$

$\rho_{\min} > \rho$이므로 계산된 소요철근량 A_s는 적합하지 않다.

따라서 계산된 소요철근량에 4/3배하여 소요철근량을 다시 계산한다.

$$\frac{4}{3} A_s = 1,469.7 \text{ mm}^2$$

- 사용철근량 $A_s = D22 @ 125 = 3,096.8 \text{ mm}^2$

2) 전단철근의 계산

콘크리트가 부담하는 전단강도

$$\phi_v V_C = \phi_v (1/6) \sqrt{f_{ck}}\, bd = 0.80 \times (1/6) \times \sqrt{24} \times 1,000 \times 650 = 424,578.2 \text{ N}$$

여기에서, $\phi_v V_c > V_u$이므로 전단철근이 필요없다.

3) 설계전단력의 검토

$$\phi_v V_n = \phi_v V_C + \phi_v V_S$$

$\phi_v V_n = 424.58\,\text{kN} > V_u = 370.94\,\text{kN}$ O.K.

(6) 하부슬래브 중간벽체부

1) 휨철근량 계산

계수모멘트 : $M_u = 364.80\,\text{kN} \cdot \text{m}$ 계수전단력 : $V_u = 566.31\,\text{kN}$

폭 : $b = 1{,}000\,\text{mm}$ 부재 높이 : $h = 750\,\text{mm}$

덮개 : $d' = 100\,\text{mm}$ 유효고 : $d = 650\,\text{mm}$

$f_{ck} = 24\,\text{MPa}$ $\phi = 0.85$ $\beta_1 = 0.85$

$f_y = 300\,\text{MPa}$ $\phi_v = 0.80$

① 평형철근비 및 최대철근비

$$\rho_b = \frac{0.85 \times \beta_1 \times f_{ck}}{f_y} \times \frac{600}{600 + f_y}$$

$$= \frac{0.85 \times 0.85 \times 24}{300} \times \frac{600}{600 + 300} = 0.03853$$

$$\rho_{\max} = 0.75\,\rho_b = 0.02890$$

② 등가응력 사각형의 깊이 a

$$M_n = M_u / \phi = 429{,}176{,}470\,\text{N} \cdot \text{mm}$$

$$M_n = 0.85 \times f_{ck} \times a \times b \times \left(d - \frac{a}{2}\right) = 0.85 \times 24 \times a \times 1{,}000 \times \left(650 - \frac{a}{2}\right)$$

위의 식을 정리하면,

$$10{,}200\,a^2 - 13{,}260{,}000\,a + 429{,}176{,}470 = 0$$

여기에서, 근의 공식을 사용하여 a값을 구하면 $a = 33.21\,\text{mm}$

③ 소요철근량 A_s

$$A_s = \frac{0.85 f_{ck} \cdot a \cdot b}{f_y}$$

$$= \frac{0.85 \times 24 \times 33.21 \times 1{,}000}{300} = 2{,}258.3\,\text{mm}^2$$

- 최소철근비 $\rho_{\min} = \frac{1.4}{f_y} = \frac{1.4}{300} = 0.00467$

- 소요철근비 $\rho = \dfrac{A_s}{b \cdot d} = \dfrac{2,258.3}{1,000 \times 650} = 0.00347$

  $\rho_{\min} > \rho$이므로 계산된 소요철근량 A_s는 적합하지 않다.

따라서 계산된 소요철근량에 4/3배하여 소요철근량을 다시 계산한다.

$\dfrac{4}{3}A_s = 3,011.1\ \text{mm}^2$

- 사용철근량 $A_s = D22 @ 125 = 3,096.8\ \text{mm}^2$로 하면

  사용철근비 $\rho = \dfrac{A_s}{b \cdot d} = \dfrac{3,096.8}{1,000 \times 650} = 0.00476$

로서, 최소철근비 $\rho_{\min} = 0.00467$보다 크므로, 사용철근량 $A_s = 3,096.8\ \text{mm}^2$는 적합하다.

2) 설계모멘트의 검토

$$\phi M_n = 0.85 \times 300 \times 3,096.8 \times \left(650 - \frac{33.21}{2}\right)$$
$$= 500.18\ \text{kN} \cdot \text{m} > M_u = 364.80\ \text{kN} \cdot \text{m} \quad \text{O.K.}$$

3) 전단철근의 계산

콘크리트가 부담하는 전단강도

$$\phi_v V_C = \phi_v (1/6) \sqrt{f_{ck}}\, bd = 0.80 \times (1/6) \times \sqrt{24} \times 1,000 \times 650 = 424,578.2\ \text{kN}$$

여기에서, $\phi_v V_c < V_u$이므로 전단철근이 필요하다.

철근이 부담하는 전단강도

$$V_s = (V_u - \phi_v V_c)/\phi_v = (566.31 - 424.58)/0.80 = 177.16\ \text{kN}$$

4) 전단철근의 설계

① 전단철근의 단면적

$D13-U$형의 스터럽을 사용한다.

따라서 전단철근의 단면적 $A_v = 2 \times 126.7 = 253\ \text{mm}^2$이다.

② 전단철근의 간격

$V_S = \dfrac{A_v \times f_y \times d}{s}$ 의 식에서 전단철근의 간격을 구한다.

여기에서, A_v는 s거리 내의 전단철근의 단면적

- 전단철근의 간격 $s = \dfrac{A_v \times f_y \times d}{V_S} = \dfrac{253 \times 300 \times 650}{177,160} = 278.5\text{ mm}$
- 전단철근의 최대간격($s_{\max}$)

$(1/3)\sqrt{f_{ck}}\,bd = (1/3) \times \sqrt{24} \times 1,000 \times 650 = 1,061,445.6\text{ N} > V_S = 177.16\text{ kN}$

그러므로, $0.5d = 0.5 \times 650 = 325\text{ mm}$이므로 $s_{\max} = 325\text{ mm}$를 사용한다.

따라서, 사용하는 전단철근의 간격은 $s = 278.5\text{ mm}$ 이하로 사용한다.

(7) 외측벽체 중앙부

1) 휨철근량 계산

계수모멘트 : $M_u = 56.18\text{ kN}\cdot\text{m}$ 　　계수전단력 : $V_u = 3.53\text{ kN}$

폭 : $b = 1,000\text{ mm}$ 　　부재 높이 : $h = 500\text{ mm}$

덮개 : $d' = 100\text{ mm}$ 　　유효고 : $d = 400\text{ mm}$

$f_{ck} = 24\text{ MPa}$ 　　$\phi = 0.85$ 　　$\beta_1 = 0.85$

$f_y = 300\text{MPa}$ 　　$\phi_v = 0.80$

① 평형철근비 및 최대철근비

$$\rho_b = \frac{0.85 \times \beta_1 \times f_{ck}}{f_y} \times \frac{600}{600 + f_y}$$

$$= \frac{0.85 \times 0.85 \times 24}{300} \times \frac{600}{600 + 300} = 0.03853$$

$$\rho_{\max} = 0.75\rho_b = 0.02890$$

② 등가응력 사각형의 깊이 a

$$M_n = M_u/\phi = 66,094,120\text{ N}\cdot\text{mm}$$

$$M_n = 0.85 \times f_{ck} \times a \times b \times \left(d - \frac{a}{2}\right) = 0.85 \times 24 \times a \times 1,000 \times \left(400 - \frac{a}{2}\right)$$

위의 식을 정리하면,

$$10,200\,a^2 - 8,160,000\,a + 66,094,120 = 0$$

여기에서, 근의 공식을 사용하여 a값을 구하면 $a = 8.18\,\text{mm}$

③ 소요철근량 A_s

$$A_s = \frac{0.85 f_{ck} \cdot a \cdot b}{f_y}$$

$$= \frac{0.85 \times 24 \times 8.18 \times 1,000}{300} = 556.2\,\text{mm}^2$$

- 최소철근비 $\rho_{\min} = \dfrac{1.4}{f_y} = \dfrac{1.4}{300} = 0.00467$
- 소요철근비 $\rho = \dfrac{A_s}{b \cdot d} = \dfrac{556.2}{1,000 \times 400} = 0.00139$

  $\rho_{\min} > \rho$이므로 계산된 소요철근량 A_s는 적합하지 않다.

따라서 계산된 소요철근량에 4/3배하여 소요철근량을 다시 계산한다.

$$\frac{4}{3} A_s = 741.6\,\text{mm}^2$$

- 사용철근량 $A_s = D19\,@\,250 = 1,146.0\,\text{mm}^2$

2) 전단철근의 계산

콘크리트가 부담하는 전단강도

$$\phi_v V_C = \phi_v (1/6) \sqrt{f_{ck}}\, bd = 0.80 \times (1/6) \times \sqrt{24} \times 1,000 \times 400 = 261,278.9\,\text{N}$$

여기에서, $\phi_v V_c > V_u$이므로 전단철근이 필요없다.

3) 설계전단력의 검토

$$\phi_v V_n = \phi_v V_C + \phi_v V_S$$

$$\phi_v V_n = 261.28\,\text{kN} > V_u = 3.53\,\text{kN} \quad \text{O.K.}$$

(8) 외측벽체 상부

1) 휨철근량 계산

계수모멘트 : $M_u = 169.39\ \text{kN} \cdot \text{m}$　　계수전단력 : $V_u = 270.69\ \text{kN}$

폭 : $b = 1{,}000\ \text{mm}$　　부재 높이 : $h = 600\ \text{mm}$

덮개 : $d' = 100\ \text{mm}$　　유효고 : $d = 500\ \text{mm}$

$f_{ck} = 24\ \text{MPa}$　　$\phi = 0.85$　　$\beta_1 = 0.85$

$f_y = 300\ \text{MPa}$　　$\phi_v = 0.80$

① 평형철근비 및 최대철근비

$$\rho_b = \frac{0.85 \times \beta_1 \times f_{ck}}{f_y} \times \frac{600}{600 + f_y}$$

$$= \frac{0.85 \times 0.85 \times 24}{300} \times \frac{600}{600 + 300} = 0.03853$$

$$\rho_{\max} = 0.75 \rho_b = 0.02890$$

② 등가응력 사각형의 깊이 a

$$M_n = M_u / \phi = 199{,}282{,}350\ \text{N} \cdot \text{mm}$$

$$M_n = 0.85 \times f_{ck} \times a \times b \times \left(d - \frac{a}{2}\right) = 0.85 \times 24 \times a \times 1{,}000 \times \left(500 - \frac{a}{2}\right)$$

위의 식을 정리하면,

$$10{,}200\,a^2 - 10{,}200{,}000\,a + 199{,}282{,}350 = 0$$

여기에서, 근의 공식을 사용하여 a값을 구하면 $a = 19.93\ \text{mm}$

③ 소요철근량 A_s

$$A_s = \frac{0.85 f_{ck} \cdot a \cdot b}{f_y}$$

$$= \frac{0.85 \times 24 \times 19.93 \times 1{,}000}{300} = 1{,}355.2\ \text{mm}^2$$

- 최소철근비 $\rho_{\min} = \dfrac{1.4}{f_y} = \dfrac{1.4}{300} = 0.00467$

- 소요철근비 $\rho = \dfrac{A_s}{b \cdot d} = \dfrac{1{,}355.2}{1{,}000 \times 500} = 0.00271$

$\rho_{\min} > \rho$이므로 계산된 소요철근량 A_s는 적합하지 않다.

따라서 계산된 소요철근량에 4/3배하여 소요철근량을 다시 계산한다.

$$\frac{4}{3}A_s = 1,806.9\ \text{mm}^2$$

- 사용철근량 $A_s = D22 @ 125 = 3,096.8\ \text{mm}^2$

2) 전단철근의 계산

콘크리트가 부담하는 전단강도

$$\phi_v V_C = \phi_v (1/6)\sqrt{f_{ck}}\,bd = 0.80\times(1/6)\times\sqrt{24}\times1,000\times500 = 326,598.6\ \text{N}$$

여기에서, $\phi_v V_c > V_u$이므로 전단철근이 필요없다.

3) 설계전단력의 검토

$$\phi_v V_n = \phi_v V_C + \phi_v V_S$$

$$\phi_v V_n = 326.60\ \text{kN} > V_u = 270.69\ \text{kN} \quad \text{O.K.}$$

(9) 외측 벽체 하부

1) 휨철근량 계산

계수모멘트 : $M_u = 180.39\ \text{kN}\cdot\text{m}$ 　　계수전단력 : $V_u = 305.94\ \text{kN}$

폭 : $b = 1,000\ \text{mm}$ 　　부재 높이 : $h = 600\ \text{mm}$

덮개 : $d' = 100\ \text{mm}$ 　　유효고 : $d = 500\ \text{mm}$

$f_{ck} = 24\ \text{MPa}$ 　　$\phi = 0.85$ 　　$\beta_1 = 0.85$

$f_y = 300\ \text{MPa}$ 　　$\phi_v = 0.80$

① 평형철근비 및 최대철근비

$$\rho_b = \frac{0.85\times\beta_1\times f_{ck}}{f_y}\times\frac{600}{600+f_y}$$

$$= \frac{0.85\times0.85\times24}{300}\times\frac{600}{600+300} = 0.03853$$

$$\rho_{\max} = 0.75\rho_b = 0.02890$$

② 등가응력 사각형의 깊이 a

$$M_n = M_u/\phi = 212,223,530 \text{ N}\cdot\text{mm}$$

$$M_n = 0.85\times f_{ck}\times a\times b\times\left(d-\frac{a}{2}\right) = 0.85\times 24\times a\times 1,000\times\left(500-\frac{a}{2}\right)$$

위의 식을 정리하면,

$$10,200\,a^2 - 10,200,000\,a + 212,223,530 = 0$$

여기에서, 근의 공식을 사용하여 a값을 구하면 $a = 21.26$ mm

③ 소요철근량 A_s

$$A_s = \frac{0.85 f_{ck}\cdot a\cdot b}{f_y}$$

$$= \frac{0.85\times 24\times 21.26\times 1,000}{300} = 1,445.7 \text{ mm}^2$$

- 최소철근비 $\rho_{\min} = \dfrac{1.4}{f_y} = \dfrac{1.4}{300} = 0.00467$
- 소요철근비 $\rho = \dfrac{A_s}{b\cdot d} = \dfrac{1,445.7}{1,000\times 500} = 0.00289$

$\rho_{\min} > \rho$이므로 계산된 소요철근량 A_s는 적합하지 않다.

따라서 계산된 소요철근량에 4/3배하여 소요철근량을 다시 계산한다.

$$\frac{4}{3}A_s = 1,927.6 \text{ mm}^2$$

- 사용철근량 $A_s = D22@125 = 3,096.8 \text{ mm}^2$

2) 전단철근의 계산

콘크리트가 부담하는 전단강도

$$\phi_v V_C = \phi_v (1/6)\sqrt{f_{ck}}\,bd = 0.80\times(1/6)\times\sqrt{24}\times 1,000\times 500 = 326,598.6 \text{ N}$$

여기에서, $\phi_v V_c > V_u$이므로 전단철근이 필요없다.

3) 설계전단력의 검토

$$\phi_v V_n = \phi_v V_C + \phi_v V_S$$

$\phi_v V_n = 326.60\ \mathrm{kN} > V_u = 305.94\ \mathrm{kN}$ O.K.

9.3.8 우각부의 검토

(1) 상부슬래브 단부

우각부의 반지름 $R = \sqrt{2} \times t_1 + \dfrac{\sin\theta_1}{\sin\theta_2}(a - t_1 + t_2)$

$$R = \sqrt{2} \times 605 + \frac{\sin 45°}{\sin 90°}(300 - 650 + 500) = 1,025.3\ \mathrm{mm}$$

실하중 $M_0 = 107.53\ \mathrm{kN \cdot m}$

암거의 폭 $b = 1,000\ \mathrm{mm}$

콘크리트의 인장응력 $f_t = 0.13\sqrt{f_{ck}} = 0.13\sqrt{24} = 0.637\ \mathrm{MPa}$

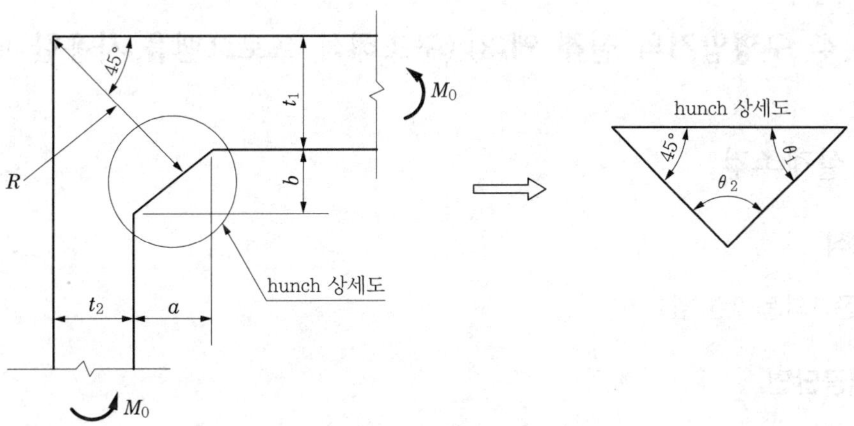

그림 9 · 45 우각부의 검토단면

1) 최대인장응력

최대인장응력 $f_{t\max} = \dfrac{5 \times M_0}{R^2 \cdot b} = \dfrac{5 \times 107,530,000}{1,025.3^2 \times 1,000} = 0.499\ \mathrm{MPa}$

$f_{t\max} < f_t$이므로 보강철근이 불필요하다.

(2) 하부슬래브 단부

우각부의 반지름 $R=\sqrt{2}\times t_1+\dfrac{\sin\theta_1}{\sin\theta_2}(a-t_1+t_2)$

$$R=\sqrt{2}\times 650+\frac{\sin 45°}{\sin 90°}(300-650+500)=1,025.3\text{ mm}$$

실하중 $M_0=115.07\text{ kN}\cdot\text{m}$

암거의 폭 $b=1,000\text{ mm}$

콘크리트의 인장응력 $f_t=0.13\sqrt{f_{ck}}=0.13\sqrt{24}=0.637\text{ MPa}$

1) 최대인장응력

최대인장응력 $f_{t\max}=\dfrac{5\cdot M_0}{R^2\cdot b}=\dfrac{5\times 115,070,000}{1,025.3^2\times 1,000}=0.534\text{ MPa}$

$f_{t\max}<f_t$이므로 보강철근이 불필요하다.

9.4 구형암거의 설계 예(3) (구조해석 프로그램을 사용한 예)

9.4.1 설계조건

(1) 형식

철근 콘크리트 2련 암거

(2) 내공단면

폭 3.0 m×높이 2.5 m

(3) 토피고

$H_1=8.7\text{ m}$

(4) 설계하중

1) 고정하중 : 철근 콘크리트의 단위질량 $\gamma_c=25\text{ kN/m}^3$

포장의 단위질량 $\gamma_a=23\text{ kN/m}^3$

2) 활하중 : DB-24 적용

(5) 사용재료

콘크리트 설계강도 : $f_{ck}=24\text{ MPa}$

철근의 항복강도 : $f_y=300\text{ MPa}$

(6) 토질조건

토사의 단위질량 : $\gamma_s=20\text{ kN/m}^3$

성토의 내부마찰각 : $\phi=30°$

정지토압계수 : $k_0=1-\sin\phi=1-\sin30°=0.5$

(7) 지하수 조건

지하수의 단위질량 : $\gamma=10\text{ kN/m}^3$

지하수위 : 지하 8.7 m

(8) 참고문헌

도로교 설계기준 2005.

9.4.2 단면형상

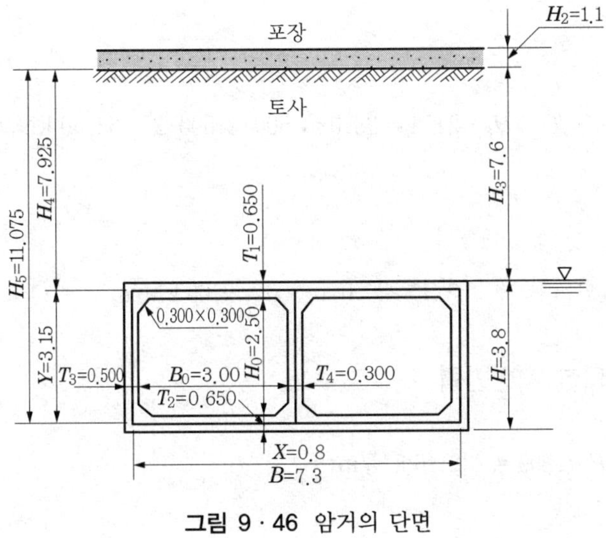

그림 9·46 암거의 단면

9.4.3 하중

(1) **고정하중**(지하수위가 없을 때 및 지하수위가 있을 때)

1) 포장 및 토사

포장층 : $P_a = \gamma_a \cdot H_2 \cdot B = 23.0 \times 1.1 \times 7.3 = 184.69$ kN/m

토사 : $P_s = \gamma_s \cdot H_3 \cdot B = 20.0 \times 7.6 \times 7.3 = 1,109.60$ kN/m

따라서 연직토압에 의한 등분포하중 $W_D = \dfrac{P_a + P_s}{7.3} = 177.30$ kN/m

2) 상부 슬래브

$$P_{D1} = \gamma_c \cdot T_1 \cdot B = 25.0 \times 0.65 \times 7.3 = 118.63 \text{ kN/m}$$

3) 하부 슬래브

$$P_{D2} = \gamma_c \cdot T_2 \cdot B = 25.0 \times 0.65 \times 7.3 = 118.63 \text{ kN/m}$$

4) 내측벽

$$P_{DW1} = \gamma_c \cdot T_4 \cdot H_6 = 25.0 \times 0.30 \times 2.5 = 18.75 \text{ kN/m}$$

5) 외측벽

$$P_{DW2} = \gamma_c \cdot T_3 \cdot H_6 \cdot 2EA = 25.0 \times 0.500 \times 2.500 \times 2 = 62.50 \text{ kN/m}$$

6) 헌치

$$P_H = \gamma_c \cdot \text{헌치의 총단면적} = 25.0 \times 0.360 = 9.00 \text{ kN/m}$$

7) 고정하중에 의한 지반반력

$$P_{VD} = \Sigma P / 7.300 = 222.16 \text{ kN/m}^2$$

(2) 활하중

지표재하 활하중 : DB-24 적용

암거의 흙덮이가 3.5 m 이상일 때의 활하중은 상부슬래브 상면에 일정하게 10.0 kN/m^{2}가 작용하는 것으로 하여 계산한다.

따라서 활하중 $W_L = 10.0\ \text{kN/m}^2$

활하중에 의한 지반반력 $P_{VL} = 10.0\ \text{kN/m}^2$

(3) 토압(지하수위 없을 때)

수평토압(정지토압계수 $K_0 = 0.5$)

$$q_1 = K_0 \times (\gamma_a \cdot H_2 + \gamma_s \cdot H_4)$$
$$= 0.5 \times (23.0 \times 1.100 + 20.0 \times 7.925) = 91.90\ \text{kN/m}^2$$
$$q_2 = K_0 \times (\gamma_a \cdot H_2 + \gamma_s \cdot H_5)$$
$$= 0.5 \times (23.0 \times 1.100 + 20.0 \times 11.075) = 123.40\ \text{kN/m}^2$$

(4) 토압(지하수위 있을 때)

수평토압(정지토압계수 $K_0 = 0.5$)

$$q_1' = 0.5 \times (23.0 \times 1.100 + 20.0 \times 7.6 + 10.0 \times 0.325) = 90.27\ \text{kN/m}^2$$

$$q_2' = 0.5 \times (23.0 \times 1.100 + 20.0 \times 7.6 + 10.0 \times 3.475) = 106.02\ \text{kN/m}^2$$

(5) 수압

$$W_{w1} = 0.325 \times 10.0 = 3.25\ \text{kN/m}^2$$

$$W_{w2} = 3.25 + 3.15 \times 10.0 = 34.75\ \text{kN/m}^2$$

9.4.4 해석모델링

(1) 절점구성

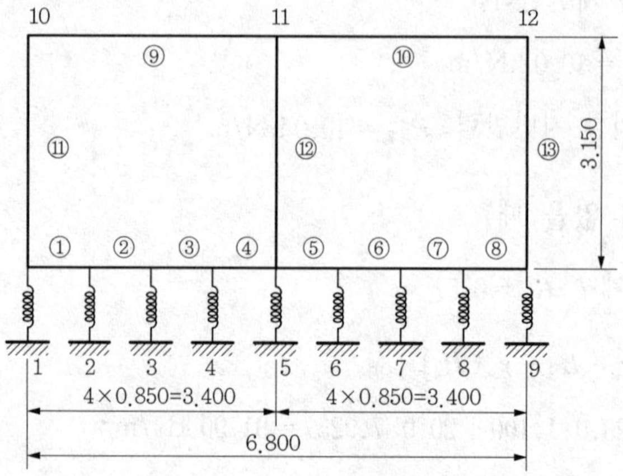

그림 9 · 47 절점의 구성

(2) 지반의 탄성계수

연직방향 지반반력계수

$K_V = K_{VO}\times(B_V/30)^n$, $(n=-3/4)$

$E_O = 28\times N = 28\times 20 = 560.0\ \text{kgf/cm}^2 = 56\,\text{MPa}$

$B_V = \sqrt{730.0\times 100} = 270.185\ \text{cm} = 2,701.85\,\text{mm}$

$\alpha = 1.0$

$K_{VO} = 1/30\times\alpha\times E_O = 18.667\ \text{kgf/cm}^3 = 0.18667\ \text{N/mm}^3$

$\therefore K_V = 18.667\times(270.185/30)^n$, $(n=-3/4)$

$= 35,905.55\ \text{kN/m}^3$

$K_V[1] = K_V\times 0.85\times 1/2 = 15,259.86\ \text{kN/m}^3$

$K_V[2] = K_V\times 0.85 = 30,519.72\ \text{kN/m}^3$

$K_V[3] = K_V\times 0.85 = 30,519.72\ \text{kN/m}^3$

$K_V[4] = K_V\times 0.85 = 30,519.72\ \text{kN/m}^3$

$K_V[5] = K_V \times 0.85 = 30,519.72\ \mathrm{kNm^3}$

$K_V[6] = K_V \times 0.85 = 30,519.72\ \mathrm{kN/m^3}$

$K_V[7] = K_V \times 0.85 = 30,519.72\ \mathrm{kN/m^3}$

$K_V[8] = K_V \times 0.85 = 30,519.72\ \mathrm{kN/m^3}$

$K_V[9] = K_V \times 0.85 \times 1/2 = 15,259.86\ \mathrm{kN/m^3}$

9.4.5 INPUT DATA

RC BOX 2련 수로암거 3.0×2.5 m

SYSTEM

L = 7

JOINT

1 X =0.000 Y =0.000

2 X =0.850 Y =0.000

3 X =1.700 Y =0.000

4 X =2.550 Y =0.000

5 X =3.400 Y =0.000

6 X =4.250 Y =0.000

7 X =5.100 Y =0.000

8 X =5.950 Y =0.000

9 X =6.800 Y =0.000

10X =0.000 Y =3.150

11X =3.400 Y =3.150

12X =6.800 Y =3.150

RESTRAINTS

1 12 1 R =0,0,1,1,1,0

1 R =1,0,1,1,1,0

```
STRINGS
1           K =0,  15,259.86,0,0,0,0
2    4   1  K =0,  30,519.72,0,0,0,0
5           K =0,  30,519.72,0,0,0,0
6    8   1  K =0,  30,519.72,0,0,0,0
9           K =0,  15,259.86,0,0,0,0

FRAME
NM= 4       NL=13        NSEC=3       Y=-1
C Section property
1 SH=R      T=0.650,1    E=2.35E7     TC=0.00001    W=0.650 *2.5
2 SH=R      T=0.650,1    E=2.35E7     TC=0.00001    W=0.650 *2.5
3 SH=R      T=0.650,1    E=2.35E7     TC=0.00001    W=0.500 *2.5
4 SH=R      T=0.300,1    E=2.35E7     TC=0.00001    W=0.300 *2.5
C define load
1 WL=0.00, -17.730
2 WL=0.00, -17.730
3 WL=-0.071, 0.00
4 WL=-0.143, 0.00
5 TRAP=0,      -12.340,   0,    3.149,    -9.190,     0
6 TRAP=0,       12.340,   0,    3.149,     9.190,     0
7 TRAP=0,      -10.602    0,    3.149,    -9.027,     0
8 TRAP=0,       10.602,   0,    3.149,     9.027,     0
9 TRAP=0,       -3.475,   0,    3.149,    -0.325,     0
10 TRAP=0,       3.475,   0,    3.149,    -0.325,     0
11 WL=0.00, -1.000
12 WL=0.00, -0.600
13 WL=0.00,  0.600
```

```
C  make member
C                                          d0   d1   d2   L1   e1   e2   W
 1  1   2    M =2    LP =1.0   NSL =0,    0,   0,   0,   0,   0,   0    G =7,1,1,1
 9 10  11    M =1    LP =1.0   NSL =0,    1,   2,   11,  0,   0,   0    G =1,1,1,1
11  1  10    M =3    LP =1.0   NSL =3,    0,   0,   12,  5,   7,   9
12  5  11    M =4    LP =1,0   NSL =4,    0,   0,   0,   0,   0,   0
13  9  12    M =3    LP =1,0   NSL =3,    0,   0,   13,  6,   8,   10

ENVELOPE
1   C =1.30   1.50   0.00   0.00   1.70   0.00   0.00
2   C =1.30   1.50   0.00   2.15   1.70   0.00   0.00
3   C =1.30   1.50   0.00   2.15   0.65   0.00   0.00
4   C =1.30   0.00   1.50   0.00   0.00   1.70   1.30
5   C =1.30   0.00   1.50   2.15   0.00   1.70   1.30
6   C =1.30   0.00   1.50   2.15   0.00   0.65   1.30
7   C =1.00   1.00   0.00   1.00   1.00   0.00   0.00
8   C =1.00   0.00   1.00   1.00   0.00   1.00   1.00
```

9.4.6 하중재하

(1) 고정하중(자중)

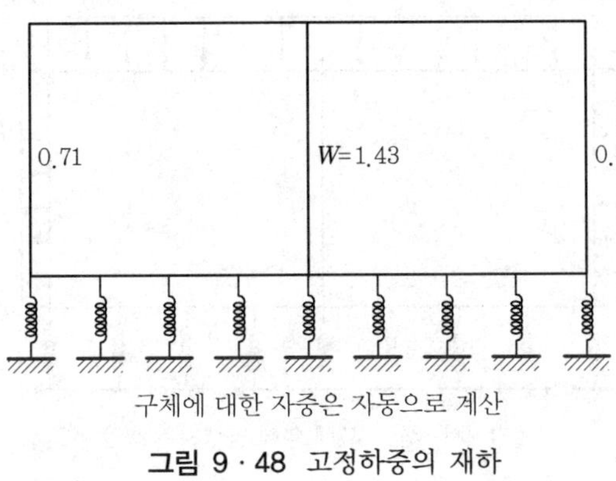

구체에 대한 자중은 자동으로 계산

그림 9 · 48 고정하중의 재하

(2) 연직토압 1(토사자중, 지하수위 없을 때)

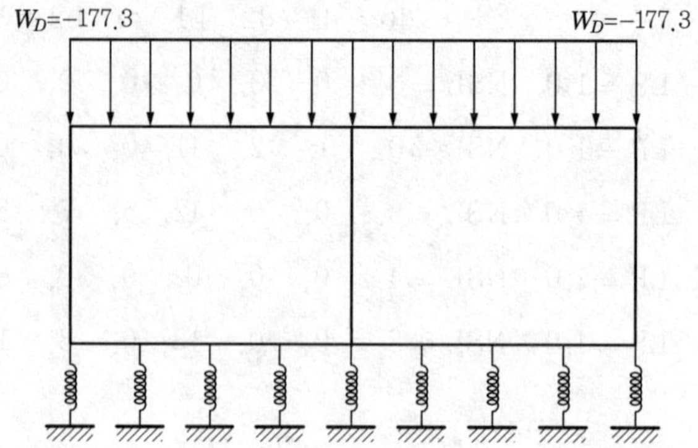

그림 9 · 49 연직토압의 재하(지하수위 없을 때)

(3) 연직토압2(토사자중, 지하수위 있을 때)

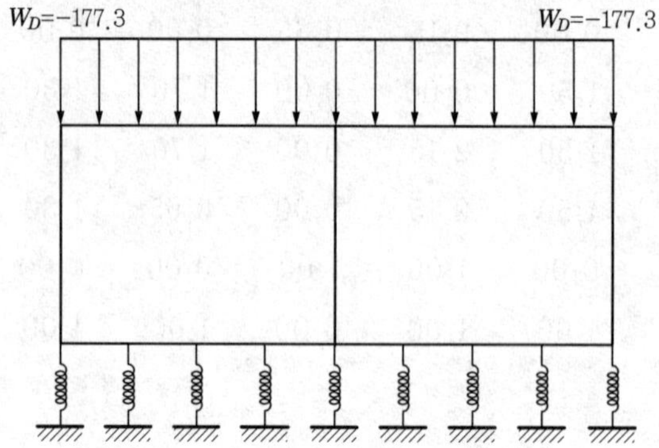

그림 9 · 50 연직토압의 재하(지하수위 있을 때)

(4) 활하중

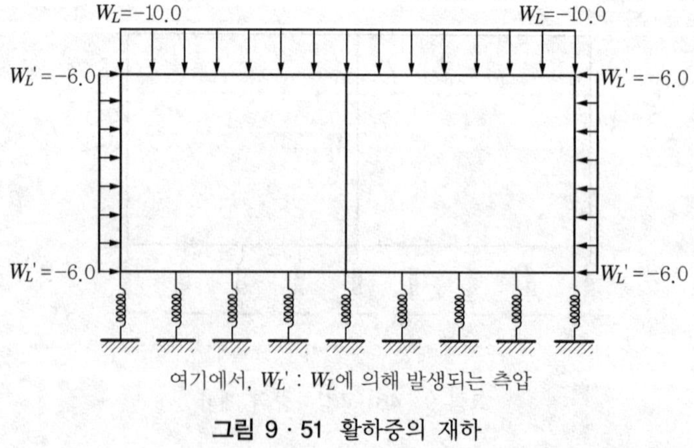

여기에서, W_L' : W_L에 의해 발생되는 측압

그림 9 · 51 활하중의 재하

(5) 토압(지하수위 없을 때)

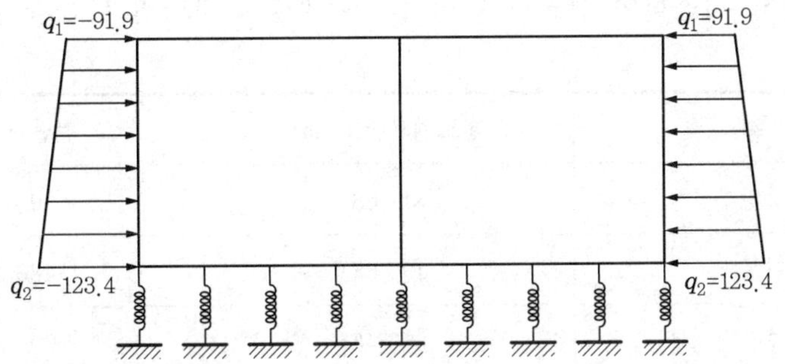

그림 9 · 52 토압의 재하(지하수위 없을 때)

(6) 토압(지하수위 있을 때)

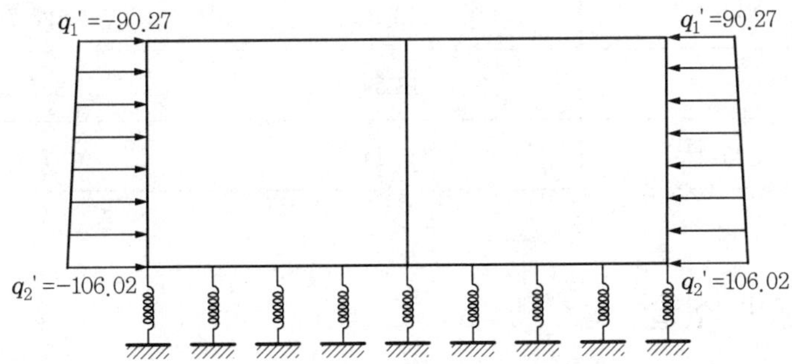

그림 9 · 53 토압의 재하(지하수위 있을 때)

(7) 수압

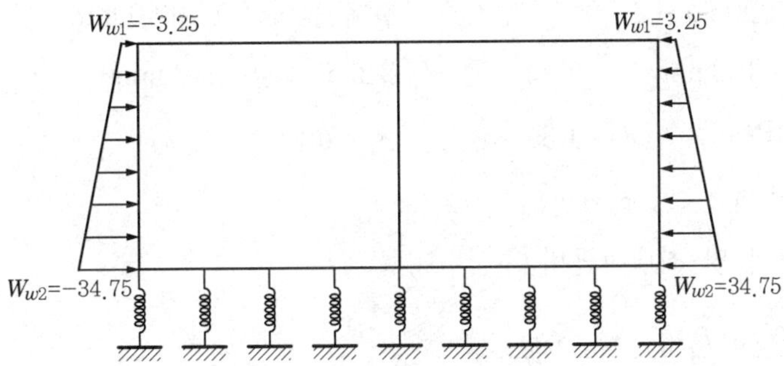

그림 9 · 54 수압의 재하

9.4.7 해석결과

SAP 프로그램을 사용하여 산출한 단면력의 결과를 요약하면 다음과 같다.

부재	휨모멘트(kN · m)	전단력(kN)
상부슬래브 중앙부	212.08	0.00
상부슬래브 단부	196.68	486.26
상부슬래브 중간벽체부	370.45	604.95
벽체중앙부	78.95	0.00
벽체상단부	196.68	309.97
벽체하단부	218.06	362.23
하부슬래브 중앙부	246.15	123.75
하부슬래브 단부	218.06	385.53
하부슬래브 중간벽체부	335.14	471.94

9.4.8 철근량의 산출

(1) 상부슬래브 중앙부

1) 휨철근량 계산

계수모멘트 : $M_u = 212.08$ kN·m　　계수전단력 : $V_u = 0.000$ kN

폭 : $b = 1{,}000$ mm　　부재 높이 : $h = 650$ mm

덮개 : $d' = 100$ mm　　유효고 : $d = 550$ mm

$f_{ck} = 24$ MPa　　$\phi = 0.85$　　$\beta_1 = 0.85$

$f_y = 300$ MPa　　$\phi_v = 0.8$

① 평형철근비 및 최대철근비

$$\rho_b = \frac{0.85 \times \beta_1 \times f_{ck}}{f_y} \times \frac{600}{600 + f_y}$$

$$= \frac{0.85 \times 0.85 \times 24}{300} \times \frac{600}{600+300} = 0.03853$$

$$\rho_{max} = 0.75\rho_b = 0.02890$$

② 등가응력 사각형의 깊이 a

$$M_n = M_u/\phi = 249,505,880\ \mathrm{N \cdot mm}$$

$$M_n = 0.85 \times f_{ck} \times a \times b \times \left(d - \frac{a}{2}\right) = 0.85 \times 24 \times a \times 1,000 \times \left(550 - \frac{a}{2}\right)$$

위의 식을 정리하면,

$$10,200a^2 - 11,220,000a + 249,505,880 = 0$$

여기에서, 근의 공식을 사용하여 a값을 구하면 $a = 22.71\ \mathrm{mm}$

③ 소요철근량 A_s

$$A_s = \frac{0.85 f_{ck} \cdot a \cdot b}{f_y}$$

$$= \frac{0.85 \times 24 \times 22.71 \times 1,000}{300} = 1,544.3\ \mathrm{mm}^2$$

- 최소철근비 $\rho_{min} = \frac{1.4}{f_y} = \frac{1.4}{300} = 0.00467$
- 소요철근비 $\rho = \frac{A_s}{b \cdot d} = \frac{1,544.3}{1,000 \times 550} = 0.00281$

$\rho_{min} > \rho$이므로 계산된 소요철근량 A_s는 적합하지 않다.

여기에서, 부재의 단면에서 해석상 필요한 철근량보다 1/3 이상 인장철근이 더 배근되는 경우에는 최소철근량의 규정을 적용하지 않을 수 있으므로 계산된 소요철근량에 4/3배하여 소요철근량을 다시 계산한다.

$$\frac{4}{3}A_s = 2,058.7\ \mathrm{mm}^2$$

따라서 사용철근량 $A_s = D22\ @\ 125 = 3,096.8\ \mathrm{mm}^2$

2) 전단력의 검토

콘크리트가 부담하는 전단강도

$$\phi_v V_C = \phi_v (1/6)\sqrt{f_{ck}}\, bd = 0.80 \times (1/6) \times \sqrt{24} \times 1,000 \times 550 = 359,258\ \mathrm{N}$$

여기에서, $\phi_v V_c > V_u$이므로 전단철근이 필요없다.

(2) 상부슬래브 단부

1) 휨철근량 계산

계수모멘트 : $M_u = 196.68\ \text{kN}\cdot\text{m}$ 계수전단력 : $V_u = 486.26\ \text{kN}$

폭 : $b = 1{,}000\ \text{mm}$ 부재 높이 : $h = 750\ \text{mm}$

덮개 : $d' = 100\ \text{mm}$ 유효고 : $d = 650\ \text{mm}$

$f_{ck} = 24\ \text{MPa}$ $\phi = 0.85$ $\beta_1 = 0.85$

$f_y = 300\ \text{MPa}$ $\phi_v = 0.80$

① 평형철근비 및 최대철근비

$$\rho_b = \frac{0.85\times\beta_1\times f_{ck}}{f_y}\times\frac{600}{600+f_y}$$

$$= \frac{0.85\times0.85\times24}{300}\times\frac{600}{600+300} = 0.03853$$

$$\rho_{max} = 0.75\rho_b = 0.02890$$

② 등가응력 사각형의 깊이 a

$$M_n = M_u/\phi = 231{,}388{,}240\ \text{N}\cdot\text{mm}$$

$$M_n = 0.85\times f_{ck}\times a\times b\times\left(d-\frac{a}{2}\right) = 0.85\times24\times a\times1{,}000\times\left(650-\frac{a}{2}\right)$$

위의 식을 정리하면,

$$10{,}200a^2 - 13{,}260{,}000a + 231{,}388{,}240 = 0$$

여기에서, 근의 공식을 사용하여 a값을 구하면 $a = 17.69\ \text{mm}$

③ 소요철근량 A_s

$$A_s = \frac{0.85 f_{ck}\cdot a\cdot b}{f_y}$$

$$= \frac{0.85\times24\times17.69\times1{,}000}{300} = 1{,}202.9\ \text{mm}^2$$

- 최소철근비 $\rho_{min} = \frac{1.4}{f_y} = \frac{1.4}{300} = 0.00467$

- 소요철근비 $\rho = \dfrac{A_s}{b \cdot d} = \dfrac{1,202.9}{1,000 \times 650} = 0.00185$

  $\rho_{\min} > \rho$이므로 계산된 소요철근량 A_s는 적합하지 않다.

여기에서, 계산된 소요철근량에 4/3배하여 소요철근량을 다시 계산한다.

$$\frac{4}{3} A_s = 1,603.9 \text{ mm}^2$$

따라서 사용철근량 $A_s = D22 @ 125 = 3,096.8 \text{ mm}^2$

2) 전단력의 검토

$$\phi_v V_C = \phi_v (1/6) \sqrt{f_{ck}} b \cdot d = 0.80 \times (1/6) \sqrt{24} \times 1,000 \times 650 = 424,578.2 \text{ N}$$

$\therefore \phi_v V_c = 424.58 \text{ kN} < V_u = 486.26 \text{ kN}$ 이므로 전단철근이 필요하다.

철근이 부담하는 전단강도

$$V_s = (V_u - \phi_v V_c)/\phi_v = (486.26 - 424.58)/0.80 = 77.10 \text{ kN}$$

3) 전단철근의 설계

① 전단철근의 단면적

$D13-U$형의 스터럽을 사용한다.

따라서 전단철근의 단면적 $A_v = 2 \times 12.67 = 253 \text{ mm}^2$이다.

② 전단철근의 간격

$V_S = \dfrac{A_v \times f_y \times d}{s}$의 식에서 전단철근의 간격을 구한다.

여기에서, A_v는 s 거리 내의 전단철근의 단면적

전단철근의 간격 $s = \dfrac{A_v \times f_y \times d}{V_S} = \dfrac{253 \times 300 \times 650}{77,090} = 639 \text{ mm}$

- 전단철근의 최대간격($s_{\max}$)

  ㉠ 부재축에 직각으로 설치되는 스터럽의 간격은 $0.5\,d$ 이하 또는 60 cm 이하여야 한다.

  ㉡ V_S가 $(1/3)\sqrt{f_{ck}}\, bd$를 초과하는 경우에는 위에서의 간격을 절반으로 감소시킨다.

  $$(1/3)\sqrt{f_{ck}}\, bd = (1/3) \times \sqrt{24} \times 1,000 \times 650 = 1,061.4 \text{ kN} > V_S = 77.09 \text{ kN}$$

그러므로, ①의 경우에 따라 $0.5d = 0.5 \times 650 = 325\,\text{mm}$이므로 $s_{max} = 325\,\text{mm}$를 사용한다.

따라서 사용하는 전단철근의 간격은 $s = 325\,\text{mm}$ 이하로 사용한다.

(3) 상부슬래브 중간벽체부

1) 휨철근량 계산

계수모멘트 : $M_u = 370.45\,\text{kN} \cdot \text{m}$ 계수전단력 : $V_u = 604.95\,\text{kN}$

폭 : $b = 1{,}000\,\text{mm}$ 부재 높이 : $h = 750\,\text{mm}$

덮개 : $d' = 100\,\text{mm}$ 유효고 : $d = 650\,\text{mm}$

$f_{ck} = 24\,\text{MPa}$ $\phi = 0.85$ $\beta_1 = 0.85$

$f_y = 300\,\text{MPa}$ $\phi_v = 0.80$

① 평형철근비 및 최대철근비

$$\rho_b = \frac{0.85 \times \beta_1 \times f_{ck}}{f_y} \times \frac{600}{600 + f_y}$$

$$= \frac{0.85 \times 0.85 \times 24}{300} \times \frac{600}{600 + 300} = 0.03853$$

$$\rho_{max} = 0.75\,\rho_b = 0.02890$$

② 등가응력 사각형의 깊이 a

$$M_n = M_u / \phi = 435{,}823{,}530\,\text{N} \cdot \text{mm}$$

$$M_n = 0.85 \times f_{ck} \times a \times b \times \left(d - \frac{a}{2}\right) = 0.85 \times 24 \times a \times 1{,}000 \times \left(650 - \frac{a}{2}\right)$$

위의 식을 정리하면,

$$10{,}200\,a^2 - 13{,}260{,}000\,a + 435{,}823{,}530 = 0$$

여기에서, 근의 공식을 사용하여 a값을 구하면 $a = 33.74\,\text{mm}$

③ 소요철근량 A_s

$$A_s = \frac{0.85 f_{ck} \cdot a \cdot b}{f_y}$$

$$= \frac{0.85 \times 24 \times 33.74 \times 1{,}000}{300} = 2{,}294.3\,\text{mm}^2$$

- 최소철근비 $\rho_{\min} = \frac{1.4}{f_y} = \frac{1.4}{300} = 0.00467$

- 소요철근비 $\rho = \frac{A_s}{b \cdot d} = \frac{2,294.3}{1,000 \times 650} = 0.00353$

  $\rho_{\min} > \rho$이므로 계산된 소요철근량 A_s는 적합하지 않다.

따라서, $\frac{4}{3} A_s = 3,059.1\ \text{mm}^2$

- 사용철근량 $A_s = D22 @ 125 = 3,096.8\ \text{mm}^2$

2) 전단력의 검토

$$\phi_v V_C = \phi_v (1/6) \sqrt{f_{ck}} b \cdot d = 0.80 \times (1/6) \sqrt{24} \times 1,000 \times 650 = 424,578\ \text{N}$$

$\therefore \phi_v V_c = 424.58\ \text{kN} < V_u = 604.95\ \text{kN}$ 이므로 전단철근이 필요하다.

철근이 부담하는 전단강도

$$V_s = (V_u - \phi_v V_c)/\phi_v = (604.95 - 424.58)/0.80 = 225.46\ \text{kN}$$

3) 전단철근의 설계

① 전단철근의 단면적

$D13-U$형의 스터럽을 사용한다.

따라서, 전단철근의 단면적 $A_v = 2 \times 126.7 = 253\ \text{mm}^2$이다.

② 전단철근의 간격

$V_S = \frac{A_v \times f_y \times d}{s}$의 식에서 전단철근의 간격을 구한다.

여기에서, A_v는 s거리 내의 전단철근의 단면적

전단철근의 간격 $s = \frac{A_v \times f_y \times d}{V_S} = \frac{253 \times 300 \times 650}{219,140} = 225.1\ \text{mm}$

전단철근의 최대간격($s_{\max}$)

$$(1/3) \sqrt{f_{ck}}\, bd = (1/3) \times \sqrt{24} \times 1,000 \times 650 = 1,061.4\ \text{kN} > V_S = 225.5\ \text{kN}$$

$0.5d = 0.5 \times 650 = 325\ \text{mm}$이므로 $s_{\max} = 325\ \text{mm}$를 사용한다.

따라서 사용하는 전단철근의 간격은 $s = 325\ \text{mm}$ 이하로 사용한다.

(4) 하부 슬래브 중앙부

1) 휨철근량 계산

계수모멘트 : $M_u = 246.15\ \mathrm{kN \cdot m}$ 계수전단력 : $V_u = 123.75\ \mathrm{kN}$

폭 : $b = 1{,}000\ \mathrm{mm}$ 부재 높이 : $h = 650\ \mathrm{mm}$

덮개 : $d' = 100\ \mathrm{mm}$ 유효고 : $d = 550\ \mathrm{mm}$

$f_{ck} = 24\ \mathrm{MPa}$ $\phi = 0.85$ $\beta_1 = 0.85$

$f_y = 300\ \mathrm{MPa}$ $\phi_v = 0.80$

① 평형철근비 및 최대철근비

$$\rho_b = \frac{0.85 \times \beta_1 \times f_{ck}}{f_y} \times \frac{600}{600 + f_y}$$

$$= \frac{0.85 \times 0.85 \times 24}{300} \times \frac{600}{600 + 300} = 0.03853$$

$$\rho_{\max} = 0.75 \rho_b = 0.02890$$

② 등가응력 사각형의 깊이 a

$$M_n = M_u / \phi = 289{,}588{,}240\ \mathrm{N \cdot mm}$$

$$M_n = 0.85 \times f_{ck} \times a \times b \times \left(d - \frac{a}{2}\right) = 0.85 \times 24 \times a \times 1{,}000 \times \left(550 - \frac{a}{2}\right)$$

위의 식을 정리하면,

$$10{,}200\, a^2 - 11{,}220{,}000\, a + 289{,}588{,}240 = 0$$

여기에서, 근의 공식을 사용하여 a값을 구하면 $a = 26.45\ \mathrm{mm}$

③ 소요철근량 A_s

$$A_s = \frac{0.85 f_{ck} \cdot a \cdot b}{f_y}$$

$$= \frac{0.85 \times 24 \times 26.45 \times 1{,}000}{3{,}000} = 1{,}798.6\ \mathrm{mm}^2$$

- 최소철근비 $\rho_{\min} = \dfrac{1.4}{f_y} = \dfrac{1.4}{300} = 0.00467$
- 소요철근비 $\rho = \dfrac{A_s}{b \cdot d} = \dfrac{1{,}798.6}{1{,}000 \times 550} = 0.00327$

$\rho_{min} > \rho$이므로 계산된 소요철근량 A_s는 적합하지 않다.

따라서 계산된 소요철근량에 4/3배하여 소요철근량을 다시 계산한다.

$$\frac{4}{3}A_s = 2,398.1\ \text{mm}^2$$

- 사용철근량 $A_s = D22 @ 125 = 3,096.88\ \text{mm}^2$

2) 전단력의 검토

콘크리트가 부담하는 전단강도

$$\phi_v V_C = \phi_v (1/6)\sqrt{f_{ck}}\,bd = 0.80 \times (1/6) \times \sqrt{24} \times 1,000 \times 550 = 359,258\ \text{N}$$

여기에서, $\phi_v V_c > V_u$이므로 전단철근이 필요없다.

(5) 하부 슬래브 단부

1) 휨철근량 계산

계수모멘트 : $M_u = 218.06\ \text{kN}\cdot\text{m}$ 　　계수전단력 : $V_u = 385.53\ \text{kN}$

폭 : $b = 1,000\ \text{mm}$ 　　부재 높이 : $h = 750\ \text{mm}$

덮개 : $d' = 100\ \text{mm}$ 　　유효고 : $d = 650\ \text{mm}$

$f_{ck} = 240\ \text{MPa}$ 　　$\phi = 0.85$ 　　$\beta_1 = 0.85$

$f_y = 300\ \text{MPa}$ 　　$\phi_v = 0.80$

① 평형철근비 및 최대철근비

$$\rho_b = \frac{0.85 \times \beta_1 \times f_{ck}}{f_y} \times \frac{600}{600 + f_y}$$

$$= \frac{0.85 \times 0.85 \times 24}{300} \times \frac{600}{600 + 300} = 0.03853$$

$$\rho_{max} = 0.75\rho_b = 0.02890$$

② 등가응력 사각형의 깊이 a

$$M_n = M_u/\phi = 256,541,180\ \text{N}\cdot\text{mm}$$

$$M_n = 0.85 \times f_{ck} \times a \times b \times \left(d - \frac{a}{2}\right) = 0.85 \times 24 \times a \times 1,000 \times \left(650 - \frac{a}{2}\right)$$

위의 식을 정리하면,

$$10,200\,a^2 - 13,260,000\,a + 256,541,180 = 0$$

여기에서, 근의 공식을 사용하여 a값을 구하면 $a = 19.64\ \mathrm{mm}$

③ 소요철근량 A_s

$$A_s = \frac{0.85 f_{ck} \cdot a \cdot b}{f_y}$$

$$= \frac{0.85 \times 24 \times 19.64 \times 1,000}{300} = 1,335.5\ \mathrm{mm}^2$$

• 최소철근비 $\rho_{\min} = \frac{1.4}{f_y} = \frac{1.4}{300} = 0.00467$

• 소요철근비 $\rho = \frac{A_s}{b \cdot d} = \frac{1,335.5}{1,000 \times 650} = 0.00205$

$\rho_{\min} > \rho$이므로 계산된 소요철근량 A_s는 적합하지 않다.

따라서 계산된 소요철근량에 4/3배하여 소요철근량을 다시 계산한다.

$$\frac{4}{3} A_s = 1,780.6\ \mathrm{mm}^2$$

• 사용철근량 $A_s = D22 @ 125 = 3,096.8\ \mathrm{mm}^2$

2) 전단력의 검토

콘크리트가 부담하는 전단강도

$$\phi_v V_C = \phi_v (1/6) \sqrt{f_{ck}}\, bd = 0.80 \times (1/6) \times \sqrt{24} \times 1,000 \times 650 = 424,578.2\ \mathrm{N}$$

여기에서, $\phi_v V_c > V_u$이므로 전단철근이 필요없다.

(6) 하부 슬래브 중간 벽체부

1) 휨철근량 계산

계수모멘트 : $M_u = 335.14\ \mathrm{kN \cdot m}$ 계수전단력 : $V_u = 471.94\ \mathrm{kN}$

폭 : $b = 1,000\ \mathrm{mm}$ 부재 높이 : $h = 750\ \mathrm{mm}$

덮개 : $d' = 100\ \mathrm{mm}$ 유효고 : $d = 650\ \mathrm{mm}$

$f_{ck} = 24$ MPa $\qquad \phi = 0.85 \qquad \beta_1 = 0.85$

$f_y = 300$ MPa $\qquad \phi_v = 0.80$

① 평형철근비 및 최대철근비

$$\rho_b = \frac{0.85 \times \beta_1 \times f_{ck}}{f_y} \times \frac{600}{600 + f_y}$$

$$= \frac{0.85 \times 0.85 \times 24}{300} \times \frac{600}{600 + 300} = 0.03853$$

$$\rho_{\max} = 0.75 \rho_b = 0.02890$$

② 등가응력 사각형의 깊이 a

$$M_n = M_u / \phi = 394,282,350 \text{ N} \cdot \text{mm}$$

$$M_n = 0.85 \times f_{ck} \times a \times b \times \left(d - \frac{a}{2}\right) = 0.85 \times 24 \times a \times 1,000 \times \left(650 - \frac{a}{2}\right)$$

위의 식을 정리하면,

$$10,200 a^2 - 13,260,000 a + 394,282,350 = 0$$

여기에서, 근의 공식을 사용하여 a값을 구하면 $a = 30.45$ mm

③ 소요철근량 A_s

$$A_s = \frac{0.85 f_{ck} \cdot a \cdot b}{f_y}$$

$$= \frac{0.85 \times 24 \times 30.45 \times 1,000}{300} = 2,070.6 \text{ mm}^2$$

- 최소철근비 $\rho_{\min} = \frac{1.4}{f_y} = \frac{1.4}{300} = 0.00467$
- 소요철근비 $\rho = \frac{A_s}{b \cdot d} = \frac{2,070}{1,000 \times 650} = 0.00319$

  $\rho_{\min} > \rho$이므로 계산된 소요철근량 A_s는 적합하지 않다.

따라서 계산된 소요철근량에 4/3배하여 소요철근량을 다시 계산한다.

$$\frac{4}{3} A_s = 2,760.8 \text{ mm}^2$$

- 사용철근량 $A_s = D22 @ 125 = 3,096.8 \text{ mm}^2$

2) 전단력의 검토

콘크리트가 부담하는 전단강도

$$\phi_v V_C = \phi_v (1/6)\sqrt{f_{ck}}\, b\cdot d = 0.80\times(1/6)\sqrt{24}\times1,000\times650 = 424,578.2\ \text{N}$$

$\phi_v V_c = 424.58\ \text{kN} < V_u = 471.94\ \text{kN}$ 이므로 전단철근이 필요하다.

철근이 부담하는 전단강도

$$V_s = (V_u - \phi_v V_c)/\phi_v = (471.94 - 424.58)/0.80 = 59.20\ \text{kN}$$

3) 전단철근의 설계

① 전단철근의 단면적

D13-U형의 스터럽을 사용한다.

따라서, 전단철근의 단면적 $A_v = 2\times126.7 = 253\ \text{mm}^2$이다.

② 전단철근의 간격

$V_S = \dfrac{A_v\times f_y\times d}{s}$ 의 식에서 전단철근의 간격을 구한다.

여기에서, A_v는 s거리 내의 전단철근의 단면적

전단철근의 간격 $s = \dfrac{A_v\times f_y\times d}{V_S} = \dfrac{253\times300\times650}{59,200} = 833.3\ \text{mm}$

• 전단철근의 최대간격($s_{\max}$)

$0.5d = 0.5\times650 = 325\ \text{mm}$

이므로 $s_{\max} = 325\ \text{mm}$를 사용한다.

따라서 사용하는 전단철근의 간격은 $s = 325\ \text{mm}$ 이하로 사용한다.

(7) 외측 벽체 중앙부

1) 휨철근량 계산

계수모멘트 : $M_u = 78.95\ \text{kN}\cdot\text{m}$ 계수전단력 : $V_u = 0.00\ \text{kN}$

폭 : $b = 1,000\ \text{mm}$ 부재 높이 : $h = 500\ \text{mm}$

덮개 : $d' = 100\ \text{mm}$ 유효고 : $d = 400\ \text{mm}$

$f_{ck} = 24\ \mathrm{MPa}$ $\qquad \phi = 0.85$ $\qquad \beta_1 = 0.85$

$f_y = 300\ \mathrm{MPa}$ $\qquad \phi_v = 0.80$

① 평형철근비 및 최대철근비

$$\rho_b = \frac{0.85 \times \beta_1 \times f_{ck}}{f_y} \times \frac{600}{600 + f_y}$$

$$= \frac{0.85 \times 0.85 \times 24}{300} \times \frac{600}{600 + 300} = 0.03853$$

$$\rho_{\max} = 0.75\rho_b = 0.02890$$

② 등가응력 사각형의 깊이 a

$$M_n = M_u / \phi = 92,882,350\ \mathrm{N \cdot mm}$$

$$M_n = 0.85 \times f_{ck} \times a \times b \times \left(d - \frac{a}{2}\right) = 0.85 \times 24 \times a \times 1,000 \times \left(400 - \frac{a}{2}\right)$$

위의 식을 정리하면,

$$10,200\,a^2 - 8,160,000\,a + 92,882,350 = 0$$

여기에서, 근의 공식을 사용하여 a값을 구하면 $a = 11.55\ \mathrm{mm}$

③ 소요철근량 A_s

$$A_s = \frac{0.85 f_{ck} \cdot a \cdot b}{f_y}$$

$$= \frac{0.85 \times 24 \times 11.55 \times 1,000}{300} = 785.4\ \mathrm{mm}^2$$

- 최소철근비 $\rho_{\min} = \dfrac{1.4}{f_y} = \dfrac{1.4}{300} = 0.00467$

- 소요철근비 $\rho = \dfrac{A_s}{b \cdot d} = \dfrac{785.4}{1,000 \times 400} = 0.00196$

  $\rho_{\min} > \rho$이므로 계산된 소요철근량 A_s는 적합하지 않다.

따라서 계산된 소요철근량에 4/3배하여 소요철근량을 다시 계산한다.

$$\frac{4}{3} A_s = 1047.2\ \mathrm{mm}^2$$

- 사용철근량 $A_s = D19\ @\ 250 = 1,146.0\ \mathrm{mm}^2$

2) 전단력의 검토

콘크리트가 부담하는 전단강도

$$\phi_v V_C = \phi_v (1/6)\sqrt{f_{ck}}\, bd = 0.80\times(1/6)\times\sqrt{24}\times1,000\times400 = 261,278.9\ \text{N}$$

여기에서, $\phi_v V_c > V_u$이므로 전단철근이 필요없다.

(8) 외측 벽체 상부

1) 휨철근량 계산

계수모멘트 : $M_u = 196.68\ \text{kN}\cdot\text{m}$ 계수전단력 : $V_u = 309.97\ \text{kN}$

폭 : $b = 1,000\ \text{mm}$ 부재 높이 : $h = 600\ \text{mm}$

덮개 : $d' = 100\ \text{mm}$ 유효고 : $d = 500\ \text{mm}$

$f_{ck} = 24\ \text{MPa}$ $\phi = 0.85$ $\beta_1 = 0.85$

$f_y = 300\ \text{MPa}$ $\phi_v = 0.80$

① 평형철근비 및 최대철근비

$$\rho_b = \frac{0.85\times\beta_1\times f_{ck}}{f_y}\times\frac{600}{600+f_y}$$

$$= \frac{0.85\times0.85\times24}{300}\times\frac{600}{600+300} = 0.03853$$

$$\rho_{\max} = 0.75\rho_b = 0.02890$$

② 등가응력 사각형의 깊이 a

$$M_n = M_u/\phi = 231,388,240\ \text{N}\cdot\text{mm}$$

$$M_n = 0.85\times f_{ck}\times a\times b\times\left(d-\frac{a}{2}\right) = 0.85\times24\times a\times1,000\times\left(500-\frac{a}{2}\right)$$

위의 식을 정리하면,

$$10,200a^2 - 10,200,000a + 231,388,240 = 0$$

여기에서, 근의 공식을 사용하여 a값을 구하면 $a = 23.22\ \text{mm}$

③ 소요철근량 A_s

$$A_s = \frac{0.85 f_{ck}\cdot a\cdot b}{f_y}$$

$$= \frac{0.85 \times 24 \times 23.22 \times 1,000}{300} = 1,579.1\ \text{mm}^2$$

- 최소철근비 $\rho_{\min} = \frac{1.4}{f_y} = \frac{1.4}{300} = 0.00467$
- 소요철근비 $\rho = \frac{A_s}{b \cdot d} = \frac{1,579.1}{1,000 \times 500} = 0.00316$

  $\rho_{\min} > \rho$이므로 계산된 소요철근량 A_s는 적합하지 않다.

따라서 계산된 소요철근량에 4/3배하여 소요철근량을 다시 계산한다.

$\frac{4}{3} A_s = 2,105.7\ \text{mm}^2$

- 사용철근량 $A_s = D22 @ 125 = 3,096.8\ \text{mm}^2$

2) 전단력의 검토

콘크리트가 부담하는 전단강도

$$\phi_v V_C = \phi_v (1/6)\sqrt{f_{ck}}\, bd = 0.80 \times (1/6) \times \sqrt{24} \times 1,000 \times 500 = 326,598.6\ \text{N}$$

여기에서, $\phi_v V_c > V_u$이므로 전단철근이 필요하다.

(9) 외측 벽체 하부

1) 휨철근량 계산

계수모멘트 : $M_u = 218.06\ \text{kN} \cdot \text{m}$ 계수전단력 : $V_u = 362.23\ \text{kN}$

폭 : $b = 1,000\ \text{mm}$ 부재 높이 : $h = 600\ \text{mm}$

덮개 : $d' = 100\ \text{mm}$ 유효고 : $d = 500\ \text{mm}$

$f_{ck} = 24\ \text{MPa}$ $\phi = 0.85$ $\beta_1 = 0.85$

$f_y = 300\ \text{MPa}$ $\phi_v = 0.80$

① 평형철근비 및 최대철근비

$$\rho_b = \frac{0.85 \times \beta_1 \times f_{ck}}{f_y} \times \frac{600}{600 + f_y}$$

$$= \frac{0.85 \times 0.85 \times 24}{300} \times \frac{600}{600 + 300} = 0.03853$$

$$\rho_{\max} = 0.75 \rho_b = 0.02890$$

② 등가응력 사각형의 깊이 a

$$M_n = M_u/\phi = 256,541,180\ \text{N}\cdot\text{mm}$$

$$M_n = 0.85\times f_{ck}\times a\times b\times\left(d-\frac{a}{2}\right) = 0.85\times 24\times a\times 1,000\times\left(500-\frac{a}{2}\right)$$

위의 식을 정리하면,

$$10,200\,a^2 - 10,200,000\,a + 256,541,180 = 0$$

여기에서, 근의 공식을 사용하여 a값을 구하면 $a = 25.82\ \text{mm}$

③ 소요철근량 A_s

$$A_s = \frac{0.85 f_{ck}\cdot a\cdot b}{f_y}$$

$$= \frac{0.85\times 24\times 25.82\times 100}{300} = 1,775.8\ \text{mm}^2$$

- 최소철근비 $\rho_{\min} = \frac{1.4}{f_y} = \frac{1.4}{300} = 0.00467$
- 소요철근비 $\rho = \frac{A_s}{b\cdot d} = \frac{1,755.8}{1,000\times 500} = 0.00351$

$\rho_{\min} > \rho$이므로 계산된 소요철근량 A_s는 적합하지 않다.

따라서 계산된 소요철근량에 4/3배하여 소요철근량을 다시 계산한다.

$$\frac{4}{3}A_s = 2,341.0\ \text{mm}^2$$

- 사용철근량 $A_s = D22\ @\ 125 = 3,096.8\ \text{mm}^2$

2) 전단력의 검토

콘크리트가 부담하는 전단강도

$$\phi_v V_C = \phi_v (1/6)\sqrt{f_{ck}}\,bd = 0.80\times(1/6)\times\sqrt{24}\times 1,000\times 500 = 326,598.6\ \text{N}$$

여기에서, $\phi_v V_c < V_u$이므로 전단철근이 필요하다.

철근이 부담하는 전단강도

$$V_s = (V_u - \phi_v V_c)/\phi_v = (362.23 - 326.60)/0.80 = 44.54\ \text{kN}$$

3) 전단철근의 설계

① 전단철근의 단면적

$D13-U$형의 스터럽을 사용한다.

따라서 전단철근의 단면적 $A_v = 2\times126.7 = 253\ \mathrm{mm}^2$이다.

② 전단철근의 간격

$V_S = \dfrac{A_v \times f_y \times d}{s}$ 의 식에서 전단철근의 간격을 구한다.

여기에서, A_v는 s거리 내의 전단철근의 단면적

전단철근의 간격 $s = \dfrac{A_v \times f_y \times d}{V_S} = \dfrac{253\times300\times500}{44,540} = 852\ \mathrm{mm}$

• 전단철근의 최대간격($s_{\max}$)

$(1/3)\sqrt{f_{ck}}\,bd = (1/3)\times\sqrt{24}\times1,000\times500 = 816,496.6\ \mathrm{N} > V_S = 44,540\ \mathrm{N}$

$0.5d = 0.5\times500 = 250\ \mathrm{mm}$이므로 $s_{\max} = 250\ \mathrm{mm}$를 사용한다.

따라서 사용하는 전단철근의 간격은 $s = 250\ \mathrm{mm}$ 이하로 사용한다.

9.4.9 우각부의 검토

(1) 상부 슬래브 단부

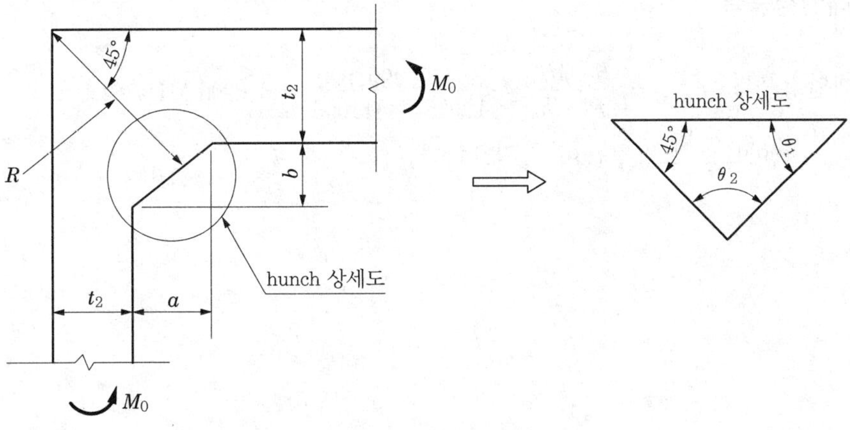

그림 9·55 우각부의 검토단면

우각부의 반지름 $R=\sqrt{2}\times t_1+\dfrac{\sin\theta_1}{\sin\theta_2}(a-t_1+t_2)$

$$R=\sqrt{2}\times 650+\frac{\sin 45°}{\sin 90°}(300-650+500)=1,025.3\text{ mm}$$

실하중 $M_0=121.99\text{ kN}\cdot\text{m}$

암거의 폭 $b=1,000\text{ mm}$

콘크리트의 인장응력 $f_t=0.13\sqrt{f_{ck}}=0.13\sqrt{24}=0.637\text{ MPa}$

1) 최대인장응력

최대인장응력 $f_{t\max}=\dfrac{5\cdot M_0}{R^2\cdot b}=\dfrac{5\times 121,990,000}{1,025.3^2\times 1,000}=0.580.2\text{ MPa}$

$f_{t\max}<f_t$이므로 보강철근이 불필요하다.

(2) 하부 슬래브 단부

우각부의 반지름 $R=\sqrt{2}\times t_1+\dfrac{\sin\theta_1}{\sin\theta_2}(a-t_1+t_2)$

$$R=\sqrt{2}\times 650+\frac{\sin 45°}{\sin 90°}(300-650+500)=1,025.3\text{ mm}$$

실하중 $M_0=130.49\text{ kN}\cdot\text{m}$

암거의 폭 $b=1,000\text{ mm}$

콘크리트의 인장응력 $f_t=0.13\sqrt{f_{ck}}=0.13\sqrt{24}=0.637\text{ MPa}$

1) 최대인장응력

최대인장응력 $f_{t\max}=\dfrac{5\cdot M_0}{R^2\cdot b}=\dfrac{5\times 130,490,000}{1,025.3^2\times 1,000}=0.6206\text{ MPa}$

$f_{t\max}<f_t$이므로 보강철근이 불필요하다.

9.4.10 철근 배근도

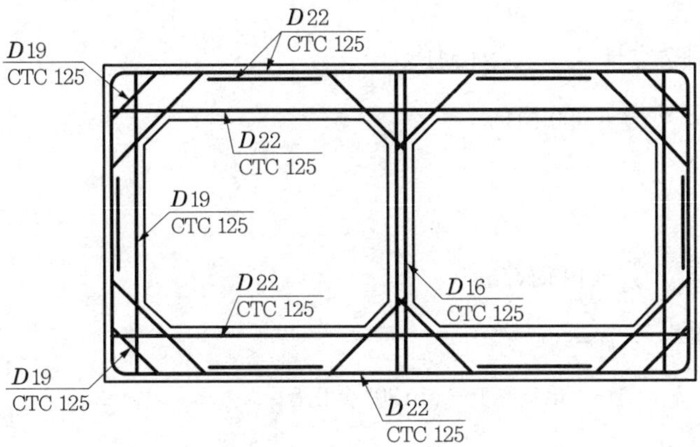

그림 9 · 56 철근배근도

9.5 구형암거의 설계 예(4) (구조해석 프로그램을 사용한 예)

9.5.1 설계조건

(1) 형식

철근 콘크리트 2련 암거

(2) 내공단면

폭 6.55m×높이 3.5m

(3) 토피고

$H_1 = 0.229$ m

(4) 설계하중

1) 고정하중 : 철근 콘크리트의 단위질량 $\gamma_c = 25$ kN/m^3

포장의 단위질량 $\gamma_a = 23$ kN/m^3

2) 활하중 : DB-24 적용

(5) 사용재료

콘크리트 설계기준강도 : $f_{ck} = 24\ \mathrm{MPa}$

철근의 항복강도 : $f_y = 300\ \mathrm{MPa}$

(6) 토질조건

토사의 단위질량 : $\gamma_s = 19\ \mathrm{kN/m^3}$

성토의 내부마찰각 : $\phi = 30°$

정지토압계수 : $k_0 = 1 - \sin\phi = 1 - \sin 30° = 0.5$

지하수위 : 지하 8.7 m

(7) 참고문헌

도로교 설계기준 2005.

9.5.2 단면 형상

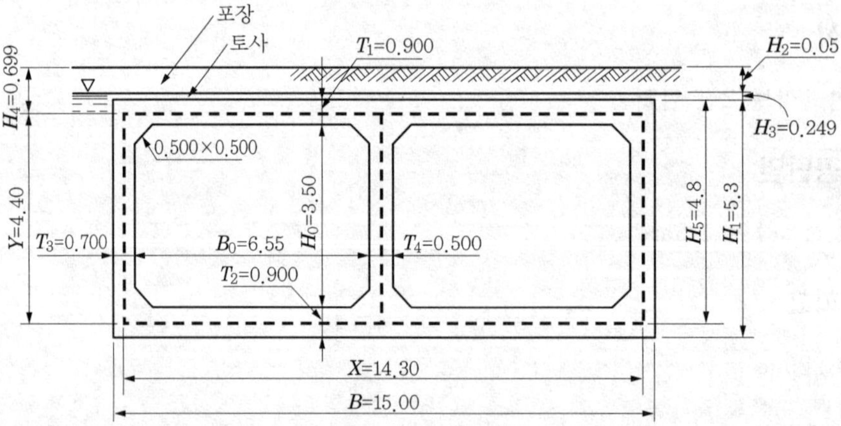

그림 9 · 57 암거의 단면

9.5.3 하 중

(1) 고정하중(지하수위가 없을 때 및 지하수위가 있을 때)

1) 포장 및 토사

포장층 : $P_a = \gamma_a \cdot H_2 \cdot B = 23.0 \times 0.05 \times 15.00 = 17.25\ \text{kN/m}$

토 사 : $P_s = \gamma_s \cdot H_3 \cdot B = 19.0 \times 0.249 \times 15.00 = 70.97\ \text{kN/m}$

$$W_D = \frac{17.25 + 70.97}{15.00} = 5.88\ \text{kN/m}$$

2) 상부슬래브

$$P_{D1} = \gamma_c \cdot T_1 \cdot B = 25.0 \times 0.9 \times 15.00 = 337.5\ \text{kN/m}$$

3) 하부슬래브

$$P_{D2} = \gamma_c \cdot T_2 \cdot B = 25.0 \times 0.9 \times 15.00 = 337.5\ \text{kN/m}$$

4) 내측벽

$$P_{DW1} = \gamma_c \cdot T_4 \cdot H_0 = 25.0 \times 0.50 \times 3.5 = 43.75\ \text{kN/m}$$

5) 외측벽

$$P_{DW2} = \gamma_c \cdot T_3 \cdot H_0 \cdot 2EA = 25.0 \times 0.700 \times 3.500 \times 2 = 122.5\ \text{kN/m}$$

6) 헌치

$$P_H = \gamma_c \cdot \text{헌치의 총단면적} = 25.0 \times 1.00 = 25.0\ \text{kN/m}$$

7) 고정하중에 의한 지반반력

$$P_{VD} = \Sigma P / 15.00 = 63.63\ \text{kN/m}^2$$

(2) 활하중

지표재하 활하중 : DB-24 적용

암거의 흙덮이가 0.299 m인 경우 활하중은 상부슬래브 상면에 일정하게 $W=37.82\text{kN/m}^2$ 가 작용하는 것으로 하여 계산한다.

따라서, 활하중 $W_L = 37.82\text{ kN/m}^2$

활하중에 의한 지반반력 $P_{VL} = 37.82\text{ kN/m}^2$

(3) 토압(지하수위 없을 때)

수평토압(정지토압계수 $K_0 = 0.5$)

$$q_1 = K_0 \times \{\gamma_a \cdot H_2 + \gamma_s \cdot (H_4 - 0.05)\}$$
$$= 0.5 \times (23.0 \times 0.05 + 19.0 \times 0.649) = 6.74\text{ kN/m}^2$$
$$q_2 = K_0 \times \{\gamma_a \cdot H_2 + \gamma_s \cdot (H_5 + H_3)\}$$
$$= 0.5 \times \{23.0 \times 0.05 + 19.0 \times (4.8 + 0.249) = 48.54\text{ kNm}^2$$

(4) 토압(지하수위 있을 때)

수평토압(정지토압계수 $K_0 = 0.5$)

$$q_1{}' = 0.5 \times (23.0 \times 0.05 + 19.0 \times 0.249 + 10 \times 0.45) = 6.74\text{ kN/m}^2$$
$$q_2{}' = 6.74 + 0.5 \times (1.00 \times 0.701 + 10.0 \times 3.649) = 28.5\text{ kN/m}^2$$

(5) 수압

$$W_{w1} = 10.0 \times 3.649 = 36.49\text{ kN/m}^2$$
$$W_{w2} = 36.49 + (0.9/2) \times 10.0 = 40.99\text{ kN/m}^2$$

9.5.4 해석모델링

(1) 절점 구성

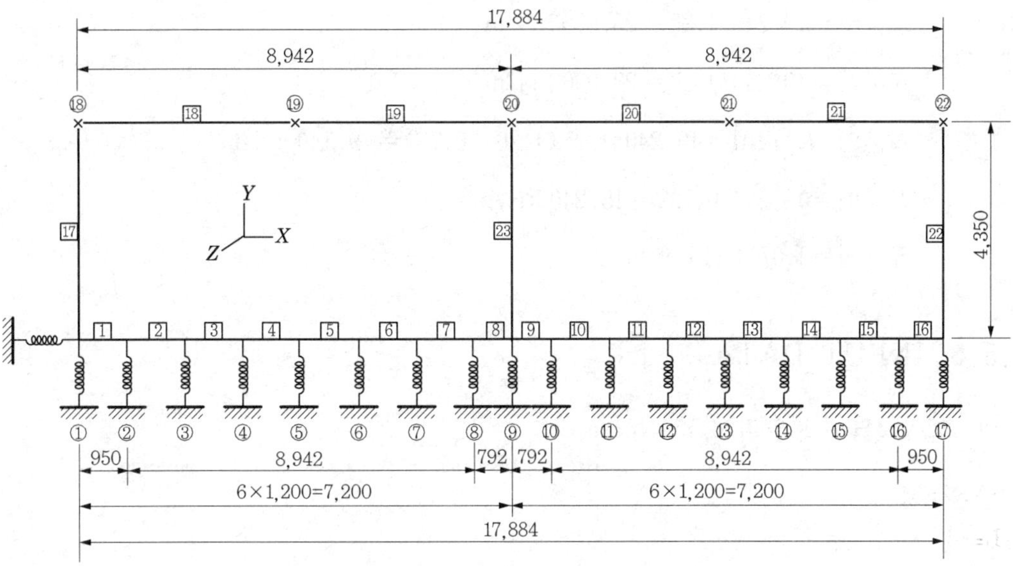

그림 9 · 58 절점의 구성

(2) 지반의 탄성계수

연직방향 지반반력계수

$K_V = K_{VO} \times (B_V/30)^n$, $(n = -3/4)$

$E_O = 28 \times N = 28 \times 15 = 420\ \text{kgf/cm}^2 = 42\ \text{MPa}$

$B_V = \sqrt{1,788 \times 100} = 422.895\ \text{cm} = 4,228.95\ \text{mm}$

$\alpha = 1.0$

$K_{V_0} = 1/30 \times \alpha \times E_O = 14.00\ \text{kgf/cm}^3 = 0.14\ \text{N/mm}^3$

$\therefore K_V = 14.00 \times (422.895/30)^n = 1,924\text{tonf/m}^3 = 19,240\ \text{kN/m}^3$, $(n = -3/4)$

$K_V[1]\ K_V[17] = 19,240 \times 0.95 \times 1/2 = 9,140\ \text{kN/m}^3$

$K_V[2],\ K_V[16] = 19,240 \times 1/2 \times (0.95 + 1.2) = 20,680\ \text{kN/m}^3$

$K_V[3]=19,240 \times 1.20=23,090\ \mathrm{kN/m^3}$

$K_V[4]=19,240 \times 1.20=23,090\ \mathrm{kN/m^3}$

$K_V[5]=19,240 \times 1.20=23,090\ \mathrm{kN/m^3}$

$K_V[6]=19,240 \times 1.20=23,090\ \mathrm{kN/m^3}$

$K_V[7]=19,240 \times 1.20=23,090\ \mathrm{kN/m^3}$

$K_V[8],\ K_V[10]=19,240 \times 1/2 \times (1.20+0.79)=19,140\ \mathrm{kN/m^3}$

$K_V[9]=19,240 \times 0.792=15,240\ \mathrm{kN/m^3}$

$K_V[h]=1.0E+11\ \mathrm{kN/m}$

9.5.5 INPUT DATA

RC BOX 2련 수로암거 6.55×3.5m

```
SYSTEM
L=6

JOINT
1 X=0.000    Y=0.000   Z=0.000
2 X=0.850    Y=0.000   Z=0.000
8 X=1.700    Y=0.000   Z=0.000     G=2,8,1
9 X=2.550    Y=0.000   Z=0.000
10 X=3.400   Y=0.000   Z=0.000
16 X=4.250   Y=0.000   Z=0.000     G=10,16,1
17 X=5.100   Y=0.000   Z=0.000
18 X=5.950   Y=0.000   Z=0.000
22 X=6.800   Y=0.000   Z=0.000     G=18,22,1

RESTRAINTS
1    22    1    R=0,0,1,1,1,0

STRINGS
1               K=1E11,9140,0.000
17              K=    0,9140,0.000
```

```
2     16     14     K=     0,20680,0.000
3     7      1      K=     0,23090,0.000
11    15     1      K=     0,23090,0.000
8     10     2      K=     0,19140,0.000
8                   K=     0,15240,0.000

FRAME
NM=  4    NL=    10  Y=-1     NSEC=5
1 SH=R    T=0.8,1.0    E=2.35E6    W=0.80*2.50              : CASE 1
2 SH=R    T=0.7,1.0    E=2.35E6    W=0.70*2.50
3 SH=R    T=0.9,1.0    E=2.35E6    W=0.80*2.50
4 SH=R    T=0.5,1.0    E=2.35E6    W=0.50*2.50

1      WL=0, -0.588,0                                           : CASE 2
2      TRAP=0, -4.807,0, -1.000, -674,0                          : CASE 3
3      TRAP=0, -0.674,0, -1.000, -4.807,0
4      TRAP=0, -2.850,0, -0.839, -1.025,0, -1, -0.674,0          : CASE 4
5      TRAP=0, -0.674,0, -0.161, -1.025,0, -1, -2.850,0
6      WL=0, -3.782,0                                           : CASE 5
7      WL=0, -1.891,0
8      TRAP=0, -3.649,0, -0.839,0,0                              : CASE 6
9      TRAP=-0.161,0,0 -1.000, -3.649,0
10     WL=0,4.099,0
C-------------------------1-2-3-4-5--6
 1 1  2  M=3  LP=1,0      NSL=0, 0,  0, 0, 0,  10
 2 2  3  M=3  LP=1,0      NSL=0, 0,  0, 0, 0,  10
 3 3  3  M=3  LP=1,0      NSL=0, 0,  0, 0, 0,  10
 4 4  3  M=3  LP=1,0      NSL=0, 0,  0, 0, 0,  10
 5 5  3  M=3  LP=1,0      NSL=0, 0,  0, 0, 0,  10
 6 6  3  M=3  LP=1,0      NSL=0, 0,  0, 0, 0,  10
 7 7  3  M=3  LP=1,0      NSL=0, 0,  0, 0, 0,  10
 8 8  3  M=3  LP=1,0      NSL=0, 0,  0, 0, 0,  10
```

```
 9  9  3  M =3  LP =1,0     NSL =0, 0, 0, 0, 0, 10
10 10 11  M =3  LP =1,0     NSL =0, 0, 0, 0, 0, 10
11 11 12  M =3  LP =1,0     NSL =0, 0, 0, 0, 0, 10
12 12 13  M =3  LP =1,0     NSL =0, 0, 0, 0, 0, 10
13 13 14  M =3  LP =1,0     NSL =0, 0, 0, 0, 0, 10
14 14 15  M =3  LP =1,0     NSL =0, 0, 0, 0, 0, 10
15 15 16  M =3  LP =1,0     NSL =0, 0, 0, 0, 0, 10
16 16 17  M =3  LP =1,0     NSL =0, 0, 0, 0, 0, 10
17  1 18  M =2  LP =1,0     NSL =0, 0, 2, 4, 7,  8
18 18 19  M =1  LP =1,0     NSL =0, 1, 0, 0, 6,  0
19 19 20  M =1  LP =1,0     NSL =0, 1, 0, 0, 6,  0
20 20 21  M =1  LP =1,0     NSL =0, 1, 0, 0, 6,  0
21 21 22  M =1  LP =1,0     NSL =0, 1, 0, 0, 6,  0
22 22 17  M =2  LP =1,0     NSL =0, 0, 3, 5, 7,  9
23  9 20  M =4  LP =1,0     NSL =0, 0, 0, 0, 0,  0

ENVELOPE
   1  C=  1.30  0.00  0.00  1.70  0.00  0.00
   2  C=  1.30  0.00  2.15  1.70  0.00  0.00
   3  C=  1.30  0.00  2.15  0.65  0.00  0.00
   4  C=  1.30  1.50  0.00  0.00  1.70  1.30
   5  C=  1.30  1.50  2.15  0.00  1.70  1.30
   6  C=  1.30  1.50  2.15  0.00  0.65  1.30
   7  C=  1.00  0.00  1.00  1.00  0.00  0.00
   8  C=  1.00  1.00  1.00  0.00  1.00  1.00
```

9.5.6 하중재하

(1) 고정하중(자중)

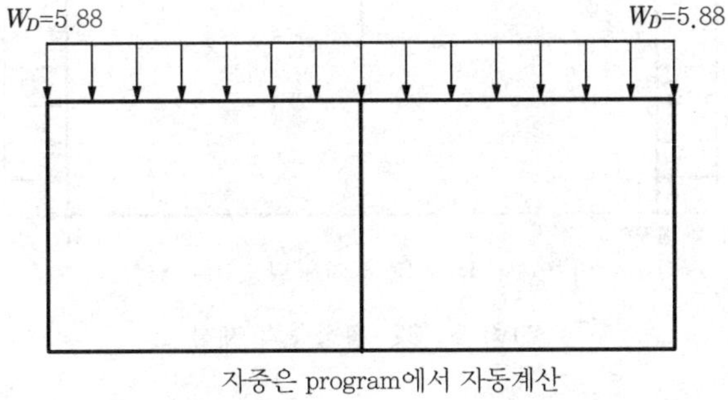

그림 9 · 59 고정하중의 재하

(2) 측벽토압 1(지하수위 없을 때)

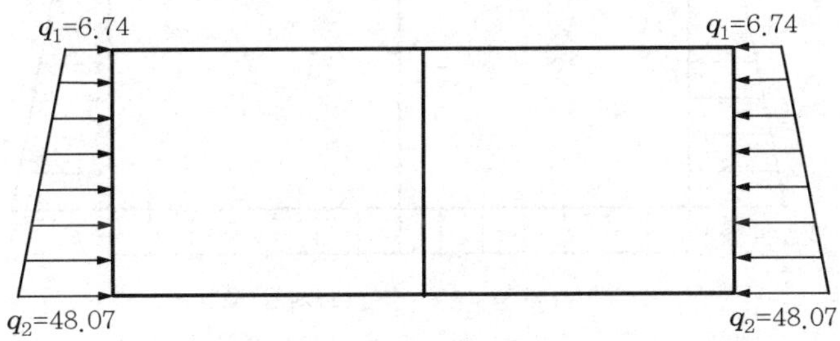

그림 9 · 60 토압의 재하(지하수위 없을 때)

(3) 토압(지하수위 있을 때)

그림 9 · 61 토압의 재하(지하수위 있을 때)

(4) 활하중

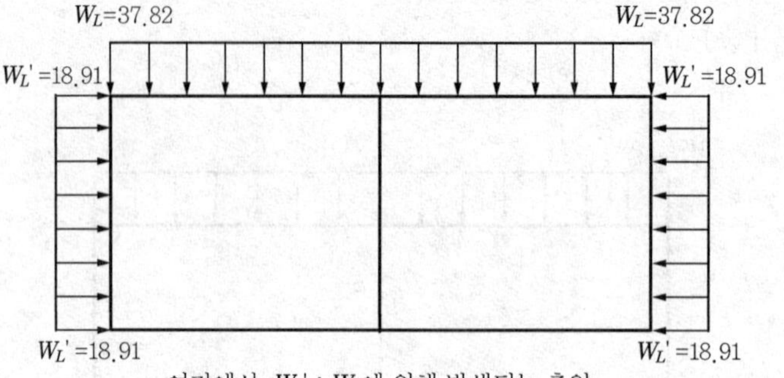

여기에서, W_L' : W_L에 의해 발생되는 측압

그림 9 · 62 활하중의 재하

(5) 수압

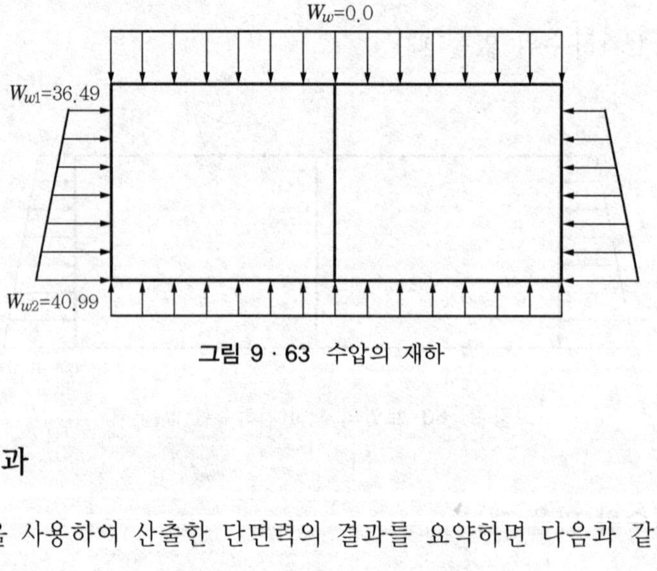

그림 9 · 63 수압의 재하

9.5.7 해석결과

SAP 프로그램을 사용하여 산출한 단면력의 결과를 요약하면 다음과 같다.

부재	휨모멘트(kN · m)	전단력(kN)
상부슬래브 중앙부	494.0	0.0
상부슬래브 단부	365.0	447.3
상부슬래브 중간벽체부	1,023.5	596.1
벽체중앙부	219.0	0.0
벽체상단부	365.0	154.1

부재	휨모멘트(kN · m)	전단력(kN)
벽체하단부	412.9	246.3
하부슬래브 중앙부	538.7	0.0
하부슬래브 단부	412.9	472.5
하부슬래브 중간벽체부	920.6	582.4

9.5.8 철근량의 산출

(1) 상부슬래브 중앙부

1) 휨철근량 계산

계수모멘트 : $M_u = 494.0$ kN · m　　계수전단력 : $V_u = 0.0$ kN

폭 : $b = 1{,}000$ mm　　부재 높이 : $h = 800$ mm

덮개 : $d' = 100$ mm　　유효고 : $d = 700$ mm

$f_{ck} = 24$ MPa　　$\phi = 0.85$　　$\beta_1 = 0.85$

$f_y = 300$ MPa　　$\phi_v = 0.80$

① 평형철근비 및 최대철근비

$$\rho_b = \frac{0.85 \times \beta_1 \times f_{ck}}{f_y} \times \frac{600}{600 + f_y}$$

$$= \frac{0.85 \times 0.85 \times 24}{300} \times \frac{600}{600 + 300} = 0.03853$$

$$\rho_{\max} = 0.75\,\rho_b = 0.02890$$

② 등가응력 사각형의 깊이 a

$$M_n = M_u / \phi = 581{,}176{,}470 \text{ N} \cdot \text{mm}$$

$$M_n = 0.85 \times f_{ck} \times a \times b \times \left(d - \frac{a}{2}\right) = 0.85 \times 24 \times a \times 1{,}000 \times \left(700 - \frac{a}{2}\right)$$

위의 식을 정리하면,

$$10{,}200\,a^2 - 14{,}280{,}000\,a + 581{,}176{,}470 = 0$$

여기에서, 근의 공식을 사용하여 a값을 구하면 $a=41.96\text{ mm}$

③ 소요철근량 A_s

$$A_s=\frac{0.85f_{ck}\cdot a\cdot b}{f_y}$$

$$=\frac{0.85\times24\times41.96\times1,000}{300}=2,853.3\text{ mm}^2$$

- 사용철근량 $A_s=4,596.4\text{ mm}^2$(철근중심 100 mm)

상단 : $D25-4.0\text{ EA}\ (=2,028.8\text{ mm}^2)$ $d_1=100\text{ mm}$

하단 : $D29-4.0\text{ EA}\ (=2,569.6\text{ mm}^2)$ $d_2=100\text{ mm}$

으로 하고 철근비를 검토하면,

- 최소철근비 $\rho_{\min}=\frac{1.4}{f_y}=\frac{1.4}{300}=0.00467$
- 사용철근비 $\rho=\frac{A_s}{b\cdot d}=\frac{4,596.4}{1,000\times700}=0.00657$
- 최대철근비 $\rho_{\max}=0.75\rho_b=0.02890$

$\rho_{\max}\geq\rho\geq\rho_{\min}$ 철근비 만족 O.K.

2) 전단력의 검토

콘크리트가 부담하는 전단강도

$$\phi_v V_C=\phi_v(1/6)\sqrt{f_{ck}}\,bd=0.80\times(1/6)\times\sqrt{24}\times1,000\times700=457,238.1\text{ N}$$

여기에서, $\phi_v V_c=457.2\text{ kN}\geq V_u=0.0$이므로 전단철근이 필요없다.

(2) 상부슬래브 단부

1) 휨철근량 계산

계수모멘트 : $M_u=365.0\text{ kN}\cdot\text{m}$ 계수전단력 : $V_u=447.3\text{ kN}$

폭 : $b=1,000\text{ mm}$ 부재 높이 : $h=966.7\text{ mm}$

덮개 : $d'=100\text{ mm}$ 유효고 : $d=866.7\text{ mm}$

$f_{ck}=24\text{ MPa}$ $\phi=0.85$ $\beta_1=0.85$

$f_y = 300$ MPa　　　$\phi_v = 0.80$

① 평형철근비 및 최대철근비

$$\rho_b = \frac{0.85 \times \beta_1 \times f_{ck}}{f_y} \times \frac{600}{600 + f_y}$$

$$= \frac{0.85 \times 0.85 \times 24}{300} \times \frac{600}{600 + 300} = 0.03853$$

$$\rho_{max} = 0.75\,\rho_b = 0.02890$$

② 등가응력 사각형의 깊이 a

$$M_n = M_u / \phi = 429,411,760 \text{ N} \cdot \text{mm}$$

$$M_n = 0.85 \times f_{ck} \times a \times b \times \left(d - \frac{a}{2}\right) = 0.85 \times 24 \times a \times 1,000 \times \left(866.7 - \frac{a}{2}\right)$$

위의 식을 정리하면,

$$10,200\,a^2 - 17,680,680\,a + 429,411,760 = 0$$

여기에서, 근의 공식을 사용하여 a값을 구하면 $a = 24.64$ mm

③ 소요철근량 A_s

$$A_s = \frac{0.85 f_{ck} \cdot a \cdot b}{f_y}$$

$$= \frac{0.85 \times 24 \times 24.64 \times 1,000}{300} = 1,675.5 \text{ mm}^2$$

- 사용철근량 $A_s = 4,053.6$ mm^2(철근중심 100 mm)

상단 : D25-4.0 EA (=2,026.8 mm^2)　　$d_1 = 100$ mm

하단 : D25-4.0 EA (=2,026.8 mm^2)　　$d_2 = 100$ mm

으로 하고 철근비를 검토하면,

- 최소철근비 $\rho_{min} = \dfrac{1.4}{f_y} = \dfrac{1.4}{300} = 0.00467$

- 사용철근비 $\rho = \dfrac{A_s}{b \cdot d} = \dfrac{4,053.6}{1,000 \times 700} = 0.00468$

- 최대철근비 $\rho_{max} = 0.75\,\rho_b = 0.02890$

  $\rho_{max} \geq \rho \geq \rho_{min}$ 철근비 만족 O.K.

2) 전단력의 검토

콘크리트가 부담하는 전단강도

$$\phi_v V_n = \phi_v V_C + \phi_v V_S$$

$$\phi_v V_C = \phi_v (1/6)\sqrt{f_{ck}}\,bd = 0.80\times(1/6)\times\sqrt{24}\times1,000\times866.7 = 566,126.1\ \text{N}$$

$\phi_v V_n = 566.1\ \text{kN} \geq V_u = 447.3\ \text{kN}$ 이므로 전단철근이 필요없다.

(3) 상부 슬래브 중간벽체부

1) 휨철근량 계산

계수모멘트 : $M_u = 1,023.5\ \text{kN}\cdot\text{m}$ 계수전단력 : $V_u = 596.1\ \text{kN}$

폭 : $b = 1,000\ \text{mm}$ 부재 높이 : $h = 966.7\ \text{mm}$

덮개 : $d' = 100\ \text{mm}$ 유효고 : $d = 866.7\ \text{mm}$

$f_{ck} = 24\ \text{MPa}$ $\phi = 0.85$ $\beta_1 = 0.85$

$f_y = 300\ \text{MPa}$ $\phi_v = 0.80$

① 평형철근비 및 최대철근비

$$\rho_b = \frac{0.85\times\beta_1\times f_{ck}}{f_y}\times\frac{600}{600+f_y}$$

$$= \frac{0.85\times0.85\times24}{300}\times\frac{600}{600+300} = 0.03853$$

$$\rho_{max} = 0.75\,\rho_b = 0.02890$$

② 등가응력 사각형의 깊이 a

$$M_n = M_u/\phi = 1,204,117,650\ \text{N}\cdot\text{mm}$$

$$M_n = 0.85\times f_{ck}\times a\times b\times\left(d-\frac{a}{2}\right) = 0.85\times24\times a\times1,000\times\left(866.7-\frac{a}{2}\right)$$

위의 식을 정리하면,

$$10,200\,a^2 - 17,680,680\,a + 1,204,117,650 = 0$$

여기에서, 근의 공식을 사용하여 a값을 구하면 $a=71.01\,\text{mm}$

③ 소요철근량 A_s

$$A_s=\frac{0.85f_{ck}\cdot a\cdot b}{f_y}$$
$$=\frac{0.85\times24\times71.01\times1,000}{300}=4,828.7\,\text{mm}^2$$

- 사용철근량 $A_s=5,203.6\,\text{mm}^2$(철근중심 100 mm)

  상단 : $D\,25-4.0\,\text{EA}(=2,026.8\,\text{mm}^2)$ $d_1=100\,\text{mm}$

  하단 : $D\,32-4.0\,\text{EA}(=3,176.8\,\text{mm}^2)$ $d_2=100\,\text{mm}$

를 사용하고 철근비를 검토하면,

- 최소철근비 $\rho_{\min}=\dfrac{1.4}{f_y}=\dfrac{1.4}{300}=0.00467$
- 사용철근비 $\rho=\dfrac{A_s}{b\cdot d}=\dfrac{5,203.6}{1,000\times700}=0.00743$
- 최대철근비 $\rho_{\max}=0.75\rho_b=0.02890$

  $\rho_{\max}\geq\rho\geq\rho_{\min}$ 철근비 만족 O.K.

2) 전단력의 검토

콘크리트가 부담하는 전단강도

$$\phi_v V_n=\phi_v V_C+\phi_v V_S$$
$$\phi_v V_C=\phi_v(1/6)\sqrt{f_{ck}}\,bd=0.80\times(1/6)\times\sqrt{24}\times1,000\times866.7=566.126.1\,\text{N}$$

$\phi_v V_n=566.1\,\text{kN}\leq V_u=596.1\,\text{kN}$이므로 전단철근이 필요하다.

철근이 부담하는 전단강도

$$V_s=(V_u-\phi_v V_c)/\phi_v=(596.1-566.1)/0.80=37.5\,\text{kN}$$

3) 전단철근의 설계

① 전단철근의 단면적

$D\,13-2.5\,\text{EA}$ 스터럽을 사용한다.

따라서 전단철근의 단면적 $A_v=2.5\times126.7=316.7\,\text{mm}^2$이다.

② 전단철근의 간격

$V_S = \frac{A_v \times f_y \times d}{s}$ 의 식에서 전단철근의 간격을 구한다.

여기에서, A_v는 s거리 내의 전단철근의 단면적

전단철근의 간격 $s = \frac{A_v \times f_y \times d}{V_S} = \frac{316.7 \times 300 \times 866.7}{37,500} = 2,195.9\ \text{mm}$

③ 전단철근의 최대간격($s_{\max}$)

㉠ 부재축에 직각으로 설치되는 스터럽의 간격은 0.5 d 이하 또는 600 mm 이하여야 한다.

㉡ V_S가 $(1/3)\sqrt{f_{ck}}\,bd$를 초과하는 경우에는 위에서의 간격을 절반으로 감소시킨다.

$$(1/3)\sqrt{f_{ck}}\,bd = (1/3) \times \sqrt{24} \times 1,000 \times 866.7 = 1,415,315\ \text{N} > V_S = 37,500\ \text{N}$$

㉠의 경우를 적용하여 $0.5d = 0.5 \times 866.7 = 433.35\ \text{mm}$이므로 $s_{\max} = 433.35\ \text{mm}$를 사용한다. 따라서 사용하는 전단철근의 간격은 $s = 433.35\ \text{cm}$ 이하로 사용한다.

(4) 하부 슬래브 중앙부

1) 휨철근량 계산

계수모멘트 : $M_u = 538.7\ \text{kN} \cdot \text{m}$ 　　계수전단력 : $V_u = 0.0\ \text{kN}$

폭 : $b = 1,000\ \text{mm}$ 　　부재 높이 : $h = 900\ \text{cm}$

덮개 : $d' = 100\ \text{mm}$ 　　유효고 : $d = 800\ \text{mm}$

$f_{ck} = 24\ \text{MPa}$ 　　$\phi = 0.85$ 　　$\beta_1 = 0.85$

$f_y = 300\ \text{MPa}$ 　　$\phi_v = 0.80$

① 평형철근비 및 최대철근비

$$\rho_b = \frac{0.85 \times \beta_1 \times f_{ck}}{f_y} \times \frac{600}{600 + f_y}$$

$$= \frac{0.85 \times 0.85 \times 24}{300} \times \frac{600}{600 + 300} = 0.03853$$

$$\rho_{\max} = 0.75\,\rho_b = 0.02890$$

② 등가응력 사각형의 깊이 a

$$M_n = M_u/\phi = 633,764,710\ \text{N}\cdot\text{mm}$$

$$M_n = 0.85\times f_{ck}\times a\times b\times\left(d-\frac{a}{2}\right) = 0.85\times24\times a\times1,000\times\left(800-\frac{a}{2}\right)$$

위의 식을 정리하면,

$$10,200\,a^2 - 16,320,000\,a + 633,764,710 = 0$$

여기에서, 근의 공식을 사용하여 a값을 구하면 $a = 39.82\ \text{mm}$

③ 소요철근량 A_s

$$A_s = \frac{0.85 f_{ck}\cdot a\cdot b}{f_y}$$

$$= \frac{0.85\times24\times39.82\times1,000}{300} = 2,707.8\ \text{mm}^2$$

- 사용철근량 $A_s = 4,596.4\ \text{mm}^2$(철근중심 100 mm)

상단 : D25-4.0 EA ($=2,026.8\ \text{mm}^2$) $d_1 = 100$ mm

하단 : D29-4.0 EA ($=2,969.6\ \text{mm}^2$) $d_2 = 100$ mm

을 사용하고 철근비를 검토하면,

- 최소철근비 $\rho_{\min} = \dfrac{1.4}{f_y} = \dfrac{1.4}{300} = 0.00467$
- 사용철근비 $\rho = \dfrac{A_s}{b\cdot d} = \dfrac{4,596.4}{1,000\times800} = 0.00575$
- 최대철근비 $\rho_{\max} = 0.75\rho_b = 0.02890$

$\rho_{\max} \ge \rho \ge \rho_{\min}$ 철근비 만족 O.K.

2) 전단력의 검토

콘크리트가 부담하는 전단강도

$$\phi_v V_n = \phi_v V_C + \phi_v V_S$$

$$\phi_v V_C = \phi_v (1/6)\sqrt{f_{ck}}\,bd = 0.80\times(1/6)\times\sqrt{24}\times1,000\times800 = 522,557.8\ \text{N}$$

$\phi_v V_n = 522.6\ \text{kN} \ge V_u = 0.0\ \text{kN}$이므로 전단철근이 필요없다.

(5) 하부 슬래브 단부

1) 휨철근량 계산

계수모멘트 : $M_u = 412.9\ \text{kN}\cdot\text{m}$　　계수전단력 : $V_u = 472.5\ \text{kN}$

폭 : $b = 1{,}000\ \text{mm}$　　부재 높이 : $h = 900\ \text{mm}$

덮개 : $d' = 100\ \text{mm}$　　유효고 : $d = 800\ \text{mm}$

$f_{ck} = 24\ \text{MPa}$　　$\phi = 0.85$　　$\beta_1 = 0.85$

$f_y = 300\ \text{MPa}$　　$\phi_v = 0.80$

① 평형철근비 및 최대철근비

$$\rho_b = \frac{0.85 \times \beta_1 \times f_{ck}}{f_y} \times \frac{600}{600 + f_y}$$

$$= \frac{0.85 \times 0.85 \times 24}{300} \times \frac{600}{600 + 300} = 0.03853$$

$$\rho_{\max} = 0.75\,\rho_b = 0.02890$$

② 등가응력 사각형의 깊이 a

$$M_n = M_u/\phi = 485{,}764{,}710\ \text{N}\cdot\text{mm}$$

$$M_n = 0.85 \times f_{ck} \times a \times b \times \left(d - \frac{a}{2}\right) = 0.85 \times 24 \times a \times 1{,}000 \times \left(800 - \frac{a}{2}\right)$$

위의 식을 정리하면,

$$10{,}200\,a^2 - 16{,}320{,}000\,a + 485{,}764{,}710 = 0$$

여기에서, 근의 공식을 사용하여 a값을 구하면 $a = 30.34\ \text{mm}$

③ 소요철근량 A_s

$$A_s = \frac{0.85 f_{ck} \cdot a \cdot b}{f_y}$$

$$= \frac{0.85 \times 24 \times 30.34 \times 1{,}000}{300} = 2{,}063\ \text{mm}^2$$

- 사용철근량 $A_s = 4{,}053.6\ \text{mm}^2$ (철근중심 100 mm)

  상단 : $D25$-4.0 EA ($=2{,}026.8\ \text{mm}^2$) $d_1 = 100\ \text{mm}$

  하단 : $D25$-4.0 EA ($=2{,}026.8\ \text{mm}^2$) $d_2 = 100\ \text{mm}$

를 사용하고 철근비를 검토하면,

- 최소철근비 $\rho_{min} = \dfrac{1.4}{f_y} = \dfrac{1.4}{300} = 0.00467$
- 사용철근비 $\rho = \dfrac{A_s}{b \cdot d} = \dfrac{4,053.6}{1,000 \times 700} = 0.00507$
- 최대철근비 $\rho_{max} = 0.75\rho_b = 0.02890$

$\rho_{max} \geq \rho \geq \rho_{min}$ 철근비 만족 O.K.

2) 전단력의 검토

콘크리트가 부담하는 전단강도

$$\phi_v V_n = \phi_v V_C + \phi_v V_S$$

$$\phi_v V_C = \phi_v (1/6)\sqrt{f_{ck}}\, bd = 0.80 \times (1/6) \times \sqrt{24} \times 1,000 \times 800 = 522,557.8 \text{ N}$$

$\phi_v V_n = 522.6 \text{ kN} \geq V_u = 472.5 \text{ kN}$이므로 전단철근이 필요없다.

(6) 하부 슬래브 중간벽체부

1) 휨철근량 계산

계수모멘트 : $M_u = 920.6$ kN·m　　계수전단력 : $V_u = 582.4$ kN

폭 : $b = 1,000$ mm　　부재 높이 : $h = 1,066.7$ cm

덮개 : $d' = 100$ mm　　유효고 : $d = 966.7$ m

$f_{ck} = 24$ MPa　　$\phi = 0.85$　　$\beta_1 = 0.85$

$f_y = 300$ MPa　　$\phi_v = 0.80$

① 평형철근비 및 최대철근비

$$\rho_b = \frac{0.85 \times \beta_1 \times f_{ck}}{f_y} \times \frac{600}{600 + f_y}$$

$$= \frac{0.85 \times 0.85 \times 24}{300} \times \frac{600}{600 + 300} = 0.03853$$

$$\rho_{max} = 0.75\,\rho_b = 0.02890$$

② 등가응력 사각형의 깊이 a

$$M_n = M_u / \phi = 1,083,058,820 \text{ N} \cdot \text{mm}$$

$$M_n = 0.85 \times f_{ck} \times a \times b \times \left(d - \frac{a}{2}\right) = 0.85 \times 24 \times a \times 1,000 \times \left(966.7 - \frac{a}{2}\right)$$

위의 식을 정리하면,

$$10,200\,a^2 - 19,720,680\,a + 1,083,058,820 = 0$$

여기에서, 근의 공식을 사용하여 a값을 구하면 $a = 56.58\text{ mm}$

③ 소요철근량 A_s

$$A_s = \frac{0.85 f_{ck} \cdot a \cdot b}{f_y}$$

$$= \frac{0.85 \times 24 \times 56.58 \times 1,000}{300} = 3,847\text{ mm}^2$$

- 사용철근량 $A_s = 4,596.4\text{ mm}^2$ (철근중심 100 mm)

상단 : $D25-4.0\text{ EA } (=2,026.8\text{ mm}^2)$ $d_1 = 100\text{ mm}$

하단 : $D29-4.0\text{ EA } (=2,569.6\text{ mm}^2)$ $d_2 = 100\text{ mm}$

를 사용하고 철근비를 검토하면

- 최소철근비 $\rho_{\min} = \dfrac{1.4}{f_y} = \dfrac{1.4}{300} = 0.00467$
- 사용철근비 $\rho = \dfrac{A_s}{b \cdot d} = \dfrac{4,596.4}{1,000 \times 966.7} = 0.00475$
- 최대철근비 $\rho_{\max} = 0.75\,\rho_b = 0.02890$

$\rho_{\max} \geq \rho \geq \rho_{\min}$ 철근비 만족 O.K.

2) 전단력의 검토

콘크리트가 부담하는 전단강도

$$\phi_v V_n = \phi_v V_C + \phi_v V_S$$

$$\phi_v V_C = \phi_v (1/6)\sqrt{f_{ck}}\,bd = 0.80 \times (1/6) \times \sqrt{24} \times 1,000 \times 966.7 = 631,445.8\text{ N}$$

$\phi_v V_n = 631.4\text{ kN} \geq V_u = 582.4\text{ kN}$이므로 전단철근이 필요없다.

(7) 외측 벽체 중앙부

1) 휨철근량 계산

계수모멘트 : $M_u = 219.0\ \text{kN}\cdot\text{m}$ 계수전단력 : $V_u = 0.0\ \text{kN}$

폭 : $b = 1{,}000\ \text{mm}$ 부재 높이 : $h = 700\ \text{mm}$

덮개 : $d' = 100\ \text{mm}$ 유효고 : $d = 600\ \text{mm}$

$f_{ck} = 24\ \text{MPa}$ $\phi = 0.85$ $\beta_1 = 0.85$

$f_y = 300\ \text{MPa}$ $\phi_v = 0.80$

① 평형철근비 및 최대철근비

$$\rho_b = \frac{0.85 \times \beta_1 \times f_{ck}}{f_y} \times \frac{600}{600 + f_y}$$

$$= \frac{0.85 \times 0.85 \times 24}{300} \times \frac{600}{600 + 300} = 0.03853$$

$$\rho_{max} = 0.75\rho_b = 0.02890$$

② 등가응력 사각형의 깊이 a

$$M_n = M_u/\phi = 257{,}647{,}060\ \text{N}\cdot\text{mm}$$

$$M_n = 0.85 \times f_{ck} \times a \times b \times \left(d - \frac{a}{2}\right) = 0.85 \times 24 \times a \times 1{,}000 \times \left(600 - \frac{a}{2}\right)$$

위의 식을 정리하면,

$$10{,}200\,a^2 - 12{,}240{,}000\,a + 257{,}647{,}060 = 0$$

여기에서, 근의 공식을 사용하여 a값을 구하면 $a = 21.43\ \text{mm}$

③ 소요철근량 A_s

$$A_s = \frac{0.85 f_{ck} \cdot a \cdot b}{f_y}$$

$$= \frac{0.85 \times 24 \times 21.43 \times 1{,}000}{300} = 1{,}457\ \text{mm}^2$$

- 사용철근량 $A_s = 4{,}053.6\ \text{mm}^2$ (철근중심 100 mm)

상단 : $D\,25-4.0$ EA ($=2{,}026.8\ \text{mm}^2$) $d_1 = 100\ \text{mm}$

하단 : $D\,25-4.0$ EA ($=2{,}026.8\ \text{mm}^2$) $d_2 = 100\ \text{mm}$

를 사용하고 철근비를 검토하면

- 최소철근비 $\rho_{min} = \dfrac{1.4}{f_y} = \dfrac{1.4}{300} = 0.00467$
- 사용철근비 $\rho = \dfrac{A_s}{b \cdot d} = \dfrac{4,053.6}{1,000 \times 600} = 0.00676$
- 최대철근비 $\rho_{max} = 0.75\rho_b = 0.02890$

$\rho_{max} \geq \rho \geq \rho_{min}$ 철근비 만족 O.K.

2) 전단력의 검토

콘크리트가 부담하는 전단강도

$$\phi_v V_n = \phi_v V_C + \phi_v V_S$$

$$\phi_v V_C = \phi_v (1/6)\sqrt{f_{ck}}\, bd = 0.80 \times (1/6) \times \sqrt{24} \times 1,000 \times 600 = 391,918.4\ \text{N}$$

$\phi_v V_n = 391.9\ \text{kN} \geq V_u = 0.0\ \text{kN}$ 이므로 전단철근이 필요없다.

(8) 외측 벽체 상부

1) 휨철근량 계산

계수모멘트 : $M_u = 365.0\ \text{kN}\cdot\text{m}$ 계수전단력 : $V_u = 154.1\ \text{kN}$

폭 : $b = 1,000\ \text{mm}$ 부재 높이 : $h = 866.7\ \text{mm}$

덮개 : $d' = 100\ \text{mm}$ 유효고 : $d = 766.7\ \text{mm}$

$f_{ck} = 24\ \text{MPa}$ $\phi = 0.85$ $\beta_1 = 0.85$

$f_y = 300\ \text{MPa}$ $\phi_v = 0.80$

① 평형철근비 및 최대철근비

$$\rho_b = \frac{0.85 \times \beta_1 \times f_{ck}}{f_y} \times \frac{600}{600 + f_y}$$

$$= \frac{0.85 \times 0.85 \times 24}{300} \times \frac{600}{600 + 300} = 0.03853$$

$$\rho_{max} = 0.75\rho_b = 0.02890$$

② 등가응력 사각형의 깊이 a

$$M_n = M_u / \phi = 4,294,117.6\ \text{N}\cdot\text{mm}$$

$$M_n = 0.85 \times f_{ck} \times a \times b \times \left(d - \frac{a}{2}\right) = 0.85 \times 24 \times a \times 1,000 \times \left(766.7 - \frac{a}{2}\right)$$

위의 식을 정리하면,

$$10,200\,a^2 - 15,640,680\,a + 429,411,760 = 0$$

여기에서, 근의 공식을 사용하여 a값을 구하면 $a = 27.96\,\text{mm}$

③ 소요철근량 A_s

$$A_s = \frac{0.85 f_{ck} \cdot a \cdot b}{f_y}$$

$$= \frac{0.85 \times 24 \times 27.96 \times 1,000}{300} = 1,901\,\text{mm}^2$$

- 사용철근량 $A_s = 4,053.6\,\text{mm}^2$ (철근중심 100 mm)

상단 : $D25-4.0\,\text{EA}\ (=2,026.8\,\text{mm}^2)$ $d_1 = 100\,\text{mm}$

하단 : $D25-4.0\,\text{EA}\ (=2,026.8\,\text{mm}^2)$ $d_2 = 100\,\text{mm}$

를 사용하고 철근비를 검토하면,

- 최소철근비 $\rho_{\min} = \frac{1.4}{f_y} = \frac{1.4}{300} = 0.00467$
- 사용철근비 $\rho = \frac{A_s}{b \cdot d} = \frac{4,053.6}{1,000 \times 766.7} = 0.00529$
- 최대철근비 $\rho_{\max} = 0.75\,\rho_b = 0.02890$

$\rho_{\max} \geq \rho \geq \rho_{\min}$ 철근비 만족 O.K.

2) 전단력의 검토

콘크리트가 부담하는 전단강도

$$\phi_v V_n = \phi_v V_C + \phi_v V_S$$

$$\phi_v V_C = \phi_v (1/6) \sqrt{f_{ck}}\, bd = 0.80 \times (1/6) \times \sqrt{24} \times 1,000 \times 766.7 = 500,806.3\,\text{N}$$

$\phi_v V_n = 500.8\,\text{kN} \geq V_u = 154.1\,\text{kN}$ 이므로 전단철근이 필요없다.

(9) 외측 벽체 하부

1) 휨철근량 계산

계수모멘트 : $M_u = 412.9\ \text{kN}\cdot\text{m}$ 계수전단력 : $V_u = 246.3\ \text{kN}$

폭 : $b = 1{,}000\ \text{mm}$ 부재 높이 : $h = 866.7\ \text{mm}$

덮개 : $d' = 100\ \text{mm}$ 유효고 : $d = 766.7\ \text{mm}$

$f_{ck} = 24\ \text{MPa}$ $\phi = 0.85$ $\beta_1 = 0.85$

$f_y = 300\ \text{MPa}$ $\phi_v = 0.80$

① 평형철근비 및 최대철근비

$$\rho_b = \frac{0.85\times\beta_1\times f_{ck}}{f_y}\times\frac{600}{600+f_y}$$

$$= \frac{0.85\times0.85\times24}{300}\times\frac{600}{600+300} = 0.03853$$

$$\rho_{\max} = 0.75\,\rho_b = 0.02890$$

② 등가응력 사각형의 깊이 a

$$M_n = M_u/\phi = 485,764,710\ \text{N}\cdot\text{mm}$$

$$M_n = 0.85\times f_{ck}\times a\times b\times\left(d-\frac{a}{2}\right) = 0.85\times24\times a\times1,000\times\left(766.7-\frac{a}{2}\right)$$

위의 식을 정리하면,

$$10,200\,a^2 - 15,640,680\,a + 485,764,710 = 0$$

여기에서, 근의 공식을 사용하여 a값을 구하면 $a = 31.71\ \text{mm}$

③ 소요철근량 A_s

$$A_s = \frac{0.85 f_{ck}\cdot a\cdot b}{f_y}$$

$$= \frac{0.85\times24\times31.71\times1,000}{3,000} = 2,156\ \text{mm}^2$$

• 사용철근량 $A_s = 4,053.6\ \text{mm}^2$ (철근중심 100 mm)

상단 : $D25$-4.0 EA (=2,026.8 mm^2) $d_1 = 100$ mm

하단 : $D25$-4.0 EA (=2,026.8 mm2) $d_2 = 100$ mm

를 사용하고 철근비를 검토하면

- 최소철근비 $\rho_{min} = \dfrac{1.4}{f_y} = \dfrac{1.4}{3000} = 0.00467$
- 사용철근비 $\rho = \dfrac{A_s}{b \cdot d} = \dfrac{4,053.6}{1,000 \times 766.7} = 0.00529$
- 최대철근비 $\rho_{max} = 0.75\rho_b = 0.02890$

$\rho_{max} \geq \rho \geq \rho_{min}$ 철근비 만족 O.K.

2) 전단력의 검토

콘크리트가 부담하는 전단강도

$$\phi_v V_n = \phi_v V_C + \phi_v V_S$$

$$\phi_v V_c = \phi_v (1/6)\sqrt{f_{ck}}\, bd = 0.80 \times (1/6) \times \sqrt{24} \times 1,000 \times 766.7 = 500,806.3\,\text{N}$$

$\phi_v V_n = 500.8\,\text{kN} \geq V_u = 246.3\,\text{kN}$ 이므로 전단철근이 필요없다.

9.5.9 우각부의 검토

(1) 상부 슬래브 단부

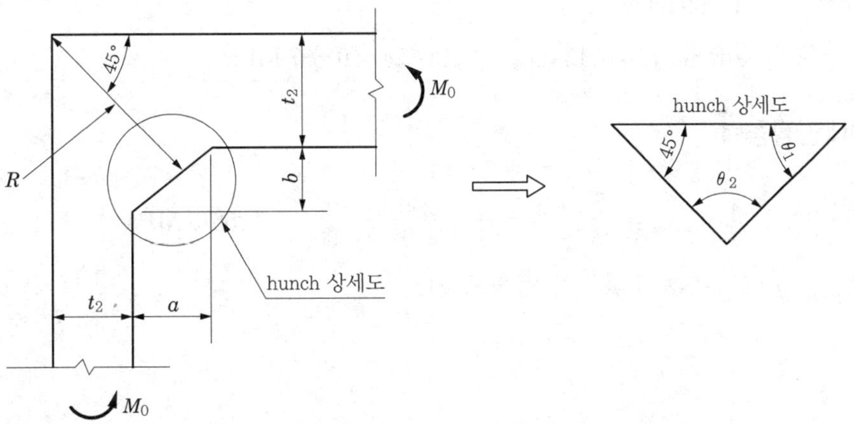

그림 9 · 64 우각부의 검토단면

우각부의 반지름 $R=\sqrt{2}\times t_1+\dfrac{\sin\theta_1}{\sin\theta_2}(\alpha-t_1+t_2)$

$$R=\sqrt{2}\times 800+\frac{\sin 45°}{\sin 90°}(500-800+700)=1,414.21\ \text{mm}$$

실하중 $M_0=190.6\ \text{kN}\cdot\text{m}$

암거의 폭 $b=1,000\ \text{mm}$

콘크리트의 인장응력 $f_t=0.13\sqrt{f_{ck}}=0.13\sqrt{24}=0.637\ \text{MPa}$

1) 최대인장응력

최대인장응력 $f_{t\max}=\dfrac{5\cdot M_0}{R^2\cdot b}=\dfrac{5\times 190.6\times 10^6}{1,414.21^2\times 1,000}=0.4765\ \text{MPa}$

$f_{t\max}<f_t$이므로 보강철근이 불필요하다.

(2) 하부 슬래브 단부

우각부의 반지름 $R=\sqrt{2}\times t_1+\dfrac{\sin\theta_1}{\sin\theta_2}(\alpha-t_1+t_2)$

$$R=\sqrt{2}\times 900+\frac{\sin 45°}{\sin 90°}(500-900+700)=1,484.92\ \text{mm}$$

실하중 $M_0=250.4\ \text{kN}\cdot\text{m}$

암거의 폭 $b=1,000\ \text{mm}$

콘크리트의 인장응력 $f_t=0.13\sqrt{f_{ck}}=0.13\sqrt{24}=0.637\ \text{MPa}$

1) 최대인장응력

최대인장응력 $f_{t\max}=\dfrac{5\cdot M_0}{R^2\cdot b}=\dfrac{5\times 250.4\times 10^6}{1,484.92^2\times 1,000}=0.5678\ \text{MPa}$

$f_{t\max}<f_t$이므로 보강철근이 불필요하다.

9.5.10 철근 배근도

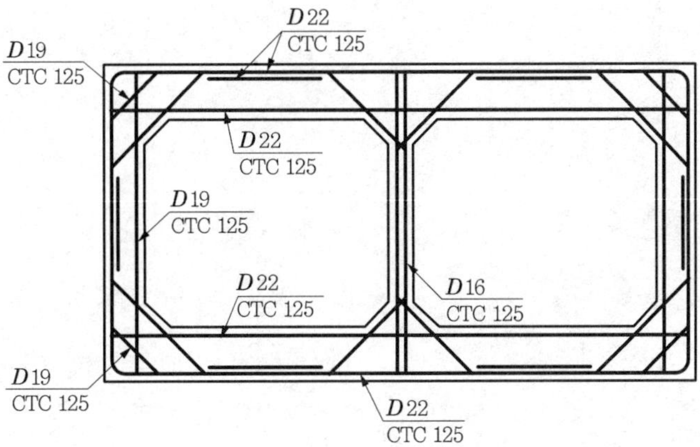

그림 9 · 65 철근배근도

제10장

말뚝기초의 설계

10.1 개 요

말뚝기초는 타입공법, 내부굴착공법 및 현장타설공법에 의해서 타설된 머리를 연결시킴으로써 일체가 된 탄성체이다. 구조물 기초를 크게 분류하면 직접기초, 케이슨기초, 말뚝기초의 세 가지 형태가 있다. 즉, 기초의 폭이 넓고 지지지반이 견고하며 상대적으로 얕은 경우에는 직접기초로 하고, 지지지반이 깊은 경우에는 말뚝기초로 시공하는데, 케이슨기초도 근입장이 크면 말뚝기초로 취급된다. 구조물의 기초공법으로서 말뚝기초(pile foundation)는 가장 옛날부터 사용되었고, 또 근년에 와서도 재료, 장비, 공법 등이 진보되어 그 개발에 수반하여 점점 이용도가 높아가고 있으며, 또 말뚝의 장대화가 되어가고 있다.

10.2 말뚝의 분류

말뚝기초의 분류로는 지지형식, 재질, 시공법, 형상 및 이용목적에 의한 것이 고려될 수 있으나 설계시공상에서 가장 많이 사용되는 것이 시공법에 의한 분류와 재질에 의한 분류, 그리고 하중 전달 메커니즘에 의한 분류이다.

말뚝의 재료, 시공방법, 저항하는 지지력에 따른 분류를 요약하면, 그림 10・1과 같다.

10.2.1 말뚝의 재질에 따른 분류

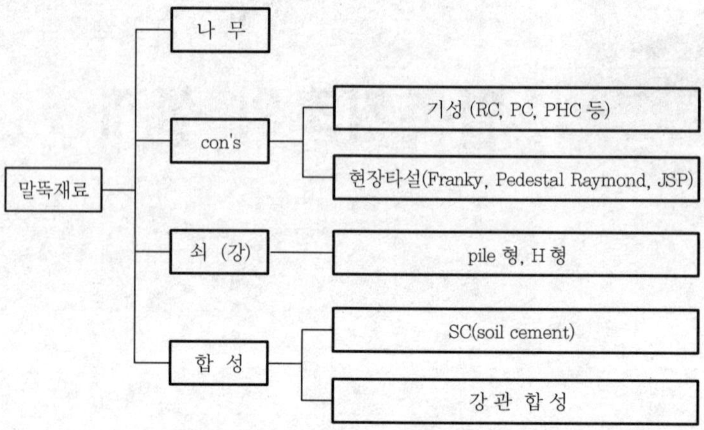

그림 10 · 1 말뚝의 재질에 의한 분류

10.2.2 말뚝의 시공법에 의한 분류

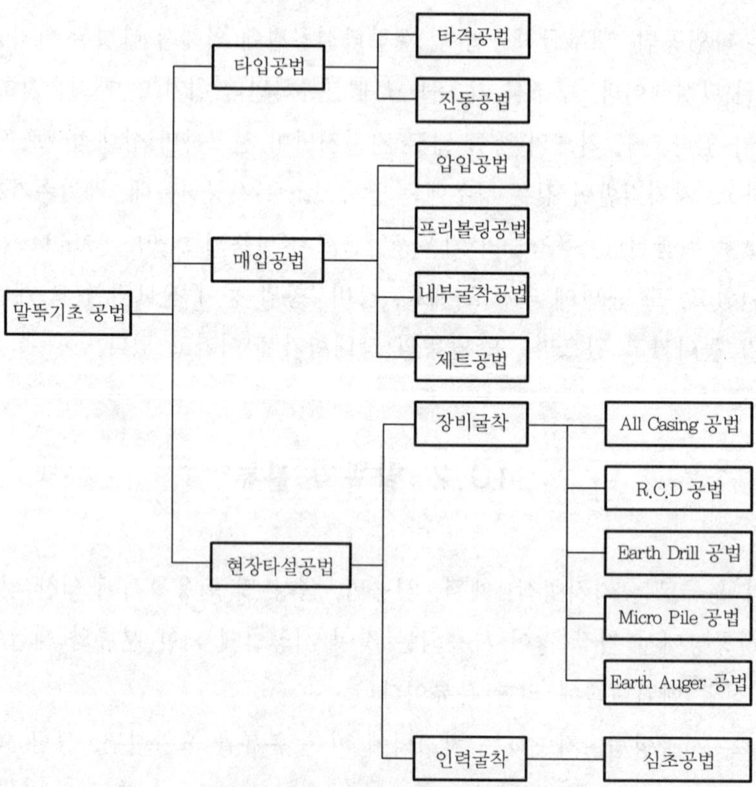

그림 10 · 2 시공법에 의한 분류

일본 도로교시방서에서는 타입공법, 내부굴착공법, 현장타설 말뚝공법으로 한정하고 있다.

10.2.3 말뚝의 하중전달 메커니즘에 의한 분류

말뚝을 지지하는 하중에 따라 분류하면 연직하중을 지지하는 연직말뚝, 수평력을 지지하는 수평말뚝 그리고 인발력을 지지하는 인장말뚝 등으로 나누어지지만, 연직하중과 수평하중의 지지말뚝이 대부분이다. 또 말뚝의 연직하중을 전달하는 메커니즘에 의해 분류하면 그림 10 · 3과 같다.

(a) 선단의 암반으로 지지되는 경우
(b) 주면마찰력으로 지지되는 경우
(c) 하부층의 주면마찰력과 견고한 지반의 선단 지지력으로 지지되는 경우
(d) 지반을 다지고 말뚝과 지반을 일체로 하여 지지하는 경우가 있으나 이들은 모두 극단적인 경우로 실제 말뚝하중의 전달 메커니즘은 이들 몇 가지를 조합시킨 것이다.

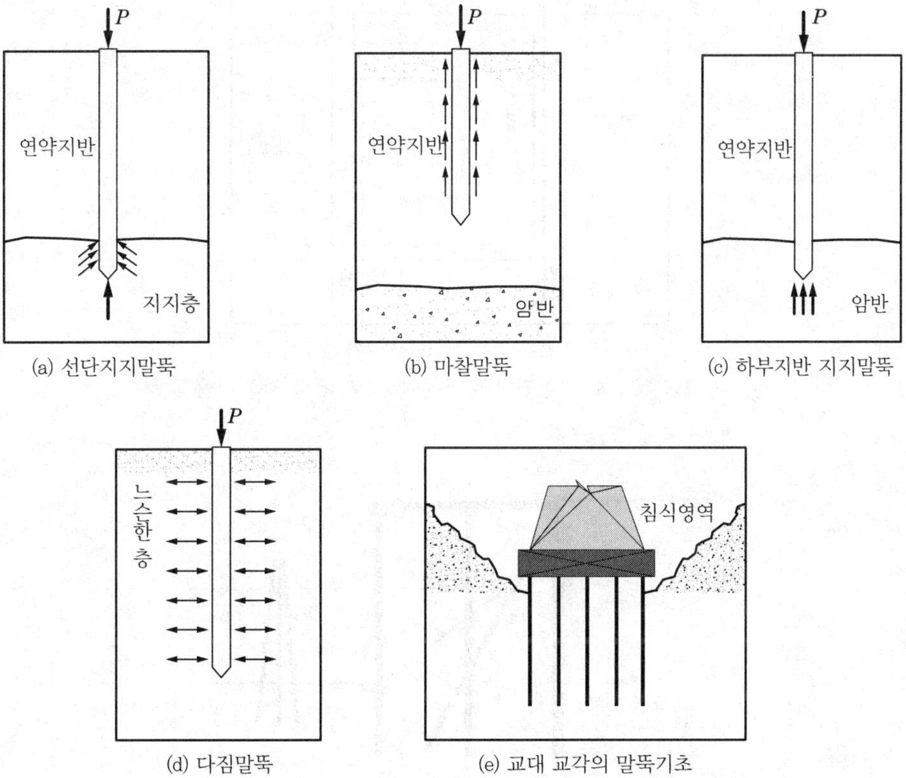

그림 10 · 3 수평력 저항말뚝

(e) 교량의 교대나 교각은 얕은 기초나 지표면에서의 흙의 침식에 의해 발생하는 지지력의 손실을 피하기 위하여 대개 말뚝기초 위에 설치된다.

주로 (a) 및 (b)에 의해 지지하는 말뚝을 단지지 및 단지지 마찰말뚝이라 하며, (c)에 의한 말뚝을 마찰말뚝이라고 한다. 그리고 (d)를 다짐말뚝이라고 한다.

말뚝은 일반적으로 선단지반의 지지력과 상부지층의 주면마찰력으로 하중을 전달하나 충적지반과 같이 말뚝 지지층의 상부에 연약한 지층이 있는 경우에는 말뚝시공 후 그 지층의 침하여부에 말뚝의 지지조건이 크게 달라진다. 즉, 지반침하가 생기지 않는 경우에는 연약한 지층은 그림 10·4(a)와 같이 말뚝머리에 가해지는 하중(P)를 전달하는 정($+$)의 마찰력이 작용하나 지반침하가 생기면 그림 10·4(b)와 같이 말뚝에 부($-$)마찰력이 작용된다. 또 수평력은 말뚝 주변의 지반반력과 말뚝으로 지탱된다는 설계가 많으나 구조물에 따라서는 그림 10·5와 같은 경사말뚝으로 지지되는 경우도 있다.

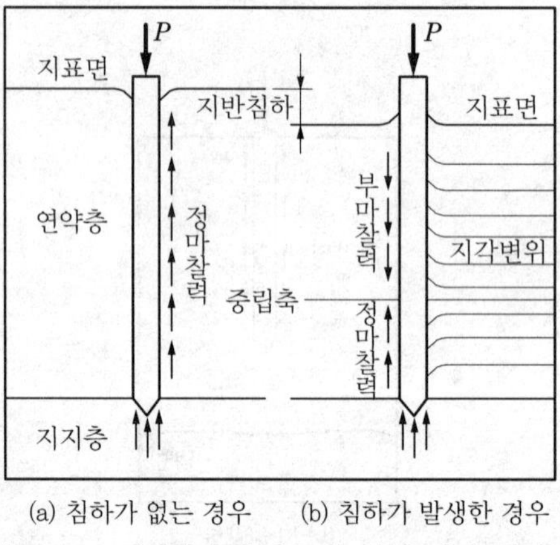

(a) 침하가 없는 경우　(b) 침하가 발생한 경우

그림 10·4 지반침하의 유무에 대한 전달 메커니즘

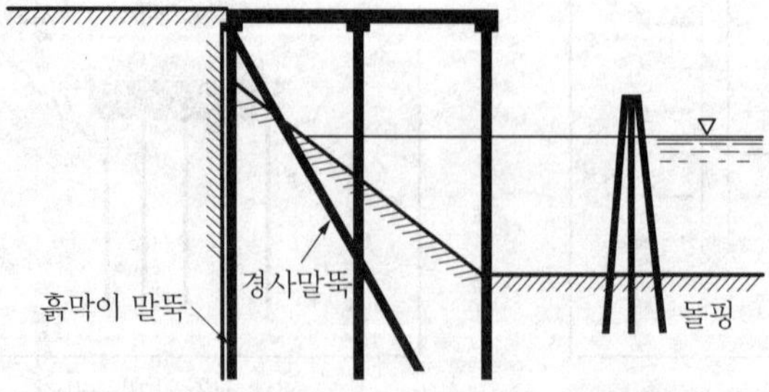

그림 10·5 수평력 저항말뚝

10.3 말뚝의 지지력 추정공식

10.3.1 정역학적 지지력 공식

말뚝의 지지력을 추정하는 공식은 무수히 많은데, 제안자에 따라서 오차가 심한 편이며, 흔히 이용되고 있는 지지력 추정공식을 살펴보면, 그림 10·6과 같이 지반에 박힌 단일말뚝의 극한지지력은 다음과 같이 구할 수 있다.

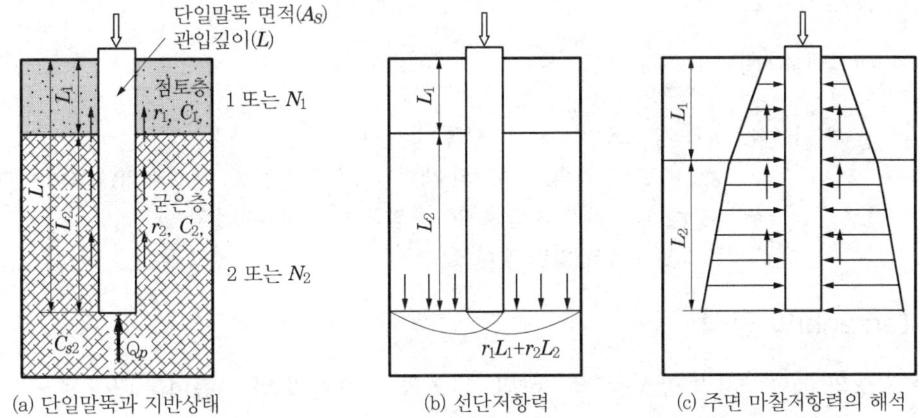

그림 10·6 지반에 박힌 단일 말뚝의 선단지지력 주면마찰 저항력의 거동

그림 10·6과 같이, 지반에 박힌 단일말뚝의 극한지지력은 다음과 같이 구한다.

$$Q_u = Q_p + Q_s \tag{10·1}$$

$$Q_p = q_p \cdot A_p \tag{10·2}$$

$$Q_s = \tau \cdot A_s \tag{10·3}$$

$$A_s = p(L_1 + L_2) \tag{10·4}$$

여기에서, Q_u : 말뚝의 극한지지력

Q_p : 말뚝선단(tip)의 지지력

Q_s : 지반-말뚝의 주면접촉부 마찰지지력

q_p : 말뚝선단의 지지응력

A_p : 말뚝선단의 면적

τ: 지반-말뚝 사이의 주면 마찰응력

A_s: 지반-말뚝 사이의 주면적

P : 말뚝의 주면길이
L : 말뚝의 관입깊이

(1) Dorr의 공식

주면 마찰저항력은 수평토압과 점착력의 합으로, 선단 저항력은 말뚝 끝(tip)의 수동토압 성분이다. 다만, 현장타설 말뚝처럼 주면의 지반이 말뚝을 압축되지 않는 상태는 적용되지 않는다.

$$\tau = C + \frac{1}{2}(K\gamma L)\tan\delta$$: 정지토압개념(삼각형 응력분포) (10 · 5)

$$q_p = \tan^2(45° + \frac{1}{2}\phi)\gamma L \qquad (10 \cdot 6)$$

여기에서, K : 각 토압계수로서, 보통 $\sec 2\phi$이다.
δ : 지반-말뚝의 접촉면의 벽마찰각으로서 보통 $(1/2\sim 2/3)\phi$ 정도이다.
γ, C, ϕ : 각각 지반의 밀도, 점착력 및 내부마찰각
L : 말뚝이 관입된 깊이

(2) Terzaghi의 공식

얕은 기초의 극한지지력 공식을 적용하되, 기초의 폭은 말뚝의 지름이나 폭으로, 근입깊이는 말뚝의 관입깊이로 대입한다.

$$R_u = qA_p + f_s UL \qquad (10 \cdot 7)$$

여기에서, Q_u : 말뚝의 극한지지력(kN)
q : 말뚝선단 지반의 극한지지력(kN/m^2)
f_s : 말뚝 근입깊이의 평균전단저항(kN/m^2)
U : 말뚝의 주장(m)
A_p : 말뚝선단 단면적(m^2)
L: 말뚝의 근입길이(m)

이 식은, 말뚝의 극한지지력이 말뚝선단 지반의 극한지지력과 말뚝주면의 전단저항력의 합인데, Terzaghi 공식의 독자적인 점은 말뚝선단 지반의 극한지지력 q를 구하는 방법이다.

$$\tau = \frac{\Sigma\{c_i L_i + (K_i \gamma_i L_i)\tan\delta\}}{L}$$; 삼각형 응력분포 (10 · 8)

$$q_p = \alpha C N_c + \beta \gamma_p N_r + \gamma_L D_f N_q \qquad (10 \cdot 9)$$

$$N_q = \mathrm{Exp}(\pi \tan\phi)\tan^2\left(45° + \frac{1}{2}\phi\right) \qquad (10 \cdot 10)$$

$$N_c = (N_q - 1)\cot\phi \qquad (10 \cdot 11)$$

$$N_r = \begin{pmatrix} 1.8\,(N_q - 1)\tan\phi\,; \text{ Brinch Hansen} \\ (N_q - 1)\tan(1.4\,\phi)\,; \text{ Meyerhof} \end{pmatrix} \qquad (10 \cdot 12)$$

여기에서, K_i, L_i : 말뚝 근입깊이에 있는 각 토층의 수평토압계수 및 각층의 두께

D, p, L : 말뚝의 지름 또는 폭, 주면길이 및 관입된 깊이

γ_i, c_i : 근입깊이 지반 각층의 밀도, 점착력 및 내부마찰각

γ_p : 기초하중면 아래에 있는 지반의 단위중량(kN/m^3)

γ_L : 기초하중면 위쪽에 있는 지반의 단위중량(kN/m^3)

α, β : 기초의 형상계수

ϕ : 말뚝 끝의 하부지반의 내부마찰각

N_q, N_r, N_c : 말뚝선단 지반의 지지력계수

표 10 · 1 Terzaghi의 지지력 산출에 대한 기초의 형상계수

기초 / 형상계수	연속기초	정사각형기초	원형기초	구형기초
α	1.0	1.3	1.3	$1+0.3\frac{B}{L}$
β	0.5	0.4	0.1	$0.5-0.1\frac{B}{L}$

(3) Meyerhof 공식

Meyerhof의 공식은 타입(打込) 말뚝의 식으로 많이 사용되고 있다. 이 공식은 사층에 놓인 깊은 말뚝의 지지력을 구하는 식으로 점성토에도 응용이 되도록 수정되어 있다.

$$R_u = 40N \cdot A_p + \frac{1}{5}N_s \cdot U \cdot l_s + \frac{1}{2}N_c \cdot U \cdot l_c \qquad (10 \cdot 13)$$

여기에서, R_u : 말뚝의 극한지지력(kN)

A_p : 말뚝선단의 단면적(m^2)

N : 말뚝선단 지반의 N값

U : 말뚝의 주장

N_s : 말뚝선단까지의 사층 N값의 평균

l : 사층 속의 말뚝길이(m)

N_c : 말뚝선단까지의 점성토층의 N값의 평균
l_c : 점성토층 속의 말뚝길이(m)

Meyerhof 식에 따르면 표준관입시험 결과와 사질토에 따른 말뚝의 극한지지력을 구할 수 있다. 단, 점성토의 경우에는 표준관입시험의 정확한 값을 알 수 없을 때가 있으므로 주의를 해야 한다.

안전율은 Terzaghi의 식과 같은 경우가 많지만 그것은 실험값과 대비하여 과대한 값이 종종 있을 수 있다.

$$\tau\,(\text{kPa}) = 0.2\,\overline{N_c} + \frac{1}{2}\,\overline{N_s} \qquad (10 \cdot 14)$$

$$q_p\,(\text{kPa}) = 40\,N\left(\frac{L}{d}\right) \le 400N \qquad (10 \cdot 15)$$

$$N = \frac{1}{2}(N_1 + N_2) \qquad (10 \cdot 16)$$

여기에서, $\overline{N_c}$, $\overline{N_s}$: 각각 말뚝 주면의 점토층 및 모래층의 평균 N값
N_1 : 말뚝 끝부분 N값(끝에서 밑으로 갈수록 N값이 감소하면 선단에서 아래로 $2D$되는 부분의 평균 N값)
N_2 : 말뚝 끝에서 위로 $10D$되는 부분의 평균 N값

(4) Hansen 공식

$$\tau_s = \sin\phi\,\cos\phi\left(C\cot\phi + \frac{1}{2}\,\gamma L\right) \qquad (10 \cdot 17)$$

$$q_p = N_q S_q D_q(\gamma L + q) + C\,S_c D_c \qquad (10 \cdot 18)$$

여기에서, N_q : 지지력 계수
S_q, S_c : 형상계수, $\phi > 25°$ 이면, $S_q = S_c = 1 + (D/L)\tan\phi$
D_q, D_c : 심도계수, $\phi > 25°$ 이면, $D_q = D_c = 1 + 0.35\,(L/D)$

10.3.2 말뚝시공법에 따른 허용지지력 추정공식

(1) 타입말뚝의 허용지지력

$$Q_u\,(\text{kN/m}^2) = (30\,\overline{N_p}A_p) + (0.2\,\overline{N_s}L_s + \frac{1}{2}\,q_{u(c)}L_c)P \qquad (10 \cdot 19)$$

$$Q_a = \frac{Q_u}{F_s} \tag{10·20}$$

여기에서, Q_u, Q_a : 각각 말뚝의 극한 및 허용지지력

FS : 안전율(장기는 3, 단기는 6이다)

$\overline{N}$: 말뚝선단의 N값(끝에서 위로 4 D, 아래로 1 D의 평균 N값, ≤60)

L_s, L_c : 각각 사질토층 및 점토층의 말뚝길이

P : 말뚝주장(2 πD)

L_0 : 말뚝의 지지층에서의 근입길이(m)

A_p : 선단면적(1/4 πD^2) ; Con's pile $L_o/D \geq 1$이면 0.2 πD^2

강관말뚝 $L_o/D > 5$이면 0.2 πD^2

$2 \leq L_o/D \leq 5$이면 0.04 $\pi D L_0$

N_S : 사질토층의 평균 N값(0.2 $N_S \leq 100$ kN/m²)

$q_{u(c)}$, N_C : 각각 점토층의 평균 일축압축강도 및 평균 N값

단, $\frac{1}{2} q_u \leq 100$ kN/m²이며, 실측값이 없으면 1.25 N_C로 추정한다.

(2) 매입말뚝의 허용지지력

$$R_u = \alpha \overline{N} A_P + 1.5 L_{s(ef)} p \tag{10·21}$$

여기에서, α : 선단지지력 계수 ; $10 \leq L/D \leq 90$($L \geq 5$ m)인 경우 $\alpha = 25$

$90 < L/D \leq 110$인 경우 $\alpha = 25 - 1/4(L/D - 90)$

$L_{s(ef)}$: 말뚝의 주면마찰력을 고려한 길이(m) 나머지 부호는 타입말뚝과 같다.

(3) 현장타설 말뚝의 허용지지력

$$R_u = 15\alpha\beta N A p + \left(0.2 N_s L_s + \frac{1}{2} q_u L_c\right) P - W \tag{10·22}$$

여기에서, α : 말뚝선단의 지반에 따른 계수(자갈층 1.0, 모래층 0.85)

β : 말뚝선단의 지름계수($D \leq 1.5$ m이면, $\beta = 1.0$으로 하되 그 나머지는 다음과 같다)

$$1 - 0.08\left(\frac{N_s}{N}\right)\left(\frac{D-1.5}{2.5}\right)\left(\frac{L}{D} + \frac{2}{3}\right)$$

N : 말뚝선단 설계용 N값(선단에서 위로 $4D$, 아래로 $1D$의 평균 N값)

N_s : 사질토층에 대한 평균 N값(단, $0.2N_s \leq 50$ kN/m²)

$q_{u(c)}$: 점토층에 대한 평균 N값($\frac{1}{2} q_{u(c)} \leq 5$, 실측값이 없으면)

$$q_{u(c)} = 1.25 N_c$$

W : 현장타설 말뚝의 무게(kN)

10.3.3 동역학적 지지력 공식(항타시험 결과로부터 구하는 공식)

그림 10 · 7과 같이 해머를 낙하시켜서 말뚝을 타입하면, 타격에너지로 인해서 말뚝이 관입되며, 이론적으로 타격에너지와 말뚝의 관입 저항에너지는 같다. 그러나 타격하는 해머의 종류와 낙하방법, 해머와 말뚝머리의 탄성과 말뚝의 관입에 따라 에너지가 손실된다. 이러한 손실을 고려하여 계산하는 것이 항타공식으로 널리 이용되고 있다.

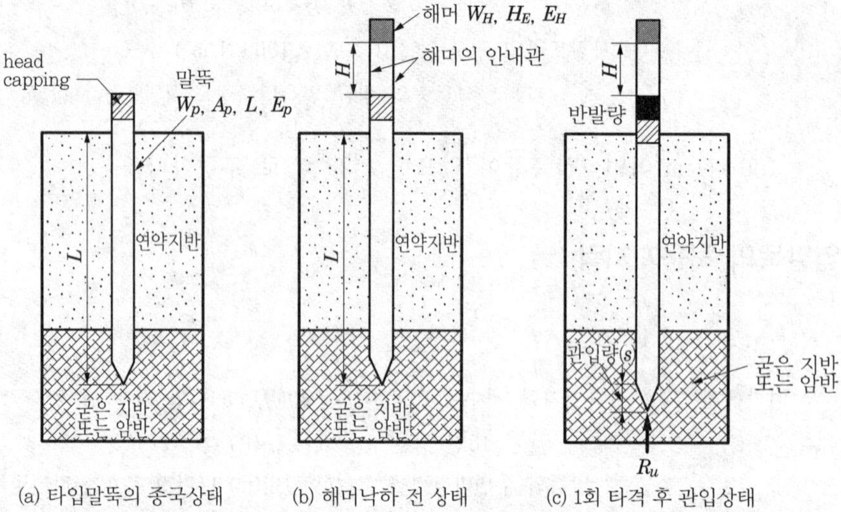

그림 10 · 7 말뚝의 항타시험 과정에서 실측자료들의 설명도

(1) Hiley 공식

$$R_u = \frac{E_H R_L W_H h}{S + \frac{1}{2}(C_1 C_2 C_3)} \qquad (10 \cdot 23)$$

또는 $R_u = \dfrac{E_H W_H h}{S + \frac{1}{2} C}$: 완전탄성체($e=1$)인 경우 (10 · 24)

$$R_L = \frac{W_H + e W_P}{W_H + W_P} \qquad (10 \cdot 25)$$

$$R_a = \frac{R_u}{F_S} \tag{10 · 26}$$

여기에서, R_u, R_a : 말뚝의 극한 및 허용지지력(DIESEL HAMMER는 이를 2배한다)
FS : 안전율로서 4를 채택한다.
W_H, h : 각각 해머의 무게 및 낙하고(inch)
E_H : 해머의 타격효율
R_L, e : 에너지 손실계수 및 말뚝-해머간의 반발계수
C_1, C_2, C_3 : 각각 지반, 말뚝, Cap-Cushion의 탄성변형량(inch)
C : 항타시험에서의 반발량으로서 대략 $C_1+C_2+C_3$이다.

표 10 · 2 해머종류와 효율

해머종류 / 효율	단동식 복동식	디젤	낙하식
E_H	0.7~0.85	0.8~0.9	0.7~0.9

표 10 · 3 말뚝재료와 반발계수

말뚝재료 / 반발계수	Capping 않은 Con's	강철말뚝의 쿠션	나무말뚝
e	0.4~0.5	0.3~0.4	0.25~0.3

(2) Hiley 공식류의 다른 표현들

1) 개정 Engineer News Recor

$$R_u = \frac{R_L E_H W_H h}{S+C} \quad : \text{안전율}(FS)\text{은 } 4\sim6 \tag{10 · 27}$$

여기에서, C : H, S의 실측값을 inch로 환산하고, 드롭해머는 1 in, 증기/디젤해머는 0.1 in

2) Michigan 주립도로위원회

$$R_u = \frac{1.25 H_E}{S+C} \quad : \text{안전율}(FS)\text{은 } 6 \tag{10 · 28}$$

여기에서, C : 무조건 0.1 in

H_E : 해머 제조공장에서 주어진 검정된 것으로서 단위는 inch

3) 태평양 연안 건축시방서

$$R_u = \frac{R_L E_H H_E}{S + \frac{R_U L}{A_P E_P}} \quad : \text{안전율}(FS)\text{은 } 4 \tag{10 · 29}$$

(3) 기타의 공식들

1) 덴마크 공식

$$R_u = \frac{E_H H_E}{S + \sqrt{\frac{E_H H_E L}{2A_P E_P}}} \quad : \text{안전율은}(FS)\ 3\sim6 \tag{10 · 30}$$

2) Janbu 공식

$$R_u = \frac{E_H H_E}{K_u S} \quad : \text{안전율}(FS)\text{은 } 3\sim6 \tag{10 · 31}$$

$$K_u = C_d\left(1 + \sqrt{1 + \frac{\lambda}{C_d}}\right) \tag{10 · 32}$$

$$C_d = 0.75 + 0.15\left(\frac{W_P}{W_H}\right) \tag{10 · 33}$$

$$\lambda = \frac{E_H H_E L}{S^2 A_P E_P} \tag{10 · 34}$$

여기에서, 효율(e)는 강철제일 경우에는 0.25, 그 밖에는 0.1이다.

3) Sandar 공식

$$R_u = \frac{W_h}{S} \quad : \text{안전율}(FS)\text{은 } 8 \tag{10 · 35}$$

4) 일본(건축 시행령)

$$R_a = \frac{W_H}{5S + 0.1} \tag{10 · 36}$$

여기에서, 디젤해머이면 상기 식의 2배이고, 단위는 kN과 meter이다.

10.4 말뚝 재하시험

10.4.1 말뚝 재하시험의 종류와 분류

(1) 하중속도에 의한 분류

1) 정하중법 : 장기재하, 일정변위 단계별 재하, 일정시간 단계별 재하(연직, 인발)
2) 동하중법 : 급속재하(STATNAMIC TEST), 진동재하(강제진동, 자유진동), 충격재하(타격시험)

(2) 하중방향에 의한 분류

1) 연직재하 : 관입재하 및 인발재하
2) 수평재하 : one-cycle과 multi-cycle이 있고, 하중을 (±)교대로 재하시키는 방법도 있다.

(3) 재하위치에 의한 분류

1) 말뚝 머리 : 연직압입재하, 인발시험 및 수평재하시험 등
2) 말뚝 하부 : 지지력 상반 재하 및 선재하시험

10.4.2 동적 재하시험

말뚝의 타격시에 생기는 충격파의 파동방정식을 근거로, 미국 오하이오 주의 Case Western 대학에서 1964년에 개발되었다. 말뚝에 변형과 충격파 전달속도 장치가 부착된 말뚝이 타격관입되는 과정을 말뚝 타입해석기(PDA, Pile Driving Analyzer)로 측정해서 말뚝의 지지력, 말뚝에 전달되는 응력분포, 말뚝에 발생하는 압축력과 인장력, 응력파의 전달속도 등의 자료를 얻을 수 있고 타격관입 중 말뚝에 발생하는 이상을 검출해낼 수도 있다.

(1) 충격 재하시험

말뚝이 타격을 받아 말뚝 내부의 탄성응력파의 전파성질을 1차원 파동이론으로 분석해서 말뚝에 작용하는 저항력을 구한다. 충격시험은 일반적으로 말뚝머리 한 점에서 가속도와 변

형을 측정한다. 말뚝의 저항력 해석법은 두 가지 있다. 1차원 파동이론에 기초한 특성곡선 해석법에 의해 측정자료에서 말뚝 전체에 작용하는 저항력을 직접 구하는 방법이다. 현재 많이 사용되고 있는 직접법의 동적 측정 시스템은 표 10·4와 같다. 다른 하나는 "파형 matching" 법이다. 이는 마찰저항과 선단저항의 변수(變數, parameter), 즉 최대저항, 용수철 상수, 감쇄상수 등을 가정하여 말뚝의 응력파를 계산하고, 계산값과 측정값이 일치되도록 정한다.

표 10·4 동적 측정 시스템

시험기 명칭	개발년도	개발자단체	측정항목
PDA(Pile Driving Analyzer)	1990	Goble	변형, 가속도
FDPS(Foundation Pile Diagnostic Sys.)	1980	TNO(올랜드 연구소)	변형, 가속도
DPA(Danamic Piling Analyzer)	1988	자부(字部)	가속도
DPAS	1991	토목연구소	변형, 가속도

파형 matching은 직접법보다 지반 저항력의 분포를 상세하게 측정할 수 있다. 말뚝의 응력파 전파의 계산법은 1995년에 Smith가 1차원 파동방정식을 수치해석으로 구한 방법이 유명하다. 그는 해머, cap block, pile cap, 말뚝을 무게가 없는 용수철에 결합한 많은 질점(質点)으로 이산화(離散化)되고 말뚝을 대표하는 질점에 지반저항을 작용시켜 말뚝 응력파 전파를 수치해석법을 개발하였다. 그 이후에, 계속적으로 개발된 응력파 해석 프로그램들은 표 10·5와 같다.

표 10 · 5 말뚝의 응력과 전파해석 프로그램

명칭	개발년도	개발자단체	특징
TT(Texas Transportation Insitute)	1963	Sanson	Smith법, 스팀/드롭 해머
WEAP(Wave Equation Analysis of Pile driving)	1974	Goble	Smith법, 디젤해머
CAPWAP(CAse Pile Wave Analysis of Pile driving)	1976	Goble &Rausch	Smith법
INPACT	1985	Randolph	특성곡선법, 관내 흙 고려
TNOWAVE	1988	TNO	특성곡선법
KWAVE	1989		특성곡선법, 관내 흙 고려
CAPWAPO(CAse Pile Wave Analy Program model)	1990	GRL & Associates Inc.	특성곡선법
DWAVE	1991		특성곡선법

(2) 급속 재하시험(Statnamic Loading Test)

이 시험은 말뚝머리에 특수한 추진제를 연소시켜 반발체를 타격하여 그 반력을 재하하중으로 100 cm/s 정도의 단시간에 동적으로 재하·제하(載荷·除荷, loading·unloading)하는 방법이다. 급속 재하시험의 재하장치는 연소실 피스톤 실린더, 소음기, 반력체 등이며, 하중은 load cell, 변위는 레이저 변위계로 측정된다. 1979년에 Berminghammer Corp.와 TNO Building & Construction Reseach에서 개발하여 1988년에 시험이 실시되었으며, Bermingham & Janes가 정적 재하시험과 비교하여 1989년에 발표되어, 현재는 캐나다, 미국, 네덜란드, 일본 등에서 실시되고 있다.

(3) 정적 재하시험의 특징

동적 재하시험은 타입공법으로 기성콘크리트 말뚝이나 강관 말뚝에 적용하는 경우가 많다.

1) 목적

① 타입시에 말뚝 머리부근에서 측정한 가속도와 변형의 동적신호에서 정적인 말뚝지지력이나 하중-침하 관계 측정

② 시험말뚝, 타격장치, 지반조건에서 말뚝이 타설심도까지의 타입여부를 사전에 예측하는 타입성 예측
③ 말뚝 본체에 crack 따위의 손상정도를 조사하는 말뚝 본체의 건전성 시험
④ 말뚝 본체의 파괴방지를 위한 타입시에 말뚝 본체에 발생하는 응력측정
⑤ 타격장치의 효율평가

2) 장점

① 시험 소요시간이 매우 짧고 싸다.
② 말뚝 관입 도중의 어느 시점에서도 말뚝 지지력을 알 수 있다.
③ 시험말뚝과 해머의 성능을 동시에 측정 가능하므로, 합리적 작업관리를 할 수 있다.
④ 말뚝 타격시 발생하는 말뚝의 파괴와 위치, 깊이별 저항력 분포가 측정 가능하다.

10.5 말뚝에 대한 기타 사항

10.5.1 무리말뚝의 판정 및 효율

말뚝을 여러 개를 촘촘히 박으면, 그림 10·8과 같이 응력이 중첩되어 단일말뚝보다는 지지력이 감소하게 된다. 여기에서는 시공된 상태가 무리말뚝인지, 단일말뚝인지를 판단하고, 그 효율을 구하는 공식을 설명한다.

(1) 무리말뚝의 한계

$$s=\sqrt{2R\times\left[R+L\tan\left(30^\circ-\frac{1}{3}\phi\right)\right]} \tag{10·37}$$

또는

$$1.5\sqrt{RL}=1.06\sqrt{DL}$$

$d<s$이면, 무리말뚝

여기에서, s : 단일말뚝(외말뚝)으로 보는 말뚝의 최소간격
d : 시공된 말뚝의 중심거리
$D,\ R,\ L$: 각각 말뚝의 직경, 반직경 및 관입깊이
ϕ : 지반의 내부마찰각

(2) 무리말뚝의 효율

$$E_{gp} = \frac{Q_{u(gp)}}{\text{단일말뚝 } Q_u} = \frac{\bar{\tau}[2(m+n-2)d + eD]L}{\bar{\tau}(m+n)pL} \tag{10 · 38}$$

또는

$$E_{gp} = \frac{2(m+n-2)d + 4D}{p(m+n)} \tag{10 · 39}$$

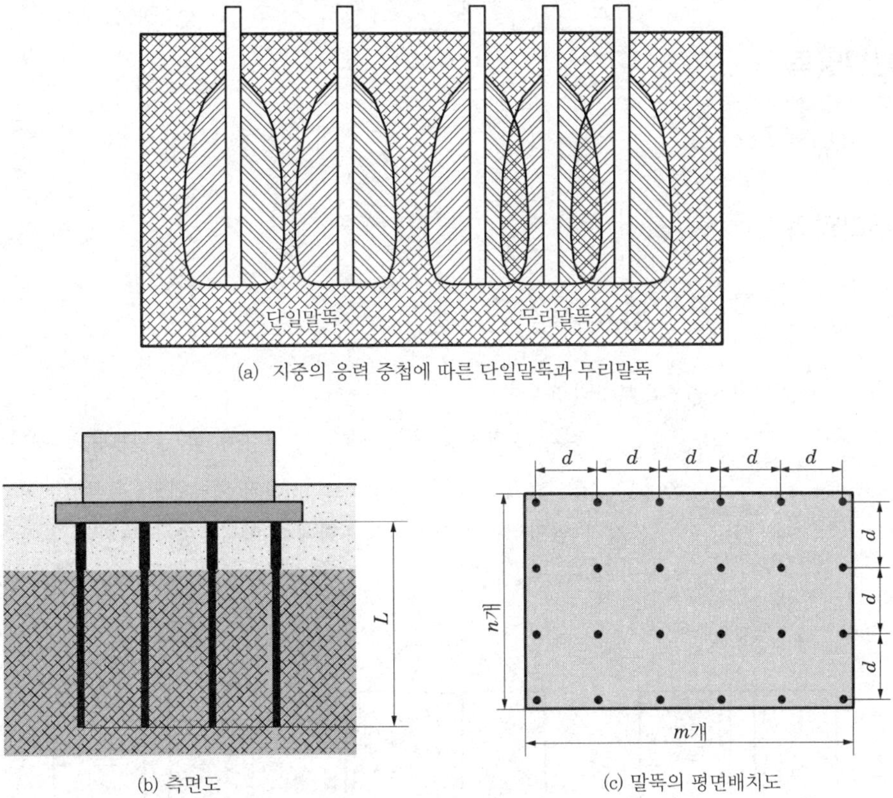

그림 10 · 8 무리말뚝의 개념과 효율 산출 설명도

Converse-Labarre 공식

$$E_{gp} = 1 - \phi\frac{(n-1)m + (m-1)n}{90mn}, \quad \phi = \tan^{-1}\frac{D}{d} \tag{10 · 40}$$

여기에서, m : 말뚝집단의 열의 수　　n : 각열 중의 말뚝수
D : 말뚝의 직경(m)　　d : 시공된 말뚝의 중심거리

10.5.2 부의 마찰력이 작용할 경우

말뚝이 연직하중(Q)을 받으면 말뚝주면의 상방향(上方向, upward)으로 저항하는 정(+) 마찰력과 선단지지력에 의해 지지된다. 그러나 말뚝이 연약층을 관입하여 지지층까지 선단이 정착되면 상재하중(구조물의 축조, 성토)이 증가되거나 지하수위가 저하되면 지반이 침하되면서 지지력이 오히려 줄어들게 된다. 이와 같이, 말뚝의 하방향(下方向, downward)으로 말뚝을 끌어내리려는 마찰력을 부마찰력(負摩擦力, negative skin friction)이라 한다.

부마찰력이 생기면, 말뚝의 지지력은 이를 빼야 한다. 즉,

(1) 단일말뚝

$$Q_{nf} = \bar{\tau_s}(pL_c)$$

(2) 무리말뚝

$$Q_{nf} = \frac{(\Sigma Lz)\bar{\tau} + A_{gp}(\gamma L_c)}{n}$$

여기에서, Q_{nf} : 부마찰력

$\tau_s,\ p,\ L_c$: 각각 마찰저항 응력, 말뚝 주면길이 및 압밀토층의 두께

$\Sigma L,\ A_{gp},\ n$: 각각 군항(群杭, group pile)의 외곽길이, 외곽면적 및 말뚝개수

$\gamma,\ z$: 각각 압밀토층의 밀도, 지표면에서 압밀토층 저면까지 깊이

$\bar{\tau}$: 지반의 평균 전단응력

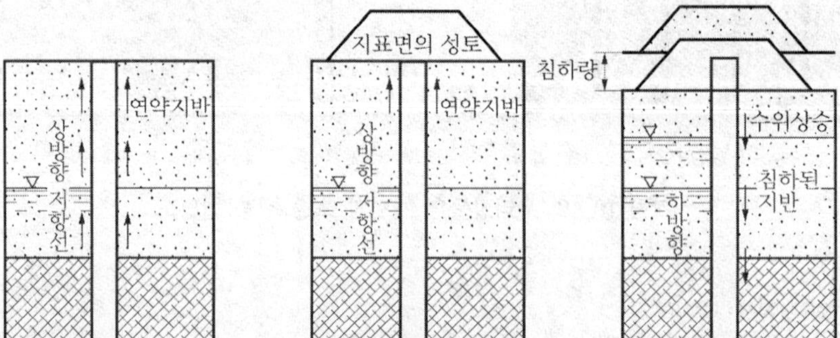

(a) 시공된 말뚝 (b) 지표면에 성토 (c) 성토하중으로 침하

그림 10 · 9 부마찰력이 생기는 원인의 일례와 역학관계 설명도

10.6 말뚝기초의 설계 개요(일본 건축학회의 건축기초 구조설계지침서 참조)

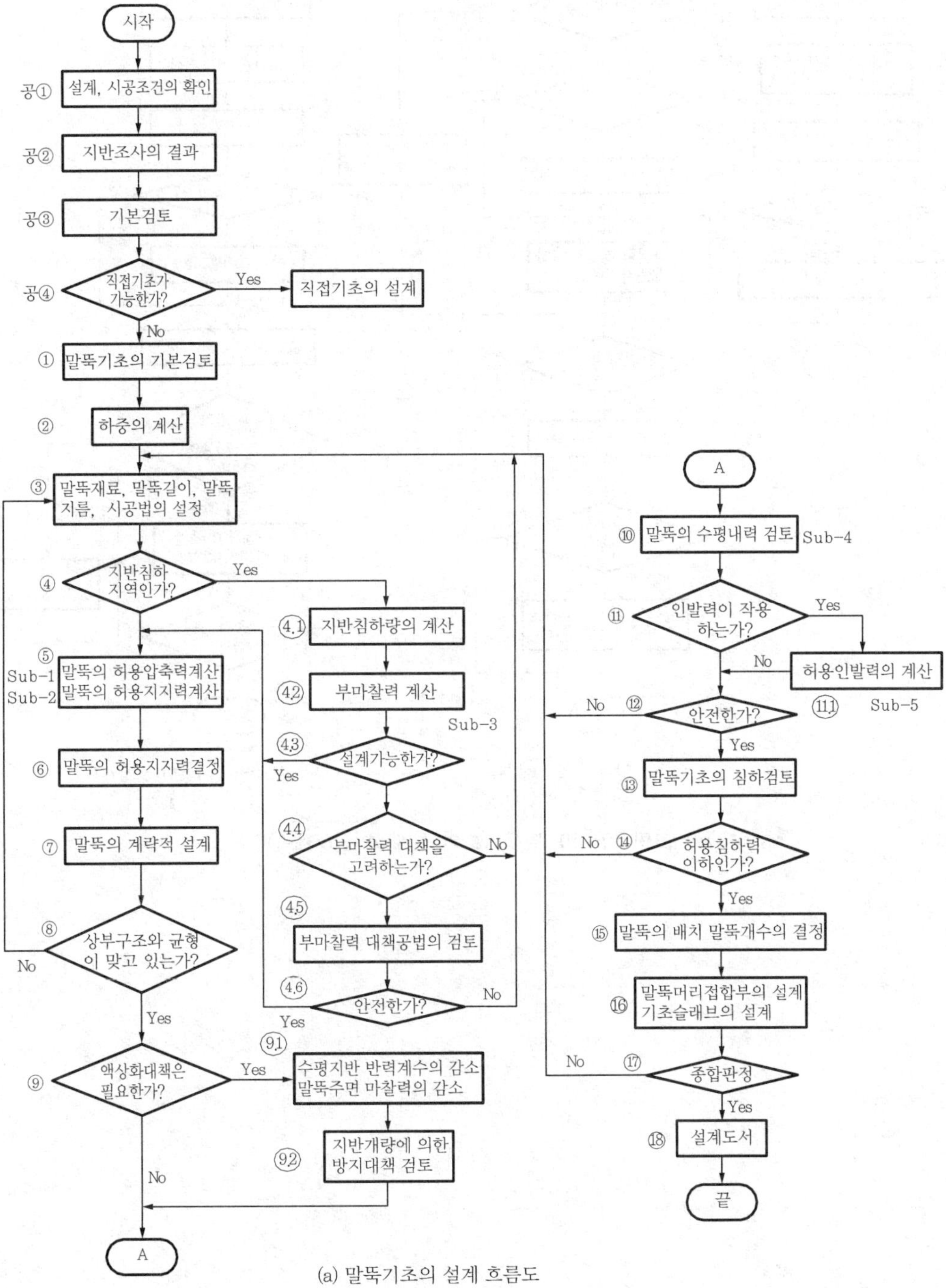

(a) 말뚝기초의 설계 흐름도

그림 10 · 10 말뚝기초의 설계 흐름도

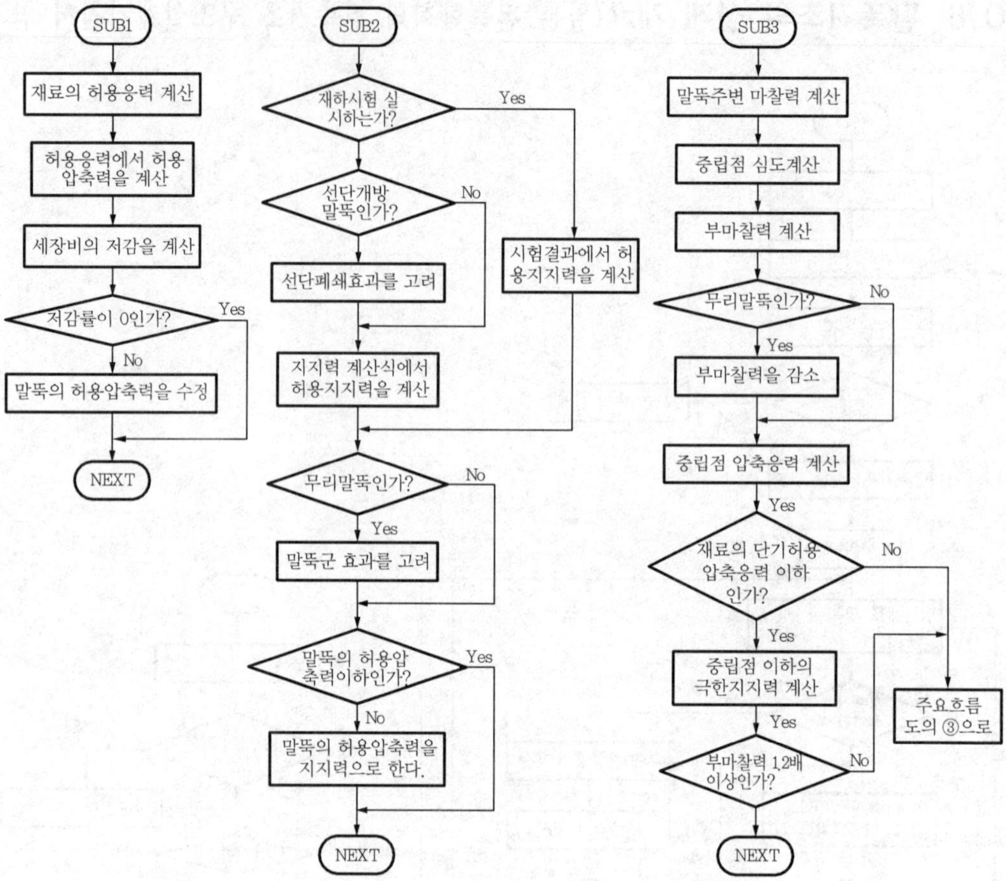

(b) 말뚝기초의 설계 〔SUB 1〕 허용압축력

(c) 말뚝기초의 설계 〔SUB 2〕 허용지지력

(d) 말뚝기초의 설계 〔SUB 3〕 부마찰력

그림 10 · 10 말뚝기초의 설계 흐름도(계속)

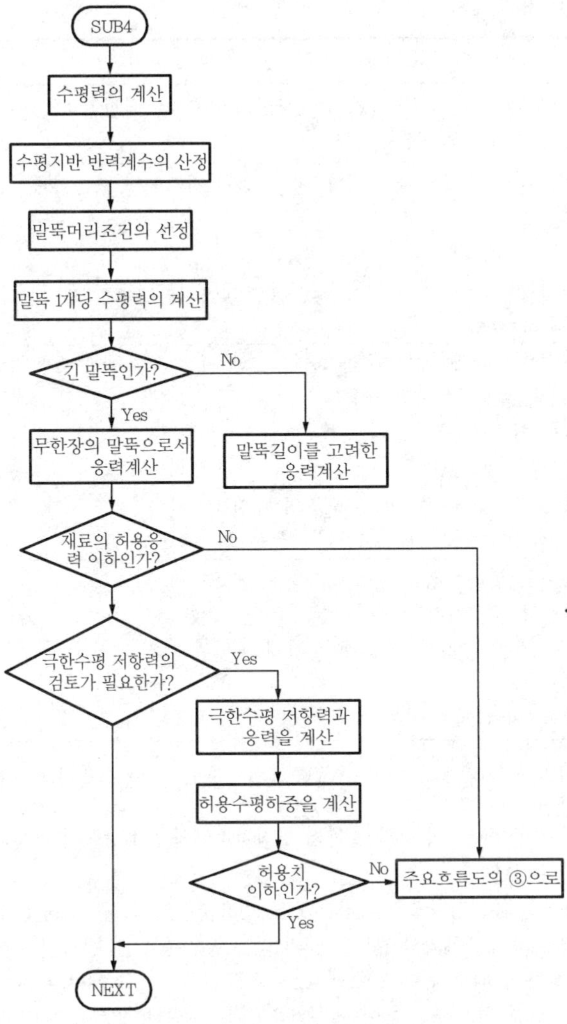

(e) 말뚝기초의 설계[SUB 4] 수평력

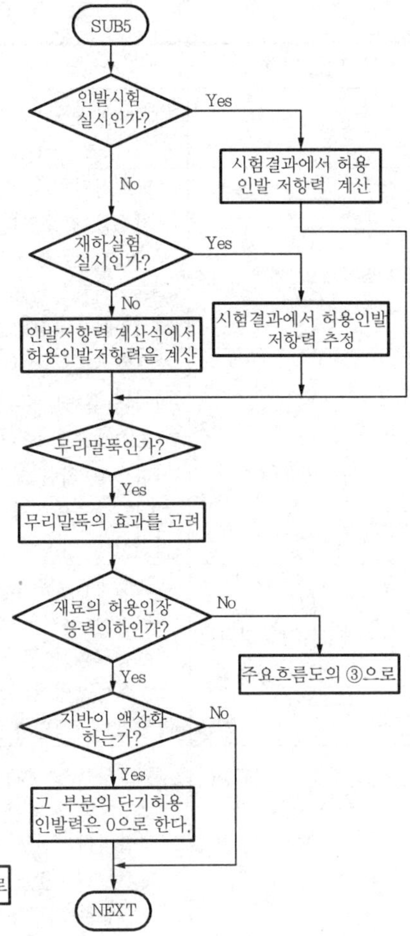

(f) 말뚝기초의 설계[SUB 3] 인발력

그림 10 · 10 말뚝기초의 설계 흐름도(계속)

표 10 · 6 말뚝기초 설계의 세부사항

단계번호	검토내용
공통 ①~④	○공통사항 ①~④에 대해서는 직접기초 검토사항에 의한다. 직접기초로 설계할 수 없는 경우는 말뚝기초 설계로 한다.
① 말뚝기초의 기본검토	○기초저면 바로 아래의 상부구조를 지지하기에 충분한 지지층이 없는 경우, 말뚝기초를 검토한다. ·시공성, 소음진동문제, 경제성, 공사기간 등 ·종류가 다른 말뚝의 병용을 피한다(지름이 큰 폭으로 다른 말뚝의 혼용) ·지지말뚝, 마찰말뚝의 검토
② 하중의 계산	○장기하중으로서 말뚝머리에 작용하는 하중의 계산 ·연직력(축력), 주각의 휨모멘트, 전단력 ·기초슬래브의 중량, 기초보중량 ·지하수에 의한 부력, 수압, 토압 ○단기하중으로서 말뚝머리에 작용하는 하중의 계산 ·지진시의 연직력, 주각의 휨모멘트, 전단력
③ 말뚝재료, 말뚝길이, 말뚝지름, 시공법의 설정	○말뚝재료, 말뚝길이, 말뚝직경의 검토 ·지반조사 결과에 입각하여 지지층을 상정한다. ·기성콘크리트 말뚝, 강관 말뚝, 현장타설 콘크리트 말뚝의 설정 ○말뚝시공의 검토 ·타입말뚝, 매입말뚝, 기타공법 설정
④ 지반침하 지역인가?	○지반조사 결과에 따라 지반침하 지역의 여부를 판정하고, 만약 그렇다면 (4.1)로, 그렇지 않다면 ⑤로 진행한다. ○지반침하가 생기는가 아닌가에 따라 말뚝의 연직지지력의 사고방식이 근본적으로 변하는 것에 주의한다. ○지반침하 판정시에는 주변상황조사를 하는 것도 필요하다. 또, 지반침하 지역에서는 토간 콘크리트와 구조체와의 관련을 끊지 않은 경우는, 토간 콘크리트 하중은 말뚝으로 작용하기 때문에 구조 슬래브로 해서 하중을 고려해야 한다. ○지반침하 지역은 바다 가까운 부분이나 습지대 등을 매립한 장소이며, 지반에 따라서 조성이력이나 지층의 구성이 다르므로 이들을 충분히 검토한다.
(4.1) 지반침하량의 계산	○지반조사 결과에 입각해서 지반성질을 알고, 지반의 침하량(가정한 지지층보다 상부 및 하부)과 침하시간을 계산한다. ○계산방법은 ⑬에 관해서 행한다.
(4.2) 부(-)마찰력 계산	○지지층과 말뚝길이와의 관계, 말뚝종류 등을 고려해 중립점을 가정하고, 부마찰력 및 정마찰력을 계산한다[SUB-3 참조].
(4.3) 설계가능한가?	○연직력(출력)과 부마찰력을 더하여 말뚝의 지지력을 검토한다. 말뚝무리의 경우에는 부마찰력의 감소를 고려할 수 있으므로 각 기초 슬래브마다 검토한다. ○말뚝재료의 응력, 힘의 균형을 검토하고, 설계가능하면 ⑤로 진행한다[SUB-3 참조]. 가정한 말뚝단면에서 설계가 불가능한 경우는 ③으로 돌아간다.

(4.4) 부마찰력 대책을 고려하는가?	○부마찰력에 대해서 공법대책을 판단하여 대처하는 경우는 (4.5)로 진행하며, 그 이외의 경우는 ③으로 돌아간다.
(4.5) 부마찰력 대책공법의 검토	○부마찰력 공법대책을 검토한다. 적절한 공법을 채용한다.
(4.6) 안전한가?	○종합적으로 안정성을 검토하며, 좋은 경우는 ⑤로 진행하고, 좋지 않은 경우는 ③으로 돌아간다.
⑤ 허용압축력 계산 허용지지력 계산	○SUB-1, SUB-2 참조 ○말뚝의 허용압축력을 계산한다. ·말뚝의 장기 허용압축응력 ·말뚝의 단기 허용압축응력 ○말뚝의 허용연직지지력을 계산한다. ·말뚝의 장기 허용지지력은 말뚝의 장기 허용압축력 이하로, 동시에 (1) 또는 (2)에 나타내는 수치 이하로 한다. (1) 재하시험을 한 경우는 원칙적으로 극한지지력 이하 또는 기준지지력 이하 수치의 1/3 (2) 재하시험을 하지 않은 경우, 지지력계산식에서 구할 수 있는 극한지지력 또는 기준지지력의 1/3 이하. 또한 말뚝 선단지지력과 말뚝주면 마찰력이 기여하는 비율에 대해서는 실제상태를 충분히 고려해서 결정한다. ·말뚝의 단기 허용연직지지력은 말뚝의 단기 허용압축력 이하로, 동시에 지반에 따른 장기 허용연직지지력의 2배 이하로 한다. ○말뚝무리인 경우에는 말뚝무리 효과에 대해서 검토한다. ○지반침하의 가능성이 있는 지반에서는 ④에 의해 부마찰력을 고려한다. ○액상화의 가능성이 있는 지반에서는 그 영향을 고려한다.
⑥ 말뚝의 허용지지력 결정	○③에서 설정한 말뚝재료 및 시공법에 대해서, ⑤의 검토를 거쳐 허용연직지지력을 검토한다.
⑦ 말뚝의 개략적 설계	○말뚝의 배치, 말뚝개수의 설정 ·⑥에서 결정한 수치를 이용해서 각 기둥의 말뚝개수와 배치를 설정한다. 모든 기둥에 대해서 이것을 행함에 따라 모든 개수를 구할 수 있다.
⑧ 상부구조와 균형이 맞추어져 있는가?	○이상까지 검토된 말뚝기초가 상부구조, 지반조건, 기초구조 전체로서 균형이 잡힌 것인가를 판단한다. ○시공성, 안전성, 경제성의 고려도 가한다. ○균형을 이루고 있으면 ⑨로 진행하고, 재검토의 필요가 있으면 ③으로 돌아간다.
⑨ 액상화 대책은 필요한가?	○지반에 액상화의 가능성이 있어, 그 대책을 필요로 하는가의여부를 판단한다. 필요한 경우는 (9.1)로 진행하고, 필요치 않은 경우는 ⑩으로 진행한다.

(9.1) 수평지반 반력계수의 감소 말뚝주면 마찰력의 감소	○수평지반 반력계수의 감소 ·액상화 정도에 따라 말뚝에 대한 수평지반 반력계수를 감소한다. ○말뚝주면 마찰력의 감소 ·말뚝이 액상화층을 관통하고 있는 경우는 지진시의 검토에 있어 그 부분의 주면마찰력은 무시한다.
(9.2) 지반개량에 의한 방지대책 검토	○(9.1)의 수평지반 반력계수의 감소나, 말뚝주면 마찰력의 감소를 반영시킨 말뚝설계만으로 대처할 수 없는 경우에는 직접기초의 경우에 준해서 지반개량에 의한 방지대책을 검토한다.
⑩ 말뚝의 수평내력 검토	○SUB-4 참조 ○지하층이 있는 건물인 경우, 지하외벽을 통해서 땅 속으로 전달되는 수평력과 말뚝이 부담하는 수평력으로 나뉜다. ○말뚝 1개당 수평력은 각 기둥 아래의 말뚝기초에 작용하는 전단력을 그 말뚝기초 개수에서 뺀 수치로 한다. 단, 말뚝군인 경우, 외측말뚝의 수평력에는 적당하게 할증을 한다. 외측말뚝과 내측말뚝의 개수는 도리방향, 보방향의 각각에 대해서 검토한다. 또, 말뚝지름이 다른 경우는 수평변위를 같게 하여 분담률을 결정한다. ○말뚝의 휨모멘트 계산 ·긴 말뚝의 경우는 무한장(無限長) 가정이 성립하고, 탄성지점상의 보로서 계산한다. ·짧은 말뚝의 경우는 유한장(有限長)의 말뚝으로서 말뚝선단의 경계조건을 도입한 탄성지점상의 보로서 계산한다. ○말뚝의 극한 수평력저항력과 휨모멘트의 계산 ·말뚝의 극한 수평력저항력과 휨모멘트 계산이 필요한 경우는 탄성지점상의 보 휨 이론을 토대로 하여 지반계수 및 말뚝재료의 비선형성을 도입한 해석이나 Broms의 설계법이 참조된다.
⑪ 인발력이 작용하는가?	○말뚝에 인발력이 작용하는 경우는 (11.1)로 진행하고, 적용하지 않는 경우는 ⑫로 진행한다.
(11.1) 허용인발저항력의 계산	○SUB-5 참조 ○말뚝의 허용인장력 계산 ·장기 허용인장력은 말뚝재료의 장기 허용인장응력도에 말뚝의 최소단면적을 곱한 수치 ·단기 허용인장력은 말뚝재료의 단기 허용인장력응력도에 말뚝의 최소단면적을 곱한 수치 ○장기 허용인발저항력 (1) 말뚝 하나의 장기 허용인발저항력은 말뚝의 장기 허용인장력 이하이고, 동시에 다음 식에 의한 수치 이하로 한다. $${}_tR_a = \frac{1}{3}\,{}_tR_u + W_P$$ ${}_tR_u$의 수치는 인발시험을 하는 경우는 극한하중으로부터 말뚝무게를 나눈 수치 이하, 인발시험을 하지 않은 경우는 말뚝의 인발저항력 계산식으로부터 구해지는 수치 또는 재하시험에서의 추정 수치

11.1 허용인발저항력의 계산

(2) 무리말뚝의 경우는, (1)이 아닌 다음 식에 의한 수치 이하로 한다.

$$ {}_tR_a = \frac{1}{3n}(1.5AW + \phi L_S) \quad (\text{t/개}) $$

○말뚝 하나의 단기 허용인발저항력은 말뚝 하나의 단기 허용인장력 이하로, 동시에 위에 기술한 ${}_tR_u$의 $\frac{2}{3}$배에 말뚝무게를 가한 수치 이하로 한다.

○무리말뚝의 단기 허용인발저항력은 말뚝 하나의 경우에 따르는 외에 위에 기술한 (2)의 2배 이하로 한다.

○액상화의 가능성이 있는 지반에서는 그 영향을 고려하여 허용인발저항력을 결정한다.

○말뚝머리 접합부는 인발력에 대해서 충분한 내력을 가지고 있어야 한다. 또, 이음말뚝의 경우는 이음매의 인발강도가 본재료와 같거나 또는 그 이상의 수치를 확보해야 한다.

⑫ 안전한가?

○이상과 같이 검토된 결과에 의해 안전성의 판정을 내리고, 좋으면 ⑬으로 진행하며, 재검토가 필요하면 ③으로 돌아간다.

○말뚝에는 장기연직력 외에 지진시, 태풍시에는 수평력에 의한 전단력, 휨모멘트, 때로는 인발력이 복잡하게 작용하기 때문에 이들 응력에 대해서 종합적으로 검토해서 안전성을 분명하게 해야 한다.

○지반침하 지역에서 지지말뚝기초는 오랜기간 동안 지반으로부터 말뚝머리가 보이고, 지진시에 수평력 등에 문제를 남기는 원인이 될 수가 있기 때문에 특히 주의를 요한다.

○수평력에 대한 검토에서 채용한 말뚝머리의 구속조건(고정, 핀, 기타)은 ⑯의 말뚝머리 접합부 등의 세밀한 설계에 반영시킨다.

⑬ 말뚝기초의 침하 검토

○말뚝선단지반의 밑에 점토층이 있는 경우는 다음 식에 의해 압밀침하량을 구한다.

$$ S = \Sigma \frac{C_c \Delta H}{1 + e_{0z}} \log_{10}\left(\frac{\sigma_{1z}' + \Delta\sigma_z'}{\Delta\sigma_{02}'}\right) $$

여기에서, $\Delta\sigma_z'$는 건물건설에 의한 유효지중응력이고, 다음 식에 의해 구한다.

중하중의 경우 $\Delta\sigma_z' = \dfrac{P}{2\pi}\dfrac{3z^3}{R^5}$

분포하중의 경우 $\Delta\sigma_z' = qf_s(m,\ n)$

○즉시침하량을 다음 식에 의해 구한다.

$$ S_E = \mu_D \mu_H \frac{q\sqrt{A}}{E} $$

⑭ 허용침하량 이하인가?

○압밀침하량 및 즉시침하량이 다음 표의 수치 이하라면 ⑮로 진행한다.

압밀침하량에 대한 허용값[단위 : mm]

구조종류	콘크리트블럭조	철근콘크리트조		
기초형식	연속푸팅	독립푸팅	연속푸팅	전면기초
표준값	20	50	100	100~(150)
최대값	40	100	200	200~(300)

( )는 보강성이 크거나 2중 슬래브 등으로 충분한 강성이 큰 경우

<table>
<tr><td>⑭
허용침하량
이하인가?</td><td>즉시침하량에 대한 허용값[단위 : mm]
<table><tr><td>구조종류</td><td>콘크리트블럭조</td><td colspan="3">철근콘크리트조</td></tr><tr><td>기초형식</td><td>연속푸팅</td><td>독립푸팅</td><td>연속푸팅</td><td>전면기초</td></tr><tr><td>표준값</td><td>15</td><td>20</td><td>25</td><td>30~(40)</td></tr><tr><td>최대값</td><td>20</td><td>30</td><td>40</td><td>60~(80)</td></tr></table>( )는 압밀침하량의 표와 같음
◦ 모든 침하량이 위 표의 수치를 초과한 경우는 ③으로 돌아간다.</td></tr>
<tr><td>⑮
말뚝배치, 말뚝개수의 결정</td><td>◦ 말뚝개수가 결정되면 전체의 평면형상, 중량의 균형 등을 고려해서 말뚝배치를 결정한다.</td></tr>
<tr><td>⑯
말뚝머리 접합부의 설계
기초슬래브의 설계</td><td>◦ 결정된 말뚝기초 형식에 의해 각 기둥 아래의 슬래브와 말뚝의 접합부를 설계한다.
◦ 각 기둥 아래의 기초슬래브 응력계산을 하고 「철근콘크리트 구조계산기준·동해설」 및 「철근콘크리트 배근지침·동해설」에 입각해서 기초슬래브의 배근설계를 한다.</td></tr>
<tr><td>⑰
종합판정</td><td>◦ 연직하중, 수평하중에 대한 검토, 침하의 검토를 거쳐 말뚝과 기초슬래브와의 접합부, 구속조건과의 관계 등, 상부구조와 말뚝기초를 종합적으로 보고 필요한 설계조건을 만족하고 있는가를 확인, 재검토를 요하는 경우 ③으로 돌아간다.</td></tr>
<tr><td>⑱
설계도서</td><td>◦ 검토결과에 입각해서 설계도서를 작성한다.</td></tr>
</table>

예제 10 · 1

그림 10 · 11의 항타 시험자료에서 시험 말뚝의 극한 및 허용하중을 구하라. 단 해머의 효율은 90%, 말뚝-해머 간의 반발계수는 0.6이다.

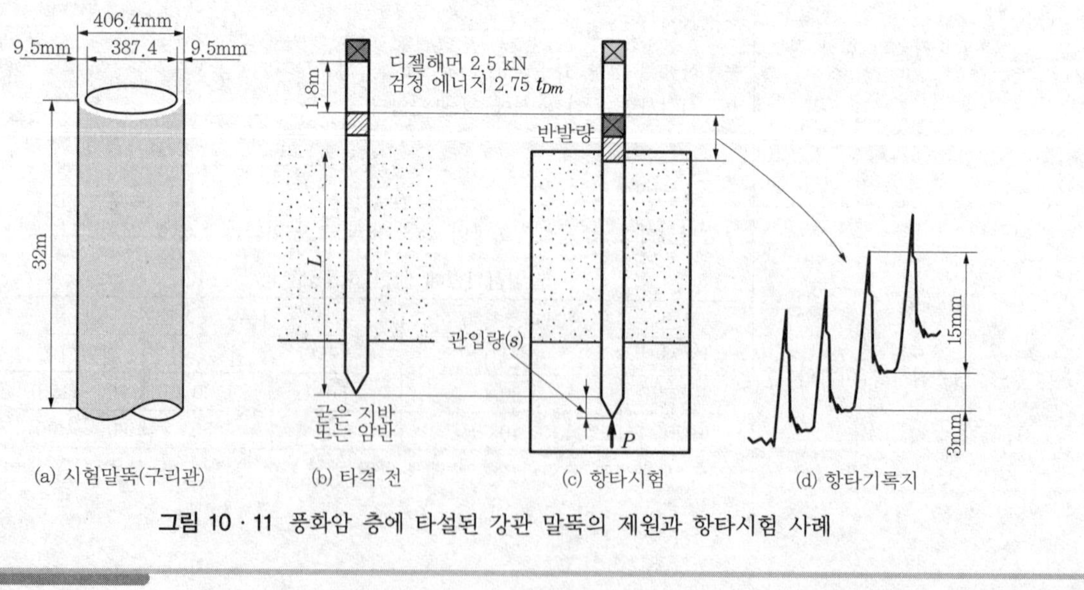

그림 10 · 11 풍화암 층에 타설된 강관 말뚝의 제원과 항타시험 사례

[풀이] 말뚝의 지지력 공식에 맞게 시험자료를 정리하면 다음과 같다.

- 시험말뚝

  무게(W_p) : 30 kN , 관입깊이 : 31 m(1 m는 상부에 남음)

  탄성계수(E_p) : 2×105 MPa

  $$단면적(A_p) = \frac{1}{4}\pi(D_0^2 - D_i^2)$$

  $$= \frac{1}{4}\pi(0.4064^2 - 2\times0.0095^2) = 1.184\ \mathrm{m}^2$$

- 해머

  검정된 에너지(H_E) : 27.5 kN·m, 효율(E_H) : 0.85(85%)

  무게(W_H) : 25 kN, 낙하고(H) : 1.8 m

- 타격시험 기록지

  1회 타격당 말뚝 관입량(S) : 3 mm =0.003 m

  rebound량(C) : 0.015 m

  $$\text{energy loss ratio}(E_L) = \frac{W_H + e^2 W_p}{W_H + W_P} = \frac{25 + 0.5^2\times30}{25+30} = 0.59$$

  $$\text{impact energy}(E_H H_E) = (0.85)(27.5\ \mathrm{kN\cdot m}) = 23.4\ \mathrm{kN\cdot m} = 920\ \mathrm{kN\cdot in}$$

1) Hiley 공식

$$R_u = 2\left(\frac{R_L E_L W_H h}{S + 1/2C}\right) = 2\times\frac{0.59\times0.85\times25.0\times1.8}{0.003 + (1/2)\times0.015} = 4,299\ \mathrm{kN}(\text{디젤은 2배})$$

$$R_a = \frac{R_u}{F_S} = \frac{4,299\ \mathrm{kN}}{4} = 1,075\ \mathrm{kN}$$

2) 개정 Engineer News Record

$$R_u = \frac{R_L E_L W_H h}{S + C} = \frac{0.59\times0.85\times1,772}{0.118 + 0.1} = 4,076\ \mathrm{kN}$$

$$R_a = \frac{R_u}{F_S} = \frac{4,076}{5} = 815\ \mathrm{kN}(\text{안전율은 4~6인데, 5를 채용})$$

여기에서, C : H, S의 실측값을 inch로 환산하고, 드롭해머는 1 in, 증기/디젤해머는 0.1 in

3) Michigan 주립도로위원회

$$R_u = \frac{1.25 H_E}{S+C} = \frac{1.25 \times 1,083}{0.118+0.1} = 6,210\ \text{kN}$$

$$R_a = \frac{R_u}{F_S} = \frac{6,210}{6} = 1,030\ \text{kN}$$

여기에서, C : 무조건 0.1 in

H_E : 해머 제조공장에서 주어진 검정된 것으로서 단위는 inch

4) Sandar 공식

$$R_u = \frac{W_H h}{S} = \frac{25.0 \times 1.8}{0.003} = 15,000\ \text{kN}$$

$$R_a = \frac{R_u}{F_S} = \frac{15,000}{8} = 1,875\ \text{kN}$$

5) 일본(건축 시행령)

$$R_a = 2\frac{W_H h}{5S+0.1} = 2 \times \frac{25.0 \times 1.8}{5 \times 0.003 + 0.1} = 783\ \text{kN}$$

여기에서, 디젤해머이므로 2배한 것이다.

위의 5개 중에서 최대 및 최소값을 제외한 평균을 채택하면

$$\text{허용지지력}\quad R_a = \frac{1,030+815+1,075}{3} = 973\ \text{kN}$$

이다.

- 외말뚝인가, 무리말뚝인가의 판정

  앞의 식에서 $s = 1.06\sqrt{DL} = 1.06\sqrt{0.406 \times 31} = 3.76\ \text{m} > d(2.0\ \text{m})$

  따라서, 무리말뚝이다.

- 무리말뚝일 경우 그 효율

  ① 무리말뚝의 효율

$$E_{gp} = \frac{2(m+n-2)d+4D}{p(m+n)}$$

$$= \frac{2 \times (9+5-2) \times 2.0 + 4 \times 0.406}{0.406\pi \times (9+5)} = 2.8 > 1$$

이므로, $E_{gp} = 1$

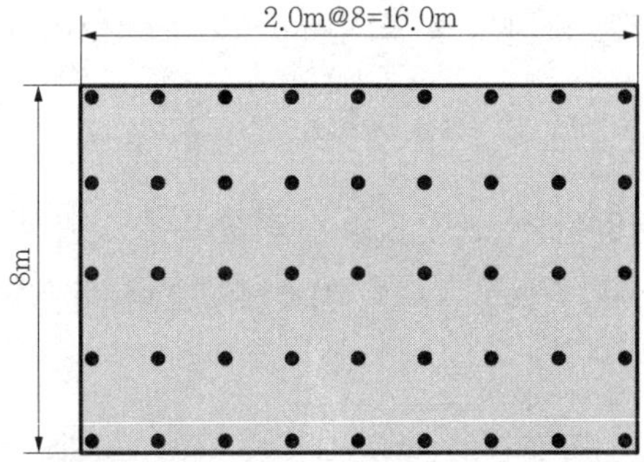

그림 10 · 12 강관 말뚝의 평면배치도

② Converse-Labarre 공식에서

$$\phi = \tan^{-1}\frac{D}{d} = \tan^{-1}\frac{0.406\,m}{2.0\,m} = 11.5°$$

$$E_{gp} = 1 - \phi\frac{(n-1)m + (m-1)n}{90mn}$$

$$= 1 - 11.5°\frac{(9-1)\times5 + (5-1)\times9}{90\times9\times5} = 0.78$$

Converse-Labarre 공식을 적용해서 위의 두 식으로, 무리말뚝의 효율은 $E_{gp} = 78\%$ 로 한다.

• 말뚝들의 총허용하중

$$Q_a = E_{GP}(mnR_a) = 0.78\times5\times9\times920 = 32,300\ \text{kN}$$

10.7 말뚝기초의 설계도

10.7.1 설계조건

(1) 지질

본 조사지역의 지질의 형상은 선캠브리아기의 변성암 복합체를 관입한 쥬라기의 대보 화강암(Daebo granite)으로 이루어져 있다. 심성암류인 화강암(granite)은 중립 내지 조립의 암석으로서 주로 석영, 장석 및 운모로 구성되어 있으며, 이들 광물의 집합은 흔히 등립상(等

粒狀)이고, 서로 엇물려 있는 모자이크 조직(mosaic texture)을 이루고 있다.

(2) 지층 개요

시추조사 결과에 의해 파악된 본 조사지역은 최상부에 인위적으로 매립, 성토한 매립층과 매립층 하부 원지반을 형성하는 연암층까지 시추하였으며 이들 각 지층별 특성을 요약 정리하면 다음과 같다.

1) 매립층(fills)

본 조사지역의 전반에 걸쳐 9.7 m~11.9 m의 층후로 발견되는 본 지층은 부지 조성시 인위적으로 매립, 성토된 지층으로 판단된다. 전반적으로 황갈색 내지 적갈색조로서, 지름 15 cm 이상 크기의 전석 등이 다량 혼재되어 있으며, 표준관입시험 결과 이로 인한 영향으로 타격이 불가한 경우도 있다. 대체적으로 '느슨'의 상대밀도를 나타낸다. 부분적으로 소량의 자갈 및 유기질 성분이 혼재되어 있으며 습윤한 상태로 존재한다.

2) 연암층(soft rocks)

본 지층은 기반암인 화강암의 연암층으로서 현 G.L(−)9.7 m~11.9 m 하부에서부터 발견되며, 풍화작용에 의해 절리 및 균열이 발달되어 굴착시 암편으로 쪼개지므로 CORE 회수가 저조하다.

표 10·7 각 시추공별 시추심도

공별	매립층(m)	연암층(m)	시추심도(m)
BH-1	9.7	0.8	10.5
BH-2	11.9	0.6	12.5

(3) 표준관입시험

KS F 2318 규정에 의거하여 실시한 본 원위치 시험은 각 지층별 상대밀도, 연경도의 측정과 토사층 구간에서의 시료를 채취하기 위해 1.5 m 내지 2.0 m 간격 또는 지층이 변화되는 지점에서 실시 하였다. 본 시험은 바깥지름 51 mm, 안지름 35 mm, 길이 810 mm의 중공 split barrel sampler를 rod 끝에 부착하여 시추공 내에 삽입한 후 중량 640 N의 해머를 낙하고 760 mm에서 자유 낙하시켜 타격 에너지를 sampler에 전달시킨다. 타격 횟수 N값은 300 mm 관입에 필요한 타격수를 측정하는 방식으로 150 mm씩 3회 연속 실시하였고, 최초 150 mm 관입에 필요한 타격수는 시추공의 교란을 배제하기 위하여 기록하지 않고 나머지 300 mm 관입에 필요한 타격수를 N값으로 표기하였으며, 타격횟수가 50회를 상회하는 경우에는 50회 타격시의 sampler 관입 심도를 기록하였다. 본 시험을 통해 측정된 관입횟수는 주상도에 숫자와 그래프로 표기하였고 채취된 시료는 시료병 및 시료 상자에 넣어 보관하였으며, 표준관입시험 성과표는 다음의 표 10·8과 같다.

한편 N값과 상대밀도와 연경도와의 관계는 다음의 표 10·9에 수록하였다.

표 10·8 표준관입시험 요약표

[단위 : 회]

공번 \ 심도	1.5 m	3.0 m	4.5 m	6.0 m	7.5 m	9.0 m	10.5 m	비고
BH - 1	30/30	50/14	48/30	41/30	50/25	50/18		
BH - 2	50/26	32/30	38/30	50/18	50/24	50/29	47/30	

표 10·9 N값과 상대밀도, 연경도와의 관계

N값	상대밀도(relative density)	N값	연경도(consistency)
0~4	매우 느슨(very loose)	0~2	매우 연약(very soft)
4~10	느슨(loose)	2~4	연약(soft)
10~30	중간(medium, medium dense)	4~8	중간(medium)
30~50	조밀(dense)	8~15	견고(stiff)
50 이상	대단히 조밀(very dense)	15~30	대단히 견고(very stiff)
		30 이상	고결(hard)

10.7.2 기초의 선정

일반적으로 기초가 구조물의 하중을 지반에 전달하고 구조물의 효용성을 파악하기 위해서는 다음과 같은 기본적인 요건을 만족시켜야 한다.

1) 기초지반이 상부하중을 지지할 수 있는 능력, 즉 지지력(bearing capacity)이 충분히 커야 한다.
2) 기초의 침하량이 구조물의 용도에 따른 허용치 이내여야 한다.
3) 계절적 용적 변화인 동상(frost heave), 융해(thawing) 등의 영향을 받는 이른바 활동층(active layer)에 의한 기초의 손상이 생기지 않을 최소 깊이를 확보하여야 한다.

(1) 기초형식의 선정

본 조사지역의 기초는 현 지표면에 기초가 설치된다고 가정하면, 깊은 기초 형식으로 시공함이 타당할 것이며, 부분적으로 안전지지층에 지지하기 위해서는 약 10.0 m 가량의 말뚝관입이 예상된다.

(2) 항타공법의 검토

본 현장의 경우 기존 부지에 인위적으로 매립(층 다짐상태)성토된 지층으로 약 10.0 m 가량의 심도로 존재한다. 이러한 지층은 다짐의 특성상 대단히 조밀한 상태를 유지하고 있는 것으로 판단되므로 차후 말뚝을 직접 타격하여 항타하기에는 불가능할 것으로 사료된다. 그러므로 본 검토에서는 매입(埋入)말뚝공법으로 검토한다.

10.7.3 기초검토 계산 예

본 현장의 경우 매입(埋入)말뚝공법으로 검토하여 예상되는 지지력을 산정하여 보면 다음과 같다.

(1) BH-1번 주상도 참조

1) 지반조건(현 G.L 0.00 m 가정)

2) 설계조건

구 조 물	기 초 형 식	설 계 하 중	기 초 크 기	항타방법
약품탱크	말뚝기초	600 kN/본	ϕ400 mm PHC PILE	매입말뚝공법

(2) 매입말뚝 기초검토

국내의 경우 선굴착 및 시멘트 페이스트에 대한 지지력 산정식이 없어 일본의 경우를 적용하고 있는데, 매입말뚝에 대한 극한지지력 산정식은 다음과 같다.

$$Q_s = \frac{1}{2} \times P_d \times \tan\delta \times A_s \times K_s \qquad (10 \cdot 41)$$

여기에서, K_s : 토압계수

A_s : 파일의 주면적

δ : 전단 저항각

말 뚝 종 류	δ	K_s	
		$N<10$	$N>50$
Steel	20°	0.5	1.0
Concrete	3/4ϕ	1.0	2.0
Wood	1/2ϕ	1.5	4.0

$$Q_d = N_q \times P_d \times A_b \qquad (10 \cdot 42)$$

여기에서, N_q : 지지력계수

P_d : 선단에서의 유효토피하중

A_b : pile 선단부의 단면적

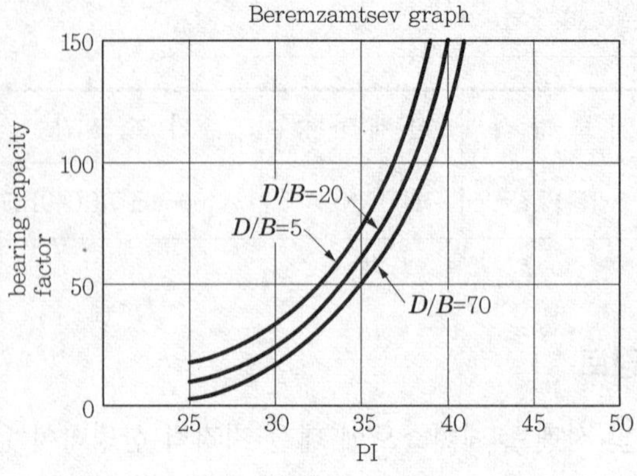

그림 10 · 13

1) 계산조건

① E.L = 0.0 m

② B.L = 0.0 m

③ 성토고 = 0.0 m

④ 말뚝매입 가능 심도 = 10.0 m(시추종료 : 10.5 m)

⑤ B.L(−) 약 9.70 m에서부터 선단지지층 출현

2) 설계조건

① ϕ 400 mm PHC PILE

② 설계하중 : 600 kN/본

③ 예상 말뚝길이 : 10.0 m

3) 지지력계산

① 주면마찰력

- 매립토층 − depth = 9.70 m [$\gamma_t = 15.0$ kN/m^3]

$N = 29.9$(수정 N값), $\phi = 33.94°$, $\delta = 3/4(33.94) = 25.45$, $K_s = 1.5$

$P_d = 1/2 \times 9.70 \times 15.0 = 72.8$ kN/m^2

$A_s = 0.4 \times \pi \times 9.70 = 12.19$ m^2

$Q_{s1} = 1/2 \times 72.8 \times \tan 25.45 \times 12.19 \times 1.50 = 316.7$ kN

- 연암층 depth $=0.3\ \mathrm{m}[\ \gamma_t=20\ \mathrm{kN/m^3}]$

  $N=32.5$(수정 N값), $\phi=21.89$, $\delta=3/4\times21.89=16.42$, $K_s=2.0$

  $P_d=9.70\times15.0+1/2\times0.30\times20.0=148.5\ \mathrm{kN/m^2}$

  $A_s=0.4\times\pi\times0.30=0.37\ \mathrm{m^2}$

  $Q_{s2}=1/2\times148.5\times\tan16.89\times0.37\times2.00=16.7\ \mathrm{kN}$

- total skin friction

  $Q_s=Q_{s1}+Q_{s2}=333.4\ \mathrm{kN}$

② base resistance

계산하면,

$\phi=32.5$(지하수위 고려≒수정 N값 사용), $D/B=10.0/0.4=25.0$

$N_q=120.0$, $A_d=\pi\times0.2^2=0.1257\ \mathrm{m^2}$

$P_d=9.7\times15.0+0.3\times20.0=151.5\ \mathrm{kN/m^2}$

$Q_d=151.5\times0.1257\times120.0=2{,}285.2\ \mathrm{kN}$

③ 극한지지력

$Q_p=Q_s+Q_d=333.4+2{,}285.2=2{,}618.6\ \mathrm{kN}$

안전율을 적용하여, $Q_a=Q_p/3.0=872.8\ \mathrm{kN/본} > 600\ \mathrm{kN/본}$ ∴ O.K.

(3) 허용지지력의 산정

상기와 같이 지지력이 산정되나, 이는 표준관입시험(S.P.T)에 의한 N값을 근거로 한 산출식이므로 차후 기대할 수 있는 토질의 set up 효과 등은 고려치 못한 결과값이다. 말뚝의 주면마찰력을 최대화시키기 위하여 말뚝 지름의 10배 내지 15배 이상을 관입시켜야 한다.

한편, 각 구조물별 말뚝의 허용지지력을 산정하여 보면 표 10·10과 같다.

표 10·10 각 구조물별 예상 허용지지력 산정

구조물별	기초하부고	절, 성토량	기초형식	말뚝심도	예상 허용지지력	지지층
약품탱크	현 지표면	0.0 m	말뚝기초	10.0 m	872.8 kN	연암층
약품탱크	현 지표면	0.0 m	말뚝기초	12.0 m	918.1 kN	연암층

[주] 상기 표의 말뚝 예상 관입심도는 지질주상도에 나타난 N값을 근거로 하여 산출한 계산식이므로, 차후 시험 천공 등을 통한 정확한 심도를 산출하는 것이 보다 정확할 것이며 또한 시험 항타 및 터파기 완료 후, 재하시험을 통한 재확인 작업이 필요할 것으로 사료된다.

제11장

프로그램에 의한 교량설계

11.1 구조해석

11.1.1 구조해석의 개요

구조체에 하중이 가해지면 구조체가 변형을 일으키게 되며 이 변형에 따라 구조체는 가해진 외력과 평형을 이루는 내부응력이 발생하게 된다. 이와 같이 실제 구조물의 구조와 여기에 작용하는 하중을 해석가능한 모델로 대치하여 그 구조모델과 하중모델에 대하여 역학적 해석을 통하여 구조물의 응력이나 변형, 진동상태 등을 구하는 것을 구조해석이라 한다. 구조설계는 이 구조해석에 따라 결정되는 구조체 내의 각 부재의 요구되는 강도를 충족할 수 있는 부재의 크기, 형태, 재료 등을 결정하는 것이다. 그러므로 구조설계를 하기 위해서는 정확한 구조해석이 선행되어야 하며 최적설계를 얻기 위해서는 구조해석과 설계가 반복적으로 이루어져서 정확한 결과에 이르도록 해야 한다. 이러한 과정을 도식화하면 그림 11·1과 같다.

구조해석은 계획, 설계, 제작, 가설의 각 단계에서 실시되며, 각 단계마다 구조해석의 목적도 다르다. 즉 대상으로 하는 구조형식, 작용하는 외력의 종류, 설계에 적용하는 설계방법에 따라 해석방법이 달라진다.

외력에 대한 구조물의 응력, 변위 반력은 일반적으로 다음의 세 가지 기본식에 의해 구해진다.

① 응력과 변형관계식(탄성조건식, constitutive equation, $\sigma = E \cdot \varepsilon$)

② 변형과 변위의 관계식(적합조건식, compatibility equation)

③ 힘의 평형식(평형조건식, equilibrium equation, $\Sigma V=0$, $\Sigma H=0$, $\Sigma M=0$)

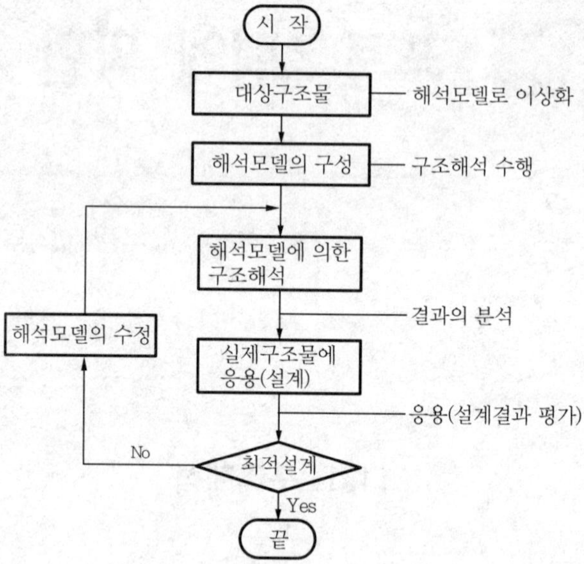

그림 11 · 1 구조해석-설계 흐름도

①은 구조물에 사용하는 재료에 의해 결정되는 관계식으로 외력을 받는 부재의 응력과 변형과의 관계가 선형탄성체에서는 후크의 법칙을 따르는데, 이 관계가 비선형인 경우에는 재료 비선형 문제로 다루어진다.

②는 구조물의 변형상태를 표현하는 데 필요한 관계식으로 외력을 받는 부재의 변위가 미소한 경우에는 변형과 변위의 관계가 선형이나, 변위의 영향을 무시할 수 없게 되면 그 관계는 기하학적으로 비선형이 된다.

③은 힘에 관한 평형식으로 외력이 작용했을 때 변위가 미소한 경우에는 변형 전의 상태로 힘의 평형이 고려된다. 그러나 변위의 영향을 무시할 수 없는 경우에는 변형 후의 상태로 힘의 평형을 고려해야 하며 기하학적 비선형문제로서 다루어진다.

표 11·1 미소변형과 기하학적 비선형 이론의 분류

기본조건	미소변형 이론	기하학적 비선형 이론	
		유한변형 이론	대변형 이론
탄성조건	선형	선형	선형
적합조건	선형	선형	비선형
평형조건	변형 전의 뼈대	변형 후의 뼈대	변형 후의 뼈대

11.1.2 구조해석법의 종류

평형조건과 적합조건을 만족시키며 재료의 응력-변형도 관계를 이용하는 다음과 같은 해석법이면 어느 것이나 사용할 수 있다.

완성된 모델들은 여러 가지 방법을 이용하여 수식으로 정립되는데, 이때 평형 방정식이나 적합한 조건 등이 만족하도록 수식을 정립해야 하며, 이러한 수식을 정립하기 위한 방법으로 변위법(virtual displacement method)과 응력법(virtual force method)이 있다.

(1) 응력법(유연도법)

과잉력을 미지량으로 하여 변위의 적합 방정식을 사용하여 지점반력을 구하고 계산된 지점반력에 의해 변위를 산정하는 방법으로 가상일의 원리나 겹침의 원리에 기초한 해석기법이다. 부정정구조물을 몇 가지 정정기본형으로 대치해서 변위의 적합조건에서 부정정력을 미지수로 하는 방정식을 세워 이것을 풀어 먼저 부정정력을 결정하고 그 밖의 단면력이나 변위를 계산한다.

(2) 변위법(강성도법)

절점변위의 항으로 표현된 평형조건으로부터 미지의 절점변위(절점회전각)를 구한 뒤 절점반력을 계산하는 방법으로 처짐각법이 일반화된 기법이다. 개개의 부재의 단면력과 변위가 절점에 있어서 외력과 단면력이 평형조건을 만족하는 동시에 부재단의 변위가 적합하다는 조건하에 방정식을 유도한다.

변위법에 의한 매트릭스 구조해석법은 임의구조물에 적용할 수 있는 범용성이 높은 기법이며 최근 컴퓨터의 발달과 함께 많이 사용되고 있다.

표 11 · 2 응력법과 변위법의 비교

구 분	응력법(유연도법)	변위법(강성도법)
미 지 량	과잉력	지점변위
적용	부정정력이 적을 때 유리	복잡한 구조물에 사용
컴퓨터 프로그램 관계	불리 미지량이 일정치 않음	유리 표준화된 형태로 구성 미지량이 명백하게 규정됨
해 석 법	3연 및 4연 모멘트정리 가상일의 정리	처짐각법, 변위법에 의한 매트릭스 (matrix)구조해석법(뼈대해석방법, FEM 등)
방 정 식	$\Sigma\delta=0$	$[Q]=[k][\Delta]$

11.1.3 구조의 모델화

구조해석을 위한 수학적 모델화에는 하중, 기하학적 형상, 재료의 특성, 그리고 필요한 경우에는 기초의 응답특성을 포함시켜야 하며, 수학적 모델은 고려하고자 하는 한계상태 및 하중효과, 필요한 해석의 정밀도에 따라 산정한다.

일반적으로 사례가 많은 교량형식의 구조해석에서는 구조모델화에 크게 의식하지 않고 과거에 사용했던 구조모델과 유사하게 사용하는 경우가 많다. 그러나 동일구조에서도 구조해석모델이 다르면 해석결과에 많은 차이가 발생할 수 있기 때문에 새로운 구조형식의 모델화나 구조해석모델을 변경할 경우에는 충분한 고려가 필요하다.

구조물의 모델화시에는 일반적으로 부분적으로 상세구조해석을 위하여 유한요소해석(FEM)을 사용하는 경우를 제외하고, 구조의 일부분만을 정밀하게 모델화하는 것은 그다지 큰 의미가 없으며, 교량의 지배적인 거동을 단순하고 명쾌하게 경제성을 손상시키지 않는 범위에서 안전측이 되도록 역학이론에 기초하여 구조모델화하는 것이 필요하다.

(1) 모델화시의 기본사항

1) 구조모델화는 교량의 구조와 사용하는 해석이론 등에 따라 실구조를 추상화하여 단순화시켜 작성한다. 구조모델화를 적정하게 선정하지 않으면, 구조해석은 실구조의 응답을 모의할 수 없다.

2) 교량과 구조부재는 그 형상에 따라 거동이 비교적 명쾌한 보, 교각, 판, 평면격자, 라멘, 아치, 깊은 보와 이들의 조합으로 될 수 있으며, 가능한 한 성질을 잘 나타낼 수 있도록 구조모델화하는 것이 중요하다.
3) 실적이 많은 구조에 대해서는 가능한 한 예전부터 사용하던 구조모델을 사용하는 것이 좋다.
4) 실적이 적은 구조로서 모델을 설정하기 곤란한 경우에는 각종 모델에 대해 비교검토를 통해 적절한 모델을 설정한다.
5) 부재의 단면적과 강성은 일반적으로 단면에 배치한 강재의 영향을 무시하고, 콘크리트 전단면을 유효한 것으로 하여 산출한다.
6) 시공중에서 구조계가 변화되는 경우에는 구조계의 변화, 단면의 변화와 하중의 재하순서 등을 고려할 필요가 있다.

(2) 하부구조의 영향을 고려하는 경우의 모델화

1) 하부구조의 변화와 회전이 상부구조에 유해한 영향을 미치는 아치교 등이 비교적 지반이 좋지 않은 장소에 건설되는 경우에는 하부구조의 영향을 적당하게 고려하여야 한다.
2) 연속라멘교와 다점고정 연속교 등에서는 온도변화와 콘크리트의 건조수축의 영향에 의해 큰 구속력이 발생하는 경우가 있다. 이 구속력의 크기는 교각의 휨강성 외에 지반의 변형특성과 기초구조에 관계하므로 구속력의 영향이 큰 경우에는 교각하단의 지지조건의 설정에 있어서 지반과 기초의 조건을 적절히 고려하여야 한다.

(3) 판과 다거더 구조를 격자구조로 치환하여 해석하는 경우의 모델화

1) 형축선은 구조거동을 지배하므로 그 선정에 주의가 필요하며, 사교의 경우에는 영향이 크다.
2) 중공상판교와 다중상자형교를 격자구조로 치환하는 경우에는 폐단면 효과(특히 비틀림강성의 취급방법)를 바르게 평가하여야 한다.
3) 지지조건은 사용하는 교량받침의 기능에 부합되도록 선정한다.
4) 하중의 영향은 하중모델화와 재하방법에 따라 해석결과가 다르게 산출되므로 주의하여야 한다.

(3) 해석모델의 설정

구조해석을 수행하기 위하여 해석모델을 설정하는 데는 다음 조건을 결정하여야 한다.

1) 평면해석인가, 입체해석인가
2) 뼈대의 축선
3) 구성부재 단면의 형상
4) 구성부재 격점의 결합조건
5) 모델링한 부재단면성능의 환산방법
6) 지점조건

(4) 해석모델의 종류

일반적으로 설계에 이용되는 해석모델은 대부분 선형해석모델이며, 특별히 대규모 구조물 설계시에 비선형해석이 수행되며, 비선형해석은 선형해석의 보완자료로 활용하기 위해 수행되는 경우가 대부분이다. 구조물 설계시에는 가장 적합한 모델을 선정하고, 경계조건에 따라 단면력이 크게 달라진다는 것을 고려하여 해석모델 설정시 경계조건(지지조건)을 신중하게 고려해야 한다.

1) 보 모델

가장 기본적인 해석모델로서, 단면력을 간단히 구할 수 있다. 단면의 치수에 비해 길이가 긴 균일단면의 골조부재나 변단면부재의 모델링에 사용되거나 자유도가 서로 다른 요소끼리 연결될 때 하중전달용 모델로 주로 사용된다.

보 모델은 2개의 절점에 의해 연결되는 직선으로 정의되며, 각각의 요소는 단면계수, 하중 및 해석결과 출력을 위한 요소좌표계를 갖는다. 보 요소는 인장 및 압축, 전단, 휨, 비틀림 등의 거동에 대한 강성을 갖도록 정식화되어 있다.

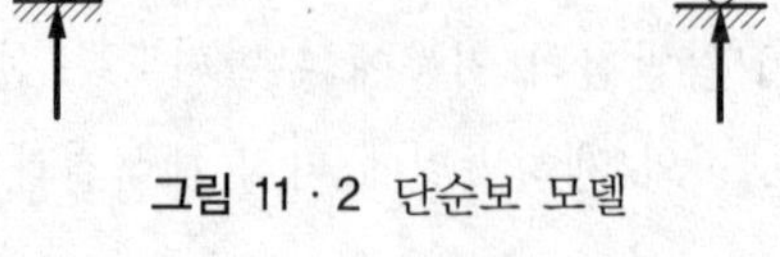

그림 11·2 단순보 모델

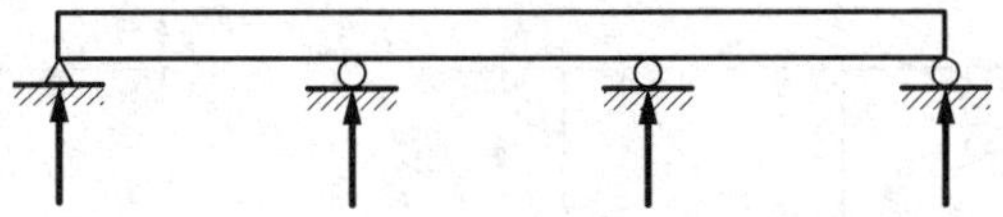

그림 11 · 3 연속 보모델

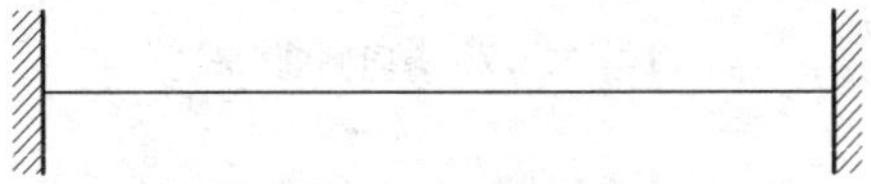

그림 11 · 4 양단고정 보모델

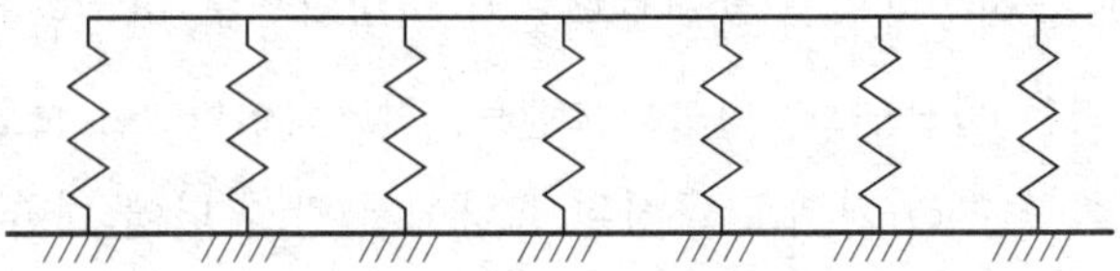

그림 11 · 5 탄성지지 보모델

2) 평면트러스 모델

부재가 핀으로 연결되어 있어 부재에 축방향력만 발생하도록 만든 해석모델이 평면트러스모델이다. 평면트러스모델에서는 휨모멘트가 발생하지 않으므로 자유도의 수는 평면뼈대모델보다 적다.

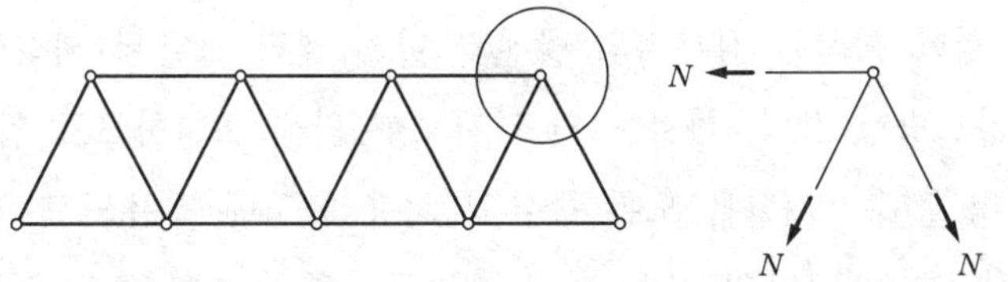

그림 11 · 6 평면트러스 모델

3) 평면뼈대 모델

2차원 라멘구조를 해석할 수 있는 모델로서 고려할 수 있는 하중은 면내하중을 대상으로 하며 산정된 단면력은 축방향력, 휨모멘트 및 전단력이다. 비틀림모멘트에 대한 해석이 불가능하기 때문에 사교와 곡선교, 비틀림모멘트를 발생시키는 하중을 받는 구조물과 면외하중에 대한 해석은 이 모델로는 불가능하다.

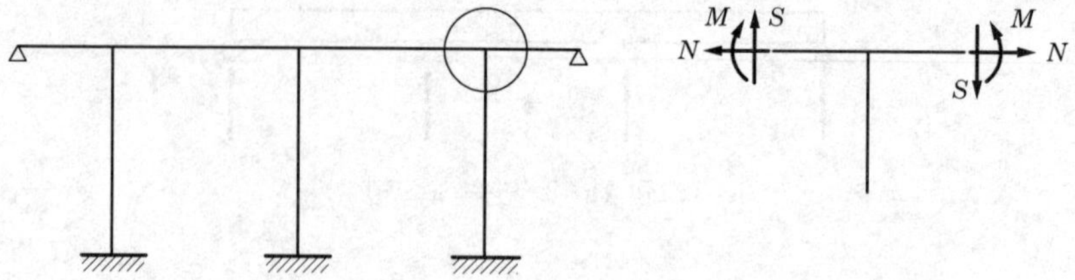

그림 11 · 7 평면뼈대 모델

4) 격자해석 모델

평면뼈대모델과 같이 2차원적 해석모델로서 면외하중과 비틀림하중을 고려할 수 있으며 구해지는 단면력은 휨모멘트, 비틀림모멘트, 전단력이다. 이 모델은 사교 및 곡선교의 비틀림에 대한 해석과 여러 거더로 구성된 교량에서 각 거더에 대한 하중분배량을 계산하는 데 이용된다.

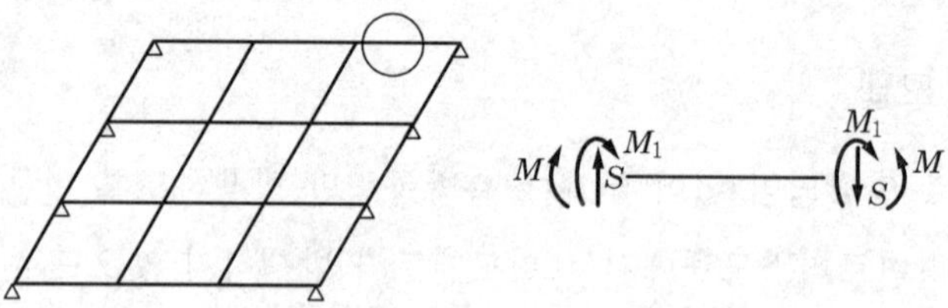

그림 11 · 8 격자해석 모델

격자이론에 의한 해석은 컴퓨터의 발전과 함께 널리 보급된 해석방법이며, 세로방향(교축방향)과 가로방향(격벽, 가로보)의 격자보에 의해 표현하므로 엄밀하게는 격자상의 구조물에만 사용할 수 있으나, 모든 종류의 교량 구조에 적용되고 있다.

이 모델을 사용하여 교량의 정·동적 거동을 근접하게 표현할 수 있는 합리적인 격자망(grid mesh)을 구성하여 격자해석(grillage analysis)을 실시하였을 때 매우 정확한 결과를 얻을 수 있다.

격자해석은 교량의 상판을 해석하는 데 가장 일반적으로 사용하는 방법이다. 슬래브교의 격자해석은 그림 11 · 9와 같이 등가인 격자 보(grillage beam)로서 슬래브 상판을 표현한다. 해석을 목적으로 모든 슬래브 영역에 분산된 휨과 비틀림강성이 가장 가까운 등가의 격자 보에 집중되는 것으로 가정하고 슬래브의 교축방향 강성은 세로보에 집중되는 반면에 교축 직각방향의 강성은 가로보에 집중된다.

보의 강성은 슬래브와 등가인 격자가 동일하중을 받을 때 그 두 구조계상 동일한 처짐이 발생하고 어떤 격자보상의 모멘트, 전단력 및 비틀림이 슬래브 그 부분의 단면성에 작용하는 응력의 합과 일치할 때 그 슬래브의 강성을 대표한다고 할 수 있다. 이러한 개념은 사실상 아래 요약된 구조형태의 서로 다른 특성 때문에 근사적인 것이 될 수밖에 없다.

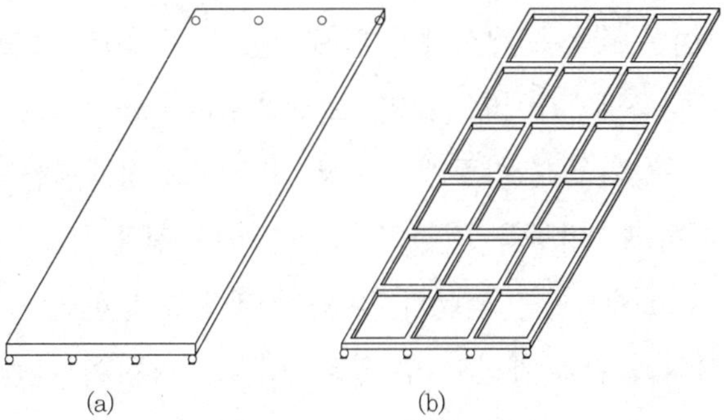

그림 11 · 9 (a) 원형슬래브와 (b) 등가의 격자망

슬래브의 어떤 요소의 평형상태는 비틀림이 직교방향으로 동일하고 또한 그 비틀림이 직교방향으로 같다는 조건을 만족해야만 한다. 등가인 격자 보의 절점에서 토크(torque) 또는 비틀림(twist)이 직교방향으로 동일하도록 만드는 물리적이고 수학적인 법칙은 없지만 아래 그림 11 · 10 (a)에서와 같이 격자망이 충분히 조밀하다면 그 격자는 직교방향으로 비틀림이 거의 동일하면서 처짐이 부드럽게 발생한다(만약 비틀림강성이 두 방향으로 같다면 토크도 마찬가지일 것이다). 그러나 (b)에서와 같이 그 격자망이 너무 크다면 격자의 처짐은 부드럽게 발생하지 않으며 이 경우 비틀림과 토크가 반드시 직교방향으로 동일하지는 않게 된다.

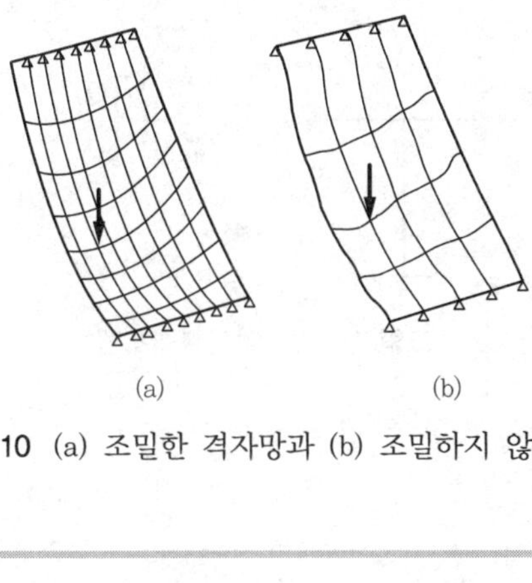

그림 11 · 10 (a) 조밀한 격자망과 (b) 조밀하지 않은 격자망

격자구조의 매트릭스 해법을 살펴보면, 격자해석에서는 구조물은 서로 보에 연결되어 격자로 이상화되며, 보는 그것이 대표하고 있는 구조물의 일부분에 해당하는 휨강성과 비틀림강성을 갖고 있다. 매트릭스 변위법을 사용하여 절점의 연직변형과 두 수평축 주변의 회전각을 계산하고, 그 결과를 사용해서 격자 보의 절점부 휨(bending moment), 비틀림 모멘트(torsion), 전단력(shear force)을 계산한다.

변위법을 사용하여 구조물을 해석하기 위해서는 먼저 대상구조물을 유한개의 요소로써 분할하여야 한다. 다음에 각 요소들의 요소력(element force)과 요소변위(element displacement)가 구성되고, 이렇게 구성된 요소강성행렬들을 전체좌표계(global coordinate)로 변환하고, 이들을 적절하게 조합하여 전체구조물에 대한 구조강성행렬(structure stiffness matrix)을 얻는다. 이러한 과정을 통하여 구조물의 강성행렬이 구해지면 각 절점에서의 변위를 계산할 수 있고, 이를 사용하여 지점에서의 반력과 단면력 등을 구한다.

5) 입체뼈대모델

입체뼈대모델은 3차원 라멘구조를 해석할 수 있는 모델로서 면내 및 면외하중, 비틀림 하중 등을 고려할 수 있으며, 계산된 단면력은 축방향력, 2방향 휨모멘트, 2방향 전단력과 비틀림모멘트이다. 평면뼈대모델과 격자해석모델을 합친 모델이므로, 보로 모델화가 가능한 모든 구조물에 이 모델의 적용이 가능하다. 그러나 모델화가 복잡하여 계산해야 할 단면력의 수가 증가되므로 설계시 입체뼈대모델만으로 구조해석을 수행하는 일은 드물다. 일반적으로 평면뼈대해석을 수행하여 설계단면력을 산정하고 비틀림 및 면외하중에 대해서는 격자해석모델 또는 입체뼈대모델을 이용하여 추가해석을 수행하는 경우가 많다.

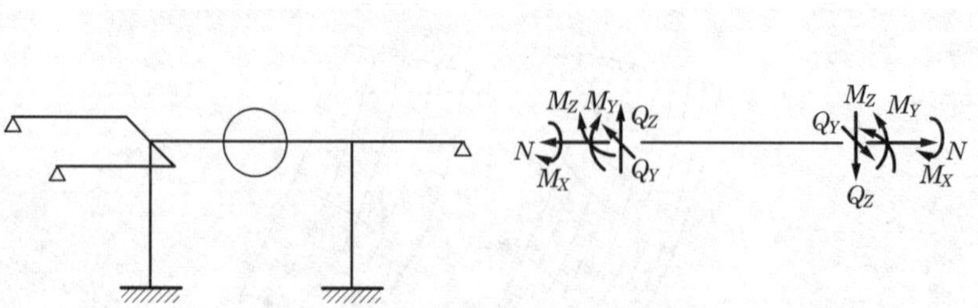

그림 11 · 11 입체뼈대모델

6) 판 모델

2차원의 판구조를 해석할 수 있는 모델로서 하중은 면외하중과 비틀림하중을 고려할 수 있으며, 계산된 단면력은 휨모멘트, 비틀림모멘트, 전단력이다. 그림 11·12에 대표적인 하중에 대한 단면력과 변위를 나타내었다.

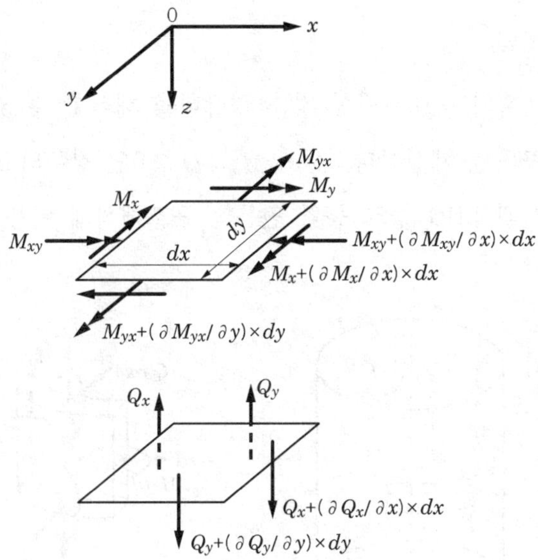

그림 11·12 판 모델

판(plate)이란 어느 방향(판두께 방향)의 치수가 그것에 직각인 방향의 치수에 대하여 매우 작은 평면상의 물체로 정의된다. 판에 횡하중이나 휨모멘트가 가해지면 곡면상으로 변형하여 그 내부에는 응력장이 발생한다. 그때의 판의 휨이나 응력분포를 해석하는 문제를 판의 굽힘문제라고 한다.

판구조 형식의 대표적인 교량으로는 슬래브교가 있으며, 판이론에 의한 엄밀해는 교량의 형식, 하중조건, 지지조건 등이 매우 복잡한 실제교량에는 적용하기 곤란하다.

판구조에 대해 Kirchhoff와 Love가 발전시킨 미소처짐이론의 기본적인 가정사항은 다음과 같다.

① 판의 재료는 탄성, 균질, 등방성이다.
② 판의 초기형상은 편평하다.
③ 판의 두께는 다른 치수에 비하여 작다.

④ 처짐은 판의 두께에 비하여 작다.
⑤ 전단에 의한 변형은 무시한다.
⑥ 판의 처짐은 중립면의 수직변위로 나타낸다.
⑦ 중립면에 수직인 응력은 무시한다.
⑧ 중립면에서의 변형은 휨에 의한 것과 비교할 때 무시한다.

7) 셸 모델과 링 모델

셸모델은 회전체 셸의 축대칭변형 및 응력상태를 해석할 수 있는 모델로서 N_x, N_θ, Q_x, M_x, M_θ의 단면력을 계산한다. $M_x = M_\theta = Q_x = 0$인 경우의 응력을 막응력이라고 하며, PSC 격납구조물과 LNG 탱크 등의 원통형 구조해석에 이용된다.

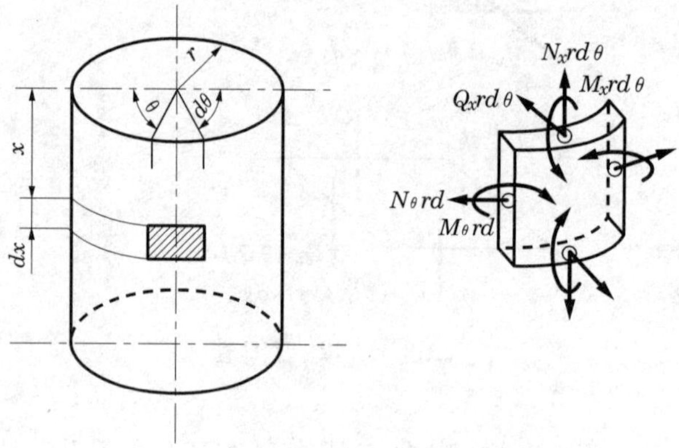

그림 11 · 13 셸모델

8) 상세 유한요소모델

전체모델은 뼈대모델로 해석하고, 이를 이용하여 국부응력을 계산하고자 하는 부분에 대해서만 상세한 유한요소모델을 사용한 해석을 수행할 수 있다. 사용할 수 있는 유한요소에는 선요소(트러스, 보), 2차원 요소(평면변형, 평면응력, 축대칭), 평판요소(막응력, 휨과 막응력), 3차원 고체요소(solid element)와 셸 요소가 있다.

표 11·3 교량의 해석방법

구조조건 \ 해석방법		직교성 판이론	직교성 판이론 설계도표	유한요소	유한대판	격자해석	입체뼈대	유한차분
상판형식	슬래브	○	○	○	○	○		○
	중공슬래브	○	○	○	○	○		○
	슬래브보			○		○		
	합성	○	○	○	○	○		○
	직교성	○	○	○	○	○		○
	박스			○	○	△	○	
평면형태	직교	○	○	○	○	○	○	○
	사교			○		○	○	○
	곡선교	○		○	○	○	○	○
	임의형태			○		○	○	○
지지형식	단순지지	○	○	○	○	○	○	○
	연속지지	○		○	○	○	○	○
	임의지지			○		○	○	○

표 11 · 4 교량구조와 일반적으로 적용되는 구조해석이론의 관계

구조모델	해당하는 교량형식	설계에 사용되는 해석이론	해석이론의 특징, 해석상의 유의점
판	• 슬래브교 • 중공슬래브교	① 판이론에 근거한 방법 • 등방성판 : Olsen의 방법 등 • 직교이방성판 : Guyon-Massonnet의 방법 등 • 사판 : Olsen, Nielsen, H.Vogt의 방법 등 ② 변위법에 의한 격자구조해석 • 평면격자해석 ③ 유한요소법 • 판요소에 의한 해석	• 지간/폭원, 사각에 제한이 있고, 적용은 일반적인 것에 제한된다. • 경계조건이 비교적 복잡한 사각을 갖는 판과 사다리꼴 판에 적용할 수 있다. 슬래브교의 거동을 충분히 고려하여 모델화하는 것이 중요하다. • 임의의 교량받침 조건과 하중상태에 대해 해석할 수 있다.
평면격자	• T형 거더교 • 다주 거더 박스거더교	① 격자구조이론에 의한 해석 : Homberg, Leonhardt, Guyon-Massonnet의 방법 등 ② T형교의 간이하중 분배계산법 ③ 변위법에 의한 격자구조해석법	• T형 거더교의 하중분배작용의 고려는 일반적으로 Guyon-Massonnet의 방법과 간이하중분배계산법으로 수행한다. • 활하중에 대한 영향 면재하가 용이할 수 있다.
평면뼈대	• 연속거더교 • 라멘교 • 아치교 • 사장교	① 보이론 ② 변위법에 의한 평면뼈대구조해석(면내, 면외)	• 변위법에 의한 뼈대해석은 임의의 뼈대형상 · 단면성능 · 하중상태 · 지지조건에 대해 해석할 수 있다.
입체뼈대	• 곡선거더교 • 라멘교	① 변위법에 의한 입체뼈대구조해석 ② 격자구조해석과 평면뼈대해석의 조합 ③ 휨이론	• 상동
기타	• 국부응력의 해석	유한요소법(FEM) • 요소의 종류 : 평면응력·평면변형, 판, 박판, 중실, 보, 봉요소 등 • 상기요소의 조합	• 해석결과는 선정한 요소의 종류(자유도·변위계수)와 요소분할 등의 영향을 받는다. • FEM해석은 일반적으로 국소적인 응력해석에 사용되고, 특수한 경우를 제외하고는 전체계의 해석에 사용되는 일은 적다.

11.1.4 해석프로그램

최근 컴퓨터의 눈부신 발전과 더불어 유한요소법의 이론에 기초한 응용구조 해석프로그램이 사용자 위주의 편리한 기법으로 개발됨에 따라 많은 설계자들은 전산화 구조해석을 수행하고 있다. 그러나 대부분의 프로그램은 특정한 가정에 기초하여 작성되었기 때문에 각각의 특성이 있으며 설계자들은 이들 특성을 정확히 파악하고 실무에 적용하여야 한다. 특히, 전산화 구조해석의 결과는 무조건 옳다라는 판단을 하는 경우가 많은데, 유한요소법에 의한 해석의 경우 대상교량의 구조거동에 기초한 구조해석 모델링과 사용요소(element)에 따라 그 결과의 신뢰성 여부가 다르게 되므로 주의를 기울여야 한다. 또한 해석 후에는 그 결과를 검토하고, 고차의 부정정구조물에서는 해석오차의 검출이 어려우므로 더욱더 많은 주의가 요구된다. 해석오차를 방지하기 위해서는 다음과 같은 조사를 습관화하는 것이 필요하다.

① 사용프로그램의 배경이론과 해석방법을 확인하고 계산목적과 대상구조물에 적용이 가능한가를 검토한다.
② 구조모델이 실제 교량의 구조계와 받침조건을 바르게 표현하고 있는가를 확인한다.
③ 입력데이터에 대한 프로그램의 제약조건을 확인한다.
④ 입력데이터를 충분히 조사하고, 수치가 올바르게 입력되었는지를 확인한다.
⑤ 계산결과는 단순한 검토와 도시에 의해 하중과 계산결과의 반력의 합, 응력과 변위의 상태, 변형모드의 경향을 조사한다. 또한 유사한 기존 설계결과가 있는 경우에는 비교하는 것도 좋다.

이와 같이 구조물의 거동과 해석 및 설계이론에 대한 확실하고 올바른 이해없이 단순히 응용프로그램의 기교적인 기법만을 익혀 전산화 구조해석을 수행하는 것은 특별히 주의가 필요하다. 또한 구조모델링 방법이나 입력자료에 대한 올바른 검증과 출력결과의 확실한 평가없이 컴퓨터 출력결과만 맹신하여서는 안 되며 고전적인 구조해석법 또는 다른 전산화 구조해석방법 등으로 재검토하여 확인 후 사용하는 것이 바람직하다.

현재 전산화 구조해석 및 설계에서 흔히 사용하고 있는 상용화된 응용프로그램의 일부 특징에 대해 간략히 비교하여 표 11·5에 나타내었다.

표 11·5 구조해석 및 설계 응용프로그램의 개략 비교

프로그램명	주요기능	비고
ABAQUS	•선형·비선형 정적해석, 동적해석 •transient 비선형 동적해석 •크리프와 건조수축해석, 구조진동해석, 파괴역학	범용 설계지원
ADINA	•2차원, 3차원 선형, 비선형 해석, 접촉문제 해석, 좌굴해석 •균열진행을 수반한 파괴해석 •small & large deformation, large strain •온도를 고려한 탄성·소성 및 크리프 해석	범용
ANSYS	•콘크리트 재료 및 요소의 비선형 해석 •동적해석, 좌굴해석 및 최적설계 모듈 포함	범용 설계지원
DIANA	•콘크리트 및 암반의 균열해석, RC 및 PSC 구조물의 파괴거동해석 •장대교량의 동적 비선형 해석, 교량의 시공단계별 해석 •항만구조물의 내진해석 •콘크리트 수화열에 의한 온도 및 균열분포 해석 •크리프 및 건조수축 해석, 부착거동을 고려한 철근 및 텐던 모델링	범용 설계지원
GT-STRUDL	•선형 동적해석, 비선형 정적해석 •철골 및 콘크리트 구조설계(부재 최적설계, 물량산출)	범용
LUSAS	•선형, 비선형 해석 •시간에 따른 응력 및 변위해석, 비선형 동적해석 •고유치 해석(좌굴해석, 내진·내풍해석), 피로해석(S-N curve)	범용
MARC	•비선형 접촉해석, material library(소성재료, 비금속재료, 폴리머 등) •열응력해석, 진동해석, 콘크리트의 균열해석	범용
MIDAS	•정적·동적해석, P-delta해석 •한국강구조기준과 AISC(ASD, LRFD)기준에 따른 설계	범용 설계지원
NASTRAN	•선형 정적해석, 진동해석, 비선형 해석 •공탄성해석(static aeroelastic, dynamic aeroelastic, flutter 해석) •adaptive해석, 설계최적화 •대형구조물 해석	범용 설계지원
NISA	•선형·비선형 정적해석, 동적해석 •구조최적설계	범용 설계지원
RM	•PSC BOX 교량(FCM, MSS, ILM, FSM 공법 등) 해석 •장대교량 해석 및 steel box 교량해석, 시공단계별 해석 •단면물설치 자동계산, 크리프와 건조수축 해석 •동적해석, 좌굴해석	교량전용 설계지원
SAP 2000	•하중조합, 이동하중(DB, DL, 철도)에 의한 교량해석 •비선형해석(isolator, damper, gap, hook 요소) •미국, 영국, 캐나다, 유럽기준에 따른 RC 및 철골부재 설계	범용 설계지원
SFRAME	•시공단계별 PSC segment 해석	교량전용
TANGO	•강교, 콘크리트교, 강합성교, 사장교 해석 •AASHTO, OHBDC 이동하중 산정, ACI-209, CEB-FIP 기준고려	교량전용

11.2 교량설계 예

11.2.1 설계조건

(1) 일반사항

1) 교량형식 : RC 슬래브교

2) 교량등급 : 1등급

3) 교량연장 : 10.0 m(설계지간 9.0 m)

4) 교량폭원 : 9.0 m

5) 교량사각 : 90.0°

6) 사용 프로그램 : SAP 2000(프레임 해석)

(2) 적용하중

1) 고정하중

① 콘크리트 단위질량 : 25 kN/m^3

② ASCON 포장 단위질량 : 23 kN/m^3

2) 활하중

DB-24, DL-24에 의한 부재력 중에서 불리한 것으로 적용

3) 온도하중

① 종방향 온도하중 : ±15℃(단면최소두께 70 cm 미만)

② 상하단면 온도차 : ±5℃

(3) 사용재료

1) 콘크리트

$f_{ck} = 27$ MPa

$E_c = 24,648$ MPa

2) 철근

$f_y = 400$ MPa

$E_s = 200,000$ MPa

(4) 참고문헌

도로교 설계기준, 건설교통부, 2005.

콘크리트 구조설계기준, 건설교통부, 2007.

도로설계편람, 건설교통부, 2001.

11.2.2 설계단면가정

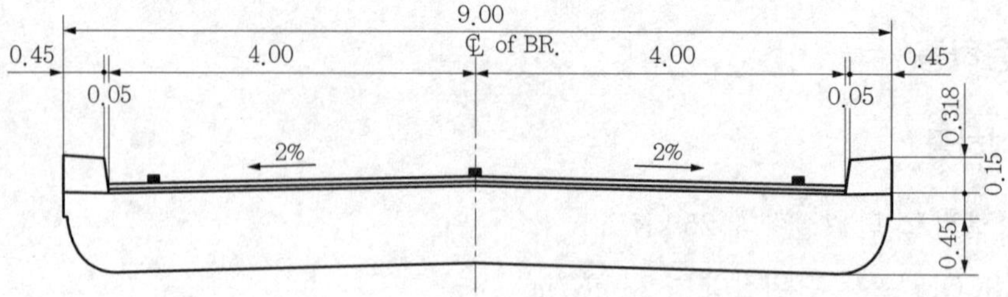

그림 11 · 14

전체 폭 : 9.00 m, 난간 폭 : 0.45 m, 모서리 : 0.05 m, 난간높이 : 0.318 m

두께 : 0.6 m, 포장 : 0.05 m, 높이 : 0.3 m

11.2.3 하중계산

- 횡방향에 대하여 단위 폭(1 m)당 하중을 계산한다.
- 슬래브, 포장, 난간 등의 하중을 단위 폭으로 환산하여 적용한다.

(1) 고정하중 -------------- CASE 1

슬래브 W_s : {9.000×0.600×25.000}+{2×1/2×0.050×0.300×25.000}

+{2×1/2×(0.300+0.318)×0.450×25.000} =142.33

포 장 W_a : 0.050×9.000×23.000 =10.35

난 간 W_b : 1.000×2 =2.0

계=154.68 kN/m

$W_d=154.68/9.000=17.19\ \mathrm{kN/m^2}$

(2) 활하중 ---------------- CASE 2

$B=8.000\ \mathrm{m}$

차선 재하수 =8.000/3 =2.667 ∴ 2차선 재하가능

1) 충격계수

$$i=\frac{15}{40+L}=\frac{15}{40+9.0}=0.306>0.300$$

따라서 충격계수 $i=0.3$을 사용한다.

2) 유효 폭

$$F=1.2+0.06L=1.2+0.06\times 9.000=1.740\leq 2.1$$

따라서 유효 폭 $F=1.740$

3) DB 하중

교량등급	하중등급	중량 W(kN)	총하량 1.8 W(kN)	전륜하중 0.1 W(kN)	후륜하중 0.4 W(kN)
1등교	DB-24	240	432	24	96

뒷바퀴에 걸리는 하중 $P_r=\dfrac{4\times P\times(1+i)}{1.8\times 2+1.2+F}=\dfrac{4\times 96\times(1+0.3)}{6.540}=76.33\mathrm{kN}$

앞바퀴에 걸리는 하중 $P_f=\dfrac{4\times P\times(1+0.3)}{1.8\times 2+1.2+F}=\dfrac{4\times 24\times(1+0.3)}{6.540}=19.08\mathrm{kN}$

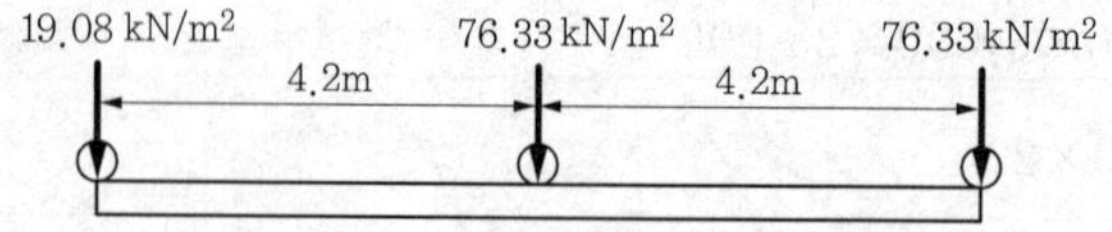

그림 11 · 15

4) DL 하중

모멘트 계산시 $P_m = 10.800/3 \times 1.300 \quad = 46.8\ \text{kN/m}^2$

전단력 계산시 $P_s = 15.6/3 \times 1.300 \quad = 67.6\ \text{kN/m}^2$

등분포하중 $W = 1.27/3 \times 1.300 \quad = 5.50\ \text{kN/m}^2$

(3) 온도하중 -------------- CASE 3

1) 축방향 온도하중 = ±15℃

2) 상하단면 온도차 = ±5℃

(4) 지점침하 -------------- CASE 4

10.0 mm 침하를 적용한다.

11.2.4 모델링

(1) 종방향

1) 고정하중

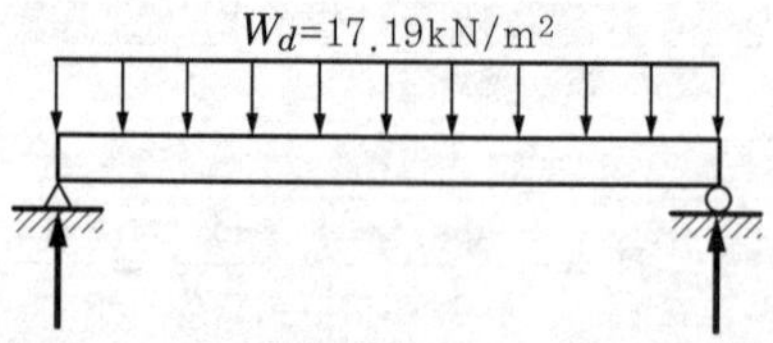

그림 11 · 16

2) 활하중

SAP 2000에서 moving load를 사용하여 재하

(2) 지점부 횡방향

1) 고정하중

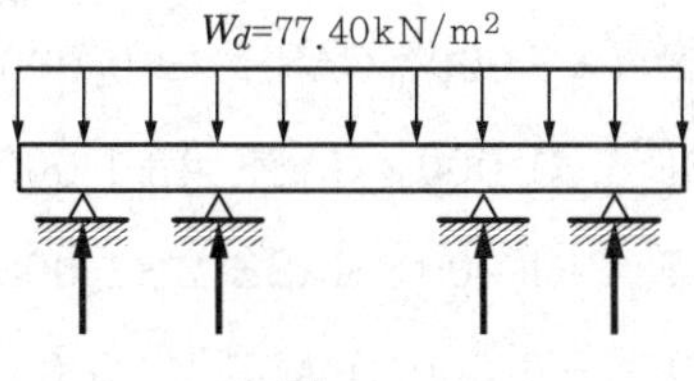

그림 11 · 17

2) 활하중

① 활하중(1)

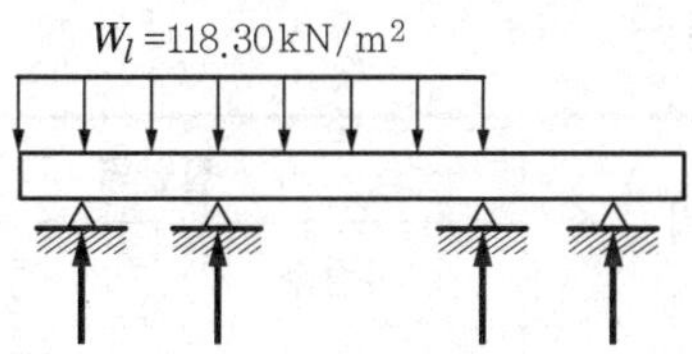

그림 11 · 18

② 활하중(2)

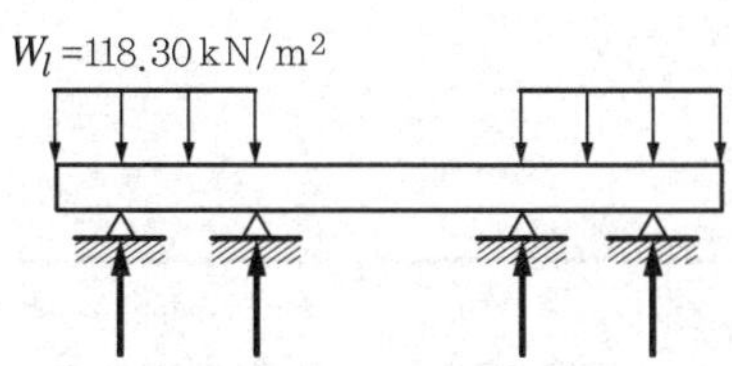

그림 11 · 19

11.2.5 하중조합

(1) 계수하중

1) combo 1 : 1.300×CASE 1+0.000×CASE 2+0.000×CASE 3+0.000×CASE 4

2) combo 2 : 1.300×CASE 1+2.150×CASE 2+0.000×CASE 3+0.000×CASE 4

3) combo 3 : 1.300×CASE 1+1.300×CASE 2+1.300×CASE 3+1.300×CASE 4

4) combo 4 : 1.300×CASE 1+1.300×CASE 2−1.300×CASE 3+1.300×CASE 4

(2) 사용하중

1) combo 1 : 1.000×CASE 1+1.000×CASE 2+0.000×CASE 3+0.000×CASE 4

2) combo 2 : 1.000×CASE 1+1.000×CASE 2+1.000×CASE 3+1.000×CASE 4

3) combo 3 : 1.000×CASE 1+1.000×CASE 2−1.000×CASE 3+1.000×CASE 4

4) combo 4 : 1.000×CASE 1+0.000×CASE 2+0.000×CASE 3+1.000×CASE 4

11.2.6 해석결과

(1) 종방향 해석

1) 반력, 전단력 및 모멘트

구분	반력	전단력		모멘트
		지점부	중앙부	중앙부
고정하중	77.4	77.4	0.000	174.0
DB-24	118.3	118.3	0.000	186.1

2) 단면력

① 모멘트

구분	슬래브 중앙부	
	계수하중 사용시	사용하중 사용시
모멘트	626.3	360.1

② 전단력

구분	슬래브 지점부(계수하중 사용시)
전단력	354.9

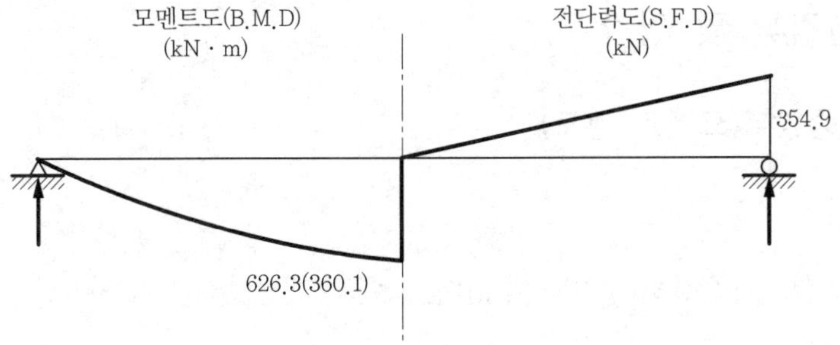

그림 11 · 20

(2) 지점부 횡방향 해석

1) 반력

구분	$R1$	$R2$	$R3$	$R4$
고정하중	174.5	173.8	173.8	174.5
활하중	279.6	279.8	134.8	279.6

※ 받침 선정 : R=174.5+279.6 =454.1〈 550 kN∴ 550 kN 받침 사용

2) 단면력

단면력		고정하중	활하중	사용하중시	하중조합(1.3× D+2.15× L)
모멘트	지점부	42.7	65.2	107.9	195.69
	중앙부	18.2	38.2	56.4	105.79
전단력	지점부	93.2	155.4	0.000	455.27
	중앙부	0.000	0.000	0.000	0.000

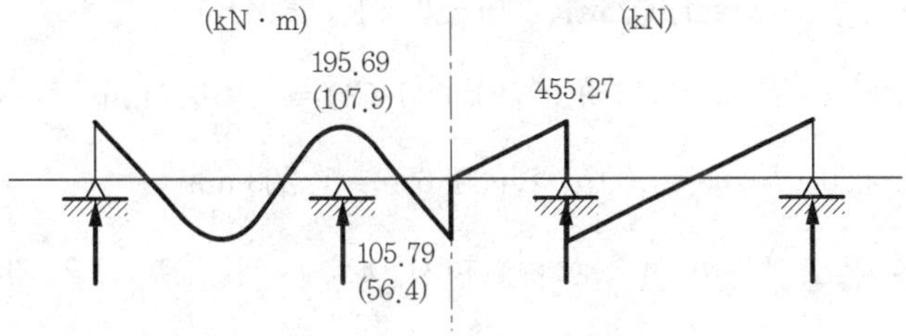

그림 11 · 21

11.2.7 단면검토 및 평가

(1) 슬래브 중앙부(모멘트 검토)

1) 설계조건

콘크리트 설계기준강도(f_{ck}) = 27 MPa

철근항복강도(f_y) = 400 MPa

휨강도 감소계수(ϕ_t) = 0.85

전단강도 감소계수(ϕ_v) = 0.80

$\beta_1 = 0.85$

계수모멘트(M_u) = 626.3 kN · m　　계수전단력(V_u) = 0.0 kN

단면두께(H) = 600 mm　　단면폭(b) = 1,000 mm

철근덮개(d_c) = 70 mm　　유효깊이 d = 530 mm

- 평형철근비(ρ_b) $= \dfrac{(0.85\times\beta_1\cdot f_{ck})}{f_y}\times\dfrac{0.6}{(0.6+f_y)} = 0.0293$
- 최대철근비($\rho_{\max}$) $= 0.75\times\rho_b = 0.0220$
- 최소철근비($\rho_{\min}$) $= 1.4/f_y = 0.0035$

2) 휨설계

$$R_u = M_u/(b\times d^2) = 2,229.6\ \text{kN/m}^2$$

- 소요철근비 $\rho = \dfrac{0.85\cdot f_{ck}}{f_y}\times\left[1-\sqrt{1-\dfrac{2\cdot R_u}{\phi\cdot 0.85\cdot f_{ck}}}\right] = 0.007$
- 최소철근량 $A_{s\min}$

$$A_{s1} = \rho_{\min}\cdot b\cdot d = 0.0035\times 1,000\times 530 = 1,855.0\ \text{mm}^2$$

$$A_{s2} = 4/3\cdot\rho\cdot b\cdot d = 4/3\times 0.007\times 1,000\times 530 = 4,946.7\ \text{mm}^2$$

$$A_{s3} = 0.0020\cdot b\cdot h = 0.0020\times 1,000\times 600 = 1,200\ \text{mm}^2$$

최소철근량은 온도철근비 A_{s3}보다 크면서 A_{s1}과 A_{s2} 중 작은 값을 취한다.

$\therefore A_{s\,min} = 1,855\ mm^2$

- 소요철근량 $A_s = \rho \times b \times d = 3,710\ mm^2$

  $\therefore A_s = 3,710\ mm^2$

- 최대철근량 $A_{s\,max}$

  $\therefore A_{s\,max} = 0.75\rho_b \times 1,000 \times 530 = 11,660\ mm^2$

※ 사용철근량 : 1단 배근(H25 @ 125-8EA) $A_s = 4,053.6\ mm^2$

$A_{s\,min} = 3,710.0\,mm^2 < A_s = 4,053.6\,mm^2 < A_{s\,max} = 11,660.0\,mm^2$ ∴ O.K

※ 설계모멘트 검토

$$a = \frac{A_s \cdot f_y}{0.85 \cdot f_{ck} \cdot b} = \frac{4,053.6 \times 400}{0.85 \times 27 \times 1,000} = 70.65\ mm$$

$\phi M_n = \phi \cdot A_s \cdot f_y \cdot (d - a/2) = 681.77\ kN \cdot m$

$\phi M_n = 681.77\,kN \cdot m > M_u = 626.3\ kN \cdot m$ ∴ O.K.

3) 전단설계

콘크리트에 의한 전단강도

$V_c = (1/6) \cdot \sqrt{f_{ck}} \cdot b \cdot d = 461.57\ kN$

$\phi_v \cdot V_c = 0.80 \times 461.57 = 369.25\ kN$

$V_u = 0.000\ kN$

$1/2 \cdot \phi_v \cdot V_c = 184.63\ kN$

$1/2 \cdot \phi_v \cdot V_c > V_u < \phi \cdot V_c$ ∴ 전단철근 필요없음.

4) 배력철근

주철근이 차량진행방향에 평행인 경우

$55/\sqrt{L} = 55/\sqrt{(10.0)} = 0.174$

배력철근 $A_s = 0.174 \times 4,053.6 = 705.3\ mm^2$ 이상을 사용하여야 한다.

온도철근 $A_s = 0.002 \times B \times T = 1,200.0\ \text{mm}^2$ 이상을 사용하여야 한다.

※ 사용철근량

압축부(H16 @ 300) $A_s = 662.0\ \text{mm}^2$

인장부(H16 @ 150) $A_s = 1,324.0\ \text{mm}^2 > 705.3\ \text{mm}^2$

Used $A_s = 1,986.0\ \text{mm}^2 > 1,200\ \text{mm}^2$

(2) 슬래브 지점부(전단검토)

1) 설계조건

콘크리트 설계기준강도(f_{ck}) = 27 MPa

철근항복강도(f_y) = 400 MPa

휨강도 감소계수(ϕ_f) = 0.85

전단강도 감소계수(ϕ_v) = 0.80

$\beta_1 = 0.85$

계수모멘트(M_u) = 0.0 kN · m　　계수전단력(V_u) = 354.9 kN

단면두께(H) = 600 mm　　단면 폭(b) = 1,000 mm

철근덮개(d_c) = 70 mm　　유효깊이 d = 530 mm

2) 전단설계

콘크리트에 의한 전단강도

$V_c = (1/6) \cdot \sqrt{f_{ck}} \cdot b \cdot d = 461.57\ \text{kN}$

$\phi_v \cdot V_c = 0.80 \times 461.57 = 369.25\ \text{kN}$

$V_u = 354.9\ \text{kN}$

$1/2 \cdot \phi_v \cdot V_c = 184.63\ \text{kN}$

$1/2 \cdot \phi_v \cdot V_c < V_u < \phi \cdot V_c$　　∴ 최소전단철근 필요

※ 사용전단철근 : 철근(H16), 2단 배근, 배근간격(s) = 300 mm

$A_s = 397.2\ \text{mm}^2$

• 최소전단철근 : $A_v = 3.5\dfrac{b \cdot s}{f_y} = 262.5\ \text{mm}^2 < 397.2\ \text{mm}^2$ ∴ O.K.

(3) 단부(정모멘트)

1) 설계조건

콘크리트 설계기준강도(f_{ck}) = 27 MPa

철근항복강도(f_y) = 400 MPa

휨강도 감소계수(ϕ_f) = 0.85

전단강도 감소계수(ϕ_v) = 0.80

$\beta_1 = 0.85$

계수모멘트(M_u) = 105.79 kN · m　　계수전단력(V_u) = 0.0 kN

단면두께(H) = 600 mm　　단면 폭(b) = 1,000 mm

철근덮개(d_c) = 90 mm　　유효깊이 $d = 510$ mm

• 평형철근비(ρ_b) $= \dfrac{(0.85 \times \beta_1 \times f_{ck})}{f_y} \times \dfrac{0.6}{(0.6 + f_y)} = 0.0293$

• 최대철근비($\rho_{\max}$) $= 0.75 \times \rho_b = 0.0220$

• 최소철근비($\rho_{\min}$) $= 1.4/f_y = 0.0035$

2) 휨설계

$$R_u = M_u/(b \times d^2) = 406.7\,\text{kN/m}^2$$

• 소요철근비 $\rho = \dfrac{0.85 \cdot f_{ck}}{f_y} \times \left[1 - \sqrt{1 - \dfrac{2 \cdot R_u}{\phi \cdot 0.85 \cdot f_{ck}}}\right] = 0.0012$

• 최소철근량 $A_{s\min}$

$$A_{s1} = \rho_{\min} \cdot b \cdot d = 0.0035 \times 1{,}000 \times 510 = 1{,}785.0\ \text{mm}^2$$

$$A_{s2} = 4/3 \cdot \rho \cdot b \cdot d = 4/3 \times 0.0012 \times 1{,}000 \times 510 = 816.0\,\text{mm}^2$$

$$A_{s3} = 0.0020 \cdot b \cdot h = 0.0020 \times 1{,}000 \times 600 = 1{,}200\ \text{mm}^2$$

최소철근량은 온도철근비 A_{s3}보다 크면서 A_{s1}과 A_{s2} 중 작은 값을 취한다.

$$\therefore A_{s\min} = 1{,}200\ \text{mm}^2$$

- 소요철근량 $A_s = \rho \times b \times d = 612\ \text{mm}^2$

  $\therefore A_s = 1,200\ \text{mm}^2$

- 최대철근량 $A_{s\max}$

  $\therefore A_{s\max} = 0.75\rho_b \times 1,000 \times 510 = 11,220\ \text{mm}^2$

※ 사용철근량 : 1단 배근($H16$ @ 10 EA) $A_s = 1,986\ \text{mm}^2$

$A_{s\min} = 1,200\,\text{mm}^2 < A_s = 1,986\,\text{mm}^2 < A_{s\max} = 11,220\,\text{mm}^2$ ∴ O.K.

※ 설계모멘트 검토

$$a = \frac{A_s \cdot f_y}{0.85 \cdot f_{ck} \cdot b} = \frac{1,986 \times 400}{0.85 \times 27 \times 1,000} = 34.61\,\text{mm}$$

$\phi M_n = \phi \cdot A_s \cdot f_y \cdot (d - a/2) = 332.69\ \text{kN} \cdot \text{m}$

$\phi M_n = 332.69\ \text{kN} \cdot \text{m} > M_u = 105.79\ \text{kN} \cdot \text{m}$ ∴ O.K.

3) 전단설계

콘크리트에 의한 전단강도

$V_c = (1/6) \cdot \sqrt{f_{ck}} \cdot b \cdot d = 444.15\ \text{kN}$

$\phi_v \cdot V_c = 0.80 \times 444.15 = 355.32\ \text{kN}$

$V_u = 0.0\ \text{kN}$

$1/2 \cdot \phi_v \cdot V_c = 177.66\ \text{kN}$

$1/2 \cdot \phi_v \cdot V_c > V_u < \phi \cdot V_c$ ∴ 전단철근 필요없음.

(4) 단부(부모멘트)

1) 설계조건

콘크리트 설계기준강도(f_{ck}) $= 27\ \text{MPa}$

철근항복강도(f_y) $= 400\ \text{MPa}$

휨강도 감소계수(ϕ_f) $= 0.85$

전단강도 감소계수(ϕ_v) $=0.80$

$\beta_1=0.85$

계수모멘트(M_u) $=195.69$ kN · m　　계수전단력(V_u) $=455.27$ kN

단면두께(H) $=600$ mm　　단면 폭(b) $=1,000$ mm

철근덮개(d_c) $=160$ mm　　유효깊이 $d=440$ mm

- 평형철근비(ρ_b) $=\dfrac{(0.85\times\beta_1\times f_{ck})}{f_y}\times\dfrac{0.6}{(6,000+f_y)}=0.0293$
- 최대철근비(ρ_{max}) $=0.75\times\rho_b=0.0220$
- 최소철근비(ρ_{min}) $=1.4/f_y=0.0035$

2) 휨설계

$$R_u=M_u/(b\times d^2)=1,010.8\,\text{kN/m}^2$$

- 소요철근비 $\rho=\dfrac{0.85\cdot f_{ck}}{f_y}\times\left[1-\sqrt{1-\dfrac{2\cdot R_u}{\phi\cdot 0.85\cdot f_{ck}}}\right]=0.0031$
- 최소철근량 $A_{s\,max}$

$$A_{s1}=\rho_{min}\cdot b\cdot d=0.0035\times1,000\times440=1,540\text{ mm}^2$$

$$A_{s2}=4/3\cdot\rho\cdot b\cdot d=4/3\times0.0031\times1,000\times440=1,818.7\text{mm}^2$$

$$A_{s3}=0.0020\cdot b\cdot h=0.0020\times1,000\times600=1,200\text{ mm}^2$$

최소철근량은 온도철근비 A_{s3}보다 크면서 A_{s1}과 A_{s2} 중 작은 값을 취한다.

$$\therefore A_{s\,min}=1,540\text{ mm}^2$$

- 소요철근량 $A_s=\rho\times b\times d=1,364\text{ mm}^2$

$$\therefore A_s=1,540\text{ mm}^2$$

- 최대철근량 — $A_{s\,max}$

$$\therefore A_{s\,max}=0.75\rho_b\times1,000\times440=9,680\text{ mm}^2$$

※ 사용철근량 : 1단 배근(H16 @ 10 EA) $A_s=1,986\text{ mm}^2$

$A_{s\,min} = 1,540\,mm^2 < A_s = 1,986\,mm^2 < A_{s\,max} = 9,680\,mm^2$ ∴ O.K

※ 설계모멘트 검토

$$a = \frac{A_s \cdot f_y}{0.85 \cdot f_{ck} \cdot b} = \frac{1,986 \times 400}{0.85 \times 27 \times 1,000} = 34.61\,mm$$

$$\phi M_n = \phi \cdot A_s \cdot f_y \cdot (d - a/2) = 285.42\,kN \cdot m$$

$\phi M_n = 285.42\,kN \cdot m > M_u = 199.90\,kN \cdot m$ ∴ O.K.

3) 전단설계

콘크리트에 의한 전단강도

$$V_c = (1/6) \cdot \sqrt{f_{ck}} \cdot b \cdot d = 383.19\,kN$$

$$\phi_v \cdot V_c = 0.80 \times 383.19 = 306.55\,kN$$

$$V_u = 455.27\,kN$$

$$1/2 \cdot \phi_v \cdot V_c = 153.27\,kN$$

$1/2 \cdot \phi_v \cdot V_c < V_u > \phi \cdot V_c$ ∴ 전단철근 필요없음.

※ 사용전단철근 : 철근(H13), 4단 배근, 배근간격(s) = 250 mm

$$A_s = 506.8\,mm^2$$

- 최소전단철근 : $A_v = 3.5\dfrac{b \cdot s}{f_y} = 218.8\,mm^2 < 506.8\,mm^2$ ∴ O.K.
- 철근전단강도 : $V_s = \dfrac{V_u}{\phi} - V_c = \dfrac{455.27}{0.800} - 383.19 = 185.9\,kN$

  $(1/3)\sqrt{f_{ck}}\,bd = 766.37\,kN > V_s < 0.67\sqrt{f_{ck}}\,bd = 1,532.75\,kN$
- 설계철근 전단강도 :

$$V_s = \frac{A_v \cdot f_y \cdot d}{s} = \frac{(4) \times (1,267) \times (400) \times (440)}{2,500} = 356.79\,kN$$

∴ 설계전단강도 : $\phi V_n = \phi(V_c + V_s) = 0.80 \times (383.19 + 356.79) = 591.98\,kN$

> 계수전단력 $V_u = 455.27\,kN$ ∴ O.K.

11.2.8 사용성 검토

(1) 처짐제한 검토(최소두께 검토)

$L = 10.0\ \text{m}$

$$= \frac{1.2(L+3)}{30} = \frac{1.2(10+3)}{30} = 520\ \text{mm} < 600\ \text{mm} \qquad \therefore \text{O.K.}$$

(2) 균열 검토

1) 슬래브 중앙부

사용하중 모멘트 $M_0 = 360.1\ \text{kN} \cdot \text{m}$

사용단면 두께 $H = 600\ \text{mm}$

단면 폭 $B = 1,000\ \text{mm}$

부식에 대한 환경조건 : 일반환경($0.005t_c$)

사용철근 $A_s = H25\ @\ 125 = 4,053.6\ \text{mm}^2$

피복두께 $d_c = 70\ \text{mm}$

- $t_c = d_c -$ 주철근지름$/2 = 7.0 - 2.5/2 = 57.500\ \text{mm}$
- 허용균열 폭 $w_a = 0.005 \times t_c = 0.005 \times 57.500 = 0.288\ \text{mm}$
- 철근중심거리 $X_c = d_c = 70\ \text{mm}$
- 철근비 $\rho = \dfrac{A_s}{(H - X_c) \times B} = \dfrac{4,053.6}{(600-70) \times 1,000} = 0.00765$
- 탄성계수비 $n = 8$
- 중립축비 $k = -np + \sqrt{[2np + (np)^2]} = 0.294$
- $j = 1 - k/3 = 0.902$
- $f_s = \dfrac{M_o}{A_s \times j \times d} = \dfrac{360.1 \times 10^6}{4,053.6 \times 0.902 \times 530} = 185.8232\ \text{MPa}$
- $\beta_c = (H - kd)/(d - kd) = 1.187$
- $A = \dfrac{2 \times X_c \times B}{\text{철근 총개수}} = \dfrac{2 \times 70 \times 1,000}{8} = 17,500\ \text{mm}^2$

• 휨균열 폭

$$w = 1.08 \times R \times f_s \times \sqrt[3]{(d_c \times A)} \times 10^{-5}$$

$$= 1.08 \times 1.187 \times 185.8232 \times \sqrt[3]{(70 \times 17,500)} \times 10^{-5}$$

$$= 0.255 \text{ mm}$$

휨균열 폭 $w = 0.255$ mm〈허용균열 폭 $w_a = 0.288$ mm ∴ O.K.

2) 단부(정모멘트)

사용하중 모멘트 $M_0 = 56.4$ kN · m

사용단면 두께 $H = 600$ mm

단면 폭 $B = 1,000$ mm

부식에 대한 환경조건 : 일반환경($0.005t_c$)

사용철근 $A_s = H16$ @ $100 = 1,986$ mm^2

피복두께 $d_c = 90$ mm

• $t_c = d_c -$ 주철근지름$/2 = 9.0 - 1.6/2 = 82.000$ mm

• 허용균열 폭 $w_a = 0.005 \times t_c = 0.005 \times 82.000 = 0.410$ mm

• 철근중심거리 $X_c = d_c = 900$ mm

• 철근비 $\rho = \dfrac{A_s}{(H - X_c) \times B} = \dfrac{1,986}{(600 - 90) \times 1,000} = 0.00389$

• 탄성계수비 $n = 8$

• 중립축비 $k = -np + \sqrt{[2np + (np)^2]} = 0.22$

• $j = 1 - k/3 = 0.927$

• $f_s = \dfrac{M_o}{A_s \times j \times d} = \dfrac{56.4 \times 10^6}{1,986 \times 0.927 \times 510} = 60.0689$ MPa

• $\beta_c = (H - kd)/(d - kd) = 1.226$

• $A = \dfrac{2 \times X_c \times B}{\text{철근 총개수}} = \dfrac{2 \times 90 \times 1,000}{10} = 18,000$ mm^2

• 휨균열 폭

$$w = 1.08 \times R \times f_s \times \sqrt[3]{(d_c \times A)} \times 10^{-5}$$

$= 1.08 \times 1.226 \times 60.0689 \times \sqrt[3]{(90 \times 18,000)} \times 10^{-5}$

$= 0.093\ \text{mm}$

횝균열 폭 $w = 0.093\ \text{mm} \langle$ 허용균열 폭 $w_a = 0.410\ \text{mm}$ ∴ O.K.

3) 단부(부모멘트)

사용하중 모멘트 $M_o = 107.9\ \text{kN} \cdot \text{m}$

사용단면 두께 $H = 600\ \text{mm}$

단면 폭 $B = 1,000\ \text{mm}$

부식에 대한 환경조건 : 일반환경($0.005t_c$)

사용철근 $A_s = H16$ @ $100 = 1,986\ \text{mm}^2$

피복두께 $d_c = 160\ \text{mm}$

- $t_c = d_c -$ 주철근지름$/2 = 9.0 - 1.6/2 = 152.000\ \text{mm}$
- 허용균열 폭 $w_a = 0.005 \times t_c = 0.005 \times 152.000 = 0.760\ \text{mm}$
- 철근중심거리 $X_c = d_c = 160\ \text{mm}$
- 철근비 $\rho = \dfrac{A_s}{(H - X_c) \times B} = \dfrac{1,986}{(600 - 160) \times 1,000} = 0.00451$
- 탄성계수비 $n = 8$
- 중립축비 $k = -np + \sqrt{[2np + (np)^2]} = 0.235$
- $j = 1 - k/3 = 0.922$
- $f_s = \dfrac{M_o}{A_s \times j \times d} = \dfrac{107.9 \times 10^6}{1,986 \times 0.922 \times 440} = 133.9241\ \text{MPa}$
- $\beta_c = (H - kd)/(d - kd) = 1.475$
- $A = \dfrac{2 \times X_c \times B}{\text{철근 총개수}} = \dfrac{2 \times 160 \times 1,000}{10} = 32,000\ \text{mm}^2$
- 휨균열 폭

$w = 1.08 \times R \times f_s \times \sqrt[3]{(d_c \times A)} \times 10^{-5}$

$= 1.08 \times 1.475 \times 133.9241 \times \sqrt[3]{(160 \times 32,000)} \times 10^{-5}$

$= 0.368\ \text{mm}$

휨균열 폭 $w = 0.368$ mm 〈 허용균열 폭 $w_a = 0.760$ mm ∴ O.K.

11.2.9 신축이음 검토(교대부)

(1) 설계조건

1) 형식 : 1지간 슬래브교

2) 지간길이 : 10.0 m

3) 보의 높이 : 600 mm

4) 사각 : 90.0°

(2) 신축량

1) 온도

$\Delta l_t = \Delta T \times a \times l$

$\Delta T = -5℃ \sim +35℃$

$\Delta l_t = 40 \times 1.0 \times 10^{-5} \times 10.0 = 4.0$ mm

2) 건조수축

$\Delta l_s = -20 \times a \times \beta \times l$

$a = 1.0 \times 10^{-5}$

$\beta = 0.6$ (1개월)

$\Delta T = -5℃ \sim +35℃$

$\Delta l_s = -20 \times 1.0 \times 10^{-5} \times 0.6 \times 10.0 = -1.2$ mm

3) 보의 처짐

$\Delta l_r = \Sigma(h_i \times \Theta_i)$

$\Theta_i = \frac{1}{300}$ (콘크리트교)

$h_i = 600 \times \frac{2}{3} = 400$ mm

$$\Delta l_r = \left(400 \times \frac{1}{300}\right) = 1.333\ \text{mm}$$

$$\therefore\ \text{신축량}\ (\Delta l) = \Delta l_t + \Delta l_s + \Delta l_r$$

$$= 4.0 + 1.2 + 1.333 = 6.533\ \text{mm}$$

4) 부가 여유량

$$\Delta l_p = 10\ \text{mm}$$

5) 설치 여유량

$$\Delta l_{pl} = 20\ \text{mm}$$

6) 사각에 대한 보정

$$(6.533 + 30) + 1/\sin 90° = 37.533\ \text{mm}$$

$$\therefore\ \text{총신축량}\ (\Delta l) = 38\ \text{mm}$$

〔구조해석 프로그램 입력 데이터 – 종방향해석〕

```
SYSTEM
    DOF=UX,UY,UZ,RX,RY,RZ    LENGTH=m    FORCE=Ton    PAGE=SECTIONS

JOINT
    1X=0       Y=0     Z=0
    2X=9       Y=1.653219E-15          Z=0

RESTRAINT
    ADD=1     DOF=U1,U2,U3,R1,R3
    ADD=2     DOF=U2,U3,R1,R3

PATTERN
    NAME=DEFAULT

MATERIAL
    NAME=STEEL      IDES=S          M=.798142           W=7.833414
     T=0  E=2.038902E+07            U=.3        A=.0000117       FY=25310.51
    NAME=CONC       IDES=C          M=.2448             W=2.4026
     T=0       E=2460000       U=.2   A=.0000099
    NAME=OTHER      IDES=N              M=.2448012     W=2.402616
     T=0       E=2531051       U=.2   A=.0000099

FRAME SECTION
    NAME=FSEC1 MAT=CONC SH=R T=.6,1 A=.6 J=4.507793E-02 I=.018,.05
            AS=.5,.5

FRAME
    1J=1,2     SEC=FSEC1      NSEG=4          ANG=0
```

```
LOAD
  NAME=LD1        CSYS=0
   TYPE=DISTRIBUTED SPAN
     ADD=1   RD=0,1   UZ=-1.719,-1.719
  NAME=TL1   CSYS=0
   TYPE=TEMPERATURE   ELEM=FRAME
     ADD=1   T2=15
  NAME=TL2   CSYS=0
   TYPE=TEMPERATURE   ELEM=FRAME
     ADD=1   T2=-15
  NAME=LP1   CSYS=0
   TYPE=RESTRAINT DISPLACEMENT
     ADD=1   UZ=-.1
     ADD=2   UZ=-.1

LANE
  NAME=LANE1
   PATH=1

VEHICLE
  NAME=DB24   TYPE=GEN
   P=1.908
   D=4.2,4.2   P=7.633
   D=4.2,4.2   P=7.633
  NAME=DL24   TYPE=GEN
   W=.55
   PM=4.68   PXM=6.76

VEHICLE CLASS
  NAME=VECL1
```

```
    VEHI=DB24
  NAME=VECL2
    VEHI=DL24

BRIDGE RESPONSE
   ELEM=JOINT    TYPE=DISP
     ADD= *
   ELEM=JOINT    TYPE=REAC
     ADD= *
   ELEM=FRAME
     ADD= *

MOVING LOAD
   QUICK=0    CORR=N    TOL=.0001
   NAME=MOVE1    RF=1
     CLASS=VECL1    LANE= *
   NAME=MOVE2    RF=1
     CLASS=VECL2    LANE= *

COMBO
   NAME=COMB1
     LOAD=LD1    SF=1
   NAME=LIVE         TYPE=ENVE
     MOVE=MOVE1    SF=1
     MOVE=MOVE2    SF=1
   NAME=COMB2
     COMB=COMB1    SF=1.3
     COMB=LIVE    SF=2.15
   NAME=COMB3
```

```
  COMB=COMB1    SF=1.3
  COMB=LIVE    SF=1.3
  LOAD=TL1    SF=1.3
  LOAD=LP1    SF=1.3
NAME=COMB4
  COMB=COMB1    SF=1.3
  COMB=LIVE    SF=1.3
  LOAD=LP1    SF=1.3
  LOAD=TL2    SF=1.3
NAME=ENV    TYPE=ENVE
  COMB=COMB2    SF=1
  COMB=COMB3    SF=1
  COMB=COMB4    SF=1
NAME=COMB5
  COMB=COMB1    SF=1
  COMB=LIVE    SF=1
NAME=COMB6
  COMB=COMB1    SF=1
  COMB=LIVE    SF=1
  LOAD=TL1    SF=1
  LOAD=LP1    SF=1
NAME=COMB7
  COMB=COMB1    SF=1
  COMB=LIVE    SF=1
  LOAD=LP1    SF=1
  LOAD=TL2    SF=1
NAME=EEE        TYPE=ENVE
  COMB=COMB5    SF=1
  COMB=COMB6    SF=1
```

```
    COMB=COMB7    SF=1
OUTPUT
; No Output Requested

END

; The following data is used for graphics, design and pushover analysis.
; If changes are made to the analysis data above, then the following data
; should be checked for consistency.
SAP2000 V7.40 SUPPLEMENTAL DATA
   GRID GLOBAL     X "1"   0
   GRID GLOBAL     X "2"   4.5
   GRID GLOBAL     X "3"   9
   GRID GLOBAL     X "4"   12.5
   GRID GLOBAL     Y "5"   0
   GRID GLOBAL     Y "6"   1
   GRID GLOBAL     Z "7"   0
   MATERIAL STEEL FY 25310.51
   MATERIAL CONC FYREBAR 40000 FYSHEAR 27000 FC 2700 FCSHEAR 2700
   CONCRETESECTION FSEC1 COLUMN        COVER .05 REBAR RR-3-3
   STATICLOAD LD1 TYPE DEAD
   STATICLOAD TL1 TYPE OTHER
   STATICLOAD TL2 TYPE OTHER
   STATICLOAD LP1 TYPE OTHER
   COMBO COMB1 DESIGN CONCRETE
   COMBO LIVE DESIGN CONCRETE
   COMBO COMB2 DESIGN CONCRETE
   COMBO COMB3 DESIGN CONCRETE
   COMBO COMB4 DESIGN CONCRETE
```

```
    COMBO ENV DESIGN CONCRETE
    COMBO COMB5 DESIGN CONCRETE
    COMBO COMB6 DESIGN CONCRETE
    COMBO COMB7 DESIGN CONCRETE
    COMBO EEE DESIGN CONCRETE
END SUPPLEMENTAL DATA
```

〔구조해석 프로그램 입력 데이터 – 횡방향 해석〕

```
SYSTEM
   DOF=UX,UY,UZ,RX,RY,RZ   LENGTH=m   FORCE=Ton   PAGE=SECTIONS

JOINT
   1X=0   Y=0   Z=0
   2X=1.05   Y=1.928755E-16   Z=0
   3X=3.35   Y=6.153647E-16   Z=0
   4X=5.65   Y=1.037854E-15   Z=0
   5X=7.95   Y=1.460343E-15   Z=0
   6X=9   Y=1.653219E-15   Z=0

RESTRAINT
   ADD=2   DOF=U1,U2,U3,R1,R2
   ADD=3   DOF=U1,U2,U3,R1,R2
   ADD=4   DOF=U1,U2,U3,R1,R2
   ADD=5   DOF=U1,U2,U3,R1,R2

PATTERN
   NAME=DEFAULT

MATERIAL
   NAME=STEEL   IDES=S   M=.798142   W=7.833414
    T=0   E=2.038902E+07   U=.3   A=.0000117   FY=25310.51
   NAME=CONC   IDES=C   M=.2448   W=2.4026
    T=0   E=2460000   U=.2   A=.0000099
   NAME=OTHER   IDES=N   M=.2448012   W=2.402616
    T=0   E=2531051   U=.2   A=.0000099
```

```
FRAME SECTION
  NAME=FSEC1 MAT=CONC SH=R T=.6,1 A=.6 J=4.507793E-02 I=.018,.05
       AS=.5,.5

FRAME
  1  J=1,2   SEC=FSEC1   NSEG=4   ANG=0
  2  J=2,3   SEC=FSEC1   NSEG=4   ANG=0
  3  J=3,4   SEC=FSEC1   NSEG=4   ANG=0
  4  J=4,5   SEC=FSEC1   NSEG=4   ANG=0
  5  J=5,6   SEC=FSEC1   NSEG=4   ANG=0

LOAD
  NAME=LD1   CSYS=0
   TYPE=DISTRIBUTED SPAN
     ADD=1   RD=0,1   UY=-7.74,-7.74
     ADD=2   RD=0,1   UY=-7.74,-7.74
     ADD=3   RD=0,1   UY=-7.74,-7.74
     ADD=4   RD=0,1   UY=-7.74,-7.74
     ADD=5   RD=0,1   UY=-7.74,-7.74
  NAME=LL1   CSYS=0
   TYPE=DISTRIBUTED SPAN
     ADD=1   RD=0,1   UY=-11.83,-11.83
     ADD=2   RD=0,1   UY=-11.83,-11.83
     ADD=3   RD=0,1   UY=-11.83,-11.83
  NAME=LL2   CSYS=0
   TYPE=DISTRIBUTED SPAN
     ADD=1   RD=0,1   UY=-11.83,-11.83
     ADD=2   RD=0,1   UY=-11.83,-11.83
     ADD=4   RD=0,1   UY=-11.83,-11.83
```

```
      ADD=5   RD=0,1   UY=-11.83,-11.83

COMBO
   NAME=COMB1
    LOAD=LD1   SF=1
   NAME=LIVE   TYPE=ENVE
    LOAD=LL1   SF=1
    LOAD=LL2   SF=1

OUTPUT
; No Output Requested

END

; The following data is used for graphics, design and pushover analysis.
; If changes are made to the analysis data above, then the following data
; should be checked for consistency.
SAP2000 V7.40 SUPPLEMENTAL DATA
   GRID GLOBAL     X "1"    0
   GRID GLOBAL     X "2"    1.05
   GRID GLOBAL     X "3"    3.35
   GRID GLOBAL     X "4"    5.65
   GRID GLOBAL     X "5"    7.95
   GRID GLOBAL     X "6"    9
   GRID GLOBAL     Y "7"    0
   GRID GLOBAL     Y "8"    1
   GRID GLOBAL     Y "9"    2
   GRID GLOBAL     Z "10"   0
   MATERIAL STEEL FY 25310.51
```

```
  MATERIAL CONC FYREBAR 40000 FYSHEAR 27000 FC 2700 FCSHEAR 2700
  CONCRETESECTION FSEC1 COLUMN COVER .05 REBAR RR-3-3
  STATICLOAD LD1 TYPE DEAD
  STATICLOAD LL1 TYPE LIVE
  STATICLOAD LL2 TYPE LIVE
  COMBO COMB1 DESIGN CONCRETE
  COMBO LIVE DESIGN CONCRETE
END SUPPLEMENTAL DATA
```

제12장

토목구조물의 유지관리

12.1 유지관리의 목적과 관리

12.1.1 유지관리의 필요성

유지관리(maintenance)란 시설물과 부대시설의 기능을 보존하고 이용자의 편익과 안전을 도모하기 위하여 일상적으로 또는 정기적으로 시설물의 상태를 조사하고 손상부에 대한 조치를 취하는 일련의 행위를 말한다.

공공구조물은 안전한 상태로 유지하여 소요의 내용기간 중 그 기능을 충분히 발휘하도록 하는 것이 공공구조물에서 취할 기본조건이다. 구조물은 준공 후 각종 자연력 및 인위작용을 받아 시간의 경과와 함께 각종 물리적 · 화학적으로 변질·변형되고, 작은 결함이라도 그대로 방치해두면 열화가 진행되어 심한 손상이 발생한다. 특히 사용실적이 거의 없는 재료의 사용 및 부적절한 설계·시공방법을 이용하였거나 사용조건 및 환경조건이 가혹한 경우에는 조기에 열화·손상이 발생, 진행되어 구조물로서의 안전성, 내구성 및 기능성이 저하된다. 특히 우리나라와 같이 지질, 지형 및 기상조건이 혹독한 지역에서는 구조물의 유지관리에 대한 더욱더 많은 관심이 요구되며, 기설 구조물의 기능보전, 향상 또는 부분적인 기능의 교체 등을 통한 구조물을 건전한 상태로 유지하는 것이 필요하다.

따라서 구조물에 요구되는 기능을 만족시키기 위해서는 이에 대한 대책이 필요하며, 이를 위해 구조물 및 구성부재의 종류, 사용목적 및 요구수준에 부응하는 체계적인 검사 및 진단을 통하여 열화·손상의 조기발견과 그 원인구명 및 손상정도의 평가·판정을 통하여 적절한 보수·보강을 실시함으로써 구조물의 기능을 효과적으로 유지관리하여야 한다.

12.1.2 유지관리 시스템의 종류

구조물의 유지관리에는 심한 열화·손상이 발생한 뒤에 보수·보강 등의 조치를 취하는 사후보전방식(break down maintenance method)과 구조물이 열화·손상을 일으키기 전에 문제발생의 징후 및 그 원인을 사전에 점검하고 적절한 조치를 취하여 문제의 발생을 사전에 예방하는 예방보전방식(preventive maintenance method)이 있다. 예전에는 일반적으로 사후보전방식이 채택되어 왔으나, 현재는 구조물이 결함 및 손상에 의하여 공용성이 저하되지 않도록 지속적으로 감시하는 예방보전방식이 정착되고 있다.

특히 토목구조물의 경우에는 장기간에 걸쳐 내하성, 내후성, 내구성의 기능이 요구되므로 열화·손상의 초기단계에서 조치함으로써, 보수공사가 소규모로 되고, 구조물의 기능도 높은 수준에서 유지할 수 있으므로 경제적이고, 또한 산업활동의 안전성을 확보하기 위한 측면에서도 중요하다.

(1) 구조물의 공용

구조물은 일반적으로 시간이 경과함에 따라 기능이 저하되고, 기능저하 외에도 설계·시공의 결함, 외부환경의 변화 등으로 손상이 발생하여 기능저하가 가속될 수 있다. 이러한 손상의 대책으로는

1) 손상을 방치하면 기능저하에 의해 손상이 진전되고, 새로운 손상이 유발되는 등 기능저하가 가속되어 결과적으로 공용성이 상실된다.
2) 손상의 초기단계에서 보수 등의 처리를 실시하면, 비교적 적은 비용으로 쉽게 복원이 가능하고, 구조물을 항상 건전한 상태로 유지할 수 있으며, 내용년수를 연장시킬 수 있다.
3) 손상이 진행된 시점에서 보수를 실시하고, 기능복원을 도모하면 내용년수를 연장시킬 수 있으나, 손상의 진행정도가 현저하면 기능복원이 곤란할 뿐만 아니라 기능복원에 필요한 비용도 많아지게 된다.

(2) 노선 등 구조물 전체의 공용

도로의 노선, 철도의 선로, 노반 등을 구성하는 구조물은 그 성격상 구조물 전체를 통하여 일정수준으로 균일한 안전성이 확보되어야 한다. 그러나 홍수나 지진 등에 의하여 구조물의 일부가 파손, 전도 및 낙교 됨으로써 공용기능을 상실한 경우 그 영향은 구조물 전체로 파급될 뿐만 아니라 교량, 터널, 고가교 등과 같이 복구가 곤란한 구조물에서는 장기간에 걸쳐 도로, 철도 구조물 전체의 기능을 저하시키게 된다.

12.1.3 유지관리와 관련된 용어의 정의

- **공용(供用)기간** : 구조물을 공용하는 기간
- **예정공용기간** : 구조물을 공용하고 싶은 기간 또는 년수
- **내용(耐用)기간** : 구조물 또는 부재가 성능이 저하됨으로써 그 목적으로 하는 기능을 충분히 완수할 수 없게 되고 공용할 수 없게 되기까지의 기간
- **설계내용기간** : 설계시에 있어서 구조물 또는 부재가 그 목적으로 하는 기능을 충분히 완수해야 한다고 규정한 기간
- **잔존설계 내용기간** : 점검시부터 설계내용기간에 도달하기까지의 남은 기간
- **구조물(부재)의 기능** : 목적 또는 요구에 응해서 구조물(부재)이 완수하는 역할
- **구조물(부재)의 성능** : 목적 또는 요구에 응해서 구조물(부재)이 발휘하는 역할
- **기능성** : 구조물(부재)이 필요로 하는 기능에 관한 성능으로부터 내하성(耐荷性)을 뺀 것
- **내하성(耐荷性)** : 부재의 내하력에 바탕을 두어 평가되는 구조물의 성능. 구조물(부재)의 기능에 관한 성능의 하나
- **내하력**(load carrying capacity) : 외적인 하중조건에 대한 구조물의 내적인 저항능력
- **결함**(defect) : 계획, 설계 및 시공단계에서 목표와는 다르게 비정상적으로 축조되어 부정적으로 작용하는 불완전한 초기하자 상태

  [예] 콘크리트 다짐불량, 콘크리트의 강도부족, 철근배근 불량, 용접불량, 볼트체결불량, 기초침하 등
- **손상**(damage) : 구조물에 외적 또는 내적으로 작용하는 물리적인 힘에 의하여 불완전하게 된 상태

  [예] 균열, 파손, 변형, 침식 등

- **열화**(deterioration) : 자연력 및 인위적 작용을 받는 구조물이 시간이 경과됨에 따라 물리적, 화학적으로 변질, 변형되어 가는 현상

  〔예〕 동결융해, 염해, 중성화, 알칼리 골재반응, 화학적(황산염) 침식, 강재부식 등
- **세굴**(scour) : 흐르는 물에 의해 구조물 주위의 하상 재료가 제거되는 현상
- **침식**(erosion) : 흐르는 물 또는 파도로 인하여 구조물의 일부가 물리적으로 마모되는 현상
- **상태평가**(assessment) : 노후화 및 결함의 정도를 포함한 시설물의 상태를 평가하는 행위
- **안전성 평가** : 현장조사를 통하여 수집된 자료를 기초로 하고 기존 시설물의 설계도를 이용하여 기존시설물의 내하력을 평가하는 행위
- **비파괴시험**(non-destructive test) : 구조물을 손상시키지 않고 필요한 자료를 간접적으로 측정 또는 추정하는 시험

12.1.4 유지관리 대책의 종류

일반적으로 유지관리 대책으로는 구조물의 공용기간 내에 구조물 또는 부재의 요구성능을 어느 수준 이상으로 유지하기 위해 실시하는 기술적 행위를 말한다. 유지관리 대책에는 「무조치」, 「점검강화」, 「보수」, 「공용제한」, 「보강」, 「해체·철거」, 「수경(修景)」, 「사용성 회복」, 「기능성 향상」의 9종류가 권장되나, 그 구조물에서도 가장 적절한 대책은 구조물의 점검결과에 따라 열화도의 상황파악, 열화구조의 추정, 금후의 열화진행예측 등을 하고, 구조물의 요구성능과의 조사를 실시하여 종합적인 평가·판정 후에 선정하도록 하여야 한다. 이 중 「무조치」는 구조물에 열화가 발생하여도 여러 이유로부터 구체적인 조치를 실시하지 않는 것으로 이것도 대책 중의 하나로 생각할 수 있다.

위에서 서술한 대책 중에서 공법과 재료가 중요한 「보수」와 「보강」은 별도로 서술하기로 하고 본 절에서는 「보수」와 「보강」을 제외한 대책을 서술하도록 한다.

(1) 점검강화

열화가 진행되어 장래에 부재 또는 구조물의 성능저하가 문제가 될 것으로 예상되는 경우와 열화의 진행상황으로부터 판단하여 현시점에서는 보수, 보강을 실시하지 않는 구조물(부재)에 대해 점검빈도를 증가시키거나 점검항목을 추가하여 실시하는 대책이다. 점검빈도와

항목에 대해서는 구조물의 열화기구, 열화정도, 잔존공용기간 등을 고려하여 정하도록 한다.

(2) 보수(repair)

보수는 구조물의 비정상적인 상태를 원래 상태로 수리하는 행위를 말하며, 11.3절에서 별도로 설명하였다.

(3) 공용제한

부재 또는 구조물의 성능이 저하되어 현재 상태로 사용이 허용되지 않는다고 평가·판정된 경우에 실시하는 조치이다. 예를 들면, 주행하중의 제한과 공용의 일시적인 정지, 구조물 또는 구조물 주변에의 접근금지 등 구조물의 안전성 확보와 사람과 기물의 장애 등의 영향(제3자 영향도)을 제거하기 위해 실시하는 대책이다.

(4) 보강(strengthening)

보강은 영구적인 구조의 변경 또는 부분적 교체를 통하여 원래 이상으로 기능을 향상시키는 행위를 말하며, 12.3절에서 별도로 설명하였다.

(5) 해체 · 철거

해체 · 철거는 구조물의 노후화, 기능의 진부화, 설계하중을 상회하는 재하하중 등에 의해 발생한 구조물의 기능저하, 하천개수, 도로와 철도의 선형개량, 재개발 사업 등의 이유로 실시되는 대책이다. 일반적으로 2~3종류의 해체공법을 조합하여 해체하는 경우가 많다. 해체·철거에 대해서는 환경과의 연관성, 안전성, 해체 후의 건설폐기물의 처리방법, 공기, 경제성 등을 충분히 고려하여야 한다.

(6) 수경(修景)

오염물질과 녹이 발생한 구조물 등 외관이 열화되어 주위의 환경을 손상시키는 구조물의 외관성능을 향상시키기 위해 실시하는 대책이다.

(7) 사용성 회복

구조물이 종래 가지고 있는 기능을 회복하기 위한 대책으로, 교량에서 노면의 요철과 단차에 기인한 통행 쾌적성의 회복 등이 있다.

(8) 기능성 향상

구조물의 기능을 건설시보다 향상시키는 것 등 구조물에 새로운 기능을 추가하기 위해 실시하는 대책으로, 교통량에 대응하기 위해 교량의 차선수 증설 등이 있다.

12.1.5 효율적인 시스템의 성립조건

토목구조물은 구조설계, 재료, 안전성, 환경 등의 설계조건과 입지조건이 매우 다르고, 손상과 열화형태도 다양하며, 더욱이 부재 단일체도 다른 거동으로 나타나는 것이 많다. 따라서 이들 구조물군을 총괄해서 예방적인 예방보전을 하는 것이 중요하고 이를 위해서는 정확한 진단과 그것에 기초한 적절한 조치가 기본조건이 된다.

12.1.6 진단업무의 내용

진단은 여러 종류의 다양한 토목구조물을 예방보전하기 위해 빼놓을 수 없는 중요한 수단이다. 따라서 열화 · 손상상태의 파악, 그 원인의 구명, 안전도 평가뿐 아니라 조치방법의 책정에 이르기까지 구조물 전체의 유지·관리에 관한 모든 업무를 포함한 광범위한 진단기술이 요구된다.

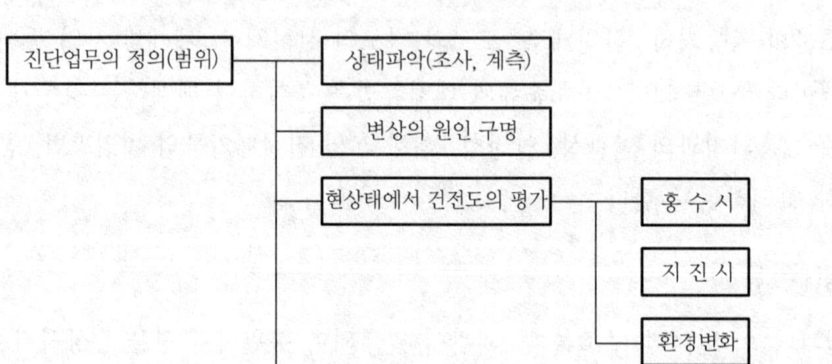

그림 12 · 1 진단업무의 정의

(1) 열화 · 손상상태의 파악

구조물의 종류별, 준공년도, 주변지형, 지질, 열화 · 손상 상황, 환경변화의 유무 및 그 상태 등을 정확히 파악하는 것이 기본이다. 이를 위해서는 조사가 필요하고, 조사에는 현지조사와 정보수집이 있다. 현지조사는 현 상태의 파악 외에도 건설당시의 경력, 현재까지의 재해 · 손상경력 등에 관한 정보를 수집한다. 육안만으로 열화·손상 및 그 진행상태를 파악하기 어려운 경우에는 시험과 계측에 의한 정량적 파악이 필요하다.

그림 12 · 2 상태파악의 방법

(2) 열화 · 손상의 원인규명

열화 · 손상의 원인규명은 상황을 정확하게 파악하거나 조치의 시기 · 방법을 책정하기 위해 가장 중요하다. 열화 · 손상의 발생에는 외력(하중, 홍수, 지진 등), 시간경과, 환경 등의 요인을 고려할 수 있으나 직접적인 원인으로는 재질, 구조에 기인하는 구조물의 본체에 의한 것과 지지지반, 주변지형에 기인하는 주변환경에 의한 것이 있다.

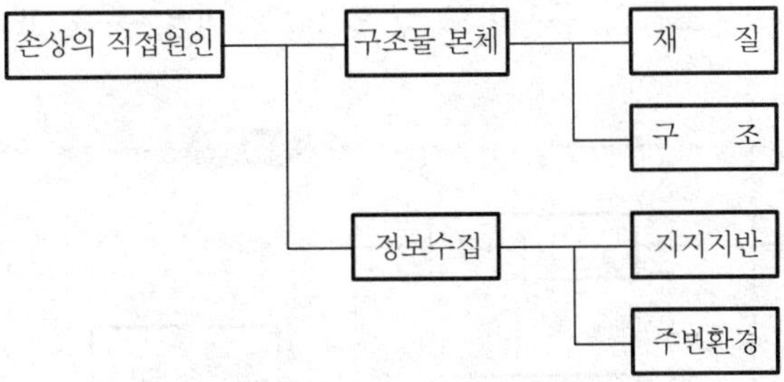

그림 12 · 3 열화손상 원인의 종류

(3) 건전도 평가

열화 · 손상의 원인구명을 통하여 그 실태가 정확히 파악되면 현 상태, 홍수 및 지진시 등에 있어서의 내하성, 내구성 및 기능성 등을 검토하여 건전도를 평가한다. 이 경우 열화 · 손상의 진행 및 이에 따른 구조물에 미치는 영향 등의 2차적 손상의 발생도 고려하여 하중 외력조건, 지지 · 구조조건하에서의 내하성, 내구성 및 기능성 등을 검토한다.

이와 같이 장래 예측되는 조건하에서의 내하기능을 검토하여 두면 조치방법 시기의 판단, 장래의 상황변화에 대한 적절한 검토가 가능하게 된다. 또한 건전도를 평가하는 경우에는 구조물 주변지형 등 환경조건 변화와의 관련을 명확히 해 둘 필요가 있다.

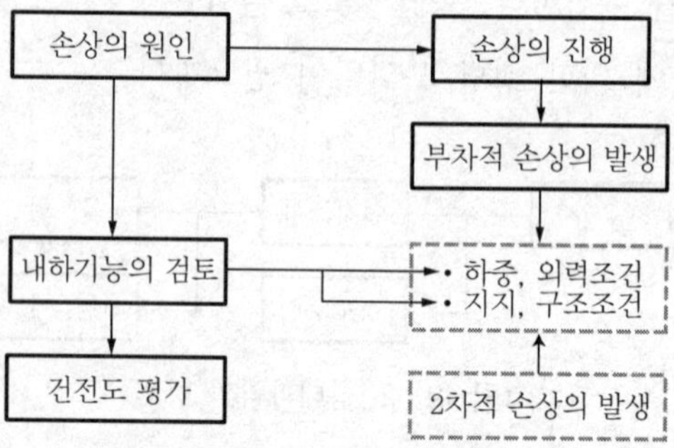

그림 12 · 4 건전도의 판정방법

(4) 조치방법

조치방법에는 기능저하에 대하여 감시 및 규격에 의해 안전을 도모하거나 소규모의 보수·보강에 의해 기능저하 방지를 위한 잠정조치와 열화·손상이 발생한 구조물의 개축이나 개량에 의해 기능을 교체하기 위한 영구조치가 있다. 이들 조치 중 어느 것을 채용하는 가에 대해서는 열화 · 손상의 정도, 구조물의 공용빈도 및 중요도, 비용 등을 고려하여 결정한다.

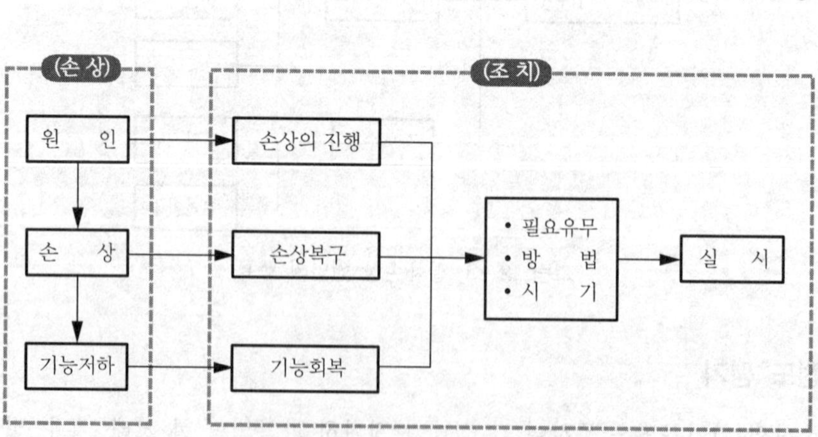

그림 12 · 5 열화손상에 대한 조치순서

(5) 결과의 자료화

진단을 실시하는 경우에는 그 때마다 진단결과를 파일화하고, 그 업무에 종사하는 사람이 바뀌어도 소정의 진단방식에 기초해서 구조물에 대한 유지관리를 할 수 있도록 해야 한다.

12.2 안전점검 및 정밀안전진단

12.2.1 일반

점검 및 진단의 목적은 시설물의 현 상태를 판단하여, 상태평가 및 안전성 평가의 기본자료를 제공하며, 시설물상태와 노후화 정도에 대한 지속적인 기록의 제공, 그리고 보수 및 성능회복 작업의 우선순위 등을 결정하기 위함이다.

관리주체는 시설물안전에 관한 특별법 제4조의 규정에 의한 소관시설물별로 안전 및 유지관리계획을 수립하여 체계적이고 일관성있는 점검 및 진단이 실시될 수 있도록 하여야 한다.

성공적인 시설물의 점검 및 진단을 위해서는 적절한 계획과 기법, 필요한 장비의 확보 그리고 책임기술자를 포함한 점검자의 경험과 신뢰성이 필요하며, 보이는 결함의 발견은 물론이고 발생가능한 문제의 예측까지도 포함시켜야 한다. 그러므로 점검 및 진단은 정확해야 할 뿐만 아니라 예방적 차원에서의 시설물의 과학적 관리체계의 개발을 위하여 수행되어야 한다.

점검 및 진단계획과 기법 선정시 다음 사항이 고려되어야 한다.

① 점검 및 진단계획을 수립함에 있어, 각 시설물에 대한 특수한 구조적 특성을 이해하여 특별한 문제가 없는지 검토하여야 한다.
② 점검 및 진단 중에는 최신기술과 실무경험이 적용되도록 하여야 한다.
③ 점검 및 진단의 빈도 및 수준은 구조형식과 부위 그리고 붕괴가능성에 따라 정해야 한다.
④ 점검 및 진단의 책임기술자는 법에 의하여 정해진 자격기준에 따라 선정되어야 한다.

12.2.2 안전점검 및 정밀안전진단의 종류

(1) 정기점검

정기점검은 경험과 기술을 갖춘 자에 의한 세심한 육안검사 수준의 점검으로서 시설물의 기능적 상태를 판단하고 시설물이 현재의 사용요건을 계속 만족시키고 있는지 확인하기 위하여 필요한 관찰로 이루어진다.

점검자는 시설물의 전반적인 외관형태를 관찰하여 심각한 손상 · 결함의 가능성을 발견할 수 있도록 세심한 주의를 기울여야 하며, 이상이 발견되는 경우 즉시 보고하여야 한다.

(2) 초기점검

초기점검은 시설물관리대장에 기록되는 최초로 실시되는 정밀점검을 말한다. 시설물의 경우는 준공 후 6개월 이내에 시행토록 한다. 또한 구조형태가 변화되었을 때에도 초기점검이 필요하다.

초기점검은 특별법 시행령 제7조 별표 2의 정밀점검의 책임기술자로서의 자격을 갖춘 자에 의하여 수행되어야 하며 필요한 경우 내하력에 대한 해석적 계산을 실시한다.

초기점검의 목표는 첫째로 특별법에서 요구하는 시설물관리대장 및 평가자료 그리고 관리주체가 수집하는 관련 자료를 얻기 위함이며, 둘째로 구조물상태의 판단 및 구조물의 문제점 또는 문제가능성이 있는 구조부위를 확인하고 기록하는 것이다.

도면의 상세검토를 통하여 붕괴유발부재 또는 부위에 대하여 주의를 기울여야 하며 추후 특별한 주의를 필요로 하는 사항에 대해서는 점검기간 중에 평가하여야 한다. 또한, 초기점검 시는 이후 실시되는 점검 및 진단시 평가에 필요한 초기치와 기초자료를 제시할 수 있도록 하여야 하며, 육안검사시 결함이 있는 경우에는 도면으로 기록하여야 한다.

(3) 정밀점검

정밀점검은 계획된 정기적 점검으로서 시설물의 현 상태를 정확히 판단하고, 최초 또는 이전에 기록된 상태로부터의 변화를 확인하며 구조물이 현재의 사용요건을 계속 만족시키고 있는지 확인하기 위하여 필요한 면밀한 육안검사와 간단한 측정기구에 의한 측정으로 이루어진다.

면밀하고 지속적 감시가 필요한 시설물 부위는 사전현장조사 및 안전성 평가를 위한 구조해석 및 구조계산을 통하여 결정한다. 지속적인 감시가 필요한 부위의 점검은 안전점검 및 정밀안전진단 요령에 따라 수행되어야 하며 감시부위의 육안검사 결과는 도면으로 기록되어야 한다.

정밀점검결과는 사진 및 유지관리 혹은 보수기록, 그리고 필요한 경우 정밀안전진단 계획에 관한 사항과 함께 보관하여야 한다. 구조상태 및 외력의 조건이 변화되어 안전성 평가에 영향을 주는 경우에는 필요한 구조해석 및 구조계산을 다시 하여 보관하여야 한다.

정밀점검에는 시설물의 상태평가 및 내진설계 여부 판단과 필요시 시설물의 안전성 평가가 포함된다.

(4) 긴급점검

1) 손상점검

손상점검은 비계획적인 점검으로서 재해나 사고에 의해 비롯된 구조적 손상을 평가하는 것이다. 점검의 범위는 긴급한 사용제한이나 사용금지의 필요성이 있는지의 판단과 보수를 수행하는 데 있어 필요한 작업량의 정도를 결정할 수 있어야 한다. 신속하게 하중제한 등 사용제한 여부를 결정할 수 있도록 현장에서의 계산능력이 필요하다. 손상점검은 정밀점검의 보완수단으로 손상의 정도와 보수의 긴급성 그리고 보수작업의 규모를 파악할 수 있어야 하며 시험장비에 의한 현장측정 및 사용제한기간에 대한 해석이 필요하다.

2) 특별점검

특별점검은 관리주체가 판단하여 행하는 정밀점검 수준의 점검이다. 이 점검은 기초침하 또는 세굴과 같은 결함이 의심되는 경우나, 하중제한 중인 시설물의 지속적인 사용여부를 판단하기 위한 점검으로서 점검시기는 결함의 심각성을 고려하여 결정한다.

(5) 정밀안전진단

정밀안전진단을 위한 점검은 정밀점검 과정을 통하여 쉽게 발견하지 못하는 결함부위를 발견하기 위하여 행해지는 정밀한 육안검사 및 검사측정장비에 의한 측정을 포함하는 근접검검이다.

필요한 경우 교통통제를 하여야 하며 시설물하부 점검용 접근장비, 비계, 작업선과 같은 특수장비 및 잠수부와 같은 특수기술자가 필요하다.

결함의 유무 및 범위에 대한 확인이 필요한 때에는 비파괴 현장시험과 기타 필요한 재료시험을 병행하여야 한다. 육안검사 결과는 전체구조물의 표면에 대하여 도면에 기록하여야 하며, 구조물 전체에 대한 조사결과 분석 및 상태평가가 포함되어야 한다.

정밀안전진단에서는 노후화 또는 손상정도에 따라 구조물의 성능이나 잔존수명을 평가하기 위한 안전성 평가가 포함되어야 한다. 안전성 평가를 위하여 시설물의 안정과 내하력, 내진성 등을 결정하는 데 필요한 조사나 시험을 실시할 수 있다.

정밀안전진단 결과 보수·보강이 필요한 경우에는 보수 · 보강방법을 제시하여야 한다.

12.2.3 안전점검 및 정밀안전진단 요령

(1) 일반

시설물의 검사항목이 빠지지 않도록 현장검사를 체계적이고도 조직적인 방식으로 수행하여야 하며, 시설물 점검 및 진단절차를 표준화하여야 한다.

각 시설물별 점검 및 진단실시요령이나 세부점검서식(정기점검 · 정밀점검 · 정밀안전진단)은 안전점검 및 정밀안전진단 지침이나 시설물 분야별 안전점검 및 정밀안전진단 세부지침(건설교통부 추천)을 활용한다. 당해 시설물의 중요도 및 특성에 따라 보완 또는 추가가 필요한 경우는 새로이 작성하여 점검, 진단 및 시설물 관리에 사용할 수 있다.

(2) 현장검사

현장검사는 기존시설물에 관한 최소한의 기초자료를 얻고, 시간이 경과함에 따라 변화되는 균열 폭과 길이 등의 변화를 추적하기 위하여 수행한다. 시설물 현장에서의 측정은 도면이 없거나 도면상에 나타난 자료를 확인하기 위하여 필요하며, 측정의 정확성은 원하는 목적을 달성하는 정도이면 충분하다.

(3) 점검 및 전단부위의 청소

부식, 노후화 또는 기타 식별이 어려운 결함을 발견하기 위하여 육안으로 근접검사하기 전에 검사부위를 깨끗이 청소하여야 한다.

(4) 시설물의 상태평가

서로 다른 책임기술자에 의하여 다른 시간대에 수행된 점검 및 진단결과의 일관성을 확보하기 위하여 책임기술자 등은 시설물 부위별 상태평가를 위하여 제시된 통일된 점검 및 진단서식과 기준에 의하여 조사하여야 한다.

(5) 중대한 위험이 예견되는 결함

현장에서의 점검 및 진단기간 동안 발견된 공중에 위험을 끼칠 수 있는 구조 또는 안전과 관련된 위험이 존재하는 경우에는, 즉시 관리주체에 통보하여야 하며 관리주체는 다음과 같은 사항에 대하여 체계화된 조치를 취하여야 한다.

① 결함에 대하여 소관행정기관의 장에게 신속한 보고

② 경찰과 주민에 대한 긴급통지
③ 발견된 결함에 대한 신속한 평가
④ 신속한 후속조치
⑤ 후속조치 결과의 확인
⑥ 다른 사고 시설물에서 발견된 결함부와 유사한 구조부위를 가지고 있는지 여부의 확인
⑦ 기타 필요한 사항

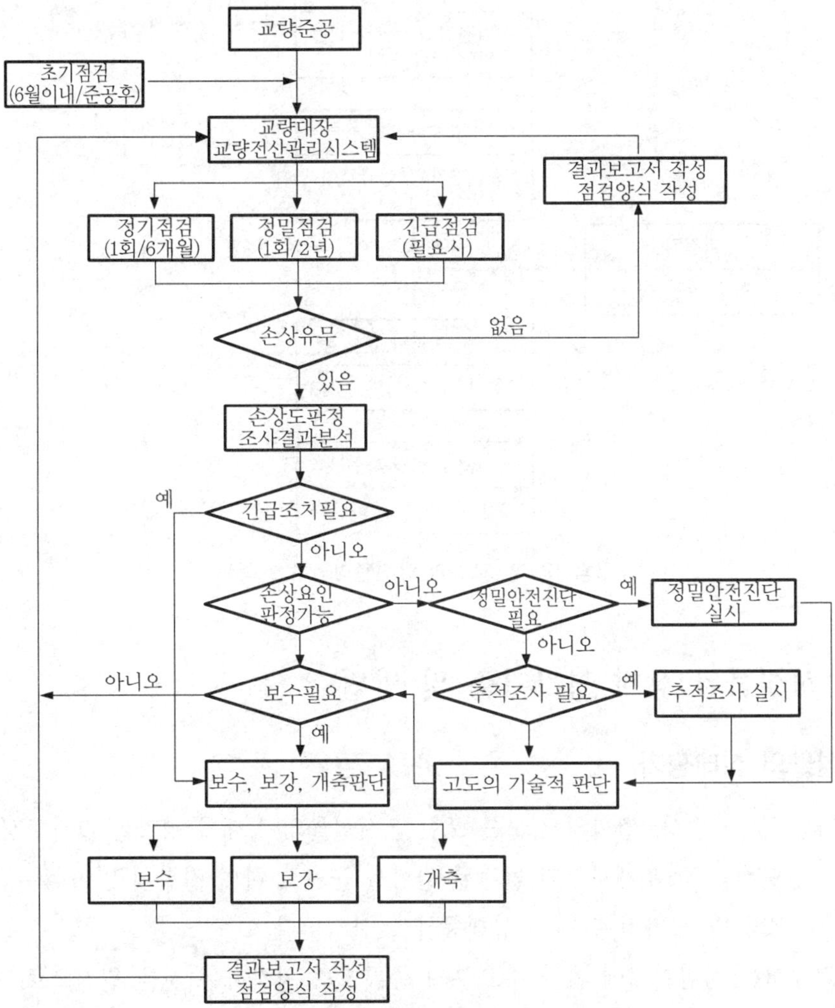

그림 12·6 교량의 유지관리 업무 흐름도

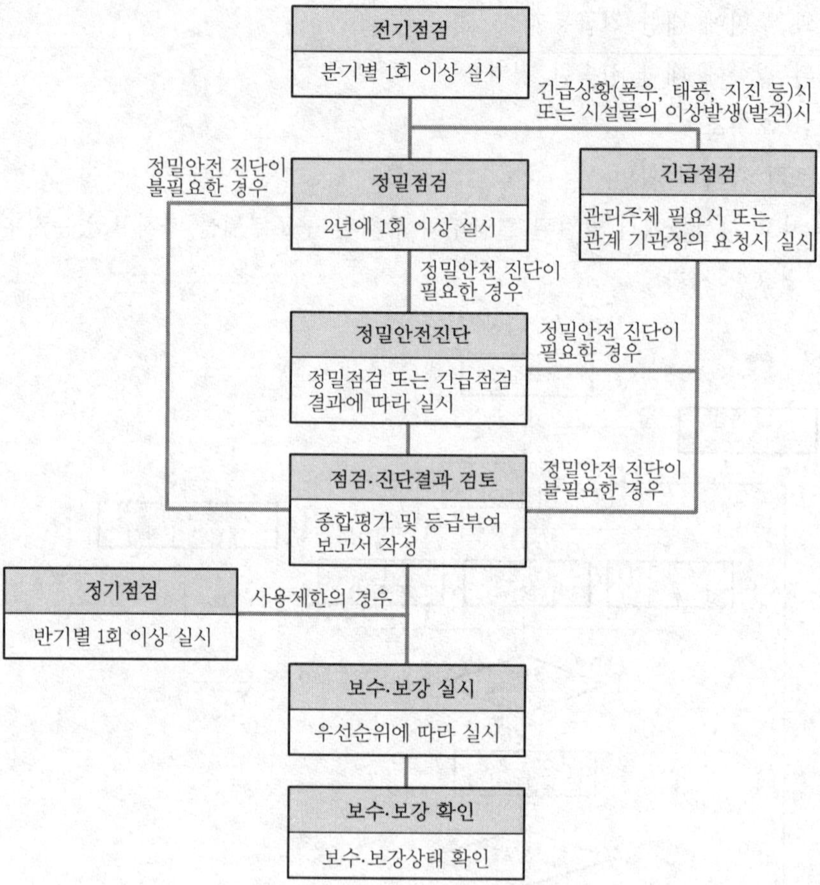

그림 12 · 7 교량의 안전관리업무 흐름도

12.2.4 시설물의 상태 평가기준 및 방법

(1) 시설물의 상태평가

상태평가란 결함, 손상, 열화의 정도를 포함한 시설물의 상태를 평가한 결과로서 책임기술자는 점검 · 진단결과 각 부재로부터 발견된 결함을 근거로 하여 결함의 범위 및 정도에 따라 A, B, C, D, E의 다섯 가지 단계로 상태등급을 산정한다.

정기점검에서는 점검서식에 따라 주요부재 종류별로 평가하는 것을 원칙으로 하고, 정밀점검에서는 각 부재별로 작성하되 문제(성능저하) 부위에 대하여 점검야장(외관망)을 작성하여 상태등급을 매기며, 정밀안전진단에서는 전체 시설물에 대하여 외관 조사망을 작성하여 상태등급을 매긴다.

점검자는 육안검사 결과를 안전점검 서식에 각기 요소의 결함 또는 노후화의 형태, 크기, 양 및 심각한 정도 등을 기록하여야 한다.

표 12·1 상태평가 등급기준

상태평가등급	상태 및 안전성
A	문제점이 없는 최상의 상태
B	보조부재에 경미한 결함이 발생하였으나, 기능발휘에는 지장이 없으며, 내구성 증진을 위하여 일부의 보수가 필요한 상태
C	주요부재에 경미한 결함 또는 보조부재에 광범위한 결함이 발생하였으나, 전체적인 시설물의 안전에는 지장이 없으며, 주요부재에 내구성, 기능성 저하 방지를 위한 보수가 필요하거나 보조부재에 간단한 보강이 필요한 상태
D	주요부재에 결함이 발생하여 긴급한 보수·보강이 필요하며 사용제한 여부를 결정하여야 하는 상태
E	주요부재에 발생한 심각한 결함으로 인하여 시설물의 안전에 위험이 있어 즉각 사용을 금지하고 보강 또는 개축을 하여야 하는 상태

(2) 콘크리트의 내구성 저하

내구성(durability)이란 구조물이 처해 있는 환경조건에 대한 재료자체의 내적인 저항능력을 말하며, 콘크리트의 내구성 구조물이 장기간 외부의 환경작용에 저항하기 위하여 필요한 매우 중요한 성질이다. 콘크리트의 내구성을 저해하는 요인에는 동결융해, 중성화 등의 기상작용, 물, 해수, 산류, 염류 등에 의한 화학적 침식, 고속유수, 모래 · 자갈을 포함한 유수 등에 의한 마모 및 전류에 의한 철근의 녹 등에 의하여 생기는 균열 등이 있다.

1) 동해(凍害)

콘크리트가 충분한 강도가 발현되기 전에 초기 동해를 입은 경우 콘크리트 속에 있는 자유수의 동결에 의해 체적이 팽창이 되어, 조직이 이완되거나 파괴되어 경화 후의 강도와 수밀성 및 내구성이 현저히 저하한다. 뿐만 아니라 콘크리트는 블리딩에 의해 생긴 수극, 공극 등이 있으면 흡수성 및 투수성이 증가되어 내구성이 감소된다. 따라서 콘크리트 중의 수분이 동결하면 그 빙압(氷壓) 때문에 콘크리트의 조직에 미세한 균열이 생기고, 동결과 융해가 반복될 때 그 손상은 더욱 커지게 된다.

2) 중성화

경화 콘크리트는 시멘트 수화 생성물인 수산화칼슘에 의해 pH가 12~13인 강알칼리성으로 나타나고, 이 때문에 콘크리트 중의 철근표면은 수산화철의 보호막이 형성되어 녹이 발생하지 않는다. 그러나 경화 콘크리트가 노출되어 있는 경우, 그 표면은 공기 중의 이산화탄소(CO_2)의 작용을 받아 서서히 시멘트 수화물인 수산화칼슘 [$Ca(OH)_2$]이 탄산칼슘($CaCO_3$)으로 바뀐다.

$$Ca(OH)_2 + CO_2 \rightarrow CaCO_3 + H_2O$$

이 반응은 콘크리트에 수축과 균열발생의 위험성을 가져오며 동시에 콘크리트가 알칼리성을 상실하는데, 이것을 중성화(neutralization) 또는 탄산화(carbonation)라고 한다.

철근 주위를 둘러싸고 있는 콘크리트가 중성화하여 물과 공기가 침투하면 철근이 산화제1철에서 산화제2철로 되어 붉은 녹이 발생하고 철근이 녹슬면 체적이 팽창하여 균열이 발생하며 콘크리트의 피복이 박락되어 파괴되는 등의 구조물의 내력과 내구성이 상실된다.

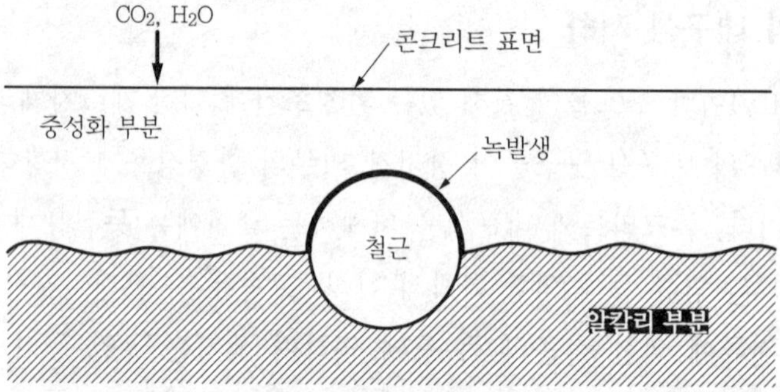

그림 12 · 8 중성화 모식도

3) 알칼리 골재반응(alkali-aggregate reaction)

알칼리 골재반응이란 시멘트 중의 알칼리 성분(Na_2O, K_2O 등)이 시멘트풀의 모세관 공극중의 수산화칼슘을 함유한 고알칼리성의 공극용액과 골재 중에 함유된 반응성 실리카질 광물에 의해서 일어나는 화학반응으로서, 반응생성물의 생성과 알칼리 실리카겔의 흡수에 따라 콘크리트 내부에서 국부적인 체적팽창이 생겨 콘크리트에 균열 및 휨 등을 유발하여 다른 열화요인이 상승적으로 작용하면 콘크리트의 내구성이 현저하게 저하된다.

알칼리 골재반응에는 ① 알칼리-실리카반응(ASR), ② 알칼리-탄산염반응, ③ 알칼리-실리케이트 반응의 세 종류가 있으며, 보통 알칼리 골재반응이라고 부르는 경우에는 알칼리-실리카반응을 가리키는 경우가 많으며, 여기에서는 ASR에 대하여 기술한다.

알칼리 골재반응에 의한 콘크리트의 열화는 ① 골재 중에 유해한 반응광물이 있는 것, ② 시멘트 및 그 밖의 재료에서 공급되는 알칼리양이 일정량 이상 있는 것, ③ 반응을 촉진하는 수분이 있는 것 등의 세 가지 조건이 동시에 갖추어졌을 때 비로소 성립한다.

알칼리 골재반응이 진행되면 콘크리트 구조물에는 균열, 겔의 석출, 부재의 엇갈림이나 이동 등의 성능저하를 일으키며, ① 콘크리트 내부의 골재주변에 검은 테두리가 쳐지는 등 변색되는 경우가 많고, ② 반응이 계속 진행되면 콘크리트 표면에서 반응으로 생성된 알칼리 실리카겔이 물엿과 같이 표면으로 얼룩져 나오는 경우가 많으며, ③ 콘크리트 구조물의 표면에 나타난 균열은 불규칙적인 그물모양이 많은 등 세 가지 특징이 있다.

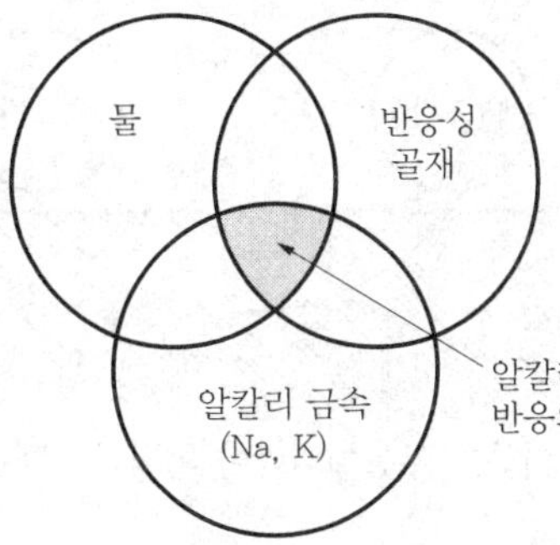

그림 12 · 9 알칼리 골재반응의 3대 주요인

4) 염해

염해란 콘크리트 중에 염화물이 존재하여 강재(철근, PC 강재 등)가 부식함으로써 콘크리트 구조물에 손상을 끼치는 현상으로서, 철근콘크리트 구조물의 열화의 주원인이 되고 있다. 염소이온의 침입은 크게 나누어 해사, 혼화제, 혼합수 등이 직접 콘크리트로 들어가는 경우와 해양환경에서 해수 및 대기 중의 염화물 또는 동결방지제(융빙제)가 콘크리트로 침입하는 두 가지 경우가 있으며, 특히 해안부근의 구조물에서는 해수의 비말을 받기도 하고 바람에 의해 날아오는 염분이 콘크리트 표면에 부착해 내부로 침입하는 경우가 많다.

콘크리트는 시멘트의 수화반응에 의해서 수산화칼슘을 생성하기 때문에 콘크리트는 보통 pH=13.2 정도의 고알칼리성을 나타내며, 이와 같은 고알칼리성 환경하에서는 콘크리트에 매입된 강재가 부식되지 않도록 강재표면에는 부동태피막이 형성되어 있다. 그러나 콘크리트에 염소이온 Cl^-(정확하게는 염화물이온)이 일정량 이상 존재하면 강재표면에 형성된 부동태피막이 부분적으로 파괴되어 부식하기 쉽게 된다. 부동태피막이 파괴되면 콘크리트의 각종 결함이나 밀실성의 차이, 염분과 알칼리 농도의 차이 등의 불균일성, 또는 강재 표면의 화학적 불균일성 때문에 강재표면의 전위는 매크로적으로 불균일하게 되어 애노드(anode, 양극)부와 캐소드(cathode, 음극)부가 생겨 전류가 흘러 부식이 발생한다. 이 부식반응의 개요를 그림 12·10에 나타내었다.

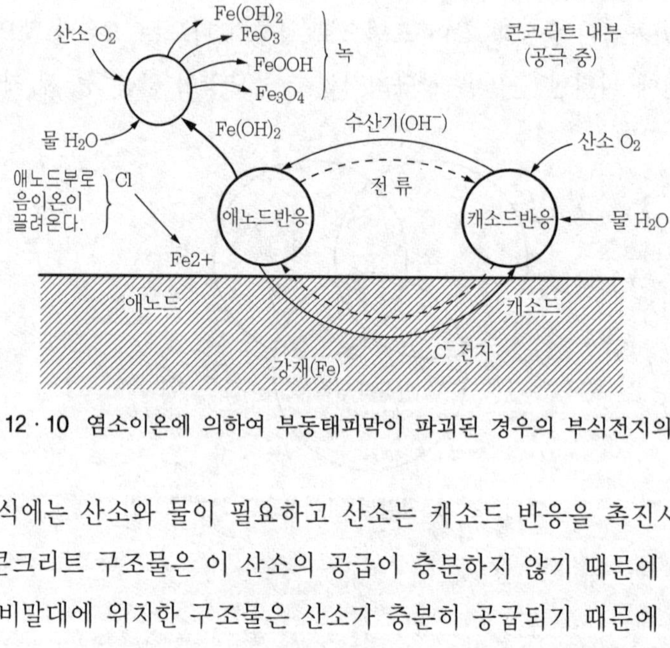

그림 12·10 염소이온에 의하여 부동태피막이 파괴된 경우의 부식전지의 개요

강재의 부식에는 산소와 물이 필요하고 산소는 캐소드 반응을 촉진시킨다. 해수 중에 침적된 철근콘크리트 구조물은 이 산소의 공급이 충분하지 않기 때문에 부식이 거의 일어나지 않으나 비말대에 위치한 구조물은 산소가 충분히 공급되기 때문에 부식이 쉽게 발생한다. 또한 비바람에 접하기 쉬운 옥외구조물의 경우 실내구조물에 비해 공기가 습하여 수분의 영향을 많이 받기 때문에 부식이 잘 일어난다. 강재의 부식으로 생긴 복(수산화제2철)의 체적은 원래보다 약 2.5배 정도 팽창하기 때문에 그 팽창압에 의하여 강재를 따라 균열이 발생한다. 균열이 발생하면 산소, 물, 탄산가스의 공급이 용이하게 되어 부식은 가속화되며, 특히 해양환경하에서는 염소이온에 의하여 부식이 대단히 촉진되어 현저한 녹을 발생시키고, 피복 콘크리트의 박리와 박락, 강재단면적의 감소에 의해 부재내력이 저하된다.

5) 화학적 침식(侵蝕)

콘크리트 구조물의 화학부식이란 결합재인 시멘트 수화물이 어떤 종류의 화학물질(부식성 물질)과 반응해 용출되어 조직이 다공화되기도 하고, 반응에 따라서 팽창을 일으키기도 하는 열화현상을 말한다. 이와 같은 화학부식은 산, 알칼리, 염류를 사용하는 각종 공업, 동·식물성 기름, 유기산, 당류를 사용하는 식품공업, 온천지대, 산성 하천유역 및 하수도, 하수처리시설 등의 콘크리트 구조물에서 발생하고, 열화상황은 원인에 따라 다르게 나타난다.

6) 손식

콘크리트가 경화한 후에 그 표층으로부터 침범을 당하여 손상을 받는 것을 손식이라고 한다. 손식에는 유수에 의한 공동현상(cavitation)과 교통에 의한 마모(abrasion) 등이 있다.

7) 전류에 의한 침식

철근 콘크리트에 고압의 전류가 철근에서 콘크리트를 향하여 흐르면 철근이 양극이 되어 산화되어 녹슬고 체적이 팽창하여 콘크리트에 균열이 발생하며 콘크리트가 염화칼슘 등의 염류를 함유할 때 그 피해가 크다. 반대로 콘크리트로부터 철근으로 전류가 흐르면 철근이 음극이 되어 철근에 가까운 콘크리트가 연화되어 부착강도가 저하한다. 콘크리트가 건조한 상태에서는 전류는 극히 통하기 어렵고, 전류에 의한 피해도 적다. 그리고 전류가 교류이면 이런 손상은 발생하지 않으며, 무근 콘크리트에서는 직류라도 피해가 발생하지 않는다.

8) 고열에 의한 콘크리트의 손상

콘크리트는 고온을 받으면 강도 및 탄성계수가 저하하며 철근과 콘크리트의 부착력도 저하한다. 이것은 시멘트풀은 탈수하여 수축하지만 골재는 온도가 상승하는 것에 따라 팽창함으로써 시멘트풀과 골재의 체적변화의 차이, 시멘트 수화물 및 골재의 열분해, 철근과 콘크리트의 열팽창계수의 차이 등이 생기기 때문이다.

(3) 콘크리트 구조물의 노후화 종류

1) 균열

일반적으로 콘크리트에서의 균열은 육안으로 분간할 수 있을 정도로 큰 반면, 프리스트레스트에서의 균열은 기기를 사용하여야 측정 분별할 수 있다. 보통 균열부에는 녹이나 백태의 흔적이 나타난다.

일반적으로 균열은 아래와 같이 미세균열, 중간균열 및 대형균열로 나눌 수 있으며, 구조물의 중요도 및 특성 등에 따라 그 기준을 달리할 수 있다.

① 미세균열 : 0.1 mm 미만

② 중간균열 : 0.1 mm 이상, 0.7 mm 미만

③ 대형균열 : 0.7 mm 이상

철근콘크리트 구조물에서의 미세균열은 구조물의 성능에는 영향이 없으나 중간 및 대형 균열은 중요하기 때문에 보고서에 기록하여 추적조사가 이루어지도록 하여야 한다. 프리스트레스트 콘크리트에서의 균열은 모두 중요하기 때문에 점검 중 균열의 길이, 폭, 위치, 그리고 방향에 유의하여야 한다.

콘크리트 보에서의 균열은 구조적으로 영향이 있는 균열과 구조적으로 영향이 없는 균열로 나눌 수 있다. 구조적으로 영향이 있는 균열에는 최대 인장부 또는 모멘트부에서 발생하여 압축부로 진전되는 수직방향의 횡균열과 부재의 복부에서 주로 발생하는 경사 방향의 전단균열이 있다. 구조적으로 영향이 없는 균열에는 온도로 인한 균열, 건조수축에 의한 균열, 그리고 매스 콘크리트 균열 등이 있다.

균열은 결함원인별로 수축균열, 정착균열, 구조적 균열, 철근부식균열, 지도형상균열, 동결융해균열로 나눌 수 있다. 부식 등 화학적 작용이 심할 경우 구조적 균열, 철근부식균열, 지도형상균열은 시설물구조에 영향을 미칠 수 있다.

2) 박리(scaling)

박리는 콘크리트 표면의 모르터가 점진적으로 손실되는 현상으로, 표면에서의 모르터 손실 깊이를 기준으로 아래의 네 가지로 나눌 수 있으며, 책임기술자는 박리의 위치, 크기 및 깊이를 기록하여야 한다.

① 경미한 박리 : 0.5 mm 미만

② 중간정도의 박리 : 0.5 mm 이상, 1.0 mm 미만

③ 심한 박리 : 1.0 mm 이상, 25.0 mm 미만

④ 극심한 박리 : 25.0 mm 이상으로 굵은 골재 손실

3) 층분리(delamination)

층분리는 철근의 상부 또는 하부에서 콘크리트가 층을 이루며 분리되는 현상으로 철근의 부식에 의한 팽창이 주요 원인이며, 이러한 부식은 주로 염화물이온(소금, 염화칼슘)에 의하여 발생된다. 층분리 부위는 망치로 두드려 중공음(中空音)이 나는지 여부로 확인할 수 있다. 책임기술자는 층분리 위치 및 크기를 기록하여야 한다.

4) 박락(spalling)

박락은 콘크리트가 균열을 따라서 원형으로 떨어져 나가는 층분리현상의 진전된 현상이다. 박락은 정도에 따라 아래와 같이 분류할 수 있으며 책임기술자는 박락의 위치, 크기 및 깊이를 기록하여야 한다.

① 소형 박락 : 깊이 25 mm 미만, 또는 지름 150 mm 미만
② 대형 박락 : 깊이 25 mm 이상, 또는 지름 150 mm 이상

5) 백태(efflorescence)

백태는 콘크리트 내부의 수분에 의하여 염성분이 콘크리트 표면에 고형화된 현상으로 콘크리트 노후화의 증거이다.

6) 충돌 손상

트럭, 탈선열차 또는 선박의 충돌로 인하여 콘크리트 구조물이 손상을 입을 수 있으며 특히 프리스트레스트 콘크리트의 경우 충돌 손상에 유의하여야 한다.

7) 누수

배수공과 시공이음의 결함, 균열 등으로 발생된 누수에 대하여 그 상태를 조사한다.

(4) 강재구조물의 노후화 종류

1) 부식

부식은 강재에서 가장 일반적인 형태의 노후화 현상으로서 환경적 요인에 의한 부식, 전류에 의한 부식, 박테리아에 의한 부식, 과대응력에 의한 부식 그리고 마모에 의한 부식이 있다.

2) 피로균열

피로균열은 반복하중에 의하여 발생하여 갑작스런 파괴로 진전되기 때문에 점검자가 피로균열 부위를 확인하는 것이 중요하다. 피로균열을 유발하는 요소는 아래와 같다.

① 시설물의 하중이력
② 응력범주의 크기
③ 상세부위의 형태
④ 제작 상태 및 질
⑤ 파괴 인성(fracture toughness)
⑥ 용접의 질

3) 과재하중

과재하중이란 구조물의 설계에 사용된 하중을 초과하는 하중을 말하며, 인장부재에서는 신장(elongation) 및 단면 감소를, 압축부재에서는 좌굴을 유발시킨다.

4) 외부충격에 의한 손상

시설물 부재는 외부의 충격에 의하여 부재의 뒤틀림이나 변위와 같은 손상을 입을 수 있다.

12.2.5 시설물의 안전성 평가방법

(1) 안전성 평가방법

시설물의 안전성 평가는 부재별 상태평가, 재료시험결과 및 각종 계측 측정 조사 및 시험 등을 통하여 얻은 결과를 분석하고 이를 바탕으로 구조적 특성에 따른 이론적 계산과 해석을 통하여 구조물의 안정과 부재의 내하력 등을 평가하고 시설물에 대한 안전성을 종합적으로 평가하여야 한다.

평가에 사용된 평가방법의 종류 및 해석결과에 대한 설명과 계산기록을 포함하여야 한다.

(2) 안전성 평가를 위한 조사 등

안전성 평가를 위하여 실시하는 계측, 측정, 조사 및 시험은 시설물 분야 및 구조적 특성에 따라 적절한 것으로서 아래 항목 중 필요한 사항을 결정하여 실시하여야 한다.

① 비파괴 재하시험 : 정적, 동적 재하시험
② 지반조사 및 탐사
③ 지형, 지질조사 및 토질시험
④ 수리·수문 조사
⑤ 침하, 변위, 거동 등의 측정
⑥ 수중조사
⑦ 누수탐사
⑧ 기타 필요한 사항

12.3 보수 및 보강

12.3.1 보수의 목적과 정의

(1) 정의

보수는 열화된 부재 또는 구조물의 금후 열화진행을 억제하고 내구성의 회복·향상과 제3자 영향도(열화한 구조물의 주위에서 박락된 콘크리트 등이 사람과 기물에 미치는 상해 등의 영향을 포함함)의 제거 또는 저감을 목적으로 실시하는 대책이다. 보수에서는 일반적으로 보수공법에 의한 내하성의 회복·향상은 목적으로 하지 않는다.

(2) 각종 보수공법과 적용목적

보수공사는 부재 또는 구조물의 열화요인, 열화정도에 따라 적절한 보수공법과 재료를 선정하여 실시하여야 한다. 주요한 보수공법의 종류를 열거하면 그림 12·11과 같다. 일반적으로 이러한 공법은 구조물의 변상 종류, 열화기구, 열화정도에 따라 단독 또는 여러 공법을 병용하여 실시한다.

그림 12·11에 나타낸 각종 보수공법은 다음 사항을 주목적으로 한다.

① 균열과 박리가 발생한 콘크리트 구조물의 손상을 수복하고, 내부 철근의 부식과 균열주변부 콘크리트의 열화진행의 억제
② 염화물 이온의 침입과 중성화에 의한 열화인자를 갖고 있는 콘크리트의 제거
③ 유해물질의 재침입을 방지하기 위한 표면피복

④ 콘크리트 중의 강재의 부동태화 또는 콘크리트 중의 염분량 감소
⑤ 콘크리트의 알칼리성 회복

- 보수공법
  - 균열보수공법
    - 표면도포공법
    - 주입공법
    - 충전공법
  - 표면보수공법
  - 전기화학적 보수공법
    - 탈염공법
    - 재알칼리화공법
  - 전기방식공법
  - 기타 보수공법
    - 함침재도포공법
    - 박락방지공법

그림 12 · 11 보수공법의 종류

12.3.2 보강의 목적과 정의

(1) 정의

보강은 부재 또는 구조물의 내하성과 강성 등의 역학적 성질저하를 회복 또는 향상시키는 것을 목적으로 하는 대책이다. 역학적인 성능저하는 주로 재료의 열화손상과 과대한 하중의 재하로 발생한다.

(2) 각종 보강공법과 적용목적

주로 토목구조물을 대상으로 하는 주요한 보강공법을 적용목적별로 정리하면 그림 12 · 12와 같다. 보수와 마찬가지로 보강에서도 열화요인, 열화정도에 따라 적절한 공법을 사용하고, 보강 후의 구조물의 내구성을 고려한 공법과 재료를 선정하는 것이 중요하다.

- 보수공법
  - 콘크리트부재의 교환 — ① 치환공법
  - 콘크리트표면의 증가
    - ② 증후공법
    - ③ 콘크리트 감싸기공법
  - 부재의 추가 — ④ 종형증설공법
  - 지지점의 추가 — ⑤ 지지공법
  - 보강재의 추가
    - ⑥ 강판접착공법
    - ⑦ FRP 접착공법
    - ⑧ 강판감싸기공법
    - ⑨ FRP 감싸기공법
  - 프리스트레스 도입 — ⑩ 외케이블공법

그림 12 · 12 보강공법의 예

12.3.3 보수·보강공법의 선택

실무작업의 기본흐름을 살펴보면 조사진단결과에 기초하여 보수·보강여부를 판단하고, 필요하다고 판단된 경우에는 그 방침을 정해 적절한 공법으로 보수·보강설계를 실시한다. 이 항에서는 보수·보강의 설계를 실시하기 위해 필요한 기본방침의 결정과 공법선정에 대하여 그 요점을 해설한다.

(1) 검토요소

보수·보강방침의 결정과 공법 선택시 다음 요소를 고려하여 선택한다.

1) 기본사항

- 대상의 명확화 : 변상의 종류, 정도, 원인
- 구조물의 요구조건 : 기능, 성능, 잔여수명
- 회복목표수준 : 보수·보강효과의 목표

2) 재료·공법의 비교검토

- 기본성능 : 재료물성(경도, 강도, 접착성, 신축성, 내수, 방수, 차염성, 가스차단 등)
- 효과와 지속성(내구성) : 보수 · 보강성능, 재료수명(자료, 시험, 실적)
- 경제성 : 재료·시공비용, 라이프 사이클 비용
- 시공성 : 작업성, 취급안전성, 공정수 저감, 유지보전성(보수성)

• 미장성(의장성) : 질감, 색, 모양, 내염성

(2) 대상의 명확화

보수 · 보강방침의 검토와 공법의 선택시에는 조사진단결과에 기초하여 보수·보강대상과 변상종류, 발생정도와 범위, 발생원인과 요인을 정확히 이해하고 인식해야 한다. 육안에 의한 변상은 같을 수 있으나 발생원인에 따라 적절한 보수·보강방법은 다르므로 원인, 요인을 올바로 파악하지 못하면 변상의 재발과 확대를 초래할 우려가 있다. 일반적으로 보수와 보강이 필요하게 되는 원인은 내적요인과 외적요인(열화외력이라고도 함)으로 구분할 수 있다. 예를 들면, 내적요인에는 콘크리트의 품질 부적정, 내재염화물, 반응성골재, 시공불량결함, 구조적 결함 등이 있고, 외적요인에는 주로 물, 염화물, 탄산가스, 화학물질, 저온, 고온, 과하중 등이 있다. 나타난 변상의 수복뿐만이 아니고, 원인과 요인의 배제와 경감도 중요한 보수대상이므로, 보수·보강방침 결정시에 이러한 것들을 고려하여야 한다.

(3) 목표수준의 명확화

목표수준은 보수 · 보강의 실시에 의해 얻는 기대효과의 정도이다. 각종 조건을 고려하여 목표수준을 설정하고 그 목표를 달성하기 위해 최적의 보수·보강공법을 선정하려는 노력이 중요하다. 변상의 발생원인이 일과성이고, 규모가 작으며, 현재 나타난 변상개소의 보수·보강만으로 주변부에의 확대와 재발의 우려가 없는 경우에는 공법선정도 단순하나, 원인의 배제가 곤란한 경우와 변상의 진행정도가 빠른 경우에는 일시적인 조치만으로 목표로 하는 결과를 얻을 수 없으며, 「어느 수준까지」라고 하는 목표수준의 명확화가 중요하게 된다. 대상구조물의 기대잔존수명과 라이프 사이클 비용의 고려, 보수·보강 후의 유지관리방법과 빈도 등도 감안하여 목표수준을 설정할 필요가 있다.

보수계획에서 목표수준의 구분 예를 다음과 같이 나타내었다.

보수조치의 수준을 「응급」, 「임시」, 「수명연장」, 「영구」로 구분하고 기대하는 목표수준과 보수내용을 설명하고 있다.

① 응급 : 안전성 확보를 주목적으로 일시적으로 수행하는 조치로서 변상의 진행방지와 원인배제는 2차로 한다.

② 임시 : 변상이 나타난 부위만을 대상으로 보수하는 조치이다.

③ 수명연장 : 손상이 나타난 변상개소를 보수함과 동시에 기타 부위에 대해 변상요인의 작용을 억제하고 조금이라도 수 년 동안에는 같은 증상이 재발하지 않게 방지할 수 있

도록 하는 수준

④ 영구 : 손상이 나타난 변상개소를 보수하는 것만이 아니라 내재되어 있는 열화요인을 거의 완전히 제거하고 외적요인의 배제 또는 경감을 도모하여 적어도 10년 이상 동안은 영구적인 보수효과를 기대할 수 있는 수준

12.3.4 보수·보강 후의 유지관리

(1) 보수 후의 유지관리

보수는 콘크리트의 열화진행을 억제하거나 품질을 회복시킴으로써 구조물의 내구성을 증진하기 위해 실시하는 것이지만 열화손상의 원인과 정도 또는 환경조건에 의해 다양한 대책이 사용되고 보수에 의해 기대정도도 구조물의 중요도에 의해 다르게 된다. 따라서 보수 후의 유지관리는 보수목적이 어느 정도까지 할 것인가 또한 대책공에 기대하는 효과는 무엇인가를 정확히 파악하여 수행하는 것이 중요하다.

보수 후의 점검·진단에서는 보수에 의한 콘크리트 표면이 피복 또는 개선됨으로써 열화의 진전을 관찰하기가 곤란하다는 것에 유의하여야 한다. 특히 철근 방청 등 진행성 열화에 대한 보수를 실시한 후의 점검에서는 조그만 변상에 대해서도 세밀한 관찰이 필요하며, 이것을 게을리 한 경우에는 보수가 오히려 역효과로 되어 치명적인 손상에 이를 수 있다.

어떠한 경우에서도 보수공법의 개요와 함께 보수시점의 구조물의 상황을 상세히 기록하여야 한다. 즉 보수 후의 추적조사에 의해 보수효과를 확인할 시에는 기준으로 하는 상황이 불분명해서는 변상의 정도를 파악하는 것이 어렵다. 특히 진행성의 열화에 대한 보수의 경우에는 열화손상을 보수전후로 구분하는 것이 곤란하다.

보수공법의 특징에 따라 보수를 실시한 후 유지관리시에 유의할 점은 다음과 같다.

1) 균열주입공법

〔목　　적〕 균열충전

〔기대효과〕 수밀성의 회복, 일체화

〔점검항목〕 균열 개구와 물이 스며 나오는 것을 관찰

2) 균열보수 충전공법

〔목　　적〕 누수방지와 균열폭의 확대방지

〔기대효과〕 균열의 피복과 수밀성 회복

〔점검항목〕 실링재의 열화와 콘크리트와의 박리 관찰

3) 단면수복공법

〔목　　적〕 덮개부 등의 열화개소의 제거와 복구

〔기대효과〕 덮개부 본래의 품질확보에 의한 철근부식 억제

〔점검항목〕 타설 이음부의 균열과 박리를 관찰

염해와 철근부식에 대한 보수의 경우에는 철근축을 따라 발생하는 연속균열에 주의한다.

4) 표면피복공법

〔목　　적〕 염화물이온, 수분, 이산화탄소 등 외적열화인자의 침입방지

〔기대효과〕 열화인자의 진입방지에 의한 열화진행의 억제

〔점검항목〕 피복재의 열화에 의한 균열과 박리, 수분의 누출상황을 관찰

콘크리트 표면이 보이지 않으므로 피복내부의 상황을 파악하는 것이 어렵다. 염해와 철근부식에 대한 보수의 경우에는 피복재의 변색과 녹에 의한 표면의 변색 등에 주의한다. 알칼리 골재반응의 경우에는 피복재의 국부적인 팽창과 겔의 누출에 주의한다.

5) 전기화학적 보수공법

〔목　　적〕 콘크리트 중의 염화물 이온의 제거, 또는 재알칼리화와 강재의 부동태화

〔기대효과〕 철근의 방식

〔점검항목〕 콘크리트의 함유 염화물 이온량과 중성화 깊이를 정기적으로 조사하고, 보수효과가 지속되고 있는 것을 확인하는 것이 필요하다.

6) 전기방식공법

〔목　　적〕 철근의 부식반응의 정지

〔기대효과〕 철근의 방식

〔점검항목〕 전원의 작동상황, 발생전류량, 양극재의 소모정도 등의 확인. 정기적으로 방식회로의 건전성을 점검한다.

7) 교면방수공법

〔목　　적〕 노면 등의 노출면으로부터 물의 진입방지

〔기대효과〕 열화인자인 수분의 침입방지

〔점검항목〕 부재하면으로부터 물의 누출과 유리석회의 석출상황 관찰

(2) 보강 후의 유지관리

보수는 내구성을 회복하거나 향상시키고, 제3자 영향도를 회복시키는 것을 목적으로 한 대책이다. 보강은 부재, 구조물의 내하성과 강성 등의 역학적 성능을 회복 또는 향상시키는 것을 목적으로 하는 대책이다. 여기에서는 보강이 실시된 후의 유지관리에 대해 서술한다.

1) 철근보강 후의 유지관리

보강이 필요한 것은 주로 다음의 경우이다. 보강 후의 유지관리는 이러한 보강의 목적을 충분히 파악한 후에 실시하여야 한다.

① 내진성능의 향상(내진보강)

② 하중조건의 변화, 활하중이 증가할 때

③ 경년열화 등에 의한 내하성능이 저하할 때, 또는 점검시에는 요구성능을 만족해도 열화예측에 의해 장래에 성능저하가 예견될 때

②와 ③은 보강공법에 특별한 차이는 없고 양자 모두 「내하력 보강」이라고 한다.

2) 내하력 보강

내하력 보강은 하중조건의 변화, 특히 활하중이 증가하였을 때와 경년열화 등에 의해 내하성능이 저하하였을 때 수행한다. 그러므로 내하력 보강의 대상이 되는 부재는 직접활하중을 지지하는 상판, 보 등의 수평부재가 되는 경우가 많다.

① 상판의 보강

상판보강공법은 접착공법과 두께증설공법으로 크게 구분할 수 있다.

㉠ 강판접착공법, FRP 접착공법을 사용하여 보강을 한 경우

이 경우 상판을 잘 유지하고 지키는 것이 중요한데, 이것은 보강재의 접착성능에 달려 있다. 접착효과의 점검에는 타음조사가 유효하다. 또한 도장의 종류를 파악하고, 환경조건에 따라 도장주기를 적절히 설정하고, 확실하게 도장을 하여야 한다. FRP판을 사용한 경우에도 내화와 내자외선 열화를 목적으로 한 도장이 실시된다. 그러므로 강판에 대한 것과 같이 도장에 관한 점검이 중요하다.

㉡ 두께증설공법을 사용하여 보강을 한 경우
유지관리상의 문제는 비교적 적다.

② 보의 보강

㉠ 외케이블공법
긴장재를 콘크리트의 외부에 배치하고 정착부 또는 편향부를 부재에 긴장력을 줌으로써 필요한 성능향상을 도모하는 공법이다. 유지관리상의 문제는 비교적 적다.

㉡ 종형증설공법
거더를 증설하는 방법이다. 일반적으로 철근콘크리트상판을 갖는 철형을 사용하는 경우가 많다. 유지관리상의 문제는 비교적 적다.

3) 내진보강

내진보강의 목적은 내진보강을 실시함으로써 ① 구조물이 지진시 수평력에 대하여 전단파괴하지 않고, 즉 휨파괴 선행형의 파괴형식을 말한다. ② 구조물의 내력(휨내력)만으로 또는 변형성능(인성)만으로 또는 양자를 조합함으로써 설계상 상정한 지진시 수평력에 대하여 구조물의 내진성능이 상회할 수 있도록 하는 것이다.

내진보강에는 강재, 콘크리트 등의 재료에 더하여 탄소섬유, 아라미드섬유 등의 신소재를 사용하는 경우가 많다.

① 휨내력 향상을 목적으로 보강재를 사용한 경우
휨내력 향상을 도모하기 위한 방법으로는 ① 철근콘크리트로 감싸는 방법, ② 보강재를 주철근방향에 배치하고, 가설콘크리트 부재에 접착하는 방법이 많이 사용되고 있다. 보강재로서는 다양한 것들이 사용되지만 주로 강판, 띠강판, 탄소섬유, 아라미드섬유 등이 사용된다. 이 경우 중요한 것은 접착성능에 있다. 접착효과의 점검에는 타음검사가 유효하다.
탄소섬유, 아라미드섬유에 대해서도 일반적으로 내화와 내자외선 열화를 목적으로 한 도장이 실시된다. 그러므로 강판에 대한 것과 마찬가지로 도장에 관한 점검이 중요하다. 철근콘크리트 감싸기의 경우에는 유지관리상의 문제는 비교적 적다.

② 전단내력 향상을 목적으로 보강재를 사용한 경우
전단내력 향상을 도모하는 방법으로는 i) 철근콘크리트로 감싸는 방법, ii) 보강재를 사용하여 가설콘크리트 부재를 구속하는 방법이 잘 사용되고 있다. 보강재는 띠철근

의 방향으로 배치한다. 보강재로는 철근, 강판, 띠강판, 탄소섬유, 아라미드섬유 등이 있다. 이 경우 보강재의 접착성능은 그다지 중요하지 않다. 도장에 관해서는 휨내력 보강의 경우와 같다.

철근콘크리트로 감싸는 경우에는 유지관리상의 문제는 비교적 적다.

③ 변형성능(인성) 향상을 목적으로 보강재를 사용한 경우

변형성능의 향상을 도모하는 방법으로 잘 사용되는 것은 가설콘크리트 부재를 보강재 등으로 구속하는 방법이 있다. 전단내력을 향상시키는 경우와 같이 보강재는 띠철근 방향에 배치한다. 배치하는 범위는 소성힌지 구간으로, 절점으로부터 부재두께의 2배 정도의 구간(보통「2D구간」이라 한다)으로 한다. 보강재로 사용되는 것은 주로 철근, 강판, 띠강판, 탄소섬유, 아라미드섬유 등이 있다.

유지관리상의 착안점은 전단내력의 향상을 목적으로 보강재를 사용한 경우와 같다.

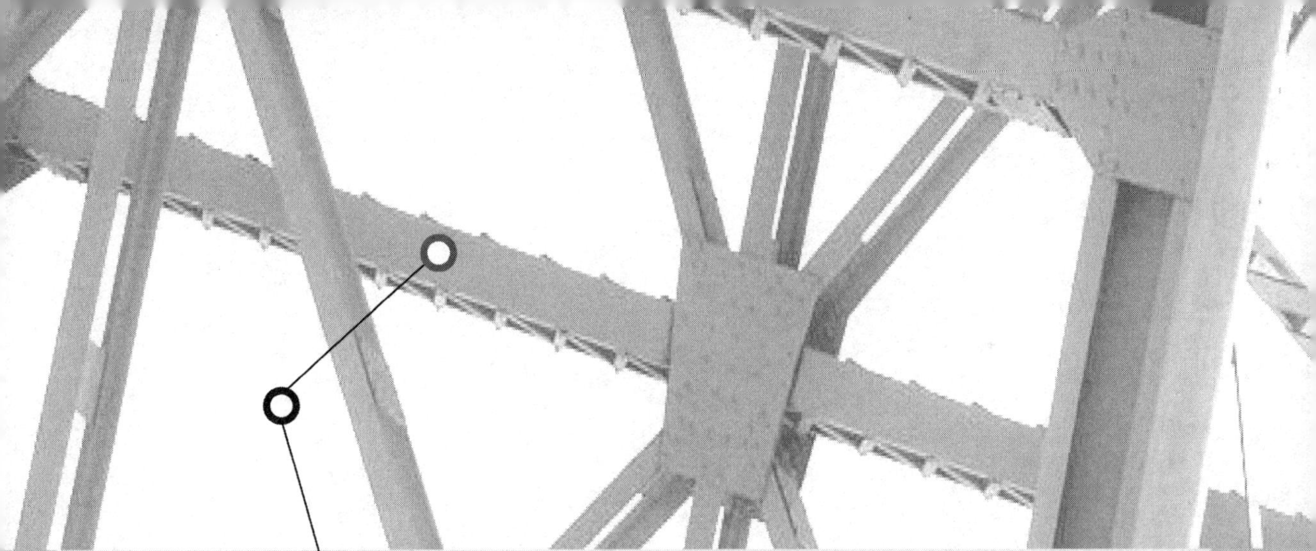

부 록

[부록 A] 구조물 설계도면

[부록 B] 설계보조자료

[부록 C] 단위의 환산

RC T형교

횡 단 면 도(S : 1/100)

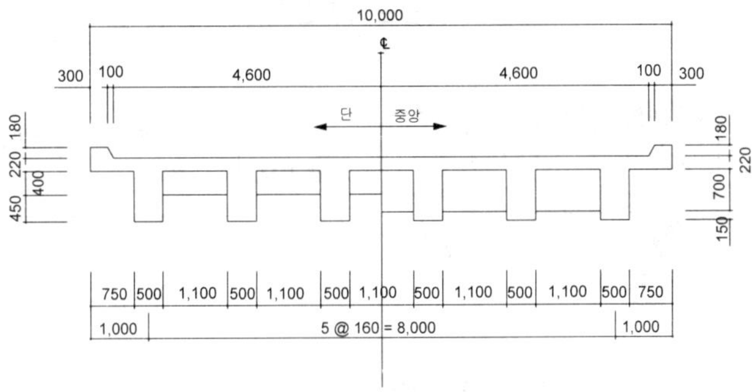

단 면 A-A (S : 1/25)

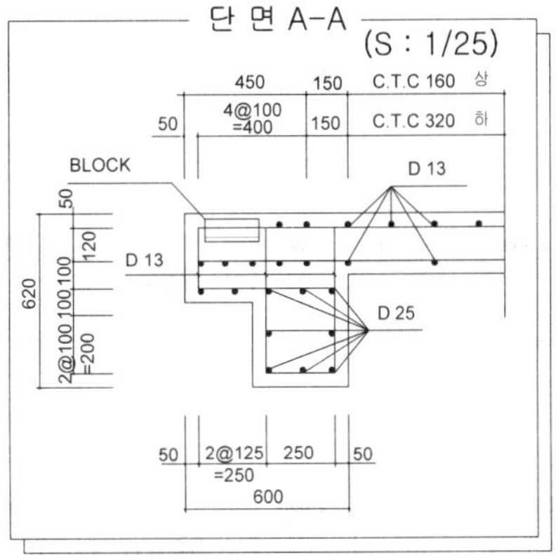

단 면 B-B (S : 1/25)

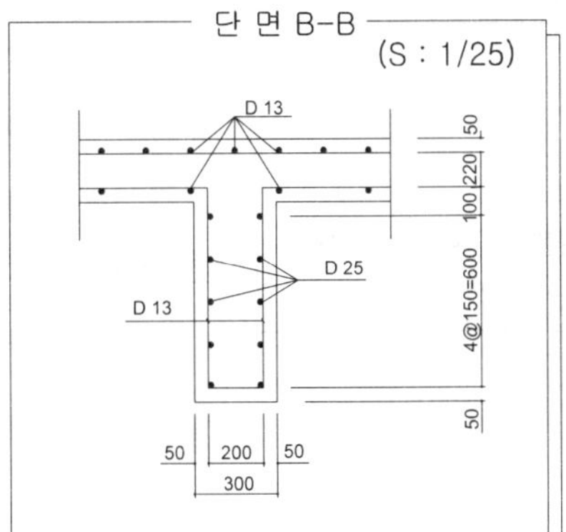

횡 단 면 도

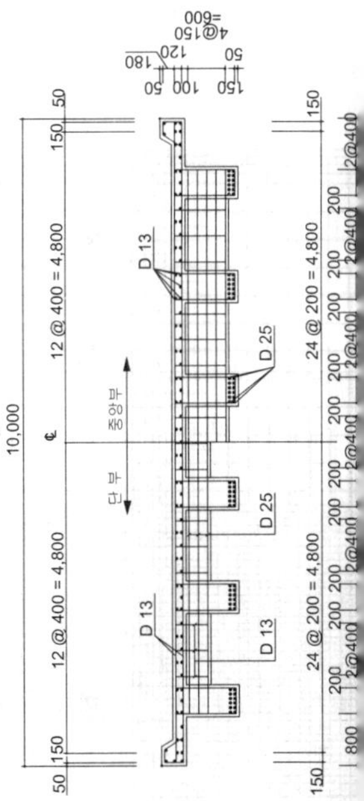

L=15.6m)

종 단 면 도 (S : 1/100)

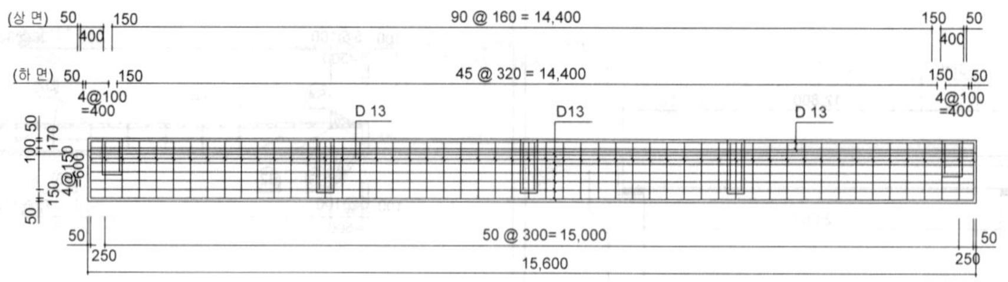

평 면 도

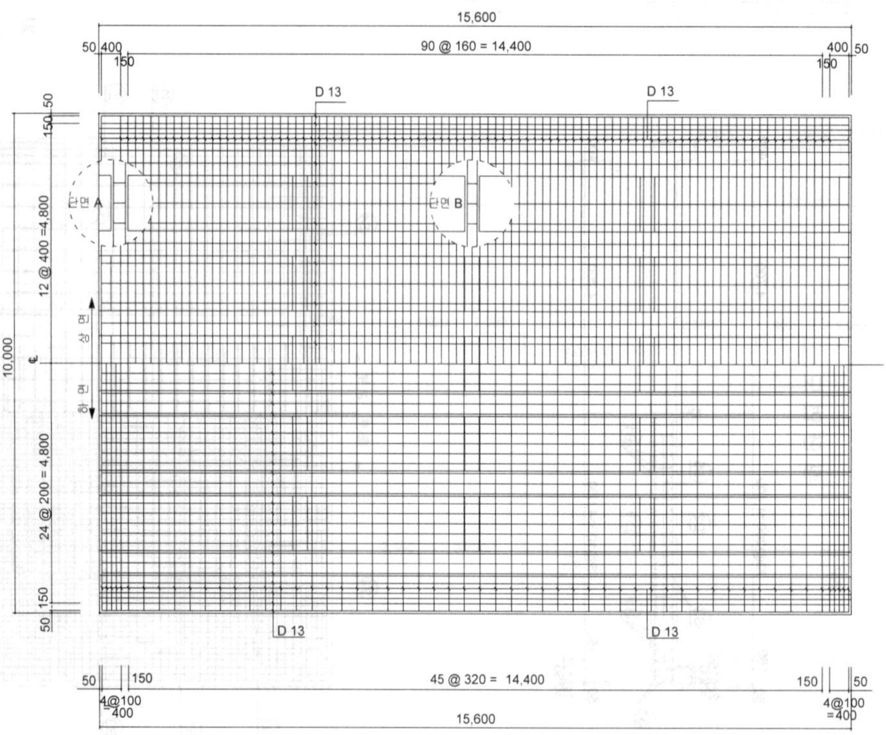

설 계 법	:	강 도 설 계 법
콘크리트의 설계기준강도	:	f_{ck} = 27 MPa
철 근 의 항 복 강 도	:	f_y = 400 MPa
설 계 하 중	:	DB-24, DL-24

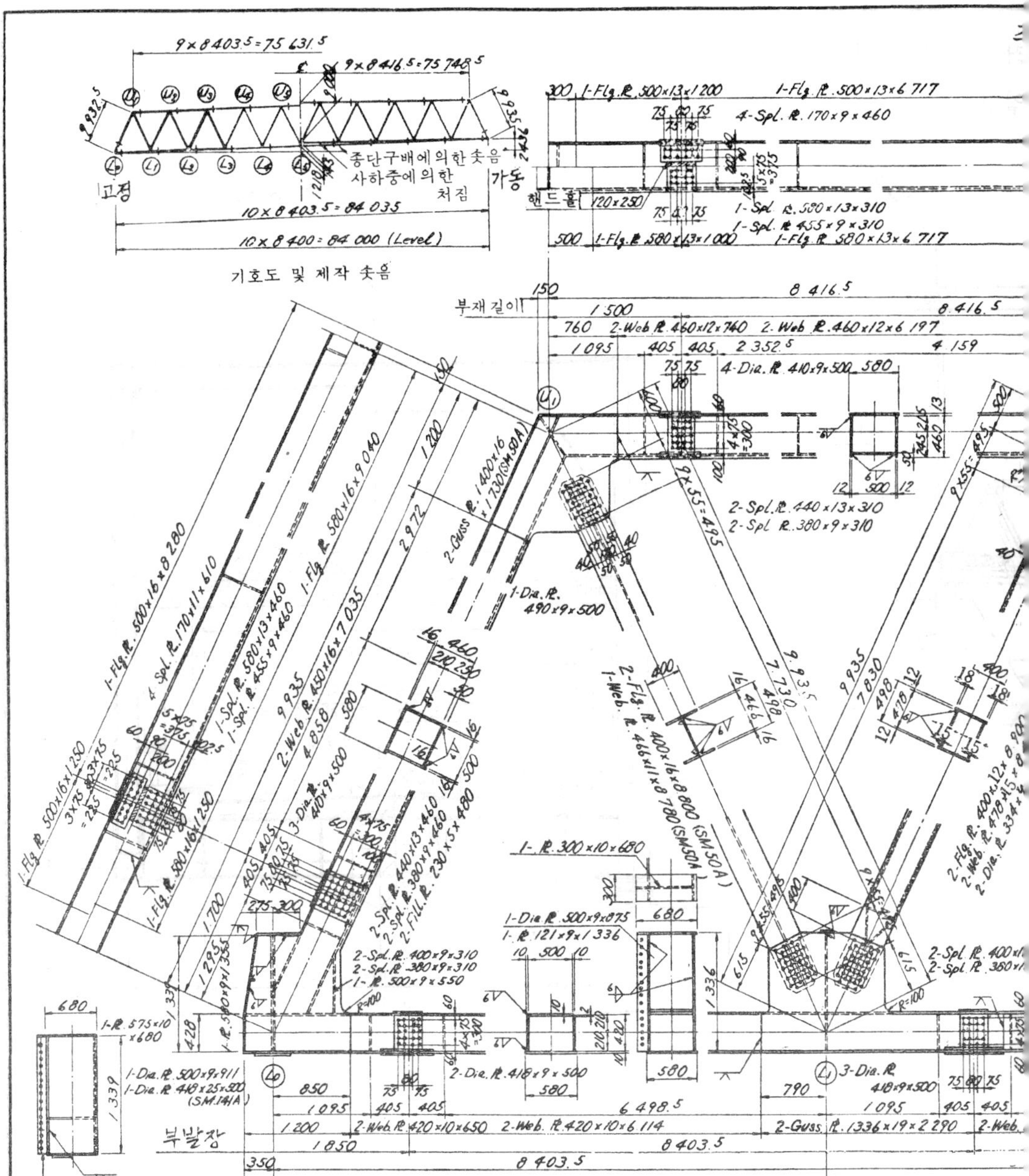

(注) 1. 특기
2. ✦표
3. 스카
4. 제작

-구도(1)

골조 S=1/40
구조 S=1/30

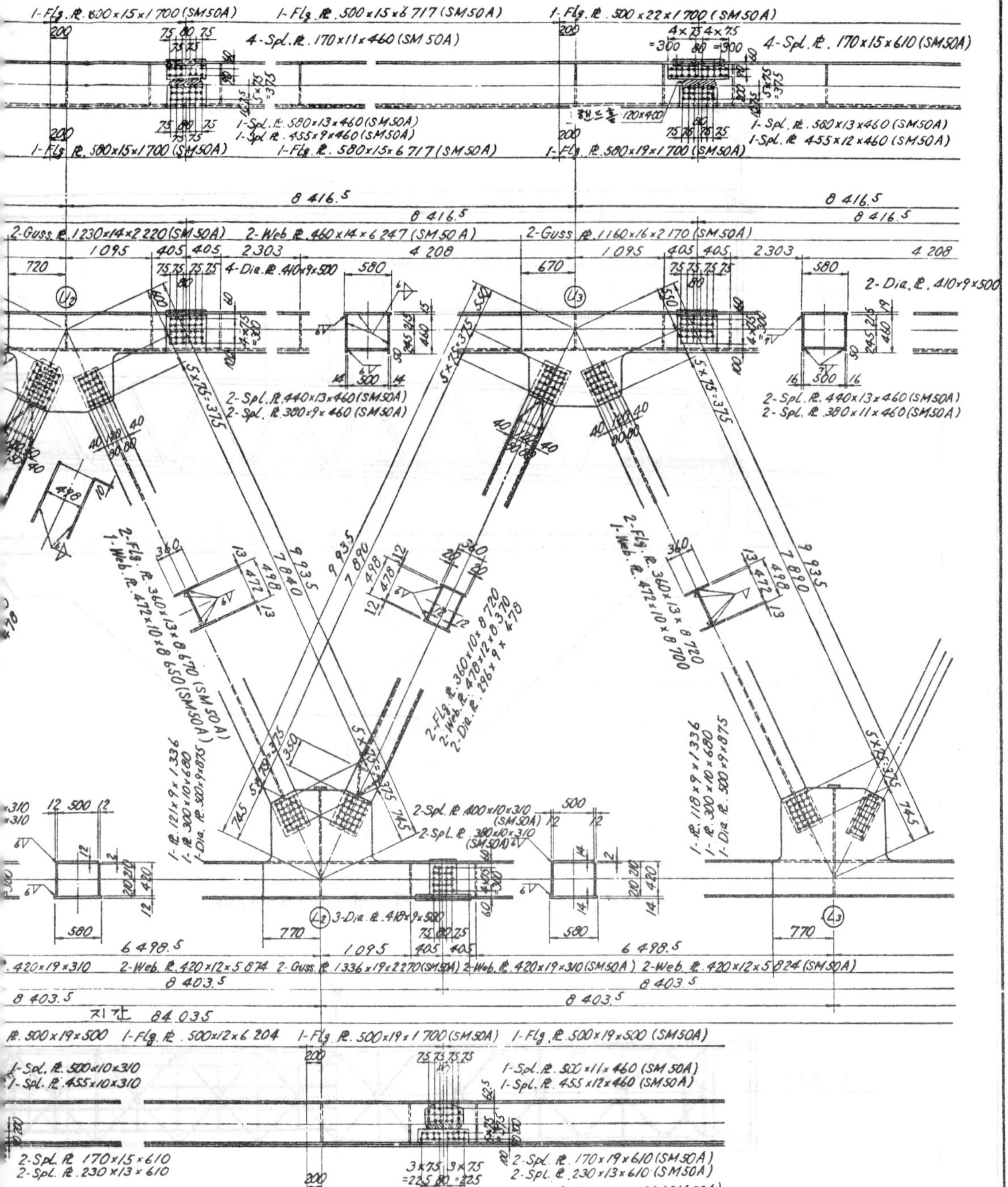

이외의 재질은 SWS 50으로 한다.
시는 현장리벳 φ22 SBV 41A로 한다.
싫은 30R로 한다. (scallop)
솟음은 지간 중앙에서 145mm로 한다.

콘크리트 설계기준강도	f_{ck} = 24 Mpa
철근 SD 30	f_{sa} = 150 Mpa
설계하중	DB-24

EST-1

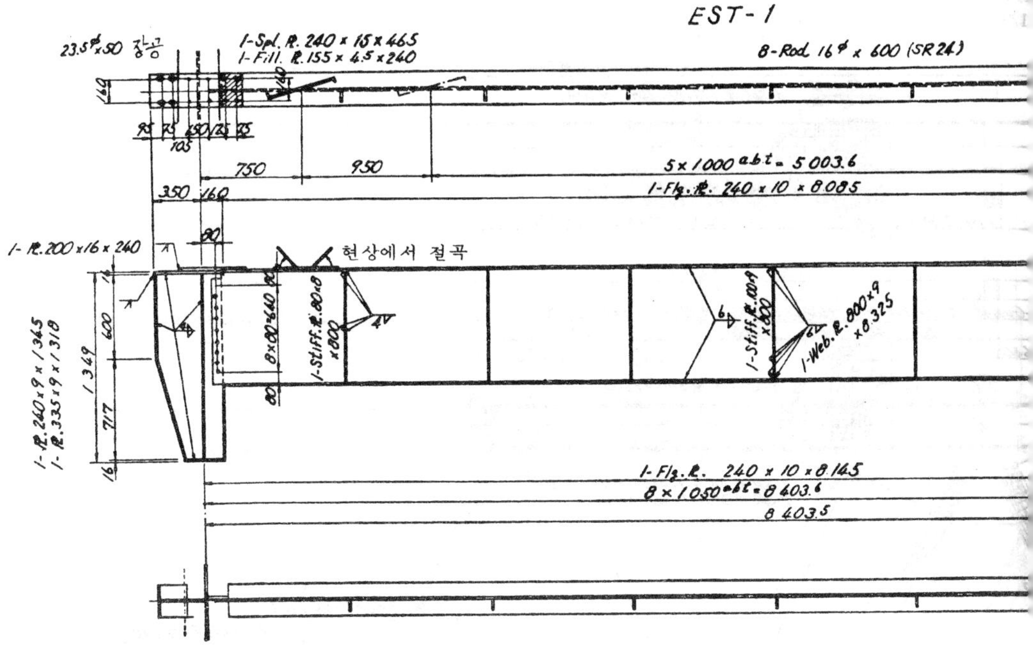

단가로보 (EFB)

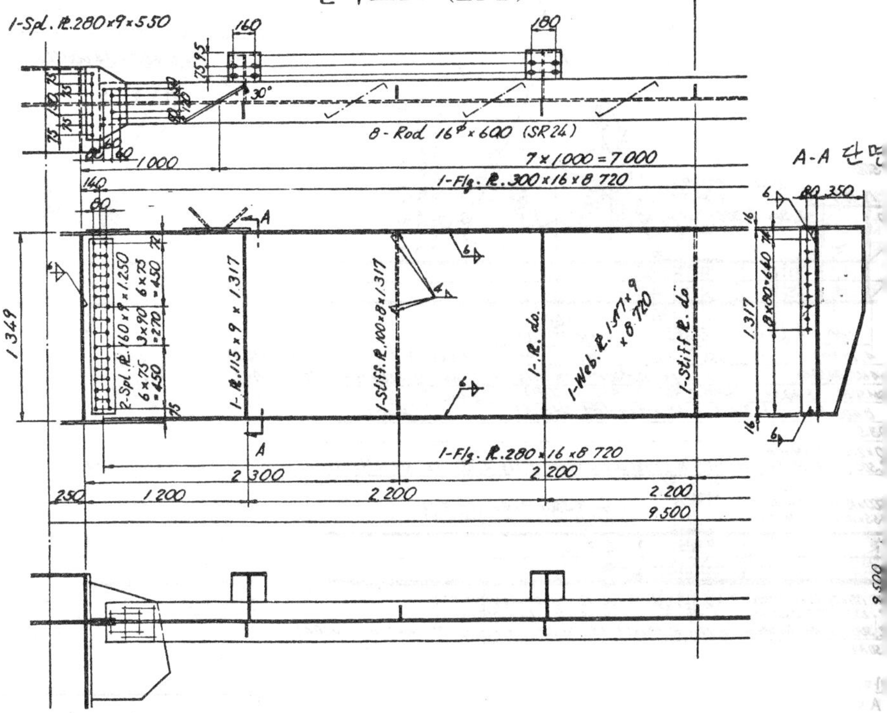

세로보 S=1/20

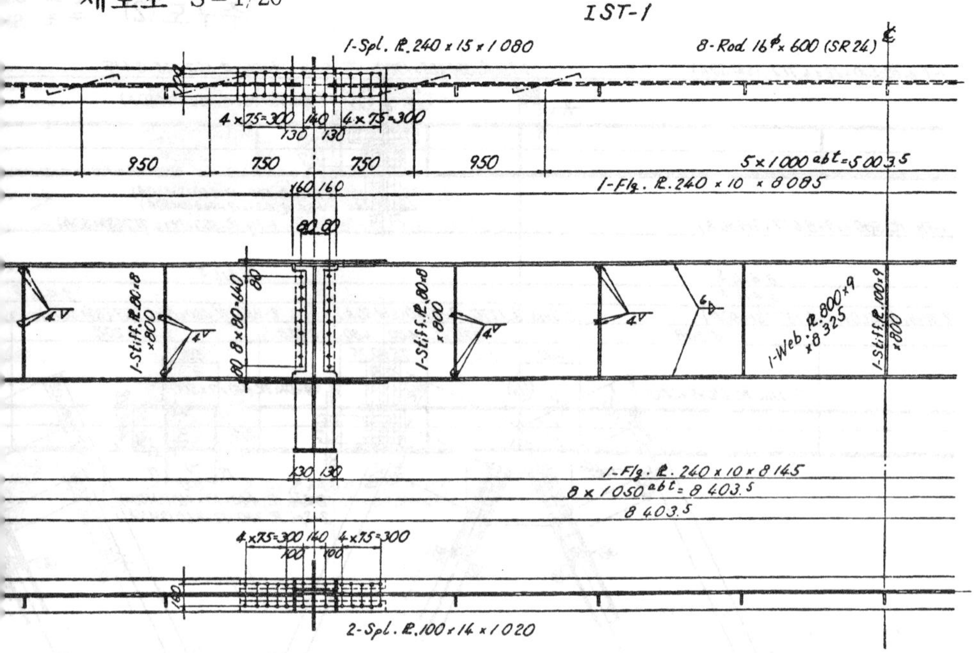

횡 형 S=1/20

하중분배 가로보 (SW)

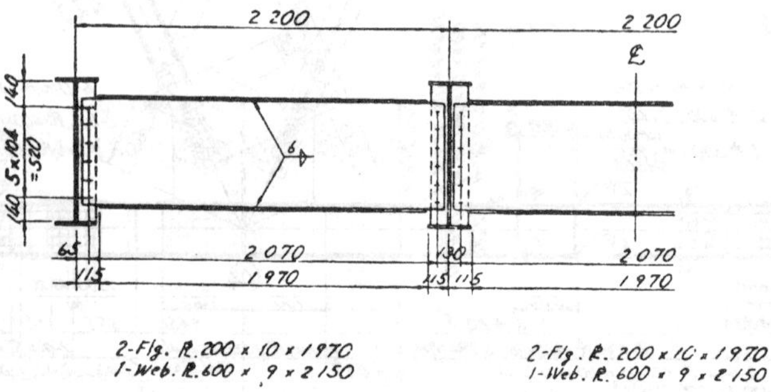

Slab Anchor 상세도 S=1/10

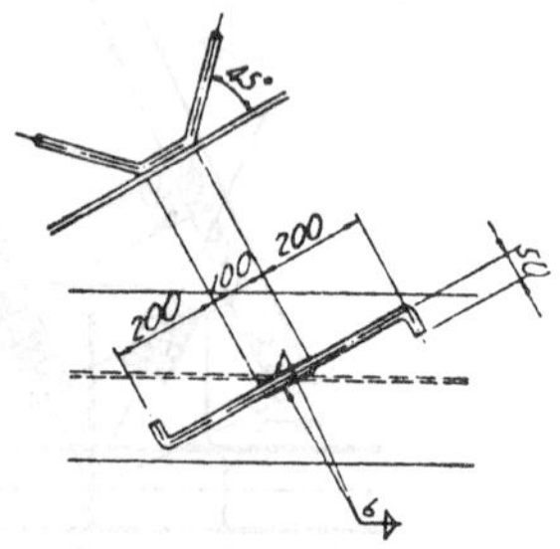

(注) 1. 특기 이외의 재질은 SWS 50으로 한다.

2. ✚은 현장리벳 φ22 SBV 34로 한다.

배 치 도

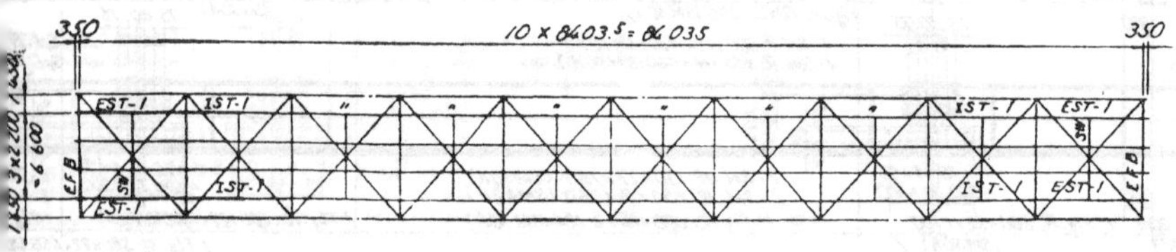

콘크리트 설계기준강도 :	f_{ck} = 24 Mpa
철근 SD 30 :	f_{sa} = 1.50 Mpa
설계하중 :	DB-24

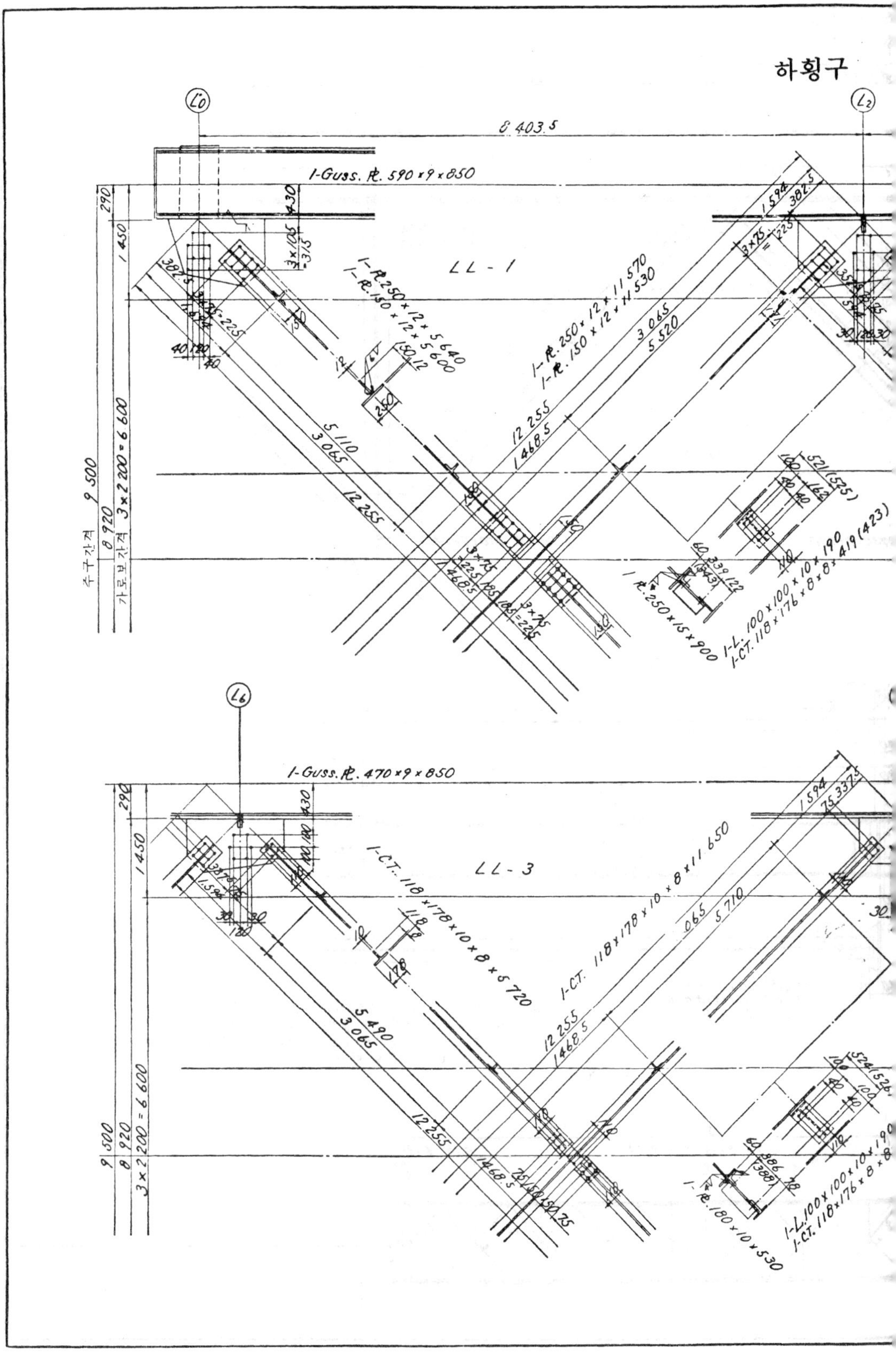
하횡구
LL - 1
LL - 3
1-Guss. ℞. 590×9×850
1-Guss. ℞. 470×9×850
8 403.5
주구간격 9 500
가로보간격 3×2 200=6 600

골조 S=1/30
상세 S=1/20

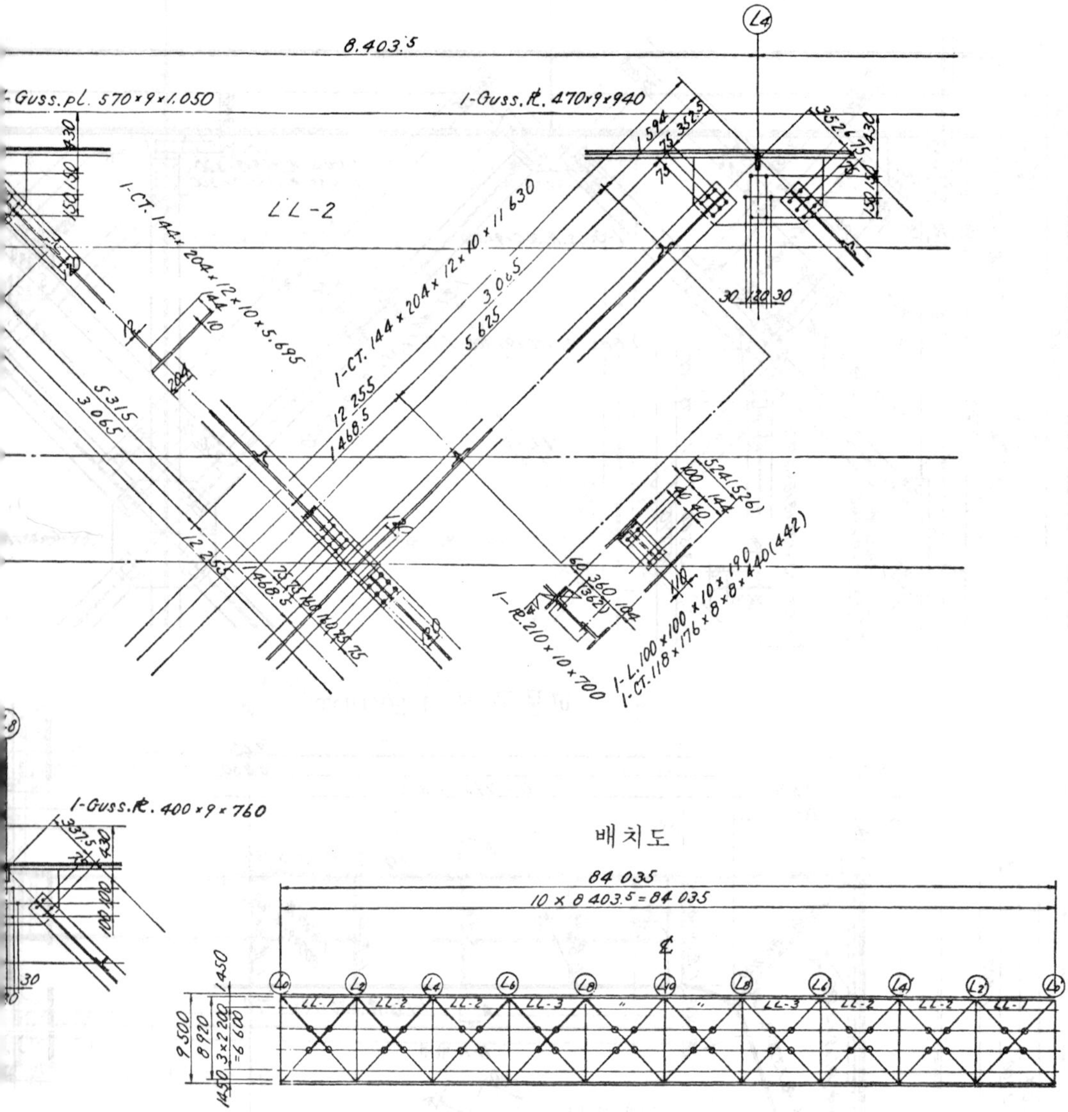

(注) 1. 특기 이외의 재질은 SWS 50으로 한다.
2. ✦은 현장리벳 ϕ22, SBV 34로 한다.
⊕
3. ⊕은 공장리벳 ϕ22, SBV 34로 한다.
4. ( )내 수치는 외측 종형을 표시한다.

콘크리트 설계기준강도	: f_{ck} = 24 MPa
철근 SD 30	: f_{sa} = 150 MPa
설계하중	: DB-24

측 면 도 S=1/100

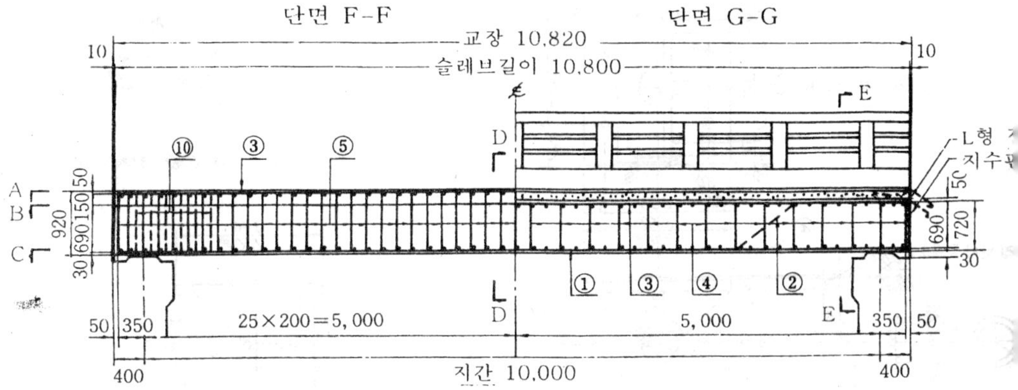

평 면 도 S=1/100

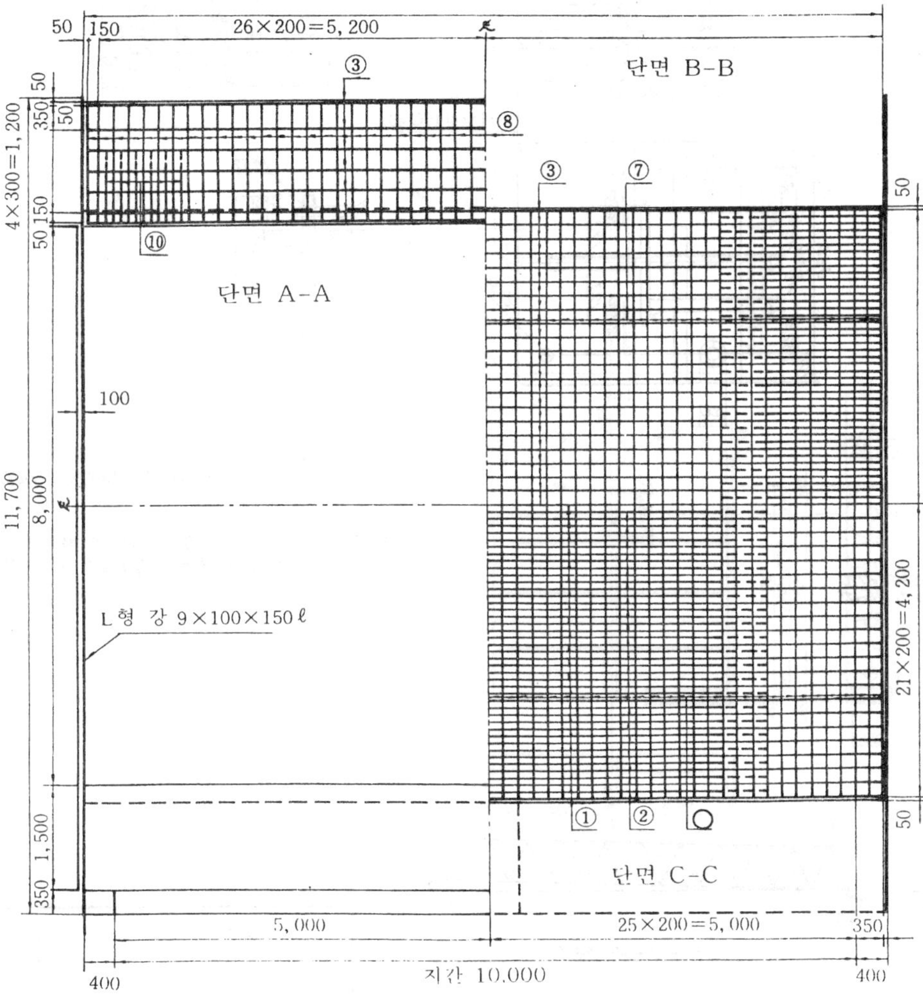

단 면 도 S=1/100

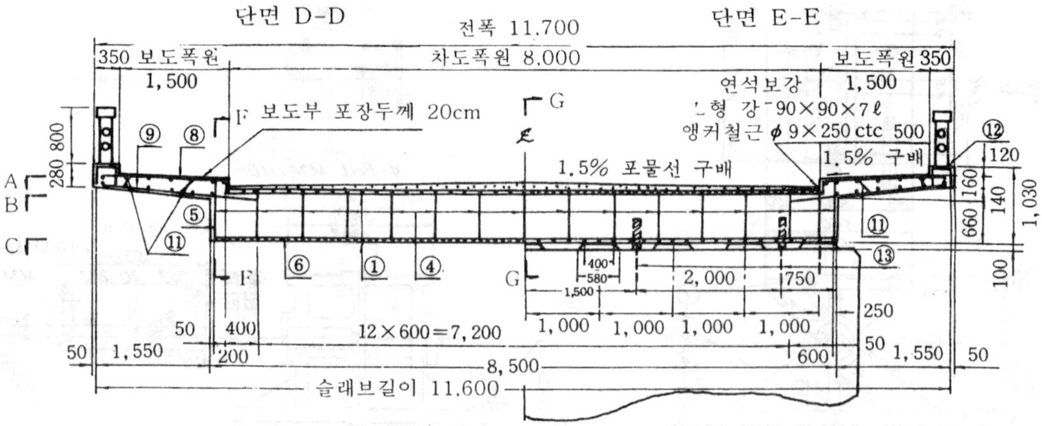

지승부 상세도 S=1/12

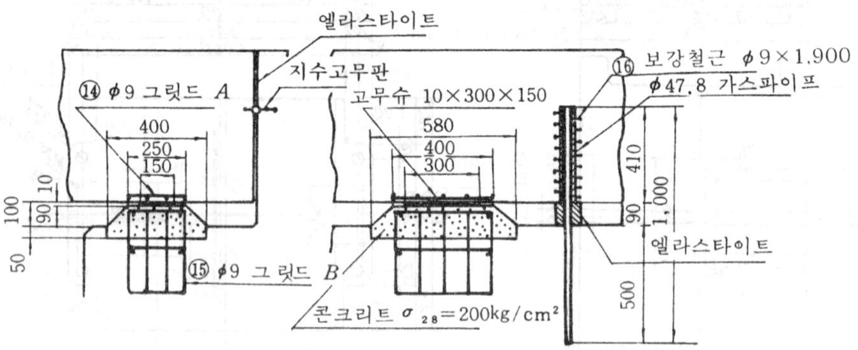

철근 재료표

기호	지름	길 이	개수	단위중량	중량(kg)
1	D29	11, 200	43개	5.01kg/m	2427.3
2	D29	11,200	42	5.04	2370.8
3	D13	10,950	75	0.995	817.1
4	D13	760	420	0.995	317.6
5	D13	910	110	0.995	90.5
6	D19	10,700	55	2.25	1324.1
7	D13	10,700	55	0.995	585.6
8	D13	2,670	110	0.995	292.2
9	D13	2,470	110	0.995	270.3
10	D13	2,200	24	0.995	52.5
11	D10	350	38	0.56	7.4
11	D10	300	38	0.56	6.4
12	D13	970	56	0.995	54.0
13	D29	1,000	8	5.04	40.3
14	ϕ9	2,800	18	0.499	25.1
15	ϕ9	12,100	18	0.499	108.7
16	ϕ9	1,900	8	0.499	7.6
計					8797.5kg

콘크리트 설계기준강도 : f_{ck} = 24 Mpa
철근 SD 30 : f_{sa} = 150 Mpa
설계하중 : DB-24

일 반 도

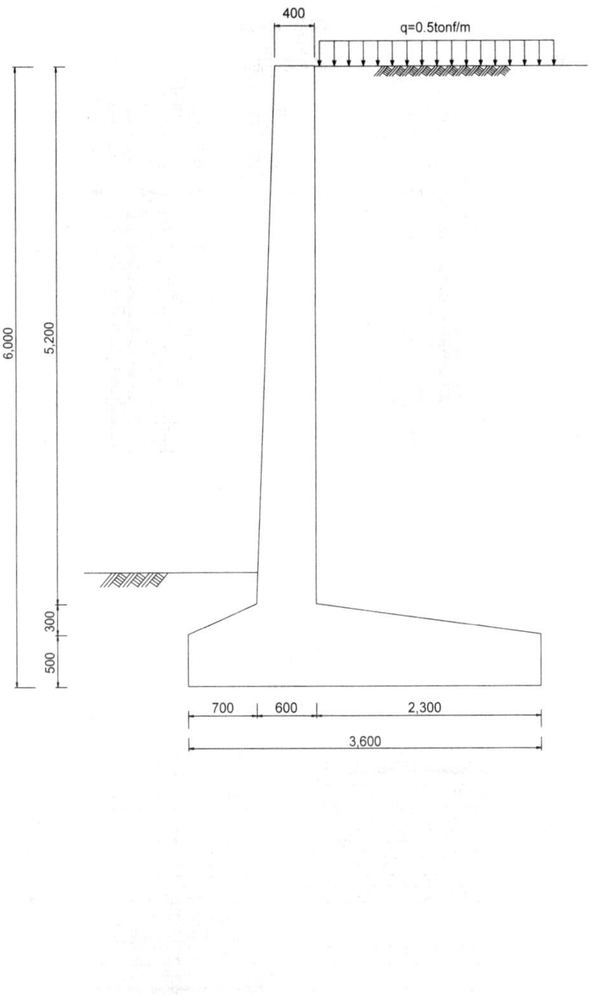
400
q=0.5tonf/m
6,000
5,200
300
500
700
600
2,300
3,600

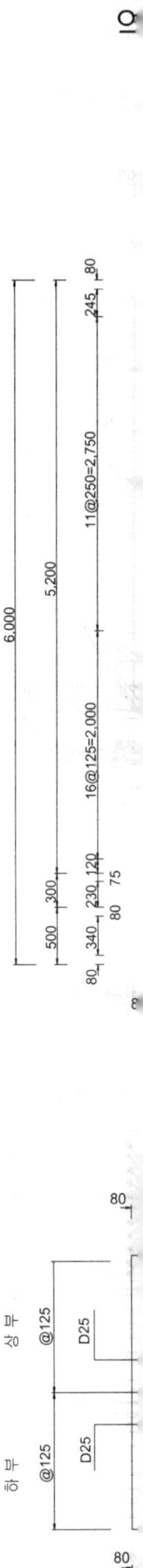
6,000
5,200
300
500
80
245
11@250=2,750
16@125=2,000
120
230
340
75
80
상 부
@125
D25
하 부
@125
D25

T형 옹벽

표준 단면도

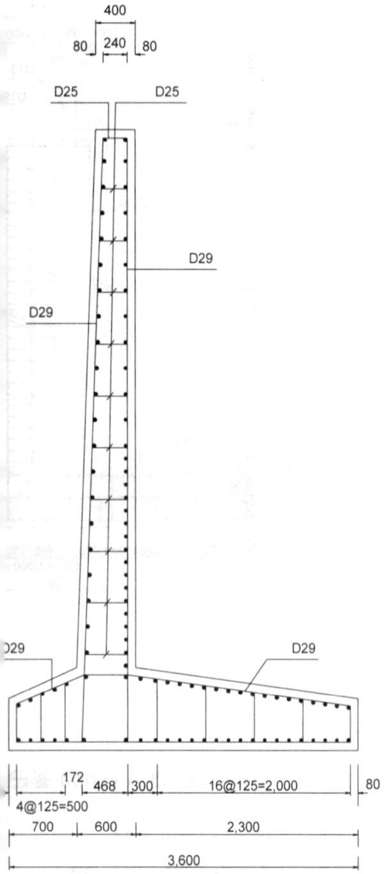

벽 체

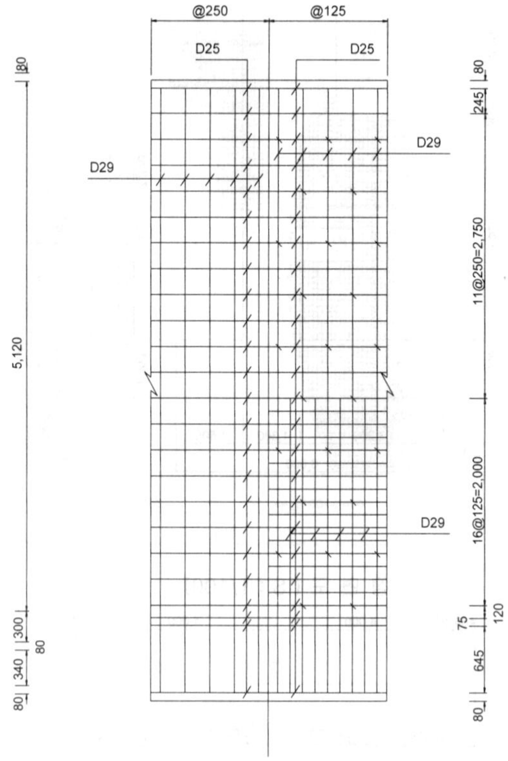

기 초

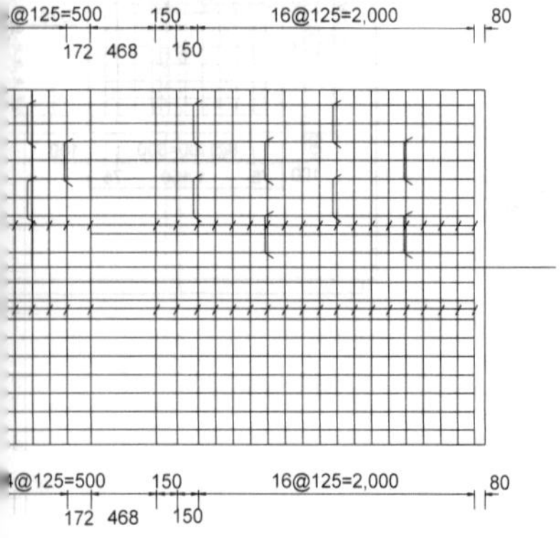

설 계 법	: 강도설계법
콘크리트의 설계기준강도	: f_{ck} = 24 MPa
철 근 의 항 복 강 도	: f_y = 300 MPa

일 반 도

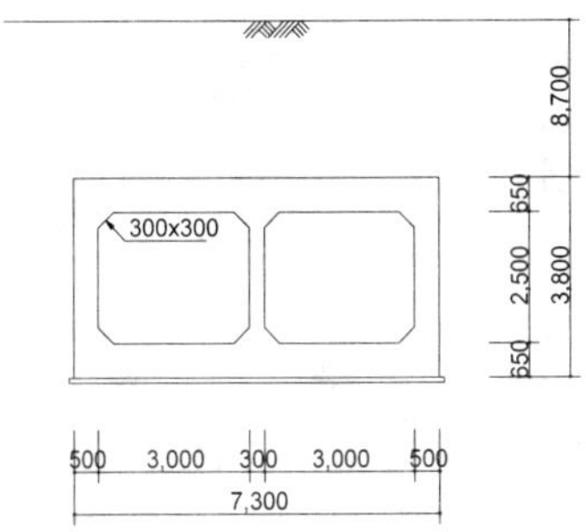

상부슬래브 배근도

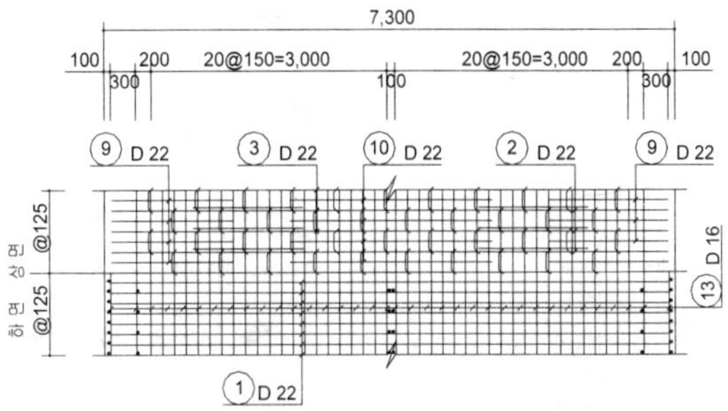

측벽 배근도

외 측 내 측

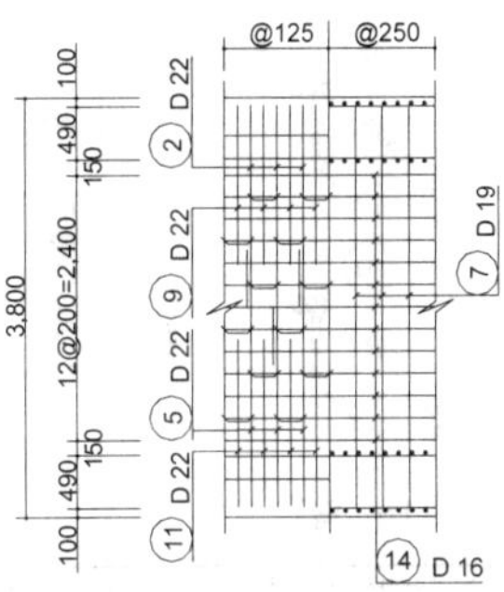

표 준 단 면 도

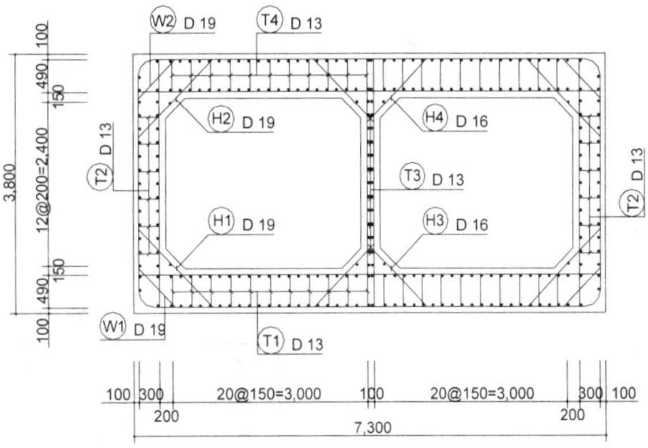

내벽 배근도

좌측 우측

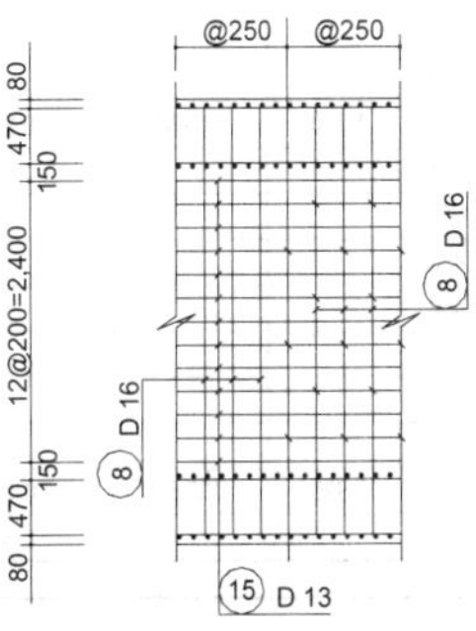

하부슬래브 배근도

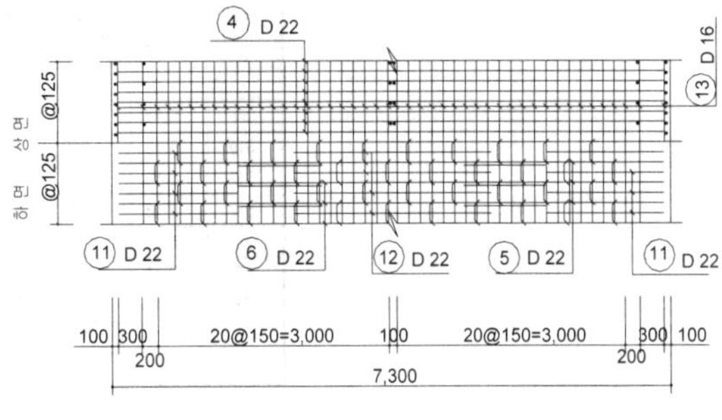

2련 암거

암거의 설계 예(3)

주 철 근 조 립 도

CYCLE-1(@250)

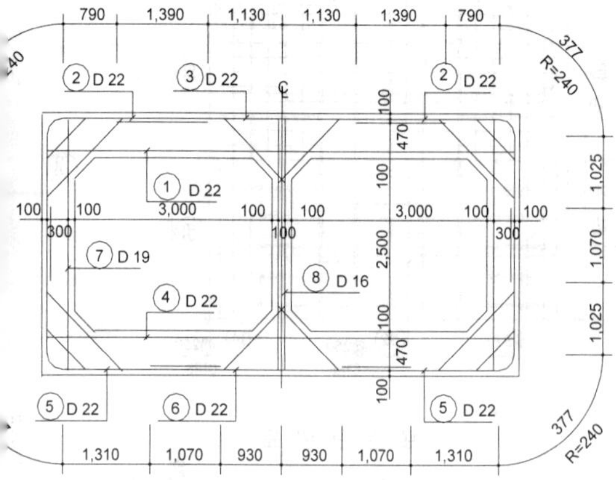

CYCLE-2(@250)

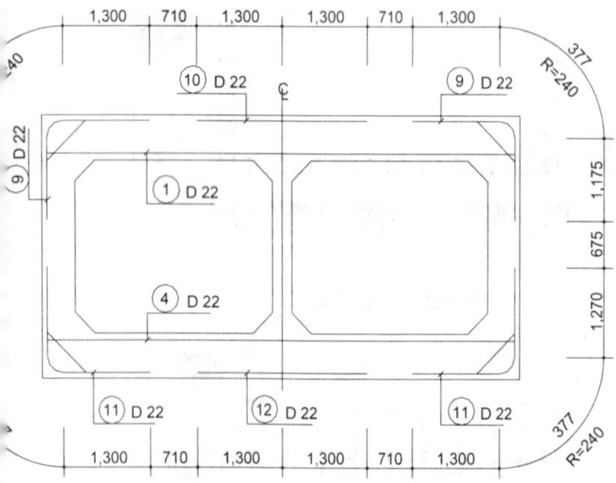

철 근 상 세 도

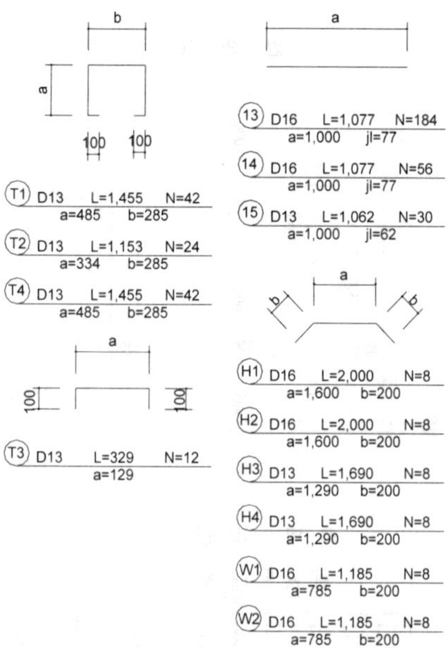

철 근 재 료 표 (1m 당)

SD 30

부호	호 칭	길 이 (m)	개 수	총 길 이 (m)	단위중량 (kg/m)	총 중 량 (t)	비 고
1	D 22	7.100	8	56.800			
2		4.652	8	37.216			
3		5.040	4	20.160			
4		7.100	8	56.800			
5		4.852	8	38.816			
6		4.000	4	16.000			
9		2.852	8	22.816			
10		2.600	4	10.400			
11		2.947	8	23.576			
12		2.600	4	10.400			
소		계		292.984	3.040	0.891	
7	D 19	3.600	8	28.800			
H1		2.000	8	16.000			
H2		2.000	8	16.000			
W1		1.185	16	18.960			
W2		1.185	16	18.960			
소		계		98.720	2.250	0.222	
8	D 16	3.600	8	28.800			
H3		1.690	8	13.520			
H4		1.690	8	13.520			
13		1.077	184	198.168			
14		1.077	56	60.312			
소		계		314.320	1.560	0.490	
15	D 13	1.062	30	31.860			
T1		1.455	42	61.110			
T2		1.153	24	27.672			
T3		329	12	3.948			
T4		1.455	42	61.110			
소		계		185.700	0.995	0.185	
		총		계		1.788	

설 계 법	:	강도설계법
콘크리트의 설계기준강도	:	f_{ck} = 21 Mpa
철 근 의 항 복 강 도	:	f_y = 300 Mpa
설 계 하 중	:	DB-24

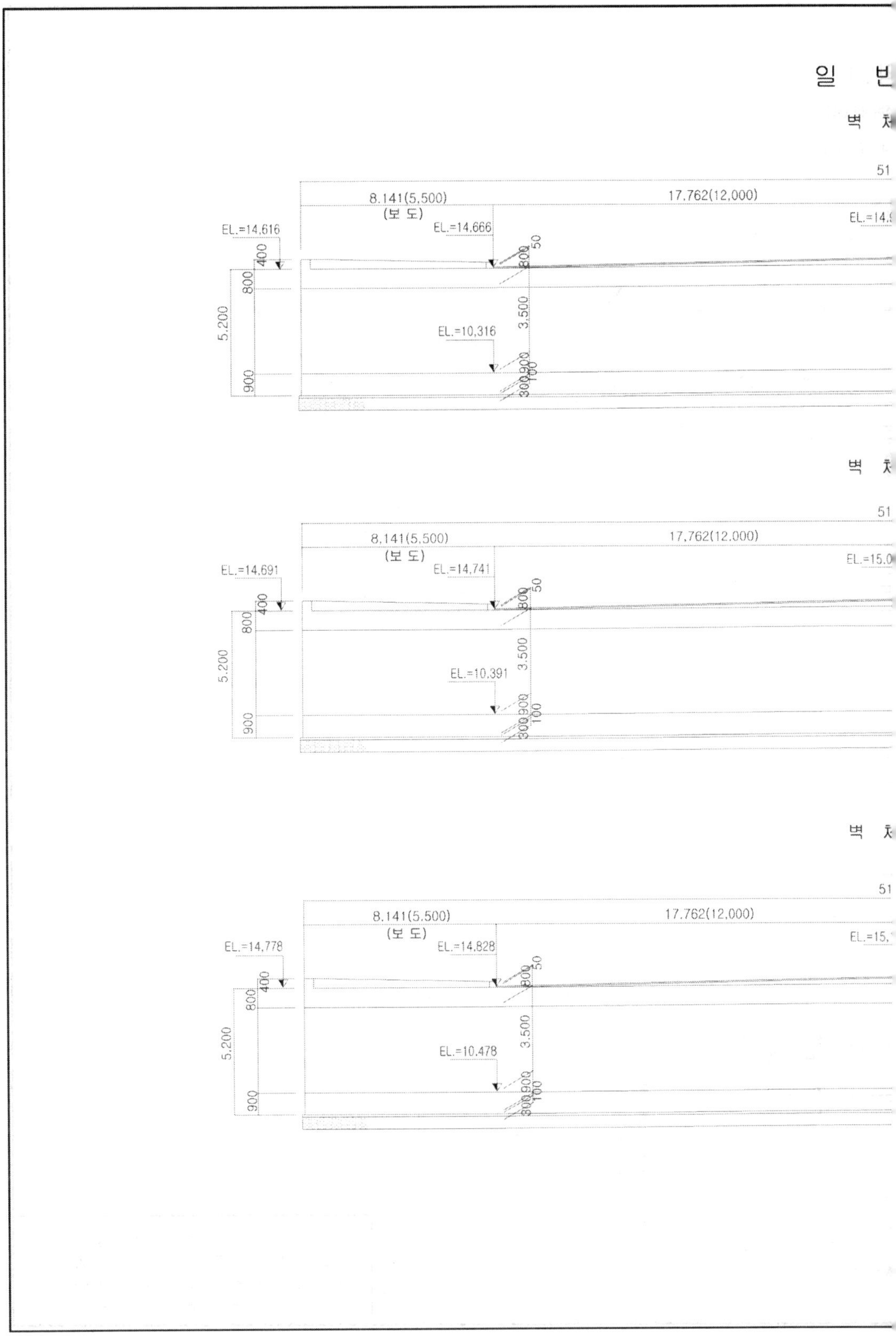

8,141(5,500)
(보 도)
17,762(12,000)
EL.=14,616
EL.=14,666
EL.=10,316
400
800
5,200
900
50
300
3,500
900
100
300
8,141(5,500)
(보 도)
17,762(12,000)
EL.=14,691
EL.=14,741
EL.=10,391
8,141(5,500)
(보 도)
17,762(12,000)
EL.=14,778
EL.=14,828
EL.=10,478

도 (2)

(시점측)

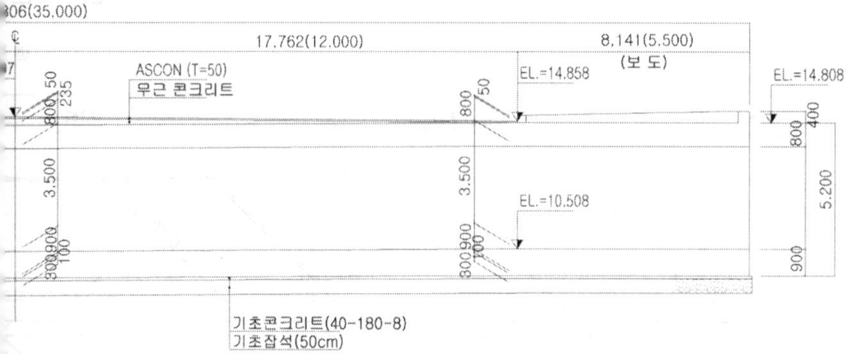

(중앙측)

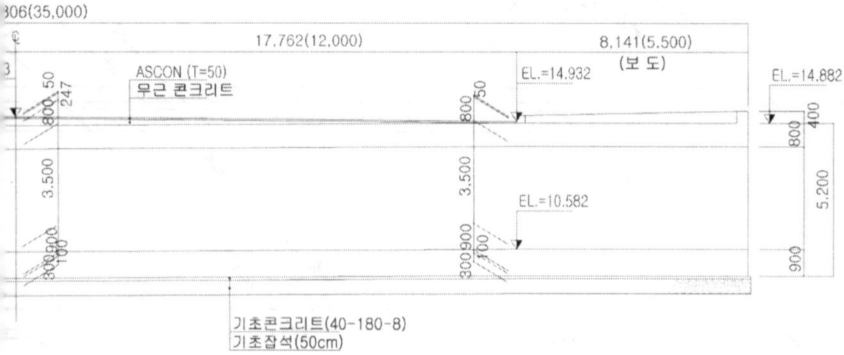

(종점측)

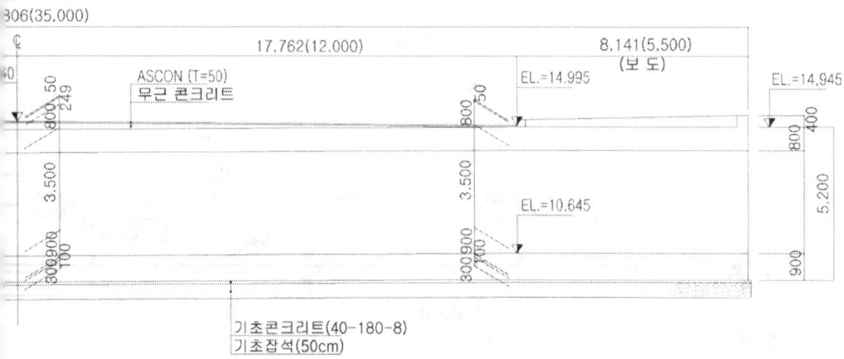

설 계 법	:	강도설계법
콘크리트의 설계기준강도	:	f_{ck} = 24 MPa
철 근 의 항 복 강 도	:	f_y = 300 Mpa
설 계 하 중	:	DB-24, DL-24

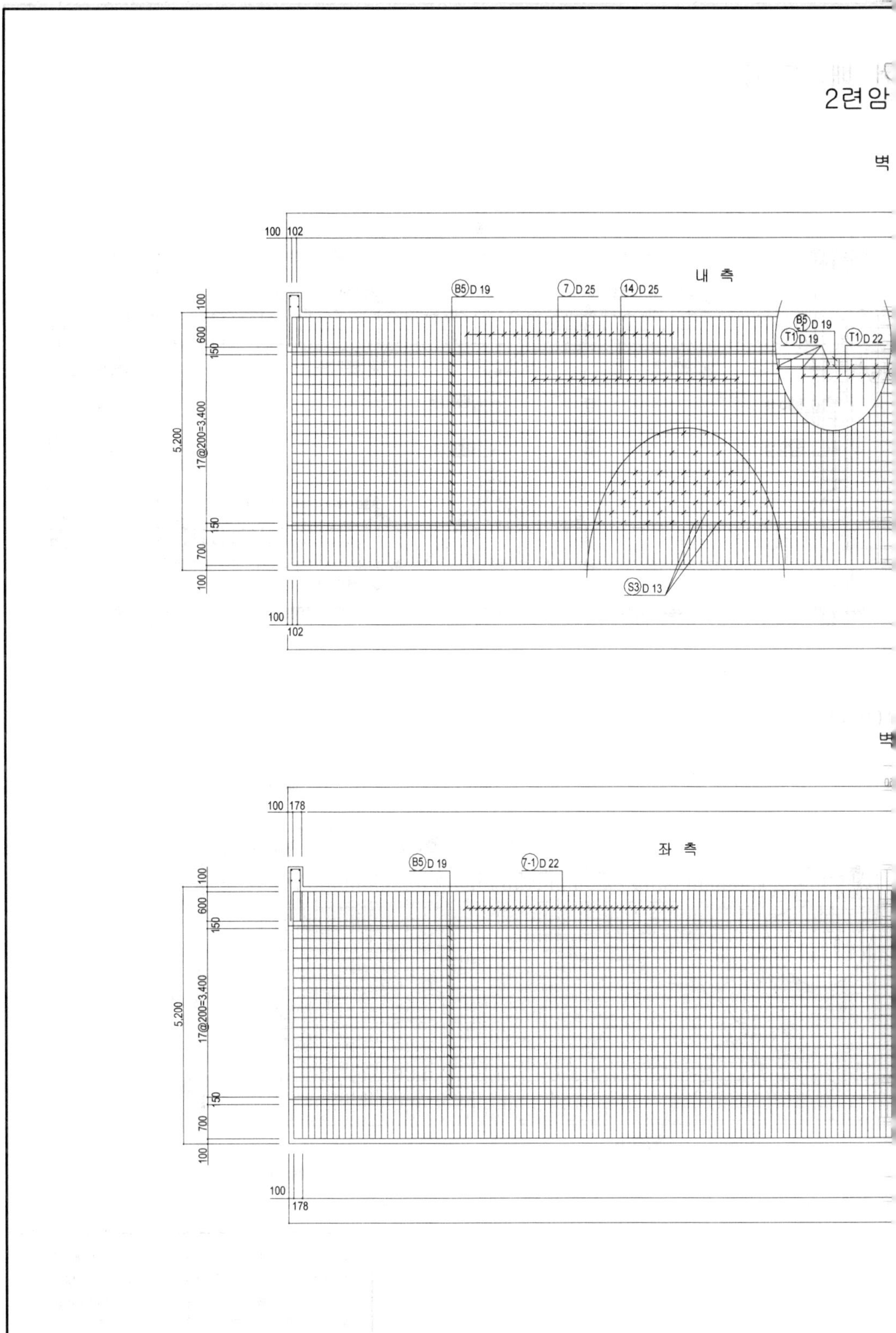
2련암
벽
내 측
100 102
B5 D 19
7 D 25
14 D 25
B5 D 19
T1 D 19
T1 D 22
5,200
17@200=3,400
100
600
150
700
S3 D 13
벽
좌 측
100 178
B5 D 19
7-1 D 22

거 배근도(2)

체 (중앙측)

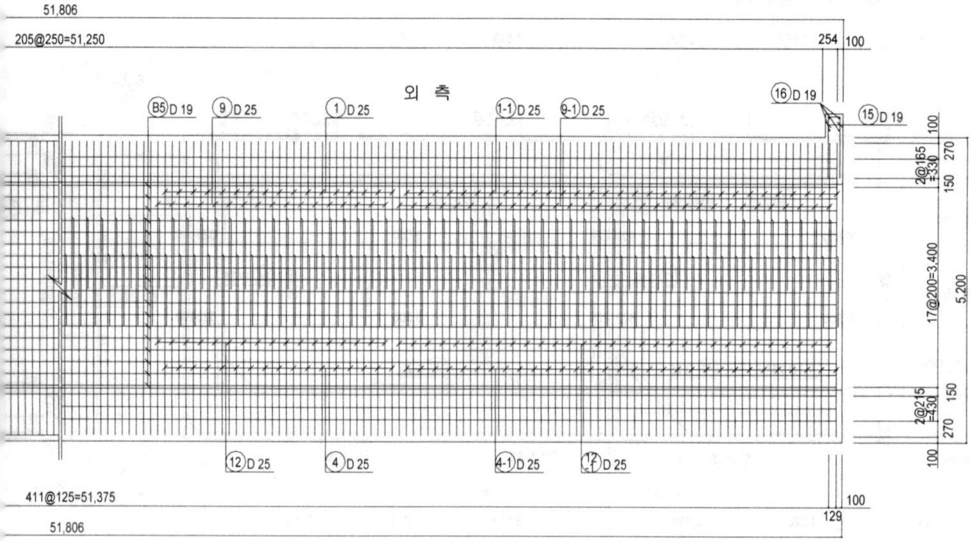

체 (종점측)

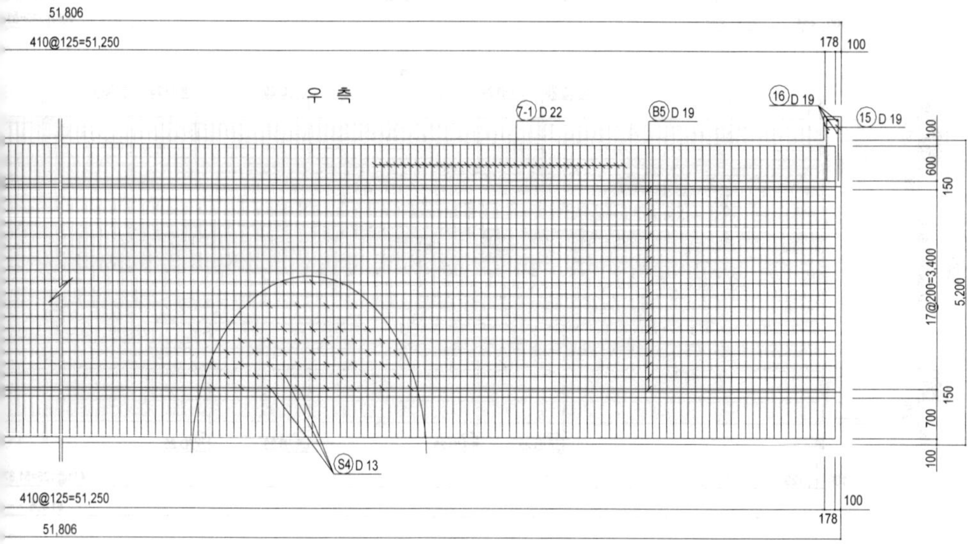

설계법	:	강도설계법
콘크리트의 설계기준강도	:	f_{ck} = 24 MPa
철근의 항복강도	:	f_y = 300 MPa
설계하중	:	DB-24

2련임

철근상세도

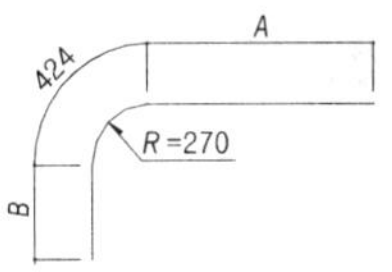

① D 25 L=8,000 N=352
A= 4,710 B=2,866

④ D 25 L=7,588 N=352
A= 4,350 B=2,814

⑨ D 25 L=6,000 N=352
A= 3,330 B= 2,246

⑫ D 25 L=7,148 N=352
A= 3,330 B= 3,394

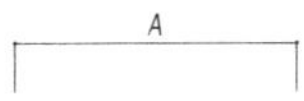

② D 25 L=8,000 N=172
A = 8,000

(2-1) D 25 L=5,767 N=38
A=7,828~3,705

③ D 25 L=8,000 N=172
A=8,000

(3-1) D 25 L=5,345 N=46
A=7,865~2,825

(3-2) D 25 L=7,449 N=8
A=7,792~7,105

⑤ D 25 L=8,000 N=172
A=8,000

(5-1) D 25 L=5,767 N=38
A=7,828~3,705

⑥ D 25 L=8,000 N=172
A=8,000

(6-1) D 25 L=5,345 N=46
A=7,865~2,825

(6-2) D 25 L=7,449 N=8
A=7,792~7,105

⑦ D 25 L=5,000 N=416
A=5,000

(7-1) D 25 L=5,000 N=826
A=5,000

⑧ D 32 L=8,000 N=177
A=8,000

(8-1) D 25 L=3,538 N=32
A=6,756~3,320

⑩ D 25 L=6,500 N=356
A=6,500

(10-1) D 29 L=4,241 N=40
A=6,417~2,064

⑪ D 29 L=8,000 N=177
A=8,000

(11-1) D 29 L=3,538 N=32
A=6,756~3,320

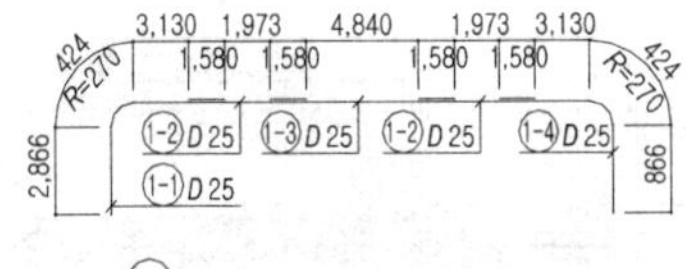

(1-1) D 25 L=8,000 N=62

(1-2) D 25 L=5,133 N=124

(1-3) D 25 L=8,000 N=62

(1-4) D 25 L=6,000 N=62

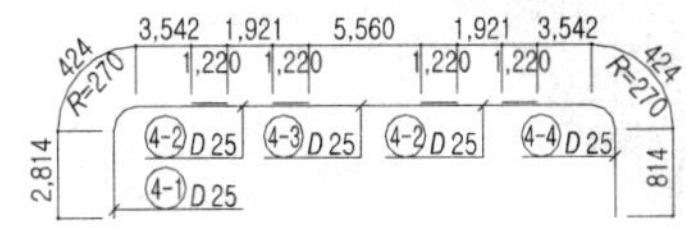

(4-1) D 25 L=8,000 N=62

(4-2) D 25 L=4,361 N=124

(4-3) D 25 L=8,000 N=62

(4-4) D 25 L=6,000 N=62

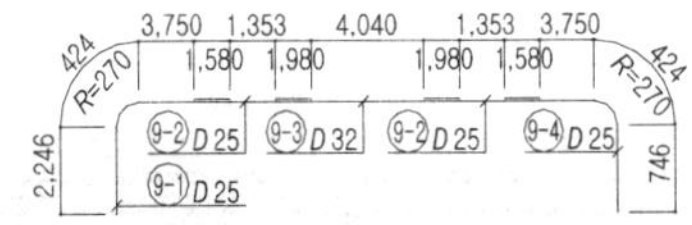

(9-1) D 25 L=8,000 N=62

(9-2) D 25 L=4,913 N=124

(9-3) D 32 L=8,000 N=62

(9-4) D 25 L=6,500 N=62

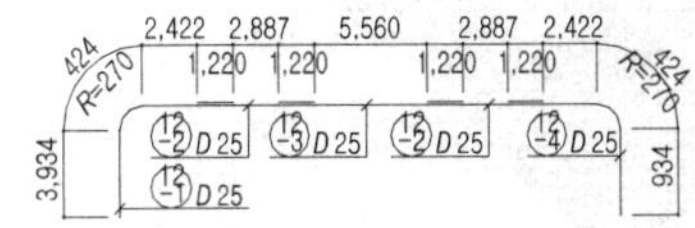

(12-1) D 25 L=8,000 N=62

(12-2) D 25 L=5,327 N=124

(12-3) D 25 L=8,000 N=62

(12-4) D 25 L=5,000 N=62

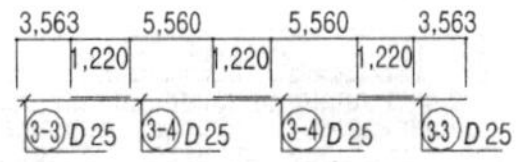

(3-3) D 25 L=4,783 N=248

(3-4) D 25 L=8,000 N=248

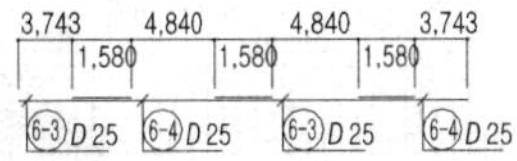

(6-3) D 25 L=5,323 N=248

(6-4) D 25 L=8,000 N=248

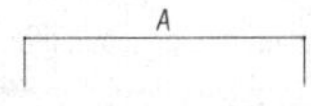

⑬ D 29 L=6,500 N=356
A=6,500

(13-1) D 29 L=4,241 N=40
A=6,417~2,064

⑭ D 25 L=5,000 N=412
A=5,000

⑯ D 19 L=23,386 N=8
A=21,906 J=2x740

(B1) D 19 L=57,366 N=72
A=51,606 J=6x960

(B2) D 19 L=56,046 N=76
A=51,606 J=6x740

(B3) D 19 L=57,366 N=76
A=51,606 J=6x960

(B4) D 19 L=56,046 N=72
A=51,606 J=6x740

(B5) D 19 L=56,046 N=80
A=51,606 J=6x740

(B5-1) D 19 L=38,360 N=8
A=35,400 J= 4x740

(B6) D 19 L=56,046 N=44
A=51,606 J=6x740

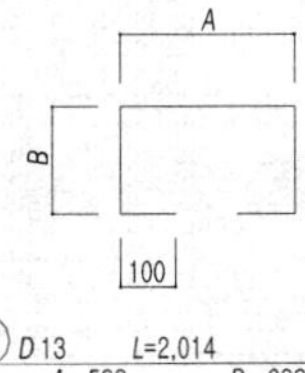

(S1) D 13 L=2,014 N=2,550
A =538 B =638

(S2) D 13 L=2,214 N=2,550
A =538 B =738

(SD 30)

번 호	지
8	D
8-1	"
9-3	"
10	D
10-1	"
11	"
11-1	"
13	"
13-1	"
1	D
1-1	"
1-2	"
1-3	"
1-4	"
2	"
2-1	"
3	"
3-1	"
3-2	"
3-3	"
3-4	"
4	"
4-1	"
4-2	"
4-3	"
4-4	"
5	"
5-1	"
6	"

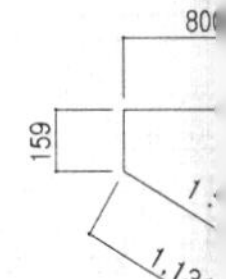

(T1) D 22 L=2,0

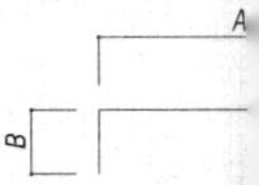

⑮ D 19 L=2,30
A=200

(S3) D 13 L=738
A=538

(S4) D 13 L=538
A=338

(T2) D 13 L=1,04
A=844

거 배근도(4)

철 근 재 료 표

(전 체 분)

	길 이(m)	개 수	총 길 이 (m)	단위중량(ton)	총 중 량(ton)	비 고
2	8.000	177	1,416.000			ADD 6.5%
	3.540	32	113.280			
	8.000	62	496.000			
소 계			2,025.280	6.230	12.617	13.437
	6.500	356	2,314.000			
	4.240	40	169.600			
	8.000	177	1,416.000			
	3.540	32	113.280			
	6.500	356	2,314.000			
	4.240	40	169.600			
소 계			6,496.480	5.040	32.742	34.870
5	8.000	352	2,816.000			
	8.000	62	496.000			
	5.130	124	636.120			
	8.000	62	496.000			
	6.000	62	372.000			
	8.000	172	1,376.000			
	5.770	38	219.260			
	8.000	172	1,376.000			
	5.350	46	246.100			
	7.450	8	59.600			
	4.780	248	1,185.440			
	8.000	248	1,984.000			
	7.590	352	2,671.680			
	8.000	62	496.000			
	4.360	124	540.640			
	8.000	62	496.000			
	6.000	62	372.000			
	8.000	172	1,376.000			
	5.770	38	219.260			
	8.000	172	1,376.000			

철 근 재 료 표

(SD 30) (전 체 분)

번 호	지 름	길 이(m)	개 수	총 길 이(m)	단위중량(ton)	총 중 량(ton)	비 고
6-1	D 25	5.350	46	246.100			
6-2	〃	7.450	8	59.600			
6-3	〃	5.320	248	1,319.360			
6-4	〃	8.000	248	1,984.000			
7	〃	5.000	416	2,080.000			
9	〃	6.000	352	2,112.000			
9-1	〃	8.000	62	496.000			
9-2	〃	4.910	124	608.840			
9-4	〃	6.500	62	403.000			
12	〃	7.150	352	2,516.800			
12-1	〃	8.000	62	496.000			
12-2	〃	5.330	124	660.920			
12-3	〃	8.000	62	496.000			
12-4	〃	5.000	62	310.000			
14	〃	5.000	412	2,060.000			
H1	〃	2.950	416	1,227.200			
H3	〃	2.660	416	1,106.560			
H4	〃	3.090	416	1,285.440			
H6	〃	2.810	416	1,168.960			
소 계				39,446.880	3.980	156.999	167.204
7-1	D 22	5.000	826	4,130.000			
H2	〃	1.450	416	603.200			
H5	〃	1.510	416	628.160			
T1	〃	2.090	286	597.740			
소 계				5,959.100	3.040	18.116	19.294
15	D 19	2.300	148	340.400			ADD 6.5%
16	〃	23.390	8	187.120			
B1	〃	57.370	72	4,130.640			
B2	〃	56.050	76	4,259.800			
B3	〃	57.370	76	4,360.120			
B4	〃	56.050	72	4,035.600			
B5	〃	56.050	80	4,484.000			
B5-1	〃	38.360	8	306.880			
B6	〃	56.050	44	2,466.200			
소 계				24,570.760	2.250	55.284	56.943
S1	D 13	2.020	2550	5,151.000			
S2	〃	2.220	2550	5,661.000			
S3	〃	740	2856	2,113.440			
S4	〃	540	1428	771.120			
T2	〃	1.050	142	149.100			
소 계				13,845.660	0.995	13.776	14.190
총 계						289.534	305.938

N=286

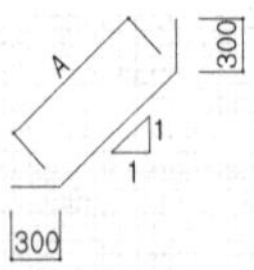

(H1) D 25 L=2,945 A=2,345 N=416

(H2) D 22 L=1,449 A=849 N=416

N=148 B=1,050

(H3) D 25 L=2,663 A=2,063 N=416

N=2,856 B=100

(H4) D 25 L=3,087 A=2,487 N=416

N=1,428 B=100

(H5) D 22 L=1,511 A=911 N=416

N=142 B=100

(H6) D 25 L=2,804 A=2,204 N=416

설 계 법	:	강도설계법
콘크리트의 설계기준강도	:	f_{ck} = 210 kgf/cm²
철 근 의 항 복 강 도	:	f_y = 3,000 kgf/cm²
설 계 하 중	:	DB-24

〔부록 B〕 설계보조자료

표 B·1 이형철근의 수에 따른 철근단면적(mm^2)

호칭		D10	D13	D16	D19	D22	D25	D29	D32	D35	D38
지름 (mm)		9.53	12.7	15.9	19.1	22.2	25.4	28.6	31.8	34.9	38.1
단 면 적 (mm^2)		71.33	126.7	198.6	286.5	387.1	506.7	642.4	794.2	956.6	1,140
철근개수	2(개)	148	253	397	573	774	1,013	1,285	1,588	1,913	2,280
	3	214	380	596	860	1,161	1,520	1,927	2,383	2,870	3,420
	4	285	507	794	1,146	1,548	2,027	2,570	3,177	3,826	4,560
	5	357	634	993	1,433	1,936	2,534	3,212	3,971	4,783	5,700
	6	428	760	1,192	1,719	2,323	3,040	3,854	4,765	5,740	6,840
	7	499	887	1,390	2,006	2,710	3,547	4,497	5,559	6,696	7,980
	8	571	1,014	1,589	2,292	3,097	4,054	5,189	6,354	7,653	9,120
	9	642	1,140	1,787	2,579	3,484	4,560	5,782	7,148	8,609	10,260
	10	713	1,267	1,986	2,865	3,871	5,067	6,424	7,942	9,566	11,400
	11	785	1,394	2,185	3,152	4,258	5,574	7,066	8,736	10,523	12,540
	12	856	1,520	2,383	3,438	4,645	6,080	7,709	9,530	11,479	13,680
	13	927	1,647	2,582	3,725	5,032	6,587	8,351	10,325	12,436	14,820
	14	999	1,774	2,780	4,011	5,419	7,084	8,994	11,119	13,392	15,960
	15	1,070	1,901	2,979	4,398	5,807	7,601	9,636	11,913	14,349	17,100
	16	1,141	2,027	3,678	4,584	6,194	8,107	10,278	12,707	15,306	18,240
	17	1,213	2,154	3,376	4,871	6,581	8,614	10,921	13,501	16,262	19,380
	18	1,284	2,281	3,575	5,157	6,968	9,121	11,563	14,296	17,219	20,520
	19	1,355	2,407	3,773	5,444	7,355	9,627	12,206	15,090	18,175	21,660
	20	1,428	2,534	3,972	5,730	77,42	10,134	12,848	15,884	19,132	22,800
주 장 (mm)		30	40	50	60	70	80	90	100	110	120
단위질량 (N/m)		5.60	9.95	15.6	22.5	30.4	39.8	50.4	62.3	75.1	89.0

표 B · 2 이형철근의 1 m당의 철근단면적(mm^2)

호칭		D10	D13	D16	D19	D22	D25	D29	D32	D35	D38
지름 (mm)		9.53	12.7	15.9	19.1	22.2	25.4	28.6	31.8	34.9	38.1
단 면 적 (mm^2)		71.33	126.7	198.6	286.5	387.1	506.7	642.4	794.2	956.6	114.0
철근간격 (mm)	100	713	1,267	1,986	2,865	3,871	5,067	6,424	7,942	9,566	11,400
	120	594	1,056	1,655	2,388	3,226	4,222	5,353	6,618	7,972	9,500
	125	571	1,014	1,589	2,292	3,097	4,054	5,139	6,354	7,653	9,120
	140	509	905	1,419	2,046	2,765	3,619	4,589	5,673	6,833	8,143
	150	476	845	1,324	1,910	2,581	3,378	4,283	5,295	6,377	7,600
	160	446	792	1,241	1,791	2,419	3,167	4,015	4,964	5,979	7,125
	175	408	724	1,135	1,637	2,212	2,895	3,671	4,538	5,466	6,514
	180	396	704	1,103	1,592	2,151	2,815	3,569	4,412	5,314	6,333
	200	357	634	993	1,433	1,936	2,534	3,212	3,971	4,783	5,700
	220	324	576	903	1,302	1,760	2,303	2,920	3,610	4,348	5,182
	225	317	563	883	1,273	1,720	2,252	2,855	3,530	4,252	5,067
	240	297	528	828	1,194	1,613	2,111	2,677	3,309	3,986	4,750
	250	285	507	794	1,146	1,548	2,027	2,570	3,177	3,826	4,560
	275	259	461	722	1,042	1,408	1,843	2,336	2,888	3,479	4,145
	300	238	422	662	955	1,290	1,689	2,141	2,647	3,189	3,800
	350	204	362	567	819	1,106	1,448	1,835	2,269	2,733	3,257
	400	178	317	497	716	968	1,267	1,606	1,986	2,392	2,850

표 B · 3 원형철근의 1 m당의 철근단면적(mm^2)

호칭		φ 6	φ 9	φ 12	φ 16	φ 19	φ 22	φ 25	φ 28	φ 30	φ 32	φ 36	φ 40
단 면 적 (mm^2)		28.27	63.62	43.1	201.1	283.5	380.1	490.9	615.8	706.9	804.2	1,018	1,257
철근 간격 (mm)	40	707	1,591	2,828	5,028	–	–	–	–	–	–	–	–
	50	565	1,272	2,262	4,022	5,670	–	–	–	–	–	–	–
	60	471	1,060	1,885	3,352	4,725	6,335	–	–	–	–	–	–
	70	404	909	1,616	2,873	4,050	5,430	7,013	8,797	–	–	–	–
	80	353	795	1,414	2,514	3,544	4,751	6,136	7,698	8,836	10,053	–	–
	90	314	707	1,257	2,234	3,150	4,223	5,654	6,842	7,854	8,936	11,311	–
	100	283	636	1,131	2,011	2,835	3,810	4,909	6,158	7,069	8,042	10,180	12,570
	110	257	578	1,028	1,828	2,577	3,455	4,463	5,598	6,426	7,311	9,255	11,427
	120	236	530	943	1,676	2,363	3,168	4,091	5,132	5,891	6,702	8,483	10,475
	125	226	509	905	1,609	2,268	3,041	3,927	4,926	5,655	6,434	8,144	10,056
	130	217	489	870	1,547	2,181	2,924	3,776	4,737	5,438	6,186	7,831	9,669
	140	202	454	808	1,436	2,025	2,715	3,506	4399	5,049	5,744	7,271	8,979
	150	188	424	754	1,341	1,890	2,534	3,273	4,105	4,713	5,361	6,787	8,380
	160	177	398	707	1,257	1,772	2,376	3,068	3,849	4,418	5,026	6,363	7,856
	175	162	364	646	1,149	1,620	2,172	2,805	3,519	4,039	4,595	5,817	7,183
	180	157	353	628	1,117	1,575	2,112	2,727	3,421	3,927	4,468	5,656	6,983
	200	141	318	566	1,006	1,418	1,901	2,455	3,079	3,535	4,021	5,090	6,285
	220	129	289	514	914	1,289	1,728	2,231	2,799	3,213	3,655	4,627	5,714
	22.5	126	283	503	894	1,260	1,689	2,182	2,737	3,142	3,574	4,524	5,587
	240	118	265	471	838	1,181	1,584	2,045	2,566	2,945	3,351	4,242	5,237
	250	113	254	452	804	1,134	1,520	1,964	2,463	2,828	3,217	4,072	5,028
	275	103	231	411	731	1,031	1,382	1,785	2,239	2,571	2,924	3,702	4,571
	300	94	212	377	670	945	1,267	1,636	2,053	2,356	2,681	3,393	4,190
	35	81	182	323	575	810	1,086	1,403	1,759	2,020	2,298	2,909	3,591
	400	71	159	283	503	709	950	1,227	1,540	1,767	2,011	2,545	3,143

표 B·4 단철근 직사각형보의 철근비의 제한 값

f_y (MPa)	f_{ck} (MPa)	β_1	ρ_b	$\rho_{\max}=0.75\rho_b$	$\rho_{\min}=\frac{0.25\sqrt{f_{ck}}}{f_y}$	$\rho_{\min}=\frac{1.4}{f_y}$
300	21	0.85	0.0337	0.0253	0.0039	0.0047
	24	0.85	0.0385	0.0289	0.0041	0.0047
	27	0.85	0.0434	0.0326	0.0044	0.0047
350	21	0.85	0.0274	0.0206	0.0033	0.0040
	24	0.85	0.0313	0.0235	0.0035	0.0040
	27	0.85	0.0352	0.0264	0.0038	0.0040
400	21	0.85	0.0228	0.0171	0.0029	0.0035
	24	0.85	0.0260	0.0195	0.0031	0.0035
	27	0.85	0.0293	0.0220	0.0033	0.0035

[주] $\rho_b=0.85\beta_1\frac{f_{ck}}{f_y}\frac{600}{600+f_y}$

표 B·5 인장철근의 기본정착길이(mm)

기본정착길이 $l_{db}=\frac{0.6d_bf_y}{\sqrt{f_{ck}}}$

철근 (공칭지름) mm	f_y (MPa)	f_{ck} (MPa)			
		21	24	28	35
D16 (15.9)	300	500	470	430	390
	350	580	550	510	450
	400	670	620	580	520
D19 (19.1)	300	600	560	520	470
	350	700	660	610	540
	400	800	750	690	620
D22 (22.2)	300	870	820	760	680
	350	1,020	950	880	790
	400	1,160	1,090	1,010	900
D25 (25.4)	300	1,000	820	870	700
	350	1,170	1,090	1,010	900
	400	1,330	1,250	1,150	1,030
D29 (28.6)	300	1,120	1,050	970	870
	350	1,310	1,230	1,140	1,020
	400	1,500	1,400	1,300	1,160
D32 (31.8)	300	1,250	1,170	1,080	970
	350	1,460	1,370	1,260	1,130
	400	1,670	1,560	1,440	1,290

표 B · 6 압축철근의 기본정착길이(mm)

$$\text{기본정착길이} = \frac{0.25 d_b f_y}{\sqrt{f_{ck}}} \geq 0.04\, d_b f_y$$

철근 (공칭지름) mm	f_y (MPa)	f_{ck} (MPa)			
		21	24	28	35
D16 (15.9)	300	260	250	230	200
	350	310	290	270	240
	400	360	330	300	270
D19 (19.1)	300	320	300	270	24
	350	370	340	320	28
	400	420	390	360	330
D22 (22.2)	300	370	340	320	280
	350	430	400	370	330
	400	490	460	420	380
D25 (25.4)	300	420	390	360	330
	350	490	460	420	380
	400	560	520	480	430
D29 (28.6)	300	470	440	410	370
	350	550	510	480	430
	400	630	590	540	490
D32 (31.8)	300	520	490	450	410
	350	610	580	530	470
	400	700	650	600	540

〔부록 C〕 단위의 환산

표 C·1 각 단위계별 단위 대조표

양 / 단위계	길이(L)	질량(M)	시간(T)	힘	응력	압력	에너지 (일)
SI계	m	kg	s	N	N/m^2 또는 Pa	Pa (Pascal)	J
CGS계	cm	g	s	dyn	dyn/cm^2	dyn/cm^2	erg
MKS계	m	kg	s	kgf	kgf/m^2	kgf/m^2	kN · m
ft-lb계	ft	lb	s	lb	lb/in^2	lb/in^2	ft · in

N : Newton, Pa : Pascal, J : Joule

$1\,g = 32.2\ ft/sec^2 = 386\ in/sec^2 = 9.8\ m/sec^2$

$1\,N = 1\,kg \times 1\,m/sec^2$ = 질량 1 kg의 물체에 작용하여 $1\,m/sec^2$의 가속도를 내게 하는 힘

$1\,N = \dfrac{1}{9.8}\ kgf = 0.102\ kgf = \dfrac{1}{4.45}\ lb = 0.2247\ lb$

$1\,Pa = 1\,N/m^2$, $1\,KPa = 1{,}000\ Pa$, $1\,MPa = 1\,N/mm^2 = 10^6\ Pa$

표 C·2 SI 접두어

단위에 곱하는 배수	접두어의 명칭	기호	단위에 곱하는 배수	접두어의 명칭	기호
10^{15}	페라(fera)	P	10^{-1}	데 시(deci)	d
10^{12}	테라(tera)	T	10^{-2}	센 티(centi)	c
10^{9}	기가(giga)	G	10^{-3}	밀 리(milli)	m
10^{6}	메가(mega)	M	10^{-6}	마이크로(micro)	μ
10^{3}	킬로(kilo)	k	10^{-9}	나노(nano)	n
10^{2}	헥토(hecto)	h	10^{-12}	피코(pico)	p
10	데카(deca)	da	10^{-15}	펨토(femto)	f

표 C·3 길이의 단위

m	in	ft	yd	mile	n mile(해리)	자(尺)
1	39.37	3.281	1.0936	6.214×10^{-4}	5.397×10^{-4}	3.3
0.0254	1	0.08333	0.02778	1.578×10^{-5}	1.37×10^{-5}	0.2766
0.3048	12	1	0.333	1.894×10^{-4}	1.645×10^{-4}	1.006
1,609	63,360	5,280	1,760	1	0.8683	5300
0.9144	36	3	1	5.682×10^{-4}	4.935×10^{-4}	3.061
1,853	72,953	6,079	2,026	1.1517	1	6115
0.303	11.929	0.99409	0.3314	1.883×10^{-4}	1.635×10^{-4}	1

표 C·4 힘의 단위

N	dyn	kgf	lb
1	1×10^{-5}	1.01972×10^{-1}	2.2481×10^{-1}
1×10^{-5}	1	1.01972×10^{-6}	2.2481×10^{-6}
9.80665	9.80665×10^{5}	1	2.20462
4.44822	4.44822×10^{5}	4.5359×10^{-1}	1

표 C·5 질량의 단위

kg	t	온스(oz)	lb	관(貫)
1	0.001	35.27	2.2046	0.2667
1,000	1	3.527×10^{4}	2204.6	266.7
0.02835	2.835×10^{-5}	1	0.065250	0.00756
0.4536	4.536×10^{-3}	16	1	0.12096
907.2	0.9072	32,000	2,000	241.9
3.750	0.00375	132.28	8.267	1

[주] 1 kg = 9.80665 N(Newton)

표 C·6 모멘트의 단위

N·m	kgf·m	ft·lb
1	0.10197	0.73856
9.80665	1	7.23305
1.35581	0.13825	1

표 C·7 면적의 단위

(a)

m^2	ft^2	평방자(平方尺)	평(坪)
1	10.764	10.890	0.3025
0.09290	1	1.0117	0.2810
0.09183	0.9884	1	0.02778
3.306	35.58	36.00	1

[주] $1\ ft^2 = 144\ in^2$, $1\ in^2 = 0.006944\ ft^2$

(b)

ha	km^2	acre	$mile^2$	정보(町步)
1	0.0100	2.471	0.00386	1.0083
100	1	247.10	0.3861	100.83
0.4047	0.004047	1	0.001563	0.4081
259	2.590	640	1	261.2
0.9917	0.009917	2.4506	0.003829	1

표 C·8 응력의 단위

KPa	N/mm^2 또는 MPa	kgf/mm^2	kgf/cm^2	psi(lb/in^2)
1	1×10^{-3}	1.01972×10^{-4}	1.01972×10^{-2}	1.4504×10^{-1}
1×10^{3}	1	1.01972×10^{-1}	1.01972×10	1.4504×10^{2}
9.80665×10^{3}	9.80665	1	$1\times10^{+2}$	1.4223×10^{3}
9.80665×10	9.80665×10^{-2}	1×10^{-2}	1	1.4223×10
6.89476	6.89476×10^{-3}	7.031×10^{-2}	7.031×10^{-4}	1

[주] 1 KPa = 1,000 Pa, 1 MPa = 10^6 Pa, 1 Pa = 1 N/m^2

표 C·9 압력의 단위

Pa	bar	kgf/cm^2	atm	psi(lb/in^2)
1	1×10^{-3}	1.01972×10^{-5}	9.86923×10^{-5}	1.4504×10^{-4}
1×10^{3}	1	1.01972	9.86923×10^{-1}	1.4504×10
9.80665×10^{4}	9.80665×10^{-1}	1	9.67841×10^{-1}	1.4223×10
9.80665×10^{5}	1.01325	1.03323	1	1.470×10
6.89476×10^{3}	6.89476×10^{-2}	7.031×10^{-2}	6.804×10^{-2}	1

표 C · 10 응력환산표(1)

kgf/cm^2	psi	MPa	kgf/cm^2	psi	MPa
1	14.2	0.098	210	2,987	20.6
4	56.9	0.39	240	3,414	23.5
12	170.7	1.18	280	3,982	27.5
16	227.6	1.57	350	4,978	34.3
60	853.4	5.88	500	7,112	49.0
70	995.6	6.86	1,400	19,912	137.3
80	1,138	7.85	2,400	34,135	235.4
90	1,280	8.83	4,200	59,737	411.9
180	2,560	17.65			

표 C · 11 응력환산표(2)

psi	MPa	kgf/cm^2	psi	MPa	kgf/cm^2
1	0.007	0.07	4,000	27.6	281
60	0.41	4.22	5,000	34.5	352
150	1.03	10.5	20,000	137.9	1,406
200	1.38	14.1	30,000	206.8	2,109
500	3.45	35.2	33,000	227.5	2,320
2,500	17.2	176	40,000	275.8	2,812
3,000	20.7	211	60,000	413.7	4,219
3,500	24.1	246			

표 C · 12 응력환산표(3)

MPa	kgf/cm^2	psi	MPa	kgf/cm^2	psi
1	10.2	145	23	234.5	3,336
3	30.6	435	28	285.5	4,061
7	71.4	1,015	35	357	5,076
9	91.8	1,305	137	1,397	19,870
18	183.5	2,611	235	21,396	34,084
21	214.1	3,046	412	4,201	59,756

표 C · 13 응력의 제곱근의 환산표

psi	kgf/cm^2	MPa	psi	kgf/cm^2	MPa
$\sqrt{f_c'}$	$0.265\sqrt{f_c'}$	$0.083\sqrt{f_c'}$	$3.0\sqrt{f_c'}$	$0.795\sqrt{f_c'}$	$0.219\sqrt{f_c'}$
$1.5\sqrt{f_c'}$	$0.398\sqrt{f_c'}$	$0.125\sqrt{f_c'}$	$4.0\sqrt{f_c'}$	$1.06\sqrt{f_c'}$	$0.332\sqrt{f_c'}$
$1.6\sqrt{f_c'}$	$0.422\sqrt{f_c'}$	$0.133\sqrt{f_c'}$	$5.0\sqrt{f_c'}$	$1.33\sqrt{f_c'}$	$0.415\sqrt{f_c'}$
$1.7\sqrt{f_c'}$	$0.451\sqrt{f_c'}$	$0.141\sqrt{f_c'}$	$6.3\sqrt{f_c'}$	$1.67\sqrt{f_c'}$	$0.523\sqrt{f_c'}$
$2.0\sqrt{f_c'}$	$0.530\sqrt{f_c'}$	$0.166\sqrt{f_c'}$	$8.0\sqrt{f_c'}$	$2.12\sqrt{f_c'}$	$0.664\sqrt{f_c'}$

표 C · 14 그리스 문자

대문자	소문자	명칭
A	α	alpha
B	β	beta
Γ	γ	gamma
Δ	δ	delta
E	ε	epsilon
Z	ζ	zeta
H	η	eta
Θ	θ	theta
I	ι	ipta
K	κ	kappa
Λ	λ	lambda
M	μ	mu
N	ν	nu
Ξ	ξ	xi
O	o	omicron
Π	π	pi
P	ρ	rho
Σ	σ	sigma
T	τ	tu
Υ	υ	upsilon
Φ	φ	phi
X	χ	chi
Ψ	ψ	psi
Ω	ω	omega

참고문헌

Reference

1. 건설교통부, “강도로교 상세부 설계지침”, 1997.
2. 건설교통부, “건설공사의 설계도서 작성기준”, 1998.
3. 건설교통부, “도로의 구조·시설기준에 관한 규칙-해설 및 지침”, 2000.
4. 국토해양부, “도로설계편람”, 2008.
5. 건설교통부, “콘크리트 구조설계기준”, 1999.
6. 한국전산구조공학회, “교량의 내진설계”, 1998.
7. 한국전산구조공학회, “교량구조물의 전산구조해석”, 2001.
8. 한국콘크리트학회, “콘크리트 표준시방서”, 2003.
9. 한국콘크리트학회, “콘크리트 표준시방서 해설”, 2004.
10. 한국콘크리트학회, “콘크리트 구조설계기준”, 2007.
11. 한국콘크리트학회, “콘크리트 구조설계기준·해설”, 2008.
12. 한국콘크리트학회, “토목구조물의 배근상세”, 1999.
13. (사)한국기술사회 토목구조전문분회, “교량의 내진설계”, 1995. 5.
14. 한국도로교통협회, “도로교 설계기준”, 건설교통부, 2005.
15. 시설안전기술공단, “교량유지관리 매뉴얼”, 건설교통부, 2001.
16. 시설안전기술공단, “기존 교량의 내진보강 방안연구”, 건설교통부, 1997. 7.
17. 시설안전기술공단, “기존 교량의 내진성 평가 및 보강방안”, 건설교통부, 1999. 12.
18. 한국건설기술연구원, “교량의 계획설계에 관한 연구”, 1990.
19. 한국도로공사, “고속도로 교량의 내진설계 편람”, 2000.
20. 한국도로공사, “설계실무자료집”, 2000.
21. 한국도로공사, “도로설계실무편람”, 1997. 2.
22. 한국도로공사, “도로설계요령”, 2002.
23. 한국학술진흥재단, “공공구조물의 유지·관리·보전시스템의 개발에 관한 연구”, 1997.
24. 국립방재연구소, “하천횡단 소규모교량의 표준설계도 작성”, 2001.
25. 김동수, “도로교 받침편람”, 과학기술, 1997.

26. 박승범, "최신 건설재료학", 문운당, 2004.
27. 박승범 외, "콘크리트구조물의 비파괴검사 및 안전진단", 기문당, 2001.
28. 변동균, 신현묵, 문제길, "철근콘크리트", 동명사, 2003.
29. 이학용 외, SAP 2000을 이용한 전산구조해석, 태훈출판사, 2001.
30. 황학주, "최신교량공학", 동명사, 2005.
31. AASHTO, "Guide Specifications for Design and Construction of Segmental Concrete Bridge", 1989.
32. AASHTO, "Standard Specifications for Highway Bridges(16th Edition)", 1996.
33. Collins, p. M. and Mitchell, D., "Prestressed Concrete Structures", Prentice Hall, 1991.
34. Tonics, D, E., "Bridge Engineering", McGraw-Hill, 1995.
35. E. C. Hambly, "Bridge Deck Behaviour", E&FN SPON.
36. Petros P. Xanthakos, "Bridge Strengthening and Rehabilitation", Prentice Hall PTR. 1998.
37. J. David Nardon, "Bridge and Structure Estimating", McGraw-Hill, 1999.
38. 日本コンクリート工學協會, コンクリート 診斷技術, 2001.
39. 日本道路協會, コンクリート道路橋設計便覽, 1995.
40. 川島一彦 외, "道路橋の 耐震設計 計算例", 山海堂, 1994.
41. 國廣哲男 外, 鐵筋コンクリート橋の 設計計算例, 山海堂, 1980.
42. 足立 洪 外, 道路構造物の設計計算例, 1979.
43. 横道英雄, コンクリート橋, 技報堂出版, 1977.

찾아보기

Index

ㄱ

가설하중 ······ 25
가속도계수 ······ 22, 384, 386
강 I형교 ······ 52
강 박스거더교 ······ 52
강교 ······ 44
강도설계법 ······ 5, 70
강판접착공법 ······ 717
개정 Engineer News Record ······ 617
건조수축 ······ 14, 40
격자해석모델 ······ 650
결함(defect) ······ 691
경간 ······ 45
경사 슬래브교 ······ 104
계획고 ······ 64
고정하중 ······ 8
공동구 ······ 473
공용(供用)기간 ······ 691
공용제한 ······ 693
과재하중 ······ 710
교각 ······ 291
교대 ······ 291
교량 ······ 43
교량계획 ······ 63
교량받침 ······ 57
교량의 등급 ······ 44
교면방수공법 ······ 716
교장 ······ 45
교좌부 ······ 296
구조물(부재)의 기능 ······ 691
구조물(부재)의 성능 ······ 691
구형암거 ······ 473, 474
궤간 ······ 27
궤도 ······ 26
규정 ······ 5
균열 ······ 92, 707
균열보수 충전공법 ······ 715
균열주입공법 ······ 715
기능성 ······ 691
기능성 향상 ······ 694
기둥식 교각 ······ 297
기본계획 ······ 67
기본설계 ······ 67
기준 ······ 5
기초 ······ 48
긴급점검 ······ 699

ㄴ

내공단면 ······ 472
내용(耐用)기간 ······ 691

내진등급 ········ 23, 384, 386
내진보강 ········ 718
내진설계 ········ 383
내하력 보강 ········ 717
내하력(load carrying capacity) ········ 691
내하성(耐荷性) ········ 691
누수 ········ 709

ㄷ

다중모드스펙트럼 해석법 ········ 385
단면수복공법 ········ 716
단일모드스펙트럼 해석법 ········ 385
덴마크 공식 ········ 618
Dorr의 공식 ········ 612
도상 ········ 26
동적 재하시험 ········ 619
동하중법 ········ 619
동해 ········ 703
두께 제한 ········ 91
DL 하중 ········ 8
뒷굽설계 ········ 428
뒷부벽식 옹벽 ········ 411

ㄹ

라멘교 ········ 52
라멘식 교대 ········ 295
링모델 ········ 654

ㅁ

마찰저항하중 ········ 36
말뚝기초 ········ 607
말뚝식 교각 ········ 297
말뚝의 $p-y$곡선 ········ 385
Meyerhof 공식 ········ 613
무리말뚝 ········ 622
문형암거 ········ 474
Michigan 주립도로위원회 ········ 617

ㅂ

바닥판의 최소두께 ········ 84
박락(spalling) ········ 709
박리(scaling) ········ 708
박스형 교대 ········ 295
반중력식 교대 ········ 294
반중력식 옹벽 ········ 411
받침연단거리 ········ 394
배력철근 ········ 89
백태(efflorescence) ········ 709
변위법 ········ 645
보강 ········ 712
보모델 ········ 648
보수 ········ 711
부력 ········ 33
부벽식 교대 ········ 294
부벽식 옹벽 ········ 411
부식 ········ 709
부하중 ········ 8, 19, 44
분포하중 ········ 7

비파괴시험(non-destructive test) ··· 692

ㅅ

사용성 설계 ··· 91
사용성 회복 ··· 693
사장교 ··· 56
사후보전방식 ··· 690
Sandar 공식 ··· 618
상부구조 ··· 44, 46
상세 유한요소모델 ··· 654
상태평가(assessment) ··· 692
설계강도 ··· 73
설계내용기간 ··· 691
설계단면력 ··· 70
설계변위 ··· 394
설계지반운동 ··· 386
설계지진력 ··· 392
설계차선 폭 ··· 11
설계하중조합 ··· 70
설계휨모멘트 ··· 86
설하중 ··· 24, 35
성토상의 소교대 ··· 295
세굴(scour) ··· 692
셸모델 ··· 654
손상(damage) ··· 691
손상점검 ··· 699
손식 ··· 707
수경 ··· 693
수동토압계수 ··· 17
수로암거 ··· 473
수압 ··· 18
수평재하 ··· 619
슬래브 두께 ··· 95
슬래브교 ··· 50, 94
시동하중 ··· 34
시방서 ··· 5
시설물의 상태평가 ··· 702
시행쐐기법 ··· 413
신축이음장치 ··· 59
실시설계 ··· 67

ㅇ

아치교 ··· 54
안전성 평가 ··· 692
안전점검 ··· 697
알칼리 골재반응(alkali-aggregate reaction) 704
암거 ··· 471
앞굽설계 ··· 431
앞부벽식 옹벽 ··· 412
액상화 ··· 385
양압력 ··· 19
연단거리 ··· 292
연속 슬래브교 ··· 106
연직재하 ··· 619
열화(deterioration) ··· 692
염해 ··· 705
예방보전방식 ··· 690
예정공용기간 ··· 691
온도변화 ··· 21
옹벽 ··· 409
외케이블공법 ··· 718
원심하중 ··· 25, 32

원형암거 474
위험도계수 23
UIC 30
유수압 18
유지관리 689
응답수정계수 384, 390
입체뼈대모델 652

ㅈ

잔존설계 내용기간 691
Janbu 공식 618
장대레일 종하중 33
적합조건식 644
전기방식공법 716
전기화학적 보수공법 716
전단탄성계수 40
전도 423
전류에 의한 침식 707
전면벽 425
전차선주하중 37
정기점검 697
정밀안전진단 697, 699
정밀점검 698
정지토압계수 16
정하중법 619
제동하중 25, 34
종형증설공법 718
주동토압계수 17
주하중 8, 44
중간 이음식 교대 295
중력식 교대 293
중력식 옹벽 410
중성화 704
증가계수 75
지간 45
지반계수 384
지반변동 24
지반응답해석 385
지반종류 384
지점이동 24
지지력 424
지진구역계수 384
지침 5
집중하중 7

ㅊ

차도부분 44
차량횡하중 34
처짐 91
처짐제한 92
철근콘크리트 T형교 109
철근콘크리트(RC) T형교 51
철도교 26
초기점검 698
총폭 46
최소받침지지길이 395
충격 재하시험 619
충격하중 12
충돌손상 709
충돌하중 26
층분리(delamination) 709
침식(erosion) 692

ㅋ

캔트 27
캔틸레버식 교각 297
캔틸레버식 교대 294
캔틸레버식 옹벽 411
코러게이트형 암거 474
콘크리트교 44
콘크리트의 탄성계수 39
크리프 14, 40
크리프 변형률 14

ㅌ

탄성력 389
탄성변위 389
탄성조건식 643
탄성지진 응답계수 389
탄성지진응답계수 384
탈선하중 36
태평양 연안 건축시방서 618
Terzaghi의 공식 612
토압 15
토압작용각 413
통로암거 473
트러스교 53
트레슬식 교각 298
특별점검 699
특수하중 8, 44

ㅍ

파압 24
판모델 653
평균반복 전단응력 385
평면뼈대모델 649
평면트러스모델 649
평면형상 472
평형조건식 644
표면피복공법 716
표준 5
푸아송비 40
풍하중 19, 35
프리스트레스트(PSC) I형교 51
프리스트레스트(PSC) 박스거더교 52
프리스트레스힘 12
피로 93
피로균열 710

ㅎ

하부구조 44, 47
하중 7, 30
Hansen 공식 614
허용균열 폭 92
허용응력 77, 79
허용응력설계법 5, 75
헌치 95, 472
현수교 55
현장검사 700
화물하중 37
화학적 침식(侵蝕) 707

활동 419
활동방지벽 420
활동방지벽 설계 432
활하중 8
휨균열 폭 92
흉벽 293

■ 著 者 略 歷 ■

- 忠南大學校 卒業(學士, 碩士, 博士 : 構造 및 材料專攻)
- 大韓土木學會 大田 · 忠南支會長, 大韓土木學會理事
- 韓國콘크리트學會 副會長, 建設品質技術士會長
- 土木構造技術士, 土木品質試驗技術士
- 現, 忠南大學校 土木工學科 敎授
- University of California, Berkeley, Research Fellow
- University of California, LosAngeles, Visiting Scholar
- University of Florida, Gainesville, Adjunct Professor

최신 토목설계

2008년 12월 20일 개정 제2판 발행

- 저 자 **박 승 범**
- 발행인 **최 국 주**
- 발행처 **동 명 사**

경기도 파주시 교하읍 문발리 파주출판단지 30블록 4롯트
전 화 : 031) 955-7200(代), 955-7201~4, 7203 (편집부)
팩시밀리 : 031) 955-7205
출판등록 : 1950년 11월 1일(제1-76호)
e-mail : dms723@chol.com
홈페이지 : www.dmsbook.com

정가 30,000원

ISBN 978-89-411-1766-7 93530